高等学校工程管理类本科指导性专业规范配套教材

编审委员会名单

高等学校工程管理类本科指导性专业规范配套教材

高等学校土建类专业"十三五"规划教材

工程结构

申建红　邵军义　主编

化学工业出版社

·北京·

本教材共 13 章，主要内容包括绪论、混凝土结构及其材料的力学性能、混凝土结构基本设计原则、钢筋混凝土受弯构件截面承载力计算、钢筋混凝土轴向受力构件、受扭构件承载力计算、钢筋混凝土结构的适用性和耐久性、预应力混凝土构件、钢筋混凝土梁板结构、单层厂房结构、多高层钢筋混凝土结构、砌体结构、钢结构。

本教材根据应用型人才培养的要求，结合工程管理及相关专业特点及人才培养目标，注重基本原理与实际应用的结合，以实际应用为主，进行了内容的优化调整，对多高层结构增加了剪力墙部分的内容，对受扭构件做了简化，增加了梁、板、柱及剪力墙配筋的平面整体设计方法的内容。本教材各章节中有典型例题的解析，而且各章均有提要、思考题、习题供学习参考。

本教材可作为高等学校应用型本科工程管理、工程造价及相关专业的教材和教学参考书，也可供从事建筑设计与建筑施工的技术人员学习和参考。

图书在版编目（CIP）数据

工程结构/申建红，邵军义主编. —北京：化学工业出版社，2016.12（2024.1 重印）
高等学校工程管理类本科指导性专业规范配套教材
高等学校土建类专业"十三五"规划教材
ISBN 978-7-122-28478-5

Ⅰ.①工… Ⅱ.①申…②邵… Ⅲ.①工程结构-高等学校-教材 Ⅳ.①TU3

中国版本图书馆 CIP 数据核字（2016）第 267988 号

责任编辑：陶艳玲　　　　　　　　　　　　装帧设计：韩　飞
责任校对：宋　夏

出版发行：化学工业出版社（北京市东城区青年湖南街 13 号　邮政编码 100011）
印　　装：北京天宇星印刷厂
787mm×1092mm　1/16　印张 29¾　字数 729 千字　2024 年 1 月北京第 1 版第 7 次印刷

购书咨询：010-64518888（传真：010-64519686）　售后服务：010-64518899
网　　址：http://www.cip.com.cn
凡购买本书，如有缺损质量问题，本社销售中心负责调换。

定　　价：68.00 元　　　　　　　　　　　　　　　　　版权所有　违者必究

本书编写人员名单

主　　编：申建红　　邵军义

副 主 编：王志强　　李晓冬　　黄瑞新

编写人员（按姓氏笔画排序）：

　　　　　　王　勇　　王志强　　申建红　　刘新杰

　　　　　　李晓冬　　邵军义　　胡龙伟　　姜吉坤

　　　　　　聂振军　　夏宪成　　黄瑞新

我国建筑行业经历了自改革开放以来 20 多年的粗放型快速发展阶段，近期正面临较大调整，建筑业目前正处于大周期下滑、小周期筑底的嵌套重叠阶段，在"十三五"期间都将保持在盘整阶段，我国建筑企业处于转型改革的关键时期。

另一方面，建筑行业在"十三五"期间也面临更多的发展机遇。国家基础建设固定资产投资持续增加，"一带一路"战略提出以来，中西部的战略地位显著提升，对于中西部地区的投资上升；同时，"一带一路"国家战略打开国际市场，中国建筑业的海外竞争力再度提升；国家推动建筑产业现代化，"中国制造 2025"的实施及"互联网＋"行动计划促进工业化和信息化深度融合，借助最新的科学技术，工业化、信息化、自动化、智能化成为建筑行业转型发展方式的主要方向，BIM 应用的台风口来临。面对复杂的新形式和诸多的新机遇，对高校工程管理人才的培养也提出了更高的要求。

为配合教育部关于推进国家教育标准体系建设的要求，规范全国高等学校工程管理和工程造价专业本科教学与人才培养工作，形成具有指导性的专业质量标准，教育部与住建部委托高等学校工程管理和工程造价学科专业指导委员会编制了《高等学校工程管理本科指导性专业规范》和《高等学校工程造价本科指导性专业规范》（简称"规范"）。规范是经委员会与全国数十所高校的共同努力，通过对国内高校的广泛调研、采纳新的国内外教改成果，在征求企业、行业协会、主管部门的意见的基础上，结合国内高校办学实际情况，编制完成。规范提出工程管理专业本科学生应学习的基本理论、应掌握的基本技能和方法、应具备的基本能力，以进一步对国内院校工程管理专业和工程造价专业的建设与发展提供指引。

规范的编制更是为了促使各高校跟踪学科和行业发展的前沿，不断将新的理论、新的技能、新的方法充实到教学内容中，确保教学内容的先进性和可持续性；并促使学生将所学知识运用于工程管理实际，使学生具有职业可持续发展能力和不断创新的能力。

由化学工业出版社组织编写和出版的"高等学校工程管理类本科指导性专业规范配套教材"，邀请了国内 30 多所知名高校，对教学规范进行了深入学习和研讨，教材编写工作对教学规范进行了较好地贯彻。该系列教材具有强调厚基础、重应用的特色，使学生掌握本专业必备的基础理论知识，具有本专业相关领域工作第一线的岗位能力和专业技能。

目的是培养综合素质高，具有国际化视野，实践动手能力强，善于把 BIM、"互联网＋"等新知识转化成新技术、新方法、新服务，具有创新及创业能力的高级技术应用型专门人才。

同时，为配合做好"十三五"期间教育信息化工作，加快全国教育信息化进程，系列教材还尝试配套数字资源的开发与服务，探索从服务课堂学习拓展为支撑网络化的泛在学习，为更多的学生提供更全面的教学服务。

相信本套教材的出版，能够为工程管理类高素质专业性人才的培养提供重要的教学支持。

高等学校工程管理和工程造价学科专业指导委员会 主任

任宏

2016 年 1 月

前言
Foreword

　　土木工程学科是工程管理类专业的重要支撑学科，本学科相关课程构成了该类专业的技术平台课程。《工程结构》课程是工程管理类相关专业的技术平台课程中的一门主干课程，其目的是通过本课程的教学使学生掌握工程结构的基本概念、原理和结构设计的理论与实用设计方法，具备简单工程结构的设计能力。通过熟悉结构构件的受力及破坏特征，加深对工程结构构造的理解和掌握。

　　本着"重视培养学生的创新精神、实践能力、创新能力和创业能力"的教育思想观念，本教材广泛、充分地借鉴国内相关高校和专家的先进的科学技术成果，参照高等学校工程管理类本科指导性专业规范的主干课程教学基本要求，突出应用型人才培养的要求，注重基本原理与实际应用的结合，以实际应用为主。综合了《混凝土结构设计原理》、《混凝土结构设计》、《砌体结构》等课程的内容，经过优化整合，对多高层钢筋混凝土结构增加了剪力墙部分的内容，对受扭构件做了简化，增加了梁、板、柱及剪力墙配筋的平面整体设计方法的内容，内容结构合理，详略得当。

　　本教材在编写过程中，紧密结合现行规范和规程要求，注重教材内容的时效性，根据最新发布的《混凝土结构设计规范》（GB 50010—2010）、《砌体结构设计规范》（GB 50003—2011）、《建筑结构荷载规范》（GB 50009—2012）、《高层建筑混凝土结构技术规程》（JGJ 3—2010）、《钢结构设计规范》（GB 50017—2003）等编写而成。

　　本教材的编写人员都具有丰富的教学和工程实践经验。全书由青岛理工大学申建红教授、青岛黄海学院邵军义教授担任主编，青岛理工大学王志强、李晓冬及青岛农业大学黄瑞新任副主编。其中，第1、4章由邵军义编写，第2章由王志强编写，第3章由姜吉坤（青岛理工大学）编写，第5章由黄瑞新编写，第6、9章由申建红编写，第7章由王勇（中德生态园管委会规划建设局）编写，第8章由李晓冬、聂振军（青岛理工大学）编写，第10章由夏宪成（青岛理工大学）编写，第11章由刘新杰（山东兴华建设集团）编写，第12章由胡龙伟（青岛理工大学）编写，第13章由李晓冬编写。孙晓宁、张云华、刘丽丹、王硕参加了本书的插图和校对工作。

　　由于编者水平有限，书中难免有不足之处，欢迎读者批评指正。

编　者

2016. 10

目录

Contents

第 3 章 混凝土结构基本设计原则 · 34

第 4 章 钢筋混凝土受弯构件截面承载力计算 · 47

▶ 第5章　钢筋混凝土轴向受力构件 ⑩⑩②

▶ 第6章 受扭构件承载力计算　142

▶ 第7章 钢筋混凝土结构的适用性和耐久性　149

▶ 第8章 预应力混凝土构件   176

第 9 章 钢筋混凝土梁板结构

217

▶ 第 10 章　单层厂房结构

265

▶ 第 13 章 钢结构 ⬤ 401

▶ **附录**　　433

▶ **参考文献**　　456

第1章

绪论

本章提要 ▶▶

　　本章叙述了工程结构的一般概念、工程结构的分类以及各类结构的特点，讨论了研究的意义，介绍了各类结构的应用及发展前景。本章还介绍了工程结构课程的特点和学习方法。

1.1　工程结构简介

　　一个成功的工程（设计）必然是以选择一个经济合理的结构方案为基础，就是要选择一个切实可行的结构形式和结构体系；同时在各种可行的结构形式和结构体系的比较中，又要能在特定的物质与技术条件下，具有尽可能好的结构性能、经济效果和建造速度。对于建筑物来说，一般都是针对某一具体建筑相对地突出某一方面或两方面来判别其合理性，例如特别重要的建筑物（如核电站、人民大会堂一类的建筑），结构性能的安全可靠是十分重要和突出的；而对于大量性的居住建筑，则要求具有尽可能好的经济效果和建造速度，当然其它方面也是需要认真对待的。结构方案的选择还必须有可靠的施工方法来保证，如果没有一个适宜的施工方法加以保证，结构方案的合理性和经济性均无从谈起，方案本身也难以成立。工程的建造者（设计者）如对结构知识有较深刻的了解，对于工程的成功建造至关重要。

1.1.1　基本概念

　　为便于大家更深入地理解工程结构课程，首先有必要学习相关的专业术语，并了解其相互之间的关系。

　　(1) 建筑物（building）　通称建筑。是人工营造的，供人们进行生产、生活或其它活动的房屋或场所。一般指房屋建筑，也包括纪念性建筑、陵墓建筑、园林建筑和建筑小品等。构成建筑物的基本要素有：建筑功能、物质技术条件和建筑形象。

　　(2) 工程结构（building and civil engineering structure）　在房屋、桥梁、铁路、公路、水工、港口等工程的建筑物、构筑物和设施中，以建筑材料制成的各种承重构件相互连接成一定形式的组合体的总称即为工程结构。其中房屋工程的结构一般称为建筑结构；其它工程的结构常指实体的承重骨架，是在一定力系作用下维持平衡的一个部分或几个部分的合成体，如桥梁结构、路基结构、贮仓结构、贮液池结构等。

从上述意义上讲，工程结构包括了建筑结构，涵盖钢筋混凝土结构、砌体结构、道路工程、桥梁结构和特种结构等课程。

（3）构筑物（structure） 又称结构物。是为某种工程目的而建造的、人们一般不直接在其内部进行生产和生活活动的某项工程实体和附属建筑设施。前者如纪念性结构物、道路、桥梁、堤坝、隧道、上下水道、矿井等，后者如烟囱、水塔、贮液池、储气罐、贮仓等。构筑物除满足使用功能和物质技术条件外，还必须注意建筑形象，以与周围环境相协调。

（4）建筑结构（building structure） 房屋建筑和土木工程的建筑物的实体。从狭义上说，指各种建筑物实体的承重骨架，也就是若干构件或部件按确定的方法组成互相关联的能承受作用的平面或空间体系。

（5）结构构件（member） 简称构件，即组成结构的单元（杆件）。按受力状态的不同，有受拉构件、受压构件、受弯构件、受扭构件等。

（6）作用（action） 施加在结构上的集中力或分布力（直接作用，也称为荷载）和引起结构外加变形或约束变形的原因（间接作用）。

（7）作用效应（effect of an action） 由作用引起的结构或结构构件的反应，例如内力、变形和裂缝等。

（8）结构承载力（bearing capacity of structure） 简称承载力。结构、构件或截面承受作用效应的能力。通常以在一定的受力状态和工作状况下结构或构件所能承受的最大内力，或达到不适于继续承受作用的变形时相应的内力来表示。按受力状态有受拉承载力、受压承载力、受弯承载力、受剪承载力、受扭承载力等；按工作状况有静态承载力、动态承载力等。

（9）结构刚度（stiffness of structure） 简称刚度。指结构或构件抵抗变形的能力。通常以施加于结构或构件上的作用所引起的内力与其相应的构件变形之比来表示。

（10）结构变形（survey of structure） 结构或构件位移、沉降、倾斜、挠度、转动的总称。

（11）结构耐久性（aging resistance of structure） 结构和构件在使用过程中，抵抗其自身和环境的长期破坏作用，保持其原有性能而不破坏、不变质和大气稳定性的能力。

1.1.2 研究工程结构的意义

工程结构即工程实体的承重骨架，是工程实体赖以存在的物质基础，它的选择、设计和施工质量的好坏，对于工程的可靠性和寿命具有决定性作用，对于生产和使用影响重大。研究工程结构的主要意义在于以下几个方面。

（1）结构方案决定着建筑设计的平面、立面和剖面。工程设计中，尽管建筑设计先于结构设计，但结构方案的选择决定着建筑设计的内容。

（2）结构的可能性是保证工程使用要求、材料的选用和施工难易的前提。因为不同类型的工程，它们的结构具有不同的受力特点和构造特点，大至结构体系的构成及选型，小至构件尺寸的大小。建筑设计和工程管理工作者都应具有比较清晰的概念。

（3）经济合理的结构方案是成功的设计的必然基础。也就是说要选择一个切实可行的结构形式和结构体系，同时在各种可行的结构形式和结构体系的比较中，又要能在特定的物质与技术条件下，具有尽可能好的结构性能、经济效果和建造速度。

（4）结构方案的选择是工程设计审查的主要内容。工程管理者如对结构知识有较深刻的了解，建筑与结构之间的关系处理得好，就能相得益彰，做到适用经济，还可以达到美观的效果。相反，两者关系处理不好，不是结构妨碍建筑，就是建筑给结构带来困难。两者互相制约。

一个较复杂的土建工程，往往需要各专业工种互相配合完成。选择一个合理的结构形式，就意味着经济可行。最后值得一提的是，工程结构是工程管理的基础和对象。

1.2　工程结构的分类与应用概况

工程结构的分类与应用问题，主要从结构所用材料的不同和结构受力构造的不同两个方面来讨论。

根据所用材料的不同，工程结构有金属结构、木结构、砌体结构、混凝土结构、混合结构和组合结构等。

1.2.1　按所用材料的不同分类

（1）金属结构（metal structure）　由普通低碳钢、普通低合金钢或铝合金的板材和型材采用焊缝、螺栓、铆钉或铰接连接组成的结构。分普通钢结构（简称钢结构）、冷弯薄壁型钢结构和铝合金结构等三大类，以普通钢结构用途最广。目前，金属材料已逐步成为主要的工程结构材料，它的特点如下。

① 金属材料强度高　金属材料做成的构件截面小、重量轻、运输和施工方便。

② 金属材料均质及同向性　金属材料是接近各向同性的材料，质地均匀，符合一般工程力学的假定，结构计算简捷，结构可靠性高。

③ 金属材料一般具有可焊性　由于金属材料的可焊、可黏结、可切割性，使得金属结构制造工艺比较简单，提高了工程结构工业化生产的程度和速度。

④ 金属材料易锈蚀　由于金属材料本身的化学性质，决定了金属结构在湿度大、有侵蚀性介质的环境中，特别容易锈蚀，使结构受到严重的损害，缩短了使用期限。为了避免锈蚀造成的结构承载力降低或破坏，要花费较高的费用经常性地维修。

⑤ 金属材料耐火能力差　金属材料尤其是钢材的耐火能力远较钢筋混凝土和砖石的差。温度约在200℃以内，钢材的性能变化很小，因而钢结构的长期耐高温性能比其它结构好。但当温度接近500℃时，钢材的弹性模量、抗拉强度和屈服点同时迅速下降，使钢结构丧失抵抗外力作用的能力。因此在某些有特殊防火要求的建筑中采用金属（钢）结构时，必须用耐火材料予以围护。

⑥ 金属材料成本较高　在一定时期或特定条件下，金属工程材料相对于其它工程材料单位工程量的成本要高一些。

钢材的这些特性决定了钢结构在建筑中的应用范围。目前除公共建筑的超高层楼房，重型车间的承重骨架、板结构、塔桅结构、桥梁结构、贮仓、建筑机械等的承重骨架多用钢结构外，在工业与民用建筑的屋盖结构中，钢结构也占有一定的地位。特别是在飞机库、车站、大会堂、剧场、体育场馆和展览馆等大跨建筑物的屋盖结构中，减轻承重结构的自重往往成为结构经济与否的决定因素，因而在这一类建筑物的屋盖结构中，常采用钢结构。

（2）木结构（timber structure） 利用种子植物类的乔木（通称树木）作为承重构件材料的结构。在山区、林区、古建筑房屋或桥梁中虽有应用，但因产量受其生长期太长的影响和环境保护要求日趋少用，所以不再赘述。

（3）砌体结构（masonry structure） 是以砖、石、砌块等块材，用砂浆砌筑而成的墙、柱作为主要受力构件的结构。在工程结构中的应用历史悠久，砖石砌体和砌块砌体具有许多优点，简述如下。

① 可就地取材 砌体结构材料来源广泛，易于就地取材。石材、黏土、砂等是天然材料，分布广，易于就地取材，价格也较水泥、钢材、木材便宜。此外，工业废料如煤矸石、粉煤灰、页岩等都是制作块材的原料，用来生产砖或砌块不仅可以降低造价，也有利于保护环境。

② 耐火能力和耐久性好 由于材料本身和加工工艺的原因，砌体结构有很好的耐火能力和较好的耐久性，使用年限长。

③ 保温性好 砌体特别是砖砌体的保温、隔热性能好，节能效果明显。

④ 施工工艺简单，成本相对低廉 采用砌体结构较钢筋混凝土结构可以节约水泥和钢材，并且砌体砌筑时不需要模板及特殊的技术设备，可以节省木材。新砌筑的砌体上即可承受一定荷载，因而可以连续施工。

正是基于上述优势，砌体结构尤其是砖石结构才可以从两千多年前延续至今。当然，砌体结构也有下述缺陷。

① 砌体结构自重大 一般砌体的强度较低，建筑物（构筑物）中墙、柱的截面尺寸较大，材料用量较多，因而结构的自重大，构件及结构笨重。

② 砌体结构强度低 砌筑砂浆和砖、石、砌块之间的黏结力较弱，因此无筋砌体的抗拉、抗弯及抗剪强度低，抗震及抗裂性能较差。

③ 现场作业量大 砌体结构砌筑工作繁重。砌体基本采用手工方式砌筑，劳动量大，生产效率较低。

④ 砖砌体材料的生产侵占农田，不利于环保。

砖砌体结构的黏土砖用量很大，往往占用农田，影响农业生产。据统计，全国每年生产黏土砖上千亿块，毁坏农田近 10 万亩，使我国人口多、耕地少的矛盾更显突出，故砖砌体结构已不能适应可持续发展的要求。

由于砌体结构具有很多明显的优点，因此应用范围广泛。但由于砌体结构存在的缺点，也限制了它在某些场合下的应用。随着墙体材料改革的深入发展，大型板材、轻质高强砌块、工业固废料砖、混凝土空心墙板、配筋砌体等不断涌现，大大拓宽了砌体结构的应用范围。

砌体主要用于承受压力的构件，房屋的基础、内外墙、柱等都可用砌体结构建造。无筋砌体房屋一般可建5～7层，配筋砌块剪力墙结构房屋可建 8～18 层。此外，过梁、屋盖、地沟等构件也可用砌体结构建造。在某些石材丰富的地区，用毛石或料石建造房屋，目前已建到 5 层。

在工业与民用建筑中，砌体往往被用来砌筑围护墙和填充墙，构筑物中的烟囱、料斗、管道支架、对渗水性要求不高的水池等特殊构件也可用砌体建造。农村建筑如仓库、跨度不大的加工厂房也可用砌体结构建造。

在交通运输方面，砌体结构可用于桥梁、隧道工程；各种地下渠道、涵洞、挡土墙等也常用石材砌筑；在水利建设方面，可用石材砌筑坝、堰和渡槽等。

（4）混凝土结构（concrete structure） 以混凝土为主制作的结构，它是素混凝土结构、钢筋混凝土结构及预应力混凝土结构的总称。在工程结构中是最主要的结构形式。混凝土结构具有许多优点，分述如下。

① 混凝土结构耐久性好 除通常意义外，混凝土的耐久性还包括抗渗，抗冻，抗侵蚀、碳化、碱骨料反应及混凝土中的钢筋锈蚀等。密实的、保护层厚度适当的混凝土，耐久性良好。若处于侵蚀性的环境时，只要选用适宜的水泥品种及外加剂，增大保护层厚度，也能满足工程耐久性的要求。因此混凝土结构的维修较少，不像钢结构和木结构那样需要经常的保养。

② 混凝土结构耐火能力高 比起容易燃烧的木结构和导热快且抗高温性能较差的钢结构来讲，混凝土结构的耐火性相当高。因为混凝土是不良热导体，遭受火灾时，混凝土起隔热作用，使钢筋不致达到或不致很快达到降低其强度的温度，经验表明，虽然经受了较长时间的燃烧，混凝土常常只损伤表面。对承受高温作用的结构，还可应用耐热混凝土。

③ 可就地取材 在混凝土结构的组成材料中，用量最多的石子和砂等原料可以就地取材，有条件的地方还可以将工业废料制成人工骨料应用，这对材料的供应、运输和工程结构的造价都提供了有利的条件。

④ 用材合理 钢筋混凝土结构合理地发挥了钢筋和混凝土两种材料的性能特长，在一般情况下可以代替钢结构，从而能节约钢材、降低造价。与砌体结构和木结构相比，性价比也较大。

⑤ 可模性好 可模性是指混凝土凝结硬化前可以浇制成各种形状和尺寸的构件或结构物。因为新拌和未凝固的混凝土具有良好的塑性，可以按模板图浇筑成建筑师所设计的各种形状和尺寸的构件，如曲线型的梁和拱、空间薄壳等形状复杂的结构。

⑥ 结构刚度大、整体性好 整体浇筑或装配整体式的钢筋混凝土结构刚度较大，抗变形能力强，且整体性好，对抵抗地震、风载和爆炸冲击作用有良好性能。

⑦ 具有防辐射性 混凝土结构还可以用于防辐射的工作环境，如用于建造原子反应堆安全壳、防原子武器的工事等。

当然，混凝土结构同样也存在以下缺点。

① 普通钢筋混凝土结构自重大 这使得素混凝土和钢筋混凝土不利于建造大跨结构、高层建筑，而且构件运输和吊装也比较困难等。

② 抗裂性差 由于混凝土材料的抗拉强度较低，其抗裂性差，受拉和受弯构件在正常使用阶段往往带裂缝工作。过早开裂虽不影响承载力，但对要求防渗漏的结构，如容器、管道等，使用受到一定限制。

③ 工序多、现场湿作业多 现场浇筑的混凝土结构施工工序多，现场湿作业多，需要模板、费工费料，养护期长、工期长，并受施工环境和气候条件限制等。

④ 不可焊性 这使得混凝土结构补强修复较困难。

⑤ 保温、隔声性能差 同砌体结构相比，混凝土结构的保温、隔声性能差得多。

这些缺点，在一定条件下限制了混凝土结构的应用范围。不过随着人们对于混凝土结构这门学科研究认识的不断提高，近年来，上述一些缺点随着技术方面的革新以及材料、工艺和施工方面的改进，已经得到克服或改善。

混凝土结构的应用范围非常广泛，几乎任何工程都可用它。除了一般工业与民用建筑构件广泛采用钢筋混凝土结构外，其它如特种结构的高烟囱、贮液池、水塔、贮仓、桥梁、道路路面等；公共建筑的高层楼房、大跨度会堂、剧院、展览馆等，也都可用钢筋混凝土结构建造。因此，混凝土结构成为本课程的主要研究对象。

（5）混合结构（mixed components structure） 有多种结构（砌体结构、混凝土结构、木结构、轻型钢结构）的构件所组成的结构，兼有各种结构的优缺点。

在混合结构中，常以砖、石、混凝土、或灰土等材料做基础，用各类砌体做主要承重的墙、柱，用钢筋混凝土做楼板或屋盖，或用木楼板、木屋盖、或用轻型钢结构做屋盖。混合结构中，如以砖砌体作为承重墙、柱，有时也称为砖混结构。基于经济上的原因，混合结构多用在中小型的工业和民用建筑中。

（6）组合结构（composite structure） 同一截面或各杆件由两种或两种以上材料制作，依靠交互作用或材料的黏结作用协同工作的结构。因为参与组合的材料能充分发挥各自的优势并互相弥补对方之不足，能在结构性态、材料消耗、施工工艺或使用效果等方面显示出较好的技术经济效益。

有用不同种类混凝土叠合而成的组合梁及组合板（又称叠合梁及叠合板）、钢-混凝土组合梁、钢-木组合梁、钢-混凝土组合柱、钢管混凝土柱、砖砌体-混凝土组合柱、钢-混凝土组合桁架及钢木桁架，以及组合的空间结构等都是组合结构。

钢筋混凝土结构长期来已形成一个独立的结构体系，不包括在组合结构中。近年来，组合结构应用越来越多。

1.2.2 按受力和构造特点的不同分类

按照受力和构造特点的不同分类，工程结构可分为以下几种。

（1）墙板结构（wall-slab structure） 由竖向构件为墙体和水平构件为楼板和屋面板所组成的房屋建筑结构。

（2）框架结构（frame structure） 由梁和柱以刚接或铰接相连接成承重体系的房屋建筑结构。

（3）延性框架（ductile frame） 梁、柱及其节点具有一定的塑性变形能力，并能满足侧向变形要求的框架。

（4）板柱结构（slab-column structure） 由水平构件为板和竖向构件为柱所组成的房屋建筑结构。如升板结构、无梁楼盖结构、整体预应力板柱结构等。

（5）筒体结构（tube structure） 由竖向悬臂的筒体组成能承受竖向、水平作用的高层建筑结构。筒体分剪力墙围成的薄壁筒和由密柱框架围成的框筒等。筒体结构又可以细分为以下几种。

① 框架-筒体结构（frame-tube structure） 由中央薄壁筒与外围的一般框架组成的高层建筑结构。

② 单框筒结构（framed tube structure） 由外围密柱框筒与内部一般框架组成的高层建筑结构。

③ 筒中筒结构（tube in tube structure） 由中央薄壁筒与外围框筒组成的高层建筑结构。

④ 成束筒结构（bundled tube structure） 由若干并列筒体组成的高层建筑结构。

（6）悬挂结构（suspended structure）　将楼（屋）盖荷载通过吊杆传递到竖向承重体系的建筑结构。悬挂结构又可以细分为以下几种。

① 核心筒悬挂结构（core tube supported suspended structure）　由中央薄壁筒作为竖向承重体系的悬挂结构。

② 多筒悬挂结构（multi-tube supported suspended structure）　由多个薄壁筒组成竖向承重体系的悬挂结构。

（7）排架结构（framed bent structure）　屋盖承重构件在柱顶与柱铰接，而柱与基础为刚接的一种单层框架，是一般单层工业厂房常用的结构形式。平排架结构随跨数不同可分为单跨、双跨或多跨排架；随各跨高度的变化可分为等高排架和不等高排架；按所用材料的不同可分为钢筋混凝土排架、钢排架和钢屋架与钢筋混凝土柱组成的排架。也可以做砌体柱排架。

（8）框架-剪力墙结构（frame-shear wall structure）　又称框架-承重墙结构。简称框墙结构或框剪结构。在高层建筑或工业厂房中，承重墙和框架共同承受竖向和水平作用的一种组合型结构。这种结构既具有框架结构在使用上的灵活性，又具有承重墙结构较大的刚度和较好的抗震能力。承重（剪力）墙和框架各自承受一部分水平力，它们的协同工作，有利于减小形和顶点位移，提高整体刚度。

（9）剪力墙结构（shear wall structure）　在高层和多层建筑中，由一系列纵向、横向的剪力墙（承重墙）和楼盖组成，且竖向和水平作用均由剪力墙承受的结构。在侧向荷载作用下，可以认为剪力墙自身平面刚度较大，平面外刚度很小。

（10）壳体结构（shell structure）　由各种形状的壳与边缘构件（梁、拱、桁架）组成的空间结构。

（11）悬索结构（cable-suspended structure）　由一系列受拉的曲线形索及其边缘构件所组成的承重结构。这些索按一定规律组成各种不同形式的体系，并悬挂在相应的支承结构上。索一般采用由高强度钢丝组成的钢绞线、钢丝绳或钢丝束，也可采用圆钢筋或带状的薄钢板等。索通过锚具固定在支承结构上。

由于通过索的拉伸来抵抗外荷载作用，可以充分利用钢材的强度。当采用高强度材料时，更可大大减轻结构自重，因而这种结构能较经济地跨越很大的空间，但其支承结构往往需耗费较多材料。悬索结构有单层悬索结构和双层悬索结构，且形式多样，能适应各种建筑功能和表达形式的需要。施工较方便，不需很多脚手架，也不需大型起重设备。这些特点使悬索结构在大跨度建筑中得到日益广泛的应用。

（12）斜拉结构（cable-stayed structure）　由斜拉钢索（杆）和梁共同工作的结构，它利用了结构所覆盖或跨越之上的上部空间，用竖塔和拉索（杆）与梁构成结构体系。因为在共同工作中充分发挥了高强钢索（杆）的轴心受拉优势，梁的跨度小、负担轻、截面小，是一种有效的大跨度结构。

（13）拱结构（arch structure）　由支座支承的一种曲线或折线形构件。它主要承受各种作用产生的轴向压力、有时也承受弯矩、剪力或扭矩。有带拉杆和不带拉杆之分。用砖石砌体、钢筋混凝土、木材、金属材料建造的拱结构在桥梁结构及房屋结构中都有广泛应用。

拱结构跨度可以很大，我国已建成的四川万县长江大桥是跨长为 420m 的拱结构。

（14）烟囱（chimney）　由筒体等组成承重体系，将烟气排入高空的高耸构筑物。

（15）水塔（water tower） 由水柜和支筒或支架等组成承重体系，用于储水和配水的高耸构筑物。

（16）贮仓（silos） 由竖壁和斗体等组成承重体系，用于贮存松散的原材料、燃料或粮食的构筑物。

1.2.3 其它分类

（1）按照几何体系分类

① 静定结构（statically determinate structure） 结构构件为无赘余约束的几何不变体系，用静力平衡原理即可求解其作用效应。

② 超静定结构（statically indeterminate structure） 结构构件为有赘余约束的几何不变体系，用静力平衡原理和变形协调原理求解其作用效应。

（2）按照空间工作情况分类

① 平面结构（plane structure） 组成的结构及其所受的外力，在计算中可视作为位于同一平面内的计算结构体系。

② 空间结构（space structure） 组成的结构可以承受不位于同一平面内的外力，且在计算时进行空间受力分析的计算结构体系。

③ 杆系结构（structural system composed of bar） 以直线形或曲线形杆件作为基本计算单元的结构体系的总称。如连续梁、桁架、框架、网架、拱、曲梁等。

1.3　工程结构课程简介和学习要点

1.3.1 课程简介

一般来讲，工程管理专业的工程结构课程的内容可分为两个部分。

（1）结构设计原理和建筑结构设计 这部分内容讨论材料的性能、计算原理、构件（如受弯、受剪、受压、受拉和受扭等构件以及预应力混凝土构件）的计算方法、构造等，这一部分既有工程结构的理论知识的学习，又有专业知识的应用。

（2）工程结构设计 这部分讲述混凝土楼（层）盖单层工业房屋、多层房屋和砌体结构房屋、道路工程、桥梁工程和各种构筑物结构（又称特种结构）的结构布置，各种结构部件的型式、设计计算和构造要求、各部件的联结和整体工作，介绍计算原理、设计原则和构造要求等。由于篇幅的原因，本书不再包含道路工程、桥梁工程和各种构筑物结构的内容，学习时可另选专门教材。

工程结构课程和许多课程关系密切，互相呼应配合，有的需要先行掌握，有的是后续课程。

（1）先行课程

① 土木工程材料 要能正确理解混凝土结构的性能，就必须先熟悉钢筋和混凝土材料的性能，因此要在土木工程材料课程中有关混凝土和钢材的基本知识的基础上，进一步掌握钢筋和混凝土的物理力学性能。

② 材料力学 材料力学的研究对象主要是匀质、弹性材料的构件，而工程结构主要是

非匀质、非弹性的材料，情况不同。材料力学解决问题的观点和方法，可供解决工程结构问题借鉴，只不过考虑问题时要顾及工程材料具体性能的特点。

③ 结构力学　该课程中对各种结构的内力分析和变形计算，都是工程结构计算中要用到的，必须掌握。另外，结构计算的基本原理，又是工程结构中所共用的。

④ 房屋建筑学　有关建筑方案、房屋构造方面的知识等在工程结构中显得十分重要。

（2）后续课程

① 工程结构抗震　我国是一个多地震的国家，工程管理类的专业一般都开设工程结构抗震课程，而工程结构课程中的内容是抗震课程的先行知识。

② 土力学与地基基础　土木工程或是采用天然地基、或是采用人工地基，都要进行适当的选择，并确定地基的反力，以及考虑基础的沉降、基础与上部结构的相互作用，这些都涉及工程结构的知识。因此，本课程又是该课程的先行课。

同时，工程结构设计还必须经济合理、施工方便，这必然使得本课程与土木工程施工课程、工程造价课程、工程质量管理课程以及政策与法规等课程相关。

1.3.2　本课程学习要点

由于工程结构课程学科跨度大，涉及的内容较多，因此学习本课程时应当注意以下几点。

（1）由于工程结构材料的自身性能较复杂，同时还有其它很多因素要影响其性能，目前从学科的现状水平而言，有些方面的强度理论还不够完善，在某些情况下，构件承载力和变形的取值还得参照试验资料的统计分析，处于半经验半理论状态，故学习时要正确理解其本质现象并注意计算公式的适用条件。

（2）工程结构课程针对的是结构和构件的设计，需要遵循国家的建设方针，考虑适用、经济（造价、材料用量）、安全、施工可行，牵涉到方案的比较、构件的选型、强度和变形的计算、构造要求等方面，是一个多因素的综合性问题。设计时需要加以多方面比较，方能从中做出抉择。所以，要注意培养对多种因素进行综合分析的能力。

（3）由于钢筋混凝土是由两种力学性能很不相同的材料所组成，如果两种材料在强度搭配和数量比值上的变化超过一定范围或界限，会引起构件受力性能的改变，这是学习钢筋混凝土构件时应注意的。

（4）学以致用。学习本课程不单是要懂得一些理论，更重要的是实践和应用。本课程的内容是遵照我国有关的国家标准，特别是各种专业《规范》编写的。《规范》体现了国家的技术经济政策、技术措施和设计方法，反映了当前我国在工程结构学科领域所达到的科学技术水平，并且总结了土木工程结构实践的经验，故各种《规范》是进行工程结构设计的依据，必须加以遵守。另外只有正确理解《规范》条款的意义，不盲目乱套，才能正确地加以应用，这首先就需要努力学习，熟悉《规范》。当然，工程结构这门学科是在不断地演进发展着，所以每隔一定年限《规范》就得重行修订，以反映新达到的水平。

（5）本课程的实践性很强，有些内容，如现钢筋混凝土浇楼盖中的梁、板、柱和节点中的钢筋布置和模板构造，预应力的张拉方法及各种锚夹具等，若不进行现场参观是很难掌握的。因此，在学习过程中要有计划地到施工现场、预制构件厂去参观，留心观察已有建筑物的结构布置、受力体系和构造细节，积累实际的感性知识，这对于学好本课程将大有益处。

思考题 ▶▶

1. 按照材料的不同，工程结构可分为哪些类？
2. 按照结构受力构造的不同，工程结构可分为哪些类？
3. 举几个例子说明混凝土结构在工程结构方面的应用。
4. 学习本课程应注意的要点是什么？

第 2 章

混凝土结构及其材料的力学性能

本章提要 ▶▶

　　钢筋混凝土是由钢筋和混凝土两种材料共同工作而形成的，而钢筋和混凝土的力学性能又与力学中所学的理想弹性材料不完全相同，因而钢筋混凝土结构构件的受力性能与由单一弹性材料做成的结构有很大差异。本章主要介绍了钢筋和混凝土两种材料的特点和钢筋混凝土的发展简况及展望；讨论了钢筋和混凝土在不同受力条件下强度和变形的变化规律，以及这两种材料共同工作的性能，它将为建立有关计算理论并进行钢筋混凝土构件的设计提供重要的依据。

2.1　混凝土结构

2.1.1　混凝土结构的一般概念

　　混凝土是由水泥、粗细骨料、外加剂和水按一定配合比经搅拌后结硬的人工石材，简称"砼"。混凝土结构包括素混凝土结构、钢筋混凝土结构、预应力混凝土结构、钢管混凝土结构、钢骨混凝土结构和其它形式的加筋混凝土结构。素混凝土结构常用于路面和一些非承重结构，钢筋混凝土结构和预应力混凝土结构则具有广泛的用途。

　　很久以前，混凝土和钢材就成为了土木工程中重要的建筑材料，开始时二者被单独使用。与天然石材一样，混凝土的抗压强度较高而抗拉强度很低（混凝土的抗压强度约为抗拉强度 10 倍左右）。而钢材则不然，其抗拉和抗压强度都很高，但价格也相对较高，为了充分发挥材料的性能，把钢材和混凝土这两种材料按照合理的方式结合在一起共同工作，为此把钢材加工成钢筋的形式，使钢筋主要承受拉应力，混凝土主要承受压应力，就组成了钢筋混凝土（reinforced concrete structure，也可简称 RC）。

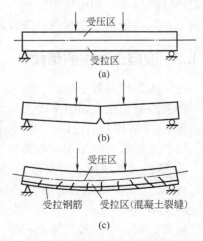

图 2-1　素混凝土与钢筋混凝土简支梁

下面以一静定的简支梁为例，讲述混凝土结构受力原理。由材料力学可知，图 2-1(a)所示的梁受弯后，截面的中和轴以上部分受压，以下部分受拉，假设截面以中和轴上下对称，则对称位置上拉压应力的绝对值相等。如该梁由素混凝土构成，由于混凝土的抗拉强度很低，于是在较小的荷载作用下，梁的上部照常工作，下部就会开裂，在荷载持续作用下，裂缝随即急速上升，导致梁骤然脆断，见图 2-1(b)，此时梁上部混凝土的抗压强度还未充分利用。倘若在构件浇注时，在梁的下部受拉区配置适量的钢筋，当受拉区混凝土开裂后，梁中和轴以下受拉区的拉力主要由钢筋来承受，中和轴以上受压区的压应力仍由混凝土承受，与素混凝土梁不同，此时荷载仍可以继续增加，直到受拉钢筋应力达到屈服强度，随着荷载的进一步增加，上部受压区的混凝土也被压碎，梁才破坏，见图 2-1(c)。破坏前，梁的变形（挠度）较大，有明显预兆，属于延性破坏类型。这样，混凝土的抗压能力和钢筋的抗拉能力都得到充分的利用，于是就较大幅度地提高了梁的抗弯承载力和变形能力。

同理，如图 2-2 所示，在承受压应力的混凝土柱中配置抗压强度远高于混凝土的钢筋，与混凝土共同工作，那么相同压力下，可以减小柱截面尺寸，节约材料；或在同样截面尺寸情况下可提高柱的抗压承载力。另外，配置了钢筋还能改善受压构件破坏时的脆性，提高变形能力，并可以承受偶然作用在柱截面上产生的拉应力。

图 2-2 钢筋混凝土柱

钢筋和混凝土两种不同物理力学性能的材料，之所以能有效地结合在一起共同工作，其主要原因是：

① 混凝土与钢筋之间黏结力的存在使两者可靠的结合在一起，能保证力的传递和共同变形；

② 两种材料的线膨胀系数 α 接近，钢筋的 $\alpha = 1.2 \times 10^{-5} K^{-1}$，混凝土的 $\alpha = (1.0 \sim 1.5) \times 10^{-5} K^{-1}$，所以当外界温度变化时，两者不至于胀缩变形不相等而产生黏结破坏，从而保持结构的整体性。

此外，应用这两种材料时，一般是混凝土包围在钢筋的外围，既起着保护钢筋免遭锈蚀的作用，又保证了钢筋外表面与混凝土之间的全面黏结。

目前国内外均在大力研究轻质、高强混凝土以减轻混凝土的自重；采用预应力混凝土（prestresed concrete，也简称 PC）技术以减轻结构自重和提高构件的抗裂性；采用预制装配构件以减少工序和现场湿作业，节约模板加快施工速度；采用工业化的现浇施工方法以简化施工，采用粘钢技术和碳纤维技术加固进行补强等等。

2.1.2 混凝土结构的组成

（1）典型的混凝土结构组成

钢筋混凝土结构由很多受力构件组合而成，主要受力构件（结构构件的另一种名称）有楼板、梁、柱、墙、基础等（图 2-3）。各构件主要功能如下。

① 楼板（楼层板、屋面板） 承受楼、屋面上的作用（以下简称荷载），并将其传递到梁或直接传递到竖向支承结构（柱、墙）的主要水平构件，其形式可以是实心板、空心板、带肋板等。

② 梁（主梁、次梁） 承受楼、屋面板传来的荷

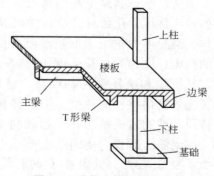

图 2-3 混凝土结构组成示意

载，并传递到墙或立柱上的水平构件，其截面形式有矩形、T 形、I 形和倒 L 形。

③ 柱 其作用是支承楼面体系，承受梁或板传来的荷载，并传递到基础上的竖向构件，其截面形式有矩形、I 形和双肢形等。

④ 墙 与柱相似，承受梁或板传来的荷载，并传递到基础上的竖向构件，其截面形式主要为矩形。

⑤ 基础 是将上部结构总的荷载传递到地基（土层）上的承重构件，其形式多样，有独立基础、桩基础、条形基础、平板式片筏基础和箱形基础等（详见土力学与地基基础方面的教材）。

（2）混凝土结构基本构件的分类

每一个承重结构都是由一些基本构件组成，按其形状和主要受力特点的不同可以分为：受弯构件、受压构件、受拉构件、受扭构件等。

总的来看，房屋建筑或构筑物都是由各种构件或部件（构件的组合体如平面楼盖）所组成的，如图 2-4(a) 所示框架结构，框架梁及楼盖中的板、次梁均为承受弯矩和剪力共同作用的受弯构件 [图 2-4(b)]；柱是以承受轴向压力为主，并同时受到弯矩及剪力作用的受压构件；框架边梁、挑檐梁为承受弯矩、剪力和扭矩共同作用的受扭构件。此外，屋架的上弦杆及高层建筑中的剪力墙也属受压构件；屋架的下弦杆为承受轴向拉力或同时受弯矩作用的受拉构件。这些构件的截面尺寸、配筋通常是由起控制作用的截面（如跨中及支座截面）的内力（轴向力 N、弯矩 M、剪力 V 及扭矩 T）所决定的 [图 2-4(c)]。

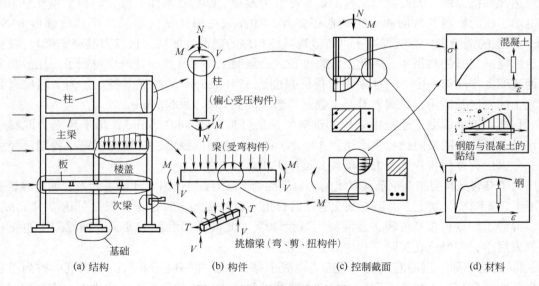

图 2-4 框架结构及其分解图

2.1.3 混凝土结构的发展和应用简况

（1）混凝土结构发展的几个阶段 混凝土结构的发展，大体上可分为三个阶段。

第一阶段是从钢筋混凝土发明至 20 世纪初。这一阶段，所采用的钢筋和混凝土的强度都比较低，主要用来建造中小型楼板、梁、拱和基础等构件。计算理论套用弹性理论，设计方法采用容许应力法。

第二阶段是从 20 世纪初到第二次世界大战前后。这一阶段混凝土和钢筋的强度有所提高，预应力混凝土结构的发明和应用，使钢筋混凝土被用来建造大跨度的空间结构。混凝土结构的试验研究开始进行，在计算理论上已开始考虑材料的塑性，在设计方法上开始按破损阶段计算结构的破坏承载力。

第三阶段是从第二次世界大战以后到现在。这一阶段的特点是随着高强混凝土和高强钢筋的出现，预制装配式混凝土结构、高效预应力混凝土结构、泵送商品混凝土以及各种新的施工技术等广泛地应用于各类土木工程，如超高层建筑、大跨度桥梁、跨海隧道、高耸结构等。在计算理论上已过渡到充分考虑混凝土和钢筋塑性的极限状态设计理论，在设计方法上已过渡到以概率论为基础的多系数表达的设计公式。

（2）混凝土结构的发展简况　从现代人类的工程建设史上来看，相对于砌体结构、木结构和钢结构而言，混凝土结构是一种新兴结构，它的应用不过只有 150 多年的历史。近 50 年，混凝土结构无论在材料、结构应用、施工制造和计算理论等方面都获得了迅速的发展，目前已成为工程建设中应用最广泛的一种结构。以下就材料、结构和计算理论三个方面简要地叙述混凝土结构的发展现状。

① 材料方面　目前钢筋混凝土结构中常用的混凝土抗压强度为 $20 \sim 40 \text{N/mm}^2$（MPa）；预应力混凝土结构中采用的混凝土抗压强度可达 $60 \sim 80 \text{N/mm}^2$。近年来国内外采用在混凝土中掺加减水剂的方法已生产出强度为 100N/mm^2 以上的混凝土。

采用高强混凝土是混凝土结构的发展方向。高强混凝土由于密实性好，可提高混凝土的抗渗透性和抗冻性，因而提高结构的耐久性。为混凝土结构在海洋工程、防护工程及原子能发电站、压力容器等方面的应用创造了条件，如挪威在海洋平台中采用了抗压强度 60N/mm^2 以上的混凝土。高强混凝土可有效地减少构件的截面（如柱、预应力混凝土梁），减轻自重，提高空间的利用率。因此在大跨度预应力混凝土桥梁和高层建筑中得到了应用。如美国西雅图太平洋第一中心的柱采用了抗压强度达 124N/mm^2 的高强混凝土。为了适应高强混凝土的发展及应用，我国将混凝土强度等级提高到 C80（80N/mm^2）。

目前，钢筋混凝土结构中采用的钢筋的屈服强度已达 500N/mm^2；用于预应力混凝土的钢丝、钢绞线的极限抗拉强度达到 1960N/mm^2。这种高强度、高性能钢筋在我国已经可以充分供应，今后将作为主力钢筋优先推广采用。

为了减轻结构自重（钢筋混凝土结构自重约为 25kN/m^3），国内外都在大力发展各种轻质混凝土，如陶粒混凝土、浮石混凝土等，其自重一般为 $14 \sim 18 \text{kN/m}^3$，强度可达 50N/mm^2。轻质混凝土的结构自重可较普通混凝土减少 30%。此外纤维混凝土等聚合物混凝土也正在研究发展中，有的已在实际工程中开始应用。

② 结构方面　钢筋混凝土和预应力混凝土结构，除在一般工业与民用建筑中得到了极为广泛的应用外，当前令人瞩目的是它在高层建筑、大跨桥梁和高耸结构物中的应用有着突飞猛进、日新月异的发展。

目前世界上已建成的最高的钢筋混凝土超高层建筑，是迪拜的哈利法塔，总高 828m，其次是我国上海环球金融中心，高 492m，其三是我国台北的 101 大厦，高 449.2m，其四是马来西亚吉隆坡的双塔大厦。它由两个并排的圆形建筑所组成，每个塔的内筒为边长 23m 的方形，外围为 16 个圆柱（直径 $1.2 \sim 2.4$m）。地上 88 层高 390m，连同桅杆总高 450m，底层至 84 层均为钢筋混凝土及钢骨混凝土结构，其五是我国上海浦东金茂大厦，为钢筋混凝土结构，其中部分柱配置了钢骨，88 层，高度为 420.5m。

预应力混凝土箱形截面斜拉桥或钢与混凝土组合梁斜拉桥是当前大跨桥梁的主要结构形式之一。目前世界上跨径最大的斜拉桥是苏通大桥，主跨跨径 1088m，其主塔高度为 300.4m。我国在 1993 年 10 月建成通车的上海杨浦大桥，主跨 602m，是钢与混凝土结合梁斜拉桥，桥全长 1172m，"A"字形桥塔高 220m，采用了 256 根斜拉索。我国 1997 年建成的万县长江箱形截面拱桥，主跨 420m，是当时世界最大跨度的钢筋混凝土拱桥。此前，最大跨度钢筋混凝土拱桥为克罗地亚的克尔克Ⅱ号桥，主跨 390m。

混凝土电视塔由于其造型上及施工（采用滑模施工）上的特点，已逐渐取代过去常用的钢结构电视塔。目前世界最高的预应力混凝土电视塔为加拿大多伦多电视塔，高 553m；其次是莫斯科电视塔。我国上海浦东的"东方明珠"电视塔高度居世界第三位，塔高 454m。上海电视塔造型独特，采用三根预应力混凝土管柱贯穿着上下三个球形，小球直径 7m，标高 337m；两个大球直径各 50m、标高分别为 265m 及 80m。此外，已建成的北京中央电视塔、天津电视塔都是预应力混凝土结构，高度均达到了 400m。

③ 计算理论方面　目前在建筑结构中已采用以概率理论为基础的可靠度理论，使极限状态设计方法更趋完善。考虑混凝土非弹性变形的计算理论也有很大进展，在连续板、梁及框架结构的设计中考虑塑性内力重分布的分析方法已得到较为广泛的应用。随着对混凝土强度和变形理论的深入研究，现代化测试技术的发展及有限元分析方法的应用，对混凝土结构，尤其是体形复杂或受力状况特殊的二维、三维结构，已能进行非线性的全过程分析，并开始从个别构件的计算过渡到考虑结构整体空间工作、结构与地基相互作用的分析方法，使得混凝土结构的计算理论和设计方法日趋完善，向着更高的阶段发展。

2.2　混凝土结构的钢筋

2.2.1　钢筋的品种和成分

我国用于混凝土结构的钢筋主要有热轧钢筋（hot rolled steel bar）、热处理钢筋（heat tempering bar）、预应力钢丝（prestressing wire）及钢绞线（strand）四种。在钢筋混凝土结构中主要采用热轧钢筋，在预应力混凝土结构中这四种钢筋均会用到。

热轧钢筋是低碳钢、普通低合金钢在高温下轧制而成。热轧钢筋为软钢，其应力应变曲线有明显的屈服点和流幅，断裂时有"颈缩"现象，伸长率较大。根据力学指标的高低，分为以下几种。

(1) 热轧光圆钢筋（hot rolled plain steel bars）　HPB300，300MPa 级（符号Φ）；

(2) 热处理带肋钢筋（hot rolled ribbed steel bars）　HRB335，335MPa 级（符号Φ）；HRB400，400MPa 级（符号Φ）；HRB500，500MPa 级（符号Φ）；

(3) 细晶粒热处理带肋钢筋（hot rolled ribbed steel bars fine）　HRBF335，335MPa 级（符号ΦF）；HRBF400，400MPa 级（符号ΦF）；HRBF500，500MPa 级（符号ΦF）；

(4) 余热处理带肋钢筋（remained heat treatment ribbed steel bars）　RRB400 级，400MPa 级（符号ΦR）。

混凝土结构中，纵向受力普通钢筋宜采用 HRB400、HRB500、HRBF400、HRBF500 钢筋，也可采用 HPB300、HRB335、HRBF335、RRB400 钢筋；梁、柱纵向受力普通钢筋应采用

HRB400、HRB500、HRBF400、HRBF500 钢筋；箍筋宜采用 HRB400、HRBF400、HPB300、HRB500、HRBF500 钢筋，也可采用 HRB335、HRBF335 钢筋。

　　钢筋的化学成分以铁元素为主，还含有少量的其它元素，这些元素影响着钢筋的力学性能。Ⅰ级钢为低碳素钢，强度较低，但有较好的塑性；Ⅱ、Ⅲ、余热处理Ⅲ级钢为低合金钢，其成分除每级递增碳元素的含量外，再分别加入少量的锗、硅、钒、钛等元素以提高钢筋的强度。目前我国生产的低合金钢有锰系（20MnSi、25MnSi）、硅钒系（40Si$_2$MnV、45SiMnV）、硅钛系（45Si$_2$MnTi）等系列。常用的热轧钢筋有 20MnSi、20MnSiV、20MnSiNb、20MnTi 等。钢筋中碳的含量增加，强度就随之提高，不过塑性和可焊性有所降低。一般低碳钢含碳量为≤0.25%，高碳钢含碳量为 0.6%~1.4%。

　　在钢筋的化学成分中，磷和硫是有害的元素，磷、硫含量多的钢筋的塑性就大为降低，磷使钢材冷脆，硫使钢材热脆，而且影响焊接质量，所以对其含量要予以限制。

　　热处理钢筋是将特定强度的热轧钢筋再通过加热、淬火和回火等调质工艺处理的钢筋。热处理后的钢筋强度能得到较大幅度的提高，而塑性降低并不多。热处理钢筋为硬钢，其应力-应变曲线没有明显的屈服点，伸长率较小，质地硬脆。热处理钢筋有 40Si$_2$Mn、48Si$_2$Mn 和 45Si$_2$Cr 三种。

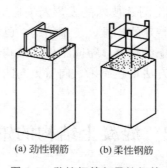

(a) 劲性钢筋　　(b) 柔性钢筋

图 2-5　劲性钢筋与柔性钢筋

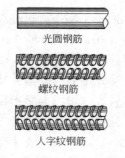

光圆钢筋

螺纹钢筋

人字纹钢筋

图 2-6　常用柔性钢筋及其外形

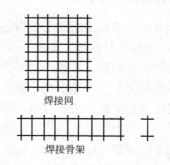

焊接网

焊接骨架

图 2-7　焊接网和焊接骨架

2.2.2　钢筋的形式

　　钢筋混凝土结构中所采用的钢筋，有柔性钢筋和劲性钢筋（又称为钢骨）见图 2-5。柔性钢筋即一般的普通钢筋，是我国使用的主要钢筋形式。柔性钢筋的外形可分为光圆钢筋与变形钢筋，变形钢筋有螺纹形、人字纹形和月牙纹形等，见图 2-6。

　　光圆钢筋直径为 6~20mm，变形钢筋的公称直径为 6~50mm，公称直径即相当于横截面面积相等的光圆钢筋的直径，当钢筋直径在 12mm 以上时，通常采用变形钢筋。当钢筋直径在 6～12mm 时，可采用变形钢筋，也可采用光圆钢筋。直径小于 6mm 的常称为钢丝，钢丝外形多为光圆，但因强度很高，故有时也在表面上刻痕以加强钢丝与混凝土的黏结作用。

钢筋混凝土结构构件中的钢筋网、平面和空间的钢筋骨架可采用铁丝将柔性钢筋绑扎成型，也可采用焊接网和焊接骨架（图 2-7）。劲性钢筋以角钢、槽钢、工字钢、钢轨等型钢作为结构构件的钢筋（骨）。

预应力钢筋常用的形式为钢绞线、消除应力钢丝（高强钢丝）和直径较小的热处理钢筋（5～10mm）。钢绞线系冷拔钢丝（详见施工技术课程）制造而成，方法是在绞线机上以一种稍粗的直钢丝为中心，其余冷拔钢丝围绕其进行螺旋状绞合，再经低温回火处理即成。常用的钢绞线规格有 3 股、7 股等。消除预应力钢丝系采用优质碳素钢盘条（光圆钢筋）经过几次冷拔而形成的达到所需直径和强度的钢丝。之后，若用机械方式对钢丝进行压痕就成为刻痕钢丝，对钢丝进行低温（一般低于 500℃）矫直回火处理后便成为矫直回火钢丝。预应力钢丝经过矫直回火后，可消除钢丝冷拔中产生的残余应力，比例极限、屈服强度和弹性模量均有所提高，塑性也有所改善；同时也解决了钢丝的伸直问题，方便施工。我国消除应力钢丝分为普通松弛（Ⅰ级松弛）和低松弛（Ⅱ级松弛）两种。各种预应力钢筋的代表符号如下：

φS 代表钢绞线，φP 代表光面消除应力钢丝，φH 代表螺旋肋消除应力钢筋，φⅠ代表刻痕消除应力钢筋，φHT代表热处理钢筋（$40Si_2Mn$、$48Si_2Mn$、$45Si_2Cr$）。

2.2.3 钢筋的力学性能

钢筋的力学性能有强度、变形（包括弹性和塑性变形）等。单向拉伸试验是确定钢筋性能的主要手段。经过钢筋的拉伸试验可以看到，钢筋的拉伸应力应变关系曲线可分为两类：有明显流幅的（图 2-8）和没有明显流幅的（图 2-9）。一般来说，热轧和冷拉钢筋属于有明显屈服点的钢筋，钢丝和热处理钢筋属无明显屈服点的钢筋。

图 2-8 表示了一条有明显流幅的典型的钢筋应力-应变曲线。在图 2-8 中，oa 为一段斜直线，其应力与应变之比为常数，应变在卸荷后能完全消失，称为弹性阶段，与 oa 相应的应力称为比例极限（或弹性极限）。应力超过 a 点之后，钢筋中晶粒开始产生相互滑移错位，应变即较应力增长得稍快，除弹性应变外，还有卸荷后不能消失的塑性变形。到达 b 点后，钢筋开始屈服，即荷载不增加，应变却继续发展增加很多，出现水平段 bc，bc 称之为流幅或屈服台阶；b 点则称屈服点，与 b 点相应的应力称为屈服应力或屈服强度。

经过屈服阶段之后，钢筋内部晶粒经调整重新排列，抵抗外荷载的能力又有所提高，cd 段即称为强化阶段，d 点叫作钢筋的抗拉强度或极限强度，而与 d 点应力相应的荷载是试件所能承受的最大荷载称为极限荷载。对于有明显流幅的钢筋，一般取屈服点作为钢筋设计强度的依据。屈服强度与抗拉强度之比称为屈强比。

试验表明，钢筋的受压性能与受拉性能类同，其受拉和受压弹性模量也是相同的。

图 2-8 中 e 点的横坐标代表了钢筋的伸长率，它和流幅 bc 的长短，都因钢筋的品种而异，均与材质含碳量成反比。伸长率愈大，标志着钢筋的塑性指标好。这样的钢筋不致突然发生危险的脆性破坏，由于断裂前钢筋有相当大的变形，足够给出构件即将破坏的预告。因此，强度和塑性这两个方面的要求，都是选用钢筋的必要条件。

图 2-9 表示没有明显流幅的钢筋的应力-应变曲线，此类钢筋的比例极限大约相当于其抗拉强度的 65%。通常取残余应变为 0.2% 时对应的应力（$\sigma_{0.2}$）作为条件屈服强度。为了统一起见，《规范》规定取条件屈服 $\sigma_{0.2}$ 为极限抗拉强度的 0.85 倍。一般来说，含碳量高的钢筋，质地较硬，没有明显的流幅，其强度高，但伸长率低，下降段极短促，其塑性性能较差。

冷弯性能是检验钢筋塑性性能的另一项指标。为使钢筋在加工、使用时不开裂、弯断或脆断，可对钢筋试件进行冷弯试验，见图 2-10，要求钢筋弯绕一辊轴弯心 180° 而不产生裂缝、鳞落或断裂现象。弯转角度愈大、弯心直径 D 愈小，钢筋的塑性就愈好。冷弯试验较受力均匀的拉伸试验能更有效地揭示材质的缺陷，冷弯性能是衡量钢筋力学性能的一项综合指标。

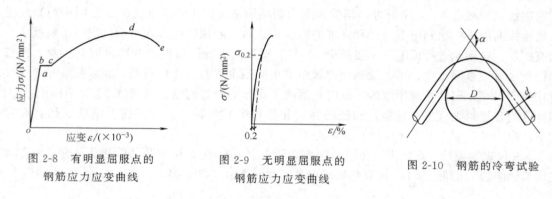

图 2-8　有明显屈服点的
钢筋应力应变曲线

图 2-9　无明显屈服点的
钢筋应力应变曲线

图 2-10　钢筋的冷弯试验

此外，根据需要，钢筋还可做冲击韧性试验和反弯试验，以确定钢筋的有关力学性能。

2.2.4　混凝土结构对钢筋质量的要求

用于混凝土结构中的钢筋，一般应能满足下列要求：

（1）具有适当的屈强比　在钢筋的应力-应变曲线中，强度有两个：一是钢筋的屈服强度（或条件屈服强度），这是设计计算时的主要依据，屈服强度高则材料用量省，所以要选用高强度钢筋；另一是钢筋的抗拉强度，屈服强度与抗拉强度的比值称为屈强比，它可以代表结构的强度储备，比值小则结构的强度后备大，但比值太小则钢筋强度的有效利用率太低，所以要选择适当的屈强比。对有明显屈服点的钢筋，屈强比不应大于 0.8，对无明显屈服点的钢筋，屈强比（条件屈服强度）不应大于 0.85。

（2）足够的塑性　在混凝土结构中，若发生脆性破坏则变形很小，没有预兆，而且是突发性的，因此是危险的。故而要求钢筋断裂时要有足够的变形，这样，结构在破坏之前就能显示出预警信号，保证安全。另外在施工时，钢筋要经受各种加工，所以钢筋要保证冷弯试验的要求。

对于有明显流幅的钢筋，其主要指标为屈服强度、抗拉强度、伸长率和冷弯性能四项；对于没有明显流幅的钢筋，其主要指标为抗拉强度、伸长率和冷弯性能三项。

（3）可焊性　要求钢筋具备良好的焊接性能，保证焊接强度，焊接后钢筋不产生裂纹及过大的变形。见图 2-11。

（4）抗低温性能　在寒冷地区要求钢筋具备抗低温性能，以防钢筋低温冷脆而致破坏。

（5）与混凝土要有良好的黏结力　黏结力是钢筋与混凝土得以共同工作的基础，在钢筋

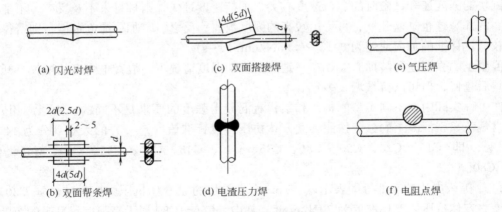

(a) 闪光对焊   (c) 双面搭接焊   (e) 气压焊

2d(2.5d)
2~5
d
4d(5d)
(b) 双面帮条焊   (d) 电渣压力焊   (f) 电阻点焊

图 2-11   钢筋的焊接接头

表面上加以刻痕，或制成各种纹形，都有助于或大大提高黏结力。钢筋表面沾染油脂、泥污、长满浮锈都会损害这两种材料间的黏结。

2.3 混 凝 土

2.3.1 混凝土的强度

混凝土是一种不均匀、不密实的混合体，且其内部结构复杂，这就给混凝土的强度测定带来一定的困难。此外，混凝土的强度还受到许多因素的影响，诸如水泥的品质和用量、骨料的性质、混凝土的配比、制作的方法、养护环境的温湿度、龄期、试件的形状和尺寸、试验的方法等，因此，在建立混凝土的强度时要规定一个统一的标准作为依据。

(1) 立方体抗压强度 f_{cu} 与混凝土强度等级　测定混凝土抗压强度的试件，有立方体和圆柱体（有些国家如美国、日本等，采用圆柱体，其直径为 6 英寸、高为 12 英寸试件的抗压强度作为混凝土的强度指标）两种。我国习惯上采用立方体试件即采用边长 150mm 的立方体标准试件的抗压强度作为混凝土强度的基本指标。试块应按规定的标准制作，其养护环境规定为温度在 (20±3)℃、相对湿度≥90%。试块的标准试验方法也有具体的规定，通常情况下，由于试验机钢压板的刚度很大，压板除了对试块施加竖向压力外，还对试块表面产生向内的摩擦力 [图 2-12(a)]，摩擦力约束了试块的横向变形，阻滞了裂缝的发展，从而提高了试块的抗压强度。破坏时，远离承压板处的混凝土所受的约束最少，混凝土也就脱落得最多，形成两个对顶叠置的方锥体。

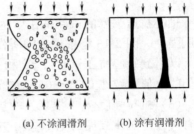

(a) 不涂润滑剂   (b) 涂有润滑剂

图 2-12   混凝土立方体试块的破坏

如果在承压板和试块上下表面之间涂以油脂润滑剂，则试验加压时摩擦力将大为减少，因此对试块的横向约束也就大为减小，于是试块遂呈纵裂破坏 [图 2-12(b)]，所测强度也就较小。《规范》规定的标准试验方法是不涂油脂试块的试验数据，这样做是符合工程实际情况的。

试块的强度还和试验时的加荷速度有关，加荷速度过快，则材料来不及反应，不能充分变形、内部裂缝也难以开展，可得出较高的强度数值；反之，若加荷速度过慢，则所得强度数值较低。标准的加荷速度为 $0.15 \sim 0.25 \mathrm{N}/(\mathrm{mm}^2 \cdot \mathrm{s})$。

混凝土的强度还和龄期有关。在一定的温度和湿度情况下，混凝土强度的增长，开始很快，其后趋慢，但可以持续增长多年。

在工程实际中，不同类型的构件和结构对混凝土强度的要求是不同的。为了应用方便，我国《规范》将混凝土的强度按照其立方体抗压强度标准值（$f_{cu,k}$）的大小划分为 14 个强度 等 级， 即 C15、C20、C25、C30、C35、C40、C45、C50、C55、C60、C65、C70、C75、C80。

14 个等级中的数字部分即表示以 N/mm^2 为单位的立方体抗压强度数值。如 C30 表示混凝土立方体抗压强度标准值为 $30\mathrm{N}/\mathrm{mm}^2$。其中，C60～C80 属于高强度混凝土的范畴。

（2）轴心抗压强度 f_c。 在工程中，钢筋混凝土受压构件的尺寸，往往是高度 h 比截面的边长 b 大很多，形成棱柱体，此时试验机端部钢压板的摩擦力约束作用的影响很小。用棱柱体所测得的强度称为混凝土的轴心抗压强度 f_c，f_c 能更好地反映混凝土的实际抗压能力。从图 2-13 所作试验的曲线可知，当 $h/b = 2 \sim 3$ 时，轴心抗压强度即摆脱了摩擦力的作用而趋于稳定，达到纯压状态。

所以轴心抗压强度的试件常取 $150\mathrm{mm} \times 150\mathrm{mm} \times 300\mathrm{mm}$、$150\mathrm{mm} \times 150\mathrm{mm} \times 450\mathrm{mm}$ 等尺寸。我国《普通混凝土力学性能试验方法》规定以 $150\mathrm{mm} \times 150\mathrm{mm} \times 300\mathrm{mm}$ 的棱柱体作为混凝土轴心抗压强度试验的标准试件。图 2-14 表示轴心抗压试验的装置和试件的破坏情况。

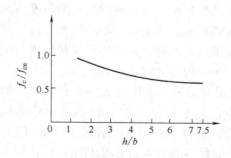

图 2-13　柱体高宽比对抗压强度的影响

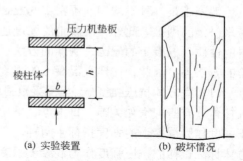

（a）实验装置　　　（b）破坏情况

图 2-14　混凝土轴心抗压试验

轴心抗压强度的试件是在与立方体试件相同条件下制作的，经测试其数值要小于立方体抗压强度。图 2-15 是根据我国所作的混凝土棱柱体与立方体抗压强度对比试验的结果。由图可以看到轴心抗压试验值 f_c^0 和立方体抗压试验值 f_{cu}^0 的统计平均值大致成一条直线关系，它们的比值大致在 0.70～0.92 的范围内变化，强度大的比值大些。

（3）抗拉强度 f_t　混凝土的抗拉强度很低，与立方抗压强度之间为非线性关系，一般只有其立方抗压强度的 1/10 弱。中国建筑科学研究院等单位对混凝土的抗拉强度作了系统的测定，试件用 $100\mathrm{mm} \times 100\mathrm{mm} \times 500\mathrm{mm}$ 的钢模筑成，两端各预埋一根 $\phi16$ 钢筋，钢筋埋入深度为 $150\mathrm{mm}$ 并置于试件的中心轴线上，试验时用试验机的夹具夹紧试件两端外伸的钢筋施加拉力，破坏时试件在没有钢筋的中部截面被拉断，其平均拉应力即为混凝土的轴心抗拉强度 f_t，根据 72 组试件所得混凝土抗拉强度的试验结果见图 2-16。

在用上述方法测定混凝土的轴心抗拉强度时，保持试件轴心受拉很重要，也不容易完全

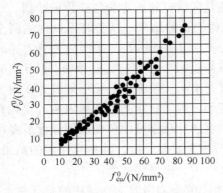

图 2-15　混凝土轴心抗压强度与
立方体抗压强度的关系

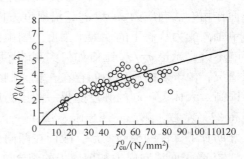

图 2-16　混凝土轴心抗拉强度与
立方体抗压强度的关系

做到，因为混凝土内部结构不均匀，试件的质量中心往往不与几何中心重合，钢筋的预埋和试件的安装都难以对中，而偏心和歪斜又对抗拉强度有很大的干扰。为避免这种情况，常用劈拉试验来测定混凝土的抗拉强度。劈拉试验的试件可做成圆柱体或立方体，如图 2-17 所示。试件与立方体抗压强度的试件相仿或相同。劈拉试验用压力机通过垫条对试件中心面施加均匀线分布荷载 P，除垫条附近外，中心截面上将产生均匀的拉应力，当拉应力达到混凝土的抗拉强度时，试件即被劈裂成两半。按照弹性理论，截面的横向拉力，即混凝土的抗拉强度为：

$$f_t = \frac{2P}{\pi d l} \tag{2-1}$$

式中，P 为破坏荷载；d 为圆柱体直径或立方体边长；l 为圆柱体长度或立方体边长。

当然，试件大小和垫条尺寸都会影响劈拉试验的结果，故应根据实际情况乘以不同的修正系数。

（4）在复合受力状态下的混凝土强度（简称复合受力强度）　以上所述各种单向受力状态，在钢筋混凝土实际结构中是较少的，比较多的则是处于双向、三向或兼有剪应力的复合受力状态。复合受力强度是钢筋混凝土结构的重要理论问题，但由于问题的复杂性，至今还

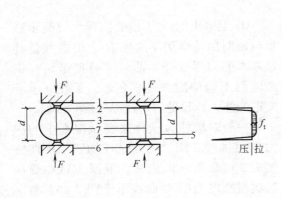

图 2-17　混凝土劈拉试验示意

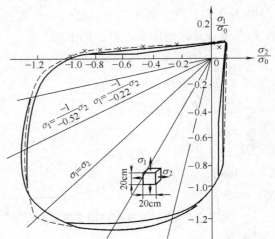

图 2-18　双向受力混凝土试块的强度

在研究探讨之中，目前对于混凝土复合受力强度主要还是凭借试验所得的经验分析数据。

① 双向受力强度 图 2-18 表示双向受力混凝土试件的试验结果。试验时沿试件的两个平面作用有法向应力 σ_1 和 σ_2，沿厚度方向的法向应力 $\sigma_3 = 0$，试件处于平面应力状态，σ_0 是单轴向受力状态下的混凝土强度。图中第一象限为双向受拉应力状态，σ_1 和 σ_2 相互间的影响不大，无论 σ_1/σ_2 比值如何实测破坏强度基本上接近单向抗拉强度。第三象限为双向受压情况，由于双向压应力的存在，相互制约了横向的变形，因而抗压强度和极限压应变均有所提高。大体上一向的强度随另一向压力增加而增加，双向受压强度比单向受压强度最多可提高 27% 左右。第二、四象限，试件一个平面受拉，另一个平面受压，其相互作用的结果，正好助长了试件的横向变形，故而在两向异号的受力状态下，强度要降低。

② 受平面法向应力和剪应力的组合强度 图2-19 所示的受力情况，在试件的单元体上，除作用有剪应力 τ 外，还作用有法向应力 σ，在有剪应力作用时，混凝土的抗压强度将低于单向抗压强度。所以在钢筋混凝土结构构件中，若有剪应力的存在将影响受压强度。

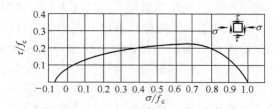

图 2-19　试件双向受力时的强度曲线

③ 三向受压强度 混凝土试件三向受压则由于变形受到相互间有利的制约，形成约束混凝土，其强度有较大的增长。

2.3.2 混凝土的变形性能

混凝土的变形可分为两类。一类是在荷载作用下的受力变形，如单调短期加荷、多次重复加荷以及荷载长期作用下的变形。另一类与受力无关，称为体积变形，如混凝土收缩、膨胀以及由于温度变化所产生的变形等。

（1）混凝土在单调、短期加荷作用下的变形性能 混凝土在单调、短期加荷情况下的应力-应变关系，是混凝土力学性能的一个重要方面，它是钢筋混凝土构件应力分析、建立强度和变形计算理论所必不可少的依据。

① 混凝土的应力-应变曲线 混凝土在单调短期加荷作用下的应力-应变曲线是其最基本的力学性能，曲线的特征是研究钢筋混凝土构件的强度、变形、延性（承受变形的能力）和受力全过程分析的依据。

一般取棱柱体试件来测试混凝土的应力-应变曲线，测试时在试件的四个侧面安装应变仪读取纵向应变。混凝土试件受压时典型的应力-应变曲线示于图 2-20。整个曲线大体上呈上升段与下降段两个部分。

在上升 OC 段：起初压应力较小，当应

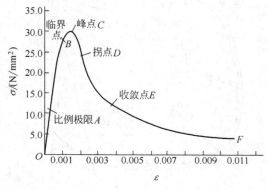

图 2-20　混凝土的应力-应变曲线

力 $\sigma \leqslant 0.3 f_c$ 时（OA 段），变形主要取决于混凝土内部骨料和水泥结晶体的弹性变形，应力-应变关系呈直线变化。当应力 σ 在 0.3～0.8 范围时（AB 段），由于混凝土内部水泥凝胶体的黏性流，表现出越来越明显的非弹性性质，应力应变呈现出非直线关系，随着荷载加大由于初始裂缝加宽、伸长并出现新裂缝，但处于稳定状态。此时应变增长快于应力增长。

在下 CE 降段：当试件应力达到 f_c 即应力峰值 C 点时，混凝土发挥出它受压时的最大承载力，即轴心抗压强度，此时，内部微裂缝已延伸扩展成若干通缝，由于混凝土内部结构的整体受到愈来愈严重的破坏，试件的平均强度下降，试件承载力也开始下降。应力-应变曲线向下弯曲，直到凹向发生改变，曲线出现"拐点"D。超过 D 点，混凝土只靠骨料间的咬合及摩擦力与残余承压面来承受荷载，应力-应变曲线逐渐凸向水平轴，出现曲率最大的一点 E 称为收敛点。E 点以后的曲线称为收敛段。对于无侧向约束的混凝土收敛段 EF 已失去结构上的意义。

应当指出，如果测试时使用的是一般性的试验机，测不出应力-应变曲线的下降段。

② 混凝土破坏机理　混凝土硬化过程中由于水泥石收缩、骨料下沉等因素，水泥石与骨料接触面处将形成微小裂缝，称为黏结裂缝，它是混凝土中最薄弱的环节。这种初始黏结裂缝，在荷载作用下将有一个发展过程。当荷载较小时（约为破坏荷载的 30% 以下），由于压应力较小，试件虽然被纵向压缩，但水泥石及骨料均处在弹性阶段，应力应变呈线性关系，初始裂缝无发展。当荷载继续加大，由于水泥石胶凝体发生塑性变形，水泥石与骨料间的变形不协调。使得初始裂缝伸长加宽并出现新裂缝，混凝土的应力应变已偏离线性关系，应变增长较应力快。只要应力不再增大，裂缝也不再继续发展，已有的微裂缝处于稳定状态，此时的压应力约为极限强度的 50%。再继续增大荷载，骨料表面的裂缝进一步扩大、伸长，并且已相互贯穿砂浆而连通；当压力增至极限强度的 75%～85% 左右，裂缝的发展进入不稳定状态，即使荷载不再增长，裂缝也会逐渐发展，试件横向变形明显加快。在接近破坏时，竖向裂缝将混凝土试件分割成若干小柱，沿裂缝面的剪切滑移和骨料颗粒处裂缝不断扩展，最后混凝土被压坏。

值得注意的是，不同条件下混凝土应力-应变曲线不相同，影响混凝土应力应变曲线的因素很多，主要是混凝土强度、加荷速度、加载方法、横向钢筋的约束等。图 2-21、图 2-22 表示不同因素下单调短期加荷作用下混凝土应力-应变关系。

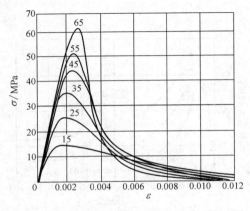

图 2-21　强度等级不同的混凝土应力-应变关系

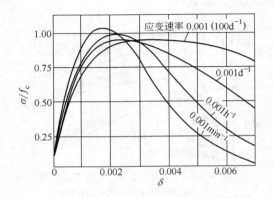

图 2-22　不同应变速率的混凝土应力-应变关系

（2）混凝土处于三向受压时的变形特点　在三向受压的情况下，因为混凝土试件横向处于约束状态，其强度与延性均有较大程度的增长。为了进一步说明问题以便工程应用，由图 2-23 表示混凝土圆柱体试件在三向受压作用下的轴向应力-应变曲线，圆柱体周围用液体压力把它约束住，每条曲线都使液压保持为常值，轴向压力逐渐增加直至破坏并量测它的轴向应变。图中的注是说明当试件周围的侧向力 $\sigma_2 = 0$ 时，混凝土强度 f_c 的数值只有 25.7N/mm^2，但是随着试件周围侧向压力的加大，试件的强度和延性都大为提高了。

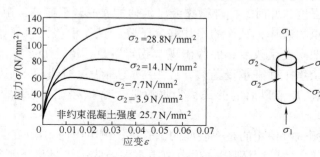

图 2-23　混凝土圆柱体三向受压应力-应变关系

由上面的讲述可以得出如下结论。

① "约束了混凝土的横向变形可以提高其抗压强度"，了解这一原理不仅具有理论意义，而且具有实践意义；

② 侧向压应力有利于提高混凝土的抗压强度和延性，剪应力的存在会降低混凝土的抗压强度；

③ 适宜的压应力的存在有利于提高混凝土的抗剪强度，超值则相反；

④ 剪切面上的拉应力能降低混凝土的抗剪能力。

在工程实际中，常以间距较小的螺旋式钢筋或箍距较密的普通箍筋来约束混凝土，这是一种被动、间接的约束方式，所以螺旋筋也称间接钢筋。当轴向压力较小时，由于没有横向膨胀，螺旋筋或箍筋几乎不受力，混凝土是非约束性的。但当轴向压力增大，混凝土应力接近抗压强度时，混凝土体积膨胀，向外挤压螺旋筋或箍筋（参见图 2-26）从而使螺旋筋或箍筋受力，反过来抑制混凝土的膨胀，使混凝土成为约束性混凝土，达到与周围有液压的相似效果。图 2-24 与图 2-25分别为螺旋筋圆柱体试件和箍筋棱柱体试件所测得的约束混凝土的应力-应变曲线。

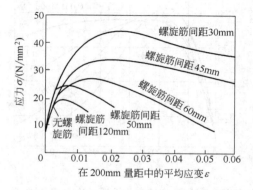

图 2-24　螺旋箍筋圆柱体约束混凝土
试件的应力-应变关系

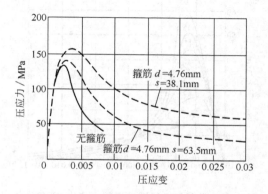

图 2-25　普通箍筋棱柱体约束混凝土
试件的应力-应变关系

从图中可知，在应力接近混凝土抗压强度之前，螺旋筋和箍筋并无明显作用，其应力-应变曲线与不配置螺旋筋或箍筋的试件基本相同，直至螺旋筋和箍筋发挥出约束作用之后，混凝土才处于三向受力状态。随着螺旋筋和箍筋间距的加密，约束混凝土的峰值应力提高，与峰值应力相应的应变亦愈显增大，而其下降段则发生较多的变化。因为螺旋筋和箍筋约束，延缓了裂缝的发展，使得应力的下降减慢，下降坡度趋向平缓，曲线延伸甚长，延性大为提高。

因此，对结构的构件和节点区，采用间距较密的螺旋筋和箍筋，造成约束混凝土来提高构件的延性，以承受地震力的作用是行之有效的。

图 2-26 还将螺旋筋和普通箍的作用作了对比。螺旋筋约束力匀称，效果自然好。普通箍筋只对四角和核心部分的混凝土约束较好，对边部的约束则甚差。所以间距密集的普通箍筋对提高延性的效果是好的，但对提高混凝土强度的作用就不大，不过，普通箍筋制作和施工较方便，也容易配合矩、方形截面。

(a) 普通方形箍筋 (b) 螺旋箍筋

图 2-26 普通方形箍筋和
螺旋箍筋对混凝土的约束

（3）混凝土在多次重复荷载下的应力-应变关系　将混凝土棱柱体试件加荷使其应力达到某个数值 σ，然后卸荷至零，并将这一循环多次重复下去就称为多次重复加荷。试验表明，混凝土经过一次加荷循环后将有一部分塑性变形不能恢复，在多次循环过程中，这些塑性变形将逐渐积累，但每次的增量不断减小。

若每次循环所加的应力较小，经过若干次循环后，累积塑性变形将不再增长，混凝土的加荷应力应变曲线将变成直线（图 2-27），此后混凝土将按弹性性质工作，加荷卸荷几百万次也不会破坏。如果每次加荷的最大应力都低于混凝土的抗压强度，但超过某个限值，经过若干次循环后，混凝土将会破坏。试件在循环 200 万次或稍多时发生破坏的压应力称为混凝土的疲劳抗压强度，用符号 f_c^t 表示。混凝土的疲劳抗压强度低于其轴心抗压强度。

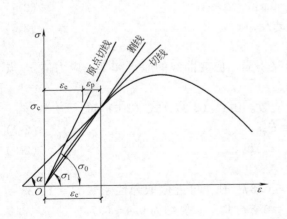

图 2-27　混凝土变形模量的表示方法

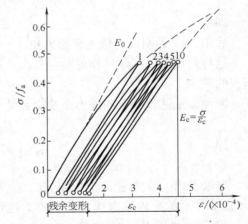

图 2-28　混凝土弹性模量 E_c 的测定方法

（4）混凝土的弹性模量

在材料力学中，衡量弹性材料应力-应变之间的关系，可用弹性模量表示：

$$E = \sigma / \varepsilon$$

弹性模量高，即表示材料在一定应力作用下，所产生的应变相对较小。在钢筋混凝土结构中，无论是进行超静定结构的内力分析，还是计算构件的变形、温度变化和支座沉陷对结构构件产生的内力，以及预应力构件等都要应用到混凝土的弹性模量。

但由于混凝土是弹塑性材料，它的应力-应变关系只是在应力很小的时候，或者在快速加荷进行试验时才近乎直线。一般说来，其应力-应变关系为曲线关系，不是常数而是变数，例如，从图 2-27 混凝土棱柱体受压应力-应变的典型曲线上，取任一点，其应力为 σ_c，相应的应变为 ε_c，则

$$\varepsilon_c = \varepsilon_e + \varepsilon_p$$

式中，ε_e 为混凝土应变 ε_c 中的弹性应变部分；ε_p 为混凝土应变 ε_c 中的塑性应变部分。

为此，对于混凝土的受压变形模量可有如图 2-27 所示的几种表达方式：

① 原点弹性模量　也称原始或初始弹性模量，简称弹性模量 E_c。过应力-应变曲线原点作曲线的切线，该切线的斜率即为原点弹性模量，以 E_c 表示，从图中可得：

$$E_c = \tan\alpha_0 \tag{2-2}$$

即
$$E_c = \sigma_c / \varepsilon_e \tag{2-3}$$

式中，α_0 为混凝土应力-应变曲线在原点处的切线与横坐标的夹角。

这样，初始弹性模量就定义为：应力应变曲线过原点的正切线。

初始弹性模量的计算值：10 次循环加荷的后的应力差 σ_c 与相应的应变差 ε_c 的比值（图 2-28），即

$$E_c = \sigma_c / \varepsilon_c \tag{2-4}$$

应当指出，初始弹性模量是一个定量，适用于大多数情况下的结构内力分析和结构设计。严格地说，混凝土进入弹塑性阶段后，初始弹性模量已不能反映这时的应力-应变关系，因此需要用切线模量和割线模量来描述。

② 变形模量　也称割线模量 E_c'，作原点 O 与曲线任一点 $(\sigma_c, \varepsilon_c)$ 的连线，其所形成的割线的正切值，即为混凝土的变形模量，可表达为：

$$E_c' = \tan\alpha_1 \tag{2-5}$$

即
$$E_c' = \sigma_c / \varepsilon_c \tag{2-6}$$

式中，α_1 为割线与横坐标的夹角。

这样，变形（割线）模量就定义为：过混凝土应力应变曲线的原点和某一应力值 σ_c 点割线的斜率。

割线模量随混凝土的应力而变化，是一个变数。由式 (2-3)、式 (2-6) 知：

$$E_c \varepsilon_e = E_c' \varepsilon_c \tag{2-7}$$

即
$$E_c' = (\varepsilon_e / \varepsilon_c) E_c \tag{2-8}$$

令 $\nu' = \varepsilon_e / \varepsilon_c$，则 $E_c' = \nu' E_c$。

可以看出，应力增大时 E_c' 减小，通常 $\sigma_c \leqslant 0.3 f_c$ 时，可近似取弹性系数 $\nu' = 1$；$\sigma_c = 0.5 f_c$ 时，ν' 的平均值为 0.85；当应力达到 $\sigma_c = 0.8 f_c$ 时，ν' 值约为 0.4～0.7。

③ 切线模量 E_c''　在混凝土应力-应变曲线上某一应力 σ_c 处作一切线，该切线的斜率即为相应于应力 σ_c 时的切线模量。

$$E_c'' = \tan\alpha \tag{2-9}$$

式中，α 为该点的切线与横坐标的夹角。

显然，切线模量也是一个变量。随着 σ_c 的不同而变化。对于同一试件，三模量之间的

关系符合下式：

$$E_c \geqslant E_c' \geqslant E_c''\tag{2-10}$$

④ 混凝土的受拉弹性模量 E_t，混凝土受拉时的应力-应变曲线形状与受压时的相似。当拉应力较小时，应力-应变关系近乎直线，当拉应力较大和接近破坏时，出于塑性变形的发展，应力-应变关系呈曲线形。如采用等应变速率加荷，也可以测得应力-应变曲线的下降段。试验表明，混凝土受拉时，应力-应变曲线上切线的斜率与受压时基本一致，即 E_t 可取受压模量，当混凝土达到极限抗拉强度即将开裂时，受拉弹性模量为 $0.5E_c$。

⑤ 混凝土的剪切模量 G_c，根据弹性理论，材料的弹性模量与剪切模量之间的关系为：

$$G_c = E_c / 2(1 + \nu_c)\tag{2-11}$$

式中，ν_c 为混凝土泊松比。

我国《规范》取为 0.2。由式（2-11）可得出经取整后的混凝土的剪变模量为 $G_c = 0.4E_c$。

2.3.3 混凝土的时随变形——徐变和收缩

（1）混凝土的徐变　混凝土在长期不变荷载持续作用下，产生随时间而增长的变形称为混凝土的徐变（图 2-29）。影响混凝土徐变的主要因素如下。

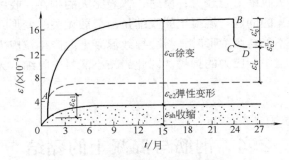

图 2-29　混凝土的收缩和徐变

① 水灰比的影响　在水灰比不变的条件下，水泥用量越大，徐变量越大。

② 骨料的影响　骨料所占比例越高，骨料弹性模量越高，徐变量越小。

③ 环境的影响　在受荷载前混凝土养护时的温度越高、湿度越大，徐变量越小。故采用蒸气养护，可减小徐变量约 20%～25%。受力后，环境的温度越高，徐变就越大。环境相对湿度越低，徐变也就越大。

④ 应力大小的影响　试验表明，在压应力不超过 $0.5f_c^0$ 范围内，徐变与应力大致成正比关系，称为线性徐变。随时间的增长，徐变最终趋近于某一定值，故徐变是收敛性的。但徐变增长速率大于应力增长，同时随应力的增长，徐变收敛性越来越差，称为非线性徐变。当应力超过 $0.8f_c^0$ 后，徐变变为非收敛性，在这种情况下徐变发展最终将导致混凝土破坏。因此，在长期荷载持续作用下取压应力 $0.8f_c^0$ 为混凝土长期抗压强度。

⑤ 混凝土构件相对表面的影响　相对表面积愈大则徐变愈大。

混凝土徐变对钢筋混凝土构件的受力性有重要影响。它可以增大受压构件的变形，产生应力重分布，使钢筋实际应力大于理论值；使钢筋混凝土梁的挠度加大；对细长的偏心受压构件，可以增大偏心，降低构件的承载力；在预应力混凝土中将使预应力钢筋产生应力损失等。应该指出的是，徐变也有对结构受力有利的一面，如可缓和应力集中现象；降低温度应力；减少支座不均匀沉降引起的结构内力；受拉徐变可延缓收缩裂缝的出现等。

（2）混凝土的收缩 混凝土在空气中硬结时体积缩小，称为混凝土收缩。在水中硬结时体积膨胀混凝土的收缩远大于膨胀。混凝土的收缩随时间增长而增大，初期收缩变形发展较快，两周后完成总收缩量的 25%，一个月可完成 50%，三个月后收缩增长缓慢，二年后趋于稳定，最终收缩值可在$(2\sim5)\times10^{-4}$之间（图 2-29）。

一般认为，混凝土的收缩由凝缩和干缩两部分组成。凝缩是凝胶体本身的体积收缩，干缩是混凝土失水产生的体积收缩。影响混凝土收缩的因素主要有以下几个方面：

① 水灰比 水泥用量不变，水灰比越大，收缩越大；

② 水泥用量 水灰比不变，水泥用量越多，收缩越大；

③ 骨料及级配 骨料的级配好、密度大、弹性模量大、粒径大，骨料对凝胶体收缩制约作用就大，从而可以减小收缩；

④ 养护条件 高温、高湿养护可加快水泥的水化作用，减少混凝土中的自由水分，可减少收缩；使用环境的温度高、湿度小时，混凝土中的水分蒸发较快，最终的收缩值将较大。

此外，混凝土最终收缩量还与混凝土的体积与表面积的比值有关，体表比小的构件，由于水分比较容易蒸发，故收缩值也较大；反之，体表比大的构件，收缩值就较小。

（3）混凝土收缩带来的问题 混凝土的收缩是与荷载无关的变形，如果这种变形受到外部或内部因素的约束而不能自由变形时，将会导致混凝土内产生拉应力，甚至开裂，同时收缩还会导致预应力混凝土中预应力的损失。因此，减小混凝土收缩，无论在设计还是施工上均应给以注意。

2.4 钢筋与混凝土的黏结

以上分别讨论了钢筋和混凝土的强度及变形性能，但是钢筋与混凝土这两种材料为什么能组合成钢筋混凝土构件共同受力，这是钢筋与混凝土结构中的一个根本问题。

2.4.1 基本术语

（1）黏结力 使钢筋和混凝土共同变形的钢筋表面积上承担的纵向剪力。
（2）黏结应力 钢筋单位表面面积上的黏结力（纵向剪力）。
（3）黏结强度 钢筋单位表面面积上所能承担的最大纵向剪应力。

2.4.2 黏结力的组成

钢筋与混凝土之所以能够共同工作，其基本前提是在钢筋与混凝土之间具有足够的黏结强度，使之能共同承受外力、共同变形、抵抗相互间的滑移。而钢筋能否可靠地锚固在混凝土中则直接影响到这两种材料的共同工作，从而关系到结构和构件的安全和材料强度的充分利用。

一般而言，钢筋与混凝土的黏结锚固作用所包含的内容有：

（1）混凝土凝结时，水泥胶凝体的化学作用，使钢筋和混凝土在接触面上产生的胶结力；

（2）由于混凝土凝结时收缩，握裹住钢筋，在发生相互滑动时产生的摩阻力；

（3）钢筋表面粗糙不平或变形钢筋凸起的肋纹与混凝土的机械咬合力；

（4）当采用锚固措施后所造成的机械锚固力等。

实际上，黏结力是指钢筋和混凝土接触界面上沿钢筋纵向的抗剪能力，也就是分布在界面上的纵向剪应力。而锚固则是通过在钢筋一定长度上黏结应力的积累，或某种构造措施，将钢筋"锚固"在混凝土中，保证钢筋和混凝土的共同工作，使两种材料各自正常、充分地发挥作用。

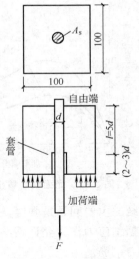

图 2-30　拔出试件

2.4.3　黏结力的试验

通过对黏结力基准试件的试验和模拟构件试验，可以测定出黏结力的分布情况，用以计算黏结强度，并作为设计钢筋锚固长度的基础。

将钢筋的一端埋置在混凝土试件中，在伸出的一端施加拉拔力，称为拉拔试验或拔出试验。钢筋与混凝土的黏结强度通常采用图2-30、图2-31所示标准拔出试件来测定，试件截面尺寸为100mm×100mm，钢筋在混凝土中的黏结埋长 l 为5倍钢筋直径（5d），为了防止加荷端局部锥形破坏，在加荷端设置长度为（2～3）d 的塑料套管。设拔出力为 F，即钢筋中的总拉力 $F=\sigma_s A_s$，则钢筋与混凝土界面上的平均黏结应力可按下式计算：

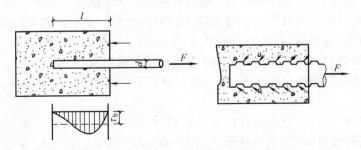

图 2-31　光面与变形钢筋的拔出试验

$$\tau=\frac{F}{\pi dl} \tag{2-12}$$

式中，F 为拉拔力；d 为钢筋直径；l 为钢筋埋置长度。

试验中可同时量测加荷端滑移及自由端滑移。一般以黏结破坏（钢筋拔出或混凝土劈裂）时的最大平均黏结应力代表钢筋与混凝土的黏结强度 τ_u。

经测定，黏结应力的分布呈曲线形（图2-31），从拔力一边的混凝土端面开始迅速增长，在靠近端面的一定距离处达到峰值，其后逐渐衰减；而且，钢筋埋入混凝土中的长度 l 愈长，则将钢筋拔出混凝土试件所需的拔出力就愈大；但是过长部分的黏结力很小，甚至为零，说明过长部分的钢筋不起作用。所以，受拉钢筋在支座或节点中应有足够的"锚固长度 l_a"，以保证钢筋在混凝土中有可靠的锚固，关于 l_a 的取值详见附录。

图2-32为光面钢筋拔出试验的典型黏结应力-滑移曲线（τ-s 曲线）。光面钢筋的黏结强

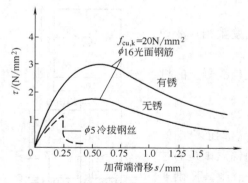

图 2-32　光面钢筋拔出试验 τ-s 曲线

度较低，$\tau_u = (0.4 \sim 1.4) f_t$，到达最大黏结应力后，加荷端滑移剧增大，$\tau$-$s$ 曲线出现下降段，这是因为接触面上混凝土细颗粒磨平，摩擦力减小。光面钢筋拔出试件的破坏形态是钢筋被徐徐拔出的剪切破坏，滑移可达数毫米。光面钢筋的黏结强度很大程度上取决于钢筋的表面状况。实测表明，锈蚀钢筋的表面凸凹可达 0.1mm，其黏结强度较高，约 $1.4 f_t$；而未经锈蚀的新轧制的钢筋的黏结强度仅为 $0.4 f_t$。表面光滑的冷拔钢丝黏结强度更弱。光面钢筋黏结的主要问题是强度低、滑移大，因此，很多国家采用给定滑移量（如 $s_l = 0.25$mm）下的黏结应力作为允许黏结应力，且限定光面钢筋只有用在焊接骨架或焊接钢筋网中才能作为受力钢筋。

变形钢筋改变了钢筋与混凝土间相互作用的方式，显著改善了黏结效用。虽然胶着力和摩擦力仍然存在，但变形钢筋的黏结强度主要为钢筋表面轧制的肋与混凝土的机械咬合作用。加荷初期肋对混凝土的斜向挤压力形成了滑动阻力，滑动的产生主要为肋根部混凝土的局部挤压变形，黏结刚度较大 τ 与 s_l 接近直线关系。斜向挤压力沿钢筋轴向的分力使混凝土轴向受拉、受剪；斜向挤压力的径向分力使外围混凝土有如受内压力的管壁，产生环向拉力。因此，变形钢筋的外围混凝土处于复杂的三向应力状态，剪应力及轴向拉应力使肋处混凝土产生内部斜裂缝；环向拉力使混凝土产生内部径向裂缝，内裂缝的出现和发展，使黏结刚度降低滑移增大，τ-s 曲线斜率改变。随荷载增大，斜向挤压力增大，混凝土被挤碎后的粉末物堆积在肋处形成新的滑移面，产生较大的相对滑动。当径向内裂缝到达试件表面时，相应的黏结应力称为劈裂黏结应力 $\tau_{cr} \approx (0.8 \sim 0.85) \tau_u$。此后，虽然荷载仍能有所增长，但滑移急剧增大，随劈裂裂缝沿试件长度的发展，τ-s 曲线很快到达峰值应力 τ_u。对于一般保护层厚度的无横向配筋试件，到达 τ_u 后，在 s 增长不大的情况下，均为黏结强度很快丧失的脆性劈裂破坏。

当混凝土保护层厚度 c 与钢筋直径 d 的比值较大（$c/d \geqslant 5$）时，或试件中配置有较强的横向钢筋时，黏结破坏将是另一种形式。图 2-33 为配置螺旋箍筋的变形钢筋拔出试件的 τ-s 曲线，图中竖轴为黏结应力与混凝土劈拉强度的比值，$\tau/f_{t,s}$。由图中曲线的对比可知，内裂缝出现前，$\tau \leqslant \tau_A$，横向配筋对 τ-s 曲线并无影响。$\tau > \tau_A$ 以后，由于横向钢筋约束了内裂缝的发展，黏结刚度增大，τ-s 曲线的斜率比无横向配筋试件的要大。有横向配筋试件的劈裂黏结应力 τ_{cr}，比无横向配筋者有较大的提高。横向钢筋控制了裂缝的开展，使荷载能继续增长。极限黏结强度 τ_u 到达是由于肋与肋间的混凝土被完全挤碎，发生沿肋外径圆柱面上剪切滑移，钢筋被徐徐拔出，产生所谓"刮犁式"的剪切型破坏（图 2-34）。

2.4.4 影响黏结强度的因素

影响黏结强度的因素很多，其中主要的为：钢筋外形特征、混凝土强度、保护层厚度及横向配筋等。

（1）钢筋外形特征　如前所述，钢筋表面外形特征决定着钢筋与混凝土的黏结机理、破坏类型和黏结强度，当其它条件相同时，光面钢筋的黏结强度约比带肋的变形钢筋黏结强度

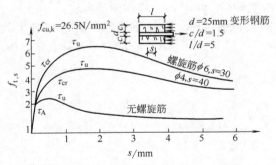

图 2-33　配螺旋箍筋拔出试件的 τ-s 曲线

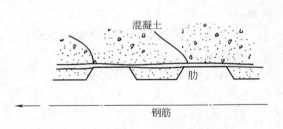

图 2-34　刮犁式剪切型黏结破坏

低 20%。

（2）混凝土强度　光面钢筋及变形钢筋的黏结强度均随混凝土强度的提高而提高，但并不与立方体强度成正比。试验表明，当其它条件基本相同时，黏结强度 τ_u 与混凝土轴心抗拉强度 f_t 近似成正比。

（3）保护层厚度及钢筋净间距　变形钢筋具有较高的黏结强度，但其主要危险是可能产生劈裂裂缝。钢筋混凝土构件出现沿钢筋的纵向裂缝对结构的耐久性是非常不利的。增大保护层厚度和保持必要的钢筋净间距，可以提高外围混凝土的劈裂抗力，保证黏结强度的发挥。

钢筋混凝土构件的截面配筋中，当有多根钢筋并列一排时，钢筋的净间距对黏结强度有很大影响，净间距不足将发生沿钢筋水平的贯穿整个梁宽的劈裂裂缝 [图 2-35(a)]。图2-35(b) 为钢筋应力 σ_s 与钢筋净间距 s 的关系曲线，可见随并列一排钢筋根数（图中数字）的增加，净间距 s 减小，钢筋发挥的应力 σ_s 减小，这是因为 s 减小削弱了混凝土的劈裂抗力，使 τ_u 降低。

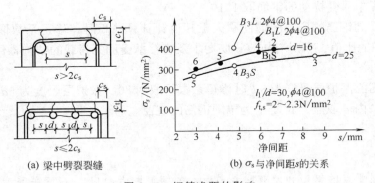

(a) 梁中劈裂裂缝　　　　(b) σ_s 与净间距 s 的关系

图 2-35　钢筋净距的影响

（4）横向钢筋　横向钢筋的存在限制了径向内裂缝的发展，使黏结强度得到提高。因此，在较大直径钢筋的锚固区段和搭接长度范围内，均应设置一定数量的横向钢筋，如将梁的箍筋加密等。当一排并列钢筋的根数较多时，采用附加钢箍可以增加箍筋的肢数，对控制劈裂裂缝提高黏结强度是很有效的。如图 2-35(b) 所示，同样配置 $4\phi16$ 钢筋的两个试件 B_1S 及 B_1L，其混凝土强度、截面尺寸及锚固长度均相同，B_1S 为双肢钢箍 $\phi4$-100，其 $\sigma_s = 370\text{N/mm}^2$，纵向裂缝严重；而 B_1L 的箍筋为四肢 $\phi4$-100，其 $\sigma_s = 425\text{N/mm}^2$，纵向裂缝很少。又如同样配置 $4\phi25$ 钢筋的两个试件 B_3S 及 B_3L，配双肢箍筋的 B_3S 试件的

$\sigma_s = 322 \text{N/mm}^2$；而配四肢箍筋的 B_3L 试件的 $\sigma_s = 402 \text{N/mm}^2$，已达屈服强度。

（5）钢筋的锚固　当计算中充分利用钢筋的抗拉强度时，受拉钢筋的锚固应符合下列要求。

① 基本锚固长度应按下列公式计算。

普通钢筋

$$l_{ab} = \alpha \frac{f_y}{f_t} d$$

预应力筋

$$l_{ab} = \alpha \frac{f_{py}}{f_t} d$$

式中，l_{ab} 为受拉钢筋的基本锚固长度；f_y、f_{py} 为普通钢筋、预应力筋的抗拉强度设计值；f_t 为混凝土轴心抗拉强度设计值，当混凝土强度等级高于 C60 时，按 C60 取值；d 为锚固钢筋的直径；α 为锚固钢筋的外形系数，按表 2-1 取用。

表 2-1　锚固钢筋的外形系数

钢筋类型	光圆钢筋	带肋钢筋	螺旋肋钢丝	三股钢绞线	七股钢绞线
α	0.16	0.14	0.13	0.16	0.17

② 受拉钢筋的锚固长度应根据锚固条件按下列公式计算，且不应小于 200mm：

$$l_a = \zeta_a l_{ab}$$

式中，ζ_a 为锚固长度修正系数，对普通钢筋按按下列规定取用，当多于一项时，可按连乘计算，但不应小于 0.6；对预应力筋，可取 1.0。

a. 当带肋钢筋的公称直径大于 25mm 时取 1.10；

b. 环氧树脂涂层带肋钢筋取 1.25；

c. 施工过程中易受扰动的钢筋取 1.10；

d. 当纵向受力钢筋的实际配筋面积大于其设计计算面积时，修正系数取设计计算面积与实际配筋面积的比值，但对有抗震设防要求及直接承受动力荷载的结构构件，不应考虑此项修正；

e. 锚固钢筋的保护层厚度为 $3d$ 时修正系数可取 0.80，保护层厚度为 $5d$ 时修正系数可取 0.70，中间按内插取值，此处 d 为锚固钢筋的直径。

思考题 ▶▶

1. 有明显屈服点的钢筋和没有明显屈服点的钢筋两者的应力-应变关系有什么不同？

2. 为什么将屈服强度作为设计中钢筋强度取值？

3. 混凝土的立方体抗压强度是如何确定的？与试块尺寸和实验方法有什么关系？

4. 何谓伸长率？何谓屈强比？

5. 混凝土的弹性模量是如何确定的？

6. 混凝土的徐变和收缩有什么不同？

7. 我国用于钢筋混凝土结构的钢筋有几种？我国热轧钢筋的强度分为几个等级？各代表什么钢筋？其受拉与受压强度设计值以及弹性模量如何查到？

8. 钢筋和混凝土结合在一起共同工作的基础有哪些？

9. 混凝土构件应采取哪些构造措施来保证钢筋与混凝土的黏结作用？

10. 钢筋拉伸图中，为什么拉断前会出现应变不断增长而应力不断下降的现象？实际上钢筋的应力会不会不断降低？

习题 ▶▶

1. 试绘出有明显流幅的钢筋的拉伸曲线图，说明各阶段的特点，指出比例极限、屈服强度、破坏强度的含义。

2. 举几个例子说明混凝土结构在工程结构方面的应用。

3. 什么是单轴短期单调加载？这种加载方式下的轴心受压混凝土的应力-应变关系有什么特点？

4. 选用钢筋时要注意些什么要求？为什么冷弯性能是衡量钢材力学性能的一项综合指标？

5. 试述钢筋混凝土结构对钢筋的性能有哪些要求？为什么？

6. 试述钢筋与混凝土之间的黏结力是如何产生的？影响黏结强度的因素有哪些？

7. 什么叫做约束混凝土？混凝土处于三向受压时其变形特点如何？

8. 钢筋与混凝土之间的黏结力是如何产生的？影响黏结强度的因素有哪些？

9. 混凝土构件应采取哪些构造措施来保证钢筋与混凝土的黏结作用？

第3章

混凝土结构基本设计原则

本章提要 ▶▶

　　本章主要介绍以概率理论为基础的极限状态设计方法的一些基本知识，是学习本课程及其它结构设计类课程的理论基础。由于内容涉及新的概念和名词术语较多，又涉及数理统计和概率论方面的内容，有一定的难度。极限状态设计原则讨论的是关于建筑结构设计和安全度的基本内容和定义，也是砌体结构、钢结构等其它建筑结构的设计原则，要加以领会和理解。对于荷载和材料强度的取值，要求能懂得、理解。对于极限状态表达式，要理解和掌握其内涵，以便在今后学习与工作中能够正确运用。

3.1　极限状态设计原则

　　在第 2 章中，讨论过我国混凝土结构设计理论和方法的演变过程。自 2011 年 7 月 1 日起执行的《规范》遵照国家标准《建筑结构可靠度设计统一标准》（GB 50068）（以下简称《标准》）所确定的原则，对建构筑物做结构设计时，采用以概率理论为基础的极限状态设计方法。

3.1.1　设计理论和概率理论之间的关系

　　众所周知，在工程界和自然界中，任何现象和事件都可以划分为确定性的和非确定性两种。确定性现象又称必然现象，即事件在一定条件下必然会发生某种结果的现象，例如混凝土受拉破坏一定呈脆性形状，钢筋拉断前一定有塑性变形等。

　　非确定性现象也称偶然现象，在概率理论中则称为随机现象。这种现象是指在一定条件下可能出现也可能不出现的事情，或者可能出现多种结果，但在事先却不能预测会出现哪种结果的现象。例如在试验之前，我们不能确切知道一个试件的强度，在使用之前，也无法预料楼面结构所承受活荷载的具体数量等。

　　虽然在非确定现象中，对于每个个别的随机事件没有规律可循，但是，当我们研究大量同一事件的随机现象后，也会发现随机事件出现的一些规律。由于工程实际中随机事件大多是用变量描述的，如结构材料的强度、作用及作用效应的大小等，这些变量称为随机变量——即在相同条件下由于偶然因素的影响，可能取不同的值，但这些值落在某个范围内的概率是确定的。结构设计理论研究的对象是大量的这类随机变量的规律，这就得借助概率论和数理统计中的某些知识，如概率分布、平均值、标准差、变异系数等。设计理论的研究与结构的功能有关。

3.1.2 建筑结构的功能要求

建筑结构在正常设计、正常施工、正常使用和正常维修条件下的功能要求有三个。

（1）安全性 建筑结构在其设计使用年限内应能够承受可能出现的各种作用，且在设计规定的偶然事件发生时及发生后，结构应能保持必需的整体稳定性，不致倒塌。

（2）适用性 建筑结构在其设计使用年限内应能满足预定的使用要求，有良好的工作性能，其变形、裂缝或振动等性能均不超过规定的限度等。

（3）耐久性 建筑结构在其设计使用年限内在正常使用、维护的情况下，长期保持其设计性能和外观完整性的能力，或不需要进行大修就能完成预定功能的能力。例如不得引起钢筋锈蚀，混凝土不得风化、渗漏等。

上述功能概括称为结构的可靠性。

3.1.3 结构可靠度和安全等级

（1）基本术语

① 结构的可靠性（reliability of structure） 结构在规定的时间内（即设计使用年限），在规定的条件下（结构正常的设计、施工、使用和维修条件），完成预定功能（安全性、适用性、耐久性等）的能力。

② 结构的可靠度（degree of reliability for structure） 结构在规定的时间内，在规定的条件下，完成预定功能的概率。结构可靠度是结构可靠性的定量描述，可用结构的可靠概率（P_s）来度量。

③ 结构的设计基准周期（design reference period of structure） 为确定可变作用及与时间有关的材料性能等取值而选用的时间参数。《标准》采用的设计基准期为 50 年。

需要说明的是，当工程结构的使用年限到达或超过设计使用年限后，并不意味该结构立即报废或不能使用了，而是说它的可靠性水平从此要逐渐降低了，在做结构鉴定及必要加固后，仍可继续使用。

④ 结构的设计使用年限（design working life of structure） 设计规定的结构或结构构件不需进行大修即可按其预定目的使用的时期。《标准》采用的设计使用年限为：临时性结构 5 年；易于替换的结构构件 25 年；普通房屋和构筑物 50 年；纪念性建筑和特别重要的建筑结构 100 年。

对结构可靠度的要求与结构的设计使用年限长短有关，设计使用年限长，可靠度要求就高，反之则低。

⑤ 结构的安全等级（safety classes of struetures） 根据结构破坏后果的严重程度划分的结构或结构构件的等级。

（2）结构可靠度分析的意义 结构可靠度的分析就是要合理地确定结构的可靠度水平，使结构设计符合技术先进、经济合理、安全适用和确保质量的要求。简而言之，进行工程结构设计的基本目的，就是要采取最经济的手段，使结构在设计使用年限内，具有各种预期的功能。

安全可靠是结构设计的重要内容，所以在进行工程结构的设计时，应根据结构破坏可能产生的各种后果（危及人的生命、造成经济损失、产生社会影响等）的严重性，采用不同的安全等级。《标准》对建筑结构的安全等级划分为三级，见表 3-1。

表 3-1　建筑结构的安全等级

安全等级	破坏后果	建筑物类型	结构重要性系数 γ_0
一级	很严重	重要的工业与民用建筑物	1.1
二级	严重	一般的工业与民用建筑物	1.0
三级	不严重	次要的建筑物	0.9

对于其它结构和特殊的建筑物，其安全等级可根据相应的规范取用或各根据具体情况另行确定。对地基基础和按抗震要求设计的建筑结构，其安全等级尚应符合地基基础和抗震规范的规定。

建筑结构中各类构件的安全等级宜与整个结构同级，对其中部分结构构件的安全等级可以进行调整，但不得低于三级。

3.1.4　结构的极限状态

（1）结构极限状态（limit state of structure）　简称极限状态，整个结构或结构的一部分超过某一特定状态就不能满足设计规定的某一功能要求，则此特定状态称为该功能的极限状态。

极限状态实质上是结构可靠与不可靠的界限，故也可称为"界限状态"。结构是否满足功能要求，有明确的判别标准，对于结构的各种极限状态，有明确的标志或限值，具体内容将于教材相应章节中分别叙述。《标准》将结构的极限状态分为承载能力极限状态和正常使用极限状态两类。

（2）承载能力极限状态　这种极限状态对应于结构或结构构件达到最大承载能力、出现疲劳破坏、产生不适于继续承载的变形或因结构局部破坏而引发的连续倒塌，如梁的弯折、柱子的压屈等。当结构或结构构件出现下列状态之一时，即认为超过了承载能力极限状态：

① 整个结构或结构的一部分作为刚体失去平衡，如雨篷的倾覆、挡土墙滑移等；

② 结构构件或连接因材料强度被超过而破坏（包括疲劳破坏），或因过度塑性变形而不适于继续承载，如混凝土达到极限抗压强度而破碎、构件的钢筋被拔出等；

③ 结构转变为机动体系，丧失承载能力，如构件发生三铰共线形成几何可变体系；

④ 结构或结构构件丧失稳定，如长柱被压屈等；

⑤ 结构构件或连接因产生过度的塑性变形而不适用于继续承载，如受弯构件中的少筋梁；

⑥ 地基丧失承载力而破坏。

（3）正常使用极限状态　这种状态对应于结构或结构构件达到正常使用的某项规定限值或耐久性的某种规定状态。例如结构构件变形过大而超过某个限度后，可以造成室内粉刷剥落、填充墙或隔断墙开裂，同时还给使用者造成心理上的不安全感。当结构或结构构件出现下列状态之一时，即认为超过了正常使用极限状态：

① 影响正常使用或外观的变形，如吊车梁变形过大导致吊车不能正常行驶、梁的挠度过大影响外观等；

② 影响正常使用或耐久性能的局部损坏，如池或墙壁渗漏水、构件出现过宽的裂缝使钢筋锈蚀等；

③ 影响正常使用的振动，如某种振动导致结构的振幅超过按正常使用要求所规定的限位等；

④ 影响正常使用的其它特定状态，如相对沉降量过大等。

承载能力极限状态与正常使用极限状态相比较，前者可能导致人身伤亡和大量财产损失，故其出现的概率应当很低，而后者对生命的危害较小，故允许出现的概率可高些，但仍应给予足够的重视。

3.1.5　结构上的作用 F、作用效应 S 与结构抗力 R

(1) 结构上的作用 F　结构上的作用 F 按《标准》可做下列分类。

① 按随时间的变异分类

a. 永久作用（permanent action）　在设计基准期内其量值不随时间变化，或其变化量与平均值相比可以忽略不计的作用，例如结构自重、土压力、预加力等。

b. 可变作用（variable action）　在设计基准期内其量值随时间变化，且其变化量与平均值相比不可忽略的作用，如施工荷载、楼面活荷载、风荷载、雪荷载、吊车荷载、温度变化、地震等。

c. 偶然作用（accidental action）　在设计基准期内偶尔出现或不一定出现，而一旦出现其量值很大且持续时间很短的作用，如罕遇地震、爆炸、撞击等。

② 按随空间位置的变异分类

a. 固定作用　在结构空间位置上具有固定分布的作用，如楼面上的固定设备荷载、结构构件自重等。

b. 可动作用　在结构空间位置上的一定范围内可以任意分布的作用，如楼面上的人员荷载、吊车荷载等。

③ 按结构的反应分类

a. 静态作用　使结构产生的加速度可忽略不计的作用，如结构自重、住宅与办公楼的楼面活荷载等。

b. 动态作用　使结构产生的加速度不可忽略的作用，如爆炸、地震、吊车荷载、设备振动、风荷载等。

④ 按作用形式分类

a. 直接作用　施加在结构上的集中或分布荷载。

b. 间接作用　引起结构外加变形或约束变形的原因（基础沉降、温度变化、焊接等）。

(2) 作用效应 S　由于直接作用或间接作用在结构内产生的内力和变形（如轴力、弯矩、剪力、扭矩、挠度、转角和裂缝等）。

若作用为直接作用（荷载），则其效应也可称为荷载效应，荷载与荷载效应在一般情况下是线性关系，故而荷载效应可用荷载值乘以荷载效应系数来表达。

结构上的作用 F 都是不确定的随机变量，有时与时间参数，甚至还与空间参数有关，

所以作用效应 S，一般说来也是随机变量或随机过程，甚至是随机场，宜采用概率论与数理统计的方法来予以描述。也就是说，S 是作用的函数，是随机变量。

（3）结构抗力 R（resistance） 结构或结构构件承受作用效应的能力，如构件的承载能力、刚度等。

由于影响结构构件抗力的主要因素，如材料性能（材质、强度、弹性模量、工艺、环境等）、几何参数（制作尺寸的偏差、安装误差）和计算模式的精确性（抗力计算所采用的基本假设和计算公式的不够精确）都是不确定的直接变量，所以抗力 R 是材料强度和几何参数的函数，是随机变量概率模型，服从对数正态分布。

后文中，我们接触最多的当数直接作用——荷载，荷载除上述分类外又有集中荷载（concentrated load）和分布荷载（distribution load）之分。为方便读者，后文中采用行业惯例，除特别指明外，荷载与作用统一简称为荷载。

3.1.6 结构极限状态方程

工程结构设计要解决的基本问题是，力求以较经济的手段使所要建造的结构具有足够的可靠度，以满足各种预定功能的要求。混凝土结构和结构构件工作的可靠情况，即结构和结构构件的工作状态，可以由该结构或构件所承受的荷载效应 S 和结构抗力 R 两者的关系来描述，其表达式即为结构的极限状态方程：

$$Z=R-S=g(R, S) \tag{3-1}$$

上式称为功能函数，可以用来表示结构的三种工作状态：

① 当 $Z>0$ 时，结构处于可靠状态；

② 当 $Z<0$ 时，结构处于失效状态；

③ 当 $Z=0$ 时，结构处于极限状态。

$Z=g(R, S)=0$ 称为"极限状态方程"，它是结构失效的标准。结构功能函数的一般表达式为

$$Z=g(x_1, x_2, \cdots, x_n) \tag{3-2}$$

式中，x_1，x_2，$\cdots$，x_n 为基本变量，表示结构上的各种效应和材料性能、构件几何参数等。

在一般情况下，R 和 S 都是非确定的变量，用随机变量来描述，所以 x_1，x_2，$\cdots$，x_n 也是非确定变量。

3.2 荷载和材料强度的取值

荷载的量值和材料的强度实际上是不确定的。如同样条件下，同一类荷载，不同的量测序号（位置）或不同的量测时间实测到的量值是不一样的；再如，同一钢厂，甚至是同一钢炉冶炼出来的钢筋，其强度也是有差异的。至于混凝土强度的变化幅度就更加显著。所以设计时应针对不同情况采用不同的荷载和材料强度的量值。

3.2.1 荷载代表值

在做工程结构设计时，需要根据不同的极限状态要求，借助于数学工具对不同的荷载采

用不同的代表值。

（1）荷载的统计特性　以建筑结构为例，我国在《建筑结构荷载规范》（GBJ 50009）（以下简称《荷载规范》）的编制过程中，对建筑结构的各种荷载进行了大量的调查和实测工作，将取得的资料和数据进行统计处理，获得了这些荷载的概率分布函数及统计参数，并以此作为确定荷载代表值、荷载组合以及进行结构可靠计算的基础。

在建筑结构中，永久荷载如屋面、楼面、墙体、梁、柱等构件和找平层、保温层的自重等永久荷载的重量，在结构使用期内随时间因素变化很小，属于与时间无关的变量，采用随机变量概率模型。检验表明，绝大部分永久荷载的概率分布服从正态分布。

在建筑结构中，可变荷载如楼面活荷载、风荷载、雪荷载以及吊车荷载等可变荷载的量值，在结构使用期内随时间因素变化较大，属于与时间有关的变量，采用随机过程概率模型。一般来说，可变荷载的最大值服从极值 I 型概率分布。

（2）荷载的代表值（representative values of a load）　结构设计中用以验算极限状态所采用的荷载量值。即在结构设计的表达式中，根据不同极限状态的设计要求，对各种荷载规定出其代表值，以作为设计取值的依据。

对于永久荷载，规定以其标准值作为代表值；对于可变荷载，则以其标准值、组合值、准永久值及频遇值作为代表值；对于偶然荷载，其代表值可按有关规定确定。

① 荷载标准值（characteristic value of a load）　荷载的基本代表值，为结构设计基准期内最大荷载统计分布的特征值（某一分位值）。分位值是指与随机变量分布函数某一概率相应的值。

永久荷载的标准值 G_k 可按构件的设计尺寸和材料单位体积的自重计算确定。对于有些自重变异较大的材料或构件，其单位体积自重的确定，则应按是否对结构不利来考虑，取单位重量的上限值还是下限值。

可变荷载的标准值 Q_k 统一由设计基准期最大荷载概率分布的某一分位数确定，例如取其平均值加 1.645 倍标准差，即为具有 95% 保证率的值（即分位值为 0.05）。

实际上目前对很多种可变荷载的调查研究还远远不够，难以估计出其概率分布，其大部分荷载的取值还是沿用或参照了传统习用的数值。

② 荷载频遇值（frequent value of a load）　荷载的频遇值是指在设计基准期内，可变荷载被超越的总时间仅为设计基准期的一小部分或在设计基准周期内超越频率为某一给定频率的荷载值。

③ 荷载准永久值（quasi-permanent value of a load）　荷载的准永久值是指在设计基准期内，可变荷载被超越的总时间约为设计基准期一半（$T_q/T \approx 0.5$）的荷载值。因为可变荷载作用在结构上的时间持续长短不相同，而荷载持续时间长短对结构的裂缝及变形抗力又有一定影响，因此除了永久荷载之外，尚应在可变荷载中取出一部分按永久荷载考虑，这一部分荷载值称之为"荷载准永久值"。

在结构计算中应用的永久荷载的标准值，以及各种可变荷载的标准值均详载于《荷载规范》中，供设计时查用。同时《荷载规范》也给出了荷载频遇值和荷载准永久值的组合公式及组合系数，民用建筑的活载标准值及组合系数参见附录 7，附表 27。

3.2.2　材料强度标准值

（1）概率分布的特征值　工程中，通常要求变量的数值不大于或小于某一数值，这个数值称为特征值，相应的概率值在工程中称为保证率。特征值可用数理统计方法计算出来：

$$f_k = \mu \pm \alpha\sigma \tag{3-3}$$

式中，f_k 为随机变量的特征值；α 为与特征值保证率相应的系数，与保证率有关，例如保证率为 95% 时，取 $\alpha = 1.645$；μ 为随机变量的平均值；σ 为随机变量的均方差。

如要求变量值小于特征值的概率等于保证率时取加号，如要求变量值大于特征值的概率等于保证率时取减号。

混凝土结构在按极限状态方法设计时，钢筋和混凝土的强度是主要的因素，这两种材料的强度概率分布可用正态分布描述。

（2）钢材的强度标准值 f_{yk} 钢筋虽经科学冶炼和工业生产，但是由于材料的变异性，产品的质量仍然是不够均匀的。我国各级热轧钢筋的屈服强度平均值减去两倍标准差（$\mu - 2.0\sigma$）所得的数值，其保证率为 97.73%。即：

$$f_{yk} = \mu_y - 2.0\sigma_y \tag{3-4}$$

式中，μ_y 为钢筋强度的平均值；σ_y 为钢筋强度的标准差。

为使钢筋屈服强度的标准值与其检验标准协调一致，《规范》将热轧钢筋的强度标准值取为冶金部门颁布的屈服强度废品限值，详见附录 1，附表 1。

（3）混凝土的强度标准值 f_{ck}，f_{tk} 混凝土的强度分布与钢筋强度的变化规律相似，《规范》中混凝土的强度标准值取为混凝土强度平均值减去 1.645 均方差，即按（$\mu - 1.645\sigma$）计算，详见附录 2，附表 6。

3.2.3 材料强度的设计值

《规范》将材料强度设计值定义为：材料强度标准值除以相应的材料强度分项系数。钢筋及混凝土的材料强度设计值表达式分别为

$$f_c = \frac{f_{ck}}{\gamma_c} \tag{3-5}$$

$$f_s = \frac{f_{sk}}{\gamma_s} \tag{3-6}$$

式中，f_c，f_s 为混凝土、钢筋的强度设计值；f_{ck}，f_{sk} 为混凝土、钢筋的强度标准值；γ_c 为混凝土强度分项系数，一般取 $\gamma_c = 1.4$；γ_s 为钢筋强度分项系数，对于软钢取 $\gamma_s = 1.1$，对于预应力钢丝、钢绞线和热处理钢筋 $\gamma_s = 1.2$。

必须指出，引用上述表达式仅是为了介绍材料强度设计值的计算方法，并非用于计算。《规范》给出的混凝土和钢筋材料的强度设计值才是工程结构设计的依据，设计时直接查用即可，详见附表 3，附表 4 及附表 7。

3.3 概率统计极限状态设计方法

3.3.1 结构安全度的三种处理方法

工程结构按概率统计极限状态进行设计，是以概率论为基础的、按极限状态分析的设计方法。这种设计方法，按其发展的进程，可以划分为三个阶段，或者说有三个水准，即

"半"概率法（水准 1）、"近似"概率法（水准 2）和"全"概率法（水准 3）。

因为水准 1 方法不完全是按概率法则，所以称之为"半"概率半经验法或"半"概率法。在水准 2 方法中，考虑了荷载效应 S 和结构抗力 R 的联合分布（假定其为正态、对数正态，或当量正态分布等），并与结构的极限状态方程建立起联系，在设计时采用了以分项系数表达的极限状态方程，而分项系数则是经可靠分析优化所定得的，所以称这种方法为一次二阶矩法或称"近似"概率法。我国现行的《建筑结构可靠度设计统一标准》等一系列国家标准都是采用的这种方法。在水准 3 方法中，对整个结构采取精确、全面的概率分析，采用复合随机变量理论的实际分布方法，使结构安全度水平以某一规定的失效概率为基础，而该失效概率则等于或小于人们可以接受的容许极限值。水准 3 方法又称"全"概率法，是设计方法的发展方向。

3.3.2 可靠度、失效概率、可靠指标

（1）可靠度（degree of reliability）　如前所述，结构可靠度就是对结构可靠性的定量描述，不过这种描述是以概率表达的。

采用概率统计的结构安全度的数学描述，可取极限状态方程 $Z = R - S \geqslant 0$，并以此确定可靠指标和设计表达式。

（2）失效概率（probability of failure）　简言之，结构能够完成预定功能（$Z \geqslant 0$ 或 $R \geqslant S$）的概率就是可靠概率，用 P_s 代表；结构不能完成预定功能（$Z < 0$ 或 $R < S$）的概率称为失效概率，用 P_f 表示。可靠概率与失效概率有着互补的关系，即

$$P_s + P_f = 1 \tag{3-7}$$

若功能函数中的基本变量 R 与 S 均为正态分布，且极限状态方程为线性方程，则 R、S、Z 的概率密度函数图形如图 3-1 所示。图中纵坐标左侧的面积就是失效概率 P_f，即

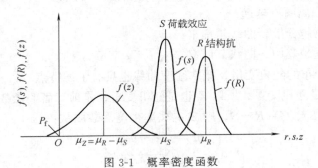

图 3-1　概率密度函数

$$P_f = P(Z = R - S < 0) = \int_{-\infty}^{-0} f(z) \mathrm{d}z \tag{3-8}$$

（3）随机变量统计特征及其概率分布　表示随机事件各种可能结果的变量称为随机变量（x），随机变量有如下统计特征。

① 随机变量的平均值

$$\mu = \frac{\sum\limits_{i=1}^{n} x_i}{n} \tag{3-9}$$

② 随机变量的标准差（均方差）

$$\sigma = \sqrt{\frac{\sum_{i=1}^{n}(\mu_i - x_i)^2}{n}} \tag{3-10}$$

随机变量取值的统计规律可用分布函数或用密度函数描述。连续型随机变量 x 的分布函数为

$$F(x) = \int_{-\infty}^{x} f(x)\,\mathrm{d}x \tag{3-11}$$

其中，$f(x) \geqslant 0$，称为 x 的密度函数。连续随机变量的统计规律也可以用密度函数描述，如正态分布的随机变量概率密度函数为

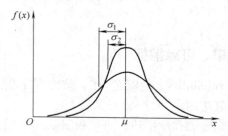

图 3-2 正态分布概率密度曲线

$$f(x) = \frac{1}{\sqrt{2\pi}\sigma} \exp \frac{-(x-\mu)^2}{2\sigma^2} \tag{3-12}$$

现以一典型的正态分布说明常见的随机变量分布特征。设正态分布的随机变量概率密度函数如图 3-2 所示，峰点横坐标为平均值 μ，峰点两侧 $\mu \pm \sigma$ 处各有一个反弯点，密度函数曲线以 x 轴为渐近线。

从图 3-2 中可以看出，正态分布概率密度曲线有下列特点：

① μ 越大，曲线离原点越远；

② σ 越大，数据越分散，曲线越扁平；

③ σ 越小，数据越集中，曲线高而窄。

大部分单峰值分布的随机变量，概率密度曲线也具有上述特点。

因为 R 和 S 都是随机变量，所以 Z 也是随机变量，是前二者的函数，且假定 R 和 S 为相互独立，由式 (3-2)，$Z = R - S$，则 Z 的概率密度函数服从：

平均值
$$\mu_Z = \mu_R - \mu_S \tag{3-13}$$

标准差
$$\sigma_Z = \sqrt{\sigma_R^2 + \sigma_S^2} \tag{3-14}$$

变异系数
$$\delta_Z = \sigma_Z / \mu_Z \tag{3-15}$$

式中，μ_R，μ_S 为抗力和效应的平均值；σ_R，σ_S 为抗力和效应的标准差。

由图 3-1 可见，当为正态分布时，结构的失效概率 P_f 与功能函数 Z 的平均值 μ_Z 至原点的距离有关，μ_Z 越大，P_f 越小，反之越大。

(4) 可靠指标 β (reliability index β) 为了更清楚地描述 P_f 与 μ_Z 的关系，引入图 3-3，因为概率密度函数 $f(Z)$ 的表达式很难描述，积分计算比较麻烦，失效概率的计算通常采用另一种比较简便的方法。从图 3-3 中可见，阴影部分的面积与 μ_Z、σ_Z 的大小有关；增大 μ_Z，曲线向右移，阴影面积将减小；减小 σ_Z，曲线变高变窄，阴影面积亦将减小。现将 μ_Z 表示为 σ_Z 的倍数，即 $\mu_Z = \beta \sigma_Z$，则

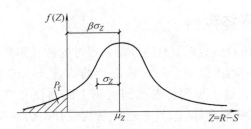

图 3-3   可靠指标与失败概率的关系

$$\beta = \frac{\mu_Z}{\sigma_Z} = \frac{\mu_R - \mu_S}{\sqrt{\sigma_R^2 + \sigma_S^2}} \tag{3-16}$$

由式(3-16) 及图 3-3 可以看出，μ_R 与 μ_S 相距越大，β 也越大，即结构安全可靠；另外，在 μ_R 与 μ_S 不变的前提下，σ_R 与 σ_S 愈小，即结构抗力与荷载效应的离散性愈小，β 就愈大，这也表明结构愈安全可靠。因此 β 和 P_f 一样，也可作为衡量结构可靠性的一个指标，称为结构的可靠指标，且 β 与 P_f 具有数值上的对应关系，也具有对应的物理意义。已知 β，即可求得 P_f；β 愈大，P_f 就愈小，即结构愈可靠。可见用 β 来衡量结构可靠度，不但合理而且物理意义明确，所以《标准》采用相应的可靠度指标 β 来衡量结构的可靠度。β 与 P_f 的对应关系见表 3-2，表中 β 值每相差 0.5，就差一个量级。

表 3-2   可靠指标 β 值与构件失效概率的对应关系

β	2.7	3.2	3.7	4.2
P_f	3.5×10^{-3}	6.9×10^{-4}	1.1×10^{-4}	1.3×10^{-5}

3.3.3   目标可靠指标 [β]

如上所述，根据统计资料所得有关荷载效应 S 和结构抗力 R 的概率分布统计参数（平均值、标准差），即可求得各种结构构件的可靠指标 β。

但当计算结构构件的可靠指标时，要考虑各种荷载效应的组合情况，以及永久荷载与可变荷载的比值。因为这两种荷载的变异性是不同的，其荷载效应的比值也就不同，所得结构可靠度也不相同。

结构破坏状态还有延性破坏和脆性破坏之分。结构发生延性破坏前有预兆可察，可以补救和采取应急措施，故可靠指标可定得稍低一些。当结构发生脆性破坏时，比较突然，无预兆，很难补救和采取应急措施，可靠指标就应定得高一些。

综上所述，结构在按承载能力极限状态设计时，需要确定一个根据其完成预定功能的概率不低于某一允许水平而又经济合理且区分了破坏状态的可靠指标作为设计依据。《标准》把对一般工业与民用建筑结构所规定的、作为设计依据的可靠指标，称为目标可靠指标 [β]。目标可靠指标还根据建筑结构的重要性有所区别，详见表 3-3。

表 3-3   按不同安全等级的目标可靠指标 [β]

安全等级 破坏类型	一级	二级	三级
延性破坏	3.7	3.2	2.7
脆性破坏	4.2	3.7	3.2

注：正常使用极限状态时，根据其可逆程度取 [β]=0～1.5。

3.3.4 极限状态设计表达式

当荷载的概率分布、统计参数以及材料性能、尺寸的统计参数已确定，根据目标可靠指标 $[\beta]$，即可按照结构可靠度的概率分析方法进行结构设计。但是，这样进行设计对于一般性结构构件工作量很大，过于烦琐。考虑到实用上的简便和广大工程设计人员的习惯，《标准》没有推荐直接根据可靠指标 $[\beta]$ 来进行结构设计，仍然采用了工程设计人员熟悉的以基本变量的标准值和分项系数表达的结构构件实用设计表达式。

这里需要说明，现在的设计表达式中采用各种分项系数，是根据基本变量的统计特性，以结构可靠度的概率分析为基础经优选确定的，它们起着相当于 $[\beta]$ 值的作用。

（1）承载能力极限状态设计表达式　任何结构构件均应进行截面承载力设计，以确保安全。截面承载能力极限状态设计表达式为

$$\gamma_0 S \leqslant R \tag{3-17}$$

$$R = R(f_c, f_s, \alpha_k \cdots) / \gamma_{Rd} \tag{3-18}$$

式中，γ_0 为结构重要性系数，对安全等级为一级或设计使用年限为 100 年及以上的结构构件，不应小于 1.1，对安全等级为二级或设计使用年限为 50 年的结构构件，不应小于 1.0，对安全等级为三级或设计使用年限为 5 年及以下的结构构件，不应小于 0.9，在抗震设计中，应取 1.0。S 为承载能力极限状态的荷载组合的效应（内力）设计值，按《荷载规范》或《建筑抗震设计规范》（GB 50011）的规定进行计算，分别为弯矩设计值 M、剪力设计值 V、轴力设计值 N、扭矩设计值 T 等；R 为结构或构件的抗力（截面承载力）设计值，是材料强度设计值及几何参数等因素的函数，分别是抵抗弯矩 M_u、抵抗剪力 V_u、抵抗轴力 N_u、抵抗扭矩 T_u 等，R 与 S 相对应；γ_{Rd} 为结构构件的抗力模型不定性系数：静力设计取 1.0，对不确定性较大的结构构件根据具体情况取大于 1.0 的数值，抗震设计应用承载力抗震调整系数 γ_{RE} 代替 γ_{Rd}；$R(f_c, f_s, \alpha_k \cdots)$ 为结构或构件的抗力函数；f_c、f_s 分别为混凝土和钢筋的强度设计值；α_k 为结构构件的几何参数的标准值，当几何参数的变异性对结构性能有明显的不利影响时，应增减一个附加值。

（2）荷载效应的基本组合　基本组合（fundamental combination）是指承载能力极限状态设计时，永久荷载和可变荷载的组合。对于基本组合，荷载效应组合的设计值 S 应从下列组合值中取最不利值确定。

① 由可变荷载效应控制的组合

$$S = \gamma_G S_{Gk} + \gamma_{Q1} S_{Q1k} + \sum_{i=2}^{n} \gamma_{Qi} \psi_{ci} S_{Qik} \tag{3-19}$$

式中，γ_G 为永久荷载的分项系数；γ_{Qi} 为第 i 个可变荷载的分项系数，其中 γ_{Q1} 为可变荷载 Q_1 的分项系数；S_{Gk} 为按永久荷载标准值 G 计算的荷载效应值；S_{Qik} 为按可变荷载标准值 Q_{ik} 计算的荷载效应值，其中 S_{Q1k} 为诸可变荷载效应中起控制作用者；ψ_{ci} 为可变荷载 Q_i 的组合值系数，应分别按各章的规定采用；n 为参与组合的可变荷载数。

② 由永久荷载效应控制的组合

$$S = \gamma_G S_{Gk} + \sum_{i=1}^{n} \gamma_{Qi} \psi_{ci} S_{Qik} \tag{3-20}$$

说明：基本组合中的设计值仅适用于荷载与荷载效应为线性的情况；当对 S_{Q1k} 无法明显判断时，轮次以各可变荷载效应为 S_{Q1k}，选其中最不利的荷载效应组合。

③ 对于一般排架、框架结构，基本组合可采用简化规则，并应按下列组合值中取最不利值确定：

a. 由可变荷载效应控制的组合：

$$S=\gamma_G S_{Gk}+\gamma_{Q1} S_{Q1k} \tag{3-21}$$

$$S=\gamma_G S_{Gk}+0.9\sum_{i=1}^{n}\gamma_{Qi} S_{Qik} \tag{3-22}$$

b. 由永久荷载效应控制的组合仍按公式（3-20）采用。

④ 基本组合的荷载分项系数，应按下列规定采用

a. 永久荷载的分项系数

ⅰ. 当其效应对结构不利时，对由可变荷载效应控制的组合，应取 1.2；对由永久荷载效应控制的组合，应取 1.35。

ⅱ. 当其效应对结构有利时的组合，应取 1.0。

b. 可变荷载的分项系数一般情况下取 1.4；对标准值大于 4kN/m² 的工业房屋楼面结构的活荷载取 1.3。

c. 对于结构的倾覆、滑移或漂浮验算，荷载的分项系数应按有关的结构设计规范的规定采用。

⑤ 对于偶然组合，荷载效应组合的设计值宜按下列规定确定：偶然荷载的代表值不乘分项系数；与偶然荷载同时出现的其它荷载可根据观测资料和工程经验采用适当的代表值。各种情况下荷载效应的设计值公式，可由有关规范另行规定。

⑥ 对于正常使用极限状态，应根据不同的设计要求，采用荷载的标准组合、频遇组合或准永久组合，并应按下列设计表达式进行设计

$$S\leqslant C \tag{3-23}$$

式中，C 为结构或结构构件达到正常使用要求的规定限值，例如变形、裂缝、振幅、加速度、应力等的限值，应按各有关建筑结构设计规范的规定采用。

⑦ 对于标准组合，荷载效应组合的设计值 S 应按下式采用：

$$S=S_{Gk}+S_{Q1k}+\sum_{i=2}^{n}\psi_{ci} S_{Qik} \tag{3-24}$$

组合中的设计值仅适用于荷载与荷载效应为线性的情况。

⑧ 对于频遇组合，荷载效应组合的设计值 S 应按下式采用：

$$S=S_{Gk}+\psi_{f1} S_{Q1k}+\sum_{i=2}^{n}\psi_{qi} S_{Qik} \tag{3-25}$$

式中，ψ_{f1} 为可变荷载 Q_1 的频遇值系数，应按各章的规定采用；ψ_{qi} 为可变荷载 Q_i 的准永久值系数，应按各章的规定采用。

组合中的设计值仅适用于荷载与荷载效应为线性的情况。

⑨ 对于准永久组合，荷载效应组合的设计值 S 可按下式采用：

$$S=S_{Gk}+\sum_{i=1}^{n}\psi_{qi} S_{Qik} \tag{3-26}$$

组合中的设计值仅适用于荷载与荷载效应为线性的情况。

思考题 ▶▶

1. 结构在规定的使用年限内，应满足哪些功能要求？

2. 何谓结构可靠度？我国对结构的设计基准期 T 取用多少年？我国对建筑结构的安全等级是如何划分的？

3. 当结构按极限状态进行设计时，可将极限状态分为哪两类？

4. 结构上的作用按其随时间的变异、随空间位置的变异以及结构的反应各分为哪几类？

5. 结构的功能函数是如何表达的？当功能函数 $Z > 0$、$Z < 0$ 以及 $Z = 0$ 时，各表示什么状态？

6. 算术平均值 μ、标准差 σ 和变异系数 δ 是怎样的特征值？它们的表达式是怎样的？

7. 试用图形描述正态分布曲线，当特征值为 $\mu_f(1 - 1.645\delta_f)$ 时，其保证率为多少？

8. 何谓荷载标准值？何谓可变荷载的准永久值？

9. 荷载取值是如何考虑安全性的？

10. 材料强度标准值的表达式是怎样的？其保证率为多少？

11. 按概率性极限状态设计，在处理结构安全度方面有哪三种方法？我国现行《规范》是采用的哪一种方法？

12. 可靠概率 P_s 与失效概率 P_f 的相互关系是怎样的？

13. 如结构的安全等级为二级，则延性破坏结构的目标可靠指标 $[\beta]$ 为多少？脆性破坏结构的目标可靠指标 $[\beta]$ 为多少？它们的失效概率各为多少？

14. 试述承载能力极限状态设计表达式(3-17)、式(3-20) 及式(3-21) 中各符号的意义。

15. 永久荷载和可变荷载的荷载分项系数，在一般情况下取值为多少？

16. 钢筋和混凝土的强度标准值与强度设计值之间的关系是怎样的？

第4章
钢筋混凝土受弯构件截面承载力计算

本章提要 ▶▶

本章主要讨论钢筋混凝土梁的正截面受弯性能、设计计算方法和斜截面的受力特点、破坏形态和影响斜截面受剪承载力的主要因素。试验是研究钢筋混凝土性质和计算方法的基础，对于本章描述的试验方法和实验现象，要加深印象和理解。本章讨论了矩形和 T 形截面的设计计算，其它复杂截面的计算原理是相同的。本章重点是：不同截面型式构件的抗弯承载力计算和受剪承载力的计算，掌握截面的计算方法和熟悉有关构造规定。

4.1 概　　述

4.1.1 基本术语

（1）受弯构件（banding element）　处于主要在弯矩作用下的内力状态的构件，即所受的内力都是弯矩和剪力（无轴力）的构件。

（2）构件承载能力设计值（design value of load-carrying capacity of members）　由材料强度设计值和几何参数设计值所确定的结构构件最大内力设计值；或由变形控制的结构构件达到不适于继续承载的变形时的内力设计值。

（3）受弯承载力（flexural capacity）　构件所能承受的最大弯矩，或达到不适于继续承载的变形时的弯矩，也即到达承载能力极限状态时的弯矩。

（4）受剪承载力（shear capacity）　构件所能承受的最大剪力，或达到不适于继续承载的变形时的剪力，也即到达承载能力极限状态时的剪力。

（5）正截面（normal section）　与混凝土构件纵轴线正交的计算截面。

（6）斜截面（inclined section；oblique section）　与混凝土构件纵轴线斜交的计算截面。

（7）混凝土保护层厚度（thickness of concrete cover）　钢筋边缘与构件混凝土表面之间的最短距离。

（8）构造要求（detailing requirements）　为了解决在建筑结构设计中，尚难以用分析计算来据实表达某些部分的安全或正常使用问题，所采用的按实践经验总结出来的、一般不通过计算而必须采取的各种细部措施。

（9）钢筋（steel bar）混凝土结构用的棒状或盘条状钢材。

（10）纵向钢筋（longitudinal steel bar）平行于混凝土构件纵轴方向所配置的钢筋。配置于截面受压区的钢筋称为纵向受压钢筋；配置于截面受拉区的钢筋称为纵向受拉钢筋。

（11）弯起钢筋（bent-up steel bar）混凝土结构构件的下部（或上部）纵向受拉钢筋，按规定的部位和角度弯至构件上部（或下部）后，并满足锚固要求的钢筋。

（12）箍筋（stirrup；hoop）沿混凝土结构构件纵轴方向按一定间距配置并箍住纵向钢筋的横向钢筋。

（13）架立钢筋（auxiliary steel bar）为构成钢筋骨架而附加设置的纵向构造钢筋。

4.1.2 概述

受弯构件是建筑结构中经常遇到的一种基本构件，它在建筑物中常以梁或板的形式出现。梁和板的区别在于梁的截面高度一般大于其宽度，而板的截面高度则远小于其宽度。混凝土梁、板按施工方法分为现浇式和预制式；按配筋方式分为单筋截面和双筋截面。

受弯构件在荷载作用下可能发生两种破坏。当受弯构件的破坏截面与构件的纵轴线垂直时，称为沿正截面破坏，如图 4-1(a) 所示；当受弯构件的破坏截面与构件的纵轴线斜交时，称为沿斜截面破坏，如图 4-1(b) 所示。因此受弯构件需要进行正截面承载力和斜截面承载力计算。

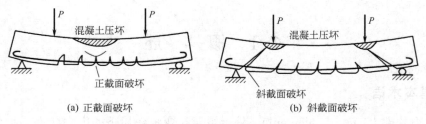

(a) 正截面破坏 　　　　　　　　　(b) 斜截面破坏

图 4-1　受弯构件的破坏形式

受弯构件常用矩形、T 形、I 字形、环形梁、槽形板、空心板等对称截面和倒 L 形等不对称截面，如图4-2所示。

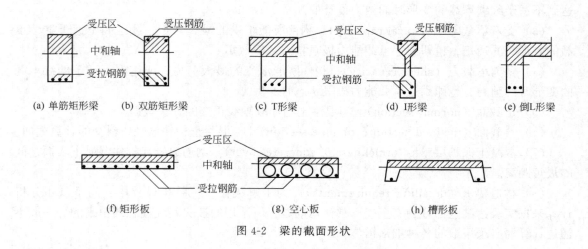

(a) 单筋矩形梁　　(b) 双筋矩形梁　　(c) T形梁　　(d) I形梁　　(e) 倒L形梁

(f) 矩形板　　　　　(g) 空心板　　　　　(h) 槽形板

图 4-2　梁的截面形状

在受弯构件中，仅在截面的受拉区配置纵向受力钢筋的截面，称为单筋截面，见图 4-2 (a)；同时在截面的受拉区和受压区配置纵向受力钢筋的截面，称为双筋截面，见图 4-2(b)。

4.2 受弯构件正截面受弯性能

钢筋混凝土受弯构件（梁）是由钢筋和混凝土两种差异很大的材料所组成，是非均质、非弹性材料，与材料力学中所假想的符合虎克定律的材料相比受力性能有很大的不同，不能直接套用弹性条件下的计算理论与计算公式。为了建立正确的钢筋混凝土受弯构件的计算理论，必须通过获得可靠的实验依据，来掌握构件在荷载作用下的实际工作过程，做到理论与实际的统一。因此钢筋混凝土梁的计算理论只能以加荷实验为基础。

4.2.1 适筋梁实验研究分析

图 4-3 为一配筋适当的钢筋混凝土单筋矩形截面简支梁。该梁在跨度的三分之一处承受了一对集中力（两点加荷），由材料力学知识可知，若忽略自重的影响，梁的中间区段属于纯弯段。为了研究分析梁截面的受弯性能，在纯弯段混凝土表面沿截面高度布置了一系列的应变计，量测混凝土的纵向应变分布；同时，在受拉钢筋上也布置了应变计，以量测钢筋的受拉应变。此外，在梁的跨中及两端支座处，还布置了位移计，用以量测梁的挠度变形。

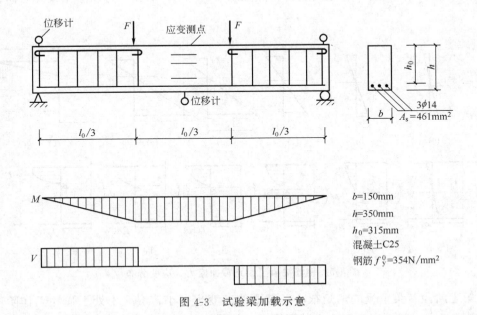

图 4-3 试验梁加载示意

图 4-4 为钢筋混凝土试验梁的挠度 f 随截面弯矩 M 增加而变化的情况，图中纵坐标为弯矩 M，横坐标为梁跨中挠度 f 的实测值。试验时采取逐级加荷。试验表明，构件在受力之后，随着荷载的增加，纯弯区段正截面上钢筋的应力是在不断变化的。而混凝土的应力随着混凝土塑性变形的发展，不仅在数量上而且在应力分布图形上也是在不断变化的。概括起

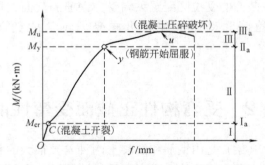

图 4-4　实验梁 M/M_{u}-f 图

来，梁从加载开始到完全破坏为止经历了以下三个阶段（图 4-4）。当弯矩较小时，挠度和弯矩关系接近直线变化。这时的工作特点是梁尚未出现裂缝，称为第 I 阶段。当弯矩超过开裂弯矩 M_{cr} 后，裂缝发生，M-f 关系曲线上出现了第一个明显的转折点。随着裂缝的出现与不断开展，挠度的增长速度较开裂前为快，这时的工作特点是梁带有裂缝，称为第 II 阶段。当受拉钢筋刚到达屈服强度，M-f 关系曲线上出现了第二个明显转折点，标志着梁受力进入第 III 阶段。此阶段的特点是梁的裂缝急剧开展，挠度急剧增加，而钢筋应变有较大的增长，但其应力基本上维持屈服强度不变。当梁所承受的最大弯矩到达 M_{u} 时，梁开始破坏。

4.2.2　适筋梁正截面工作的三个阶段

梁截面应力分布在各个阶段的变化特点如图 4-5 所示，从图中可以看出梁在各阶段的应力分布。

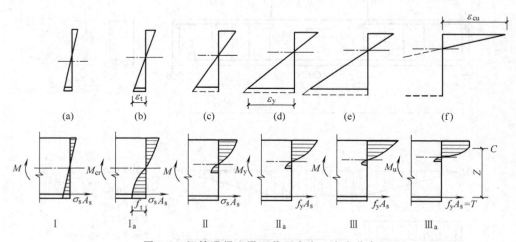

图 4-5　钢筋混凝土梁正截面应力、应变分布

① 第 I 阶段　梁承受的弯矩很小，截面的应变也很小，混凝土处于弹性工作阶段，应力与应变成正比。截面应变符合平截面假定，故梁的截面应力分布为三角形，中和轴以上受压，另一侧受拉，钢筋与外围混凝土应变相同，共同受拉，其特征是：$\varepsilon_{c} = \varepsilon_{s}$。随 M 的增大，截面应变随之增大，由于受拉区混凝土塑性变形的发展，应力增长缓慢，应变增长较快，拉区混凝土的应力图渐显曲线形。如再增加荷载，就进入裂缝出现的临界状态，即构件

将达到欲裂未裂的极限状态，对应的受拉区边缘纤维应变达到混凝土极限拉伸应变 ε_{tu}，第 I 阶段的结束就以此为标志，并以 I_a 点表示，其特征是：$\varepsilon_t = \varepsilon_{tu}$。此时，受拉区混凝土应力达到抗拉强度极限，应力分布图近似矩形（用矩形代替）；而在受压区，因混凝土的抗压强度较高，故相对而言，其压应力尚小，应力分布图仍为三角形。I_a 点作为抗裂计算依据，构件此时所能承担的弯矩称为构件的极限抗裂弯矩 M_{cr}。

② 第 II 阶段　弯矩达到 M_{cr} 后，在纯弯段内混凝土抗拉强度最弱的截面上将出现第一批裂缝。开裂部分混凝土承受的拉力将传给钢筋，使开裂截面的钢筋应力突然增大。随着弯矩增大，截面应变增大，裂缝逐渐向上发展，中和轴随之上移；与此同时，混凝土受压区的压应力也有所增加，塑性变形也进一步有了发展，压应力分布图呈平缓曲线形，但截面应变分布（在较大标距下量测的平均应变）基本上符合平截面假定。梁、板在正常使用情况下的应力状态一般处于这一阶段。当荷载增加到使钢筋应力刚达到屈服点时，第 II 阶段结束，记为 II_a，其特征是：$\sigma_s = f_y$，$\varepsilon_s = \varepsilon_y$。此阶段又称为带裂缝工作阶段（弹塑性阶段），可以作为正常使用阶段的计算依据。

③ 第 III 阶段　在第 II 阶段末 II_a，虽然钢筋应力开始达到屈服点，但还不能算作构件完全破坏，因为这时混凝土的受压区还没有压坏。从第 II 阶段末到构件完全破坏，还要有个过程，这就是第 III 阶段，又叫做破坏阶段。

在破坏阶段，钢筋的应力保持为屈服应力，但塑性变形不断延伸，应变急剧发展，使得受拉区混凝土的裂缝急剧地向上开展，中和轴急剧上升，混凝土受压区面积随之不断缩小，内力臂增大，截面弯矩有所增长。当受压区混凝土达到极限压应变 ε_{cu} 时（$0.003 \sim 0.004$），应力图峰值下移，受压混凝土抗压能力耗尽，构件就完全破坏，作为第 III 阶段结束，以阶段 III_a 表示，其特征是：$\sigma_s = f_y$，$\varepsilon_c = \varepsilon_{cu}$。

截面在破坏时所能承担的弯矩称为截面的极限承载力 M_u，作为承载能力极限状态的设计依据。

综上所述，适筋梁破坏时，受拉钢筋首先达到屈服，然后混凝土受压破坏。破坏前临界裂缝显著开展，顶部混凝土产生很大的局部变形，形成集中的塑性变形区域，在这个区域内，在 M 不增加或增加很小的情况下，截面的转角急剧增大，预示着梁的破坏即将到来，其破坏形态具有"塑性破坏"的特征，即破坏前有明显预兆——裂缝和变形急剧发展。钢筋屈服后，梁破坏前变形的增大表明构件具有良好的耐受变形的能力——延性。延性是承受地震作用及冲击荷载作用构件的一项主要受力性能。

4.2.3　配筋率对正截面破坏性质的影响

（1）基本术语

① 配筋率 ρ（reinforcement ratio ρ）　构件中配置的钢筋截面面积与规定的混凝土截面面积的比值，又称面积配筋率。

② 截面有效高度（effective depth of section）　结构构件受压区边缘到受拉区钢筋合力点之间的距离。

③ 适筋梁（ideally reinforced beam）　纵向受拉钢筋配置适量，受载后随荷载增加钢筋先达到屈服，混凝土后被压碎的钢筋混凝土梁。

④ 少筋梁（under reinforced beam）　纵向受拉纵筋配筋率小于最小配筋率 ρ_{min} 的钢筋混凝土梁。

⑤ 超筋梁（over-reinforced beam）　受拉钢筋配筋率大于最大配筋率 ρ_{max} 的钢筋混凝土梁。

（2）配筋率的影响　设正截面上所有纵向受拉钢筋的合力点至截面受拉边缘的竖向距离为 a_s，则合力点至截面受压区边缘的竖向距离 $h_0 = h - a_s$，h 是截面高度。下面将讲到对正截面受弯承载力起作用的是 h_0，而不是 h，所以称 h_0 为截面的有效高度，称 bh_0 为截面的有效面积，b 是截面宽度。$a_s = c + d_1 + d_2/2$；c 为混凝土保护层的最小厚度，d_1 为箍筋直径，当梁高 $h \leqslant 800mm$ 时可近似取 $d_1 = 8mm$，d_2 为纵筋直径。

设纵向受拉钢筋的总截面面积用 A_s 表示，单位为 mm^2，A_s 与正截面的有效面积 bh_0 的比值简称配筋率 ρ，用百分数（%）来计量，即

$$\rho = \frac{A_s}{bh_0} \tag{4-1}$$

纵向受拉钢筋的配筋率 ρ 在一定程度上标志了正截面上纵向受拉钢筋与混凝土之间的面积比率，它是对梁的受力性能有很大影响的一个重要指标。

根据试验研究，梁的正截面的破坏形式与配筋率 ρ、钢筋和混凝土的强度有关。配筋率不同，梁的破坏形式不同，归纳下来，梁的破坏形式有三类（图 4-6、图 4-7）。

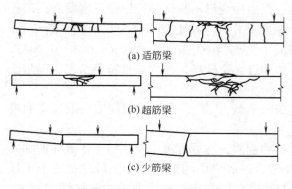

图 4-6　梁的三种破坏形态

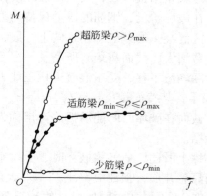

图 4-7　少筋梁、适筋梁、超筋梁的 M-f 曲线

① 第一种破坏形式（适筋梁破坏）　破坏前，由于钢筋产生较大的塑性变形而引起梁的裂缝宽度和挠度增大，有明显的破坏预兆，并且延续过程较长（称为塑性破坏），可以引起人们的注意，防止事故发生，混凝土及钢筋的强度又都得到充分利用，既安全又经济。因而工程设计中应尽量采用适筋梁。

② 第二种破坏形式（超筋梁破坏）　当构件受拉钢筋配筋率很高时，构件的破坏是从受压区混凝土被压坏而引起，钢筋的拉应力未能达到屈服强度。梁的承载力由受压区混凝土控制，多配的钢筋不能发挥作用，破坏前无明显迹象作为警告，是一种脆性破坏，又不能充分利用钢筋强度，很不经济。设计中不宜采用。

③ 第三种破坏形式（少筋梁破坏）　当构件受拉钢筋配筋率很低时，它的抗弯能力同不配筋的素混凝土构件差不多。因而只要受拉区混凝土一开裂，裂缝处钢筋的应力就立即进入屈服阶段（甚至被拉断），受压区混凝土很快就被压坏（无破坏预兆）。这种构件的裂缝很宽，挠度较大。破坏时梁的计算弯矩低于开裂弯矩，它既不经济又不安全，在设计中应避免使用。

4.3 受弯构件正截面承载力计算方法

4.3.1 基本术语

（1）平截面假定（plane hypothesis） 混凝土结构构件受力后沿正截面高度范围内混凝土与纵向钢筋的平均应变呈线性分布的假定。

（2）中和轴高度（depth of neutral axis） 混凝土结构构件正截面上法向应力等于零的轴线位置至截面受压边缘的距离。

（3）等效矩形应力图（equivalent rectangular stress block） 计算受弯、压弯及拉弯构件正截面承载力时所采用的应力分布图形。它按照合力相等，合力作用点不变的原则，将混凝土受压区曲线形应力分布图等效简化为矩形应力分布图。

（4）受压区高度（depth of compression zone） 混凝土结构构件计算时，按合力大小和合力作用点相同的原则，将正截面上混凝土压应力分布等效为矩形应力分布时，该应力图形的高度。

（5）界限受压区高度（balanced depth of compression zone） 混凝土结构构件正截面受压边缘混凝土达到弯曲受压的极限压应变，而受拉区纵向钢筋同时达到屈服拉应变所对应的受压区高度。

4.3.2 基本假定

受弯构件正截面承载力计算时，应以图 4-5(f)（即 III_a 点）的受力状态为依据。为简化计算，《规范》规定，包括受弯构件在内的各种混凝土构件的正截面承载力应按下列四个基本假定进行计算。

① 截面应变保持平面，即平截面假定。

② 不考虑混凝土的抗拉强度。拉力全部由钢筋承担，即混凝土不受拉假定。

③ 混凝土受压的应力-应变关系曲线采用简化形式，即混凝土应力-应变曲线假定，如图 4-8(a) 所示。混凝土应力-应变关系曲线方程为

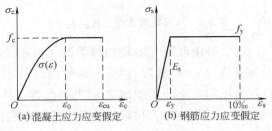

图 4-8 基本假定

a. 当 $\varepsilon_c \leqslant \varepsilon_0$ 时（上升段），

$$\sigma_c = f_c [1 - (1 - \varepsilon_c / \varepsilon_0)^n]$$

b. 当 $\varepsilon_0 < \varepsilon_c \leqslant \varepsilon_{cu}$ 时（水平段），

$$\sigma_c = f_c$$

$$n = 2 - (f_{cu,k} - 50)/60$$

$$\varepsilon_0 = 0.002 + 0.5(f_{cu,k} - 50) \times 10^{-5}; \quad \text{且 } \varepsilon_0 \geqslant 0.002$$

$$\varepsilon_{cu} = 0.0033 - (f_{cu,k} - 50) \times 10^{-5}; \quad \text{且 } \varepsilon_{cu} \leqslant 0.0033$$

式中，σ_c 为混凝土的压应变为 ε_c 时的压应力值；f_c 为混凝土抗压强度设计值；ε_0 为混凝土压应变刚达到 f_c 时的混凝土压应变；ε_{cu} 为正截面的混凝土极限压应变，当处于轴心受压时取为 ε_0；$f_{cu,k}$ 为混凝土立方体抗压强度标准值；n 为系数，$n \leqslant 2$。

④ 钢筋受拉的应力-应变关系曲线采用简化形式，即钢筋应力-应变曲线假定，如图 4-8 (b) 所示。钢筋的应力-应变关系曲线方程为

a. 当 $\varepsilon_s < \varepsilon_y$ 时，

$$\sigma_s = E_s \varepsilon_s$$

b. 当 $\varepsilon_s \geqslant \varepsilon_y$ 时，

$$\sigma_s = f_y$$

$$\varepsilon_{yu} = 0.01$$

$$\varepsilon_y = f_y / E_s$$

应当指出，上述假定①中有一定的近似性。事实上，混凝土开裂后，裂缝两侧的截面已不再符合平面假定，但是如果考虑区段内的平均应变，基本上符合平面假定。假定①可以大大简化计算。

4.3.3 适筋梁正截面的受力分析

研究表明，适筋梁正截面承载力的极限状态，受拉钢筋达到屈服 $\sigma_s = f_y$，此时，受压区边缘混凝土压应变达到极限压应变，但平均应变符合假定①，如图 4-9(b) 所示；压区混凝土达到受压破坏极限，实际应力如图 4-9(c) 所示。

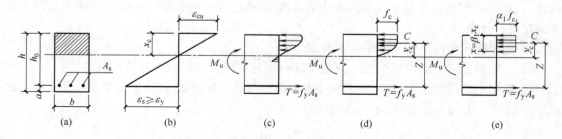

图 4-9 单筋矩形梁应力及应变分布

根据假定②和假定③，可以得出混凝土的理论应力图 4-9(d)。此时，受压区混凝土压应力的合力 C 的值为积分表达式（x_c 的函数），受拉钢筋的合力 T 为定值。受压区合力作用点与受拉钢筋拉应力的合力作用点之间的距离 Z 称为内力臂，其值也是积分的形式（x_c 的函数）。若以水平轴为 x 轴，由图 4-9(d) 可以建立两个平衡方程：

$$\sum x = 0$$

$$T = C \tag{4-2}$$

即

$$f_y A_s = C(x_c) \tag{4-3}$$

$$\sum M = 0$$

$$M_u = C(x_c) Z(x_c) \tag{4-4}$$

或
$$M_u = TZ(x_c) = f_y A_s Z(x_c) \tag{4-5}$$

上述计算过程需要比较复杂的积分过程，不利于工程应用。下面介绍《规范》采用的简化计算方法。

4.3.4　等效矩形应力图形

由于正截面抗弯计算的主要目的只是为了建立极限弯矩 M_u 的计算公式，从理论应力图求 M_u 很繁杂。为此，《规范》对于非均匀受压构件，如受弯、偏心受压和大偏心受拉等构件的正截面受压区混凝土的应力分布进行简化，即用等效矩形应力图 4-9(e) 来代换理论应力图 4-9(d)。

（1）两个图形等效的条件

① 混凝土压应力的合力 C 大小相等；

② 两图形中受压区压应力的合力 C 的作用点不变。

（2）系数 α_1、β_1　如图 4-9(e)，等效矩形应力图由无量纲参数 α_1 和 β_1 确定。系数 α_1 为受压区混凝土矩形应力图的应力值与混凝土轴心抗压强度设计值 f_c 的比值；系数 β_1 为矩形应力图高度 x（简称混凝土受压区高度）与平截面假定的中和轴高度 x_c（中和轴到受压区边缘的距离）的比值，即 $\beta_1 = x/x_c$。根据试验及分析，系数 α_1 和 β_1 仅与混凝土应力-应变曲线有关。

《规范》规定，等效应力图中的 α_1、β_1 取值如下。

① 当 $f_{cu,k} \leq 50 \mathrm{N/mm^2}$ 时，
$$\alpha_1 = 1.0$$
当 $f_{cu,k} = 80 \mathrm{N/mm^2}$ 时，
$$\alpha_1 = 0.94$$
其间按线性内插；

② 当 $f_{cu,k} \leq 50 \mathrm{N/mm^2}$ 时，
$$\beta_1 = 0.8$$
当 $f_{cu,k} = 80 \mathrm{N/mm^2}$ 时，
$$\beta_1 = 0.74$$
其间按线性内插。

为便于计算，等效后的应力图示如图 4-10，从中可见，$C(x_c) = \alpha_1 f_c bx$；$Z(x_c) = (h_0 - x/2)$，此时，平衡方程可以写成：

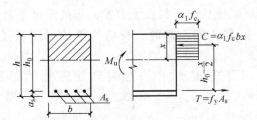

图 4-10　混凝土受压区等效应力图形

$$\sum x = 0 \quad f_y A_s = \alpha_1 f_c bx \tag{4-6a}$$
$$\sum M = 0 \quad M_u = \alpha_1 f_c bx(h_0 - x/2) \tag{4-6b}$$

或 $$M_u = f_y A_s (h_0 - x/2) \tag{4-6c}$$

令 $\xi = x/h_0$，称为相对受压区高度，即等效矩形应力图的受压区高度 x 与截面有效高度 h_0 的比值，则式(4-6a)、式(4-6b) 可写成：

$$f_y A_s = \alpha_1 f_c b h_0 \xi \tag{4-7a}$$

$$M_u = \alpha_1 f_c b h_0^2 \xi (1 - 0.5\xi) \tag{4-7b}$$

$$M_u = f_y A_s h_0 (1 - 0.5\xi) \tag{4-7c}$$

4.3.5 界限受压区高度 ξ_b 与界限筋率 ρ_b

（1）界限受压区高度 ξ_b　前面定义了相对受压区高度 ξ，它是一个无量纲参数。界限受压区高度用 ξ_b 表示，是指适筋梁界限破坏时，等效应力图形的受压区高度 x_b 与截面有效高度 h_0 的比值，即 $\xi_b = x_b/h_0$。特征是受拉钢筋屈服的同时，压区混凝土边缘达到极限压应变。根据假定①，不同压区高度的应变变化如图 4-11 所示，中间的斜线表示界限破坏时的应变，图中虚线为推导用的辅助线。

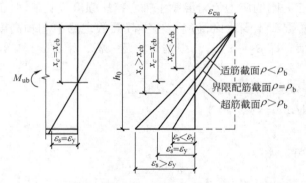

图 4-11　适筋梁、超筋梁在界限破坏时的截面平均应变

由界限破坏的定义知，适筋梁界限破坏时，$\varepsilon_c = \varepsilon_{cu}$，$\varepsilon_s = \varepsilon_y$；若 $\varepsilon_c = \varepsilon_{cu}$ 而 $\varepsilon_s < \varepsilon_y$，则混凝土被压碎，钢筋未屈服，为超筋梁；若 $\varepsilon_c = \varepsilon_{cu}$ 而 $\varepsilon_s > \varepsilon_y$，则钢筋达到屈服，混凝土被压碎，为适筋梁。

现对 ξ_b 的公式推导如下：

$$\xi_b = \frac{x_b}{h_0} = \frac{\beta_1 x_{cb}}{h_0} = \beta_1 \frac{\varepsilon_{cu}}{\varepsilon_{cu} + \varepsilon_y} = \frac{\beta_1}{1 + \dfrac{f_y}{E_s \varepsilon_{cu}}} \tag{4-8}$$

上式表明，界限受压区高度仅与材料性能有关，与截面尺寸无关。

截面受拉区内配有不同种类的钢筋时，受弯构件的界限受压区高度分别计算，并取小值。

对常用的 C50 级及以下的混凝土和有明显屈服点的钢筋（HPB300、HRB335、HRB400、HRB500），$\varepsilon_0 = 0.002$，$\varepsilon_{cu} = 0.0033$，$\beta_1 = 0.8$，可求得：

① HPB300 钢筋　$f_y = 270 \text{N/mm}^2$，$E_s = 2.1 \times 10^5 \text{N/mm}^2$，$\xi_b = 0.576$；

② HRB335 钢筋　$f_y = 300 \text{N/mm}^2$，$E_s = 2.0 \times 10^5 \text{N/mm}^2$，$\xi_b = 0.550$；

③ HRB400 钢筋　$f_y = 360 \text{N/mm}^2$，$E_s = 2.0 \times 10^5 \text{N/mm}^2$，$\xi_b = 0.518$；

④ HRB500 钢筋　$f_y = 435 \text{N/mm}^2$，$E_s = 2.0 \times 10^5 \text{N/mm}^2$，$\xi_b = 0.482$。

(2) 界限筋率 ρ_b 当 $\xi=\xi_b$ 时,对应的纵向受拉钢筋面积与正截面有效面积之比称为界限配筋率 ρ_b,即适筋梁的最大配筋率 ρ_{max},由配筋率 ρ 的定义式(4-7a)可以导出:

$$\rho_b=\rho_{max}=\xi_b\alpha_1 f_c/f_y$$

综上所述,防止梁发生超筋破坏的条件是: $x\leqslant x_b$,或 $\xi\leqslant\xi_b$,或 $\rho_b\leqslant\rho_{max}$。一般情况下用 $\xi\leqslant\xi_b$ 来判别适筋梁。

4.3.6 最小配筋率

避免少筋破坏的办法就是限制最小配筋率。从定义上讲,最小配筋率是适筋梁与少筋梁的界限配筋率,从理论上讲,最小配筋率 ρ_{min} 是按Ⅲ$_a$ 点计算的钢筋混凝土受弯构件极限弯矩 M_u 等于按Ⅰ$_a$ 计算的同截面素混凝土受弯构件开裂弯矩 M_{cr} 确定的,即 $M_{cr}=M_u$。

M_{cr} 和 M_u 可以根据应力-应变分布图与基本假设按材料抗拉强度标准值推算,但考虑到混凝土抗拉强度的离散性以及收缩的影响,所以在工程应用中,最小配筋率 ρ_{min} 往往是根据传统经验得出的。防止梁发生少筋破坏的条件是: $\rho_1\geqslant\rho_{min}$。

我国《规范》规定:最小配筋率 ρ_{min} 取 $0.45 f_t/f_y$ 和 0.2% 中的较大者。这样,为防止少筋破坏,对矩形截面,截面配筋面积 A_s 应满足下式要求:

$$A_s\geqslant(A_s)_{min}=\rho_{min}bh \tag{4-9a}$$

由式(4-9a)可知:

$$\rho_1=A_s/bh\geqslant\rho_{min} \tag{4-9b}$$

式中, ρ_1 为纵向受拉钢筋的计算最小配筋率,用百分数计量。

应注意,计算最小配筋率 ρ_1 和配筋率 ρ 的公式是不同的。

对于非矩形截面,《规范》还规定,计算受弯构件受拉钢筋的最小配筋率应按全截面面积扣除受压翼缘面积 $(b_f'-b)h_f'$ 后的截面面积计算,如图4-12,即

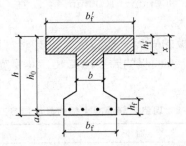

图 4-12 异形截面最小配筋率计算示意

$$\rho_1=\frac{A_s}{A-(b_f'-b)h_f'} \tag{4-10a}$$

或下翼缘为矩形时 $$\rho_1=\frac{A_s}{bh+(b_f-b)h_f} \tag{4-10b}$$

式中, A_s 为纵向受拉钢筋的面积; A 为构件全截面面积; b 为矩形截面宽度,T 形、I 形截面的腹板宽度; h 为梁的截面高度; b_f' 为 T 形或 I 形截面受压区的翼缘宽度; b_f 为 I 形截面受拉区翼缘宽度; h_f' 为 T 形或 I 形截面受压区的翼缘高度; h_f 为 I 形截面受拉区翼缘高度。

4.4 单筋矩形截面受弯构件正截面承载力计算

4.4.1 一般构造要求

受弯构件主要是指各种类型的梁与板，它们是土木工程中用得最普遍的构件。结构和构件要满足承载能力极限状态和正常使用极限状态的要求。梁、板正截面受弯承载力计算就是从满足承载能力极限状态出发的，即要求满足：

$$M \leqslant M_u \tag{4-11}$$

式中的 M_u 是受弯构件正截面受弯承载力的设计值，即式（3-18）中的 R，这里的下角码 u 是指极限值（ultimate value）。上式的含义相当于 $S \leqslant R$。

M_u 是材料和构件截面几何尺寸的函数，设计计算 M_u 之前，往往需要先根据构造要求选定材料和构件截面尺寸。因此，本书先从梁、板的一般构造要求讲起。

(1) 截面尺寸

① 梁、板截面形状　混凝土梁、板常用截面形状已在图 4-2 中示出。

② 梁、板的截面尺寸　现浇梁、板的截面尺寸宜按下述要求采用。

a. 矩形截面梁的高宽比　矩形截面梁的高宽比 h/b 一般取 2.0～3.5；T 形截面梁的 h/b 一般取 2.5～4.0（此处 b 为梁肋宽）。矩形截面的宽度或 T 形截面的肋宽 b 一般取为 100mm、120mm、150mm、（180mm）、200mm、（220mm）、250mm 和 300mm，括号中的数值仅用于木模。300mm 以上的级差为 50mm。

b. 梁的截面高度　梁高 h 与梁的跨度 l 及所受荷载大小有关。从刚度要求出发，肋形楼盖的次梁为 $l/20 \sim l/15$，主梁则为 $l/12 \sim l/8$。独立梁不小于 $l/15$（简支）和 $l/20$（连续）；铁路桥梁为 $l/10 \sim l/6$，公路桥梁为 $l/18 \sim l/10$。l 为梁的计算跨度。为便于施工，梁的高度 h 一般取 250～800mm、900mm、1000mm 等数值。800mm 以下的级差为 50mm，以上的为 100mm。

c. 现浇板的宽度与厚度　板的宽度一般较大，设计时可取单位宽度（$b=1000$mm）进行计算。单向板的跨厚比≤30，双向板的跨厚比≤40，其厚度除满足各项功能要求外，还应满足表4-1的要求。

表 4-1　现浇钢筋混凝土板的最小厚度/mm

板 的 类 别		厚 度
单向板	屋面板	60
	民用建筑楼板	60
	工业建筑楼板	70
	行车道下的楼板	80
双 向 板		80
密肋楼盖	面板	50
	肋高	250
悬臂板（根部）	悬臂长度小于或等于 500mm	60
	悬臂长度大于 1200mm	100
无 梁 楼 板		150
现浇空心楼盖		200

板的保护层厚度一般取15mm，所以计算板的配筋时，一般可取板的有效高度$h_0=h-20$(mm)。其它情况下的保护层厚度取值参见附表20。

（2）材料选择与一般构造

① 混凝土强度等级　梁、板常用的混凝土强度等级是C20～C60。现浇混凝土结构一般选用C25～C35，预制构件一般选用C40～C60。

② 钢筋强度等级及常用直径

a. 梁的钢筋强度等级和常用直径

ⅰ. 梁中纵向受力钢筋　梁中纵向受力钢筋的数量由计算决定，其作用是用来承受弯矩产生的应力。宜采用HRB500级、HRB400级（新Ⅲ级）和HRB335级（Ⅱ级），常用直径为12mm、14mm、16mm、18mm、20mm、22mm和25mm。根数最好不少于3（或4）根。钢筋伸入支座的数量，不应少于2根。设计中若采用两种不同直径的钢筋，钢筋直径相差至少2mm，以便于在施工中能用肉眼识别。同等条件下选用小直径钢筋有利于控制裂缝宽度。

为了便于浇注混凝土以保证钢筋周围混凝土的密实性，纵筋的净间距应满足图4-13所示的要求。

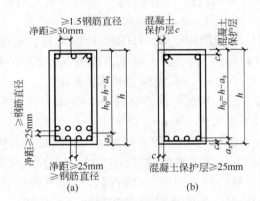

图4-13　混凝土保护层与钢筋净间距示意

当下部钢筋多于2层时，2层以上的钢筋水平方向的中距应比下面2层的大一倍。

ⅱ. 梁中的弯起钢筋　它是将纵向钢筋弯起形成的。它的功能有三：它们的中间段和纵向受力钢筋一样可以承受正弯矩；弯起段可以承受剪力；弯起后的水平段有时还可以用来承受支座处的负弯矩或形成钢筋立体骨架。弯起钢筋的弯起角一般是45°，当梁高＞800mm时，可以采用60°。

ⅲ. 梁中架立钢筋　当梁的跨度小于4m时，架立钢筋的直径不宜小于8mm；当梁的跨度等于4～6m时，直径不宜小于10mm；当梁的跨度大于6m时，直径不宜小于12mm。

ⅳ. 梁中的箍筋　箍筋的数量由计算和构造两个因素决定，其作用主要是承受剪力，在构造上还能固定纵向受力钢筋的间距和位置，以便绑扎成一个立体的钢筋骨架。箍筋一般沿全长布置，梁高小于300mm时，可在构件端部各$l_0/4$范围内布置箍筋，但跨中$l_0/2$范围内有集中荷载时，应沿全长布置。梁中的箍筋宜优先采用HRB400、HPB300级钢筋，也可采用HRB335级钢筋。其余构造见表4-3、表4-4。

当梁中配有按计算需要的纵向受压钢筋时，箍筋应符合以下规定：

• 箍筋应做成封闭式，且弯钩直线段长度不应小于$5d$，d为箍筋直径。

- 箍筋的间距不应大于 $15d$，并不应大于 400mm。当一层内的纵向受压钢筋多于 5 根且直径大于 18mm 时，箍筋间距不应大于 $10d$，d 为纵向受压钢筋的最小直径。

- 当梁的宽度大于 400mm 且一层内的纵向受压钢筋多于 3 根时，或当梁的宽度不大于 400mm 但一层内的纵向受压钢筋多于 4 根时，应设置复合箍筋。

ⅴ. 纵向构造钢筋（腰筋）　当梁的腹板高度 h_w 不小于 450mm 时，在梁的两个侧面应沿高度配置纵向构造钢筋。每侧纵向构造钢筋（不包括梁上、下部受力钢筋及架立钢筋）的间距不宜大于 200mm，截面面积不应小于腹板截面面积（bh_w）的 0.1%，但当梁宽较大时可以适当放松。此处，腹板高度 h_w 参见图 4-14。

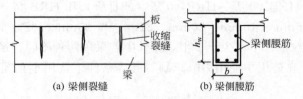

(a) 梁侧裂缝　　　　(b) 梁侧腰筋

图 4-14　梁侧防裂的纵向构造钢筋

b. 板的钢筋强度等级及常用直径　板内钢筋一般有纵向受拉钢筋与分布钢筋两种。

ⅰ. 板中的受拉钢筋　其作用是承受板中弯矩引起的拉应力，其用量由计算决定。

板的纵向受拉钢筋宜采用 HRB400 级和 HRB500 级钢筋，常用直径是 8mm、10mm 和 12mm。板的配筋如图 4-14 所示。为了便于施工，选用钢筋直径的种类愈少愈好，且同一块板中的钢筋直径相差应不小于 2mm，以免施工时互相混淆。

当板厚 $h \leqslant 150$mm 时，受力钢筋间距不宜大于 200mm；当板厚 $h > 150$mm 时，受力钢筋间距不宜大于 $1.5h$，且不宜大于 250mm。

ⅱ. 板中的分布钢筋　板的分布钢筋除了在施工时能固定受力钢筋的位置，将板面上的内力均匀地传布给受力钢筋外，还能承担因混凝土收缩及温度变化在垂直于板跨方向所产生的拉应力。分布钢筋布置在受力钢筋内侧。分布钢筋直径不宜小于 8mm，且单位宽度内分布钢筋的截面面积不宜小于单位宽度上受力钢筋截面面积的 1/3，间距不宜大于 200mm；温度、收缩应力较大的区域，分布钢筋的截面配筋率不宜小于 0.10%，且其间距不宜大于 200mm。

板截面内的分布钢筋应与纵向受力钢筋相垂直，并放在内侧，如图 4-15 所示。

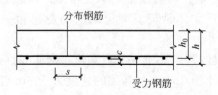

图 4-15　板中的钢筋

(3) 混凝土保护层厚度　混凝土保护层厚度用 c 表示，混凝土保护层有三个作用：

① 保护纵向钢筋不被锈蚀；

② 在火灾等情况下，使钢筋的温度上升缓慢；

③ 使纵向钢筋与混凝土有较好的黏结。

梁、板、柱的混凝土保护层厚度与环境类别和混凝土强度等级有关，分别见附表 18、附表 20。

4.4.2 单筋矩形受弯构件正截面基本计算公式与适用条件

① 基本公式   由式 $\gamma_0 S \leqslant R$，取 $\gamma_0 = 1.0$，则 $S \leqslant R$，得到受弯构件的正截面受弯承载力极限状态表达式，即

$$M \leqslant M_u$$

由式(4-7a)、(4-7b)、(4-7c)

$$f_y A_s = \alpha_1 f_c b h_0 \xi \tag{4-7a}$$

$$M \leqslant M_u = \alpha_1 f_c b h_0^2 \xi (1 - 0.5\xi) \tag{4-12}$$

或

$$M \leqslant M_u = f_y A_s h_0 (1 - 0.5\xi) \tag{4-13}$$

式中，M 为弯矩设计值；f_c 为混凝土弯曲抗压强度设计值；f_y 为钢筋抗拉强度设计值；A_s 为纵向受拉钢筋的截面面积；b 为梁截面宽度；ξ 为混凝土相对受压区高度；h_0 为截面有效高度，$h_0 = h - a_s$；a_s 为非预应力受拉钢筋合力点至截面受拉边缘的距离，若为一类环境类别，对于板 $a_s = 20\mathrm{mm}$，对于梁 $a_s = 38\mathrm{mm}$（一排钢筋），或 $a_s = 63\mathrm{mm}$（两排钢筋）；M_u 为正截面极限抵抗弯矩。

② 适用条件

a. 为防止超筋破坏，必须满足下式：

$$\xi \leqslant \xi_b \tag{4-14}$$

或

$$x \leqslant x_b = \xi_b h_0 \tag{4-15}$$

或

$$\rho \leqslant \rho_{max} \tag{4-16}$$

b. 为防止少筋破坏，必须满足下式：

$$\rho_1 \geqslant \rho_{min} \tag{4-17}$$

4.4.3 基本公式的应用

(1) 基本公式化简

① 基于式(4-12) 的化简   在式(4-13) 中，令

$$\xi(1 - 0.5\xi) = \alpha_s \tag{4-18}$$

则

$$\alpha_s = \frac{M}{\alpha_1 f_c b h_0^2} \tag{4-19}$$

而

$$\xi = 1 - \sqrt{1 - 2\alpha_s} \tag{4-20}$$

根据式(4-7a) 求得配筋面积 A_s

$$A_s = \frac{\alpha_1 f_c b h_0 \xi}{f_y} \tag{4-21}$$

② 基于式(4-13) 的化简   令 $(1 - 0.5\xi) = \gamma_s$，而 $\xi = 1 - \sqrt{1 - 2\alpha_s}$

故

$$\gamma_s = \frac{1 + \sqrt{1 - 2\alpha_s}}{2} \tag{4-22}$$

设计时，先由式(4-19)

$$\alpha_s = \frac{M}{\alpha_1 f_c b h_0^2}$$

代入式(4-22) 求出 γ_s，则根据式 (4-13) 求得配筋面积 A_s：

$$A_s = \frac{M}{f_y h_0 \gamma_s} \tag{4-23}$$

基本公式主要应用于下面两种情况：受弯构件截面设计和截面校核。

（2）截面设计 在进行截面设计时，通常是已知弯矩设计值 M、受弯构件的跨度和边界条件，求构件的截面尺寸及配筋。但大多情况下是在构件截面尺寸已知的情况下求配筋面积 A_s。设计步骤如下。

① 按构造要求，选择混凝土强度等级。

② 按构造要求，选择钢筋。

③ 按构造要求，确定截面尺寸。

④ 确定各材料强度值和有关参数，如 ξ_b、α_1、f_y、f_c、α_s 等值。

⑤ 配筋计算

a. 由式(4-19) 求 α_s。

b. 根据 α_s 求出相对受压区高度 ξ。

c. 若 $\xi \leqslant \xi_b$，则由式 (4-21) 求出 A_s。

d. 若 $\rho_1 = A_s/bh \geqslant \rho_{min}$，则选配钢筋，设计结束；若 $\xi > \xi_b$，则说明此受弯构件超筋，需重新选择截面；若 $\rho_1 = A_s/bh < \rho_{min}$，则说明此构件少筋，应按最小配筋率选配钢筋，或重新选截面。按最小配筋率选配钢筋时，可令 $A_s = \rho_{min}bh$，依此选配钢筋。

（3）截面校核 通常是已知构件尺寸、配筋和作用效应 (M)，验算构件的承载能力极限值 M_u，确定是否安全。此属单筋截面校核，即若 $M_u \geqslant M$，截面安全；若 $M_u < M$，则截面不安全。

校核步骤：

① 由 $\frac{A_s}{bh}$ 求 ρ_1；

② 若 $\rho_1 \geqslant \rho_{min}$，说明此构件不少筋，可以继续校核，否则为少筋构件，直接定性为不安全；

③ 由式(4-7a) 求 ξ，若 $\xi \leqslant \xi_b$，说明此构件不超筋，可以继续校核，否则为超筋构件，可以认为不宜使用；

④ 由式(4-7b) 求 M_u，若 $M_u \geqslant M$ 安全，$M_u < M$ 不安全。

超筋构件也可以按下式计算极限承载力：

$$M_u = \alpha_1 f_c b h_0^2 \xi_b (1 - 0.5\xi_b) \tag{4-24}$$

式中各符号物理意义同前。

通常，作为工程管理专业的技术人员，在进行受弯构件正截面强度校核时，应当同时检验其配筋的经济性，一般来说梁的经济配筋率为 $0.8\% \sim 1.4\%$ 左右，板的经济配筋率为 $0.6\% \sim 1.2\%$ 左右。

【例 4-1】 已知矩形梁截面尺寸 $b \times h = 250\text{mm} \times 600\text{mm}$，弯矩设计值 $M = 190\text{kN} \cdot \text{m}$，

混凝土强度等级为 C30，钢筋采用 HRB400 级，环境类别为一类，结构的安全等级为二级。求所需的受拉钢筋截面面积 A_s。

解：（1）设计参数　C30 混凝土，$f_c = 14.3\text{N/mm}^2$、$f_t = 1.43\text{N/mm}^2$、$\alpha_1 = 1.0$；环境类别为一类，$C = 20\text{mm}$；初选 $a_s = 38\text{mm}$，$h_0 = 600 - 38 = 562\text{mm}$；HRB400 级钢筋，$f_y = 360\text{N/mm}^2$，$\xi_b = 0.518$。

（2）计算系数

① 由式(4-19) 得：

$$\alpha_s = \frac{M}{\alpha_1 f_c b h_0^2} = \frac{190 \times 10^6}{1.0 \times 14.3 \times 250 \times 562^2} = 0.168$$

② 求 ξ 并验算

$$\xi = 1 - \sqrt{1 - 2\alpha_s} = 1 - \sqrt{1 - 2 \times 0.168} = 0.185 < \xi_b = 0.518，不超筋。$$

③ 由式(4-21) 求出 A_s

$$A_s = \alpha_1 f_c b h_0 \xi / f_y = 1.0 \times 14.3 \times 250 \times 562 \times 0.185 / 360 = 1032.5\text{mm}^2$$

④ 验算最小配筋率

$$\rho_1 = A_s / bh = \frac{1032.5}{250 \times 600} = 0.688\% > \rho_{min} = 0.45 f_t / f_y = 0.45 \times 1.43 / 360 = 0.18\%$$

同时 $\rho_1 > 0.2\%$，满足要求。

⑤ 选配钢筋　由附表 21，本例选用 2Φ20 + 2Φ16，实配 $A_s = 1030\text{mm}^2$。

⑥ 验算钢筋净距 a_0

$$a_0 = (250 - 56 - 2 \times 20 - 2 \times 16) / 3 = 40.67\text{mm} > \begin{cases} 25\text{mm} \\ d = 20\text{mm} \end{cases}，满足要求。$$

【例 4-2】　已知矩形截面梁 $b \times h = 250\text{mm} \times 650\text{mm}$，承受弯矩设计值 $M = 240\text{kN} \cdot \text{m}$，混凝土强度等级为 C30，钢筋采用 HRB400 级，环境类别为一类，结构的安全等级为二级。截面配筋如图 4-16 所示，试复核该截面是否安全。

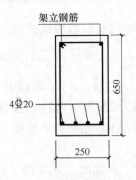

图 4-16　截面配筋示意

解：（1）设计参数　C30 混凝土，$f_c = 14.3\text{N/mm}^2$、$f_t = 1.43\text{N/mm}^2$、$\alpha_1 = 1.0$；环境类别为一类，$C = 20\text{mm}$，$a_s = 38\text{mm}$，$h_0 = 650 - 38 = 612\text{mm}$；

HRB400 级钢筋，$f_y = 360\text{N/mm}^2$，$\xi_b = 0.518$；$A_s = 1256\text{mm}^2$。

（2）验算最小配筋率 ρ_1

$$\rho_1 = A_s / bh = \frac{1256}{250 \times 650} = 0.77\% > \rho_{min} = 0.2\% > 0.45 f_t / f_y = 0.45 \times 1.43 / 360 =$$

0.18%；此梁不少筋。

（3）求 ξ

$$\xi=\frac{f_y A_s}{\alpha_1 f_c b h_0}=\frac{360\times1256}{1.0\times14.3\times250\times612}=0.207<\xi_b=0.518，\text{不超筋。}$$

（4）计算受弯承载力 M_u

$M_u=\alpha_1 f_c b h_0{}^2\xi(1-0.5\xi)=1.0\times14.3\times250\times612^2\times0.207\times(1-0.5\times0.207)=248.48\times10^6\text{N}\cdot\text{mm}=248.48\text{kN}\cdot\text{m}>M=240\text{kN}\cdot\text{m}$

满足承载力要求，截面安全。

4.5 双筋矩形截面受弯构件正截面承载力计算

双筋截面是指在单筋截面的受压区内配置受压钢筋的截面，即同时配置受拉钢筋和受压钢筋的截面，如图 4-17 所示，一般来说，采用受压钢筋协助混凝土承受压应力是不经济的。那为什么要采用双筋截面呢？

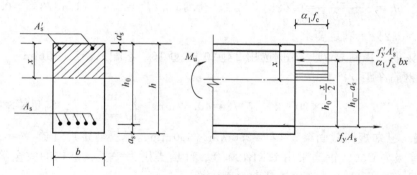

图 4-17 双筋矩形截面

由上一节的分析可知，单筋矩形截面梁截面抵抗弯矩的最大值为

$$(M_u)_{\max}=(\alpha_s)_{\max}\alpha_1 f_c b h_0^2$$

因此，当作用效用产生的弯矩大于 $M_{\max}$ 时，若截面尺寸等受限制不能增大，用单筋截面已无法满足设计要求，势必出现超筋截面。解决此类问题的办法之一就是采用双筋截面，即在截面受压区内配置受压纵筋，以协助混凝土承受压力，从而提高截面的承载力。双筋截面通常还在下列情况下被利用：

① 当构件的同一截面要承受变号弯矩时（风荷载、地震荷载作用系统），截面上下两层均需配置受力（拉）钢筋，必要时，可视为双筋；

② 续梁的中间支座处负弯矩很大，尽管没有反向弯矩，然而总有一部分在跨中承受正弯矩的纵筋要伸入支座，只要适当注意这些钢筋的锚固，充分利用这些钢筋作为支座截面的受压钢筋是经济合理的。

双筋截面也有其优点，如可以减小构件变形，增大延性，提高后期变形能力等。

受弯构件双筋截面承载力计算的基本假定与单筋截面基本相同，也是四个基本假设。但对截面受压区受压钢筋的抗压强度要做专门论述。

4.5.1 受压钢筋的强度

理论上讲，钢材的抗压强度 f_y' 应等于或高于其抗拉强度，但钢筋的受压受两个因素影响，一是纵向失稳，二是混凝土的压应变大小。

试验表明，当截面进入承载力极限状态时，只要箍筋间距合适，受压钢筋不会失稳，其抗压强度主要取决于混凝土的压应变。在钢筋混凝土构件中，由于黏结力的作用，钢筋和混凝土被牢牢结合在一起，变形一致。在承载力极限状态（III_a 应力状态）截面受压边缘混凝土达到其弯曲受压极限应变 ε_{cu} 而被压碎。根据平截面假定，此时受压钢筋的应变略小于 ε_{cu}，为简化计算，并与轴压柱中受压钢筋的应变状态一致，近似取此时受压钢筋压应变为 $\varepsilon_s' = \varepsilon_0 = 0.002$，钢筋处在弹性阶段，相应的钢筋应力

$$f_y' = \sigma_s' = \varepsilon_s' \times E_s = 0.002 \times (1.95 \sim 2.1) \times 10^5 = 390 \sim 420 \mathrm{N/mm}^2 。$$

《规范》给出了建筑用钢筋 f_y' 的设计值，详见附表 3、附表 4，设计时直接查用。

4.5.2 基本计算公式与适用条件

（1）基本公式 由图 4-17，根据平衡条件可以写出：

$$f_y A_s = \alpha_1 f_c bx + f_y' A_s' \tag{4-25}$$

$$M \leqslant M_u = \alpha_1 f_c bx(h_0 - 0.5x) + f_y' A_s'(h_0 - a_s') \tag{4-26}$$

式中，f_y' 为钢筋抗压强度设计值；A_s' 为受压钢筋的截面面积；a_s' 为受压钢筋的合力作用点到截面受压边缘的距离。

上述两个方程可以分别分成两部分考虑，第一部分，由受压区混凝土和与其相应的一部分受拉钢筋 A_{s1} 所形成的抗力，相当于单筋矩形截面的受弯承载力设计值，第二部分是由受压钢筋 A_s' 和与其相应的另一部分受拉钢筋所形成的受弯承载力设计值，即

$$f_y A_{s1} = \alpha_1 f_c bx \tag{4-27}$$

$$M_1 = \alpha_1 f_c bx(h_0 - 0.5x) = \alpha_s \alpha_1 f_c bh_0^2 \tag{4-28}$$

$$f_y A_{s2} = f_y' A_s' \tag{4-29}$$

$$M_2 = f_y' A_s'(h_0 - a_s') \tag{4-30}$$

$$M = M_1 + M_2 \tag{4-31}$$

$$A_s = A_{s1} + A_{s2} \tag{4-32}$$

式中，M_1 为由受压区混凝土的压力和余下部分受拉钢筋的拉力所组成的抵抗力矩；M_2 为由受压钢筋的压力 $A_s' f_y'$ 和相应的部分受拉钢筋拉力所组成的抵抗力矩；M 为弯矩设计值；A_s 为截面内受拉钢筋总的截面面积。

（2）适用条件 同单筋截面一样，双筋截面也有适用条件。

① 为防止发生超筋破坏，必须满足：

$$\xi \leqslant \xi_b$$

② 为保证受压钢筋应力达到抗压强度设计值 f_y'，受压区不宜过小，即应保证 $\varepsilon_s' = \varepsilon_0 = 0.002$，否则，受压钢筋应力达不到抗压强度设计值 f_y'。当计算出的混凝土受压区高度 x 过小时，《规范》要求取 $x = 2a_s'$，这样，无论什么情况下双筋截面都应满足：

$$x \geqslant 2a_s'$$

③ 双筋截面可不验算最小配筋率 ρ_{min}。

从式(4-28)～式(4-30) 可以看出，增加 A_s 和 A_s' 可任意提高截面的承载力，但实际上，无论是受压区还是受拉区配筋都不宜过多过密，所以，双筋截面对受弯构件承载力的提高是有限度的。

4.5.3　基本公式的应用

(1) 截面设计　双筋截面的截面设计有两种可能的类型，分述如下。

① 类型 1　已知材料等级、截面尺寸及弯矩设计值 M，求受拉钢筋面积 A_s 及受压钢筋面积 A_s'。从式(4-25)、式(4-26) 可知，这种情况下有三个未知数 (x，A_s，A_s')，两个方程式，故有无穷多个解，要获得唯一经济解，需要附加条件。按照"充分发挥混凝土的抗压能力，使总用钢量最少"的原则，附加条件是：令 $\xi = \xi_b$ 或令 $x = \xi_b h_0$，即在不超筋的条件下，让混凝土的受压区高度最大。设计步骤如下。

a. 查表、计算各种参数。

b. 由式(4-26)

$$M = \alpha_1 f_c b x (h_0 - 0.5x) + f_y' A_s'(h_0 - a_s')$$

令 $x = \xi_b h_0$，则

$$A_s' = \frac{M - \alpha_1 f_c b h_0^2 \xi_b (1 - 0.5\xi_b)}{f_y'(h_0 - a_s')} \tag{4-33}$$

c. 再由式(4-25)

$$f_y A_s = \alpha_1 f_c b x + f_y' A_s'$$

同样取 $x = \xi_b h_0$，得：

$$A_s = (\alpha_1 f_c b \xi_b h_0 + f_y' A_s')/f_y$$

d. 选配钢筋。

这样设计出的构件既不超筋，也不少筋，更不会受压区过小。

② 类型 2　已知材料强度等级、截面尺寸、弯矩设计值 M 及受压钢筋面积 A_s'，求受拉钢筋的面积 A_s。从式(4-25)、式(4-26) 可知，此时有两个未知数，正好两个方程，有唯一解。设计时应按照"充分利用受压钢筋面积，以使总用钢量最小"的原则，令受压钢筋全部达到抗压强度。计算步骤如下。

a. 查表、计算各种参数。

b. 由式(4-30) 得：

$$M_2 = f_y' A_s'(h_0 - a_s')$$

c. 由式(4-31) 得：

$$M_1 = M - M_2$$

d. 由式(4-19) 得：

$$\alpha_s = \frac{M_1}{\alpha_1 f_c b h_0^2}$$

e. 求 ξ

$$\xi = 1 - \sqrt{1 - 2\alpha_s}$$

f. 求 x　$x = \xi h_0$；若 $2a_s' \leqslant x \leqslant \xi_b h_0$ 可断定此构件不超筋，且受压钢筋 A_s' 不超量，应继续计算；若 $\xi > \xi_b$，说明 A_s' 太少，应按类型 1，即按 A_s' 未知，重新设计 A_s、A_s'。

g. 按 $A_{s1} = \alpha_1 f_c bx / f_y$ 求 A_{s1}。

h. 按 $A_{s2} = f'_y A'_s / f_y$ 求 A_{s2}。

i. 按 $A_s = A_{s1} + A_{s2}$ 求 A_s；

j. 选配钢筋。

若 $x < 2a'_s$，说明受压区钢筋配置过多，钢筋应力达不到压屈值 f'_y，严格地说，应重新配置受压钢筋，以减少浪费；若受压筋是利用已有的反号弯矩筋或支座负弯矩筋，可令 $x = 2a'_s$，则有：

$$A_s = \frac{M}{f_y(h_0 - a'_s)}$$

（2）截面校核 已知受弯构件截面尺寸 b、h，材料强度等级和钢筋用量 A_s 及 A'_s，验算该截面是否安全，此称为双筋截面承载力校核。校核步骤如下。

① 查表、计算各种参数。

② 由式（4-25）得：

$$x = \frac{f_y A_s - f'_y A'_s}{\alpha_1 f_c b}$$

a. 若 $2a'_s \leqslant x \leqslant \xi_b h_0$，则

$$M_u = \alpha_1 f_c bx (h_0 - 0.5x) + f'_y A'_s (h_0 - a'_s)$$

b. 若 $x < 2a'_s$，令 $x = 2a'_s$，则

$$M_u = f_y A_s (h_0 - a'_s)$$

c. 若 $\xi > \xi_b$，说明截面是超筋梁，可令 $x = \xi_b h_0$，则该截面最大承载力为

$$M_u = \alpha_1 f_c b h_0^2 \xi_b (1 - 0.5\xi_b) + f'_y A'_s (h_0 - a'_s)$$

③ 判别 如果 $M_u \geqslant M$，此梁安全，否则，不安全。

【例 4-3】 已知梁截面尺寸 $b \times h = 250\text{mm} \times 600\text{mm}$，混凝土强度等级 C30，钢筋采用 HRB400 级，若梁承受的弯矩设计值 $M = 450\text{kN} \cdot \text{m}$，试求在截面和材料不能调整的情况下该梁正截面的配筋。

解： 这属于类型 1。

（1）查表得：

$$f_c = 14.3\text{N/mm}^2, \ \alpha_1 = 1.0, \ f_y = 360\text{N/mm}^2, \ \xi_b = 0.518.$$

（2）验算截面尺寸 已知的弯矩设计值较大，预计钢筋需排成两排，故 $h_0 = h - 63 = 600 - 63 = 537\text{mm}$。单筋所能承受的最大弯矩为：

$M_{max} = \alpha_1 f_c b h_0^2 \xi_b (1 - 0.5\xi_b) = 1.0 \times 14.3 \times 250 \times 537^2 \times 0.518 \times (1 - 0.5 \times 0.518) = 395705954\text{N} \cdot \text{mm} = 395.71\text{kN} \cdot \text{m} < M = 450\text{kN} \cdot \text{m}$；因截面和材料不能调整，所以需要采用双筋截面。

（3）为使总用钢量最小，令 $\xi = \xi_b$，代入式（4-33），得：

$$A'_s = \frac{M - \alpha_1 f_c b h_0^2 \xi_b (1 - 0.5\xi_b)}{f'_y(h_0 - a'_s)} = \frac{450000000 - 395705954}{360 \times (537 - 38)} = 302.24\text{mm}^2$$

（4）$A_{s1} = \alpha_1 f_c b h_0 \xi_b / f_y = 1.0 \times 14.3 \times 250 \times 537 \times 0.518 / 360 = 2762.3\text{mm}^2$

（5）$A_{s2} = f'_y A'_s / f_y = 360 \times 302.24 / 360 = 302.24\text{mm}^2$

（6）$A_s = A_{s1} + A_{s2} = 2762.3 + 302.24 = 3064.54\text{mm}^2$

（7）实际选用钢筋

a. 受压钢筋面筋 2 $\underline{\Phi}$ 14＝308mm²＞302.24mm²，可以。

b. 受拉钢筋面积 8 $\underline{\Phi}$ 22＝3041mm²。［(3064.54－3041)/3064.54］×100％＝0.77％＜5％，可以。

截面配筋如图 4-18 所示。

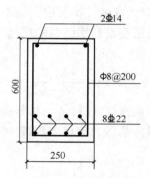

图 4-18　例 4-3 配筋示意

【**例 4-4**】　已知一矩形截面梁，$b×h$＝250mm×650mm，混凝土强度等级为 C30，钢筋采用 HRB400 级，在受压区配置 2 $\underline{\Phi}$ 16 的钢筋，梁承受的弯矩设计值 M＝400kN·m，求受拉钢筋截面面积 A_s。

解：这属于类型 2。

(1) 查表得：f_c＝14.3N/mm²，$α_1$＝1.0，f_y＝360N/mm²，$ξ_b$＝0.518，预计钢筋需排成两排，故 h_0＝$h-a_s$＝650－63＝587mm，f_y'＝360N/mm²，A_s'＝402mm²

(2) M_2＝$f_y'A_s'(h_0-a_s')$＝360×402×(587－38)＝79451280N·mm＝79.541kN·m

(3) M_1＝$M-M_2$＝400－79.541＝320.549kN·m

(4) $α_s$＝$\dfrac{M_1}{α_1 f_c b h_0^2}$＝$\dfrac{320.549×10^6}{1.0×14.3×250×587^2}$＝0.26

(5) $ξ$＝$1-\sqrt{1-2α_s}$＝$1-\sqrt{1-2×0.26}$＝0.307＜$ξ_b$＝0.518，不超筋

(6) x＝$ξh_0$＝0.307×587＝180.21mm＞$2a_s'$＝2×38＝76mm，A_s'配置适量

(7) A_{s1}＝$α_1 f_c b x/f_y$＝1.0×14.3×250×180.21/360＝1789.60mm²

(8) A_{s2}＝$f_y'A_s'/f_y$＝360×402/360＝402mm²

(9) A_s＝$A_{s1}+A_{s2}$＝1789.60＋402＝2191.60mm²

(10) 选配钢筋　受拉钢筋 7 $\underline{\Phi}$ 20，A_s＝2200mm²＞2191.60mm²，满足要求。

【**例 4-5**】　已知混凝土强度等级为 C30，采用 HRB500 级钢筋，截面尺寸 $b×h$＝250mm×600mm，受拉钢筋 6 $\underline{\Phi}$ 22，受压钢筋 2 $\underline{\Phi}$ 14。承受弯矩设计值 M＝390kN·m，试验算此截面是否安全。

解：这属于截面承载力校核。

(1) 查表得：f_c＝14.3N/mm²，$α_1$＝1.0，f_y＝435N/mm²，A_s＝2281mm²，$ξ_b$＝0.482，f_y'＝410N/mm²，A_s'＝308mm²。钢筋需排成两排，h_0＝h－63＝600－63＝537mm。

(2) 求 x

$$x＝\dfrac{f_y A_s-f_y'A_s'}{α_1 f_c b}＝(435×2281-410×308)/(1.0×14.3×250)＝242.23mm$$

$2a'_s=76\text{mm}<242.23\text{mm}<\xi_bh_0=0.482\times537=258.83\text{mm}$，则

（3）求M_u

$M_u=\alpha_1f_cbx(h_0-0.5x)+f'_yA'_s(h_0-\alpha'_s)=1.0\times14.3\times250\times242.23\times(537-0.5\times242.23)+410\times308\times(537-38)=423158589\text{N}\cdot\text{mm}=423.16\text{kN}\cdot\text{m}>M=390\text{kN}\cdot\text{m}$

（4）答：$M_u>M$，所以此截面安全。

4.6　T形截面受弯构件正截面承载力计算

4.6.1　概述

从前面的分析计算中可知，受弯构件开裂后，受拉区混凝土退出工作，对截面的抗弯承载力不再起作用，而受压区混凝土可充分发挥其抗压能力，因此加大受压区，形成上宽下窄的T形截面，这样既可提高构件的承载力，还可以节约材料（图4-19）。

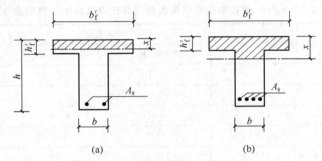

图4-19　受弯构件T形截面示意

T形截面上部伸出的部分称为受压翼缘，中间部分称为肋或腹板。肋宽为b，受压翼缘区计算宽度为b'_f，高度为h'_f，截面总高度仍为h。I形截面受弯构件因受拉区不参与工作，其承载力也按T形截面计算。

T形截面受弯构件在工程实际中应用极为广泛，常见情形如图4-20所示。

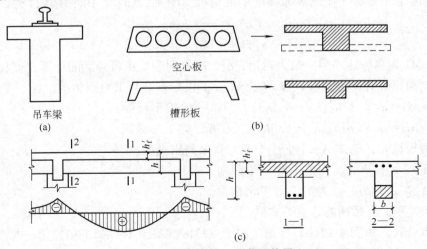

图4-20　常见的T形截面简图

通过实验和理论分析得知，T 形梁受弯后，受压翼缘区中的纵向压应力的分布是不均匀的，翼缘区中部压应力较高，两端压应力较小（图 4-21）。过宽的翼缘不能充分发挥作用，所以设计时应把翼缘宽度限制在一定的范围内，称为翼缘区计算宽度 b_f'，并假定其上的压应力是均匀分布的，范围以外的部分，不考虑受力。《规范》对 T 形、倒 L 形截面受弯构件有效翼缘区计算宽度做了明确规定，见表 4-2。

T 形截面根据其受压区高度的不同，可分为两种类型：

① 第一类 T 形截面 受压区在翼缘内，即受压区高度 $x \leqslant h_f'$，见图 4-19(a)；

② 第二类 T 形截面 受压区在翼缘以下的肋部，即受压区高度 $x > h_f'$，见图 4-19(b)。

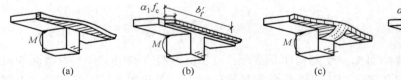

图 4-21 T 形截面受压区应力分布

表 4-2 T 形、倒 L 形截面受弯构件受压区有效翼缘计算宽度 b_f'

考虑情况		T 形截面		倒 L 形截面
		肋形梁（板）	独立梁	肋形梁（板）
按计算跨度 l_0 考虑		$l_0/3$	$l_0/3$	$l_0/6$
按梁（肋）净距 S_n 考虑		$b+S_n$	—	$b+S_n/2$
按翼缘高度 h_f' 考虑	当 $h_f'/h_0 \geqslant 0.1$	—	$b+12h_f'$	—
	当 $0.1 > h_f'/h_0 \geqslant 0.05$	$b+12h_f'$	$b+6h_f'$	$b+5h_f'$
	当 $h_f'/h_0 < 0.05$	$b+12h_f'$	b	$b+5h_f'$

4.6.2 基本公式与适用条件

（1）两种类型 T 形截面的界限与判别 为了判别两种类型 T 形截面的界限，先分析一下受压区高度 x 恰好等于受压翼缘高度 h_f' 的情况 [图 4-22(a)]，由平衡条件得：

$$f_y A_s = \alpha_1 f_c b_f' h_f' \tag{4-34}$$

$$M_f = \alpha_1 f_c b_f' h_f' (h_0 - 0.5 h_f') \tag{4-35}$$

式中，M_f 为翼缘能承担的最大弯矩；b_f'、h_f' 分别为受压翼缘区的计算宽度和高度。

① 在截面设计时，弯矩设计值 M 已知，可用式(4-35) 来判别类型。

a. $M \leqslant M_f = \alpha_1 f_c b_f' h_f' (h_0 - 0.5 h_f')$，为第一类 T 形截面；

b. $M > M_f = \alpha_1 f_c b_f' h_f' (h_0 - 0.5 h_f')$，为第二类 T 形截面。

② 截面校核时，已知 A_s，可用式(4-34) 来判别类型。

a. $f_y A_s \leqslant \alpha_1 f_c b_f' h_f'$，为第一类 T 形截面；

b. $f_y A_s > \alpha_1 f_c b_f' h_f'$，为第二类 T 形截面。

（2）第一类 T 形截面的计算公式

① 基本公式 由图 4-22(b) 可见，由于受拉区混凝土不参加工作，第一类 T 形截面相当于宽度为 b_f' 的矩形截面，由平衡条件：

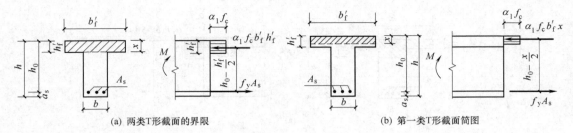

(a) 两类T形截面的界限　　　　　　　　　　(b) 第一类T形截面简图

图 4-22　T 形截面

$$f_y A_s = \alpha_1 f_c b'_f x \tag{4-36}$$

$$M = \alpha_1 f_c b'_f x (h_0 - 0.5x) \tag{4-37}$$

② 适用条件

a. 为防止超筋破坏，须满足

$$\xi \leqslant \xi_b \ \text{或} \ x \leqslant x_b$$

第一类 T 形截面一般能满足此条件。

b. 为防止少筋破坏，须满足

$$\rho_1 \geqslant \rho_{\min}$$

注意，此时的 $\rho_1 = A_s/bh$，不是 $\rho_1 = A_s/b'_f h$。

(3) 第二类梯形截面计算公式

① 基本公式（见图 4-23）

$$f_y A_s = \alpha_1 f_c b x + \alpha_1 f_c (b'_f - b) h'_f \tag{4-38}$$

$$M = \alpha_1 f_c b x (h_0 - 0.5x) + \alpha_1 f_c (b'_f - b) h'_f (h_0 - 0.5 h'_f) \tag{4-39}$$

与双筋矩形截面类似，T 形截面承受的压力的合力 $\alpha_1 f_c b x + \alpha_1 f_c (b'_f - b) h'_f$ 和弯矩 M 也可以分解为两部分，第一部分是矩形肋部相当于单筋矩形截面承受的压力 $\alpha_1 f_c b x$ 和弯矩 $\alpha_1 f_c b x (h_0 - 0.5x)$；第二部分是矩形肋部两侧受压翼缘承受的压力 $\alpha_1 f_c (b'_f - b) h'_f$（相当于双筋截面的 $f'_y A'_s$）和弯矩 $\alpha_1 f_c (b'_f - b) h'_f (h_0 - 0.5 h'_f)$，见图 4-23。

即：

$$f_y A_{s1} = \alpha_1 f_c b x \tag{4-40}$$

$$M_1 = \alpha_1 f_c b x (h_0 - 0.5x) \tag{4-41}$$

$$f_y A_{s2} = \alpha_1 f_c (b'_f - b) h'_f \tag{4-42}$$

$$M_2 = \alpha_1 f_c (b'_f - b) h'_f (h_0 - 0.5 h'_f) \tag{4-43}$$

两部分叠加得：

$$M = M_1 + M_2 \tag{4-44}$$

$$A_s = A_{s1} = A_{s2} \tag{4-45}$$

上述方法称为简化方法。

② 适用条件

a. 为避免超筋，须满足

$$\xi \leqslant \xi_b \ \text{或} \ x \leqslant x_b$$

b. 为避免少筋，须满足

$$\rho_1 \geqslant \rho_{\min}$$

一般情况下，T 形截面配筋率较高，能满足最小配筋率的要求，可不必验算。

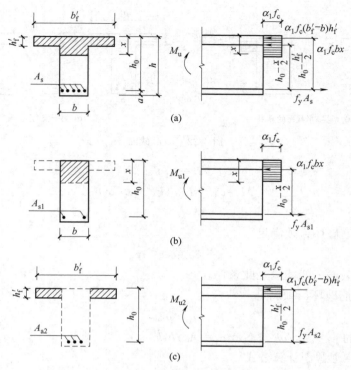

图 4-23　第二类 T 形截面梁正截面承载力计算简图

4.6.3　基本公式的应用

(1) 截面设计　已知材料强度等级、截面尺寸及弯矩设计值 M，求受拉钢筋面积 A_s。设计时应先判别截面类型，然后根据类型选用计算公式。

① 若 $M \leqslant \alpha_1 f_c b_f' h_f' (h_0 - 0.5 h_f')$，属于第一类 T 形截面，此时同矩形单筋截面的计算相同，用 b_f' 取代其计算公式中的 b 即可。

② 若 $M > \alpha_1 f_c b_f' h_f' (h_0 - 0.5 h_f')$，属于第二类 T 形截面，用简化方法计算，步骤如下。

a. 查表，计算各类参数。

b. $M_2 = \alpha_1 f_c (b_f' - b) h_f' (h_0 - 0.5 h_f')$

c. $M_1 = M - M_2$

d. $\alpha_s = \dfrac{M_1}{\alpha_1 f_c b h_0^2}$

e. 计算 ξ

$$\xi = 1 - \sqrt{1 - 2\alpha_s}$$

i. 若 $\xi \leqslant \xi_b$，则 $x = \xi h$。

$$A_s = A_{s1} + A_{s2} = \dfrac{\alpha_1 f_c b x + \alpha_1 f_c (b_f' - b) h_f'}{f_y}$$

ii. 若 $\xi > \xi_b$，则应加大截面，重新设计。

(2) 截面校核　已知材料强度等级、截面尺寸及受拉钢筋面积 A_s 和弯矩设计值 M，求截面的弯矩承载力 M_u，并判断截面是否安全。

① 第一类 T 形截面，即

$$\alpha_1 f_c b'_f h'_f \geqslant f_y A_s$$

同单筋矩形截面的校核，用 b'_f 取代其计算公式中的 b 即可。

② 第二类 T 形截面，即

$$\alpha_1 f_c b'_f h'_f < f_y A_s$$

在基本计算公式中有 M_u 及 x 两个未知数，用简化方法计算，计算步骤如下。

a. 查表，计算各参数。

b. 求 x

$$x = \frac{f_y A_s - \alpha_1 f_c (b'_f - b) h'_f}{\alpha_1 f_c b}$$

i. 若 $x \leqslant \xi_b h_0$，则按下式求 M_u：

$$M_u = \alpha_1 f_c b x (h_0 - 0.5x) + \alpha_1 f_c (b'_f - b) h'_f (h_0 - 0.5 h'_f)$$

若 $M_u \geqslant M$，则截面安全，否则不安全。

ii. 若 $x > \xi_b h_0$，则按下式求 M_u：

$$M_u = \alpha_1 f_c b h_0^2 \xi_b (1 - 0.5\xi_b) + \alpha_1 f_c (b'_f - b) h'_f (h_0 - 0.5h'_f)$$

【例 4-6】 已知某 T 形截面独立梁，计算跨度 l_0 为 6m，$b'_f = 1000mm$，$h'_f = 120mm$，$b = 200mm$，$h = 600mm$，混凝土强度等级为 C30，HRB400 级钢筋，跨中弯矩设计值 $M = 450kN \cdot m$，求 A_s 并选配钢筋。

解： 这属于截面设计。

（1）查表求各种参数：$f_c = 14.3N/mm^2$，$\alpha_1 = 1.0$，$f_y = 360N/mm^2$，$\xi_b = 0.518$，预计钢筋需排成两排，故 $h_0 = h - 63 = 600 - 63 = 537mm$。

（2）验算翼缘宽度　$h'_f / h_0 = 120/537 = 0.223 > 0.1$，按《规范》$b'_f$ 可取 $b + 12h'_f = 200 + 12 \times 120 = 1640mm$；独立梁跨度 l_0 为 6000mm，按《规范》b'_f 可取 $l_0/3 = 6000/3 = 2000mm$；综合各因素，b'_f 可取 1640mm，b'_f 实际值为 1000mm < 1640mm，满足要求。

（3）判别截面类型

$\alpha_1 f_c b'_f h'_f (h_0 - 0.5 h'_f) = 1.0 \times 14.3 \times 1000 \times 120 \times (537 - 0.5 \times 120) = 818532000N \cdot mm = 818.53kN \cdot m > M = 450kN \cdot m$，属于第一类 T 形截面。

（4）求 α_s，用 b'_f 取代单筋矩形截面中的 b，则

$$\alpha_s = \frac{M}{\alpha_1 f_c b'_f h_0^2} = \frac{450000000}{1.0 \times 14.3 \times 1000 \times 537^2} = 0.109$$

（5）求 ξ

$$\xi = 1 - \sqrt{1 - 2\alpha_s} = 1 - \sqrt{1 - 2 \times 0.109} = 0.1157 < \xi_b = 0.518，不超筋。$$

（6）求 A_s

$$A_s = \alpha_1 f_c b'_f \xi h_0 / f_y = 1.0 \times 14.3 \times 1000 \times 0.1157 \times 537 / 360 = 2467.98mm^2$$

（7）验算最小配筋率

$$\rho_1 = \frac{A_s}{bh} = \frac{2467.98}{200 \times 600} = 2.06\% \geqslant \rho_{min} = 0.2\% > 0.45 f_t / f_y = 0.45 \times 1.43 / 360 = 0.18\%，不少筋。$$

（8）选配钢筋　选受拉钢筋 3 ⊕ 25 + 3 ⊕ 22，实配面积 2613mm² > 计算面积 $A_s = 2467.98mm^2$，满足要求。

【例 4-7】 已知某 T 形截面独立梁，计算跨度 l_0 为 6m，$b'_f = 900mm$，$h'_f = 100mm$，

$b=250$mm，$h=650$mm，混凝土强度等级为 C25，HRB400 级钢筋，跨中弯矩设计值 $M=616$kN·m，求 A_s 并选配钢筋。

解：这是截面设计。

（1）查表求各种参数：$f_c=11.9$N/mm^2，$\alpha_1=1.0$，$f_y=360$N/mm^2，$\xi_b=0.518$，预计钢筋需排成两排，故 $h_0=h-63=650-63=587$mm。

（2）验算翼缘宽度　$h'_f/h_0=100/587=0.170>0.1$，按《规范》$b'_f$ 可取 $b+12h'_f=250+12\times100=1450$mm；独立梁跨度 l_0 为 6000mm，按《规范》b'_f 可取 $l_0/3=6000/3=2000$mm；综合各因素，b'_f 可取 1450mm，b'_f 实际值为 900mm$<$1450mm，满足要求。

（3）判别截面类型

$\alpha_1 f_c b'_f h'_f(h_0-0.5h'_f)=1.0\times11.9\times900\times100\times(587-0.5\times100)=575127000$N·mm$=575.13$kN·m$<M=616$kN·m，属于第二类 T 形截面。

（4）求 M_2

$M_2=\alpha_1 f_c(b'_f-b)h'_f(h_0-0.5h'_f)=1.0\times11.9\times(900-250)\times100\times(587-0.5\times100)=415369500$N·mm$=415.37$kN·m

（5）$M_1=M-M_2=616-415.37=200.63$kN·m

（6）$\alpha_s=M_1/(\alpha_1 f_c bh_0^2)=200.63\times10^6/(1.0\times11.9\times250\times587^2)=0.1957$

（7）求 ξ

$\xi=1-\sqrt{1-2\alpha_s}=1-\sqrt{1-2\times0.1957}=0.220\leqslant\xi_b=0.518$，不超筋。

（8）求 x

$x=\xi h_0=0.220\times0.587=129.14mm>h'_f=100$mm，是第二类 T 形截面。

（9）求 A_s

$$A_s=\frac{\alpha_1 f_c bx+\alpha_1 f_c(b'_f-b)h'_f}{f_y}=\frac{1.0\times11.9\times250\times129.14+1.0\times11.9\times(900-250)\times100}{360}$$
$$=3215.81\text{mm}^2$$

（10）验算最小配筋率（略）

（11）选配钢筋　选 4 ⌀ 25 ＋ 4 ⌀ 20，实际配面积 1964 ＋ 1256 ＝ 3220mm$>$3215.81mm^2，满足要求。

【例 4-8 】　某 T 形截面独立梁，计算跨度 l 为 6m，$b'_f=1200$mm，$h'_f=120$mm，$b=200$mm，$h=600$mm，混凝土强度等级为 C30，HRB400 级钢筋，跨中弯矩设计值 $M=567$kN·m，受拉区配置 8 ⌀ 22 的钢筋，试验算此截面是否安全（环境类别为一类）。

解：这属于截面承载力校核。

（1）查表求各种参数：$f_c=14.3$N/mm^2，$\alpha_1=1.0$，$f_y=360$N/mm^2，$\xi_b=0.518$，钢筋需排成两排，故 $h_0=h-63=600-63=537$mm，$A_s=3041$mm^2。

（2）验算翼缘宽度　$h'_f/h_0=120/537=0.223>0.1$，按《规范》$b'_f$ 可取 $b+12h'_f=200+12\times120=1640$mm；独立梁跨度 l_0 为 6000mm，按《规范》b'_f 可取 $l_0/3=6000/3=2000$mm；综合各因素，b'_f 可取 1640mm，b'_f 实际值为 1200mm$<$1640mm，满足要求。

（3）判别截面类型

$\alpha_1 f_c b'_f h'_f=1.0\times14.3\times1200\times120=2059200N>f_y A_s=360\times3041=1094760$N，属于第一类 T 形截面。

（4）求 x

$$x = \frac{f_y A_s}{\alpha_1 f_c b'_f} = \frac{1094760}{1.0 \times 14.3 \times 1200} = 63.80 \, \text{mm} < h'_f = 120 \, \text{mm}, \text{ 是第一类 T 形截面。}$$

（5）求 M_u

$M_u = \alpha_1 f_c b'_f x (h_0 - 0.5x) = 1.0 \times 14.3 \times 1200 \times 63.8 \times (537 - 0.5 \times 63.8) = 552987520.8$
N·mm = 552.99 kN·m < M = 567 kN·m。

（6）答：此截面不安全。

4.7 受弯构件斜截面承载力计算

4.7.1 概述

受弯构件除了承受弯矩以外，同时还承受剪力，试验研究和工程实践都表明，在钢筋混凝土受弯构件中某些区段常常产生斜裂缝，并可能沿斜截面（斜裂缝）发生破坏。也就是说钢筋混凝土受弯构件可能因受弯沿正截面破坏，也可能因剪力和弯矩的共同作用而沿斜截面破坏。由材料力学可知，分布荷载作用下的受弯构件沿全长，集中荷载作用下的受弯构件在集中力到支座之间的区段，构件既受弯又受剪，为剪弯区。剪力和弯矩共同作用引起的主拉应力使该区出现斜裂缝，最终可能导致沿斜截面破坏。因此在设计受弯构件时这两种破坏的可能都应该加以考虑。

当钢筋混凝土构件性能和设计由剪力控制时，其受力状态主要有以下特点。

① 不存在纯剪（即 $V \neq 0$，$M = 0$）的构件　虽然在理论上存在着"纯剪"截面，例如简支梁支座截面和连续梁的反弯点处，但构件不会沿此垂直截面发生斜截面破坏。在剪力为常数的区段，弯矩呈线形变化，构件由于剪力而发生斜截面破坏时，必将受到弯矩作用的影响。因此，钢筋混凝土构件的抗剪承载力实质上是剪力和弯矩共同作用下的承载力，可称为弯剪承载力。

② 构件在剪力的作用下将产生成对的剪应力，构件内形成二维应力场。

③ 即使是完全弹性材料，由于斜裂缝的存在，平截面假定也不再适用。

④ 构件斜截面破坏，发生突然，过程短促，延性小，具有明显的脆性破坏特性。

通常，普通板的承剪面积对其所受剪力来说比较大，具有足够的斜截面承载力，故受弯构件斜截面承载力主要是对梁及厚板而言。

为了防止构件发生斜截面强度破坏，除了使梁具有合理的截面尺寸外，还需要在梁内设置与梁轴垂直的箍筋，也可同时设置与主拉应力方向平行的斜向钢筋来共同承担剪力。斜向钢筋通常由正截面强度不需要的纵向钢筋弯起而成，故又称弯起钢筋。箍筋和弯筋统称为腹筋。腹筋、纵向钢筋和架立钢筋构成钢筋骨架（图 4-24）。

有箍筋、弯筋和纵向钢筋的梁称为有腹筋梁，无箍筋和弯筋但有纵向钢筋的梁称为无腹筋梁。

4.7.2 无腹筋梁斜截面的受力特点和破坏形态

（1）无腹筋梁斜裂缝出现前的应力状态　构件沿正截面破坏和沿斜截面破坏是两种不同性质的破坏。下面以承受两个对称集中荷载的矩形截面无腹筋简支梁（图 4-25）的受力状

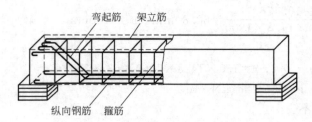

弯起筋　架立筋

纵向钢筋　箍筋

图 4-24　梁中的钢筋骨架

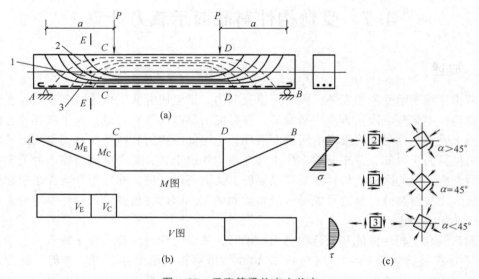

(a)

(b)　(c)

图 4-25　无腹筋梁的应力状态

态为例说明钢筋混凝土构件在剪力和弯矩共同作用下斜裂缝的形成。

图中 CD 段为纯弯段，AC、DB 段为剪弯段（同时作用有剪力和弯矩）。在荷载较小、梁内尚未出现裂缝之前，梁处于弹性工作阶段（整体工作阶段），此时可将钢筋混凝土梁视为匀质弹性体，按一般材料力学公式来分析其应力，并画出梁的主应力轨迹线 [图 4-25 (a)]。图中实线代表主拉应力方向，虚线代表主压应力方向。应当指出的是，钢筋混凝土构件是由钢筋和混凝土两种材料组成的，在应用材料力学公式前应先将两种材料换算成同一种材料，通常将钢筋换算成"等效混凝土"，即按重心重合、面积扩大 $\alpha_E = E_s / E_c$ 倍换算为等效混凝土面积。换算后的截面称为换算截面，剪弯区正应力剪应力可按下式计算：

正应力　　　　　　　　　　　　$\sigma = \dfrac{M y_0}{I_0}$

剪应力　　　　　　　　　　　　$\tau = \dfrac{V S_0}{I_0 b}$

式中，I_0 为换算截面的惯性矩；y_0 为所求应力点到换算截面形心轴的距离；S_0 为所求应力点的一侧对换算截面形心轴的面积矩；b 为梁的宽度；M 为截面的弯矩值；V 为截面的剪力值。

在正应力 σ 和剪应力 τ 共同作用下，产生的主拉应力和主压应力可按下式求得：

主拉应力　　　　　　　　　　　$\sigma_{tp} = \dfrac{\sigma}{2} + \sqrt{\dfrac{\sigma^2}{4} + \tau^2}$

　　　　　　　　　　　　　　　　　　　　　　　　　　　　　（4-46）

主压应力
$$\sigma_{cp} = \frac{\sigma}{2} - \sqrt{\frac{\sigma^2}{4} + \tau^2} \qquad (4-47)$$

主应力作用方向与梁轴线的夹角 α，按下式确定：

$$\tan 2\alpha = -\frac{2\tau}{\sigma} \qquad (4-48)$$

弹性状态下 $E—E$ 截面上的应力状态如图 4-25(c)。

随着荷载的增加，梁内各点的主应力也增加，当主拉应力和主压应力的组合超过混凝土在拉压应力状态下的强度时，将出现斜裂缝。试验研究表明，在集中荷载作用下，无腹筋简支梁的斜裂缝出现过程有两种典型情况。一种是在梁底首先因弯矩的作用而出现垂直裂缝，随着荷载的增加，初始垂直裂缝逐渐向上发展，并随着主拉应力方向的改变而发生倾斜，向集中荷载作用点延伸，裂缝下宽上细，称为弯剪斜裂缝 [图 4-26(b)]。另一种是首先在梁中和轴附近出现大致与中和轴成 45°角的斜裂缝，随着荷载的增加，裂缝沿主压应力迹线方向分别向支座和集中荷载作用点延伸，裂缝中间宽两头细，呈枣核形，称为腹剪斜裂缝 [图 4-26(a)]。

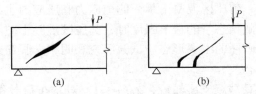

图 4-26　无腹筋梁的斜裂缝

(2) 无腹筋梁斜裂缝出现后的应力状态　无腹筋梁出现斜裂缝后，梁的受力状态发生了质的变化，即发生了应力重分布。这时已不可能再将梁视为匀质弹性体，截面上的应力也不能再用一般材料力学公式计算。为了研究斜裂缝出现后的应力状态，将图 4-27(a) 所示出现斜裂缝的梁沿斜裂缝 EF 切开，取脱离体如图 4-27(b) 所示。在这个脱离体上作用有由荷载产生的剪力 V、斜裂缝上端混凝土截面承受的剪力 V_c 及压力 C_c、纵向钢筋的拉力 T_s、纵向钢筋的销栓作用传递的剪力 V_d 以及斜裂缝交界面骨料的咬合与摩擦作用传递的剪力 V_1

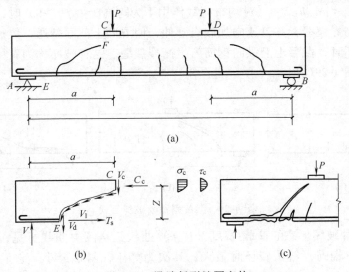

图 4-27　梁端斜裂缝隔离体

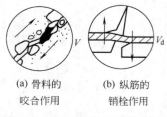

(a) 骨料的
咬合作用

(b) 纵筋的
销栓作用

图 4-28 斜裂缝的局部放大图

（图 4-28）。由于纵向钢筋的销栓作用不大以及斜裂缝交界面上骨料的咬合与摩擦作用将随斜裂缝的开展而逐渐减小，为了便于分析，在极限状态下 V_d 和 V_1 可以不予考虑。这样在斜裂缝出现前后，梁内的应力状态发生了以下变化。

① 斜裂缝出现前，由荷载引起的剪力由梁全截面承受。斜裂缝出现以后，剪力 V 全部由斜裂缝上端的混凝土截面来承受。

② 斜裂缝出现前，E 点处纵向钢筋的拉应力由该截面的弯矩 M_E 决定，斜裂缝出现后，E 点处纵向钢筋的拉应力由该 C 截面的弯矩 M_c 决定，拉应力将突然增大。即在脱离体图 4-27(b) 中：

$$T_sZ = \sigma_s A_s Z = V \cdot a = M_c$$
$$\sigma_s = V \cdot a / (A_s Z) = M_c / (A_s Z)$$

实验也证明，E 点的弯矩等于 C 点的弯矩，因此其受拉钢筋面积不应少于 C 点对应截面所需的面积。

随着荷载的继续增加，剪压区混凝土承受的剪应力和压应力也继续增加，混凝土处于剪压复合应力状态，当达到此状态下的极限强度时，剪压区混凝土破坏，即发生斜截面破坏。

（3）无腹筋梁斜截面破坏的主要形态　试验研究表明，无腹筋梁在集中荷载作用下沿斜截面有三种不同的破坏形态。

① 斜压破坏　当集中荷载距支座较近，$a/h_0 < 1$（对均布荷载作用下为跨高比 $l_0/h < 3$）时，破坏前梁腹部将首先出现一系列大体相互平行的腹剪斜裂缝，最后由于混凝土的斜向压酥而破坏。这种破坏是突然的 [图 4-29(a)]。

② 剪压破坏　当 $1 < a/h_0 < 3$（对均布荷载作用下为跨高比 $3 < l_0/h < 9$）时，梁承受荷载后，首先在剪跨段内出现弯剪斜裂缝，当荷载继续增加，产生一条延伸较长、相对开展较宽的主要裂缝，称为临界斜裂缝。随着荷载继续增加，最后剪压区混凝土在剪应力和压应力共同作用下达到复合应力状态下的极限强度而破坏，这种破坏称为剪压破坏，也基本属于脆性破坏 [图 4-29(b)]。

③ 斜拉破坏　当 $a/h_0 > 3$（对均布荷载作用下为跨高比 $l_0/h > 9$）时，斜裂缝一出现便很快发展，形成临界裂缝，并迅速向加载点延伸，使混凝土截面裂通，梁被斜向拉断成为两部分而破坏。破坏时，混凝土沿纵向钢筋产生撕裂裂缝，这种破坏称为斜拉破坏，具有很明显的脆性特征 [图 4-29(c)]。

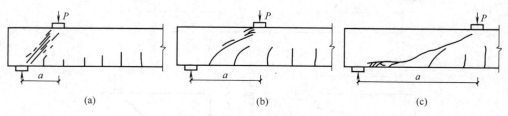

(a)　　　　　　　　　(b)　　　　　　　　　(c)

图 4-29　梁的斜截面破坏形式

图 4-30 为三种破坏形态的荷载-挠度（P-f）曲线，从图中曲线可见，各种破坏形态的斜截面承载力各不相同，斜压破坏时最大，其次为剪压，斜拉最小。它们在达到峰值荷载时，跨中挠度都不大，破坏后荷载都会迅速下降，表明它们都属脆性破坏类型，而其中尤以

斜拉破坏为甚。

4.7.3 有腹筋梁斜截面的受力特点和破坏形态

（1）有腹筋梁斜裂缝出现前后的受力特点　为了提高钢筋混凝土梁的受剪承载力，防止梁沿斜截面发生脆性破坏，在实际工程结构中一般在梁内配有腹筋（箍筋和弯起钢筋）。有腹筋梁斜裂缝出现前后有如下特征：

① 斜裂缝出现前，腹筋应力很小，对阻止和推迟斜裂缝的出现作用不明显；

② 斜裂缝出现后，腹筋直接承担部分剪力，与斜裂缝相交的箍筋应力显著增大，腹筋能限制斜裂缝的开展和延伸，使梁的受剪承载力有较大提高；

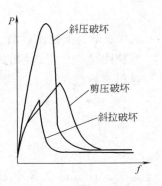

图 4-30 三种破坏形态的
荷载-挠度曲线

③ 箍筋还将提高斜裂缝处交界面骨料的咬合和摩擦作用，延缓沿纵向钢筋黏结劈裂裂缝的发展，防止混凝土保护层的突然撕裂，提高纵向钢筋的销栓作用。

（2）有腹筋梁沿斜截面破坏的形态　配置箍筋的有腹筋梁，它的斜截面受剪破坏形态与无腹筋梁一样，也有斜压破坏、剪压破坏和斜拉破坏三种。这时，除了剪跨比对斜截面破坏形态有重要影响以外，腹筋的数量对梁斜截面的破坏形态和受剪承载力有很大影响。

当腹筋配置数量过少时，斜裂缝一旦出现，原来由混凝土承受的拉力转由与斜裂缝相交的腹筋承受，腹筋很快达到屈服强度而不能限制斜裂缝的开展，变形迅速增加，与无腹筋梁相似，发生斜拉破坏。属于脆性破坏，设计时应避免。

如果腹筋配置数量适当的话，斜裂缝产生后，与斜裂缝相交的箍筋不会立即屈服，箍筋的受力限制了斜裂缝的开展，使荷载仍能有较大的增长。随着荷载增大，箍筋拉力增大，破坏前，首先是与斜截面相交的箍筋应力达到屈服强度，由于钢筋塑性变形的发展，斜裂缝不断扩大，斜截面末端的剪压区不断缩小，直到剪压区混凝土在剪应力 τ 和正应力 σ 共同作用下达到复合应力强度极限时，构件即破坏。这种破坏称为"剪压式"破坏，相当于适筋梁，因为这种破坏有一定的塑性变形，混凝土及箍筋强度都能充分发挥作用，因而它是作为设计依据的一种破坏形式。

当构件为超量配箍时，箍筋应力增长缓慢，在箍筋尚未屈服时，梁腹混凝土就因抗压能力不足而发生破坏。在薄腹梁中，即使剪跨比较大，也会发生类似破坏。这种破坏称为"斜压破坏"，类似于超筋梁，属于脆性破坏，设计时应避免。此时梁的受剪承载力取决于构件的截面尺寸和混凝土强度。

对有腹筋梁来说，只要截面尺寸合适，箍筋配置数量适当，剪压破坏是斜截面受剪破坏中最常见的一种破坏形态。

4.7.4 影响斜截面受剪承载力的主要因素

影响梁斜截面受剪承载力的因素很多，主要有以下几方面。

（1）剪跨比　无腹筋梁的斜裂缝的出现和最终斜截面破坏形态，与截面的正应力 σ 和剪应力 τ 的比值 σ/τ 有很大关系。σ/τ 的比值可用一个无量纲参数 λ（剪跨比）来反映，因截面正应力 σ 与 $M/(bh_0^2)$ 成正比，截面剪应力 τ 与 V/bh_0 成正比，则定义广义剪跨比：

$$\lambda = \frac{M}{Vh_0} \tag{4-49}$$

式中，λ 为剪跨比；M、V 为梁计算截面所承受的弯矩和剪力；h_0 为截面的有效高度。剪跨比是一个无量纲的计算参数，反映了截面承受的弯矩和剪力的相对大小。

对集中荷载作用下的简支梁 [图 4-31(a)]，计算截面 1—1 和 2—2 的剪跨比分别为

$$\lambda_1 = \frac{M_1}{V_A h_0} = \frac{V_A a_1}{V_A h_0} = \frac{a_1}{h_0}$$

$$\lambda_2 = \frac{M_2}{V_B h_0} = \frac{V_B a_2}{V_B h_0} = \frac{a_2}{h_0}$$

式中，a_1、a_2 为集中力 P_1、P_2 作用点到支座 A、B 之间的距离，称为"剪跨"。

因此，对集中荷载作用下的简支梁，如果距支座第一个集中力到支座的距离为 a、截面的有效高度为 h_0，则集中力作用处计算截面的剪跨比可表示为

$$\lambda = a/h_0 \tag{4-50}$$

$\lambda = a/h_0$ 称为计算剪跨比。应当注意的是，对于承受分布荷载或其它复杂荷载的梁，如图 4-31(b) 中的 1—1 截面和图 4-31(a) 中的 3—3 截面，式(4-50) 不适用，但可近似地取 $\lambda = a/h_0$。

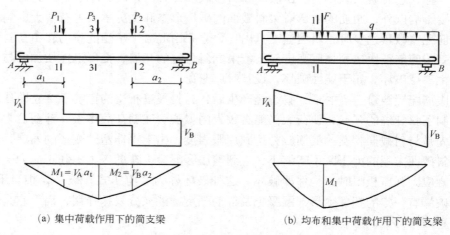

(a) 集中荷载作用下的简支梁   (b) 均布和集中荷载作用下的简支梁

图 4-31   剪跨比计算简图

实验表明对集中荷载作用下的无腹筋梁，剪跨比是影响破坏形态和受剪承载力最主要的因素之一。由图 4-32 可见，当剪跨比由小增大时，梁的破坏形态从混凝土抗压控制的斜压型，转为顶部受压区和斜裂缝骨料咬合控制的剪压型，再转为混凝土抗拉强度控制为主的斜拉型。此外，随着剪跨比的增大，受剪承载力减小；当 $\lambda > 3$ 以后，承载力趋于稳定。

由实验结果（图 4-33）可知，当荷载不是作用于梁顶，而是作用在梁的中部或底部时，在条件相同的情况下，其受剪承载力比作用在梁顶部时小。在这种间接加载的情况下，斜压破坏几乎不出现，而当 λ 很小时也可能出现斜拉破坏。

(2) 混凝土强度   无腹筋梁的受剪破坏是由于混凝土达到复合应力状态下的强度而发生的，所以混凝土强度对受剪承载力的影响很大。试验表明，无腹筋梁的受剪承载力与混凝土的抗拉强度近似成正比，梁的受剪承载力随混凝土抗拉强度的提高而提高，大致成直线关系。

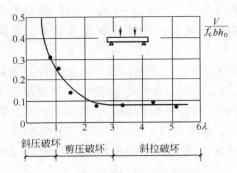

图 4-32　剪跨比对抗剪强度的影响

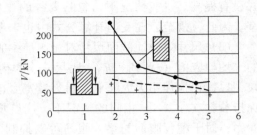

图 4-33　加载方式对抗剪强度的影响

如图 4-34 所示，斜截面破坏形态不同，混凝土强度影响的程度也不同，剪跨比较小的斜压破坏时直线斜率较大，剪跨比较大的斜拉破坏时直线斜率较小，剪跨比适中的剪压破坏时直线斜率介于上述两者之间。

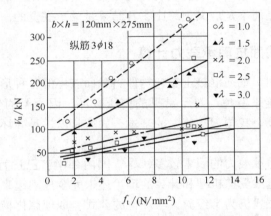

图 4-34　混凝土强度对抗剪强度的影响

（3）配箍率和箍筋强度　梁的箍筋可以较大幅度地提高受剪承载力。

配箍量一般用配箍率 ρ_{sv} 表示

$$\rho_{sv} = \frac{nA_{sv1}}{bs} \tag{4-51}$$

式中，ρ_{sv} 为配箍率；n 为同一截面内箍筋的肢数；A_{sv1} 为单肢箍筋的截面面积；b 为截面宽度；s 为箍筋间距。

配箍率对抗剪强度的影响见图 4-35。

（4）纵向钢筋的配筋率　纵向钢筋也能抑制斜裂缝的开展，使斜裂缝顶部混凝土压区高度（面积）增大，间接地提高梁的受剪承载力，同时纵筋本身也通过销栓作用承受一定的剪力，因而纵向钢筋的配筋量的增大，梁的受剪承载力也有一定的提高。但根据试验分析，在 ρ 大于 1.5% 时，纵筋对梁受剪承载力的影响才明显。因此《规范》在受剪计算公式中未考虑这一影响。

（5）截面形式　T 形、I 形截面有受压翼缘，增加了剪压

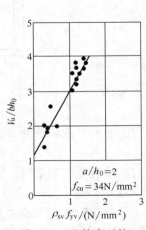

图 4-35　配箍率对抗
剪强度的影响

区的面积，对斜拉破坏和剪压破坏的受剪承载力可提高20%，但对斜压破坏的受剪承载力并没有提高。一般情况下，忽略翼缘的作用，只取腹板的宽度作为计算宽度其结果偏于安全。因此《规范》在受剪计算公式中也未考虑这一影响。

（6）尺寸效应　截面尺寸对无腹筋梁的受剪承载力有较大的影响，尺寸大的构件，破坏的平均剪应力（$\tau = V_u/bh_0$）比尺寸小的构件要降低，主要因为梁高度很大时，撕裂裂缝比较明显，销栓作用大大降低，斜裂缝宽度也较大，削弱了骨料咬合作用。试验结果表明，在保持参数 f_c、λ、ρ 相同的情况下，高度增加4倍，受剪承载力 $\tau = V_u/bh_0$ 约降低25%～30%；对于配置腹筋的梁，腹筋可以抑制斜裂缝的开展，尺寸效应的影响减小。因此《规范》在有腹筋梁受剪计算公式中未考虑这一影响。

（7）梁的连续性　试验表明，连续梁的受剪承载力与相同条件下的简支梁相比，仅在集中荷载作用时低于简支梁，而受均布荷载时则是相当的。即使是承受集中荷载作用的情况下，也只有中间支座附近的梁段因受异号弯矩的影响，抗剪承载力有所降低，边支座附近梁段的抗剪承载力与简支梁的相同。实验表明，对于集中荷载作用下的连续梁，其受剪承载力计算时只要取计算剪跨比而不是广义剪跨比，其结果是偏于安全的。

4.7.5　受弯构件斜截面抗剪承载力计算

（1）建立公式的原则　钢筋混凝土受弯构件斜截面破坏的各种形态中，斜拉和斜压破坏可以通过一定的构造措施来避免。对于常见的剪压破坏，因为梁的受剪承载力变化幅度较大，设计时必须进行计算。我国《规范》的基本公式就是以这种破坏形态的受力特征为计算依据建立的。

由于影响斜截面受剪承载力的因素较多，尽管国内外学者已进行了大量的试验和研究，但迄今为止，钢筋混凝土梁受剪机理和计算的理论还未完全建立起来。因此，目前各国《规范》采用的受剪承载力公式仍为半经验、半理论的公式。取理想化模型中临界斜裂缝左边的脱离体（图4-36），受力分析如下。

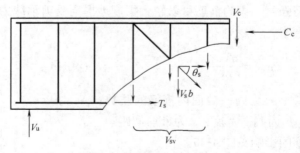

图4-36　斜裂缝脱离体受力图

① 当有弯起钢筋时

$$V_u = V_c + V_{sv} + V_{sb} \tag{4-52a}$$

② 没有弯起钢筋时

$$V_u = V_c + V_{sv} = V_{cs} \tag{4-52b}$$

式中，V_u 为斜截面抗剪承载力；V_c 为剪压区混凝土承担的剪力；V_{sv} 为穿过斜裂缝的箍筋承担的剪力；V_{sb} 为穿过斜裂缝的弯起钢筋承担的剪力；V_{cs} 为斜截面上混凝土和箍筋共同承担的剪力。

我国《规范》所建议使用的计算公式也是采用理论分析和实践经验相结合的方法，通过试验数据的统计分析得出的。对试验现象的观察和试验数据的分析表明，决定抗剪的各项因素，相互关联、影响，而非简单的叠加关系。但从实用的角度出发，为方便计算而采用了上述两式的形式，并将式中各项理解为具有明确的物理、力学意义。

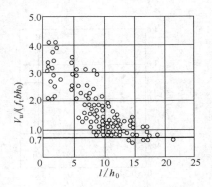

图 4-37　均布荷载作用下无腹筋
梁受剪承载力试验结果

（2）无腹筋梁受剪承载力　如前所述，影响无腹筋梁斜截面受剪承载力最主要的因素是剪跨比（当均布荷载作用时为跨高比），图 4-37、图 4-38 分别为 293 根集中荷载作用下和 143 根均布荷载作用下的无腹筋简支梁受剪试验的结果。从图中可以看出，试验结果虽然比较离散，但总的趋势都是随着剪跨比 λ（或跨高比 l/h）的增大，受剪承载力下降。结构设计的目的，不是要求正确估计梁的实际受剪承载力，而是要求保证梁不发生斜截面破坏。因此，可以根据试验结果给出满足一定保证率的下包线公式，在设计时，只要梁承受的剪力不超过按下包线公式计算的值，就可以保证不发生斜截面破坏。

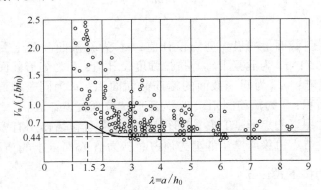

图 4-38　集中作用下无腹筋梁受剪承载力试验结果

应该指出的是，虽然从图 4-37、图 4-38 可以看出，对于集中或均布荷载作用下的无腹筋梁都有一定的受剪承载力，但决不表示允许在设计中梁不配置腹筋。若构件承受的剪力小于无腹筋梁的承载力时，一般应按构造要求配置箍筋。

不配置腹筋的一般板类受弯构件，其斜截面受剪承载力应符合下列规定

$$V \leqslant 0.7\beta_h f_t bh_0 \tag{4-53a}$$

$$\beta_h = \left(\frac{800}{h_0}\right)^{1/4} \tag{4-53b}$$

式中，β_h 为截面高度影响系数；当 $h_0 < 800\text{mm}$ 时，取 800mm，当 $h_0 > 2000\text{mm}$ 时，取 2000mm。

（3）有腹筋梁受剪承载力计算公式

① 仅配置箍筋的梁　配箍率和箍筋强度对有腹筋梁的斜截面破坏形态和受剪承载力有很大影响。图 4-39、图 4-40 以相对名义剪应力 $\dfrac{V_{cs}}{f_t bh_0}$ 为纵轴，相对配箍系数 $\rho_{sv}\dfrac{f_{yv}}{f_t}$ 为横轴，

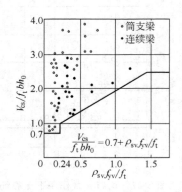

图 4-39 均布荷载作用下有腹筋梁 V_{cs}
实测值与计算值比较

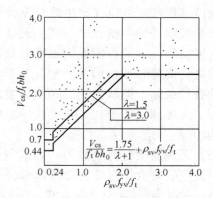

图 4-40 集中荷载作用下有腹筋梁 V_{cs}
实测值与计算值比较

分别表示出了 45 根在均布荷载作用下和 166 根在集中荷载作用下的配箍简支梁受剪试验的结果。通过对试验结果的统计分析,《规范》规定,对矩形、T 形和 I 形截面的一般受弯构件(类型 1),当仅配有箍筋时,其斜截面的受剪承载力应按下列公式计算:

$$V \leqslant V_{cs} = \alpha_{cv} f_t b h_0 + f_{yv} \frac{A_{sv} h_0}{s} \tag{4-54}$$

$$A_{sv} = n A_{sv1}$$

式中,V 为构件斜截面上的最大剪力设计值;α_{cv} 为斜截面混凝土受剪承载力系数,对于一般受弯构件取 0.7;f_t 为混凝土轴心抗拉强度设计值;b 为矩形截面的宽度或 T 形截面和 I 形截面的腹板宽度;A_{sv} 为同一截面的箍筋截面面积;n 为同一截面的箍筋肢数;A_{sv1} 为单肢箍筋的截面面积;s 为箍筋间距;f_{yv} 为箍筋抗拉强度设计值。

对于集中荷载作用下的矩形、T 形、I 形截面独立梁(包括作用有多种荷载,且其中集中荷载对支座截面或节点边缘所产生的剪力值占总剪力值 75% 以上的情况)(类型 2),$\alpha_{cv} = \frac{1.75}{\lambda+1}$,则抗剪承载力按下式计算:

$$V \leqslant V_{cs} = \frac{1.75}{\lambda+1} f_t b h_0 + f_{yv} \frac{A_{sv} h_0}{s} \tag{4-55}$$

式中各符号物理意义同前。

② 同时配有箍筋和弯起钢筋 对矩形、T 形和 I 形截面的一般受弯构件(类型 1),其斜截面的受剪承载力按下式计算:

$$V \leqslant V_{cs} = 0.7 f_t b h_0 + f_{yv} h_0 A_{sv}/s + 0.8 f_y A_{sb} \sin\theta_s \tag{4-56}$$

对于集中荷载作用下的矩形、T 形、I 形截面独立梁(包括作用有多种荷载,且其中集中荷载对支座截面或节点边缘所产生的剪力值占总剪力值 75% 以上的情况)(类型 2)抗剪承载力按下式计算:

$$V \leqslant V_{cs} = \frac{1.75}{\lambda+1} f_t b h_0 + f_{yv} \frac{A_{sv} h_0}{s} + 0.8 f_y A_{sb} \sin\theta_s \tag{4-57}$$

式中,A_{sb} 为同一截面弯起钢筋的截面面积;θ_s 为弯起钢筋的切线与构件纵轴的夹角;0.8 为考虑由于剪压区附近弯起钢筋在构件破坏时可能达不到屈服强度的不均匀系数;其余符号物理意义同前。

其中当 $\lambda > 3$ 时,取 $\lambda = 3$,当 $\lambda < 1.5$ 时,取 $\lambda = 1.5$。此时,在集中荷载作用点与支座

之间的箍筋应均匀配置。

(注：上述中的独立梁是指不与楼板整体浇注的梁。)

T 形和 I 形截面的独立梁忽略翼缘的作用，只取腹板的宽度作为矩形截面梁计算构件的受剪承载力，其结果偏于安全。

式(4-55)、式(4-57) 也同时考虑了间接加载和连续梁的情况，对连续梁，式(4-55)、式(4-57) 中的 λ 采用计算截面剪跨比 $\lambda = a/h_0$ 代替广义剪跨比 $\lambda = \dfrac{M}{Vh_0}$ 即可。这是为了计算方便，且偏于安全，实际上是采用加大剪跨比的方法来考虑连续梁对受剪承载力降低的影响。因此公式(4-55) 和式(4-57) 适用于矩形、T 形和 I 形截面的简支梁、连续梁和约束梁。

(4) 公式适应范围　为了防止发生斜压及斜拉破坏，必须控制构件的截面尺寸不能过小以及箍筋用量不能过少，为此《规范》给出了相应的控制条件。

① 上限值——最小截面尺寸　梁的截面尺寸较小而剪力过大时，可能在梁的腹部产生过大的主压应力，使梁腹部产生斜压脆性破坏。为了避免斜压破坏，同时也为了防止薄腹梁在使用阶段斜裂缝过宽，《规范》规定，对矩形、T 形、I 形截面的一般受弯构件，应满足下列条件：

$$当\ h_w/b \leqslant 4\ 时，V \leqslant 0.25\beta_c f_c bh_0 \tag{4-58}$$
$$当\ h_w/b \geqslant 6\ 时，V \leqslant 0.2\beta_c f_c bh_0 \tag{4-59}$$

其余内插：$V \leqslant 0.025(14 - h_w/b)\beta_c f_c bh_0$

式中，β_c 为混凝土强度影响系数，混凝土强度等级不超过 C50 时，取 1.0，混凝土强度等级 C80 时，取 0.8，其余按线性内插；h_w 为梁截面腹板高度，按图4-41采用；b 为矩形梁截面宽度或 T 形截面和 I 形截面的腹板宽度。

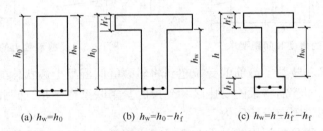

图 4-41　梁截面腹板高度的计算简图

设计中，如不满足式(4-58) 或式(4-59) 时，应加大截面尺寸或提高混凝土强度等级，直到满足。

② 下限值——最小配筋率的限制　当配箍率小于一定值时，斜裂缝出现后，箍筋不能承担斜裂缝截面混凝土退出工作时释放出来的拉应力，而很快达到屈服，其受剪承载力与无腹筋梁基本相同，当剪跨比较大时，可能产生斜拉破坏。为了防止斜拉破坏，《规范》规定当 $V > \alpha_{cv} f_t bh_0$ 时，配箍率尚应满足最小配箍率的要求：

$$\rho_{sv} = \frac{nA_{sv1}}{bs} \geqslant (\rho_{sv})_{min} = 0.24 f_t / f_{yv} \tag{4-60}$$

满足最小配筋率之后，箍筋间距和弯起钢筋的间距都不能过大，否则会出现不与箍筋和弯起钢筋相交的斜裂缝，使箍筋和弯起钢筋无法发挥作用，此外，为了使钢筋骨架具有一定的刚性，便于制作安装，箍筋直径也不宜太小。箍筋弯起钢筋的最大间距及箍筋最小直径的要求详见表 4-3、表 4-4 和图 4-42 的要求。

表 4-3　梁中箍筋的最大间距 S_{max}/mm

梁高 h/mm	$V>0.7f_t bh_0+0.05N_{p0}$	$V\leqslant0.7f_t bh_0+0.05N_{p0}$
$150<h\leqslant300$	150	200
$300<h\leqslant500$	200	300
$500<h\leqslant800$	250	350
$h>800$	300	400

表 4-4　梁中箍筋的最小直径

梁高 h/mm	箍筋直径/mm
$h\leqslant800$	6
$h>800$	8

注：1. 表 4-3 中 N_{p0} 项适用于预应力混凝土受弯构件，详见第 8 章。

2. 梁中配有计算需要的纵向受压钢筋时，箍筋直径尚不应小于 $d/4$，d 为受压钢筋最大直径。

（5）计算截面的位置　在计算斜截面的受剪承载力时，其剪力设计值的计算截面应按下列规定采用（图 4-43）：

① 支座边缘处的截面 1—1；

② 腹板宽度改变处的截面 2—2；

③ 箍筋截面面积或间距改变处的截面 3—3；

④ 弯起钢筋起弯点处的截面 4—4。

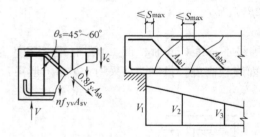

图 4-42　弯起钢筋的角度和间距要求

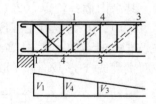

图 4-43　受剪承载力的计算截面

（6）箍筋的形式和肢数　箍筋的受拉起到将斜裂缝间混凝土齿状体的斜向压力传递到受压区混凝土的作用，即箍筋将梁的受压区和受拉区紧密联系在一起，因此箍筋必须有良好的锚固，一般应将端部锚固在受压区内。

箍筋通常有开口式和封闭式两种。对于封闭式箍筋，其在受压区的水平肢将约束混凝土的横向变形，有助于提高混凝土的抗压强度。所以，在一般矩形截面梁中应采用封闭箍筋，既方便固定纵筋又对梁的横向变形和受扭有利；对于现浇的 T 形截面梁，由于在翼缘顶面通常另有横向钢筋（如板中承受负弯矩的钢筋），此时也可采用开口箍筋。箍筋的端部锚固应采用 135°弯钩而不宜用 90°的弯钩，弯钩端头直线长度不小于 50mm 或 5d（图 4-44）。

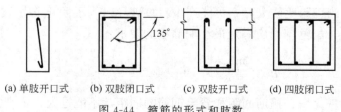

(a) 单肢开口式　　(b) 双肢闭口式　　(c) 双肢开口式　　(d) 四肢闭口式

图 4-44　箍筋的形式和肢数

实际工程中应用的抗剪箍筋主要有单肢箍、双肢箍和四肢箍等几种形式，其对应的极限

抗剪承载力公式中 $A_{sv}=nA_{sv1}$ 的 n 值分别等于 1、2 和 4，式中 A_{sv1} 为单肢箍的截面面积。肢数一般按如下情况选用：

① 梁宽 $b \leqslant 350$mm 时，通常用双肢；

② 梁宽 $b > 350$mm 或纵向受拉钢筋在一排的根数多于 5 根时，应采用四肢；

③ 只有当梁宽 $b < 150$mm 或作为腰筋的拉结筋时，才允许使用单肢箍。

4.7.6 受弯构件斜截面承载力的计算方法

在实际工程中，受弯构件斜截面承载力的计算通常也是两类问题，即截面设计和截面校核。

(1) 截面设计　已知剪力设计值 V、材料强度和截面尺寸，求腹筋数量。计算步骤归纳如下。

① 只配置箍筋

a. 确定计算截面位置，计算剪力设计值 V。

b. 验算截面尺寸，按式(4-58) 或式(4-59)，当不满足要求时，应加大截面尺寸或提高混凝土等级。

c. 判别是否需要按计算配置腹筋。若梁承受的剪力设计值 $V \leqslant \alpha_{cv} f_t bh_0$，则可不进行斜截面受剪承载力计算，而按构造规定选配箍筋；否则，应按计算配置腹筋。

d. 计算箍筋。当 $V > \alpha_{cv} f_t bh_0$ 时，箍筋按下列公式计算。

i. 对于矩形、T 形或 I 形截面的一般受弯构件，由式 (4-54) 可得：

$$\frac{nA_{sv1}}{s} \geqslant \frac{V - 0.7 f_t bh_0}{f_{yv} h_0} \tag{4-61}$$

ii. 对集中荷载作用下的矩形、T 形或 I 形截面独立梁（包括作用有多种荷载，且其中集中荷载对支座截面或节点边缘所产生的剪力值占总剪力值的 75% 以上的情况），由式 (4-55)可得：

$$\frac{nA_{sv1}}{s} \geqslant \frac{V - \dfrac{1.75}{\lambda + 1} f_t bh_0}{f_{yv} h_0} \tag{4-62}$$

计算出 $\dfrac{nA_{sv1}}{s}$ 后，可先确定箍筋的肢数（一般常用双肢箍，即 $n=2$）和单肢箍筋的截面面积 A_{sv1}，然后求出箍筋的间距。注意选用的箍筋间距和直径应满足表 4-3 和表 4-4 中的构造规定。

② 同时配置箍筋和弯起钢筋　当需要配置弯起钢筋与混凝土和箍筋共同承受剪力时，一般可先选定弯起钢筋的截面面积 A_{sb}，由式(4-56) 或式(4-57) 求出 V_{sb}，再按只配箍筋的方法计算箍筋。

对于矩形、T 形或 I 形截面的一般受弯构件，

$$\frac{nA_{sv1}}{s} \geqslant \frac{V - 0.7 f_t bh_0 - 0.8 f_y A_{sb} \sin\theta_s}{f_{yv} h_0}$$

对于集中荷载为主的情况，

$$\frac{nA_{sv1}}{s} \geqslant \frac{V - \dfrac{1.75}{\lambda + 1} f_t bh_0 - 0.8 f_y A_{sb} \sin\theta_s}{f_{yv} h_0}$$

也可以先选定箍筋的直径和间距，并按式(4-54) 或式(4-55) 计算出 V_{cs}，再由下式计算弯起钢筋的截面面积，即

$$A_{sb} \geqslant \frac{V - V_{cs}}{0.8 f_y \sin\theta_s} \tag{4-63}$$

（2）截面校核　已知材料强度、截面尺寸、配箍数量以及弯起钢筋的截面面积、剪力设计值 V，要求校核斜截面所能承受的剪力 V_u，即判别 $V_u \geqslant V$ 是否成立。

此时，要先按式(4-58) 或式(4-59) 复核梁截面尺寸以及配箍率，并检验已配的箍筋直径和间距是否满足构造规定。然后将各已知数据代入式(4-54)、式(4-55) 或式(4-56)、式(4-57)，即可求得解答。若 $V_u \geqslant V$，安全；否则，不安全。

【例 4-9】　一钢筋混凝土简支梁，两端支撑在 240mm 厚的砖墙上，环境类别为一类，梁净跨 $l_n = 3.56$m，梁截面尺寸 $b \times h = 200$mm$\times 500$mm，承受永久均布荷载标准值 $g_k = 25$kN/m，可变均布荷载标准值 $q_k = 50$kN/m；混凝土采用 C30，箍筋采用 HPB300 级；纵筋采用 HRB500 级，单排布置；试进行斜面受剪承载力计算。

解：（1）已知条件　净跨 $l_n = 3.56$m，$b = 200$mm，$h_0 = h - 38 = 500 - 38 = 462$mm；C30 级混凝土 $f_c = 14.3$N/mm^2，$f_t = 1.43$N/mm^2，$\beta_c = 1.0$；HPB300 级钢筋 $f_{yv} = 270$N/mm^2；$h_w/b = 462/200 < 4$。

（2）计算剪力设计值　最危险的截面在支座边缘处，该处活荷载控制的剪力设计值为：

$$V = \frac{1}{2}(\gamma_G g_k + \gamma_Q q_k) l_n = \frac{1}{2}(1.2 \times 25 + 1.4 \times 50) \times 3.56 = 178\text{kN}$$

该处恒荷载控制的剪力设计值为：

$$V = \frac{1}{2}(\gamma_G g_k + \gamma_Q \psi_c q_k) l_n = \frac{1}{2} \times (1.35 \times 25 + 1.4 \times 0.7 \times 50) \times 3.56 = 147.295\text{kN} < 178\text{kN}$$

取活荷载控制的剪力设计值 $V = 178$kN；显然这是一般受弯构件，属于"类型 1"，$\alpha_{cv} = 0.7$。

（3）验算梁截面尺寸

$0.25\beta_c f_c b h_0 = 0.25 \times 14.3 \times 200 \times 462 = 330330N= 330.33kN> V = 178$kN，截面尺寸满足要求。

（4）判别是否需要按计算配置腹筋

$V_c = 0.7 f_t b h_0 = 0.7 \times 1.43 \times 200 \times 462 = 92492N= 92.492kN< V$，需要按计算配置腹筋。

（5）求腹筋，只配箍筋不配弯起钢筋

由公式(4-61) 得：

$$\frac{n A_{sv1}}{s} \geqslant \frac{V - 0.7 f_t b h_0}{f_{yv} h_0} = \frac{178 \times 10^3 - 0.7 \times 1.43 \times 200 \times 462}{270 \times 462} = 0.6855\text{mm}^2/\text{mm}$$

选 ϕ8 双肢箍，$A_{sv1} = 50.3$mm^2，$n = 2$ 代入上式得

$$s \leqslant \frac{2 \times 50.3}{0.6855} \leqslant 146.75\text{mm}, \text{取 } s = 140\text{mm}$$

（6）验算配箍率

配筋率 $\rho_{sv} = \dfrac{n A_{sv1}}{bs} = \dfrac{2 \times 50.3}{200 \times 140} = 0.359\% > \rho_{sv,min} = 0.24 \dfrac{f_t}{f_{yv}} = 0.127\%$，且所选箍筋直径和间距均符合构造规定。

选定箍筋 $\phi 8@140(2)$。

计算结束。

【例 4-10】 某 T 形截面简支梁，承受一集中荷载，其设计值为 $P=300\text{kN}$（忽略梁自重），截面尺寸及剪力分布如图 4-45 所示；混凝土采用 C30，箍筋采用 HRB400 级，试确定箍筋数量（梁底纵筋为一排，环境为一类）。

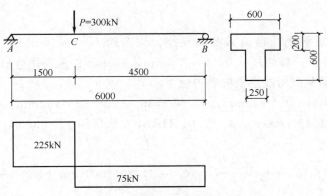

图 4-45   例 4-10 的 T 形截面简支梁示意图

解： (1) 已知条件 $h_0=h-38=600-38=562\text{mm}$，C30 级混凝土 $f_c=14.3\text{N/mm}^2$，$f_t=1.43\text{N/mm}^2$；$\beta_c=1.0$；HRB400 级钢筋 $f_{yv}=400\text{N/mm}^2$；$V_{max}=225\text{kN}$。

这是集中荷载作用下的 T 形截面独立梁，属于"类型 2"。

(2) 验算梁截面尺寸

$$h_w=h_0-h_f'=562-200=362\text{mm}，\frac{h_w}{b}=\frac{362}{250}=1.45<4$$

$0.25\beta_c f_c bh_0=0.25\times1.0\times14.3\times250\times562=502288\text{N}=502.288\text{kN}>V_{max}=225\text{kN}$，

尺寸满足要求。

(3) AC 段斜截面承载力计算

$$\lambda=\frac{a}{h_0}=\frac{1500}{562}=2.67<3.0，\text{取}\ \lambda=2.67$$

$\alpha_{cv}f_t bh_0=\dfrac{1.75}{\lambda+1}f_t bh_0=\dfrac{1.75}{2.67+1}\times1.43\times250\times562=95804\text{N}=95.804\text{kN}<V=225\text{kN}$，

需要按计算配置箍筋。

(4) 计算腹筋（只考虑箍筋），由公式(4-61) 得：

$$\frac{nA_{sv1}}{s}\geqslant\frac{V_{max}-\dfrac{1.75}{\lambda+1}f_t bh_0}{f_{yv}h_0}=\frac{225\times10^3-95804}{360\times562}=0.64\text{mm}^2/\text{mm}$$

选ϕ8 双肢箍，$nA_{sv1}=101\text{mm}^2$，代入上式得：

$$s\leqslant157.8\text{mm}，\text{实取}\ s=150\text{mm}$$

验算配箍率：

$$\rho_{sv}=\frac{101}{250\times150}=0.269\%>\rho_{sv,min}=0.24\frac{f_t}{f_{yv}}=0.24\frac{1.43}{360}=0.095\%；\text{可以。}$$

(5) CB 段斜截面承载力计算：

$$\lambda=\frac{a}{h_0}=\frac{4500}{562}=8.01>3,\ \text{取}\ \lambda=3$$

$$\frac{1.75}{\lambda+1}f_t bh_0=\frac{1.75}{3+1}\times1.43\times250\times562=87900\text{N}=87.90\text{kN}>V=75\text{kN}$$

可按构造配置箍筋，由表 4-4、表 4-5：CB 段选 Φ6@200(2)，满足要求；AC 段选 Φ8@150(2)。

计算结束。

【例 4-11】 已知承受均布荷载的简支梁，梁净跨 $l_n=5.56$m，环境为一类，混凝土 C30，纵筋 HRB500 级；截面尺寸 $b\times h=200\text{mm}\times500\text{mm}$；箍筋用 Φ8@120，双肢。纵筋单排布置，试复核斜截面所能承受的剪力值 V_u。

解：（1）已知条件：$b=200$mm，$h_0=h-38=500-38=462$mm，C30 级混凝土 $f_c=14.3\text{N/mm}^2$，$f_t=1.43\text{N/mm}^2$，$\beta_c=1.0$；HRB400 级箍筋 $f_{yv}=360\text{N/mm}^2$；$l_n=5.56$m。

（2）求 V_{cs}

$$V_{cs}=0.7f_t bh_0+f_{yv}\frac{nA_{sv1}}{s}h_0=0.7\times1.43\times200\times462+360\times\frac{101}{120}\times462$$

$$=232478\text{N}=232.48\text{kN}$$

（3）复合梁截面尺寸及配箍率

$0.25\beta_c f_c bh_0=0.25\times1.0\times14.3\times200\times462=330330\text{N}>V_u=232478\text{N}$，可以；

$$\rho_{sv}=\frac{101}{200\times120}=0.42\%>\rho_{sv,min}=0.24\frac{f_t}{f_{yv}}=0.24\frac{1.43}{360}=0.095\%，可以$$

且箍筋间距和直径符合表 4-4 和表 4-5 的规定。

（4）此梁所能承受的最大剪力设计值为：

$$V_u=V_{cs}=232.48\text{kN}$$

（5）由 V_u 还能求出该梁所能承受的设计荷载值 q_{max}

因为 $V_u=0.5q_{max}l_n$，则：

$$q_{max}=\frac{2V_u}{l_n}=\frac{2\times232478}{5.56}=83.62(\text{kN/m})$$

计算结束。

4.7.7 纵向钢筋的弯起

钢筋混凝土梁除了可能沿斜截面发生受剪破坏外，还可能沿斜截面发生受弯破坏。由前

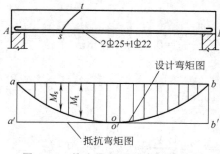

图 4-46 简支梁的设计弯矩图与材料抵抗弯矩图

面对无腹筋梁斜裂缝出现前后应力的分析可以知道，对于如图 4-46 所示的梁，在未出现斜裂缝 s-t 时，s 处的纵筋应力由该处的弯矩 M_s 所确定，但出现斜裂缝 s-t 后，s 处的纵筋应力则由斜裂缝顶端 t 处正截面的弯矩 M_t 所确定，显然 $M_t>M_s$。如果按跨中弯矩 M_{max} 计算的纵筋沿梁全长布置，既不弯起也不截断，则必然会满足简支梁任何截面上的弯矩。这种纵筋沿梁通常布置，构造虽然简单，但钢筋强度没有得到充分利用，是

不够经济的。

在实际工程中，为经济起见，一部分纵筋有时要弯起，有时要截断，但这又有可能影响梁的承载力，特别是影响斜截面的受弯承载力。因此，需要掌握如何根据正截面和斜截面的受弯承载力来确定纵筋的弯起点和截断的位置。

此外，梁的承载力还取决于纵向钢筋在支座的锚固，如果锚固长度不足，将引起支座处的黏结锚固破坏，造成钢筋的强度不能充分发挥而降低承载力。如何通过构造措施，保证钢筋在支座处的有效锚固，也是十分重要的。

(1) 材料抵抗弯矩图　材料抵抗弯矩图是按照梁实配的纵向钢筋的数量计算并画出的各截面所能抵抗的弯矩图。

设图 4-46 中曲线 aob 表示设计弯矩图，按照最大弯矩计算跨中截面需配置 $2\Phi25+1\Phi22$ 的纵筋，这三根纵筋若都向两边直通到支座，则沿梁任一截面都能抵抗同样大小的弯矩，我们画一条水平线 $a'o'b'$，称为材料抵抗弯矩图。

图 4-47(a) 表示一伸臂梁，跨中 AB 段承受正弯矩，需配 $3\Phi18$ 纵筋，布置在截面下边；B 支座承受负弯矩，需配 $3\Phi14+1\Phi18$ 纵筋，布置在截面上边。如果抵抗正负弯矩的纵筋延伸至梁全长，则材料抵抗弯矩图如图 4-47(b) 所示。

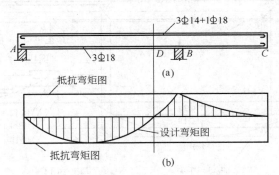

图 4-47　伸臂梁的设计弯矩图与材料抵抗弯矩图

从图 4-46 和图 4-47 可以看出，纵筋沿梁通长布置有时是不经济的。因此，从正截面的受弯承载力来看，把纵筋在不需要的地方弯起或截断是较为经济合理的。

图 4-48 是图 4-46 中简支梁钢筋的另一种布置方法，跨中的 $2\Phi25+1\Phi22$ 的纵筋在 C 点和 D 点各将 $1\Phi22$ 弯起以抵抗斜截面剪力。这样在 CD 段有 $2\Phi25+1\Phi22$ 的纵筋 ($A_s=1362.1\text{mm}^2$)，材料抵抗弯矩图为一水平直线 cd。在 AE 和 BF 段 (E、F 为弯起钢筋和梁轴线的交点) 只有 $2\Phi25$ 的纵筋 ($A_s=982\text{mm}^2$)，抵抗弯矩显然比 CD 段小，其值可近似地按纵筋的截面面积之比来确定，即 $M_1/M\approx A_{s1}/A_s$。因此，在 AE 和 BF 段，材料抵抗弯矩图可分别用水平直线 ae 和 bf 来表示。在 CE 和 DF 段，弯起的 $1\Phi22$ 逐渐靠近中和轴，所能抵抗的弯矩减小，至 E 和 F 点时为零，材料抵抗弯矩图用斜线 ec 和 df 表示。显然这种布置形式要合理一些。

图 4-49 是图 4-47 伸臂梁的又一种配筋方案的材料抵抗弯矩图。跨中 O 点处截面下边配有 $3\Phi18$ 钢筋，由于钢筋直径相同，抵抗弯矩图的三条水平线可按三等分来画。梁底纵筋弯起 $1\Phi18$，支座 B 处截面上边另配 $3\Phi14$，共有 $3\Phi14+1\Phi18$，抵抗弯矩图的几条水平线是按每根纵筋截面面积的比例来画的。如果将纵筋在不需要处切断 $2\Phi14$ 再切断 $1\Phi14$，则相应的材料抵抗弯矩图画成踏步状，同时不需要的纵筋需延长一段锚固长度后再

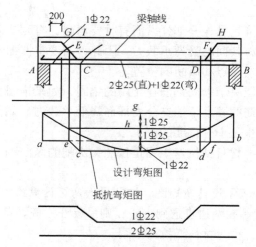

图 4-48 简支梁的材料抵抗弯矩图

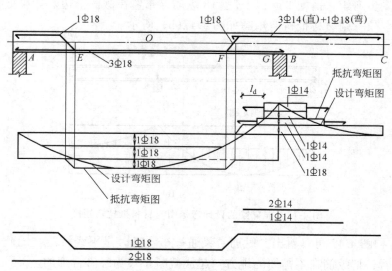

图 4-49 伸臂梁的材料抵抗弯矩图

切断。

（2）纵筋弯起的构造要求　纵筋弯起点的位置要考虑以下几方面因素。

① 保证正截面的受弯承载力　纵筋弯起后，剩下的纵筋数量减少，正截面的受弯承载力要降低。为保证正截面的受弯承载力满足要求，必须使材料抵抗弯矩图包在设计弯矩图的外面。

② 保证斜截面的受剪承载力　在设计中如果要利用弯起的纵筋抵抗斜截面的剪力，则从支座边缘到第一排（相对支座而言）弯起钢筋弯终点的距离，以及前一排弯起钢筋的弯起点到次一排弯起钢筋弯终点的距离不得大于箍筋的最大间距 S_{max}，以防止出现不与弯起钢筋相交的斜裂缝（图 4-50）。

③ 保证斜截面的受弯承载力　为此纵筋弯起点的位置还应满足图 4-50 的要求，即弯起点应在按正截面受弯承载力计算该钢筋强度被充分利用的截面（称充分利用点）以外，其距离 S_1 应大于或等于 $h_0/2$。

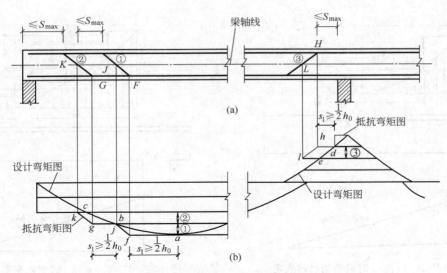

图 4-50　纵筋弯起的构造要求

在图 4-50 中，①号筋的充分利用点在 a，不需要点在 b；应使 af 的水平距离 $s_1 \geqslant \dfrac{h_0}{2}$，同时 j 点不能落在 b 点的右边。②号筋的充分利用点在 b，不需要点在 c；应使 bg 的水平距离 $s_1 \geqslant \dfrac{h_0}{2}$，同时 k 点不能落在 c 点的右边。③号筋的充分利用点在 d，不需要点在 e；应使 dh 的水平距离 $s_1 \geqslant \dfrac{h_0}{2}$，同时 l 点不能落在 e 点的右边。

4.7.8　纵向钢筋的截断、锚固和连接

（1）纵向受力钢筋的截断　一般情况下，纵向受力钢筋不宜在受拉区截断，因为截断处受力钢筋面积突然减小，容易引起混凝土拉应力突然增大，导致在纵筋截断处过早出现斜裂缝。因此，对于梁底承受正弯矩的钢筋，通常不采取截断的方式。

《规范》规定对于支座截面负弯矩纵向受拉钢筋不宜在受拉区截断，当需要截断时，其延伸长度按以下规定采用：

① 当 $V \leqslant 0.7 f_t b h_0$ 时，应延伸至不需要该钢筋的截面（理论断点）以外不小于 $20d$ 处截断，且从该钢筋充分利用截面伸出的长度不应小于 $1.2 l_a$（图 4-51）；

② 当 $V > 0.7 f_t b h_0$ 时，应延伸至按正截面受弯承载力计算不需要该钢筋的截面以外不小于 h_0 且不小于 $20d$ 处截断，且从该钢筋强度充分利用截面伸出的长度不应小于 $1.2 l_a + h_0$（图 4-52）；

③ 若按上述①、②条确定的截断点仍位于负弯矩对应的受拉区内（图 4-52 中的反弯点 d 至 a，即 l_m 范围内），则应延伸至按正截面受弯承载力计算不需要该钢筋的截面以外不小于 $1.3 h_0$ 且不小于 $20d$ 处，且从该钢筋充分利用截面伸出的长度不应小于 $1.2 l_a + 1.7 h_0$（图 4-52）。

对于悬臂梁（全跨长均处于负弯矩区段），除截面角部两根上部钢筋应伸至梁悬臂端，并向下弯折不小于 $12d$ 外，其余钢筋不应在梁的上部截断，而应按规定的弯起点位置（图

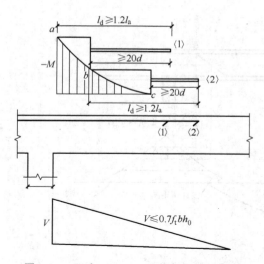

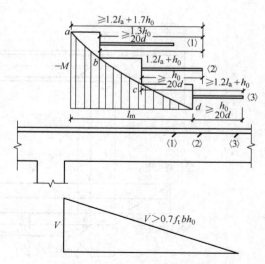

图 4-51　$V \leqslant 0.7 f_t b h_0$ 时截断钢筋的规定　　　　图 4-52　$V > 0.7 f_t b h_0$ 时截断钢筋的规定

4-50）向下弯折，且按弯起钢筋规定在梁下边锚固（图 4-53）。此外，悬臂梁受力钢筋伸入支座的长度应满足锚固要求，悬臂梁的下部架立钢筋应不少于两根，其直径不小于 12mm。图 4-53 中 l_3'，当为非抗震结构时取 l_{ab}，为抗震结构时按有关规定取值；当 l_3' 不满足要求，但不小于要求值的 40% 时，取 $l_4 \geqslant 15d$。

　　上述规定中 l_a 为受拉钢筋的锚固长度。

　　（2）纵筋的锚固　伸入支座的纵向钢筋也应有足够的锚固长度，以防止斜裂缝形成后纵向钢筋被拔出。

　　简支梁和连续梁　简支端的下部纵向受力钢筋伸入梁支座范围内的锚固长度 l_{as}（图 4-54）应符合下列条件：

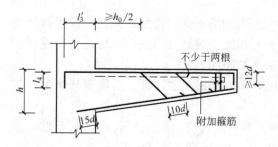

图 4-53　悬臂梁受拉钢筋的构造要求　　　　图 4-54　简支支座钢筋的锚固

　　① 板　$l_{as} \geqslant 5d$，且宜伸过支座中心线。

　　② 梁

　　a. 当 $V \leqslant 0.7 f_t b h_0$ 时，

$$l_{as} \geqslant 5d$$

　　b. 当 $V > 0.7 f_t b h_0$ 时，

带肋钢筋　　　　　　　　　　$l_{as} \geqslant 12d$

光面钢筋　　　　　　　　　　$l_{as} \geqslant 15d$

　　③ 如果纵向受力钢筋伸入梁支座范围内的锚固长度不符合上述规定时，应采取有效锚

固措施（图 4-55）。

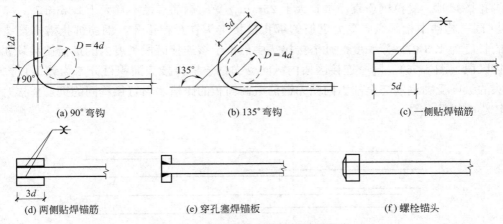

图 4-55　钢筋弯钩和机械锚固的形式

④ 当纵向受拉普通钢筋末端采用如图 4-55 的弯钩或机械锚固措施时，包括弯钩或锚固端头在内的锚固长度（投影长度）可取为基本锚固长度 l_{ab} 的 60%。弯钩和机械锚固的形式和技术要求应符合表 4-5 的规定。

表 4-5　钢筋弯钩和机械锚固的形式和技术要求

锚 固 形 式	技 术 要 求
90°弯钩	末端 90°弯钩，弯钩内径 $4d$，弯后直段长度 $12d$
135°弯钩	末端 135°弯钩，弯钩内径 $4d$，弯后直段长度 $5d$
一侧贴焊锚筋	末端一侧贴焊长 $5d$ 同直径钢筋
两侧贴焊锚筋	末端两侧贴焊长 $3d$ 同直径钢筋
焊端锚板	末端与厚度 d 的锚板穿孔塞焊
螺栓锚头	末端旋入螺栓锚头

注：1. 焊缝和螺纹长度应满足承载力要求；
2. 螺栓锚头和焊接锚板的承压净面积不应小于锚固钢筋截面积的 4 倍；
3. 螺栓锚头的规格应符合相关标准的要求；
4. 螺栓锚头和焊接锚板的钢筋净间距不宜小于 $4d$，否则应考虑群锚效应的不利影响；
5. 截面角部的弯钩和一侧贴焊锚筋的布筋方向宜向截面内侧偏置。

⑤ 混凝土结构中的纵向受压钢筋，当计算中充分利用其抗压强度时，锚固长度不应小于相应受拉锚固长度的 70%。受压钢筋不应采用末端弯钩和一侧贴焊锚筋的锚固措施。

⑥ 受压钢筋锚固长度范围内的横向构造钢筋也应符合下述规定：

当锚固钢筋的保护层厚度不大于 $5d$ 时，锚固长度范围内应配置横向构造钢筋，其直径不应小于 $d/4$；对梁、柱、斜撑等构件间距不应大于 $5d$，对板、墙等平面构件间距不应大于 $10d$，且均不应大于 100mm，d 为锚固钢筋的直径。

⑦ 梁柱节点纵向受拉钢筋的锚固要求详见本书 11.3.2。

（3）钢筋的连接　钢筋连接可采用绑扎搭接、机械连接或焊接。机械连接接头及焊接接头的类型及质量应符合国家现行有关标准的规定。

① 混凝土结构中受力钢筋的连接接头宜设置在受力较小处。在同一根受力钢筋上宜少设接头。在结构的重要构件和关键传力部位，纵向受力钢筋不宜设置连接接头。

② 轴心受拉及小偏心受拉杆件的纵向受力钢筋不得采用绑扎搭接；其它构件中的钢筋采用绑扎搭接时，受拉钢筋直径不宜大于 25mm，受压钢筋直径不宜大于 28mm。

③ 同一构件中相邻纵向受力钢筋的绑扎搭接接头宜互相错开。钢筋绑扎搭接接头连接区段的长度为 1.3 倍搭接长度，凡搭接接头中点位于该连接区段长度内的搭接接头均属于同一连接区段（图 4-56）。同一连接区段内纵向受力钢筋搭接接头面积百分率为该区段内有搭接接头的纵向受力钢筋与全部纵向受力钢筋截面面积的比值。当直径不同的钢筋搭接时，按直径较小的钢筋计算。

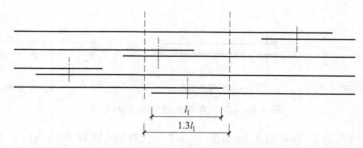

图 4-56　同一连接区段内纵向受拉钢筋的绑扎搭接接头

注：图中所示同一连接区段内的搭接接头钢筋为 2 根，当钢筋直径相同时，钢筋搭接接头面积百分率为 50%。

④ 位于同一连接区段内的受拉钢筋搭接接头面积百分率：对梁类、板类及墙类构件，不宜大于 25%；对柱类构件，不宜大于 50%。当工程中确有必要增大受拉钢筋搭接接头面积百分率时，对梁类构件，不宜大于 50%；对板、墙、柱及预制构件的拼接处，可根据实际情况放宽。

⑤ 并筋采用绑扎搭接连接时，应按每根单筋错开搭接的方式连接。接头面积百分率应按同一连接区段内所有的单根钢筋计算。并筋中钢筋的搭接长度应按单筋分别计算。

⑥ 纵向受拉钢筋绑扎搭接接头的搭接长度，应根据位于同一连接区段内的钢筋搭接接头面积百分率按下列公式计算，且不应小于 300mm。

$$l_1 = \zeta_1 l_a$$

式中，l_1 为纵向受拉钢筋的搭接长度；ζ_1 为纵向受拉钢筋搭接长度修正系数，按表 4-6 取用。当纵向搭接钢筋接头面积百分率为表的中间值时，修正系数可按内插取值。

表 4-6　纵向受拉钢筋搭接长度修正系数

纵向搭接钢筋接头面积百分率/%	≤25	50	100
ζ_1	1.2	1.4	1.6

⑦ 构件中的纵向受压钢筋当采用搭接连接时，其受压搭接长度不应小于纵向受拉钢筋搭接长度 l_1 的 70%，且不应小于 200mm。

⑧ 纵向受力钢筋的机械连接接头宜相互错开。钢筋机械连接区段的长度为 35d，d 为连接钢筋的较小直径。凡接头中点位于该连接区段长度内的机械连接接头均属于同一连接区段。位于同一连接区段内的纵向受拉钢筋接头面积百分率不宜大于 50%；但对板、墙、柱及预制构件的拼接处，可根据实际情况放宽。纵向受压钢筋的接头百分率可不受限制。

⑨ 机械连接套筒的保护层厚度宜满足有关钢筋最小保护层厚度的规定。机械连接套筒的横向净间距不宜小于 25mm；套筒处箍筋的间距仍应满足相应的构造要求。直接承受动力荷载结构构件中的机械连接接头，除应满足设计要求的抗疲劳性能外，位于同一连接区段内

的纵向受力钢筋接头面积百分率不应大于 50%。

⑩ 细晶粒热轧带肋钢筋以及直径大于 28mm 的带肋钢筋，其焊接应经试验确定；余热处理钢筋不宜焊接。纵向受力钢筋的焊接接头应相互错开。钢筋焊接接头连接区段的长度为 $35d$ 且不小于 500mm，d 为连接钢筋的较小直径，凡接头中点位于该连接区段长度内的焊接接头均属于同一连接区段。纵向受拉钢筋的接头面积百分率不宜大于 50%，但对预制构件的拼接处，可根据实际情况放宽。纵向受压钢筋的接头百分率可不受限制。

（4）箍筋的构造要求　箍筋在梁内除承受剪力外，还起着固定纵筋位置，使梁内钢筋形成骨架的作用。前面已就箍筋的形式和肢数、箍筋的直径和间距等做了阐述。箍筋的其它构造要求如下所述。

① 箍筋的设置　梁支座处的箍筋应从柱边或墙边 50mm 处开始放置（图 4-57）。当截面高度小于 150mm 时，可不设箍筋。

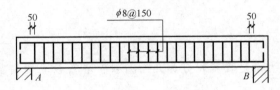

图 4-57　箍筋的设置示意

② 受拉钢筋锚固长度范围内和在梁、柱类构件的纵向受力钢筋搭接长度范围内的箍筋应符合下列构造要求：

当钢筋的保护层厚度不大于 $5d$ 时，锚固长度或钢筋搭接长度范围内应配置横向构造钢筋，其直径不应小于 $d/4$；

对梁、柱、斜撑等构件间距不应大于 $5d$，对板、墙等平面构件间距不应大于 $10d$，且均不应大于 100mm，d 为锚固钢筋的直径；当受压钢筋直径大于 25mm 时，应在搭接接头两个端面外 100mm 的范围内各设置两道箍筋。

（5）弯起钢筋的构造要求

① 弯起钢筋的间距　为了保证正截面受弯承载力的要求，弯起钢筋的抵抗弯矩图应位于荷载作用产生的弯矩图以外，且在出现斜裂缝后，还存在着如何满足斜截面受弯承载力要求的问题，即必须满足图 4-50 的要求。当设置抗剪弯起钢筋时，前一排（相对支座而言）弯起钢筋的弯起点至后一排弯起钢筋弯终点的距离不得大于表 4-3 中 $V > 0.7f_t bh_0 + 0.05N_{p0}$ 时的 S_{max}。

② 弯起钢筋的锚固长度　弯起钢筋的弯终点应留有直线段的锚固长度，其长度在受拉区不应小于 $20d$，在受压区不应小于 $10d$，见图 4-58；梁底层钢筋中的局部钢筋不应弯起，顶层钢筋的角筋不应弯下。

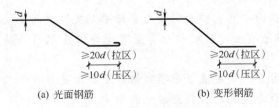

图 4-58　弯筋端部锚固

③ 弯起钢筋的弯起角度　梁中弯起钢筋的弯起角度一般可取 45°，当梁截面高度大于 700mm 时，也可为 60°。梁底层钢筋中的角部钢筋不应弯起。

④ 受剪弯起钢筋的形式　当为了满足材料抵抗弯矩图的需要，不能弯起纵向受拉钢筋时，可设置单独的受剪弯起钢筋。单独的受剪弯起钢筋应采用鸭筋，而不应采用浮筋，否则一旦弯起钢筋滑动将使斜裂缝开展过大（图 4-59）。

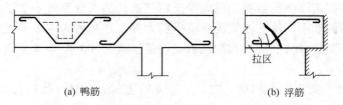

(a) 鸭筋　　　　　　　　　(b) 浮筋

图 4-59　单独弯筋的设置型式

思考题 ▶▶

1. 适筋梁正截面受力全过程可划分为几个阶段？各阶段主要特点是什么？与受弯承载力计算有何联系？

2. 钢筋混凝土适筋梁与匀质弹性材料梁的受力性能有何区别？截面应力分析方法有何异同之处？

3. 钢筋混凝土梁的正截面破坏形态有几种？破坏特征是什么？钢筋混凝土适筋梁正截面受弯破坏的标志是什么？

4. 什么叫配筋率？它对梁的正截面受弯承载力有何影响？

5. 在实际工程中为什么应避免采用少筋梁和超筋梁？

6. 受弯构件正截面承载力计算有哪些基本假定？

7. 相对界限受压区高度 ξ_b 是怎样确定的？影响 ξ_b 的因素有哪些？最大配筋率 ρ_{max} 与 ξ_b 是什么关系？

8. 确定等效矩形应力图形的原则是什么？

9. 在什么情况下可采用双筋截面梁？为什么双筋梁一定要采用封闭式箍筋？如何保证受压钢筋强度得到充分利用？

10. 在截面设计时如何判别两类 T 形截面？在截面复核时如何判别两类 T 形截面？

11. 最小配筋率是如何确定的？T 形、I 形截面和倒 T 形截面的受拉钢筋的配筋率如何确定？

12. 如图 4-60 所示四种截面，当材料强度、截面宽度 b 和高度 h、承受的设计弯矩（忽略自重影响）均相同时，试确定：(1) 各截面开裂弯矩的大小次序？(2) 各截面最小配筋面积的大小次序？(3) 各截面的配筋大小次序？并说明原因。

13. 为什么梁一般在跨中产生垂直裂缝而在跨中与支座之间产生斜裂缝？

14. 图 4-61 的钢筋混凝土伸臂梁和悬臂梁可能会发生那斜裂缝？试简要画出斜裂缝大致位置与发展方向。

15. 抗剪极限承载力公式采用混凝土项和钢筋项叠加是否表示二者互不影响？

16. 试述剪跨比的概念及其对斜截面破坏的影响。

17. 试述梁斜截面受剪破坏的三种形态及其破坏特征。

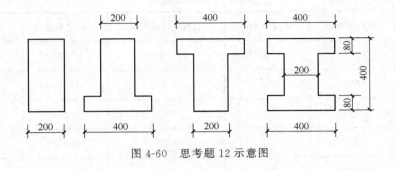

图 4-60 思考题 12 示意图

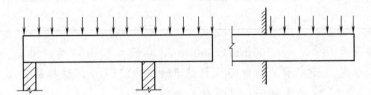

图 4-61 思考题 14 示意图

18. 影响斜截面受剪性能的主要因素有哪些？

19. 在受弯构件斜截面承载力设计中采用什么措施来防止梁的斜压和斜拉破坏？

20. 写出矩形、T 形、I 形梁在不同荷载情况下斜截面受剪承载力计算公式。

21. 连续梁的受剪性能与简支梁相比有何不同？在承载力计算中是如何考虑的？

22. 计算梁斜截面受剪承载力时应取那些计算截面？

23. 什么是材料抵抗弯矩图？如何绘制？

24. 为了保证梁斜截面受弯承载力，对纵筋的弯起、锚固、截断以及箍筋的间距等，有什么构造要求？

习题 ▶▶

1. 已知简支矩形梁，截面尺寸 $b \times h = 250\text{mm} \times 500\text{mm}$，混凝土强度等级为 C30，钢筋采用 HRB400 级，弯矩设计值 $M = 220\text{kN} \cdot \text{m}$，环境类别为一类，结构的安全等级为二级。求所需的受拉钢筋截面面积并绘制截面配筋简图。

2. 已知矩形截面梁 $b \times h = 200\text{mm} \times 450\text{mm}$，承受弯矩设计值 $M = 184\text{kN} \cdot \text{m}$，环境类别为一类，混凝土强度等级为 C30，钢筋采用 HRB500 级，截面配筋 4 Φ 16，结构的安全等级为二级。试复核该截面是否安全。

3. 某楼面大梁计算跨度为 6.6m，环境类别为一类，截面尺寸、材料及配筋如表 4-7 所示；结构的安全等级为二级。试计算表中构件正截面承载力 M_u，并从造价的角度分析增加钢筋用量、提高混凝土等级、加大截面高度和宽度等措施对提高截面受弯承载力的效果。

4. 已知梁截面尺寸 $b \times h = 200\text{mm} \times 500\text{mm}$，环境类别为一类，混凝土强度等级 C30，钢筋采用 HRB500 级，若梁承受的弯矩设计值 $M = 300\text{kN} \cdot \text{m}$，结构的安全等级为二级。试求在截面和材料不能调整的情况下该梁正截面的配筋。

表 4-7　习题 3 数据

项目	梁宽 b/mm	梁高 h/mm	混凝土强度等级	钢筋级别	纵筋面积/mm
1	250	500	C30	HPB300	1017
2	250	500	C30	HPB300	1526
3	250	500	C35	HPB300	1017
4	250	500	C30	HRB500	1017
5	300	500	C30	HPB300	1017
6	250	600	C30	HPB300	1017

5. 已知梁截面尺寸 $b \times h = 200\text{mm} \times 500\text{mm}$，环境类别为一类，混凝土强度等级 C30，钢筋采用 HRB500 级，若梁承受的弯矩设计值 $M = 300\text{kN} \cdot \text{m}$，结构的安全等级为二级。已知在受压区配置 3 Φ 18 的受压钢筋，试求受拉钢筋的配筋。

6. 已知某 T 形截面独立梁，计算跨度 l 为 6m，$b'_f = 600\text{mm}$，$h'_f = 100\text{mm}$，$b = 250\text{mm}$，$h = 800\text{mm}$，混凝土强度等级为 C30，HRB400 级钢筋，跨中弯矩设计值 $M = 500\text{kN} \cdot \text{m}$，环境类别为一类，结构的安全等级为二级。求 A_s 并选配钢筋。

7. 已知某 I 形截面独立梁，计算跨度 l 为 6m，$b_f = b'_f = 600\text{mm}$，$h_f = h'_f = 100\text{mm}$，$b = 250\text{mm}$，$h = 700\text{mm}$，混凝土强度等级 C30，HRB500 级钢筋，跨中弯矩设计值 $M = 600\text{kN} \cdot \text{m}$，环境类别为一类，结构的安全等级为二级。求 A_s 并选配钢筋。

8. 一矩形截面外伸梁，如图 4-62 所示，支承于砖墙上，截面尺寸 $b \times h = 250\text{mm} \times 700\text{mm}$，预计钢筋排成两排；混凝土为 C30，环境类别为一类，箍筋用 HRB400 级钢筋。结构的安全等级为二级。试求不考虑弯起钢筋时的箍筋数量。

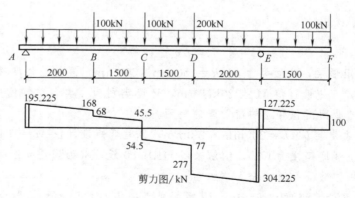

图 4-62　习题 8 示意图

提示：（1）E 点右，集中荷载的剪力 100kN；（2）A 点右，集中荷载的剪力 157.14kN；（3）E 点左，集中荷载剪力为 242.86kN；（4）BD 段，不考虑集中荷载的影响。（5）图 4-62 所示为总剪力图。

9. 钢筋混凝土简支梁，如图 4-63 所示，混凝土为 C30，环境类别为一类，结构的安全等级为二级。箍筋采用 HPB300 级。试求：

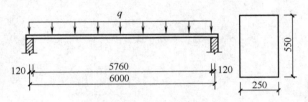

图 4-63 习题 9 示意图

（1）当采用 $\phi6@150$，不弯起钢筋时的梁能承受的 q 值；（2）当采用 $\phi8@150$，不弯起钢筋时的梁能承受的 q 值；（3）如按正截面设计时，梁能承受的最大 q 值。

第5章

钢筋混凝土轴向受力构件

本章提要 ▶▶

为了简化章节，受压构件和受拉构件合并为一章，暂称为轴向受力构件。

本章主要讨论钢筋混凝土轴心受压及偏心受压构件的截面承载力、稳定、设计方法及构造要求，并阐述轴心受拉构件和偏心受拉构件的正截面承载力计算以及偏心受拉构件的斜截面承载力计算。

轴心受压构件计算方法比较简单，应掌握配普通箍筋柱和配螺旋式（或焊环式）箍筋柱正截面承载力的计算方法，充分理解长细比对构件承载力影响的物理意义。

偏心受压构件应掌握大、小偏心受压构件的破坏形态，判别条件，正截面承载力计算方法，适用条件及构造要求，并深入理解 N-M 关系曲线及其应用。

本章难点是偏心受压构件的计算和大偏心受拉正截面的承载力计算，除掌握原理以外，掌握正确的记忆方法也很重要，学习时应尽量结合截面计算简图，将双筋受弯、偏心受压构件和大偏心受拉构件的知识相联系，总结异、同之处，加深理解和记忆。

5.1 受压构件概述

在房屋建筑中最常遇到的受压构件是柱子，此外也有一些其它形式的受压构件，如屋架中的上弦和受压腹杆、高层剪力墙结构中的墙肢等（图 5-1）；桥梁结构中的拱桥主拱和桥墩、桥台也是受压构件。

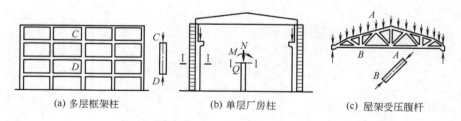

(a) 多层框架柱　　　　　(b) 单层厂房柱　　　　　(c) 屋架受压腹杆

图 5-1　房屋建筑中常见的受压构件

当受压构件的轴向力作用在截面重心上时，称为轴心受压构件［图 5-2(a)］。当轴向力偏离构件的截面重心作用时，称为偏心受压构件。偏心受压构件又分为单向偏心受压［图 5-2(b)］和双向偏心受压［图 5-2(c)］。

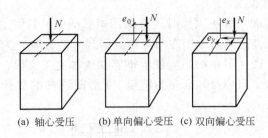

(a) 轴心受压　　(b) 单向偏心受压　(c) 双向偏心受压

图 5-2　受压构件

在实际工程中，经常遇到构件截面上同时存在着轴心压力和弯矩的情形，如单层厂房柱，在屋盖自重、吊车垂直轮压和风荷载作用下，柱子截面上既有弯矩 M 作用又有轴心力 N 作用。它可以看成是具有偏心距 $e_0 = \dfrac{M}{N}$ 的轴向压力 N 的作用，这种压弯构件也是偏心受压构件。

实际上真正的轴心受压构件是没有的，因为构件尺寸的施工误差，装配式构件安装定位不够准确，或者混凝土浇灌质量不均匀，配筋不对称等导致截面实际重心的偏移，这些因素都会造成理论上的轴向压力不能真正地通过截面重心，所以在设计时要考虑一个附加偏心距 e_a。因此，目前有些国家的设计规范中已取消了轴心受压构件的计算。

5.2　受压构件的基本构造要求

受压构件的构造要求内容多而复杂，为了满足后面的设计计算要求，这里只介绍一些基本构造要求，本节所未涉及的一些构造规定可参阅《混凝土结构设计规范》（GB 50010—2010）。

5.2.1　材料强度等级

受压构件正截面承载力受混凝土强度等级影响较大，为了充分利用混凝土的抗压性能，节约钢材，减小构件的截面尺寸，受压构件宜采用较高强度等级的混凝土。一般设计中常用的混凝土强度等级为 C25～C40 或更高。

由于在受压构件中，钢筋与混凝土共同受压，在混凝土达到极限压应变时，钢筋的压应力最高只能达到 400kN/mm^2 左右，因而，不宜选用高强度钢筋来试图提高受压构件的承载力。故一般设计中常采用 HRB400 级、HRB500 级钢筋。

5.2.2　截面形式和尺寸

钢筋混凝土受压构件的截面形式要考虑到受力合理和模板制作方便。轴心受压构件的截面形式一般做成正方形或边长接近的矩形，圆形、多边形截面因模板费工、接头复杂，除建筑上有特殊要求外，一般不宜采用。截面尺寸要根据内力大小、构件长短确定。柱子过于细长时，其承载力受稳定控制，材料不能充分发挥作用，因此柱截面不宜选得太小，一般对方形、矩形截面应控制 $l_0/b \leqslant 30$，对圆形截面 $l_0/d \leqslant 25$，其中 b 为矩形截面短边尺寸，d 为圆柱直径，l_0 为柱的计算长度。

偏心受压构件，当截面尺寸不太大时通常采用矩形截面，其短边 b 和长边 h 的比值一般为 $b/h = 1/3 \sim 1/1.5$，长边在弯矩作用方向。当截面尺寸较大时，为减轻混凝土自重一般采用I形截面或其它截面形式（图5-3）。为便于钢筋摆放和施工支模，柱的截面尺寸一般比与之正交的梁的截面宽度大，且以100mm为增量。I形截面柱的翼缘厚度不宜小于120mm，腹板厚度不宜小于100mm。

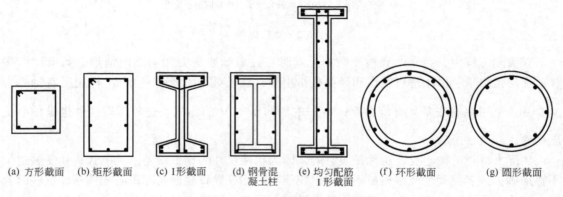

(a) 方形截面　(b) 矩形截面　(c) I形截面　(d) 钢骨混　(e) 均匀配筋　(f) 环形截面　(g) 圆形截面
　　　　　　　　　　　　　　　　　　凝土柱　　I形截面

图5-3　受压构件截面型式

5.2.3　纵向钢筋

钢筋混凝土受压构件中配有纵向钢筋和箍筋（图5-4），前者沿构件纵向放置，后者置于纵向钢筋的外侧，围成箍形，沿构件纵轴方向一般等距离放置，施工时与纵向钢筋绑扎或焊接在一起，构成空间骨架（图5-5）。

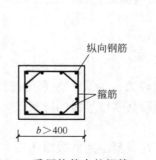

图5-4　受压构件中的钢筋

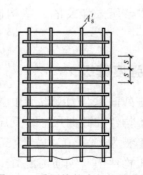

图5-5　受压构件中的钢筋骨架

受压构件的纵向钢筋除和混凝土共同承担荷载外，还可以减少构件破坏的脆性，承担构件由于混凝土收缩、温度变化和荷载初始偏心等引起的拉力和混凝土不均匀性的影响。因此规范规定纵向钢筋的直径 $d \geqslant 12mm$，一般在12～32mm范围内选用。全部纵向钢筋配筋率不宜大于5%。最小配筋率详见附录5，附表19。

受压构件中，纵向受力钢筋净间距不应小于50mm，且不应大于300mm。根数不得少于每个角上一根（图 5-4）。圆柱中纵向钢筋宜沿周边均匀布置，根数不宜少于 8 根，且不应少于 6 根。

在偏心受压构件中，纵向受力钢筋应沿截面短边设置，垂直弯矩作用平面的侧面上的纵向受力钢筋中距不应大于 300mm，也不应小于 50mm。当截面高度 $h \geqslant 600$mm 时，为承受混凝土的收缩应力和温度应力，在侧面应设置直径不小于 10mm 的纵向构造钢筋，并相应地设置复合箍筋或拉筋，见图 5-7(a)、(b)。纵向钢筋的保护层厚度见附表 19。

5.2.4 箍筋

钢筋混凝土受压构件中箍筋的作用是为了防止纵向钢筋受压时屈服，同时保证纵向钢筋的正确位置并组成骨架。箍筋的数量和布置有时需要计算，但为了保证它所要起的作用，在构造上应符合下列要求。

① 受压构件的箍筋应做成封闭式；对圆柱中的箍筋，搭接长度不应小于《规范》规定的锚固长度，且末端应做成 135°弯钩，弯钩末端平直段长度不应小于箍筋直径的 5 倍（图 5-6）。

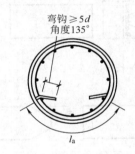

图 5-6　圆柱箍筋的搭接

② 箍筋的间距 s 不应大于 400mm 及构件截面短边尺寸，且不应大于 $15d$，d 为纵向受力钢筋最小直径。

③ 箍筋直径不应小于 $d/4$，且不小于 6mm；d 为纵向受力钢筋最大直径。

④ 当柱中全部纵向受力钢筋的配筋率大于 3% 时，箍筋直径不应小于 8mm，间距不应大于纵向受力钢筋最小直径的 10 倍，且不应大于 200mm；箍筋末端应做成 135°弯钩，且弯钩末端平直段长度不应小于箍筋直径的 10 倍（图 5-8）。箍筋也可焊成封闭环式或采用螺旋式，其构造详见《规范》。

⑤ 当柱截面短边尺寸大于 400mm 且各边纵向钢筋多于 3 根时，或当柱截面短边尺寸不大于 400mm 但各边纵向钢筋多于 4 根时，应设置复合箍筋（图 5-7、图 5-9）。

图 5-7～图 5-9 分别列出了几种常用箍筋的型式及构造，供读者参考。

5.2.5 柱中钢筋的搭接

在多层房屋中，柱中钢筋不可避免要做接头。如采用搭接，则接头位置可以设在基础顶面和各层楼面处 500～1200mm 范围内，也就是将下层柱的纵筋伸出楼面一段距离，与上层柱纵筋相搭接，其长度为钢筋的搭接长度 l_a。

位于同一接头范围内的受压钢筋搭接接头百分率不宜超过 50%，超过时，错开接头，参见图 5-10。上下柱变截面时，按图 5-11 处理。

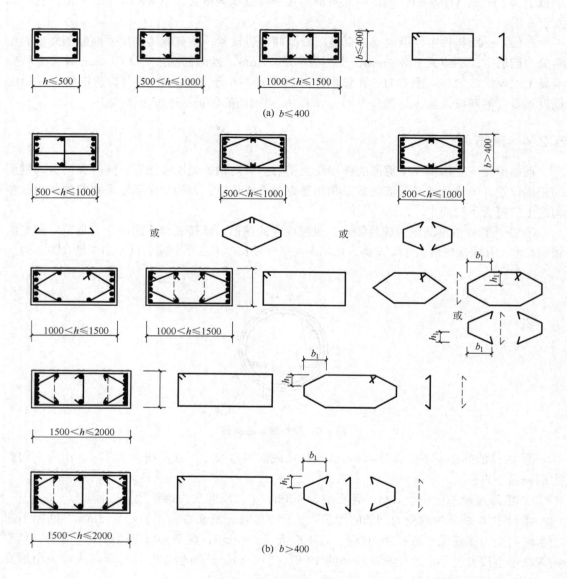

(a) $b \leqslant 400$

(b) $b > 400$

图 5-7 厂房排架矩形截面柱的箍筋型式

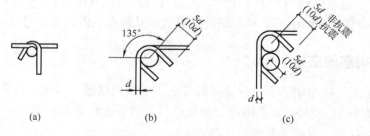

图 5-8 拉筋和箍筋弯钩

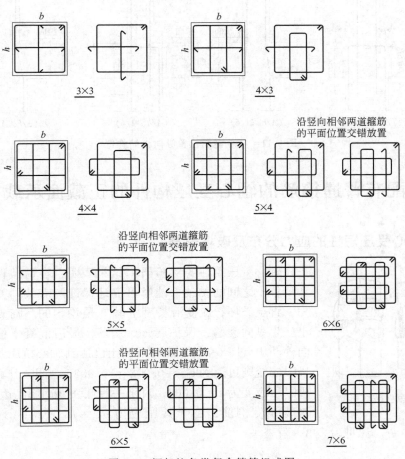

图 5-9 框架柱各类复合箍筋组成图

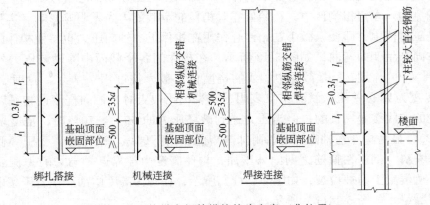

图 5-10 柱纵向钢筋搭接接头方案（非抗震）

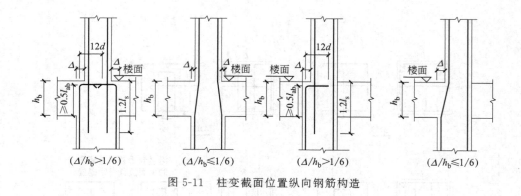

图 5-11 柱变截面位置纵向钢筋构造

5.3 配有普通箍筋的轴心受压构件的正截面承载力计算

5.3.1 轴心受压短柱的应力分布及破坏形态

图 5-12 短柱破坏形态

轴心受压短柱的实验研究结果表明，在荷载作用下，钢筋和混凝土之间的黏结力能够可靠地保证两者共同变形，共同受力，直至破坏，应变沿长度上基本是均匀的。临破坏时，混凝土产生纵向裂缝，保护层开始剥落，最后混凝土被压碎，钢筋向外凸出（图 5-12）。此时混凝土已达到轴心抗压强度，相应的极限应变则可达到 $\varepsilon_{cu}=0.0025\sim0.0035$ 之间，计算时取混凝土极限压应变为 $\varepsilon=0.002$，对于一般低强度钢筋已达到屈服极限；对高强度钢筋，由于其压应力 $\sigma_s=E_s\times\varepsilon_0$，该值只能达到 400N/mm² 左右。详见附表 3、附表 4。

5.3.2 轴心受压长柱的应力分布及破坏形态

正如前面已经指出的，在轴心受压构件中，轴向压力的初始偏心（或称偶然偏心）实际上是不可避免的。在短粗构件中，初始偏心对构件的承载能力尚无明显影响。实验表明，在细长轴心受压构件中，即使以微小初始偏心作用在构件上，轴向压力也将使构件朝与初始偏心相反的方向产生侧向弯曲，如图 5-13 所示，在构件的各个截面中除轴向压力外还将有附加弯矩 $M=Ny$ 的作用，y 是截面中心线的挠度值，最大挠度用 f 表示。这时，构件已从轴心受压转变为偏心受压。试验结果表明，当长细比较大时，侧向挠度最初是以与轴向压力成正比例的方式缓慢增长的；但当压力达到破坏压力的 60%～70% 时，挠度增长速度加快（图 5-13），最后构件在轴向压力和附加弯矩的作用下破坏。破坏时，受压一侧往往产生较长的纵向裂缝，钢筋在箍筋之间向外压屈，构件高度中部靠近轴向力的一侧混凝土被压碎，而另一侧混凝土则被拉裂，如图 5-14(a) 所示，在构件高度中部产生若干条以一定间距分布的水平裂缝，如图 5-14(b) 所示。

试验表明，轴心受压长柱截面所能承担的压力是随着长细比的增大而减小的，当构件截面尺寸不变时，长细比越大，破坏截面的附加弯矩就越大，构件所能承担的轴向压力也就越小。因此，《规范》采用稳定系数 φ 来表示长柱承载力降低的程度。构件的稳定系数 φ 主要

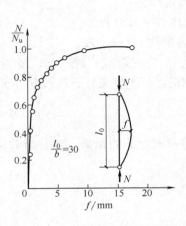

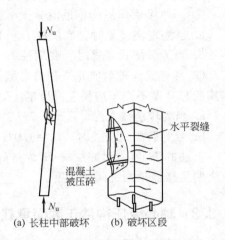

图 5-13 长柱轴心受压性状及荷载-挠度曲线   图 5-14 长柱的破坏形态

与构件的长细比 l_0/b 有关，见表 5-1。

表 5-1 钢筋混凝土轴心受压构件的稳定系数

l_0/b	≤8	10	12	14	16	18	20	22	24	26	28
l_0/d	≤7	8.5	10.5	12	14	15.5	17	19	21	22.5	24
l_0/i	≤28	35	42	48	55	62	69	76	83	90	97
φ	1.0	0.98	0.95	0.92	0.87	0.81	0.75	0.70	0.65	0.60	0.56
l_0/b	30	32	34	36	38	40	42	44	46	48	50
l_0/d	26	28	29.5	31	33	34.5	36.5	38	40	41.5	43
l_0/i	104	111	118	125	132	139	146	153	160	167	174
φ	0.52	0.48	0.44	0.40	0.36	0.32	0.29	0.26	0.23	0.21	0.19

注：表中 l_0—构件计算长度；b—矩形截面的短边尺寸；d—圆形截面的直径；i—截面最小回转半径。

构件的计算长度 l_0 与构件两端的支承情况有关，规范规定，轴心受压和偏心受压柱的计算长度 l_0 按下列规定取用。

① 刚性屋盖单层房屋排架柱，按表 5-2 取用。

表 5-2 刚性屋盖单层房屋排架柱、露天吊车柱和栈桥柱的计算长度

柱 的 类 型		排架方向	垂直排架方向	
			有柱间支撑	无柱间支撑
无吊车厂房柱	单跨	$1.5H$	$1.0H$	$1.2H$
	两跨及多跨	$1.25H$	$1.0H$	$1.2H$
有吊车厂房柱	上柱	$2.0H_u$	$1.25H_u$	$1.5H_u$
	下柱	$1.0H_l$	$0.8H_l$	$1.0H_l$
露天吊车和栈桥柱		$2.0H_l$	$1.0H_l$	—

注：1. 表中 H 为从基础顶面算起的柱子全高；H_l 为从基础顶面至装配式吊车梁底面或现浇式吊车梁顶面的柱子下部高度；H_u 为从装配式吊车梁底面或从现浇式吊车梁顶面算起的柱子上部高度。

2. 表中有吊车厂房排架柱的计算长度，当计算中不考虑吊车荷载时，可按无吊车厂房的计算长度采用，但上柱的计算长度仍按有吊车厂房采用。

3. 表中有吊车厂房排架柱的上柱在排架方向的计算长度，仅适用于 $H_u/H_l \geqslant 0.3$ 的情况；当 $H_u/H_l < 0.3$，计算长度宜采用 $2.5H_u$。

② 一般多层房屋的钢筋混凝土框架各层柱的计算长度取为

a. 当为现浇楼盖时，底层柱 $l_0=1.0H$，其余各层柱 $l_0=1.25H$；

b. 当为装配式楼盖时，底层柱 $l_0=1.25H$，其余各层柱 $l_0=1.5H$。

③ 具有横向砖墙填充或和剪力墙连接的多层房屋，当为三跨或三跨以上，或为两跨且房屋的总宽度不小于房屋总高度的 1/3 时，其各层的钢筋混凝土框架柱计算长度 l_0 取为

a. 当为现浇楼盖时，$l_0=0.7H$；

b. 当为装配式楼盖时，$l_0=1.0H$。

上述的 H 值，对底层柱 H 为基础顶面到一层楼盖顶面之间的距离，对其余各层 H 取上下两层楼盖顶面之间的高度。

5.3.3 轴心受压构件正截面承载力计算

（1）基本计算公式　根据上面的讨论，轴心受压构件的承载能力由混凝土强度和纵向受力钢筋强度两部分组成，细长构件还要考虑纵向弯曲的影响。其计算公式为

$$N=0.9\varphi(f_cA+f_y'A_s') \tag{5-1}$$

式中，N 为轴向压力设计值；f_c 为混凝土轴心抗压强度设计值；A 为构件截面面积；f_y' 为纵向钢筋的抗压强度设计值；A_s' 为全部纵向钢筋的截面面积；φ 为钢筋混凝土构件的稳定系数，见表 5-1。

当纵向配筋率大于 3% 时，式中的 A 应改为 A_n，$A_n=A-A_s'$。

（2）实用计算步骤　在实际工程中，轴心受压构件承载力计算也会遇到截面设计和截面校核两种情况。

① 截面设计　已知轴向压力设计值 N，计算长度 l_0，混凝土的强度等级及钢筋的等级，求构件的截面尺寸及纵向钢筋的截面面积 A_s'。

由公式(5-1) 可知，一个方程，三个未知量，无确定解，应寻求较经济解。步骤如下。

a. 先选定截面尺寸 $b\times h$，边长宜取 50mm 倍数，并计算出 A 值。

b. 根据所定截面尺寸算出长细比 l_0/b，按表 5-1 查得 φ。

c. 将 A、φ 代入计算公式(5-1) 得：

$$A_s'=\frac{\dfrac{N}{0.9\varphi}-f_cA}{f_y'} \tag{5-2}$$

d. 验算最小配筋率。

e. 选配钢筋。

② 截面复核　已知柱截面面积 A，受压钢筋截面面积 A_s'，l_0/b（或 l_0/i），混凝土及钢筋的强度等级，求柱的轴心压力设计值 N_u。计算步骤如下。

a. 根据 l_0/b 的值，由表 5-1 查得 φ。

b. 由公式(5-1) 计算 N_u。

注意：当 A_s'/A 大于 3% 时，N_u 按下式计算：

$$N_u=0.9\varphi[f_c(A-A_s')+f_y'A_s'] \tag{5-3}$$

【例 5-1】 某多层现浇框架结构房屋，底层中间柱按轴心受压构件计算，计算长度 $l_0=5.6m$。该柱安全等级为二级，承受轴向力设计值 $N=2160kN$，混凝土强度等级为 C30，钢筋采用 HRB400 级。求该柱截面尺寸及纵筋面积。

解：

（1）初步确定截面形式和尺寸　由于是轴心受压构件，故采用方形截面形式，并拟选截面尺寸 $b=h=350\mathrm{mm}$

$$A=350\times350=122500\mathrm{mm}^2$$

（2）由 $l_0/b=5600/350=16$，查表 5-1，得

$$\varphi=0.87$$

（3）将 A 值代入公式(5-2)，得

$$A_s'=\frac{\dfrac{N}{0.9\varphi}-f_cA}{f_y'}=\frac{\dfrac{2160\times10^3}{0.9\times0.87}-14.3\times122500}{360}=2796.86\mathrm{mm}^2$$

（4）验算最小配筋率

$$\rho'=\frac{A_s'}{350\times350}=\frac{2796.86}{350\times350}=0.0228=2.28\%>\rho_{\min}'=0.55\%，满足要求。$$

（5）选配 4 ⊈ 20＋4 ⊈ 22，实际配筋面积为 $2776\mathrm{mm}^2$，满足要求。

5.4　螺旋式（或焊环式）箍筋轴心受压构件正截面承载力计算

当轴心受压构件承受的轴向荷载设计值较大，而同时其截面尺寸由于建筑上及使用上的要求而受到限制，若按配有纵筋和普通箍筋的受压构件来设计，即使提高混凝土强度等级和增加了纵筋用量仍不能满足承受该荷载的计算要求时，可考虑采用配置螺旋式（或焊接环式）箍筋，以提高构件的承载能力。由于这种构件施工比较复杂，造价较高，用钢量较大，一般不宜普遍采用。不过，在地震区，配置螺旋式（或焊接环式）箍筋却不失为一种提高轴心受压构件延性的有力措施。图 5-15 中表示的是螺旋式和焊接环式箍筋柱的构造形式。柱

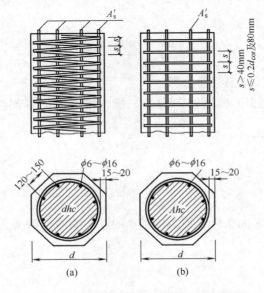

图 5-15　螺旋式和焊接环式箍筋柱的构造形式

的截面形状一般为圆形或多边形。

5.4.1　螺旋式箍筋的横向约束作用

混凝土的纵向受压破坏可以认为是由于横向变形而发生拉坏的现象。如果能约束其横向变形就能间接提高其纵向抗压强度。对配置螺旋式或焊接环式箍筋的柱，箍筋所包围的核心混凝土，相当于受到一个套箍作用，有效地限制了核心混凝土的横向变形，使核心混凝土在三向压应力作用下工作，从而提高了轴心受压构件正截面承载力。

用配置有较多矩形箍筋的混凝土试件所做的试验表明，矩形箍虽然也能对混凝土起到一定的约束作用，但其效果远没有密排螺旋式（或焊接环式）箍筋那样显著，这是因为矩形箍筋水平肢的侧向抗弯刚度很弱，无法对核心混凝土形成有效的约束；只有箍筋的四个角才能通过向内的起拱作用对一部分核心混凝土形成有限的约束。

5.4.2　配置螺旋式箍筋构件正截面受压承载力计算

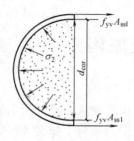

图 5-16　径向压应力 σ_2

由于螺旋式或焊接环式箍筋（间接钢筋）的套箍作用，使核心面积内的混凝土［图5-15(a)、(b)中阴影部分］处于三向受压状态，从而提高了其抗压强度。根据圆柱体三向受压试验结果，受到径向压应力 σ_2 作用的约束混凝土纵向抗压强度可按下式计算：

$$\sigma_1 = f_c + 4\sigma_2 \tag{5-4}$$

式中，σ_2 为螺旋式或焊接环式箍筋（间接钢筋）屈服时，柱的核心混凝土受到的径向压应力。

取隔离体图 5-16，当间接钢筋屈服时，由力的平衡条件得：

$$\sigma_2 s d_{cor} = 2 f_{yv} A_{ss1} \tag{5-5}$$

或

$$\sigma_2 = \frac{2 f_{yv} A_{ss1}}{s \cdot d_{cor}} \tag{5-6}$$

将式(5-6)代入式(5-4)中得：

$$\sigma_1 = f_c + \frac{8 f_{yv} A_{ss1}}{s \cdot d_{cor}} \tag{5-7}$$

式中，A_{ss1} 为单根间接钢筋截面面积。

设 A_{cor} 为核心截面面积，根据轴向力的平衡，可写出配置间接钢筋柱的承载力计算公式：

$$N \leqslant \sigma_1 A_{cor} + f_y' A_s' \tag{5-8}$$

或

$$N \leqslant f_c A_{cor} + f_y' A_s' + 8 \frac{f_{yv} A_{ss1} A_{cor}}{s \cdot d_{cor}} \tag{5-9}$$

将间接钢筋按体积相等的条件，换算成相当的纵向钢筋面积 A_{ss0}，即

$$A_{ss0} = \frac{\pi d_{cor} A_{ss1}}{s} \tag{5-10}$$

又

$$A_{cor} = \frac{\pi d_{cor}^2}{4}$$

则式(5-9) 可以写成下列形式：

$$N \leqslant f_c A_{cor} + f'_y A'_s + 2 f_{yv} A_{ss0} \tag{5-11}$$

对于高强混凝土，径向压应力 σ_2 对核心混凝土强度的约束作用有所降低，式 (5-11) 中第三项应适当折减。此外，与普通箍筋受压构件相似，对轴心受压构件承载力引用 0.9 折减系数，《规范》给出的间接钢筋构件轴心受压承载力的计算公式为

$$N \leqslant 0.9(f_c A_{cor} + f'_y A'_s + 2\alpha f_{yv} A_{ss0}) \tag{5-12}$$

式中，α 为间接钢筋对混凝土约束的折减系数，当 $f_{cu,k} \leqslant 50 \text{N/mm}^2$ 时，取 $\alpha = 1.0$，当 $f_{cu,k} = 80 \text{N/mm}^2$ 时，取 $\alpha = 0.85$，其间按线性内插法确定；其余符号物理意义同前。

式(5-12) 的应用需符合下列要求。

① 为了防止由于间接钢筋配置过多，极限承载力提高过大，以致使得在使用荷载下混凝土保护层即发生剥落，影响到结构的耐久性和正常使用。《规范》要求按式(5-12) 计算得出的承载力不应大于按式(5-2) 算得的普通箍筋柱承载力的 1.5 倍。

② 对于长细比 $l_0/d > 12$ 的柱（d 为柱的直径）不应采用螺旋箍筋，因为这种柱的承载力将由于侧向挠度的增大而降低，使螺旋筋的约束作用得不到有效发挥。当按式(5-12) 计算得出受压承载力小于按式(5-1) 算得的承载力时，按式(5-1) 取值。

③ 螺旋筋的约束效果与螺旋筋的截面面积 A_{ss1} 和间距 s 有关。《规范》要求螺旋筋的换算截面面积 A_{ss0} 不应小于全部纵向钢筋截面面积 A'_s 的 25%。螺旋筋的间距不应大于 $d_{cor}/5$，且不大于 80mm，为了便于施工也不应小于 40mm，螺旋筋的直径要求详见 5.2.4 中的有关要求。

【例 5-2】 某商务大厦门厅现浇钢筋混凝土底层柱，采用直径 $d = 600 \text{mm}$ 的圆形截面，轴向力设计值 $N = 5000 \text{kN}$，计算长度 l_0 为 6.3m，C30 级混凝土，纵筋为 HRB400 级，已选配 8⌀22，$A'_s = 3041 \text{mm}^2$，沿周圈布置。箍筋拟采用 HRB335 级螺旋式，试计算该柱的螺旋箍筋。

解：

(1) 查表，并求各种参数，由已知条件判定环境类别为一类。

① 混凝土保护层厚度为 20mm，则核心直径

$$d_{cor} = 600 - 2 \times 28 = 544 \text{mm}$$

② 核心混凝土面积

$$A_{cor} = \pi d_{cor}^2 / 4 = 232428 \text{mm}^2$$

③ C30 级混凝土，$f_c = 14.3 \text{N/mm}^2$；HRB400 级钢筋，$f'_y = f_y = 360 \text{N/mm}^2$；HRB335 级钢筋，$f_{yv} = 300 \text{N/mm}^2$；$\alpha = 1.0$。

(2) 由式(5-12) 求螺旋筋的换算截面面积 A_{ss0}

$$A_{ss0} = \frac{\dfrac{N}{0.9} - f_c A_{cor} - f'_y A'_s}{2 f_{yv}} = \frac{5555.6 \times 10^3 - 14.3 \times 232428 - 360 \times 3041}{2 \times 300} = 1895.2 \text{mm}^2$$

$0.25 A'_s = 0.25 \times 3041 = 760.25 \text{mm}^2$，故 $A_{ss0} = 1895.2 \text{mm}^2 > 0.25 A'_s = 760.25 \text{mm}^2$，可以。

(3) 求螺旋箍筋间距　设螺旋筋直径 $d = 8 \text{mm}$，$A_{ss1} = 50.3 \text{mm}^2$，由式(5-10)

$$s = \frac{\pi d_{cor} A_{ss1}}{A_{ss0}} = \frac{3.14 \times 544 \times 50.3}{1895.2} = 45.34 \text{mm}$$

取 $s=45\text{mm}$，小于 $d_{\text{cor}}/5=108.8\text{mm}$ 及 80mm，且 $s>40\text{mm}$，满足构造要求。

（4）按式(5-3)计算普通钢箍柱的承载力

$l_0/d=6300/600=10.5<12$，查表 5-1，$\varphi=0.95$

$N=0.9\varphi(f_{\text{c}}A+f_{\text{y}}'A_{\text{s}}')=0.9\times0.95(14.3\times\pi/4\times600^2+360\times3041)=4392.98\text{kN}$

螺旋钢箍柱的承载力 $N=5000\text{kN}$ 小于 1.5 倍普通钢箍柱的承载力（$1.5\times4392.98=6589.47\text{kN}$），可以。

由本例题可看出，螺旋式箍筋的强度越高，其承载力越强，采用这种配箍形式的意义越大。

5.5 偏心受压构件正截面承载力计算的有关原理

偏心受压构件在工程中应用非常广泛。例如常用的多层框架柱、单层刚架柱、单层排架柱，大量的实体剪力墙以及联肢剪力墙中的相当一部分墙肢，屋架和托架的上弦杆以及水塔、烟囱的筒壁等，都属于偏心受压构件。

在这类构件的截面中，一般在轴力、弯矩作用的同时还作用有横向剪力。当横向剪力值较大时，偏心受力构件也应和受弯构件一样，除进行正截面承载力计算外还要进行斜截面承载力计算。

工程中的偏心受压构件大部分都是按单向偏心受压来进行截面设计的，即如图 5-2(b) 所示只考虑轴向压力 N 沿截面一个主轴方向的偏心作用。在这类构件中，为了充分发挥截面的承载能力，并使构件具有不同于素混凝土构件的性能，通常都要如图中所示沿着与偏心轴垂直的截面的两个边缘配置纵向钢筋。离偏心压力较近一侧的纵向钢筋为受压钢筋，其截面面积用 A_{s}' 表示；另一侧的纵向钢筋则根据轴向力偏心距的大小可能受拉也可能受压。不论是受拉还是受压，其截面面积都用 A_{s} 表示。

在实际工程中也有一部分偏心受压构件，例如多层框架房屋的角柱，其中的轴向压力 [图 5-2(c)] 同时沿截面的两个主轴方向有偏心作用，应按双向偏心受压构件来进行设计，需要时可参考有关书籍，本教材不做赘述。

5.5.1 偏心受压构件正截面的破坏形态和机理

如前面所述，当构件承受轴心压力 N 和弯矩 M 联合作用时，相当于承受一个偏心距为 $e_0=M/N$ 的偏心力作用。当 N 相对较小，e_0 很大时，构件接近受弯。因此，随着偏心距由小到大，构件的工作性质和破坏特点将由类似于轴心受压逐步过渡到类似于受弯。

实验研究结果表明，偏心受压构件破坏时可能有两种破坏形态：

① 第一类破坏形态——受拉破坏，习惯上称为"大偏心受压破坏"；

② 第二类破坏形态——受压破坏，习惯上称为"小偏心受压破坏"。

（1）大偏心受压破坏（受拉破坏） 这类构件由于 e_0 很大，加荷后截面部分受压，部分受拉。破坏前受拉钢筋首先达到屈服强度，由于钢筋塑性变形的发展，裂缝不断开展，受压区高度很快减小，应变迅速增加，最后混凝土达到极限应变而被压碎。这种破坏性质与适筋的双筋受弯构件类似，我们称之为大偏心受压 [图 5-17(a)]。

如果这时在构件受拉区配有很多钢筋，尽管偏心距较大，受拉区钢筋在构件破坏时达不到屈服，破坏仍然是由于受压区混凝土被压碎而引起，其性质与小偏心受压相同。这种情形类似于超配筋的受弯构件，由于不能充分利用钢筋的强度，设计时应予避免。

（2）小偏心受压构件（受压破坏）　偏心距 e_0 很小时，加荷后整个截面全部受压，在一般情况下靠近轴向力一侧的混凝土压应力较大。破坏时，压应力较大一侧的混凝土先达到极限压应变，混凝土被压碎。相应的钢筋也同时达到普通软钢的抗压强度。另一侧的混凝土及钢筋一般来讲则均低于各自的抗压强度。偏心距稍大时，加荷后靠近轴向力的一侧受压，另一侧则出现了拉应力。但由于拉应力很小，受拉区可能出现裂缝，也可能不出现裂缝。相应钢

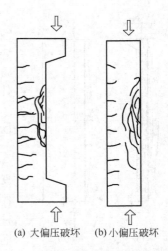

(a) 大偏压破坏　　(b) 小偏压破坏

图 5-17　偏心受压构件的破坏

筋中的应力也很小。破坏总是由于受压区混凝土被压碎，同时受压钢筋也达到屈服强度。上述两种情况的破坏实质是一样的，破坏都是由于靠近偏心压力一侧混凝土达到极限应变被压碎而产生的［图 5-17(b)］，我们称之为小偏心受压。

（3）界限破坏　在"受拉破坏"和"受压破坏"之间存在着一种界限状态，称为"界限破坏"。它不仅有横向主裂缝，而且比较明显。它在受拉钢筋应力达到屈服的同时，受压混凝土出现纵向裂缝并被压碎。在界限破坏时，混凝土压碎区段的大小比"受拉破坏"情况时的大，比"受压破坏"情况时的要小。

图 5-18 显示出偏心受压构件各种情况下的截面应变分布图形。图中 ab、ac 表示在大偏心受压状态下的截面应变状态，随着纵向压力的偏心距减小或受拉钢筋量的增加，在破坏时形成斜线 ad 所示的应变分布状态，即当受拉钢筋达到屈服应变时，受压边缘混凝土也刚好达到极限应变值 $\varepsilon_{cu}=0.0033$，这就是界限状态。如纵向压力的偏心距进一步减小或受拉钢筋配筋量进一步增大，则截面破坏时将形成斜线如 ae 所示，即受拉钢筋达不到屈服的小偏心受压的状态。当进入全截面受压状态后，混凝土受压较大一侧的边缘极限压应变将随着纵

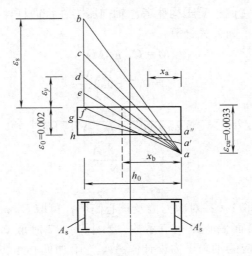

图 5-18　偏心受压构件的截面应变分布

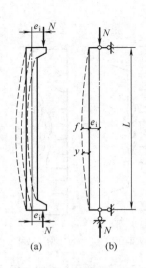

图 5-19　偏心受压构件的侧向挠度

向压力偏心距的减小而逐步有所下降，其截面应变分布如斜线 af、$a'g$ 和水平线 $a''h$ 所示的顺序变化，在变化的过程中，受压边缘的极限压应变将由 0.0033 逐步下降到接近轴心受压时的 $\varepsilon_0 = 0.002$。上述偏心受压构件截面应变变化规律与双筋受弯构件截面应变的变化是相似的。

5.5.2　偏心受压构件的纵向弯曲影响

钢筋混凝土受压构件在承受偏心荷载后，将产生纵向弯曲变形，即会产生侧向挠度 [图 5-19(a)]，对长细比小的短柱，侧向挠度小，计算时一般可忽略其影响。而对长细比较大的长柱，由于侧向挠度的影响，各个截面所受的弯矩不再是 Ne_0，而变为 $N(e_0+y)$ [图5-19(b)]，y 为构件任意点的水平侧向挠度，在柱高中点处，侧向挠度最大的截面中的弯矩为 $N(e_0+f)$。f 随着荷载的增大而不断加大，因而弯矩的增长也就越来越快。偏心受压构件中的这种弯矩受轴向压力和构件侧向附加挠度影响的现象称为"细长效应"或"压弯效应"，并把截面弯矩中的 Ne_0 称为初始弯矩或一阶弯矩（不考虑细长效应构件截面中的弯矩），将 Ny 或 Nf 称为附加弯矩或二阶弯矩。

《规范》规定，弯矩作用平面内截面对称的偏心受压构件，当同一主轴方向的杆端弯矩比 $M_1/M_2 \leqslant 0.9$，且轴压比 $\leqslant 0.9$ 时，若构件的长细比满足公式(5-13)的要求，可不考虑轴向压力在该方向挠曲杆件中产生的附加弯矩影响；否则应按截面的两个主轴方向分别考虑轴向压力在挠曲杆件中产生的附加弯矩影响。

$$l_c/i \leqslant 34-12(M_1/M_2) \tag{5-13}$$

式中，M_1、M_2 为已考虑侧移影响的偏心受压构件两端截面按结构弹性分析确定的对同一主轴的组合弯矩设计值，绝对值较大端为 M_2，绝对值较小端为 M_1，当构件按单曲率弯曲时，M_1/M_2 取正值，否则取负值；l_c 为构件的计算长度，可近似取偏心受压构件相应主轴方向上下支撑点之间的距离；i 为偏心方向的截面回转半径，$i=\sqrt{I/A}$。

除排架结构柱外，其它偏心受压构件考虑轴向压力在挠曲杆件中产生的二阶效应后控制截面的弯矩设计值，应按下列公式计算：

$$M = C_m \eta_{ns} M_2 \tag{5-14a}$$

$$C_m = 0.7+0.3\frac{M_1}{M_2} \tag{5-14b}$$

$$\eta_{ns} = 1+\frac{1}{1300(M_2/N+e_a)/h_0}\left(\frac{l_c}{h}\right)^2 \zeta_c \tag{5-14c}$$

$$\zeta_c = \frac{0.5 f_c A}{N} \tag{5-14d}$$

$$e_i = e_0+e_a \tag{5-14e}$$

当 $C_m \eta_{ns}$ 小于 1.0 时取 1.0；对剪力墙及核心筒墙，可取 $C_m \eta_{ns}$ 等于 1.0。

式中，C_m 为构件端截面偏心距调节系数，当小于 0.7 时取 0.7；η_{ns} 为弯矩增大系数；N 为与弯矩设计值 M_2 相应的轴向压力设计值；e_a 为附加偏心距，按式(5-16)确定；ζ_c 为截面曲率修正系数，当计算值大于 1.0 时取 1.0。

排架结构柱考虑二阶效应的弯矩设计值可按下列公式计算：

$$M = \eta_s M_0 \tag{5-15a}$$

$$\eta_s = 1 + \frac{1}{1500 e_{i_0}/h_0}\left(\frac{l_0}{h}\right)^2 \zeta_c \tag{5-15b}$$

$$e_{i_0} = e_{01} + e_a \tag{5-15c}$$

式中，M_0 为一阶弹性分析柱端弯矩设计值（一阶弯矩设计值）；e_{i_0} 为一阶弯矩设计值对应的初始偏心距；e_{01} 为轴向压力对截面重心的偏心距，$e_{01} = M_0/N$；A 为柱的截面面积。对于 I 形截面取：$A = bh + 2(b_f - b)h'_f$。其余符号意义同前。

5.5.3　偏心受压构件正截面承载力计算的基本假定

因偏心受压构件和双筋受弯构件在破坏形态和受力方面有近似之处，故偏心受压构件计算的基本假定大部分与受弯构件相同。截面变形后的平截面假定仍然适用，受压区混凝土的应力图形仍用一个等效的矩形应力图形来代替。但是，由于偏心受压构件的受力情况和截面应力分布情况的多样性和复杂性，和受弯构件相比较也有不同之处。受压混凝土的极限压应变在偏心受压构件中随偏心程度的大小而有所变化，不像在受弯构件中那样基本不变。为了保持正截面计算的统一性和便于应用，规范对偏心受压正截面计算仍采用了与受弯构件正截面计算一样的基本假定。

5.5.4　附加偏心距

由于工程中实际存在着荷载作用位置的不定性、混凝土质量的不均匀性及施工的偏差等因素，都可能产生附加偏心距。规范规定，在偏心受压构件的正截面承载力计算中应考虑轴向压力在偏心方向的附加偏心距 e_a（其值应不小于 20mm 和偏心方向截面尺寸的 1/30，即两者中的较大值）。

即

$$e_a = \max\left(20, \frac{h}{30}\right) \tag{5-16}$$

式中，e_a 为附加偏心距。

《规范》在决定附加偏心距取值时也考虑了对偏心受压构件正截面计算结果的修正作用，以补偿基本假定和实际情况不完全相符带来的计算误差。

5.5.5　两种破坏形态的界限

从大小偏心受压破坏特征可以看出，两者之间根本区别在于破坏时受拉钢筋能否达到屈服。这和双筋受弯构件的适筋与超筋破坏两种情况完全一致（图 5-20）。因此，两种偏心受压破坏形态的界限与受弯构件适筋与超筋破坏的界限也必然相同，即在破坏时纵向钢筋应力达到屈服强度，同时受压区混凝土也达到极限压应变 ε_{cu} 值，此时其相对受压区高度称为界限受压区高度。由以上的分析可知，界限破坏时，$\xi = \xi_b$，或者说 $x = \xi_b h_0$ [图 5-20(b)]。

从图 5-20 可见，此时的平衡方程是（对 N_b 取矩）

$$N_b = \alpha_1 f_c b \xi_b h_0 + f'_y A'_s - f_y A_s \tag{5-17}$$

$$M_b = 0.5 \alpha_1 f_c b \xi_b h_0 (h - \xi_b h_0) + 0.5 f'_y A'_s (h'_0 - a'_s) + 0.5 f_y A_s (h_0 - a_s) \tag{5-18}$$

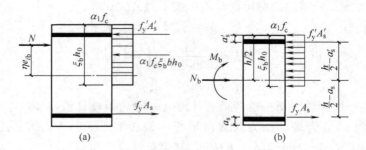

图 5-20 界限偏心受压

5.5.6 小偏心受压构件中远离轴向偏心力一侧的钢筋应力

试验分析表明，小偏心受压构件，破坏时的应力分布图形可能是截面部分受压部分受拉或全截面受压。一般情况下，接近轴向力 N 作用一侧的混凝土被压碎，并且这一侧的纵向受压钢筋 A'_s 的应力达到屈服 [图 5-21(b)、(c)]，而远离轴向偏心力一侧的钢筋 A_s，可能受拉或受压，但应力往往均达不到屈服强度，用 σ_s 表示。特殊情况也会出现远离轴向力作用一侧的混凝土先破坏的情况，即该侧混凝土先被压碎，A_s 达到抗压强度 f'_y，如图 5-21(d) 所示。

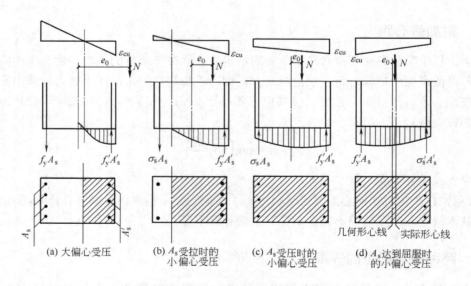

图 5-21 偏心受压构件的截面应力状态

一般情况下，远离轴向偏心力一侧的纵向钢筋 A_s 的应力不论受拉还是受压，达不到屈服强度 f_y 或 f'_y 时，只能达到 σ_s。《规范》建议采用以下公式来确定 σ_s 的值（单排钢筋）：

$$\sigma_s = \frac{\xi - \beta_1}{\xi_b - \beta_1} f_y \tag{5-19}$$

式中各符号物理意义同前。

由公式(5-19) 计算出的钢筋应力 σ_s 应符合条件：$-f'_y \leqslant \sigma_s \leqslant f_y$。

5.6 不对称配筋矩形截面偏心受压构件正截面承载力计算

5.6.1 大偏心受压构件正截面承载力计算($\xi \leqslant \xi_b$)

(1) 大偏心受压构件正截面承载力计算基本公式　大偏心受压构件的破坏特征与适量配筋的双筋受弯构件类似，所以对其破坏时的截面应力图形也可仿照受弯构件做如下假设：

① 受拉区混凝土开裂，拉力全部由受拉钢筋承担，构件破坏时受拉钢筋应力达到屈服强度 f_y；

② 受压区混凝土的曲线应力分布图形用矩形应力图代替，混凝土应力值取用弯曲抗压强度 $\alpha_1 f_c$，受压钢筋应力达到其抗压强度设计值 f_y'。

由图 5-22，根据平衡条件可得

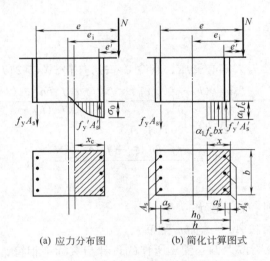

(a) 应力分布图　　　(b) 简化计算图式

图 5-22　大偏心受压构件截面计算

$$N \leqslant \alpha_1 f_c b x + f_y' A_s' - f_y A_s \tag{5-20}$$

$$Ne \leqslant \alpha_1 f_c b x (h_0 - 0.5x) + f_y' A_s'(h_0 - a_s') \tag{5-21}$$

$$e = e_i + \frac{h}{2} - a_s \tag{5-22}$$

式中，N 为轴向压力设计值；e 为轴向压力作用点至受拉钢筋的合力作用点的距离；e_i 为初始偏心距；$e_i = e_0 + e_a$。

$e_0 = M/N$；M 详见式(5-14)、式(5-15)。

其余符号意义同前。

在应用式(5-20)、式(5-21) 计算时，为保证受压钢筋达到其抗压强度，受压区高度应符合下列条件：

$$x \geqslant 2a_s' \tag{5-23}$$

当 $x < 2a_s'$ 时，可先令 $x = 2a_s'$，再直接按下列公式计算（图 5-23）：

$$Ne' = f_y A_s (h_0 - a_s') \tag{5-24}$$

$$A_s = \frac{Ne'}{f_y(h_0 - a_s')} \tag{5-25}$$

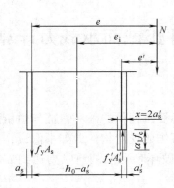

图 5-23　$x=2a'_s$ 时大偏心
受压构件截面的计算

$$e'=e_i-\frac{h}{2}+a'_s \qquad (5-26)$$

式中，e' 为轴向压力作用点至受压钢筋合力作用点的距离。

（2）基本公式的应用

① 第一种类型——A_s 及 A'_s 均未知情况下的截面承载力设计　已知截面尺寸 $b\times h$、构件计算长度、混凝土强度等级、钢筋种类、轴向力设计值 N 及弯矩 M，求钢筋截面面积 A_s 及 A'_s。

解： 根据式(5-20)、式(5-21) 可知，这种情况下有三个未知数 A_s、A'_s 和 x，只有两个方程，需要补充条件，仍遵循"使总用钢量最少"原则，即充分利用混凝土受压，求解步骤如下。

a. 求各参数

b. 求 $C_m\eta_{ns}$ 或 η_s

c. 判别大小偏压，若为大偏心受压，则令 $\xi=\xi_b$，由公式(5-21) 求 A'_s

$$A'_s=\frac{Ne-\alpha_1 f_c b x_b(h_0-0.5x_b)}{f'_y(h_0-a'_s)}=\frac{Ne-\alpha_1 f_c b h_0^2\xi_b(1-0.5\xi_b)}{f'_y(h_0-a'_s)} \qquad (5-27)$$

d. 若 $A'_s\geqslant 0.002bh$，则由公式(5-20) 求 A_s

$$A_s=\frac{\alpha_1 f_c b h_0\xi_b+f'_y A'_s-N}{f_y} \qquad (5-28)$$

e. 选配钢筋

ⅰ. 当 $A_s\geqslant\rho_{min}bh$ 时，按此配筋；

ⅱ. 当 $A_s<\rho_{min}bh$ 时按 $A_s=\rho_{min}bh$ 配筋；

ⅲ. 若 $A_s<0$ 时，说明按大偏心受压所作的设计与实际不相符，应按小偏心受压构件设计。若 $A'_s<0.002bh$，则令 $A'_s=0.002bh$，按第二种类型计算 A_s。

② 第二种类型——设定了 A'_s 情况下的截面承载力设计　已知截面尺寸 $b\times h$、构件计算长度、混凝土强度等级、钢筋种类、A'_s、轴向力设计值 N 及弯矩 M，求钢筋截面面积 A_s。

解： 根据式(5-20)、式(5-21) 可知，这种情况下有两个未知数 A_s 和 x，有两个方程，可以求得惟一解，求解步骤如下。

a. 求各参数

b. 求 $C_m\eta_{ns}$ 或 η_s

c. 判别大小偏压，若为大偏心受压，则应用公式(5-21)，求 x

ⅰ. 当 $2a'_s\leqslant x\leqslant\xi_b h_0$ 时，由公式(5-20) 求 A_s；

ⅱ. 当 $x>\xi_b h_0$ 时，说明所设定的 A'_s 过少，应按按第一种类型重新计算 A'_s 和 A_s；

ⅲ. 当 $x<2a'_s$ 时，则令 $x=2a'_s$，由公式(5-25) 求 A_s。

d. 选配钢筋

ⅰ. 当 $A_s\geqslant\rho_{min}bh$ 时，按所求得的 A_s 配筋；

ⅱ. 当 $A_s<\rho_{min}bh$ 时，按 $A_s=\rho_{min}bh$ 配筋。

③ 第三种类型——截面校核。

5.6.2　小偏心受压构件正截面承载力计算（$\xi > \xi_b$）

（1）小偏心受压构件正截面承载力计算基本公式

小偏心受压构件破坏时，靠近轴向力一侧的混凝土首先达到抗压强度极限，该侧的受压钢筋也到达屈服阶段；而在远离轴向力的一侧，可能受拉也可能受压，其中钢筋受拉时应力恒低于屈服点 f_y［图 5-21(b)］。试验及理论分析表明，当靠近轴向力一侧混凝土达到抗压强度极限时，如果 $\xi = \xi_b$，则远离轴向力一侧的钢筋应力也刚好达到屈服点；如果 $\beta_1 > \xi > \xi_b$，则远离轴向力一侧的钢筋拉应力低于屈服点；如果 $\xi = \beta_1$，远离轴向力一侧的钢筋应力为零；如果 $\xi > \beta_1$，远离轴向力一侧的钢筋转为受压状态；ξ 大到一定程度远离轴向力一侧的钢筋可能达到受压屈服强度极限。根据图 5-24，由平衡条件可得：

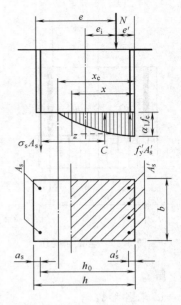

图 5-24　小偏心受压应力图

$$N \leqslant \alpha_1 f_c b \xi h_0 + f'_y A'_s - \sigma_s A_s \tag{5-29}$$

$$Ne \leqslant \alpha_1 f_c b h_0^2 \xi (1 - 0.5\xi) + f'_y A'_s (h_0 - a'_s) \tag{5-30}$$

式中 σ_s 按式(5-19) 计算。

（2）基本公式的应用

① 第一种类型——A'_s 和 A_s 均未知情况下的截面承载力设计。由式(5-19)、式(5-29) 和式(5-30) 可知，这种情况下有四个未知数 ξ、σ_s、A'_s 和 A_s，只有三个方程，需要补充条件。

a. 当 $N \leqslant f_c A$ 时，根据总用钢量最少原则，且因为远离轴向力作用点一侧的钢筋无论受拉还是受压都不能达到强度设计值，配置过多的 A_s 意义不大，则取

$$A_s = (A_s)_{\min} = \rho_{\min} bh = 0.002bh \tag{5-31}$$

b. 当 $N > f_c A$，为避免特殊情况［图 5-21(d)］的发生，此时 A_s 配置不应过小，对矩形截面则可按下式验算 A_s：

$$A_s = \frac{Ne'' - \alpha_1 f_c bh(h'_0 - 0.5h)}{f'_y(h'_0 - a_s)} \tag{5-32}$$

同时应满足 $A_s \geqslant (A_s)_{\min}$。

$$e'' = \frac{h}{2} - (e_0 - e_a) - a'_s \tag{5-33}$$

$$h'_0 = h - a'_s \tag{5-34}$$

式中，e'' 为 e_a 与 e_0 方向相反情况下轴向力 N 的作用点至纵向受力钢筋 A'_s 合力点的距离（图 5-25）；h'_0 为纵向受力钢筋 A'_s 合力点至离轴向压力较远一侧混凝土边缘的距离。

第一种类型的小偏心受压构件截面承载力计算步骤归纳如下。

解：

a. 求各参数

b. 求 $C_m \eta_{ns}$ 或 η_s

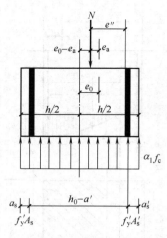

图 5-25 全截面受压

c. 判别大小偏压　若为小偏心受压构件，则为一般情况时，由公式(5-31)求 $(A_s)_{\min}$

d. 由式(5-19)、式(5-29)和式(5-30)联立求得 A'_s。

e. 验算最小配筋率　若 $A'_s + A_s \geqslant \rho'_{\min} bh$，按求出的 A'_s 配筋；否则，按 $A'_s + A_s = \rho'_{\min} bh$ 配筋。

当属于 $N > \alpha_1 f_c bh$ 的特殊情况时，步骤 a.、b. 同上，c. 由公式(5-32)求 A_s，且取 A_s 和 $(A_s)_{\min}$ 中的较大值。步骤 d. 同上。

② 第二种类型——A'_s 或 A_s 已知情况下的截面承载力设计。由式(5-19)、式(5-29)和式(5-30)可知，这种情况下有三个未知数 ξ、σ_s、A_s 或 A'_s，有三个方程，可以联立求得惟一解。计算步骤如下。

解：

a. 求各参数

b. 求 $C_m \eta_{ns}$ 或 η_s

c. 判别大小偏压　若为小偏心受压构件，则由式(5-19)、式(5-29)和式(5-30)联立求得 A_s 或 A'_s。

d. 验算最小配筋率　若 $A'_s + A_s \geqslant \rho'_{\min} bh$，按求出的 A_s 或 A'_s 配筋；否则，按 $A'_s + A_s = \rho'_{\min} bh$ 配筋。

从上面的过程中可以看出，小偏心受压构件不对称配筋时截面承载力计算比较复杂，故而有必要对第一种类型进一步讨论。

a. 根据界限受压的条件，当 $\xi > \xi_b$ 时，必定有 $\sigma_s < f_y$；

b. 由式(5-19)，$\sigma_s = \dfrac{\xi - \beta_1}{\xi_b - \beta_1} f_y$，当 σ_s 达到 $-f'_y$，且 $f'_y = f_y$ 时，有

$(\xi - \beta_1) = -(\xi_b - \beta_1)$，即 $\xi = 2\beta_1 - \xi_b$，称此时的 ξ 为 ξ_{cy}，即 $\xi_{cy} = 2\beta_1 - \xi_b$。

那么，据上述算出的 ξ，可以分为以下三种情况。

i. 当 $\xi < \xi_{cy}$ 时，$\sigma_s < -f'_y$，则所解得的 A'_s 就是承载力需要的 A'_s，计算结束。

ii. 若 $\xi_{cy} \leqslant \xi \leqslant h/h_0$，此时 $\sigma_s = -f'_y$，平衡方程转化为

$$N \leqslant \alpha_1 f_c b \xi h_0 + f'_y A'_s + f'_y A_s \tag{5-35}$$

$$Ne \leqslant \alpha_1 f_c bh_0^2 \xi (1 - 0.5\xi) + f'_y A'_s (h_0 - a'_s) \tag{5-36}$$

此时应将上述算出的 A_s 值代入式(5-35)，并联式(5-36)，重新求解 ξ 和 A'_s，所得即为所需，计算结束。

iii. 若 $\xi > h/h_0$，此时为全截面受压，取 $x = h$，并取混凝土应力图形系数 $\alpha_1 = 1$，直接解得：

$$A'_s = \frac{Ne - f_c bh(h_0 - 0.5h)}{f'_y(h_0 - a'_s)} \tag{5-37}$$

c. 设计小偏心受压构件时，无论什么情况下都应满足 $A'_s \geqslant 0.002bh$ 的要求。

5.6.3　偏心受压构件正截面承载力校核

（1）弯矩作用平面内的承载力校核

① 给定轴向力设计值 N，求弯矩承载力 M_u　由于截面尺寸、配筋及材料强度均为已知，故可按下列步骤进行校核。

a. 首先由公式（5-18）算得界限轴向力 N_b，即

$$N_b = \alpha_1 f_c b \xi_b h_0 + f'_y A'_s - f_y A_s \tag{5-38}$$

b. 判别　若给定的设计轴向力 $N \leqslant N_b$，则为大偏心受压情况

c. 按式（5-20）求 x

d. 按式（5-21）求 e

e. 由式（5-22）算得 e_i

f. 由式（5-14）、式（5-15）求出 η_{ns} 或 η_s，再求 e_i 或 e_{i0}

g. 由式（5-16）求得 e_a，得：

$$e_0 = e_i - e_a \text{ 或 } e_0 = e_{i0} - e_a$$

h. 由 N 和 e_0 求出弯矩承载力 $M_u = N e_0$，并判别 M_u 与 M 的关系。

如若给定的设计轴向力 $N > N_b$，则为小偏心受压情况（步骤 a、b 同上）；将已知数据代入式（5-19）、式（5-29）联立解得 ξ；按式（5-30）求 e；步骤 e、f、g、h 同上。

② 给定荷载的偏心距 e_0，求构件截面轴向承载力 N_u　由于截面尺寸、配筋及 e_0 为已知，可按下列步骤进行校核。

ⅰ. 由式（5-16）计算 e_a。

ⅱ. 根据界限破坏条件式（5-17）、式（5-18），令界限偏心距 $e_{ib} = M_b / N_b$，且 $h'_0 = h_0$，$a'_s = a_s$，得：

$$e_{ib} = \frac{0.5 \alpha_1 f_c b h_0 \xi_b (h - \xi_b h_0) + 0.5 (f'_y A'_s + f_y A_s)(h_0 - a'_s)}{(\alpha_1 f_c b h_0 \xi_b + f'_y A'_s - f_y A_s)} \tag{5-39}$$

求 η_{ns} 或 η_s 并求 e_i

• 若 $e_i \geqslant e_{ib}$，则按大偏心受压情况计算。

由式（5-22）计算 e。

将 e 及已知数据代入式（5-20）及式（5-21），联立求解 x 及 N_u，计算结束。

• 若 $e_i < e_{ib}$，则按小偏心受压计算。

将已知数据代入式（5-19）、式（5-29）及式（5-30）联立求解 ξ 及 N。当 $N \leqslant \alpha_1 f_c bh$ 时，所求得的 N 即为构件的轴向承载力 N_u；当 $N > \alpha_1 f_c bh$ 时，尚需按式（5-32）求轴向力 N_u，并与按式（5-19）、式（5-29）及式（5-30）联立求得的 N 相比较，其中的较小值即为构件的轴向承载力 N_u。

（2）垂直于弯矩作用平面的承载力计算　当构件在垂直于弯矩作用平面内的长细比较大时，应按轴心受压构件验算垂直于弯矩作用平面的受压承载力。这时应考虑稳定系数 φ 的影响，按式（5-3）计算承载力 N_u，此时式（5-3）中的 A'_s 为上述按偏心受压构件计算出的 $A'_s + A_s$。

5.6.4　不对称配筋条件下大小偏心受压构件的判别

如上所述，两种情况的界限，应该是由一种破坏形式过渡到另一种破坏形式的分界线，

这与受弯构件由超配筋过渡到适量配筋的界限是一样的。对矩形截面大小偏心的判别条件为

① 当 $\xi \leqslant \xi_b$ 时，构件为大偏心受压；

② 当 $\xi > \xi_b$ 时，构件为小偏心受压。

但是在进行截面配筋计算时，A_s 及 A'_s 为未知，因此将无法利用基本公式来计算相对受压区高度 ξ，所以就不能根据 ξ 与 ξ_b 的比较来判别。为了简化计算，避免进行反复地试算，一种变通的方法是利用式(5-39)推算出一个最小界限偏心距，则当 $e_i \leqslant e_{0b}$ 时，必为小偏心受压情况；当 $e_i \geqslant e_{0b}$ 时，可按大偏心受压情况计算，计算结果有矛盾时，再按小偏心受压情况计算。

由公式(5-39)可知，当 A_s 越小时，e_{ib} 就越小，再由图 5-20(a)可见，当 A'_s 减小时，N_b 将向构件轴线移动，即 e_{ib} 将减小。故当 A'_s 及 A_s 分别取设计允许的最小值，即按《规范》规定的最小配筋率确定纵向钢筋截面面积时，式(5-39)得出的 e_{ib} 将为最小，用 e_{0b} 表示。

为了便于表达最小界限偏心距 e_{0b}，引入最小相对界限偏心距 e_{0b}/h_0 的概念，将公式(5-39)改写为

$$\frac{e_{0b}}{h_0} = \frac{0.5\alpha_1 f_c b h_0 \xi_b (h - \xi_b h_0) + 0.5(f'_y A'_s + f_y A_s)(h_0 - a'_s)}{(\alpha_1 f_c b h_0 \xi_b + f'_y A'_s - f_y A_s) h_0} \tag{5-40}$$

由公式(5-40)可知，我们可以预先设定一些参数，求出 e_{0b}/h_0 数表，以备查用。如表 5-3。

表 5-3　最小相对界限偏心距（e_{0b}/h_0）

钢筋 \ 混凝土	C20	C25	C30	C35	C40	C45	C50
HRB400 级或 RRB400 级	0.422	0.395	0.375	0.361	0.351	0.344	0.338

注：表中数值是在下列条件下求出的。

1. A'_s 和 A_s 按《规范》规定，以构件全截面面积的最小配筋率计算，$A'_s = A_s = 0.002bh$。

2. 取 $h/h_0 = 1.075$；$a_s = a'_s$；$a'_s/h_0 = 0.075$。

3. h/h_0 和 a'_s/h_0 其它取值情况下的 e_{0b}/h_0 详见附表 11～附表 17。

上述的（e_{0b}/h_0）表应用方法如下：

① 根据前述的计算步骤求 e_i；

② 根据已知条件求出 h/h_0 和 a'_s/h_0；

③ 决定使用表 5-3 还是附表 11～附表 17 中的 e_{0b}/h_0 值，并求出相应的 e_{0b}；

④ 当 $e_i \geqslant e_{0b}$ 时，按大偏心受压计算，反之按小偏心受压计算。

【例 5-3】已知排架柱截面尺寸 $b \times h = 300\text{mm} \times 600\text{mm}$，柱的计算长度 $l_0 = 6.0\text{m}$，一类环境，轴力设计值 $N = 1500\text{kN}$，弯矩设计值 $M_0 = 360\text{kN} \cdot \text{m}$。采用 C30 级混凝土，HRB400 级钢筋。考虑附加弯矩的影响，求此柱所需配置的纵向受力钢筋 A_s 及 A'_s。

解：

(1) 求各参数　C30 级混凝土 $f_c = 14.3\text{N/mm}^2$，HRB400 级钢筋 $f_y = f'_y = 360$ N/mm²，$a_s = a'_s = 38\text{mm}$，$h_0 = 600 - 38 = 565\text{mm}$，$\xi_b = 0.518$，$\alpha_1 = 1.0$

$$e_{01} = M_0/N = 360 \times 10^3 / 1500 = 240\text{mm}$$

$$e_a = \max(20, h/30) = 20\text{mm}$$

$$e_{i0} = e_{01} + e_a = 240 + 20 = 260\text{mm}$$

(2) 求弯矩增大系数 η_s

$$\zeta_c = \frac{0.5 f_c A}{N} = \frac{0.5 \times 14.3 \times 300 \times 600}{1500 \times 10^3} = 0.858 < 1.0，取 \zeta_c = 0.858。$$

由式(5-15b) 得：

$$\eta_s=1+\frac{1}{1500\frac{e_{i0}}{h_0}}\left(\frac{l_0}{h}\right)^2\zeta_c=1+\frac{1}{1500\times\frac{260}{562}}\times\left(\frac{6000}{600}\right)^2\times0.858=1.12$$

(3) 判别大小偏压　本例中，$h/h_0=600/562=1.068$，$a_s'/h_0=38/562=0.068$；应查附表 16，$e_{0b}/h_0=0.371$，

$$e_{0b}=0.371\times562=208.5\text{mm}；$$

$$e_0=M/N=\eta_sM_0/N=1.12\times360\times10^3/1500=268.8\text{mm}$$

$e_i=e_0+e_a=288.8\text{mm}>e_{0b}=208.5\text{mm}$，可按大偏心受压计算；

$$e=e_i+h/2-a_s=288.8+300-38=550.8\text{mm}$$

(4) 令 $\xi=\xi_b$，则由公式(5-27) 求 A_s'

$$A_s'=\frac{Ne-\alpha_1f_cbh_0^2\xi_b(1-0.5\xi_b)}{f_y'(h_0-a_s')}$$

$$=\frac{1500\times10^3\times550.8-1.0\times14.3\times300\times562^2\times0.518\times(1-0.5\times0.518)}{360\times(562-38)}$$

$$=1622.7\text{mm}^2>0.002bh=0.002\times300\times600=360\text{mm}^2，可以。$$

(5) 由公式(5-28) 求 A_s

$$A_s=\frac{\alpha_1f_cbh_0\xi_b+f_y'A_s'-N}{f_y}=\frac{1.0\times14.3\times300\times562\times0.518+360\times1622.7-1500\times10^3}{360}$$

$=925.2\text{mm}^2>0.002bh=360\text{mm}^2$，可以。$A_s+A_s'=925.2+1622.7=2547.9>$
$0.55\%\times bh=990\text{mm}^2$ 可以。

(6) 选用钢筋　受压钢筋采用 2Φ25+2Φ22，$A_s'=1742\text{mm}^2>1622.7\text{mm}^2$，可以。受拉钢筋采用 2Φ20，$A_s=942\text{mm}^2>925.2\text{mm}^2$，可以。

5.7　对称配筋矩形截面偏压构件的承载力计算公式

在实际工程中，偏心受压构件截面上有时会承受不同方向的弯矩。例如，框、排架柱在风载、地震力等方向不定的水平荷载的作用下，截面上弯矩的作用方向会随着荷载方向的变化而改变，我们所研究的受拉侧或受压侧也随之变化。为了适应这种情况，这类偏压构件截面往往采用对称配筋的方法，即截面两侧采用规格相同、面积相等的钢筋。有时为了构造简单便于施工，也采用对称配筋的方式。事实上，实际工程中的大多数偏心受压构件都采用对称配筋的方式。

但当异号弯矩在数值上相差较大时，采用对称配筋截面就会造成一定的钢筋浪费，但对称配筋偏心受压构件施工时不易发生差错。

5.7.1　对称配筋条件下大、小偏心受压构件的判别

对称配筋构件的偏心受压计算公式仍可由基本计算公式导出，所谓对称配筋是指 $A_s=A_s'$，且 $f_y=f_y'$，$a_s=a_s'$。

将上述条件代入大偏压构件的基本式(5-20) 和式(5-21) 得：

$$N = \alpha_1 f_c bx + f_y' A_s' - f_y A_s = \alpha_1 f_c bx \tag{5-41}$$

$$Ne = \alpha_1 f_c bx(h_0 - 0.5x) + f_y' A_s'(h_0 - a_s') \tag{5-42}$$

(1) 大小偏心受压的判别公式 由于采用 $A_s = A_s'$，且 $f_y = f_y'$，由公式(5-41) 可直接得到下式：

$$\xi = x/h_0 = N/(\alpha_1 f_c bh_0) \tag{5-43}$$

当 $\xi \leqslant \xi_b$ 时，为大偏心受压；当 $\xi > \xi_b$ 时，为小偏心受压。然后可以利用上述条件直接判定截面的受力状态。

在界限状态下，由于 $\xi = \xi_b$，利用式(5-41) 还可得到下式：

$$N_b = \alpha_1 f_c bh_0 \xi_b \tag{5-44}$$

则其判别条件可为，当 $N < N_b$ 时，属大偏压；$N > N_b$ 时，属小偏压。

综上所述，利用式(5-43)、式(5-44) 均可直接判别截面的受力状态，在实际计算中可根据实际情况选用其中的一种来判别。

(2) 判别公式的应用 应用上述两式时，要注意以下两个问题：

① 遇到小偏心受压时，用于判别的 ξ 不能直接代入小偏心受压公式，应重新计算 ξ；

② 实际设计中，对称配筋下的大偏压判别标准是惟一的，即 $\xi \leqslant \xi_b$，其它条件只能辅助使用。

5.7.2 偏心受压构件对称配筋截面承载力的计算与复核

(1) 截面承载力计算 已知 N、M、l_0、b、h、材料等级，求 A_s 和 A_s' $(A_s = A_s')$。

解：

① 求各种参数。

② 由公式(5-43) 判别大小偏心受压

a. 若 $\xi \leqslant \xi_b$，则为大偏心受压构件，按下列步骤计算承载力：

(a) 求 e_0，e_i；

(b) 判别受压区的大小。

ⅰ. 若 $\xi \geqslant 2a_s'/h_0$，说明受压区大小适宜，钢筋能够达到抗压强度设计值，继续按步骤计算，否则转到下一个步骤 ⅱ。

(ⅰ) 由公式(5-42) 求配筋

$$A_s = A_s' = \frac{Ne - \alpha_1 f_c bh_0^2 \xi(1 - 0.5\xi)}{f_y'(h_0 - a_s')} \tag{5-45}$$

$$e = e_i + h/2 - a_s'$$

(ⅱ) 验算最小配筋率

若 $A_s = A_s' \geqslant \rho_{min}' bh$，则按计算出的 A_s 和 A_s' 选配钢筋，否则按 $A_s = A_s' = \rho_{min}' bh$ 选配钢筋，计算结束。

ⅱ. 若 $\xi < 2a_s'/h_0$，说明受压区太小，钢筋不能够达到抗压强度设计值，此时按下列步骤计算。

(ⅰ) 按不对称配筋大偏心受压计算一样处理，令 $\xi = 2a_s'/h_0$，则

$$A_s = A_s' = \frac{Ne'}{f_y(h_0 - a_s')} \tag{5-46}$$

$$e' = e_i - h/2 + a_s'$$

（ⅱ）验算最小配筋率

若 $A_s=A_s'\geqslant\rho_{min}'bh$，则按计算出的 A_s 和 A_s' 选配钢筋，否则按 $A_s=A_s'=\rho_{min}'bh$ 选配钢筋，计算结束。

上述式中各符号的物理意义同前。

b. 若上述步骤（2）的判别结果是 $\xi>\xi_b$，则为小偏心受压构件，按下列步骤计算承载力。

ⅰ. 重新求 ξ　此时，$\sigma_s<f_y$，由式(5-29)、式(5-30)

$$N=\alpha_1 f_c b\xi h_0+f_y'A_s'-\sigma_s A_s \tag{5-29}$$

$$Ne=\alpha_1 f_c bh_0^2\xi(1-0.5\xi)+f_y'A_s'(h_0-a_s') \tag{5-30}$$

可见，尽管 $A_s=A_s'$，但并不能消去未知数，仍然是两个方程，三个未知数。加上附加公式(5-19) $\sigma_s=\dfrac{\xi-\beta_1}{\xi_b-\beta_1}f_y$ 后，可以联立解得小偏压下的 ξ，此时需求解 ξ 的三次方程，计算繁琐，工作量大。为了简化计算，且在保证计算精度的情况下，《规范》给出了求小偏压构件对称配筋下 ξ 的简化计算公式：

$$\xi=\cfrac{N-\xi_b\alpha_1 f_c bh_0}{\cfrac{Ne-0.43\alpha_1 f_c bh_0^2}{(\beta_1-\xi_b)(h_0-a_s')}+\alpha_1 f_c bh_0}+\xi_b \tag{5-47}$$

ⅱ. 求 e_0，e_i 及 e。

ⅲ. 将利用公式(5-47) 求出的 ξ 代入式(5-45)，求出配筋

$$A_s=A_s'=\frac{Ne-\alpha_1 f_c bh_0^2\xi(1-0.5\xi)}{f_y'(h_0-a_s')}$$

ⅳ. 验算最小配筋率　若 $A_s=A_s'\geqslant\rho_{min}'bh$，则按计算出的 A_s 和 A_s' 选配钢筋，否则按 $A_s=A_s'=\rho_{min}'bh$ 选配钢筋，计算结束。

值得注意的是，上述两种情况下，若求得的 $A_s+A_s'>0.05bh_0$，说明截面尺寸过小，宜加大柱截面尺寸。

（2）截面承载力校核　偏心受压构件对称配筋与不对称配筋的计算步骤相似，只需取 $A_s=A_s'$，$f_y=f_y'$ 即可。

【例 5-4】　某钢筋混凝土框架单向偏心受压柱，一类环境，单曲率弯曲，截面尺寸 $b=350\text{mm}$，$h=500\text{mm}$，计算长度 $l_c=4.2\text{m}$，内力设计值 $N=1180\text{kN}$，柱端弯矩 $M_1=250\text{kN}\cdot\text{m}$，$M_2=320\text{kN}\cdot\text{m}$。混凝土采用 C30 级，纵筋采用 HRB400 级。求对称配筋钢筋截面面积 A_s 和 A_s'。

解：　（1）求各种参数　$f_c=14.3\text{N/mm}^2$，$f_y=f_y'=360\text{ N/mm}^2$，$a_s=a_s'=38\text{mm}$，$h_0=500-38=462\text{mm}$，$\xi_b=0.518$，$\alpha_1=1.0$，$\beta_1=0.8$。

（2）由公式(5-43)判别大小偏心受压

$$\xi=\frac{N}{\alpha_1 f_c bh_0}=\frac{1180\times10^3}{1.0\times14.3\times350\times462}=0.510<\xi_b=0.518，属于大偏心受压。$$

（3）求 η_{ns}

杆端弯矩比：$M_1/M_2=270/320=0.85<0.9$；

轴压比：$N/(f_c bh)=1180\times10^3/(14.3\times350\times500)=0.472<0.9$；

$$i=\sqrt{\frac{I}{A}}=\sqrt{\frac{bh^3}{12bh}}=\frac{h}{\sqrt{12}}=0.289h=144.5\text{mm}$$

由式(5-13)：

$l_c/i=4200/144.5=29.1>34-12\ (M_1/M_2)=23.8$；应考虑附加弯矩的影响。

由式(5-14)：

$c_m=0.7+0.3\ (M_1/M_2)=0.7+0.3\times0.85=0.955$

$e_a=\max\ \{20,\ h/30\}\ =20\text{mm}$

$$\zeta_c=\frac{0.5f_cA}{N}=\frac{0.5\times14.3\times350\times500}{1180\times10^3}=1.06>1.0,\ \text{取}\ 1.0$$

$$\eta_{ns}=1+\frac{1}{1300\ (M_2/N+e_a)\ /h_0}\left(\frac{l_c}{h}\right)^2\zeta_c=1+\frac{8.4^2}{1300\times\frac{291.2}{462}}\times1.0=1.09$$

$c_m\eta_{ns}=0.955\times1.09=1.04>1.0$

（4）求 e

$$e_0=M/N=c_m\eta_{ns}M_2/N=1.04\times320\times10^3/1180=282\text{mm}$$

$$e_i=e_0+e_a=282+20=302\text{mm}$$

$$e=e_i+h/2-a_s=302+250-38=514\text{mm}$$

（5）判别受压区的大小

$\xi=0.510>2a'_s/h_0=76/462=0.165$，受压区大小适宜，钢筋能够达到抗压强度设计值。

（6）由公式(5-45)求配筋

$$A_s=A'_s=\frac{Ne-\alpha_1f_cbh_0^2\xi(1-0.5\xi)}{f'_y(h_0-a'_s)}$$

$$=\frac{1180\times10^3\times514-1.0\times14.3\times350\times462^2\times0.510\times(1-0.5\times0.510)}{360(462-38)}$$

$$=1314\text{mm}^2$$

（7）验算最小配筋率，查附表 19

$A_s=A'_s=1314\text{mm}^2>0.0055bh/2=0.0055\times350\times500/2=481.3\text{mm}^2$，可以。

（8）选配钢筋

A_s 和 A'_s 均选用 3Φ25，$A_s=A'_s=1473\text{mm}^2>1314\text{mm}^2$，可以。

（9）垂直于弯矩作用平面的承载力验算

$$l_0/b=4200/350=12，查表 5-1 得，\varphi=0.95$$

$$0.9\varphi(f_cA+f'_yA'_s)=0.9\times0.95(14.3\times350\times500+360\times1473\times2)=3046416\text{N}$$

$$=3046.4\text{kN}>1180\text{kN}，满足要求。计算结束。$$

【例 5-5】 某钢筋混凝土框架单向偏心受压柱，一类环境，单曲率弯曲，截面尺寸 $b=300\text{mm}$，$h=550\text{mm}$，计算长度 $l_c=3.6\text{m}$，承受轴向力设计值 $N=2121\text{kN}$，柱端弯矩设计值 $M_1=240.3\text{kN}\cdot\text{m}$，$M_2=270\text{kN}\cdot\text{m}$。混凝土采用 C30 级，纵筋采用 HRB400 级。求对称配筋钢筋截面面积 A_s 和 A'_s。

解：

（1）求各种参数　$f_c=14.3\text{N/mm}^2$，$f_y=f'_y=360\text{N/mm}^2$，$a_s=a'_s=38\text{mm}$，$h_0=550-38=512\text{mm}$，$\xi_b=0.518$，$\alpha_1=1.0$，$\beta_1=0.8$；

（2）由公式(5-43)判别大小偏心受压

$$\xi=\frac{N}{\alpha_1 f_c bh_0}=\frac{2121\times10^3}{1.0\times14.3\times300\times512}=0.97>\xi_b=0.518,$$

属于小偏心受压。

（3）求 η_{ns}

杆端弯矩比：$M_1/M_2=240.3/270=0.89<0.9$；

轴压比：$N/(f_c bh)=2121\times10^3/(14.3\times300\times550)=0.899<0.9$；

$$i=\sqrt{\frac{I}{A}}=\sqrt{\frac{bh^3}{12bh}}=\frac{h}{\sqrt{12}}=0.289h=158.95\text{mm}$$

由式(5-13)：

$l_c/i=3600/158.95=22.65<34-12\ (M_1/M_2)=23.3$，可不考虑附加弯矩的影响。

即 $c_m\eta_{ns}=1.0$

（4）求 e

$$e_0=M_2/N=270\times10^3/2121=127.3\text{mm}$$
$$e_a=\max\{20,\ h/30\}=20\text{mm}$$
$$e_i=e_0+e_a=127.3+20=147.3\text{mm}$$
$$e=e_i+h/2-a_s=147.3+275-38=384.3\text{mm}$$

（5）求 ξ

$$\xi=\frac{2121\times10^3-0.518\times1.0\times14.3\times300\times512}{\dfrac{2121\times10^3\times384.3-0.43\times1.0\times14.3\times300\times512^2}{(0.8-0.518)(512-38)}+14.3\times300\times512}+0.518=0.728$$

$\xi=0.728>\xi_b=0.518$，是小偏心受压

（6）由公式(5-45)求配筋

$$A_s=A_s'=\frac{Ne-\alpha_1 f_c bh_0^2\xi(1-0.5\xi)}{f_y'(h_0-a_s')}$$

$$=\frac{2121\times10^3\times384.3-1.0\times14.3\times300\times512^2\times0.728\times(1-0.5\times0.730)}{360(512-38)}$$

$$=1730.1\text{mm}^2$$

（7）验算最小配筋率，查附表 19

$A_s=A_s'=1730.1\text{mm}^2>0.0055bh/2=0.0055\times300\times550/2=453.8\text{mm}^2$，可以。

（8）选配钢筋

A_s 和 A_s' 均选用 2Φ25+2Φ22；$A_s=A_s'=1742\text{mm}^2>1730.1\text{mm}^2$，可以。

（9）垂直于弯矩作用平面的承载力验算（略）

计算结束。

5.8 I 形截面偏心受压构件

5.8.1 非对称配筋截面

现浇和预制钢筋混凝土受压构件，为了节省混凝土和减轻构件自重，对截面高度 h 大

于 600mm 的柱，可采用 I 字形截面。I 形截面偏心受压构件的破坏特征、计算方法与矩形截面是相似的，区别只在于增加了受压区翼缘的参与受力。计算时同样可分为 $\xi \leqslant \xi_b$ 的大偏心受压和 $\xi > \xi_b$ 的小偏心受压两种情况进行。

I 形截面大小偏心受压的判别与矩形截面相似，除了应用相对界限受压区高度 ξ_b 外，还可以用 N_b 来判别，令

$$N_b = \alpha_1 f_c \left[b \xi_b h_0 + (b'_f - b) h'_f \right] \tag{5-48}$$

若 $N \leqslant N_b$ 为大偏压，反之为小偏压。

（1）大偏心受压情况（$\xi \leqslant \xi_b$ 或 $N \leqslant N_b$）　与 T 形截面受弯构件相同，I 形截面偏心受压构件按受压区高度 x 的不同可分为两类（图 5-26）。

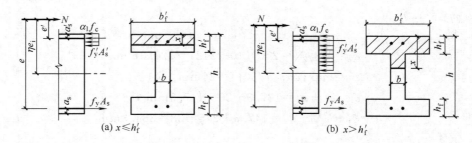

图 5-26　I 形截面偏心受压构件

① 当受压区高度在翼缘内 $x \leqslant h'_f$ 时 ［图 5-26(a)］，按照宽度为 b'_f 的矩形截面计算。在式(5-20)及式(5-21)中，将 b 代换为 b'_f。

② 当受压区高度进入腹板时，$x > h'_f$［图 5-26(b)］，应考虑腹板的受压作用，按下列公式计算：

$$N = \alpha_1 f_c [bx + (b'_f - b) h'_f] + f'_y A'_s - f_y A_s \tag{5-49}$$

$$Ne = \alpha_1 f_c [bx(h_0 - 0.5x) + (b'_f - b) h'_f (h_0 - 0.5 h'_f)] + f'_y A'_s (h_0 - a'_s) \tag{5-50}$$

（2）小偏心受压情况（$\xi > \xi_b$ 或 $N > N_b$）　在这种情况下，通常受压区高度已进入腹板（$x > h'_f$），按下列公式计算：

$$N = \alpha_1 f_c A_c + f'_y A'_s - \sigma_s A_s \tag{5-51a}$$

$$Ne = \alpha_1 f_c S_c + f'_y A'_s (h_0 - a'_s) \tag{5-51b}$$

式中 A_c、S_c 分别为混凝土受压区面积及其对 A_s 合力中心的面积矩（图 5-27），其余符号意义同前。

① 当 $x < h - h_f$ 时，$A_c = bx + (b'_f - b) h'_f$

$\qquad\qquad S_c = bx(h_0 - 0.5x) + (b'_f - b) h'_f (h_0 - 0.5 h'_f)$

② 当 $x > h - h_f$ 时，$A_c = bx + (b'_f - b) h'_f + (b_f - b)(x - h + h_f)$

$\qquad\qquad S_c = bx(h_0 - 0.5x) + (b'_f - b) h'_f (h_0 - 0.5 h'_f)$

$\qquad\qquad\qquad + (b_f - b)(x - h + h_f)[h_f - a_s - 0.5(x - h + h_f)]$

与矩形截面相同，公式(5-50)中的钢筋应力 σ_s 按式(5-19)计算。对称的 I 形截面（$h'_f = h_f$，$b'_f = b_f$）在全截面受压情况下，与式(5-27)相似，应考虑附加偏心距 e_a 与 e_0 反向对 A_s 的不利影响。这时不考虑偏心距增大系数，取初始偏心距 $e_i = e_0 - e_a$，对 A'_s 合力中心取矩，可得：

$$A_s = \frac{N[0.5h - a'_s - (e_0 - e_a)] - \alpha_1 f_c A(0.5h - a'_s)}{f'_y(h_0 - a'_s)}$$

(5-52)

$$A = bh + (b'_f - b)h'_f + (b_f - b)h_f$$

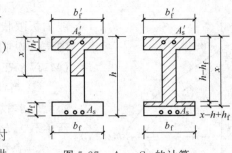

图 5-27　A_c、S_c 的计算

5.8.2　对称配筋截面承载力计算

I 形截面轴向受力构件一般为截面对称、配筋对称（$f_y = f'_y$，$A_s = A'_s$）的预制柱，可按下列情况进行配筋计算。

（1）当 $N \leqslant \alpha_1 f_c b'_f h'_f$ 时，受压区高度 x 小于翼缘厚度 h'_f，可按宽度为 b'_f 的矩形截面计算，一般截面尺寸情况下属于 $\xi \leqslant \xi_b$ 的大偏心受压情况，这时

$$x = \frac{N}{\alpha_1 f_c b'_f}$$

(5-53)

若 $x \geqslant 2a'_s$，则

$$A_s = A'_s = \frac{Ne - \alpha_1 f_c b'_f x(h_0 - 0.5x)}{f'_y(h_0 - a'_s)}$$

(5-54)

若 $x < 2a'_s$，则取 $x = 2a'_s$ 计算。

（2）当 $\alpha_1 f_c[\xi_b b h_0 + (b'_f - b)h'_f] \geqslant N > \alpha_1 f_c b'_f h'_f$ 时，受压区进入腹板，即 $x > h'_f$，但 $x \leqslant \xi_b h_0$，仍属于大偏压情况。这时在公式（5-49）中可求得受压区高度 x，代入公式（5-50）中可求解钢筋面积 $A_s = A'_s$。

（3）当 $N > \alpha_1 f_c[\xi_b b h_0 + (b'_f - b)h'_f]$ 时，属于 $\xi > \xi_b$ 的小偏心受压情况。与矩形截面相似，为了避免求解 ξ 的三次方程，ξ 可按下列近似公式计算：

$$\xi = \frac{N - \alpha_1 f_c[\xi_b b h_0 + (b'_f - b)h'_f]}{\frac{Ne - \alpha_1 f_c[0.43bh_0^2 + (b'_f - b)h'_f(h_0 - 0.5h'_f)]}{(\beta_1 - \xi_b)(h_0 - a'_s)} + \alpha_1 f_c b h_0} + \xi_b$$

(5-55)

用上式得出的 ξ，计算得 $x = \xi h_0$ 及 S_c，再代入式（5-51）计算 $A_s = A'_s$。

I 形截面小偏心受压构件除进行弯矩作用平面内的计算外，在垂直于弯矩作用平面也应按轴心受压构件进行验算，此时应按 l_0/i 查出 φ 值，i 为截面垂直于弯矩作用平面方向的回转半径。

对于截面复核，可参照矩形截面大小偏心受压构件的步骤进行计算。

5.9　N_u-M_u 相关曲线

对于给定截面尺寸、材料强度等级和配筋的偏心受压构件，达到正截面承载力极限状态时，其压力 N_u 和弯矩 M_u 是相互关联的，可用一条 N_u-M_u 相关曲线表示。由大小偏心受压构件正截面承载力计算公式可分别推导出截面中 N_u 与 M_u 之间的关系式均为二次函数。如图 5-28 所示。

N_u-M_u 相关曲线反映了钢筋混凝土偏心受压构件在压力和弯矩共同作用下正截面压弯承载力的规律，由此曲线可看出以下特点。

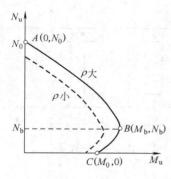

图 5-28 N_u-M_u 相关曲线

① N_u-M_u 相关曲线上的任一点代表截面处于正截面承载能力极限状态时的一种内力组合。若一组内力 (M,N) 在曲线内侧，说明截面尚未达到承载力极限状态，是安全的；若 (M,N) 在曲线外侧，则表明截面承载力不足。

② 当弯矩 M 为零时，轴向承载力 N_u 达到最大，即为轴心受压承载力 N_0，对应图的 A 点；当轴力 N 为零时，为纯受弯承载力 M_0，对应图中的 C 点。

③ 截面受弯承载力 M_u 与作用的轴向压力 N 的大小有关。当 N 小于界限破坏时的轴力 N_b 时，M_u 随 N 的增加而增加，如图中 CB 段；当 N 大于界限破坏时的轴力 N_b 时，M_u 随 N 的增加而减小，如图中 AB 段。

④ 截面受弯承载力 M_u 在 B 点 (M_b, N_b) 达到最大，该点近似为界限破坏。因此，图中 CB 段为受拉破坏，即大偏心受压破坏；AB 段为受压破坏，即小偏心受压破坏。

⑤ 如果截面尺寸和材料强度保持不变，N_u-M_u 相关曲线随着配筋率的增加而向外侧扩大。

⑥ 对于对称配筋截面，界限破坏时的轴力 N_b 几乎与配筋率无关，而 M_b 随着配筋率的增加而增大。

应用 N_u-M_u 相关方程，可以对特定的截面尺寸、特定的混凝土强度等级和特定的钢筋类别的偏心受压构件预先绘制出一系列图表，设计时可直接查用。

图 5-29 为以截面尺寸 $b \times h = 500\text{mm} \times 600\text{mm}$、混凝土强度等级 C30、二类环境条件、钢筋 HRB400 级绘制的对称配筋矩形截面偏心受压构件正截面承载力计算图表。应

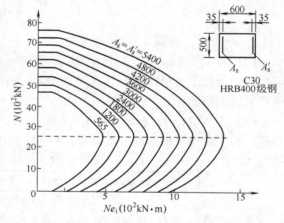

图 5-29 N_u-M_u 相关曲线实例图

用时，先计算 e_a 和 e_0 和 e_i 值，然后查与设计条件相应的图表，由 N 和 Ne_i 值便可查出所需的 A_s 和 A_s'。

5.10 受拉构件承载力计算

5.10.1 概述

承受轴向拉力的构件，称为受拉构件。当轴向拉力作用线与构件截面形心轴线重合时为轴心受拉构件；当纵向拉力作用线偏离构件截面形心轴线时，或构件上既作用有拉力又作用有弯矩时，则称为偏心受拉构件，与偏心受压构件相似。偏心受拉也存在单向偏心和双向偏心受拉的情况，这里只讨论单向偏心受拉的情况。有些构件，如钢筋混凝土桁架中的拉杆、

有内压力的圆管管壁、圆形水池的环形池壁等，可以按轴心受拉构件计算。经常遇到的矩形筒仓、斗仓、涵洞及水池，其仓壁、洞壁或池壁也同时受到轴向拉力及弯矩的作用，故也属于偏心受拉构件，见图 5-30。

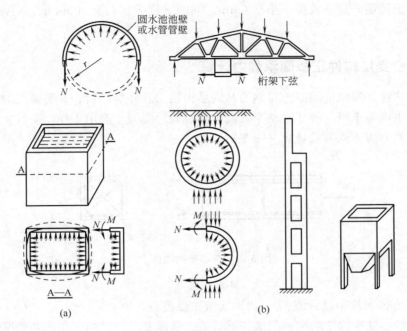

图 5-30　常见的受拉构件

用钢筋混凝土构件承受拉力，从充分利用材料强度的角度来看并不合理，因为混凝土的抗拉强度很低，承受拉力时不能充分发挥其强度；从减轻构件开裂的角度来看也不合适，因为混凝土在较小的拉力作用下就会开裂，构件中的裂缝宽度将随着拉力的增加而不断加大。因此，不少承受较大拉力的构件被做成钢构件而不是钢筋混凝土构件。但在钢筋混凝土结构中局部有受拉构件时，如将受拉构件做成钢构件，不仅会给施工带来不便，也会因处理钢筋混凝土和钢构件之间的连接构造而给设计带来不便，在此情况下也常将受拉构件设计为钢筋混凝土构件。此时，拉力由构件中的纵向钢筋承担，外围混凝土能对钢筋起到有效的防护作用，因此与纯钢构件相比，可以免去经常性的维护，而且构件的刚度也较纯钢构件略大。在实际工程中的这类构件有钢筋混凝土屋架或托架的受拉弦杆以及拱的拉杆等。此时一定要采取措施把构件的裂缝宽度控制在允许的范围内。

5.10.2　轴心受拉构件的构造要求

（1）截面形式　钢筋混凝土轴心受拉构件一般采用正方形、矩形或其它对称截面。

（2）纵向受力钢筋

① 纵向受力钢筋在截面中应对称布置或沿截面周边均匀布置，为了减小裂缝宽度，宜优先选择直径较小的钢筋。

② 轴心受拉构件的受力钢筋一般不得采用绑扎搭接接头；搭接而不加焊的受拉钢筋接头仅仅允许用在圆形池壁或管中，其接头位置应错开，搭接长度应不小于 $1.2l_a$ 和 300mm。

③ 为避免配筋过少引起的脆性破坏，按构件截面积 A 计算的全部受力钢筋配筋率 ρ 应

不小于最小配筋率 ρ_{min}，$\rho_{min} = \max(0.004, 0.9 f_t / f_y)$。

（3）箍筋 从受力的角度看，轴心受拉构件中并不需要箍筋，但为了形成钢筋骨架，仍必须设置箍筋，在轴心受拉构件中，箍筋与纵向钢筋垂直放置，固定纵向钢筋在截面中的位置，如屋架下弦箍筋。箍筋直径不小于 6mm，间距一般不宜大于 200mm，对屋架的腹杆不宜超过 150mm。

5.10.3 轴心受拉构件正截面承载力计算

轴心受拉构件开裂以前混凝土与钢筋共同承担拉力；开裂以后，开裂截面混凝土退出工作，全部拉力由钢筋承担；破坏时整个截面全部裂通，混凝土退出工作。所以，轴心受拉构件的正截面承载力按下列公式计算（图 5-31）：

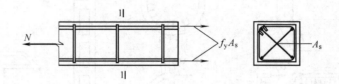

图 5-31 轴心受拉构件

$$N \leqslant f_y A_s \tag{5-56}$$

式中，N 为轴向拉力设计值；f_y 为钢筋抗拉强度设计值。

应注意，轴心受拉构件的钢筋用量并不总是由强度要求决定的，在许多情况下，裂缝宽度验算对纵筋用量起决定作用（见第 7 章相关内容）。

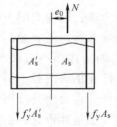

图 5-32 小偏心受拉构件

5.10.4 矩形截面偏心受拉构件

（1）两种偏心受拉破坏 偏心受拉构件按照轴向力 N 作用在截面上位置的不同，有两种破坏形态。

① 当轴力 N 作用于 A_s' 与 A_s 之间时，混凝土开裂后，纵向钢筋 A_s 及 A_s' 均受拉，中和轴在截面以外（图 5-32），这种情况称为小偏心受拉。

② 当轴力 N 作用于 A_s 与 A_s' 之外时，截面部分受压、部分受拉。混凝土开裂后，由力矩平衡关系可知，截面必定保留有受压区，不会形成贯通整个截面的通缝，距轴向力较远一侧钢筋 A_s' 及混凝土受压（图 5-33），这种情况称为大偏心受拉。

值得注意的是，偏心受拉构件承载力计算时，不需考虑纵向弯曲（二次弯矩）的影响，也不需考虑附加偏心距，直接按荷载原始偏心距 e_0 计算。

（2）构造要求

① 截面形式 偏心受拉构件的截面形式多为矩形，且矩形截面的长边宜与弯矩作用平面平行；也可采用 T 形或 I 形截面。

② 纵筋 小偏心受拉构件的受力钢筋不得采用绑扎搭接接头；矩形截面偏心受拉构件的纵向钢筋应沿短边布置；矩形截面偏心受拉构件纵向钢筋的配筋率应满足其最小配筋率 ρ_{min} 的要求：受拉一侧纵向钢筋的配筋率应满足受弯构件纵向钢筋最小配筋率的要求，即 $\rho_i \geqslant \rho_{min} = \max(0.002, 0.45 f_t / f_y)$；受压一侧纵向钢筋的配筋率应满足 $\rho' \geqslant 0.002$。

③ 箍筋　偏心受拉构件要进行抗剪承载力计算，根据抗剪承载力计算确定配置的箍筋。箍筋一般宜满足有关受弯构件箍筋的各项构造要求。水池等薄壁构件中一般要双向布置钢筋，形成钢筋网。

（3）大小偏心受拉的判别公式　图 5-32 和图 5-33 分别形象地表示了大小偏拉的条件，但实际工程中往往是已知轴向拉力设计值 N 和弯矩设计值 M，直接应用上图判别并不方便，此时可用下式判别大小偏压：

① 当 $e_0 = M/N \leqslant h/2 - a_s$ 时，为小偏心受拉构件；

② 当 $e_0 = M/N > h/2 - a_s$ 时，为大偏心受拉构件。

式中，M 为受拉构件所承受的弯矩设计值；N 为受拉构件所承受的轴向拉力设计值。

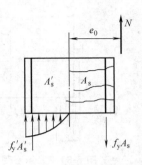

图 5-33　大偏心受拉构件

5.10.5　小偏心受拉构件正截面承载力计算

在小偏心拉力作用下，构件临破坏之前截面全部裂通，退出工作，拉力完全由钢筋承受，如图 5-32 所示。到达承载力极限状态时，一侧的钢筋总能达到屈服，另一侧钢筋不一定达到屈服，为了简化计算，假定构件破坏时，钢筋 A_s 与 A_s' 的应力都达到设计强度。由图 5-34，根据平衡条件，小偏心受拉构件的计算公式为

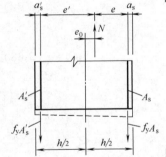

图 5-34　小偏心受拉破坏
时的受力分析

$$Ne \leqslant f_y A_s'(h_0 - a_s') \tag{5-57}$$

$$Ne' \leqslant f_y A_s(h_0' - a_s) \tag{5-58}$$

$$e = \frac{h}{2} - e_0 - a_s$$

$$e' = \frac{h}{2} + e_0 - a_s'$$

若小偏心受拉选用对称配筋截面，则每侧都只能按两式算得的偏大的钢筋截面面积配置钢筋，即

$$A_s = A_s' = \frac{Ne'}{f_y(h_0' - a_s)} \tag{5-59}$$

此时，远离轴向力一侧的钢筋 A_s' 达不到屈服极限。

小偏心受拉构件截面承载力校核时，将已知条件直接代入式（5-57）和式（5-58），求出结果后，取 N 的较小值。

5.10.6　大偏心受拉构件正截面承载力计算

（1）截面配筋计算基本公式　在大偏心拉力作用下，临破坏之前截面虽然开裂，但没有裂通，仍然有混凝土受压区存在。离偏心力较近一侧的钢筋受拉屈服；另一侧受压混凝土到达其极限压应变，钢筋达到受压屈服。受拉钢筋 A_s 在配置过多的特殊情况下也可能不屈服，设计时要避免这种现象的发生。大偏心受拉破坏时截面上的受力情况如图 5-35 所示。

构件破坏时，如果钢筋 A_s 与 A_s' 的应力都达到屈服强度，那么根据平衡条件可以得出下列基本计算公式：

$$N \leqslant f_y A_s - f_y' A_s' - \alpha_1 f_c bx \tag{5-60}$$

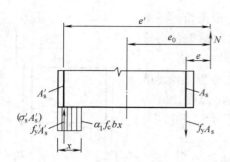

图 5-35　大偏心受拉破坏时的
受力分析

$$Ne \leqslant \alpha_1 f_c bx\left(h_0 - \frac{x}{2}\right) + f_y' A'(h_0 - a_s') \tag{5-61}$$

$$e = e_0 - \frac{h}{2} + a_s$$

式中各符号物理意义同前。

（2）基本公式的适用条件　根据大小偏心受拉构件的判别条件以及大偏心受拉的破坏特点，式(5-60)、式(5-61)的适用条件是：

① $2a_s' \leqslant x \leqslant \xi_b h_0$

② $\rho_1 \geqslant \rho_{min}$

如果 $x > \xi_b h_0$，则受压区混凝土将可能先于受拉钢筋屈服而被压碎。这与超筋受弯构件的破坏形式类似。由于这种破坏是无预告的和脆性的，而且受拉钢筋的强度也没有得到充分利用，这种情况在设计中应当避免。

如果 $x < 2a_s'$，截面破坏时受压钢筋不能屈服，此时可以取 $x = 2a_s'$，即假定受压区混凝土的压力与受压钢筋承担的压力的作用点相重合。利用对受压钢筋合力作用点的力矩平衡条件即可写出：

$$Ne' = f_y A_s(h_0' - a_s) \tag{5-62}$$

或直接用公式计算 A_s：

$$A_s = \frac{Ne'}{f_y(h_0' - a_s)} \tag{5-63}$$

$$e' = e_0 + \frac{h}{2} - a_s'$$

如果 $\rho_1 < \rho_{min}$，则按最小配筋量配筋。

（3）基本公式的应用　基本公式应用分两种情况讨论。

① A_s 与 A_s' 均未知，计算截面配筋。此时会出现三个未知数，两个方程的情况，与大偏心受压相似，尚需补充一个条件；为使 $A_s + A_s'$ 最小，取 $\xi = \xi_b$，则

$$A_s' = \frac{Ne - \alpha_1 f_c b h_0^2 \xi_b(1 - 0.5\xi_b)}{f_y'(h_0 - a_s')} \tag{5-64}$$

$$A_s = \frac{N + f_y' A_s' + \alpha_1 f_c b \xi_b h_0}{f_y} \tag{5-65}$$

② 已知 A_s'，计算截面配筋 A_s。此时有惟一解。将公式(5-61)变换为

$$Ne = \alpha_s \alpha_1 f_c b h_0^2 + f_y' A_s'(h_0 - a_s')$$

则

$$\alpha_s = \frac{Ne - f_y' A_s'(h_0 - a_s')}{\alpha_1 f_c b h_0^2}$$

再由

$$\xi = 1 - \sqrt{1 - 2\alpha_s}$$ 求出 ξ。

由 $x = \xi h_0$ 求出 x，然后检验是否满足适用条件，若 $2a_s' \leqslant x \leqslant \xi_b h_0$，则由式(5-60)求出 A_s；若 $A_s \geqslant \rho_{min} A$（$A$ 为构件全截面面积），则可以选配钢筋；否则按最小配筋量选配钢筋。

若 $\xi > \xi_b$，说明原配 A_s' 过小，应按 A_s' 未知的情况①重新计算；如出现 $x < 2a_s'$，说明 A_s' 配置过多，受压钢筋可能不屈服，应取 $x = 2a_s'$，按式(5-63)计算 A_s，即

$$A_s = \frac{Ne'}{f_y(h_0' - a_s)}$$

上述式中各符号物理意义同前。

（4）截面承载力校核　当构件的截面尺寸、材料强度等级及配筋均为已知，校核大偏心受压构件截面承载力时，可对偏心力作用点取矩求出 x，再用下式求出 N_u，将 N_u 与轴力设计值 N 相比较即可。

$$N_u = f_y A_s - f_y' A_s' - \alpha_1 f_c bx \qquad (5\text{-}66)$$

如果计算过程中发现 $x > \xi_b h_0$，说明 A_s 配置过多，钢筋应力达不到抗拉屈服强度值，此时应计算钢筋应力 σ_s，

$$\sigma_s = \frac{x/h_0 - \beta_1}{\xi_b - \beta_1} f_y$$

然后对偏心力作用点取矩求出 x，再用下式求出 N_u：

$$N_u = \sigma_s A_s - f_y' A_s' - \alpha_1 f_c bx \qquad (5\text{-}67)$$

将 N_u 与轴力设计值 N 相比较即可。

若出现 $x < 2a_s'$，则近似地按式（5-63）计算 N_u。

应当指出，大偏心受拉构件也可以对称配筋，此时可取 $x = 2a_s'$，按式（5-59）计算配筋。

【例 5-6】 矩形截面 $b = 300\text{mm}$，$h = 450\text{mm}$，偏心受拉构件，承受的轴向拉力设计值 $N = 750\text{kN}$，弯矩设计值 $M = 70\text{kN} \cdot \text{m}$，采用 C25 级混凝土，HRB400 级钢筋，求构件的配筋 A_s 及 A_s'。

解：

（1）求基本参数　C25 级混凝土 $f_c = 11.9\text{N/mm}^2$，$f_t = 1.27\text{N/mm}^2$，HRB400 级钢筋 $f_y = f_y' = 360\text{N/mm}^2$，$a_s = a_s' = 38\text{mm}$，$h_0 = 450 - 38 = 412\text{mm}$。

（2）判别破坏类型

$e_0 = M/N = 70000/750 = 93.33\text{mm} < h/2 - a_s = 450/2 - 38 = 187\text{mm}$，属于小偏心受压。

（3）求 e 和 e'

$$e = h/2 - e_0 - a_s = 225 - 93.33 - 38 = 93.67\text{mm}$$
$$e' = h/2 + e_0 - a_s' = 225 + 93.33 - 38 = 280.33\text{mm}$$

（4）求 A_s 及 A_s'，由式（5-57）和式（5-58）得：

$$A_s' = \frac{Ne}{f_y(h_0 - a_s')} = \frac{750000 \times 93.67}{360 \times (412 - 38)} = 521.8\text{mm}^2$$

$$A_s = \frac{Ne'}{f_y(h_0' - a_s)} = \frac{750000 \times 280.33}{360 \times (412 - 38)} = 1561.6\text{mm}^2$$

（5）验算最小配筋率　小偏心受拉时，

$$\rho_{min} = \rho_{min}' = \max(0.45 f_t/f_y, \ 0.2\%) = 0.2\%,$$

而 $\rho_1' = A_s'/(b \times h) = 521.8/(300 \times 450) = 0.39\% > 0.2\%$，

可以；

$$\rho_1 = A_s/(b \times h) = 1561.6/(300 \times 450) = 1.16\% > 0.2\%,$$

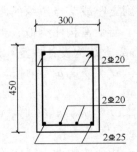

图5-36　配筋图

可以。

（6）选配钢筋　A_s 选用 2Φ20，实际配置 $A_s=628\text{mm}^2>521.8\text{mm}^2$，满足要求；$A_s'$ 选用 2 Φ20$+$2Φ25，实际配置 $A_s'=1610\text{mm}^2>1561.6\text{mm}^2$，可以。配筋图参见图 5-36。

计算结束。

5.11　轴向偏心受力构件斜截面受剪承载力计算

轴向力的存在将使构件的抗剪能力发生明显变化，变化的幅度随轴向力的增加而增大。

5.11.1　偏心受压构件斜截面承载力计算

钢筋混凝土偏心受压构件，当受到较大的剪力 V 作用时（如受强风或地震作用的框架柱），除进行正截面受压承载力计算外，还要验算其斜截面的受剪承载力。由于轴向压应力的存在，延缓了斜裂缝的出现和开展，使混凝土的剪压区高度增大，构件的受剪承载力得到提高。试验表明，当 $N<0.3f_cA$ 时，轴力引起的受剪承载力的增量 ΔV_N 与轴向力 N 近乎成比例增长；当 $N>0.3f_cbh$ 时，ΔV_N 将不再随 N 的增大而提高。《规范》对矩形、T 形和 I 形截面偏心受压构件的受剪承载力采用下列公式计算：

$$V\leqslant\frac{1.75}{\lambda+1}f_tbh_0+f_{yv}\frac{A_{sv}}{s}h_0+0.07N \tag{5-68}$$

式中，λ 为偏心受压构件的计算剪跨比；N 为与剪力设计值 V 相应的轴向压力设计值，当 $N>0.3f_cA$ 时，取 $N=0.3f_cA$，A 为构件的截面面积。

其余各符号物理意义同前。

计算截面的剪跨比应按下列规定取用。

① 对框架结构的框架柱　当其反弯点在层高范围内时，取 $\lambda=H_n/(2h_0)$；当 $\lambda<1$ 时，取 $\lambda=1$；当 $\lambda>3$ 时，取 $\lambda=3$，此处 H_n 为柱净高；其它结构的框架柱宜取

$$\lambda=M/(Vh_0)$$

式中，M 为计算截面上与剪力设计值 N 相应的弯矩设计值。

② 对其它偏心受压构件　当承受均布荷载时，取 $\lambda=1.5$；当承受集中荷载时（包括作用有多种荷载，其集中荷载对支座截面或节点边缘所产生的剪力值占总剪力值的 75% 以上的情况），取 $\lambda=a/h_0$；当 $\lambda<1.5$ 时，取 $\lambda=1.5$；当 $\lambda>3$ 时，取 $\lambda=3$，此处，a 为集中荷载到支座或节点边缘的距离。

与受弯构件类似，当含箍特征过大时，箍筋强度不能充分利用，为防止斜压破坏，我国《混凝土结构设计规范》规定矩形、T 形和 I 形截面框架柱的截面必须满足下列条件。

a. 当 $h_w/b\leqslant4$ 时，

$$V\leqslant0.25\beta_cf_cbh_0 \tag{5-69}$$

b. 当 $h_w/b\geqslant6$ 时，

$$V\leqslant0.2\beta_cf_cbh_0 \tag{5-70}$$

其余按线性内插法确定。

式中各符号物理意义同前。

此外，当符合下面公式要求时，

$$V \leqslant \frac{1.75}{\lambda+1} f_t b h_0 + 0.07N \tag{5-71}$$

可不进行斜截面受剪承载力计算，而仅需按构造要求配置箍筋，此时与受弯构件斜截面的构造要求完全相同。

【例 5-7】 某偏心受压框架结构中的框架柱，截面尺寸 $b=400\text{mm}$，$h=600\text{mm}$，柱净高 $H_n=3.2\text{m}$，反弯点在层高范围内。取 $a_s=a'_s=38\text{mm}$，混凝土强度等级 C30，箍筋用 HPB300 级钢筋。在柱端作用剪力设计值 $V=280\text{kN}$，相应的轴向压力设计值 $N=750\text{kN}$。确定该柱所需的箍筋数量。

解：

(1) 求基本参数 C30 级混凝土 $f_c=14.3\text{N/mm}^2$，$f_t=1.43\text{N/mm}^2$，HPB300 级箍筋 $f_{yv}=270\text{N/mm}^2$，$h_0=600-38=562\text{mm}$，$\beta_c=1.0$，$\lambda=H_n/(2h_0)=3200/(2\times562)=2.85<3$，可以直接使用，$0.3f_cA=0.3\times14.3\times400\times600=1029.6\text{kN}>N=750\text{kN}$，取 $N=750\text{kN}$。

(2) 验算截面尺寸是否满足要求

$h_w/b=562/400=1.41<4$，应用公式(5-69)，

$0.25\beta_c f_c b h_0=0.25\times1.0\times14.3\times400\times562=803660\text{N}=803.7\text{kN}>V=280\text{kN}$，截面尺寸满足要求。

(3) 由公式(5-71)验算截面是否需按计算配置箍筋

$\dfrac{1.75}{\lambda+1}f_t b h_0+0.07N=\dfrac{1.75}{2.85+1}\times1.43\times400\times562+0.07\times750000=198.62(\text{kN})<V$，

应按计算配箍筋。

(4) 计算箍筋用量，拟采用 $\phi8$ 双肢箍，$A_{sv}=101\text{mm}^2$，由公式(5-68)得：

$$s \leqslant \frac{f_{yv}h_0 A_{sv}}{V-\left(\dfrac{1.75}{\lambda+1}f_t b h_0+0.07N\right)}=\frac{270\times562\times101}{280000-198620}=188.32\text{mm}$$

取 $s=150\text{mm}$。

(5) 验算最小配箍率

$\rho_{sv}=\dfrac{A_{sv}}{bs}=\dfrac{101}{(400\times150)}=0.17\%>(\rho_{sv})_{min}=\dfrac{0.24f_t}{f_{yv}}=\dfrac{0.24\times1.43}{270}=0.13\%$，满足要求。

5.11.2 偏心受拉构件斜截面承载力计算

轴向拉力的存在将使构件的抗剪能力明显降低，但构件内箍筋的抗剪能力基本上不受轴向拉力的影响，而是保持在与受弯构件相似的水准上不变。

《规范》考虑到偏心受拉构件的上述特点，建议采用下列抗剪强度计算公式

$$V \leqslant \frac{1.75}{\lambda+1}f_t b h_0+f_{yv}\frac{A_{sv}}{s}h_0-0.2N \tag{5-72}$$

式中，N 为与设计剪力 V 相应的轴向拉力设计值；λ 为计算截面的剪跨比，按偏心负压构件斜截面承载力计算剪跨比的规定取用。

从公式(5-72) 可以看出，不等式右侧的一、二两项采用与受集中荷载的受弯构件相同的形式，第三项则考虑了轴向拉力对抗剪强度的降低作用。

考虑到上面所说的构件内箍筋抗剪能力基本未变的特点，规范还要求上式右侧计算出的数值不得小于 $1.0 f_{yv} \dfrac{A_{sv}}{s} h_0$，即当 $\dfrac{1.75}{\lambda+1} f_t b h_0 < 0.2N$ 时，取 $\dfrac{1.75}{\lambda+1} f_t b h_0 = 0.2N$，即 $V \leqslant f_{yv} \dfrac{A_{sv}}{s} h_0$，且 $f_{yv} \dfrac{A_{sv}}{s} h_0 \geqslant 0.36 f_t b h_0$。此时，有

$$\frac{A_{sv}}{s} \geqslant \frac{V}{f_{yv} h_0} \tag{5-73}$$

思考题 ▶▶

1. 试从箍筋的作用、承载力、变形性能及应用等方面，说明普通钢箍与螺旋钢箍轴心受压柱的不同。

2. 判别大小偏心受压的条件 $e_i \lessgtr (e_{ib})_{min}$ 中，$(e_{ib})_{min}$ 是根据什么条件推出的？它的含义是什么？在什么情况下才可以用它来判断是哪一种偏心受压情况？

3. 非对称配筋的偏心受压构件，如截面尺寸、材料强度及内力设计值 N、M 均为已知，且距轴力较远一侧的纵筋面积 A_s 已给定，试写出求另一侧纵筋面积 A_s' 的步骤或计算流程图。

4. 怎样确定轴心受压和偏心受压的计算长度？

5. 对称配筋矩形截面偏心受压构件当出现下列情况时，应如何判别是哪一种偏心受压情况：

(a) $e_i > (e_{ib})_{min}$，同时 $N > \xi_b \alpha_1 f_c b h_0$；

(b) $e_i > (e_{ib})_{min}$，同时 $N < \xi_b \alpha_1 f_c b h_0$。

6. 附加偏心距的物理意义是什么？

7. 矩形截面大、小偏心受压破坏有何本质区别？

8. 对称配筋矩形截面大偏心受压构件正截面承载力如何计算？

9. 对称配筋矩形截面偏心受压构件如何进行承载力复核？

10. 如何推导出对称配筋矩形截面偏心受压构件的 N_u-M_u 相关曲线？该曲线可以说明哪些问题？有何意义？

11. 怎样计算偏心受压构件的斜截面受剪承载力？

12. 极限状态时，小偏心受压构件与受弯构件中超筋截面均为受压脆性破坏，小偏压构件为什么不能采用限制配筋率的方法来避免此种破坏？

13. 为何要对小偏心受压构件进行垂直于弯矩方向截面的承载能力验算？

14. 对比受弯构件与偏心受压构件正截面的应力及应变分布，说明其相同之处与不同之处。

15. 截面采用对称配筋会多用钢筋，为什么实际工程中还大量采用这种配筋方法？请作对比分析。

16. 长细比对偏压构件的承载力有直接影响，请说明基本计算公式中是如何来考虑这一问题的。

习题 ▶▶

1. 某多层现浇框架结构房屋，底层中间柱按轴心受压构件计算，计算长度 $l_0 = 4.9\text{m}$。该柱安全等级为二级，承受轴向力设计值 $N = 2280\text{kN}$，混凝土强度等级为 C30，钢筋采用 HRB400 级。环境类别一级。求该柱截面尺寸及纵筋面积。

2. 已知排架柱截面尺寸 $b \times h = 350\text{mm} \times 600\text{mm}$，$a_s = a_s' = 38\text{mm}$；柱的计算长度 $l_0 = 8.0\text{m}$，轴力设计值 $N = 1800\text{kN}$，弯矩设计值 $M_0 = 460\text{kN} \cdot \text{m}$。采用 C30 级混凝土，HRB400 级钢筋。该柱安全等级为二级，一类环境。求此柱所需配置的纵向受力钢筋 A_s 及 A_s'。考虑附加弯矩的影响。

3. 某钢筋混凝土框架单向偏心受压柱，一类环境，单曲率弯曲，截面尺寸 $b = 350\text{mm}$，$h = 550\text{mm}$，计算长度 $l_c = 4.5\text{m}$，内力设计值 $N = 1470\text{kN}$，柱端弯矩 $M_1 = 314.5\text{kN} \cdot \text{m}$，$M_2 = 370\text{kN} \cdot \text{m}$。混凝土采用 C35 级，纵筋采用 HRB400 级。求对称配筋钢筋截面面积 A_s 和 A_s'。

4. 某钢筋混凝土框架单向偏心受压柱，一类环境，单曲率弯曲，截面尺寸 $b = 300\text{mm}$，$h = 600\text{mm}$，计算长度 $l_c = 3.9\text{m}$，承受轴向力设计值 $N = 2199\text{kN}$，柱端弯矩设计值 $M_1 = 270\text{kN} \cdot \text{m}$，$M_2 = 300\text{kN} \cdot \text{m}$。混凝土采用 C30 级，纵筋采用 HRB400 级。求对称配筋钢筋截面面积 A_s 和 A_s'。

5. 图 5-37 为几个工地现浇钢筋混凝土框架柱的截面配筋构造。试指出其中不符合《规范》构造规定的地方。

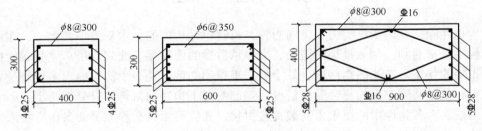

图 5-37 习题 5 附图

第6章

受扭构件承载力计算

本章提要 ▶▶

本章内容为纯扭、剪扭、弯剪扭构件的受扭承载力计算，包括矩形和带翼缘截面。纯扭构件受力性能和承载力计算是弯剪扭复合受扭构件承载力计算的基础。弯剪扭构件的配筋构造要求也需要掌握。

6.1 概　　述

结构构件除承受弯矩、剪力、轴向力外，扭转也是构件的基本受力形式之一，在钢筋混凝土结构中经常遇到。例如框架的边梁、支撑悬臂板的雨篷梁、曲梁、吊车梁和螺旋楼梯等均承受扭矩的作用。在这些构件中，处于纯扭矩作用的情况是极少的，绝大多数都是处于弯矩、剪力和扭矩共同作用的复合受扭情况。钢筋混凝土构件的扭转可以分为两类：即平衡扭转和协调扭转。若构件中的扭矩由荷载直接引起，其值可由荷载静力平衡条件直接求出，此类扭转称为平衡扭转。如砌体结构中支撑悬臂板的雨篷梁、工业厂房中的吊车梁 [图 6-1(a)、(b)]。若扭矩是由相邻构件的位移受到该构件的约束而引起该构件的扭转，这种扭矩值需结合变形协调条件才能求得，这类扭转称为协调扭转，也称为约束扭转。如框架边梁受到次梁负弯矩的作用在边梁引起的扭转 [图 6-1(c)]。对于平衡扭转，构件承受的扭矩大小可以由静力计算得出。对于协调扭转，则在构件受力过程中因混凝土的开裂和钢筋的屈服造成构件刚度变化，从而引起内力重分布。扭矩的大小不能由静力计算得出，而且和各受力阶段构件的刚度比有关，不是一个定值。

在工程结构中，纯扭构件是很少的，绝大多数都是处于弯矩、剪力和扭矩共同作用的复合受扭。在弯矩、剪力和扭矩共同作用下的钢筋混凝土构件，规范采用了分别计算和叠加配筋的原则，并考虑了剪扭构件的承载力计算方法，即以受弯构件的正截面承载能力、斜截面承载能力和纯扭构件受扭承载力为基础建立起来的。对于剪扭构件承载力计算是考虑受剪承载力和纯扭承载力相互影响后对受剪承载力和纯扭承载力进行修正后分别计算。

纯扭构件的受力性能是复合受扭构件承载力计算的基础，其承载力与受剪构件相似，由混凝土和钢筋（纵筋和箍筋）两部分所组成，而混凝土部分的承载力与截面的开裂扭矩有

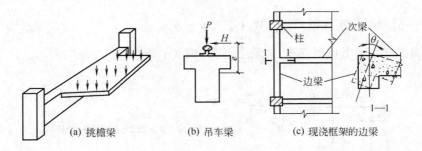

图 6-1 受扭构件

关。构件在扭矩作用下将产生剪应力和相应的主拉应力，当主拉应力超过混凝土的抗拉强度时，构件便会开裂，因此需要配置钢筋来提高构件的受扭承载力。

本节先介绍纯扭构件的承载力，然后介绍在弯矩、剪力、扭矩复合作用下构件的承载力。

6.2 纯扭构件承载力计算

（1）构件的开裂扭矩 试验表明，构件开裂前受扭钢筋应力很低，钢筋对开裂扭矩的影响不大。所以，在研究受扭构件开裂前的应力状态和开裂扭矩时，可以忽略钢筋的影响。在裂缝出现前，纯扭构件的受力状态与弹性扭转理论基本吻合。对于匀质弹性材料的矩形截面在扭矩作用下，截面上将产生剪应力 τ 及相应的主拉应力 σ_{pt}，且 $\sigma_{pt} = \tau$，其方向与构件轴线成 45°（图 6-2）。截面剪应力的分布如图 6-3(a) 所示，最大剪应力产生在矩形长边外边缘的中点。当主拉应力超过混凝土的抗拉强度时，首先将在截面长边中点处垂直于主拉应力方向上开裂，然后逐渐伸展，裂缝与纵轴线大致成 45° 角。

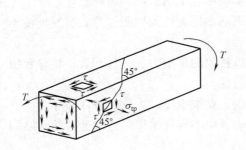

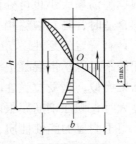

(a) 弹性剪应力分布

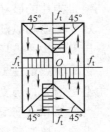

(b) 塑性剪应力分布

图 6-2 纯扭构件的开裂及剪应力　　图 6-3 纯扭构件截面的剪应力分布

对于理想的塑性材料来说，截面上某一点的应力达到强度极限时，构件并不立即破坏，只意味着局部材料开始进入塑性状态，构件仍能承受荷载，直到截面上的应力全部达到强度极限时，构件才达到其极限受扭承载力。这时截面上剪应力的分布如图 6-3(b) 所示。此时，截面上的剪应力分布可划分为四个区，截面上各点剪应力均达到了混凝土抗拉强度 f_t，计算各部分剪应力的合力及相应组成的力偶对截面的扭转中心点取矩，可求得按塑性应力分布时截面所能承受的极限扭矩：

$$T_u = f_t W_t \tag{6-1}$$

式中　W_t——截面受扭塑性抵抗矩，$W_t = \dfrac{b^2}{6}(3h-b)$。

对于带翼缘截面，截面受扭塑性抵抗矩可按图 6-4 计算。

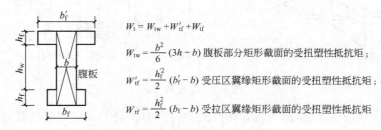

$W_t = W_{tw} + W'_{tf} + W_{tf}$

$W_{tw} = \dfrac{b^2}{6}(3h-b)$ 腹板部分矩形截面的受扭塑性抵抗矩；

$W'_{tf} = \dfrac{h_f'^2}{2}(b_f'-b)$ 受压区翼缘矩形截面的受扭塑性抵抗矩；

$W_{tf} = \dfrac{h_f^2}{2}(b_f-b)$ 受拉区翼缘矩形截面的受扭塑性抵抗矩

图 6-4　带翼缘截面受扭塑性抵抗矩

由于混凝土材料既非完全弹性，也非理想弹塑性，而是介于两者之间的弹塑性材料。达到开裂极限时截面应力分布介于弹性和理想弹塑性之间，开裂扭矩介于弹性理论开裂扭矩和塑性极限扭矩之间。为方便起见，可按塑性剪力分布计算，并引入修正降低系数以考虑非完全塑性剪应力分布的影响。根据实验结果，修正系数在 0.87~0.97 之间，《规范》为偏于安全起见，取 0.7，即开裂扭矩的计算公式为

$$T_{cr} = 0.7 f_t W_t \tag{6-2}$$

（2）纯扭构件承载力计算　钢筋混凝土受扭构件在混凝土开裂前，钢筋应力很小，截面抗扭主要由混凝土承担。由于混凝土抗拉强度很低，当主拉应力超过混凝土的抗拉强度时，构件便会开裂，因此需要配置钢筋来提高构件的受扭承载力。由上述主拉应力方向可见，受扭构件最有效的配筋形式是沿主拉应力迹线成螺旋形布置。但螺旋形配筋施工复杂，且不能适应变号扭矩作用。因此，实际受扭构件的配筋采用封闭箍筋与均匀布置的抗扭纵筋形成的空间配筋方式。

纯扭构件的破坏形态根据配筋率大小也可分为适筋破坏、少筋破坏和超筋破坏。

对于箍筋和纵筋配置都合适时，与斜裂缝相交的钢筋都能先达到屈服，然后混凝土被压坏，与受弯构件破坏类似，具有一定的延性。

当配筋数量过少时，配筋不足以承担混凝土开裂后释放的拉应力，一旦开裂，将导致扭转角迅速增大，与受弯少筋梁类似，呈受拉脆性破坏特征。

当箍筋和纵筋配置都过大时，则在钢筋屈服前混凝土就被压坏，为受压脆性破坏。

少筋和超筋受扭构件，由于明显的脆性性质，在设计中不容许采用，通常通过截面限制条件和最小配筋率来避免。

由于受扭钢筋由箍筋和受扭纵筋两部分钢筋组成，为使两者在配筋适量的情况下均能达到屈服而共同发挥作用，其配筋量或强度需控制在合理的范围。为此，《规范》引入配筋强度比 ζ，即

$$\zeta = \frac{A_{stL} s}{A_{st_1} u_{cor}} \cdot \frac{f_y}{f_{yv}} \tag{6-3}$$

式中　A_{stL}——对称布置的全部受扭纵筋截面面积；

　　　A_{st_1}——受扭箍筋单肢截面面积；

f_y——纵筋的抗拉强度设计值；

f_{yv}——箍筋的抗拉强度设计值；

u_{cor}——截面核心部分的周长，$u_{cor}=2(b_{cor}+h_{cor})$，$b_{cor}$ 和 h_{cor} 分别为从箍筋内表面计算的截面核心区的短边和长边尺寸（见图 6-5）。

试验表明，当 $0.5 \leqslant \zeta \leqslant 2.0$ 时，受扭破坏时纵筋和箍筋基本上都能达到屈服强度，《规范》建议取 $0.6 \leqslant \zeta \leqslant 1.7$，通常设计中取 $\zeta = 1.0 \sim 1.2$。

对于矩形截面纯扭构件的承载力，《规范》基于变角空间桁架模型分析，结合试验结果，给出了如下承载力计算公式：

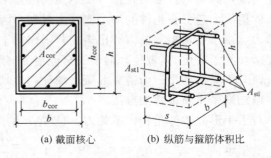

(a) 截面核心　　(b) 纵筋与箍筋体积比

图 6-5　配筋强度示意

$$T \leqslant 0.35 f_t W_t + 1.2\sqrt{\zeta}\,\frac{f_{yv} A_{st1} A_{cor}}{s} \tag{6-4}$$

与受弯和受剪构件类似，为避免配筋过多产生超筋脆性破坏，《规范》取受扭截面应满足以下限制条件

$$T \leqslant 0.2 \beta_c f_c W_t \tag{6-5}$$

式中，β_c 为高强混凝土的强度折减系数，取值与受剪截面限制条件相同。

为防止少筋脆性破坏，受扭箍筋和纵筋应分别满足以下最小配筋率要求

$$\rho_{sv} = \frac{2A_{st_1}}{bs} \geqslant (\rho_{sv})_{min} = 0.28\frac{f_t}{f_{yv}} \tag{6-6}$$

$$\rho_{tl} = \frac{A_{stL}}{bh} \geqslant (\rho_{tl})_{min} = 0.85\frac{f_t}{f_y} \tag{6-7}$$

当扭矩小于开裂扭矩时，即满足以下条件

$$T \leqslant 0.7 f_t W_t \tag{6-8}$$

时，可按上述受扭钢筋的最小配筋率及构造要求配筋。

对于带翼缘截面纯扭构件的承载力，试验研究表明，腹板裂缝的形成有着自身的独立性，受翼缘影响不大，可将腹板和翼缘分别进行抗扭计算。

为了简化计算，《规范》采用按各矩形截面的受扭塑性抵抗矩的比例来分配截面总扭矩的方法，来确定各矩形截面部分所承受的扭矩，即

$$T_w = \frac{W_{tw}}{W_t}T; \qquad T'_f = \frac{W'_{tf}}{W_t}T; \qquad T_f = \frac{W_{tf}}{W_t}T \tag{6-9}$$

式中　T——带翼缘截面所承受的总扭矩设计值；

T_w——腹板所承受的扭矩设计值；

T'_f、T_f——受压翼缘、受拉翼缘所承受的扭矩设计值。

各矩形截面受扭塑性抵抗矩按图 6-4 计算。根据上述分配得到的扭矩设计值，各矩形截面部分的受扭承载力按式(6-4) 计算。

6.3　受弯矩、剪力和扭矩共同作用的构件承载力计算

弯矩、剪力和扭矩共同作用的构件，其受力性能十分复杂。截面上扭矩使纵筋产生拉应力，与受弯时钢筋拉应力叠加，使钢筋拉应力增大，从而使受弯承载力降低；而扭矩和剪力产生的剪应力总会在构件的一个侧面上叠加，因此承载力总是小于剪力和扭矩单独作用时的承载力。由于在弯矩、剪力和扭矩的共同作用下，各项承载力是相互关联的，且相互影响十分复杂。为了简化，《规范》偏于安全地将受弯所需纵筋与受扭所需纵筋分别计算后进行叠加。而对于剪扭作用，为避免混凝土部分的贡献被重复利用，考虑了混凝土项的剪扭相关作用，箍筋则采用简单叠加方法。

对于矩形截面剪扭构件承载力，《规范》给出了以下承载力计算公式

受扭承载力：
$$T \leqslant 0.35\beta_{t} f_{t} W_{t} + 1.2\sqrt{\zeta}\,\frac{f_{yv}\,A_{st_1}\,A_{cor}}{s} \tag{6-10a}$$

受剪承载力：
$$V \leqslant 0.7\beta_{v} f_{t} b h_{0} + f_{yv}\,\frac{n\,A_{svl}}{s}\,h_{0} \tag{6-10b}$$

式中，β_{t}、$\beta_{v} = (1.5 - \beta_{t})$ 分别为剪扭构件混凝土受扭承载力降低系数和混凝土受剪承载力降低系数。

对于一般剪扭构件，有

$$\beta_{t} = \frac{1.5}{1 + 0.5\dfrac{V\,W_{t}}{T b h_{0}}} \tag{6-11}$$

当 $\beta_{t} < 0.5$ 时，取 $\beta_{t} = 0.5$；当 $\beta_{t} > 1.0$ 时，取 $\beta_{t} = 1.0$。

对于集中荷载（包括作用有多重荷载，且集中荷载对支座截面或节点边缘所产生的剪力值占总剪力值75%以上）作用下的矩形截面剪扭构件，应考虑剪跨比 λ 的影响，式(6-10b)和式(6-11)应改为

$$V_{u} = \frac{1.75}{\lambda + 1}\beta_{v} f_{t} b h_{0} + f_{yv}\,\frac{n\,A_{svl}}{s}\,h_{0} \tag{6-12a}$$

$$\beta_{t} = \frac{1.5}{1 + 0.2(\lambda + 1)\dfrac{V\,W_{t}}{T b h_{0}}} \tag{6-12b}$$

受扭承载力仍按式(6-10a)计算，但式中的 β_{t} 应按公式（6-12b）计算。

结合上述剪扭构件的计算方法，对于在弯矩、剪力和扭矩共同作用下的构件承载力的计算可按下述方法进行：

① 按受弯构件单独计算在弯矩作用下所需的纵向钢筋的截面面积 A_{s} 及 A'_{s}。

② 验算截面限制条件。

③ 按剪扭构件计算承受剪力所需的箍筋截面面积以及计算承受扭矩所需的纵向钢筋截面面积和箍筋截面面积。

④ 叠加上述计算所得到的纵向钢筋截面面积和箍筋截面面积，即得最后所需的纵向钢筋截面面积和箍筋截面面积。

应当指出，在第4章的讨论中，受弯纵筋 A_{s} 及 A'_{s} 是配置在截面受拉区底边和截面受压区顶边的，而受扭纵筋 A_{stL} 则应在截面周边对称均匀布置，如果受扭纵筋 A_{stL} 准备分三层配

置，则每一层的受扭纵筋面积为$A_{stL}/3$。因此，叠加时，截面底层受拉区钢筋面积为$A_s+A_{stL}/3$，截面顶层受压区钢筋面积为$A'_s+A_{stL}/3$，中间层纵筋为$A_{stL}/3$，如图 6-6 所示。钢筋面积叠加后，顶层和底层钢筋可统一配筋。

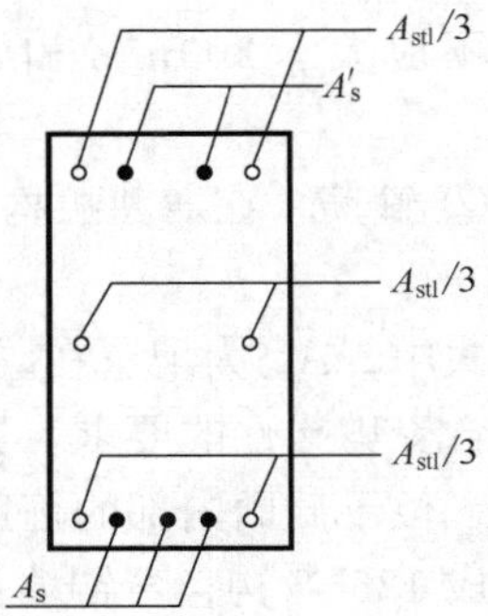

⑤ 当满足 $V\leqslant0.35f_tbh_0$ 或 $V\leqslant0.875f_tbh_0(\lambda+1)$ 时，可仅按受弯构件的正截面受弯承载力和纯扭构件的受扭承载力分别进行计算。

⑥ 当满足 $T\leqslant0.175f_tW_t$ 时，可不考虑扭矩的影响，仅按受弯构件的正截面受弯承载力和斜截面受剪承载力分别进行计算，此时需按构造配置抗扭钢筋。

对一般构件，当符合以下条件时，可不进行抗扭和抗剪承载力计算，而仅需按构造配置箍筋和抗扭纵筋：

图 6-6　纵筋的叠加

$$\frac{V}{bh_0}+T/W_t\leqslant0.7f_t \tag{6-13}$$

6.4　弯剪扭构件的构造要求

(1) 截面限制条件　如前所述，当构件配筋过多时，在钢筋屈服以前便由于混凝土被压碎而破坏。此时，即使进一步增加配筋，构件的承载力几乎不再增大，也就是说，其承载力取决于混凝土的强度和截面尺寸。《规范》规定，对于 $h_w/b\leqslant4$ 的矩形、T 形和 I 形截面构件，其截面应符合下列公式的要求：

$$V/(bh_0)+T/(0.8W_t)\leqslant0.25\beta_cf_c \tag{6-14a}$$

对于 $h_w/b=6$ 的矩形、T 形和 I 形截面构件，其截面应符合下列公式的要求：

$$V/(bh_0)+T/(0.8W_t)\leqslant0.20\beta_cf_c \tag{6-14b}$$

其间用内插法确定。

式中，T 为扭矩设计值；b 为矩形截面的短边尺寸；W_t 为受扭构件的截面受扭塑性抵抗矩；h_0 为截面的腹板高度；β_c 为混凝土强度影响系数，当混凝土强度等级不超过 C50 时，取 $\beta_c=1.0$，当混凝土强度等级为 C80 时，取 $\beta_c=0.8$，其间按线性内插法取用；f_c 为混凝土轴心抗压强度设计值。

当不满足上式的要求时，应加大截面尺寸或提高混凝土强度等级。

(2) 最小配筋率和构造要求

① 纵筋　梁内受扭纵向钢筋的配筋率 ρ_{tl} 应符合下列要求

$$\rho_{tl}=\frac{A_{stL}}{bh}\geqslant(\rho_{tl})_{min}=0.6\sqrt{\frac{T}{Vb}}\frac{f_t}{f_y} \tag{6-15}$$

式中，A_{stL} 为沿截面周边布置的受扭纵向钢筋的总截面面积；b 为矩形截面的宽度，T 形或 I 形截面的腹板宽度。

当 $T/(Vb)>2.0$ 时，取 $T/(Vb)=2.0$。对于纯扭构件 $(V=0)$，取 $T/(Vb)=2.0$，即为公式(6-7)给出的$(\rho_{tl})_{min}=0.85\dfrac{f_t}{f_y}$。受扭纵筋除应在梁截面四角设置受扭纵向钢筋

外，其余受扭纵向钢筋宜沿截面周边均匀对称布置。沿截面周边布置的受扭纵向钢筋的间距不应大于 200mm 和梁截短边长度（图 6-8）；受扭纵向钢筋应按受拉钢筋锚固在支座内。

② 箍筋　在弯剪扭构件中，剪扭箍筋的配箍率 ρ_{sv} 应符合下列要求：

$$\rho_{sv} = A_{sv}/(bs) \geqslant (\rho_{sv})_{min} = 0.28 f_t / f_{yv} \tag{6-16}$$

式中，A_{sv} 为配置在同一截面内箍筋各肢的全部截面面积，箍筋的最大间距和最小直径应符合受剪构件的要求。受扭所需箍筋应做成封闭式，且应沿截面周边布置；当采用复合箍筋时，位于截面内部的箍筋不应计入受扭所需的箍筋面积（图 6-7）；受扭所需箍筋的末端应做成 135°弯钩，弯钩端头平直段长度不应小于 10d，d 为箍筋直径（图 6-8）。

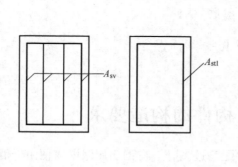

图 6-7　抗剪箍筋和抗扭箍筋　　　　图 6-8　抗扭箍筋的弯钩

思考题 ▶▶

1. 什么是平衡扭转？什么是协调扭转？各有什么特点？
2. 试列举若干受扭构件的工程实例，指出它们承受哪一类扭矩的作用。
3. 扭转斜裂缝与受剪斜裂缝有何异同？受扭构件与受弯构件的配筋要求有何异同？
4. 纯扭适筋、少筋、超筋构件的破坏特征是什么？
5. 我国《规范》是怎样处理在弯、剪、扭联合作用下结构构件设计的？
6. 简述弯剪扭构件设计的箍筋和纵筋用量是怎样分别确定的。
7. 受扭构件的配筋有哪些构造要求？

第 7 章

钢筋混凝土结构的适用性和耐久性

本章提要 ▶▶

以上各章讨论了钢筋混凝土结构构件的承载力极限状态计算——满足安全性要求，这是对所有构件都必须进行的。根据结构的功能及外观要求，对某些构件还需要进行正常使用极限状态验算，即挠度和裂缝控制验算——满足适用性要求。

除了安全性和适用性的要求以外，结构还必须满足的一项重要功能要求是"耐久性"。本章将首先讨论构件的裂缝控制，包括裂缝的原因和形态、裂缝控制的要求和裂缝宽度计算；其次讨论钢筋混凝土受弯构件的挠度计算；最后将阐述耐久性的意义、钢筋腐蚀的机理、裂缝与腐蚀的关系、腐蚀对结构功能的影响以及《规范》关于耐久性的规定。

7.1 概　　述

受弯构件的裂缝及挠度验算是对结构正常使用极限状态的验算。这个问题是由生产及使用要求提出来的，例如，裂缝宽度过大会影响结构物的观瞻，引起使用者的不安，房屋内有侵蚀介质时就会使钢筋锈蚀，影响结构耐久性。随着高强钢筋的日益广泛应用，这个问题就变得更为突出，有时还成了控制截面设计的决定因素。又如，楼盖梁、板挠度过大会影响支撑在其上面的仪器，尤其是精密仪器的正常使用，还会引起非结构构件的破坏；吊车梁的挠度过大，会妨碍吊车正常运行并加剧轨道扣件的磨损；屋面板和挑檐板的过大挠度会造成积水和增加渗漏的风险等。

与不满足承载能力极限状态相比，结构构件不满足正常使用极限状态对生命财产的危害性要小，正常使用极限状态的目标可靠指标 β 可以小些。

7.2 裂缝的控制与验算

7.2.1 裂缝的原因、形态及影响因素

混凝土结构中存在拉应力是产生裂缝的必要条件，由于混凝土的抵抗拉伸的能力比抗压

能力小得多，当混凝土的拉应变超过了混凝土的极限拉应变时将出现裂缝。使混凝土结构产生裂缝的原因很多，如材料方面的原因，混凝土的塑性收缩及下沉，水化热，温度收缩，基础不均匀沉降，钢筋锈蚀，碱骨料反应、冻融循环以及荷载的作用等。

（1）材料方面引起的裂缝

① 水泥方面　受风化的水泥，其品质很不安定，可能产生异常凝结和异常膨胀，使得混凝土浇筑后，在达到一定强度以前的凝结硬化阶段产生短小的不规则裂缝。随着水泥品质的改善，这种裂缝目前较少见到。

② 骨料方面　细骨料中含有较多的泥分时，使混凝土的干燥收缩量增大。此外，泥分的存在也使水泥与粗骨料的黏结强度降低。因此泥分较多的混凝土，由于干燥收缩会产生网状裂缝。

③ 结构构件方面　大型构件与小尺寸构件共同组成的结构（如基础梁与薄墙板、大尺寸梁与薄楼板等），以及梁柱框架结构中均可能因温差的影响产生内力，这种内力是由于先浇筑且已凝结硬化的混凝土结构构件对后浇筑混凝土构件的温度变形产生约束引起的。后浇筑部分越大，其温差的影响就越显著，内力作用的结果是使结构或构件产生裂缝。但在实际工程中，由于混凝土在凝结硬化阶段因模板的刚性约束，使后浇混凝土的温度变形有所减小，构件间的相互影响程度有所缓和。

（2）塑性收缩和塑性下沉裂缝　混凝土的塑性裂缝出现在浇注后的 $2 \sim 16h$ 内，这种裂缝有两类：一类是塑性收缩裂缝，常出现在楼板、路面等平面结构中，典型的是板角部 45° 的平行裂缝和无规则的鸡爪状或地图状裂缝（图7-1）；另一类是由于混凝土的塑性下沉产生的裂缝，在梁、厚板中都有可能产生，如图7-2。混凝土的塑性裂缝都与混凝土的泌水现象有关。这类裂缝出现的较早，见图7-3。

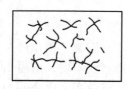 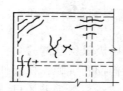 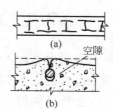 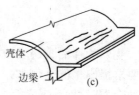

图 7-1　混凝土的塑性收缩裂缝　　　　　　图 7-2　混凝土的塑性下沉裂缝

（3）水化热引起的裂缝　混凝土浇筑后，由于水泥的水化反应，在凝结和硬化阶段，温度上升。这种内部蓄热不能很快通过混凝土表面散发到外围空气中去，尤其是大体积混凝土，因此形成从构件核心到混凝土表面的温度梯度 [图7-4(a)]。这种温度分布使混凝土产生一种自应力状态，外层受拉，中间受压。当拉应力超过了硬化初期混凝土较低的抗拉强度时，将产生裂缝 [图7-4(d)]。这种裂缝通常是不规则的龟裂，深度只有几毫米或几厘米。采用低水化热水泥品种，减少水泥用量，降低搅拌时混凝土温度，以及采取控制硬化过程的施工工艺可减少裂缝出现的概率。

（4）强迫变形引起的裂缝　钢筋混凝土结构中，很多裂缝是由于温度、干缩以及基础不均匀沉降等强迫变形所引起的。当这种强迫变形受到外部约束（刚度较大的支承构件）或内部约束（较高的配筋率）时，将使混凝土产生拉应力导致开裂。强迫变形越大，构件刚度越大，产生的拉应力越大，裂缝宽度也越大。薄腹梁及暴露在户外的构件（如檐口板等）容易

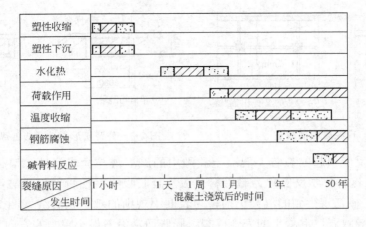

图 7-3 裂缝出现距混凝土浇筑的时间

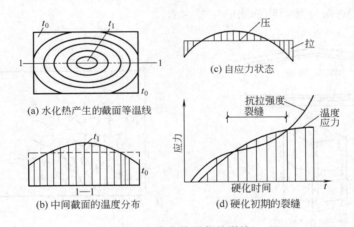

图 7-4 水化热引起的裂缝

产生干缩裂缝。干缩裂缝一般在前 2 年内出现，其分布特征是与构件轴线垂直，两头小中间大，裂缝宽度一般不超过 0.3mm [图 7-5(a)]。值得注意的是梁、桁架的干缩裂缝多发生在箍筋处，这是因为箍筋处混凝土保护层薄，截面削弱形成应力集中。现浇梁、板和桥面结构，由于温度和干缩变形受到刚度较大构件的约束，会出现贯穿整个房屋进深的宽度达 1～2mm 的温度干缩裂缝 [图 7-5(b)]。混凝土烟囱、核反应堆容器等承受高温的结构，也会发生温差裂缝。实践表明，公路箱形梁桥的横向温差应力较大，如在横向没有施加预应力和设置足够的温度钢筋，势必导致顶板混凝土开裂（图 7-6），且随时间而发展。

选择合理的混凝土配合比，减少水和水泥用量，加强养护，以及避免现浇框架、梁板结构在维护墙体施工以前裸露过冬是防止温度收缩裂缝的根本措施。保证一定的最小配筋率，对防止约束变形下出现过大的裂缝是很重要的，因为合理的配筋可使裂缝分散成许多间距较密的细小裂缝。

（5）钢筋腐蚀产生的裂缝　由于保护混凝土的碳化和氯离子的侵入会使混凝土中的钢筋发生腐蚀（有关钢筋腐蚀机理详见 7.6.3 节），而锈蚀产物的体积比钢筋被侵蚀的体积大 2～3 倍。这种效应足以使外围混凝土产生相当大的拉应力，引起保护层混凝土胀裂，导致出现沿钢筋的纵向裂缝。见图 7-7。

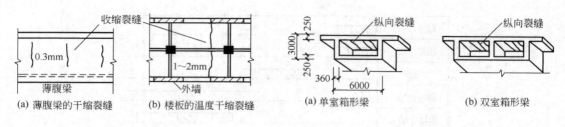

图 7-5　现浇梁板的裂缝　　　　　图 7-6　公路箱形梁桥顶板的纵向温度裂缝

（6）碱骨料反应引起的裂缝　混凝土孔隙中的碱溶液与含有活性二氧化硅的骨料产生碱-硅酸盐凝胶，这种化学反应称为碱骨料反应。凝胶吸水后使骨料发生破坏性膨胀，体积增大达 3～4 倍。最初观察到的混凝土损害为表面不规则的鸡爪状裂缝（图 7-8），随着时间的发展，最终将导致表层混凝土的完全碎裂。膨胀通常沿着最小阻力的方向发展，形成与表面平行的剥皮裂缝（板），或与压应力轨迹平行的裂缝（压杆）。活性骨料的数量、粒径的大小及所处环境的相对湿度是影响膨胀的主要因素。

图 7-7　钢筋锈蚀裂缝

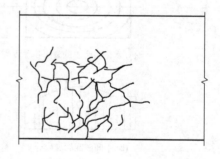

图 7-8　碱骨料反应引起的裂缝

以上裂缝发生的时间参见图 7-3。

（7）冻融循环产生的裂缝　混凝土是一种多孔性材料，内部有各种不同直径的孔隙，水泥结硬后多余的水分滞留在混凝土孔隙中。当温度降低到冰点时，水转化为冰，体积将增大9％。在孔隙完全充水的情况下，冰冻将使混凝土发生胀裂破坏；在不完全充水孔隙中，空气的存在为水结冰留有了膨胀空间，可避免冻害的发生。在水结冰时伴随着有水的渗透过程（水向未充盈的较大孔隙中渗透），而且这个过程是不可逆的。因此，随着冻融循环次数的增加，较大孔隙中水的充盈度逐渐增大，这意味着在一定次数的冻融循环以后将产生冻害（胀裂）。

在结冰的混凝土表面（如桥面、车道等）施撒除冰剂，当冰融化时将使混凝土表面温度骤降。混凝土表面与内部之间的这种温差产生一种内应力状态（表层混凝土受拉），导致外层混凝土开裂。如采用的是除冰盐，则氯的存在将显著增加钢筋腐蚀的危险（详见 7.6.3 节）。

水灰比和水泥用量是影响混凝土抗冻能力的重要因素。随水灰比的减少和水泥用量的增加混凝土抗冻性明显加强。搅拌混凝土时采用引气剂，可提高混凝土的抗冻性，因为人工气孔是准封闭的，即使在饱和混凝土中也是不充水的，但可以为水结冰提供膨胀空间，防止冰冻引起开裂。

冰冻是从表层混凝土开始的，因此，为了保证表层混凝土的质量，振捣密实，加强养护对提高混凝土的抗冻性是非常重要的。随着混凝土期龄的增长，混凝土强度增长，孔隙结构改变，抗冻能力也会显著增大。

(8) 施工原因引起的裂缝

① 混合材料不均匀　由于搅拌不均匀，促使材料的膨胀和收缩的差异引起局部的一些裂缝。

② 长时间搅拌　商品混凝土因运输距离和时间过长，运输过程中长时间搅拌，到达现场后搅拌突然停止，混凝土很快硬化产生异常凝结，引起网状裂缝。

③ 浇筑速度过快　当构件高度较大时，如果一次快速浇筑混凝土，因下部混凝土尚未充分硬化，则会产生下沉，引起裂缝。

④ 交接缝　浇筑先后时差过长，先浇筑的混凝土已硬化，导致交接缝混凝土不连续，这是结构产生裂缝的起始位置，将成为结构承载力和耐久性的缺陷。

⑤ 模板外胀　由于模板隔挡设置不当，导致墙、柱、梁的模板产生外胀，使得硬化但未达到强度的混凝土产生移动而引起裂缝。

⑥ 支撑下沉　由于模板支撑设置不当，支撑沉降而产生过大变形引起结构构件裂缝。

⑦ 混凝土浇筑初期快速干燥　由于风、高温以及夏季阳光直射和浇水不足等原因，导致混凝土表面失去养护水分，因快速干燥而使得混凝土在凝结结束时产生裂缝。裂缝的形状比混凝土泌水沉降裂缝更细，且呈无方向性的龟甲状，裂缝深度也较浅。

⑧ 模板拆除过早　拆模后，因混凝土的干燥速度加快，加之构件干燥收缩产生的约束作用引起拉应力，在混凝土抗拉强度不足时产生裂缝。此外，过早拆除模板还可能因混凝土未达到设计强度而造成构件裂缝。这些裂缝与干燥裂缝有所不同，而与荷载和强制变形下的裂缝情况类似。

(9) 荷载作用产生的裂缝　由于荷载的直接作用产生的裂缝，其形态如图7-9所示。图7-9(a) 为钢筋混凝土轴心受拉构件，贯穿整个截面宽度的裂缝为"主裂缝"，用变形钢筋配筋的构件，在主裂缝之间位于钢筋附近还会出现裂缝宽度很细的短的"次裂缝"。在一般梁中 [图7-9(b)]，主裂缝首先在最大弯矩截面出现，从受拉边缘向中和轴发展，同样

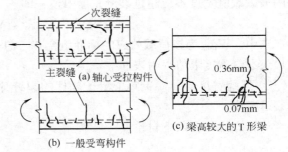

图 7-9　荷载作用产生的裂缝

在主裂缝之间纵筋处可以看到短而细的次裂缝。梁高较大的 T 形或 I 形梁中，纵向钢筋处的次裂缝可发展成与主裂缝相交的"枝状裂缝"。枝状裂缝在梁腹处的裂缝宽度要比钢筋处裂缝宽度大得多 [图7-9(c)]。

梁的剪跨区由于弯矩和剪力的共同作用，将出现前面第4章所述的斜裂缝，以及"销栓"作用产生的"针脚状"裂缝。受扭构件会产生沿截面周边发展的螺旋状斜裂缝。

应该指出的是关于剪切裂缝和受扭裂缝研究的还不多。目前，有关钢筋混凝土裂缝宽度计算的研究，大多集中于荷载引起的、与构件轴线垂直的横向裂缝。本章也只限于讨论常用的受弯构件、偏心受压构件、偏心受拉和轴心受拉构件的裂缝宽度计算。

7.2.2　荷载引起的裂缝控制的目的与验算

（1）裂缝控制的目的　裂缝控制的目的一是满足外观要求，给人以安全感；二是满足耐久性要求，控制裂缝宽度，并以后者为主。

试验研究表明，与钢筋垂直的横向裂缝处钢筋腐蚀的集度和进展，并不像通常所设想的那样严重，而且腐蚀发展的速度与构件表面的裂缝宽度并没有平行的关系。因此，总的趋势是将裂缝宽度控制的较为严格的规定适当放宽。目前，大多数国家的规范对处于室内正常环境下的构件，取裂缝宽度的限值为 0.4mm。应该指出的是，从结构耐久性角度来看，保证混凝土的密实性和保护层的质和量，要比控制构件表面的横向裂缝宽度重要得多。

（2）裂缝验算的内容　裂缝控制验算包括裂缝控制验算和裂缝宽度验算。

① 裂缝控制验算　裂缝控制等级分为三级。结构构件设计时，应根据所处环境和使用要求，选用相应的裂缝控制等级（见附表 9），并按下列规定进行验算。

a. 一级　严格要求不出现裂缝的构件。按荷载标准组合计算时，构件受拉边缘混凝土不应产生拉应力，即构件受拉边缘混凝土的应力 σ_{ctk} 应满足下列要求：

$$\sigma_{ctk} \leqslant 0 \tag{7-1}$$

b. 二级　一般要求不出现裂缝的构件。按荷载标准组合计算时，构件受拉边缘混凝土拉应力不应大于混凝土抗拉强度的标准值，即构件受拉边缘混凝土的应力 σ_{ctk} 应满足下列要求：

$$\sigma_{ctk} \leqslant f_{tk} \tag{7-2}$$

式中，f_{tk} 为混凝土轴心抗拉强度标准值。

当有可靠经验时可适当放宽。

c. 三级　允许出现裂缝的构件。按荷载准永久组合，并考虑长期效应影响计算时，构件的最大裂缝宽度不应超过裂缝宽度限值，即

$$W_{max} \leqslant [W] \tag{7-3}$$

式中，W_{max} 为按荷载效应的标准组合并考虑长期作用影响计算的最大裂缝宽度；$[W]$ 为最大裂缝宽度限值（附表 9）。

② 裂缝宽度计算　钢筋混凝土构件的裂缝计算是按照规定的荷载组合与相应的公式计算裂缝宽度。

计算方法将在以下讨论。

7.2.3　裂缝的出现与分布规律

要计算裂缝宽度，首先要了解裂缝的分布规律。为了便于受力分析和试验研究，我们以轴心受拉构件为对象讨论裂缝的出现与分布规律。图 7-10 表示一轴心受拉构件开裂前的应力分布，图中混凝土的截面面积为 A_c，纵向钢筋的截面面积为 A_s，在两端轴向拉力的作用下，钢筋和混凝土受到的拉应力分别为 σ_s 和 σ_c。如果荷载（拉力）很小，构件处于弹性阶段，构件截面上钢筋与混凝土的应变相等，钢筋的应力等于混凝土应力的 α_E 倍，即 $\sigma_s = \alpha_E \sigma_c$，其中 $\alpha_E = E_s / E_c$。理论上沿构件的纵向钢筋应力与混凝土的应力是均匀的，且各截面应力相等 [图 7-10(b)、(c)]。但因混凝土为非均质材料，沿混凝土纵向各截面，混凝土的抗拉强度是变化的，如图 7-10(c) 中的 f_t^0 曲线，假定其中 a—a（或 c—c）截面处的抗

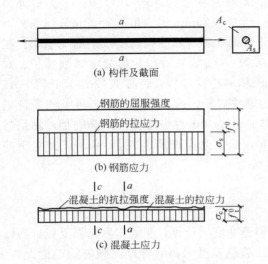

(a) 构件及截面

(b) 钢筋应力

(c) 混凝土应力

图 7-10　轴心受拉构件开裂前的应力分布

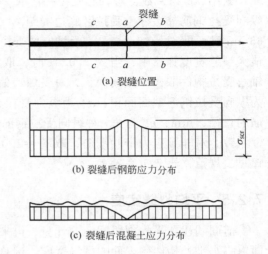

(a) 裂缝位置

(b) 裂缝后钢筋应力分布

(c) 裂缝后混凝土应力分布

图 7-11　裂缝对构件中应力的影响

拉强度最小，即为最弱截面。

　　由于混凝土的抗拉强度比较低，随着荷载的增加，在构件的受拉区，当混凝土拉应力超过抗拉强度时，在最弱的截面 a—a 处将首先出现第一条（或第一批）裂缝，（图 7-11）；再稍增加荷载，在混凝土拉应力大于抗拉强度的截面又将出现第二条（或第二批）裂缝，第二条裂缝总在离第一条裂缝截面一定距离的截面出现；荷载继续增加，各裂缝相继出现（图 7-12），裂缝间的距离称为裂缝间距，它是计算裂缝宽度的主要基数。

7.2.4　平均裂缝间距

　　试验表明，尽管裂缝间距离散性比较大，但基本上是均匀分布的，可以用平均裂缝间距来取代。

　　《规范》规定采用下式计算平均裂缝间距：

(a) 裂缝间距与裂缝位置

(b) 多条裂缝出现后的钢筋应力分布

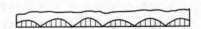

(c) 多条裂缝出现后的混凝土应力分布

图 7-12　裂缝间距及其应力分布

$$l_m = \beta\left(1.9c_s + 0.08\frac{d_{eq}}{\rho_{te}}\right) \tag{7-4}$$

$$\rho_{te} = \frac{A_s}{A_{te}} \tag{7-5}$$

或

$$\rho_{te} = \frac{A_s}{0.5bh + (b_f - b)h_f} \tag{7-6}$$

$$d_{eq} = \frac{\sum\limits_{i=1}^{n} n_i d_i^2}{\sum\limits_{i=1}^{n} n_i \nu_i d_i} \tag{7-7}$$

式中，β 为系数，对轴心受拉构件取 $\beta=1.1$，对其它受力构件取 $\beta=1.0$；c_s 为最外层纵向受拉钢筋外边缘至受拉区底边的距离（mm），当 $c_s<20$mm 时，取 $c_s=20$mm，当 $c_s>65$mm 时，取 $c_s=65$mm；ρ_{te} 为按有效受拉混凝土截面面积计算的纵向受拉钢筋配筋率，在最大裂缝宽度计算中，当 $\rho_{te}<0.01$ 时，取 $\rho_{te}=0.01$；A_{te} 为有效受拉混凝土截面面积，对轴心受拉构件取构件截面面积，对受弯、偏心受压和偏心受拉构件，按式(7-6a)计算；A_s 为纵向受拉钢筋截面面积；d_{eq} 为纵向受拉钢筋的等效直径，mm；d_i 为第 i 种纵向受拉钢筋的直径，mm；n_i 为第 i 种纵向受拉钢筋的根数；ν_i 为第 i 种纵向受拉钢筋的相对黏结特性系数，对非预应力带肋钢筋，取 $\nu_i=1.0$，对非预应力光面钢筋，取 $\nu_i=0.7$，其它钢筋详见《规范》表 7.1.2-2。

7.2.5　平均裂缝宽度

前面阐述了平均裂缝间距的计算，再来讨论裂缝宽度的计算。裂缝宽度是指受拉钢筋截面重心水平处构件侧表面的裂缝宽度。试验表明，裂缝宽度的离散程度比裂缝间距更大些。因此，平均裂缝宽度的确定，必须以平均裂缝间距为基础。

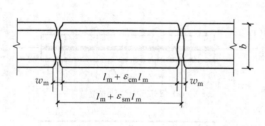

图 7-13　裂缝宽度示意

（1）平均裂缝宽度计算式　平均裂缝宽度 w_m 等于构件裂缝区段内钢筋的平均伸长与相应水平处构件侧表面混凝土平均伸长的差值（图 7-13），即

$$w_m=\varepsilon_{sm}l_m-\varepsilon_{cm}l_m \tag{7-8}$$

$$\varepsilon_{sm}=\psi\varepsilon_{sk}=\psi\frac{\sigma_{sk}}{E_s}$$

式中，ε_{cm} 为与纵向受拉钢筋相同水平处侧表面混凝土的平均拉应变；ε_{sm} 为纵向受拉钢筋的平均拉应变；ψ 为裂缝间纵向受拉钢筋应变不均匀系数。

（2）纵向受拉钢筋应变不均匀系数 ψ　在两个相邻裂缝间，纵向受拉钢筋的应变是不均匀的，裂缝截面处最大，离开裂缝截面就逐渐减小，这主要是由于裂缝间的受拉混凝土参加工作的缘故。因此，系数 ψ 的物理意义就是反映裂缝间受拉混凝土对纵向受拉钢筋应变的影响程度。ψ 的大小与以有效受拉混凝土截面面积计算的纵向受拉钢筋配筋率 ρ_{te} 有关。这是因为参加工作的受拉混凝土主要是指钢筋周围的那部分有效受拉混凝土面积。当 ρ_{te} 较小时，说明钢筋周围的混凝土参加受拉的有效相对面积大些，它所承担的总拉力也相对大些，对纵向受拉钢筋应变的影响程度也相应大些，因而 ψ 小些。

试验和研究表明 ψ 可近似地按下式计算：

$$\psi=1.1-\frac{0.65f_{tk}}{\rho_{te}\sigma_s} \tag{7-9}$$

式中，σ_s 为混凝土构件裂缝截面处纵向受拉钢筋应力，对于纵向受拉普通钢筋的应力用 σ_{sq} 表示。预应力钢筋按标准组合计算，用 σ_{sk} 表示。

在计算中，$\psi<0.2$ 时，取 $\psi=0.2$；当 $\psi>1.0$ 时，取 $\psi=1.0$。对直接承受重复荷载的构件，取 $\psi=1.0$。

（3）纵向受拉普通钢筋应力的计算　《规范》规定对于受弯、轴心受拉、偏心受拉及偏心受压构件，按荷载准永久组合计算的混凝土构件裂缝截面处纵向受拉钢筋的应力 σ_{sq}，可由裂缝截面处的平衡条件求得。

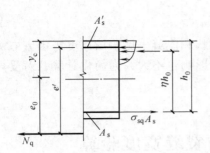

图 7-14　大偏拉构件裂缝计算时的截面应力

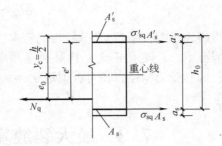

图 7-15　小偏拉构件裂缝计算时的截面应力

① 受弯构件　　$\sigma_{sq} = \dfrac{M_q}{0.87 h_0 A_s}$ （7-10）

② 轴心受拉构件　　$\sigma_{sq} = \dfrac{N_q}{A_s}$ （7-11）

③ 偏心受拉构件（对远离轴向力一侧的钢筋合力点取矩）

$$\sigma_{sq} = \dfrac{N_q e'}{A_s (h_0 - a_s')}$$ （7-12）

④ 偏心受压构件　偏心受压构件裂缝计算时的截面应力图形如图 7-16 所示。对受压区合力点取矩，得：

$$\sigma_{sq} = \dfrac{N_q (e - z)}{A_s z}$$ （7-13）

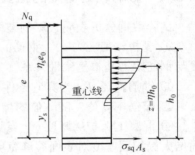

图 7-16　偏心受压构件裂缝
计算时的截面应力

式中，e' 为拉力 N_q 至远离轴向力一侧的钢筋合力作用点的距离（图 7-14、图 7-15）；M_q 为按荷载准永久组合计算的弯矩值；N_q 为按荷载准永久组合计算的轴向拉力或压力值；e 为 N_q 至受拉钢筋合力点的距离，当偏心受压构件的 $l_0/h > 14$ 时，还应考虑侧向挠度的影响。

$$e = \eta_s e_0 + y_s$$

此处，y_s 为截面重心至纵向受拉普通钢筋合力点的距离，η_s 是指使用阶段的轴向压力偏心距增大系数，可按下式计算：

$$\eta_s = 1 + \dfrac{1}{4000 e_0/h_0} \left(\dfrac{l_0}{h} \right)^2$$ （7-14）

当 $l_0/h \leqslant 14$ 时，取 $\eta_s = 1.0$

$$z = \left[0.87 - 0.12 (1 - \gamma_f') \left(\dfrac{h_0}{e} \right)^2 \right] h_0$$ （7-15）

$$\gamma_f' = \dfrac{(b_f' - b) h_f'}{b h_0}$$ （7-16）

式中，z 为纵向受拉钢筋合力点至受压区混凝土合力作用点的距离，按式(7-15) 计算，且 $z \leqslant 0.87 h_0$；γ_f' 为受压翼缘面积与腹板有效面积的比值。

式(7-16) 中，当 $h_f' > 0.2 h_0$ 时，取 $h_f' = 0.2 h_0$。

（4）裂缝宽度表达式(7-8) 的简化　令 $\alpha_c = 1 - \varepsilon_{cm}/\varepsilon_{sm}$，$\alpha_c$ 称为裂缝间混凝土自身伸长

对裂缝宽度的影响系数。将 α_c 及 ε_{sm} 的表达式代入式(7-8)，可得：

$$w_m = \alpha_c \psi \frac{\sigma_s}{E_s} l_m \tag{7-17}$$

试验研究表明，系数 α_c 虽然与配筋率、截面形状和混凝土保护层厚度等因素有关，但在一般情况下，α_c 变化不大，且对裂缝开展宽度的影响也不大，为简化计算，对受弯、轴心受拉、偏心受力构件，均可近似取 $\alpha_c = 0.85$。

7.3 最大裂缝宽度与裂缝宽度验算

7.3.1 影响裂缝宽度的主要因素

试验数据分析表明，影响裂缝宽度的主要因素有以下几个。

① 受拉钢筋应力 σ_s 钢筋的应力值大时，裂缝宽度也大。在使用荷载作用下，裂缝宽度与钢筋应力基本呈线性关系。

② 钢筋直径 d 当其它条件相同时，裂缝宽度随 d 的增大而增大。

③ 配筋率 ρ 值 随 ρ 值的增大裂缝宽度有所减小。

④ 混凝土保护层厚度 c 当其它条件相同时，保护层厚度值越大，裂缝宽度也越大，因而增大保护层厚度对表面裂缝宽度的控制是不利的。但另一方面，有研究表明，保护层厚度 c 越大，在使用荷载下钢筋腐蚀的程度越轻。

⑤ 钢筋的表面形状 其它条件相同时，配置带肋钢筋时的裂缝宽度比配置光圆钢筋时的裂缝宽度小。

⑥ 荷载作用性质 荷载长期作用下的裂缝宽度较大；反复荷载作用下裂缝宽度有所增大。

⑦ 构件受力性质（受弯、受拉等）。

研究还表明，混凝土强度等级（或抗拉强度）对裂缝宽度的影响不大。

7.3.2 最大裂缝宽度的计算

按式(7-17)求得的 w_m 值是整个构件上的平均裂缝宽度，而实际上由于混凝土质量的不均匀，裂缝的间距有疏有密，每条裂缝开展的宽度有大有小，离散性是很大的。验算宽度是否超过允许值，应以最大裂缝宽度为准。

根据以上影响因素的分析，并考虑在荷载长期作用下，由于混凝土的滑移徐变和受拉混凝土的应力松弛导致裂缝间受拉混凝土不断退出工作使 ψ 增大，从而出现使裂缝宽度随时间而增大的现象，以及由于混凝土收缩使裂缝间混凝土的长度缩短也引起裂缝宽度增大的趋势。《规范》规定荷载准永久组合下最大裂缝宽度 w_{max} 的计算，可由式(7-17)的平均裂缝宽度乘以一个扩大系数求得；当考虑荷载长期效应的影响时，可再乘以考虑荷载长期作用影响的扩大系数；这些扩大系数均根据试验资料用统计方法得出；再考虑裂缝宽度分布不均匀性和荷载长期效应组合影响后，对矩形、T形、倒T形和I形截面的钢筋混凝土轴心受拉、受弯、偏心受拉和偏心受压构件，其裂缝宽度的计算公式综合如下：

$$w_{max} = \alpha_{cr} \psi \frac{\sigma_s}{E_s} l_m = \alpha_{cr} \psi \frac{\sigma_s}{E_s} \left(1.9c + 0.08 \frac{d_{eq}}{\rho_{te}} \right) \tag{7-18}$$

对于常用的只配一种同直径、同种类钢筋的构件：

$$w_{max} = \alpha_{cr}\psi \frac{\sigma_s}{E_s}\left(1.9c + 0.08\frac{d}{\nu\rho_{te}}\right) \tag{7-19}$$

式中，α_{cr} 为构件受力特征系数，综合了前述若干考虑，取值见表7-1；d 为钢筋直径。

表 7-1 构件受力特征系数

类　型	α_{cr}	
	钢筋混凝土构件	预应力混凝土构件
受弯、偏心受压	1.9	1.5
偏心受拉	2.4	—
轴心受拉	2.7	2.2

【例 7-1】 某简支矩形截面梁的截面尺寸 $b \times h = 200mm \times 500mm$，混凝土强度等级为 C25，纵筋配置 4 根直径 14mm 的 HRB400 级钢筋，混凝土保护层厚度 $c = 28mm$，按荷载效应的准永久组合计算的跨中弯矩值 $M_q = 42.5kN \cdot m$，环境类别为一类，裂缝控制等级为三级。验算该构件的最大裂缝宽是否符合要求。

解：

(1) 查表并求各参数　C25 级混凝土 $f_{tk} = 1.78N/mm^2$，HRB400 级钢筋 $E_s = 200kN/mm^2$，$h_0 = 500 - (28 + 14/2) = 465mm$，$A_s = 615mm^2$，钢筋直径 $d = 14mm$，$\nu = 1.0$，$[w] = 0.2mm$，$\alpha_{cr} = 1.9$。

(2) 由公式(7-6a) 求 ρ_{te}

$$\rho_{te} = \frac{A_s}{0.5bh + (b_f - b)h_f} = \frac{615}{0.5 \times 200 \times 500 + 0} = 0.0123 > 0.01$$

取 $\rho_{te} = 0.012$。

(3) 求 σ_{sq}，梁属于受弯构件，由公式(7-10) 得：

$$\sigma_{sq} = \frac{M_q}{0.87h_0 A_s} = \frac{42.5 \times 10^6}{0.87 \times 465 \times 615} = 170.8N/mm^2$$

(4) 由公式(7-9) 求 ψ

$$\psi = 1.1 - \frac{0.65f_{tk}}{\rho_{te}\sigma_{sq}} = 1.1 - \frac{0.65 \times 1.78}{0.012 \times 170.8} = 0.535$$

$$0.2 < \psi = 0.535 < 1.0，可以。$$

(5) 由公式(7-19) 求最大裂缝宽度

$$w_{max} = \alpha_{cr}\psi\frac{\sigma_{sq}}{E_s}\left(1.9c + 0.08\frac{d}{\nu\rho_{te}}\right) = 1.9 \times 0.535 \times \frac{170.8}{200 \times 10^3} \times \left(1.9 \times 28 + 0.08\frac{14}{1.0 \times 0.012}\right) = 0.13mm$$

(6) 验算

$$w_{max} = 0.13mm < [w] = 0.2mm；符合要求。$$

7.4　受弯构件的挠度控制

7.4.1　挠度控制的目的和要求

对钢筋混凝土受弯构件进行挠度控制的目的，是基于以下四个方面的考虑。

（1）功能要求 结构构件产生过大的变形将损害甚至完全丧失其使用功能。

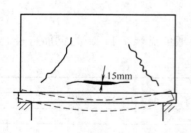

（2）非结构构件的损坏 这是构件过度变形引起的最普遍的一类问题，如结构构件变形过大会使门窗等活动部件不能正常开关。建筑物中脆性隔墙（如石膏板、空心砖隔墙等）的开裂和损坏很多是由于支承它的构件的过大挠度所致。图 7-17 所示为隔墙损坏的典型形式。

（3）外观要求 构件出现明显下垂的挠度会影响房屋的美观。

（4）保证人们的感觉在可接受程度之内 例如，防止厚度较小的板上人后产生过大的颤动或明显下垂引起的不安全感，防止可变荷载（活荷载、风荷载等）引起的振动

图 7-17 支承梁挠度过大引起隔墙的裂缝

及噪声对人的不良感觉等。

随着高强度混凝土和钢筋的采用，构件截面尺寸相应减小，变形问题更为突出。我国《规范》根据工程经验，规定受弯构件的最大挠度计算值不应超过附表 10 的挠度限值。

7.4.2 受弯构件刚度的试验研究分析

首先回顾一下材料力学中弹性匀质材料梁抗弯刚度的概念。以简支梁为例由材料力学可知，梁跨中挠度计算的一般形式可表示为

$$f = C \frac{Ml^2}{EI} \tag{7-20a}$$

对均布荷载：

$$f = C \frac{Ml^2}{EI} = \frac{5}{48} \frac{Ml^2}{EI} \tag{7-20b}$$

对集中荷载：

$$f = C \frac{Ml^2}{EI} = \frac{1}{12} \frac{Ml^2}{EI} \tag{7-21}$$

式中，f 为梁的跨中最大挠度；C 为与荷载形式、支承条件有关的荷载效应系数；M 为跨中最大弯矩；EI 为截面抗弯刚度，其物理意义就是欲使截面产生单位转角所需施加的弯矩，它体现了截面抵抗弯曲变形的能力。

对匀质弹性材料梁，当截面尺寸及材料给定后，EI 为常数，亦即挠度 f 与弯矩 M 成直线关系。如图 7-18 中虚线 OA 所示。

对混凝土受弯构件，上述关于匀质弹性材料梁的力学概念仍然适用，但不同之处在于钢筋混凝土是不匀质的非弹性材料，因而混凝土受弯构件的截面抗弯刚度不为常数而是变数，求混凝土受弯构件的挠度问题，转换为其刚度的分析讨论。试验表明，混凝土受弯构件刚度变化的主要特点如下。

（1）随荷载的增加而减小 在第 4 章中我们已经讨论过钢筋混凝土适筋梁从加荷开始直到破坏的 M-f 曲线的变化特征，适筋梁从加载开始到破坏的 M-f 曲线如图 7-18 所示。在裂缝出现前，M-f 曲线与直线 OA 几乎重合，因而截面抗弯刚度可视为常数。当接近裂缝出现时，即进入第Ⅰ阶段末时，M-f 曲线已偏离直线，逐渐弯曲，说明截面抗弯刚度有所降低。出现裂缝后，即进入第Ⅱ阶段，M-f 曲线发生转折，f 增加较快，截面抗弯刚度明

显降低。钢筋屈服后进入第Ⅲ阶段，此时 M 增加很小，f 激增，截面抗弯刚度明显降低。

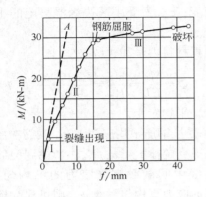

图 7-18 M-f 曲线

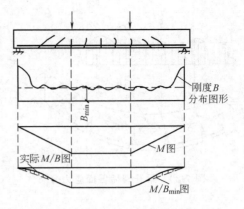

图 7-19 弯矩作用下混凝土简支梁的刚度分布

按正常使用极限状态验算变形时，所采用的截面抗弯刚度，通常在 M-f 曲线第Ⅱ阶段，弯矩为 $(0.5 \sim 0.7) M_u$ 的区段内。在该区段内的截面抗弯刚度仍然随弯矩的增大而变小。

（2）随配筋率 ρ 的降低而减小　试验表明，截面尺寸和材料都相同的适筋梁，配筋率大的，其 M-f 曲线陡，变形小，相应的截面抗弯刚度大；反之，配筋率小，M-f 曲线平缓，变形大，截面抗弯刚度就小。

（3）沿构件跨度，截面抗弯刚度是变化的　如图 7-19 所示，即使在纯弯区段，各个截面承受的弯矩相同，但曲率，也即截面抗弯刚度却不相同，裂缝截面处的小些，裂缝间截面的大些。所以，验算其变形时采用的截面抗弯刚度是指纯弯区段内平均的截面抗弯刚度而言。

（4）随加载时间的增长而减小　试验表明，对一个构件保持不变的荷载值，则随时间的增长，截面抗弯刚度将会减小，但对一般尺寸的构件，3 年以后可趋于稳定。

综上所述，在混凝土受弯构件的变形验算中所用到的截面抗弯刚度，是指构件上某一段长度范围内的平均截面抗弯刚度（以下简称刚度），是受多因素影响的变量；考虑到荷载作用时间的影响，有短期刚度 B_s 和长期刚度 B 的区别，而且两者都随弯矩的增大而减小，随配筋率的降低而减小。在变形验算中，除了要考虑荷载的标准组合以外，还应考虑荷载的准永久组合的影响。

7.4.3 受弯构件短期刚度的计算

（1）平均曲率　对于钢筋混凝土梁，裂缝出现后，沿梁长度方向上，受拉钢筋的拉应变和受压区边缘混凝土的压应变都是不均匀分布的，裂缝截面处最大，裂缝间则为曲线变化，中和轴高度呈波浪形变化，裂缝截面处中和轴高度最小，如图 7-20 所示。因而各截面的曲率也是不同的。但大量试验表明，如果量测范围比较长（>750mm），则各水平纤维的平均应变沿梁截面高度的变化基本符合平截面假定。

根据平均应变符合平截面的假定，可得平均曲率 Φ

$$\Phi = \theta = \frac{1}{\gamma_{cm}} = \frac{\varepsilon_{cm} + \varepsilon_{sm}}{h_0} \tag{7-22}$$

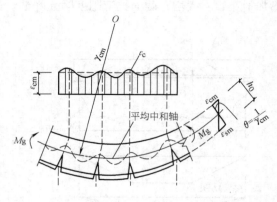

图 7-20　梁开裂后截面应力分布

式中，γ_{cm} 为与平均中和轴相应的平均曲率半径；ε_{sm} 为纵向受拉钢筋重心处的平均拉应变；ε_{cm} 为受压区边缘混凝土的平均压应变。

根据材料力学和式(7-22) 有

$$\Phi=\frac{M_k}{EI}=\frac{M_k}{B_s}=\frac{\varepsilon_{cm}+\varepsilon_{sm}}{h_0} \qquad (7-23)$$

（2）平均应变

① 受拉钢筋平均应变 ε_{sm}　钢筋在屈服前服从虎克定律 $\varepsilon_s=\sigma_s/E_s$，考虑到裂缝截面和裂缝中间截面钢筋应力的不均匀性，引用钢筋应力不均匀系数 ψ，则可建立钢筋平均应变 ε_{sm} 与开裂截面钢筋应力 σ_s 的关系：

$$\varepsilon_{sm}=\psi\varepsilon_s=\psi\frac{\sigma_{sk}}{E_s} \qquad (7-24)$$

② 受压区混凝土平均应变 ε_{cm}　如图 7-21 所示，在受力的第Ⅱ阶段，裂缝截面受压区混凝土中的应力分布为曲线图形。为简化计算，取等效应力图形为矩形，经分析可以得出受压区混凝土平均应变。

a. 由物理关系

$$\varepsilon_c=\frac{\sigma_{ck}}{E_c'}=\frac{\sigma_{ck}}{vE_c} \qquad (7-25)$$

b. 由平衡关系

i. 对钢筋合力作用点取矩

$$M_k=C\eta h_0=\omega\sigma_{ck}b\xi h_0\eta h_0 \qquad (7-26)$$

ii. 对混凝土合力作用点取矩

$$M_k=\sigma_{sk}A_s\eta h_0 \qquad (7-27)$$

于是

$$\sigma_{ck}=\frac{M_k}{\omega b\xi\eta h_0^2} \qquad (7-28)$$

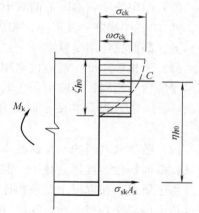

图 7-21　裂缝截面应力分布

$$\sigma_{sk}=\frac{M_k}{A_s\eta h_0} \qquad (7-29)$$

将式(7-28)、式(7-29) 分别代入式(7-25)、式(7-24) 并整理后得：

$$\varepsilon_{cm}=\psi_c\varepsilon_c=\psi_c\frac{\sigma_{ck}}{vE_c}=\psi_c\frac{M_k}{v\omega\xi\eta E_cbh_0^2}=\frac{M_k}{\zeta E_cbh_0^2} \qquad (7-30)$$

$$\varepsilon_{sm}=\psi\varepsilon_s=\psi\frac{\sigma_{sk}}{E_s}=\frac{\psi}{\eta}\cdot\frac{M_k}{E_sA_sh_0} \qquad (7-31)$$

$$\zeta=\omega\xi\eta v/\psi_c$$

式中，ζ 为受压区边缘混凝土平均应变综合系数。

采用一个平均应变综合系数 ζ 以代替一系列系数，主要是容易通过试验资料直接得出。

避免了一系列系数的繁琐计算和误差积累。

将式(7-30)、式(7-31) 代入式(7-23) 得：

$$\Phi = \frac{M_k}{B_s} = \frac{\varepsilon_{cm} + \varepsilon_{sm}}{h_0} = \frac{\dfrac{M_k}{\zeta E_c b h_0^2} + \dfrac{\psi}{\eta} \cdot \dfrac{M_k}{E_s A_s h_0}}{h_0} \tag{7-32}$$

上式两边消去 M_k，并引用 $\alpha_E = E_s / E_c$，$\rho = A_s / (b h_0)$，经整理后可得短期刚度的表达式为

$$B_s = \frac{E_s A_s h_0^2}{\dfrac{\psi}{\eta} + \dfrac{\alpha_E \rho}{\zeta}} \tag{7-33}$$

（3）参数 η、ζ 和 ψ

① 开裂截面的内力臂系数 η　试验和理论分析表明，在短期弯矩 $M_k = (0.5 \sim 0.7) M_u$ 的范围内，裂缝截面的相对受压区高度 ξ 变化很小，内力臂系数 η 的变化也不大。一般情况 η 值在 $0.83 \sim 0.93$ 之间波动，其平均值为 0.87。《规范》为简化计算，取 $\eta = 0.87$，或 $1/\eta = 1.15$。

② 受压区边缘混凝土平均应变综合系数 ζ　根据试验实测受压边缘混凝土的压应变 ε_{cm}，由式(7-29) 可以反算得到系数 ζ 的试验值。试验结果和分析表明，在短期弯矩 $M_k = (0.5 \sim 07) M_u$ 的范围内，弯矩的变化对系数 ζ 的影响很小，而主要取决于配筋率和受压区截面的形状。

《规范》根据矩形截面梁的试验结果（图 7-22）给出：

$$\frac{\alpha_E \rho}{\zeta} = 0.2 + 6 \alpha_E \rho \tag{7-34}$$

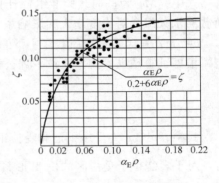

图 7-22　受压区边缘混凝土平均应变综合系数

对于受压区有翼缘加强的 T 形和 I 形截面，在配筋率、混凝土强度和弯矩相等的条件下，其受压边缘的压应变 ε_{cm} 显然要小于矩形截面，截面刚度增大，ζ 值减小。《规范》根据 T 形截面梁的试验结果分析给出：

$$\frac{\alpha_E \rho}{\zeta} = 0.2 + \frac{6 \alpha_E \rho}{1 + 3.5 \gamma_f'} \tag{7-35}$$

式中，γ_f' 为受压翼缘加强系数。

③ 钢筋应变不均匀系数 ψ　ψ 的物理意义见本章 7.2.5（2）中的讨论，其计算与公式(7-9) 完全相同。

将式(7-35) 和 $1/\eta = 1.15$ 代入式(7-33) 得按荷载准永久组合计算的钢筋混凝土受弯构件短期刚度 B_s：

$$B_s = \frac{E_s A_s h_0^2}{1.15\psi + 0.2 + \dfrac{6 \alpha_E \rho}{1 + 3.5 \gamma_f'}} \tag{7-36}$$

式中各符号物理意义同前。

7.5 受弯构件长期刚度及挠度的验算

7.5.1 受弯构件长期刚度

在荷载长期作用下，受弯构件截面的抗弯刚度将会降低，致使构件的挠度增大。在实际工程中，总是有部分荷载长期作用在构件上，因此计算挠度时必须采用长期刚度 B。

荷载长期作用下受弯构件的刚度，应按荷载标准组合并考虑荷载长期效应的影响，《规范》建议用荷载准永久组合对挠度增大的影响系数 θ 来体现荷载长期效应对刚度的影响，并规定受弯构件的长期刚度 B 按下式计算：

$$B = \frac{M_k}{M_k + (\theta - 1)M_q} B_s \tag{7-37}$$

式中，M_k 为按荷载标准组合计算的弯矩；M_q 为按荷载准永久组合计算的弯矩；θ 为荷载准永久组合对挠度增大的影响系数。

$\theta = f_1/f_s$ 代表长期荷载作用下的挠度 f_1 与短期荷载挠度 f_s 的比值，由实验确定。《规范》根据试验结果，规定 θ 按下列公式计算：

$$\theta = 2 - 0.4 \frac{\rho'}{\rho} \tag{7-38}$$

式中，ρ'，ρ 为受压钢筋和受拉钢筋的配筋率，$\rho' = \dfrac{A_s'}{bh_0}$，$\rho = \dfrac{A_s}{bh_0}$。

对于翼缘位于受拉区的倒 T 形截面，θ 应增大 20%。

7.5.2 受弯构件的变形验算

钢筋混凝土受弯构件在荷载作用下，在各截面的弯矩是不相等的，靠近支座附近的截面，由于弯矩很小将不出现裂缝，因而其刚度较跨中截面大很多。例如一根承受两个对称集中荷载的简支梁，该梁各截面刚度 B 的分布图形如图 7-23 所示，按最大弯矩截面计算的刚度为最小刚度 B_{min}，亦即是跨中纯弯区段的平均值。为了简化计算，在同一符号弯矩范围内，按最小刚度，即取弯矩最大截面处的刚度，作为各截面的刚度，使变刚度梁作为等刚度梁来计算。这就是挠度计算中的"最小刚度原则"，它使计算过程大为简化，而计算结果也能满足工程设计的要求。

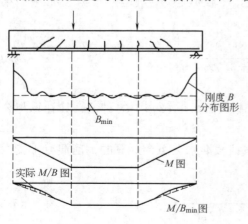

图 7-23 受弯构件的刚度

7.6 混凝土结构的耐久性

7.6.1 研究结构耐久性的重要意义

所谓混凝土结构的耐久性，是指混凝土结构在自然环境、使用环境及材料内部因素的作用下，保持自身工作能力的性能。建筑物的结构在长期自然环境或使用环境下随着时间的推移，逐步老化、损伤甚至损坏，它是一个不可逆的过程，必然影响到建筑物使用功能以及结构的安全。因此结构的耐久性是结构可靠性的重要内涵之一。

我国结构设计虽然采用可靠度理论计算，实际上仅能满足安全可靠指标要求，对耐久性要求尚考虑不足，且由于忽视维修保养，现有建筑物老化现象相当严重。

我国对混凝土耐久性问题从 20 世纪 80 年代起日益引起重视，并已有组织地系统地开展研究。

7.6.2 影响结构耐久性的因素

混凝土结构的耐久性是由混凝土、钢筋材料本身特性和所处使用环境的侵蚀性两方面共同决定的。

影响混凝土结构耐久性的内在机理是气体、水、溶解性有害物质在混凝土孔隙和裂缝中的迁移，迁移过程导致混凝土产生物理和化学方面的劣化和钢筋锈蚀的劣化，其结果将使结构承载力下降、刚度降低和开裂以及外观损伤，影响着结构的使用效果。影响水、气、溶解物在孔隙中的迁移速率、范围和结果的内在条件是混凝土的孔结构和裂缝形态；影响迁移的外部因素是结构设计所选用的结构形式和构造，混凝土和钢筋材料的性质和质量，施工操作质量的优劣，温湿养护条件和使用环境等。

图 7-24 给出影响混凝土结构耐久性的原因、内在条件、影响的范围及其后果。对混凝土结构耐久性造成潜在损害的原因是多方面的：

① 设计构造上的原因 钢筋的混凝土保护层厚度太小，钢筋的间距过大或过小，沉降缝构造不正确，构件开孔洞的洞边配筋不当，隔热层、分隔层处理不妥当等；

② 材料问题 使用的水泥品种不当，如用矿渣水泥、加超量的粉煤灰，骨料颗粒级配不当，外加剂使用不当等；

③ 施工质量低劣 支模不当，水灰比过大，使用含有氯离子的早强剂，海水搅拌混凝土，浇捣不密实，养护不当，快速冷却或干燥，温度太低等；

④ 环境中各种介质的侵蚀 CO_2、HCl、Cl_2、SO_2、H_2SO_3 气体的侵蚀，有侵蚀性的水、硫酸盐及碱溶液的侵蚀等。

混凝土材料的劣化也可能是受物理作用引起的或受化学作用引起。

物理作用包括：冻融循环破坏，过冷的水在混凝土中迁移引起水压力以及水结冰产生体积膨胀，对混凝土孔壁产生拉应力造成内部开裂；混凝土磨损破坏，如路面、水工结构等受到车辆、行人及水流夹带泥砂的磨损，使混凝土表面粗骨料突出，影响使用效果。

化学作用是环境中有些侵蚀物质与混凝土中反应物质相遇产生化学反应，从其破坏机理来分，有些属于溶解性侵蚀，淡水将混凝土中氢氧化钙溶解；铵盐侵蚀时生成溶于水且可离

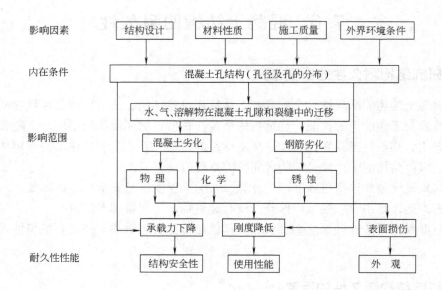

图 7-24 影响混凝土结构耐久性的因素

析的 $CaCl_2$。有些属于膨胀性侵蚀，含有硫酸盐的水与水泥石的氢氧化钙及水化铝酸钙发生化学反应，生成石膏和硫铝酸钙导致体积膨胀。

侵蚀物质从环境迁移到混凝土中能否与混凝土中的反应物质反应，取决于混凝土是否存在气态或液态的水。另外，升温作用能加快反应速率，高温可以提高高分子和离子的迁移率，反应加快，导致破坏速度加快。

7.6.3 材料的劣化

（1）混凝土的碳化

① 混凝土碳化的机理 混凝土在浇筑养护后形成强碱性环境，其 pH 值在 13 左右，这时埋在混凝土中的钢筋表面生成一层氧化膜，使钢筋处于钝化状态，对钢筋起到一定保护作用。如果钢筋混凝土结构构件在使用过程中遇到氯离子或其他酸性物质侵入，钢筋表面的钝化膜会遭到破坏，在充分的氧和水环境下就会引发钢筋腐蚀，这一过程称为钢筋脱钝。

空气、土壤及地下水中 CO_2、HCl、Cl_2、SO_2 深入到混凝土中，与水泥石中碱性物质发生反应，使混凝土的 pH 值下降的过程称为混凝土的中性化过程，其中因大气环境下 CO_2 引起的中性化过程称为混凝土的碳化。

混凝土碳化是一个复杂的物理化学过程，环境中的 CO_2 气体通过混凝土孔隙气相向混凝土内部扩散，并溶解于孔隙中，与水泥水化过程中产生的氢氧化钙和未水化的硅酸三钙、硅酸二钙等物质发生化学反应，生成 $CaCO_3$。

上述碳化反应的结果，一方面生成的 $CaCO_3$ 及其它固态物质堵塞在孔隙中，减弱了后续的 CO_2 的扩散，并使混凝土密实度与强度提高，另一方面孔隙水中的 $Ca(OH)_2$ 浓度及 pH 值下降，导致钢筋脱钝而锈蚀。图 7-25 给出了混凝土碳化过程的物理模型。

② 影响混凝土碳化的因素

a. 水灰比 水灰比 w/c 是决定混凝土孔结构与孔隙率的主要因素，它影响着 CO_2 在孔

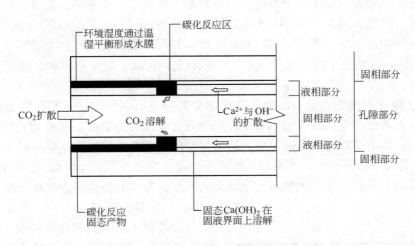

图 7-25 混凝土碳化过程的物理模型

隙中的扩散程度，也影响着混凝土碳化的速率。

b. 水泥品种与用量 水泥品种决定着各种矿物成分在水泥中的含量，水泥用量决定着单位体积混凝土中水泥熟料的多少，两者都关系着水泥水化后单位体积混凝土中可碳化物质的数量，也影响着混凝土碳化速率。

c. 骨料品种与粒径 骨料粒径大小对骨料-水泥浆黏结有重要影响，粗骨料与水泥浆黏结较差，CO_2 易从骨料-水泥浆界面扩散，轻骨料本身的孔隙就能透过 CO_2 气体，因此轻骨料混凝土的碳化速率比普通骨料混凝土要快。

d. 外掺加剂 外加剂影响水泥水化，从而改变孔结构和孔隙率，特别是引气剂的加入会直接增加孔隙含量，外加剂也影响着碳化速率。

e. 养护方法与龄期 养护方法与龄期的不同，导致水泥水化程度不同，在水泥熟料一定条件下，生成的可碳化物质含量不同，因此也影响着碳化速率。

f. CO_2 浓度 环境中 CO_2 浓度越大，CO_2 越容易扩散进入混凝土孔隙，化学反应也加快。

g. 相对湿度环境 相对湿度通过温湿平衡决定着孔隙饱和度，一方面影响 CO_2 的扩散速率；另一方面，由于混凝土碳化的化学反应需在溶液中或固液界面上进行，相对湿度决定着碳化反应的快慢。

h. 覆盖层 覆盖层的材料与厚度的不同，对混凝土碳化速率的影响程度不同，如果覆盖层内含不可碳化物质（如沥青、有机涂料等），则覆盖层起着降低混凝土表面 CO_2 浓度的作用；如果覆盖层内含有可碳化物质（如砂浆、石膏等），CO_2 在进入混凝土之前先与覆盖层内的可碳化物质反应，则对混凝土的碳化起着延迟作用。

③ 应力状态对混凝土碳化的影响 对混凝土碳化的研究过去多停留在材料本身层次上，而实际工程中的混凝土碳化都是处于结构应力下的状态。

硬化后的混凝土在未受力作用之前，由于水泥水化造成化学收缩和物理收缩引起砂浆体积的变化，在粗骨料与砂浆界面上产生分布不均匀的拉应力。这些初应力通常导致许多分布很乱的界面微裂缝，另外成型后的泌水作用也形成界面微裂缝，这些微裂缝成为混凝土内在薄弱环节。混凝土受外力作用时，内部产生拉应力，这些拉应力很容易在具有几何形状为楔形的微裂缝顶端产生应力集中，随着拉应力不断增大导致进一步延伸、汇合、扩大，最后沿这些裂缝破坏。试验表明，当混凝土构件在拉应力作用达到一定程度（约为 $0.7f_t$）时，混凝土碳化深度增加近 30%，而拉应力 $<0.3f_t$ 时，作用影响不明显；而当受压力作用时，压应力 $<0.7f_c$ 时，可能由于混凝土受压密实，影响气体扩散，碳化速率相应缓慢，起到延缓碳化作用。

④ 混凝土碳化深度的测定　混凝土碳化深度的测定有两种方法：X 射线衍射法和化学试剂测定法。前者要用专门的仪器，它不仅能测到完全碳化的深度，还能测到部分碳化的深度，这种方法适用于试验室的精确测量；后者常用的试剂是酚酞试剂，它只能测定 pH 值＝9 的分界线，另有一种彩虹指示剂可以根据反应的颜色判别不同的 pH 值（pH 值＝5～13），因此，它可以用于测定完全碳化和未完全碳化的深度，操作简便适用于现场检测。

（2）钢筋的锈蚀

① 混凝土中钢筋锈蚀的机理　由于混凝土碳化或氯离子的作用，当混凝土的 pH 值降到 9 以下时，钢筋表面的钝化膜遭到破坏，在有足够的水分和氧的环境下，钢筋将产生锈蚀。混凝土中钢筋的锈蚀机理如图 7-26 所示，其锈蚀过程可分为两个独立过程。

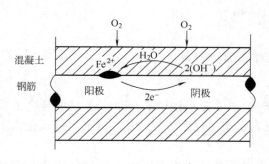

图 7-26　混凝土中钢筋锈蚀示意

a. 阳极过程　脱钝处钢筋表面成为电化学腐蚀的阳极区，钢筋表面处于活化状态，铁原子（Fe）失去电子成为二价铁离子（Fe^{2+}）；而未脱钝的钢筋部分为阴极区，由于二者之间的电位差，阳极带正电的二价铁离子被释放出来进入电解溶液

$$Fe \longrightarrow Fe^{2+} + 2e^- \tag{7-39}$$

b. 阴极过程　阳极产生的多余电子，通过钢筋在阴极与水和氧结合，形成氢氧根离子

$$2e^- + \frac{1}{2}O_2 + H_2O \longrightarrow 2(OH)^- \tag{7-40}$$

阴离子 $(OH)^-$ 通过混凝土孔隙中的液相迁移到阳极，与溶液中的 Fe^{2+} 结合形成氢氧化亚铁

$$Fe^{2+} + 2(OH)^- \longrightarrow Fe(OH)_2 \tag{7-41}$$

氢氧化亚铁与水中的氧作用生成氢氧化铁

$$4Fe(OH)_2 + O_2 + 2H_2O \longrightarrow 4Fe(OH)_3 \tag{7-42}$$

钢筋表面生成的氢氧化铁，可转化为各类型的氧化物，从而在钢筋表面形成疏松的、易剥落的沉积物——铁锈。铁锈的体积一般要增大 2～4 倍，铁锈体积的膨胀，会导致混凝土保护层胀开。

② 影响钢筋锈蚀速度的主要因素

a. 环境相对湿度　上述过程表明，氧和水是发生腐蚀的必要条件。钢筋所处部位的水分含量是控制 $(OH)^-$ 传输过程速度的主要因素，在相对湿度较高的情况下（RH＞40%），钢筋处水分充足，$(OH)^-$ 传输不成问题，但随着相对湿度降低，$(OH)^-$ 的传输逐渐变得困难，有可能成为整个锈蚀反应的控制过程。工程调查表明，在干燥无腐蚀介质的使用条件下，且有足够厚的保护层时，结构使用寿命就比较长，但在干湿交替的环境或在潮湿并有氯离子侵蚀作用下，使用寿命相对要短得多。

b. 含氧量   钢筋所在位置的水溶液中溶氧的含量是影响阴极反应速率的重要因素，在相对湿度较高的情况下，O_2 在混凝土孔隙气相中的扩散比较缓慢，导致阳极反应所需氧气含量不足，从而控制阴极反应，甚至整个锈蚀反应的速率。如果没有溶解氧，即使钢筋混凝土构件在水中也不易发生锈蚀。

c. 混凝土的密实度   混凝土的密实度好，就能阻碍水分、氧气的入侵。同时，混凝土越干燥、电阻越大，水化铁离子在阴阳极电位差作用下的运动速度越慢，由于浓度差引起的扩散传质过程也越困难。降低水灰比，采用优质粉煤灰掺和料，加强施工振捣和养护，都可以增大混凝土密实度。

d. 混凝土构件上的裂缝   混凝土构件上有裂缝，将增大混凝土的渗透性，增加腐蚀介质、水分和氧气的渗入，它会加剧腐蚀的发展，尽管裂缝能增加腐蚀的产生，但是要看是横向裂缝还是纵向裂缝，横向裂缝引起的钢筋的脱钝锈蚀仅是局部的，大部分介质仍是穿过未开裂部分侵入混凝土表面，同时经数年使用后，裂缝有闭合作用，裂缝的影响也会逐渐减弱；而纵向裂缝引起的锈蚀不是局部的，相对来说有一定长度，它更容易使水、空气渗入，加速钢筋的锈蚀。

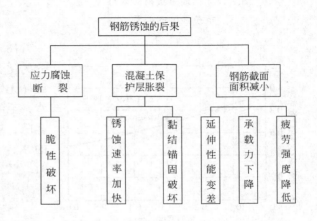

图 7-27   钢筋锈蚀后果

③ 钢筋锈蚀的后果及其破坏形式
图 7-27 给出了钢筋锈蚀后的影响结果。

a. 钢筋截面面积减小   锈蚀后的钢筋截面面积损失＞10％时，其应力-应变关系发生很大变化，没有明显屈服点，屈服强度与抗拉强度非常接近（而一般二者之比为 1.25～1.9）。钢筋截面面积的减小会使构件承载力近似呈线性下降，图 7-28 给出 ϕ12 钢筋沿长度有均匀锈蚀时钢筋极限抗拉强度 σ_b 与钢筋重量损失率（％）之间关系。图 7-29 给出 ϕ12 钢筋极限延伸率 δ_b 与钢筋重量损失率（％）之间关系。钢筋锈蚀后其延伸率明显下降，当钢筋截面损失大于 10％时，其延伸率已不能满足设计规范最小允许值。

b. 混凝土保护层开裂剥落   钢筋锈蚀伴随着产生的胀裂，通常是沿着钢筋纵向开裂，大多数情况下，构件边角处首先开裂，当钢筋截面损失率为 0.5％～10％时，会产生纵向裂缝，当损失率大于 10％，会导致混凝土保护层剥落，从而加速锈蚀。

c. 黏结性能退化   锈蚀率＜1％，黏结强度随锈蚀量的增加而有所提高，但锈蚀量增大后，黏结强度将明显下降，这主要是由于锈蚀产物的润滑作用、钢筋横肋锈损引起机械咬合作用的降低，保护层胀裂导致约束力减小等原因引起，如在重量锈蚀率达到 27％左右时，变形钢筋与光圆钢筋的黏结强度分别为无腐蚀构件的 54％和 72％。图 7-30 给出锈蚀胀裂宽度与极限黏结强度降低系数的关系。

d. 钢筋应力腐蚀断裂导致脆性破坏   预应力构件有较高的长期应力作用，局部钢材脱钝的阳极腐蚀过程，可使钢材产生裂纹，裂纹穿过钢材晶格，在裂纹根部发生阳极过程，致使钢材截面锐减，发生脆性破坏。这种脆性破坏称为应力腐蚀断裂。

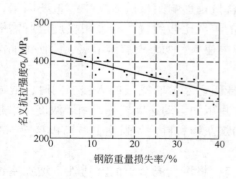

图 7-28　钢筋重量损失率与
抗拉强度的关系

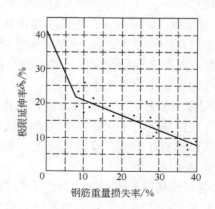

图 7-29　钢筋重量损失率与
极限延伸率的关系

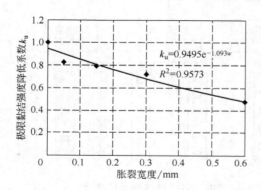

图 7-30　锈蚀胀裂缝对极限黏结强度的影响

（3）混凝土冻融破坏　混凝土内的水分可分为化合水、结晶水和吸附水，前二者对冻融破坏无影响。吸附水又可分为毛细管水和凝胶水，毛细管是水泥水化后未被水化物质填充的孔隙，毛细管水是指凝胶体外部毛细孔中所含的水，当其含水率超过某一临界值（约为91.7%）时，水结冰体积膨胀9%，产生很大的压力。

当压力超过混凝土能承受的强度时，使混凝土内部孔隙及微裂缝逐渐增大扩展，并互相连通，强度逐渐降低，混凝土表面剥落，造成混凝土破坏。冻融破坏是影响结构耐久性的重要因素之一，在水利水电工程、港口码头工程、道路桥梁工程、铁路工程及某些工业与民用建筑工程中较为常见。

国内外有关技术规范为保证混凝土抗冻耐久性采用两种方法：一是按结构尺寸，分别规定水灰比最大允许值；另一种是按气候条件分别规定混凝土抗冻标号和水灰比最大允许值。我国采用后一种。

（4）碱骨料反应

① 膨胀应变　过度反应会引起明显体积膨胀。开始出现膨胀的时间、膨胀的速率以及在某一龄期后可能出现的最大膨胀量都是工程中引起关注的质量问题。

② 开裂　当膨胀应变超过 0.04%～0.05% 时会引起开裂，对不受约束的自由膨胀常表现为网状裂缝。

③ 改变微结构　碱骨料反应使水泥浆体结构明显变化，加大了气体、液体渗透性，易使有害物质进入，引起钢筋锈蚀。

④ 力学性能下降　自由膨胀引起抗压强度下降 40%，抗折能力下降 80%，弹性模量下降 60%。

⑤ 影响结构的安全使用性　由于抗折强度、弹性模量下降及钢筋由于反应膨胀造

成的附加应力，可使混凝土结构出现不可接受的变形和扭曲，影响到结构的安全使用性。

7.6.4　混凝土结构耐久性设计

（1）基本概念　工程结构的功能应满足安全性、适用性和耐久性三方面要求，因此，耐久性也应成为设计原则之一。

就混凝土结构的耐久性而言，存在着很多使材料性能恶化的环境不利因素，它们绝大多数是通过构件的表层侵入的。所以，表层混凝土的抗渗透能力和保护层厚度是决定整个结构耐久性至关重要的因素，它是混凝土结构耐久性设计的核心问题。而表层混凝土渗透性的高低是混凝土结构材料、设计、施工的综合效果（图 7-31）。

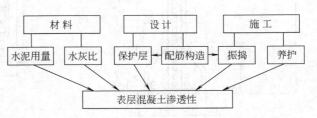

图 7-31　影响表层混凝土渗透性的因素

混凝土作为一种建筑材料，其特点是要由工厂或搅拌站提供流动性混凝土，运至工地进行浇筑、振捣、养护。这与在工厂中大规模生产，并有严格质量控制的钢材全然不同。混凝土的质量和耐久性受到施工水平的影响很大。混凝土的密实性与浇筑及振捣条件密切相关，特别是对表层混凝土，而不幸的是表层混凝土往往更容易振捣不足。

从设计方面来看，混凝土的浇筑、振捣条件很大程度上取决于构件截面的外形、尺寸（如 T 形、I 形截面腹板厚度和高度）和钢筋布置（钢筋的排列、净间距及保护层厚度）。钢筋细部构造对结构耐久性有很大影响，过早锈蚀、混凝土出现蜂窝孔洞以及因保护层不足而发生的顺筋裂缝等，均揭示存在不恰当的配筋构造。进行钢筋布置必须考虑耐久性的要求，设计者应力求使混凝土便于浇筑、振捣，避免复杂的配筋构造以致使钢筋骨架难于放置。如图 7-32 所示，过于拥挤的配筋将给混凝土灌注造成困难，使混凝土离析，插入式振捣棒难于达到构件底部。日本曾做过不同钢筋间距对表层混凝土渗透性影响的对比试验（图7-33），试件经烘干后，截面两端用蜡密封放入红墨水中，浸泡 3d 后取出剖开量测红墨水的浸入深度。实测图中断面 C 的墨水浸透深度要比断面 B 的大 2.7 倍。上述试验说明结构设计的配筋构造是提高混凝土结构耐久性的一个重要环节，它直接影响到表层混凝土的密实性和抗渗透能力。

值得注意的是，养护对于表层混凝土质量的重要性并不亚于上述其它因素。如前所述，养护不良对构件整体混凝土质量而言影响不大，但对于相对较薄的保护层混凝土的密实性有很大影响。保护层越薄，养护就越重要，这是因为养护不良使表层混凝土迅速干燥，水化作用不充分，渗透性增大。因此，养护对耐久性的作用比以前设想的重要得多。

（2）耐久性设计　混凝土结构应根据设计使用年限和环境类别进行耐久性设计，耐久性设计包括下列内容：

① 确定结构所处的环境类别；

② 提出对混凝土材料的耐久性基本要求；

③ 不同环境条件下的耐久性技术措施；

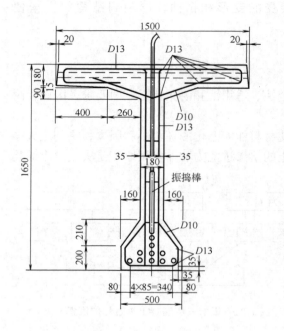

图 7-32　截面配筋拥挤，振捣
棒难于到达底面/mm

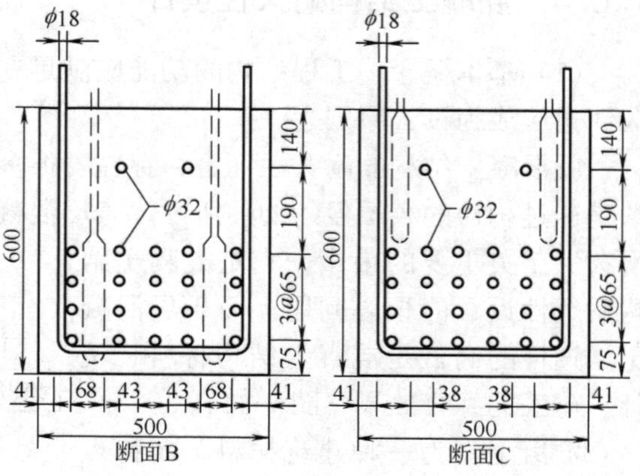

图 7-33　对比试验

④ 提出结构使用阶段的检测与维护要求。

注：对临时性的混凝土结构，可不考虑混凝土的耐久性要求。

如前所述，结构所处环境的温度，湿度和侵蚀性是影响结构耐久性的重要因素，也是耐久性设计的基本前提。我国《规范》采用的混凝土结构环境类别划分见附表 18。在 2001 年修订的国家标准《建筑结构可靠度设计统一标准》GB 50068 中，首次明确提出了各种建筑结构的"设计使用年限"（表 7-2）。设计使用年限是设计规定的一个时期，在这一规定时间内，只需进行正常的维护而不需进行大修就能按预期目的使用，完成预定功能，即房屋建筑在正常设计、正常施工、正常使用和维护下所应达到的使用年限。

表 7-2　设计使用年限分类

类别	设计使用年限/年	示　例	类别	设计使用年限/年	示　例
1	5	临时性结构	3	50	普通房屋和构筑物
2	25	易于替换的结构构件	4	100	纪念性建筑和特别重要的建筑结构

混凝土保护层厚度是一个重要参数，它不仅关系到构件的承载力（截面有效高度 h_0、钢筋与混凝土的黏结强度）、适用性（表面裂缝宽度、出现塑性下沉裂缝的概率），而且对结构构件的耐久性有决定性的影响（脱钝时间、腐蚀速率及劈裂抗力）。《规范》要求设计使用年限为 50 年的钢筋混凝土及预应力混凝土结构，其纵向受力钢筋的混凝土保护层厚度应符合附表 20 的规定。

① 对于一类、二类和三类环境中，设计使用年限为 50 年的结构混凝土，其最大水灰比、最小水泥用量、最低混凝土强度等级、最大氯离子含量以及最大碱含量，按照耐久性的要求应符合表 7-3 的规定。

表 7-3   结构混凝土材料的耐久性基本要求

环境等级	最大水胶比	最低强度等级	最大氯离子含量/%	最大碱含量/(kg/m³)
一	0.60	C20	0.30	不限制
二 a	0.55	C25	0.20	
二 b	0.50(0.55)	C30(C25)	0.15	
三 a	0.45(0.50)	C35(C30)	0.15	3.0
三 b	0.40	C40	0.10	

注：1. 氯离子含量系指其占胶凝材料总量的百分比；

2. 预应力构件混凝土中的最大氯离子含量为 0.06%；其最低混凝土强度等级宜按表中的规定提高两个等级；

3. 素混凝土构件的水胶比及最低强度等级的要求可适当放松；

4. 有可靠工程经验时，二类环境中的最低混凝土强度等级可降低一个等级；

5. 处于严寒和寒冷地区二 b、三 a 类环境中的混凝土应使用引气剂，并可采用括号中的有关参数；

6. 当使用非碱活性骨料时，对混凝土中的碱含量可不作限制。

② 对于一类环境中，设计使用年限为 100 年的结构混凝土，与处于一类环境中，设计使用年限为 50 年的结构混凝土相比，在以下几方面的规定更为严格：

a. 钢筋混凝土结构和预应力混凝土结构的最低混凝土强度等级分别为 C30 和 C40；

b. 混凝土中的最大氯离子含量为 0.06%；

c. 宜采用非碱活性骨料，当使用碱活性骨料时，混凝土中的最大碱含量应控制为 3.0kg/m³；

d. 混凝土保护层厚度应按附表 20 的规定增加 40%，当采取有效的表面防护措施时，混凝土保护层可适当减少；

e. 在使用过程中，应定期维护。

7.6.5   提高混凝土结构耐久性的技术措施

(1) 改进结构构件的设计   美国 Setter 曾提出"五倍定律"观点，认为在设计时省 1 美元，为维护、修理和翻建提高其耐久性所需的费用，就可能是 5 美元、25 美元甚至是 125 美元。因此，在设计阶段对有可能导致混凝土结构耐久性降低的诸因素，有意识地采取措施，是提高结构耐久性的关键环节。欧洲共同体委员会（CEB）和欧洲标准化委员会 (CEN) 编制的《结构用欧洲规范》第一篇中对构件截面设计如何考虑耐久性要求，从各种作用、设计准则、材料、施工等各方面做出规定。

我国《规范》规定了混凝土结构及构件应采取的耐久性技术措施如下：

① 预应力混凝土结构中的预应力筋应根据具体情况采取表面防护、孔道灌浆、加大混凝土保护层厚度等措施，外露的锚固端应采取封锚和混凝土表面处理等有效措施；

② 有抗渗要求的混凝土结构，混凝土的抗渗等级应符合有关标准的要求；

③ 严寒及寒冷地区的潮湿环境中，结构混凝土应满足抗冻要求，混凝土抗冻等级应符合有关标准的要求；

④ 处于二、三类环境中的悬臂构件宜采用悬臂梁-板的结构形式，或在其上表面增设防护层；

⑤ 处于二、三类环境中的结构构件，其表面的预埋件、吊钩、连接件等金属部件应采取可靠的防锈措施；

⑥ 处在三类环境中的混凝土结构构件，可采用阻锈剂、环氧树脂涂层钢筋或其它具有耐腐蚀性能的钢筋、采取阴极保护措施或采用可更换的构件等措施。

（2）加强施工管理

① 充分振捣和充分养护可以增加混凝土表面密实性，降低混凝土渗透性。养护不好对混凝土的碳化和抗腐蚀的能力影响甚大，养护的敏感性随水灰比的增加、水泥用量的减少而增大。

② 为防止除冰盐剥蚀混凝土，可采用引气剂降低混凝土渗透性。

③ 对沿海地区氯盐（NaCl、$CaCl_2$、$MgCl_2$）含量超过70％的盐渍土地区可采用增加水泥用量、减少水灰比、掺加减水剂或掺加钢筋阻锈剂以提高混凝土密实性并防锈。

（3）防止继续劣化的措施　由于设计和施工的疏忽错误或使用环境恶劣，结构构件已出现劣化对耐久性有明显影响时，应采取一些可靠的补救措施，防止结构性能的继续恶化。可采用的措施有：

① 涂层法　采用一些防护装饰材料涂盖在构件表面上，如丙乳砂浆、环氧树脂砂浆、过氯乙烯涂料等，或者增涂一层水泥砂浆（厚度20mm左右），均能阻止空气中氧和盐类继续侵入，延缓混凝土碳化和防止钢筋进一步锈蚀；

② 阴极防腐法　由于混凝土含盐浓度

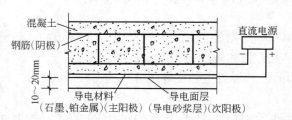

图 7-34　阴极防腐法示意

不同，钢筋之间存在电位差，阴极钢筋锈蚀，可采用在混凝土表面涂一层导电涂料或埋设导电材料（铂丝等），与直流电源正极相连，形成新的电位差，使原钢筋骨架转化为阴极，则钢筋锈蚀可得到抑制（图7-34）。

本章小结 ▶▶

1. 裂缝和变形验算的目的是保证构件进入正常使用极限状态的概率足够小，以满足适用性和耐久性的要求。与承载力极限状态的要求相比，这一验算的重要性位居第二。

2. 钢筋混凝土结构构件除荷载裂缝外，还存在不少变形裂缝，如温度收缩裂缝、碳化锈蚀膨胀裂缝等，对此应引起重视。应从结构构造（如设置伸缩缝、足够的混凝土保护层厚度）和施工质量（如保证混凝土的密实性和良好的养护）等方面采取措施，避免出现各种有害的非荷载裂缝。

3. 由于混凝土的非均质性及其抗拉强度的离散性，荷载裂缝的出现和开展均带有随机性，裂缝的间距和宽度则具有不均匀性。但在裂缝出现的过程中存在裂缝基本稳定的阶段，随着荷载的增加，裂缝不会无限加密，因而有平均裂缝间距、宽度以及最大裂缝宽度。

4. 构件截面抗弯刚度不仅随弯矩增大而减小，同时也随荷载持续作用而减小。前者是混凝土裂缝的出现和开展以及存在塑性变形的结果；后者则是受压区混凝土收缩、徐变以及受拉区混凝土的松弛和钢筋与混凝土之间黏结滑移徐变使钢筋应变增加的缘故。因此，在裂缝宽度计算中引入荷载长期效应裂缝扩大系数；在挠度计算中引入短期刚度和长期刚度的概念。

5. 系数 ψ 是在裂缝宽度和挠度计算中描述裂缝之间钢筋应变（应力）分布不均匀性的

参数，其物理意义是反映裂缝之间的混凝土协助钢筋抗拉工作的程度。当截面尺寸、配筋及材料级别一定时，它主要与内力大小有关，其值在 0.2～1.0 之间变化。ψ 愈小钢筋应变愈不均匀，裂缝之间的混凝土协助钢筋抗拉的作用愈大；反之则愈小。

6. 提高构件截面刚度的有效措施是增加截面高度；减小裂缝宽度的有效措施是增加用钢量和采用直径较细的钢筋。因此，在设计中常用控制跨高比来满足变形要求；用控制钢筋的应力和直径来满足裂缝宽度的要求。

7. 对于钢筋和混凝土均采用较高强度等级且负荷较大的大跨度简支和悬臂构件，往往需要按计算控制构件的挠度。此时，可根据最小刚度原则（即假定同号弯矩区段各截面抗弯刚度均近似等于该区段内弯矩最大处的截面抗弯刚度）按结构力学的公式进行计算。

思考题 ▶▶

1. 验算钢筋混凝土受弯构件变形和裂缝宽度的目的是什么？

2. 什么是荷载标准组合和荷载准永久组合？为什么要考虑荷载准永久组合？

3. 试说明建立受弯构件抗弯刚度计算公式的基本思路，与线弹性梁抗弯刚度的公式建立有何异同之处？正常使用阶段钢筋混凝土的受力特点反映在哪些方面？

4. 影响受弯构件长期挠度的因素有哪些？如何计算长期挠度？

5. 何谓"最小刚度原则"？

6. 简述裂缝的出现、分布和开展的过程。影响裂缝间距的因素有哪些？

7. 如何合理配筋能更有效地控制裂缝宽度？除荷载外，还有哪些引起裂缝的原因？防止和控制裂缝的措施有哪些？

8. 影响结构耐久性的因素有哪些？《规范》采用了哪些措施来保证结构的耐久性？

9. 在结构设计时应如何考虑保证混凝土结构的耐久性？

10. 设计结构构件时，为什么要控制裂缝宽度和变形？

第8章
预应力混凝土构件

本章提要 ▶▶

　　本章内容包括预应力混凝土结构的基本概念及其等级与分类，预应力损失的概念、计算方法和组合方法，预应力轴心受拉、受弯构件各阶段的应力状态和设计计算思路，预应力混凝土构件的主要构造要求等；介绍部分预应力构件和无黏结预应力构件的概念和计算要点。本章内容较多，学习的要点是掌握预应力构件各阶段的受力情况和应力分布，也能以此来带动其余内容的学习。

8.1 概　　述

　　混凝土作为一种建筑材料，主要缺点之一就是抗拉的能力很低。当混凝土用于受拉区的构件时，比如用于受拉构件或受弯构件时，受拉区的混凝土在很小的拉应力作用下就会开裂，造成构件裂缝宽度超出许可或构件刚度达不到要求。在很多情况下，混凝土构件的截面尺寸是由对其抗裂要求、裂缝宽度要求或刚度的要求所决定的。

　　使用高强的混凝土并不能解决这一问题。混凝土的强度提高后，极限拉应变没有大的变化，弹性模量的提高也很有限。在抗裂能力和弹性模量都没有根本提高的情况下，仍然只能靠加大截面尺寸的方法来保证构件的抗裂能力和刚度，不能节省材料，反而由于采用高强度混凝土而提高了造价。

　　钢筋混凝土虽然改善了混凝土抗拉强度过低的缺点，但仍存在两个不能解决的问题：一是在带裂缝的状态下工作，裂缝的存在不仅造成受拉区混凝土材料不能充分利用、结构刚度下降，而且限制了它的使用范围；二是从保证结构耐久性的要求出发，必须限制混凝土裂缝开展的宽度，这就使高强度钢筋无法在钢筋混凝土结构中充分发挥其作用，相应也不可能使高强混凝土的作用发挥出来。因为混凝土的极限抗拉应变一般只有 $(0.1 \sim 0.15) \times 10^{-3}$ 左右，因此当混凝土受拉开裂时，钢筋中的应力只有 $20 \sim 30$MPa［相应的钢筋应变为 $(0.1 \sim 0.15) \times 10^{-3}$］，强度远未充分利用。即便对于允许开裂的构件，规范规定一般的裂缝宽度不得大于 $0.2 \sim 0.3$mm，与此相应的钢筋拉应力约为 $150 \sim 200$MPa（光面钢筋）或 $200 \sim 300$MPa（螺纹钢筋）。这就意味着，钢筋的应力无法再提高，使用高强钢筋是无法发挥作用的。

因此，当荷载或跨度增加时，钢筋混凝土结构只有靠增加构件的截面尺寸或增加钢筋用量的方法来控制裂缝和变形。显然，这种做法既不经济又必然增加结构的自重，因而使钢筋混凝土结构的使用范围受到很大限制。为了使钢筋混凝土结构能得到进一步发展，就必须解决混凝土抗拉性能弱这一缺陷。预应力混凝土结构就是为克服钢筋混凝土结构的缺点，经人们长期实践而创造出来的一种具有广泛发展潜力、性能优良的结构。

8.1.1 预应力的概念

预应力是预加应力的简称。这一名字出现的历史虽不很长，但预应力的思想是古老的，其基本原理在几世纪以前就已被聪明的祖先所运用。

木桶是预加压应力抵抗拉应力的一个典型的例子。采用藤、竹或铁箍的木桶，当箍套紧时便对桶壁产生环向的压应力，如施加的环向压应力超过水压力引起的拉应力，木桶就不会开裂和漏水。现代预应力混凝土圆形水池的原理与上述套箍木桶是一样的，所以套箍木桶实质上是一种预应力木结构。

木锯是利用预拉应力抵抗压应力的一个典型的例子。采用线绳绞拧而拉紧的木锯给锯条施加了一个拉应力，使其挺直而能承受锯木来回运动中受到重复变化的拉、压力，避免抗弯能力很低的锯条受压失稳、弯折破坏。

现实生活和工作中利用预应力原理的例子也很多，如拧紧螺丝使钢丝收紧的自行车车轮的钢圈，以及为稳定烟囱、电线杆、桅杆的拉索等。

上述例子和许多实践都表明，既可以用预压应力来抵抗结构承受的拉应力或弯矩，又可用预拉应力来抵抗结构承受的压应力。因此，只要善于运用预应力原理和技术，就可能获得改善结构性能和提高结构承载能力的效果。

在预应力原理和技术运用最广泛的预应力混凝土结构中，通常是以预拉的高强钢筋的弹性回缩力对混凝土结构施加一个预设的应力，使混凝土在荷载作用下以最适合的应力状态工作，从而克服混凝土性能的弱点，充分发挥材料强度，达到结构轻型、大跨、高强、耐久的目的（图 8-1）。

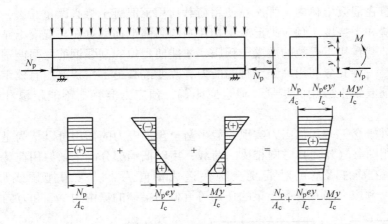

图 8-1 偏心预加力和外荷载作用下的应力分布

对于采用高强钢材作配筋的预应力混凝土，可以用三种不同的概念或三种不同的角度来理解和分析其性状。设计者同时理解这三种概念及其相应的计算方法是十分重要的，只有这样才能更灵活有效地去选择和设计预应力混凝土结构。

（1）第一种概念——预加应力能使混凝土在使用状态下成为弹性材料　前面几章已经讨论过普通钢筋混凝土的特点，即其抗裂刚度比较小，一旦开裂就进入弹塑性阶段。经过预压的混凝土，使原先抗拉弱、抗压强的脆性材料变为一种既能抗压又能抗拉的弹性材料。由此，混凝土被看做承受两个力系，即内部预应力和外部荷载。若预应力所产生的压应力将外荷载所产生的拉应力全部抵消，则在正常使用状态下混凝土没有裂缝甚至不出现拉应力。在这两个力系的作用下，混凝土构件的应力、应变及变形均可按材料力学公式计算，并可在需要时采用叠加原理。

如图 8-1 在一根混凝土梁轴线以下偏心距 e 处预留孔道，穿以高强钢筋后将其张拉并锚固在梁端，给梁施加的预加力为 N_p。在预加力 N_p 的作用下，混凝土截面的正应力（应力以压为正）为

$$\sigma_c = \frac{N_p}{A_c} + \frac{N_p ey}{I_c} \tag{8-1}$$

外荷载弯矩 M（包括梁自重）产生的混凝土截面正应力为

$$\sigma_c = -\frac{My}{I_c} \tag{8-2}$$

混凝土截面的最终正应力为

$$\sigma_c = \frac{N_p}{A_c} + \frac{N_p ey}{I_c} - \frac{My}{I_c} \tag{8-3}$$

式中，A_c、I_c 为混凝土截面面积和抗弯惯性矩；y 为应力计算点至截面形心轴的距离，在截面形心轴以下取正。

从公式(8-1)～式(8-3)中可以看出，对预应力混凝土构件的应力可以像弹性材料一样采用叠加的方法计算，而普通混凝土构件开裂后应力不能叠加。

（2）第二种概念——预加应力能使高强钢材和混凝土共同工作并发挥两者的潜力　这种概念是将预应力混凝土看作高强钢材和混凝土两种材料的一种协调结合。在混凝土构件中采用高强钢筋，要使高强钢筋的强度充分发挥，就必须使其有很大的伸长变形。如果高强钢筋只是简单地浇筑在混凝土体内，那么在使用荷载作用下混凝土势必严重开裂，构件将出现不能允许的宽裂缝和大挠度。预应力混凝土构件中的高强钢筋只有在与混凝土结合之前预先张拉，使在使用荷载作用下受拉的混凝土预压，才能使受拉的高强钢筋的强度进一步发挥。因此，预加应力是一种充分利用高强钢材的能力、改变混凝土工作状态的有效手段，预应力混凝土可看作钢筋混凝土应用的扩展。但也应明确，预应力混凝土不能超越材料本身的强度极限。

（3）第三种概念——预加应力实现荷载平衡　预加应力的作用可以认为是对混凝土构件预先施加与使用荷载（外力）方向相反的荷载，用以抵消部分或全部使用荷载效应的一种方法。预应力筋位置的调整可对混凝土构件造成横向力。以采用抛物线形的预应力筋（图 8-2）为例，预应力筋对混凝土梁的作用可近似为梁端的集中力 N_p 和方向向上、集度为 q 的均布荷载，$q = \dfrac{8 N_p e}{l^2}$。如果在梁上作用方向向下、集度为 q 的外荷载，那么，两种荷载对梁产生的弯曲效应相互抵消，

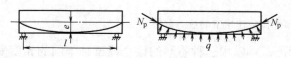

图 8-2　采用抛物线形配筋的预应力混凝土梁

即梁不发生挠曲也不产生反拱，成为仅受轴力 N_p 的状态。如果外荷载超过预加力所产生的反向荷载效应，则可用荷载差值来计算梁截面增加的应力。这种把预加力看成实现荷载平衡的概念是由林同炎教授提出的。

　　预应力混凝土三个不同的概念，是从不同的角度来解释预应力混凝土的原理。第一种概念是预应力混凝土弹性分析的依据，指出了预应力混凝土的主要工作状态；第二种概念反映了预加应力对发挥高强钢材和混凝土潜力的必要性，也指出了预应力混凝土的强度界限；第三种概念则在揭示预加力和外荷载效应相互关系的同时，也为预应力混凝土结构设计与分析提供了一种简捷的方法。

8.1.2　预应力混凝土的等级与预应力度

　　由于预应力技术及其应用的不断发展，国际上对预应力混凝土迄今还没有一个统一的定义。一个概括性较强、由美国混凝土协会（ACI）做出的广义的定义是："预应力混凝土是根据需要人为地引入某一分布与数值的内应力，用以全部或部分抵消外荷载应力的一种加筋混凝土"。

　　以钢材为配筋和施加预应力的预应力混凝土，实际上与普通钢筋混凝土同属于一个统一的加筋混凝土系列。国际上对整个加筋混凝土系列按照其受力性能及变形情况分为若干个等级。

　　(1) 国外对加筋混凝土的分类　1970 年国际预应力协会（FIP）、欧洲混凝土委员会（CEB）根据预应力程度大小的不同，建议将加筋混凝土分为四个等级。

　　① Ⅰ级——全预应力　在全部荷载最不利组合作用下，混凝土不出现拉应力。

　　② Ⅱ级——有限预应力　在全部荷载最不利组合作用下，混凝土允许出现拉应力，但不超过其强度容许值；在长期持续荷载作用下，混凝土不出现拉应力。

　　③ Ⅲ级——部分预应力　在全部荷载最不利组合作用下，混凝土允许出现裂缝，但裂缝的宽度不超过规定值。

　　④ Ⅳ级——普通钢筋混凝土　以上分类是以全预应力混凝土与普通钢筋混凝土为两个边界，设计者可以根据对结构功能的要求和结构所处的环境条件，合理选用预应力等级，以求最优的结构设计方案。

　　(2) 我国对加筋混凝土的分类　中国土木工程学会《部分预应力混凝土结构设计建议》(1986 年，以下简称《PPC 建议》)，根据预应力程度的不同，把加筋混凝土分为全预应力、部分预应力和钢筋混凝土三类。其中部分预应力包括国际分类法中Ⅱ级的有限预应力和Ⅲ级的部分预应力。对于部分预应力混凝土，我国又将其分为 A 类和 B 类。A 类指在正常使用极限荷载状态下，构件预压区混凝土正截面的拉应力不超过规定的容许值；B 类则指在正常使用极限荷载状态下，构件预压区混凝土正截面的拉应力允许超过规定的限值，但当裂缝出现时，其宽度不超过容许值。

　　(3) 预应力度的定义及表达方式　不管对预应力混凝土如何进行分类，它都与预应力混凝土构件被施加的预应力的程度有关。我国的《PPC 建议》用 λ 表示预应力度，并将其定义如下。

　　① 受弯构件

$$\lambda=\frac{M_0}{M}$$

(8-4)

式中，M_0 为消压弯矩，即使构件控制截面受拉边缘预加应力抵消至零时的弯矩；M 为使用荷载（不包括预加力）标准组合下控制截面的弯矩。

② 轴向受拉构件

$$\lambda = \frac{N_0}{N} \tag{8-5}$$

式中，N_0 为消压轴向力，即把构件控制截面预应力抵消到零时的轴向拉力；N 为使用荷载（不包括预加力）标准组合下控制截面的轴向拉力。

预应力度的范围可以从全预应力混凝土变化到钢筋混凝土。《PPC 建议》认为：当预应力度 $\lambda \geqslant 1.0$ 时，称为全预应力混凝土；当预应力度 $\lambda = 0$ 时，称为普通钢筋混凝土；预应力度在 $0 < \lambda < 1.0$ 时为部分预应力混凝土。

8.1.3　预应力混凝土结构的类型

预应力混凝土结构根据其工艺、预应力度、体系及构造特点等可划分为如下几种类型。

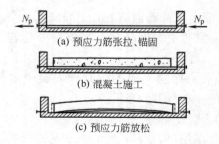

(a) 预应力筋张拉、锚固

(b) 混凝土施工

(c) 预应力筋放松

图 8-3　先张法预应力混凝土工艺

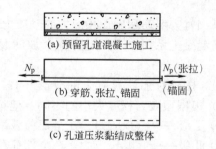

(a) 预留孔道混凝土施工

(b) 穿筋、张拉、锚固

(c) 孔道压浆黏结成整体

图 8-4　后张法预应力混凝土工艺

（1）按预应力工艺分类　预应力混凝土结构根据其预应力施加工艺可分为先张法和后张法两种（图 8-3 和图 8-4），这部分内容在施工技术课中有详细叙述，本章不再赘述。

（2）按预应力度分类　根据预应力程度的不同和我国对预应力混凝土结构的分类法，预应力混凝土结构被分为全预应力、部分预应力两类（见本章 8.1.2 节的相关内容）。

（3）按预应力体系分类　根据预应力体系的特点，预应力混凝土结构可分为体内预应力、体外预应力、有黏结和无黏结预应力、预拉应力及预弯预应力等几类。

图 8-5　体外预应力混凝土结构

① 预应力筋布置在混凝土构件体内的称为体内预应力结构。先张预应力结构和预设孔道穿筋的后张预应力结构等均属此类。

② 体外预应力混凝土结构为预应力筋（称为体外索）布置在混凝土构件体外的预应力结构（图 8-5）。

混凝土斜拉桥属此类结构的特例。

③ 有黏结预应力混凝土结构是指沿预应力筋全长预应力筋周围完全与混凝土黏结、握裹在一起的预应力混凝土结构。先张预应力结构和预设孔道穿筋压浆的后张预应力结构均属此类。

④ 无黏结预应力混凝土结构，指预应力筋伸缩变形自由、不与混凝土黏结的预应力混凝土结构。这种结构采用的预应力筋全长涂有特制的防锈材料，外套防老化的 PE 管。无黏

结预应力混凝土结构通常与后张预应力工艺相结合。

⑤ 预拉应力混凝土结构是指在混凝土受压区采用预压的预应力筋（件）或其它施力措施，使混凝土产生预拉应力的预应力混凝土结构。这种预应力方式和通常的预应力方式相结合，将形成混凝土受拉区预压、受压区预拉的双向预应力体系，从而提高了构件的抗弯能力，构件的截面尺寸、自重荷载将可能减小。

⑥ 预弯预应力混凝土结构是指在加荷预弯的劲性钢梁上浇筑混凝土，待混凝土与钢梁结合为整体并达到设计强度后卸载，利用钢梁反弹随之对混凝土施加预应力的预应力混凝土结构（图8-6）。

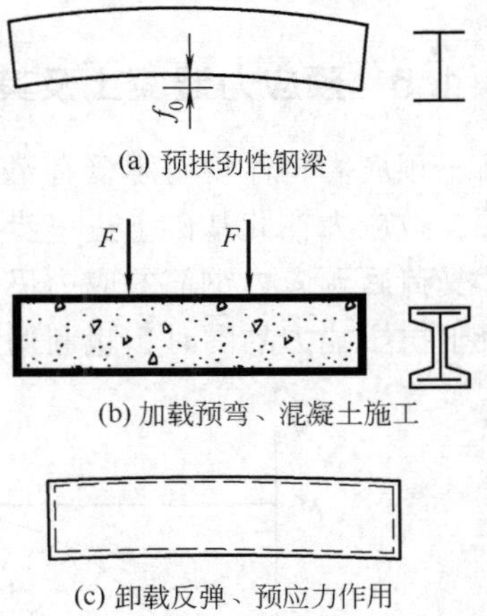

(a) 预拱劲性钢梁

(b) 加载预弯、混凝土施工

(c) 卸载反弹、预应力作用

图 8-6　预弯预应力混凝土结构

8.1.4　预应力混凝土结构的优缺点

预应力混凝土结构与钢筋混凝土结构相比，具有下列主要优点。

① 提高了构件的抗裂性和刚度。构件施加预应力之后，裂缝的出现将大大推迟；在使用荷载作用下，构件可不出现裂缝或推迟出现，因而构件的刚度相应提高，结构的耐久性增强，且可作为弹性材料进行力学分析与计算。有资料表明，预应力构件的短期挠度仅为非预应力构件短期挠度的20%～50%，长期挠度为40%～70%。

② 可以节省材料，减少自重。预应力混凝土由于必须采用高强度材料，因而可以减少钢筋用量和减小构件截面尺寸，节省钢材和混凝土，从而降低结构物的自重。对大跨度或重荷载结构，采用预应力混凝土是比较经济合理的。一般来说，预应力结构能节约混凝土20%～40%，钢材30%～60%，自重减轻20%～40%。

③ 可以减小混凝土梁的剪力和主拉应力。预应力混凝土梁的曲线筋（束），可使混凝土梁在支座附近承受的剪力减小，又由于混凝土截面上预压应力的存在，使荷载作用下的主拉应力也相应减小，有利于减薄混凝土梁腹的厚度，这也是预应力混凝土梁能减轻自重的原因之一。

④ 结构安全、质量可靠。施加预应力时，预应力筋（钢筋束）与混凝土都将经受一次强度检验。如果在预应力筋张拉时预应力筋和混凝土都表现出良好的质量，那么，在使用时一般也可以认为是安全可靠的。

此外，预应力混凝土还能提高结构的耐劳性能。因为具有强大预应力筋、混凝土全截面或基本全截面参加工作的构件，在使用阶段因加荷或卸荷所引起的应力相对变化很小，因而引起疲劳破坏的可能性也小。这对于承受动荷载的桥梁结构来说是很有利的。

预应力混凝土结构也存在着一些缺点：

① 工艺较复杂，质量要求高，因而需要配备一支技术较熟练的专业队伍；

② 需要有一定的专门设备，如张拉机具、灌浆设备等；

③ 预应力反拱不易控制，它将随混凝土的徐变增加而加大，可能影响结构使用效果；

④ 预应力混凝土结构的开工费用较大，对于跨径小、构件数量少的工程，成本较高。

但是，以上缺点是可以设法克服的。例如应用于跨径较大的结构，或跨径虽不大但构件数量很大时，采用预应力混凝土就比较经济。总之，只要我们从实际出发，合理地进行设计和妥善安排，预应力混凝土结构就能充分发挥其优越性。

8.1.5　预应力混凝土及其工作原理

预应力构件没有承受荷载时，预应力钢筋就已经承受了一定程度的拉应力；承受荷载后，拉应力在此基础上进一步提高。在预应力构件中一般使用高强度的预应力钢筋，使得构件受荷后预应力钢筋的应力仍可以有较大幅度的增高。因此也可以说，预应力构件在利用混凝土抗压能力的同时，也利用了高强钢筋的抗拉能力来弥补混凝土抗拉能力的不足。

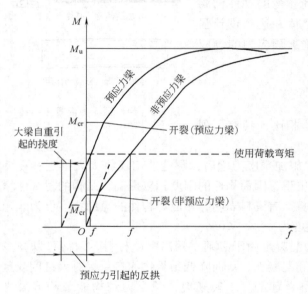

图 8-7　预应力和非预应力构件工作原理的比较

由于预应力减小了构件中混凝土承受的拉应力，预应力混凝土构件在使用阶段可以做到不开裂或开裂甚微，构件的刚度提高，挠度大大减小，所以预应力这一手段大大地提高了构件的抗裂度，减小了构件的裂缝与变形（图 8-7）。预应力的最大优点也就在于提高了构件的抗裂能力和提高了构件的刚度，其它的大部分优点都是由此而来的。抗裂能力和刚度有所提高，就有可能减小构件截面尺寸，就有可能采用高强度的材料，就会提高耐久性。

预应力提高了构件受荷以后混凝土拉应力允许提高的幅度，但同时也降低了构件受荷以后混凝土压应力和钢筋拉应力允许提高的幅度。因此，使用同样材料、同样尺寸的预应力构件和非预应力构件相比，两者的强度是差不多的（图 8-7），试验和理论分析也都证明了这一点。但是，预应力构件可以采用高强度的混凝土和高强度的钢筋，而材料的价格并不会随强度的提高而成正比地增加。

8.1.6　预应力混凝土的使用范围

预应力混凝土，由于它具有许多优点，目前在国内外应用非常广泛，特别是在大跨度或重荷载结构，以及不允许开裂的结构中得到了广泛的应用。我国在新中国成立后不久，即开始研究预应力混凝土在桥梁结构中的应用。目前预应力混凝土结构在我国桥梁建设中的应用已得到了迅速发展。可以预见，预应力混凝土结构也将在房屋结构、塔桅结构、蓄液池、压力管道、原子能反应堆容器、船体结构以及机场机库等方面得到更加广泛地应用。

8.2　预应力损失

8.2.1　预应力损失的影响因素

预应力钢筋在张拉过程中、在预加应力阶段中以及在长期的使用过程中，由于材料的性能、张拉工艺和锚固等原因，均可能引起预加应力的减小，即所谓发生了"预应力损失"。在预应力混凝土设计中需考虑的主要预应力损失有以下六项。

（1）张拉端锚具变形和钢筋松动引起的预应力损失 σ_{l1}　在张拉端，不论我们采用哪种夹具和锚具，当张拉预应力筋达 σ_{con} 后，便需卸去张拉设备，预应力钢筋两端的锚具在压力作用下，由于垫圈和夹具缝隙的挤紧压缩，以及钢筋在锚头中的相对滑移，使预应力钢筋缩短而引起预应力损失。锚具变形越大，预应力损失亦越大，一般损失常在 15N/mm² 以上。

（2）预应力钢筋与孔道壁之间的摩擦引起预应力损失 σ_{l2}　在后张法中，预应力钢筋在构件的预留孔道内张拉时，由于钢筋与孔道壁之间的摩擦（尤其是曲线孔道）妨碍了钢筋伸长，因此引起钢筋实际预应力值的降低，这项损失一般在 30N/mm² 左右。

（3）温度差引起预应力损失 σ_{l3}　在先张法中，为了缩短施工工期而进行蒸汽养护。构件升温时由于温度变化使钢筋受热膨胀产生线性伸长，但台座之间距离始终维持不变，从而使钢筋中的拉应力下降，即引起预应力损失。每度温差约可引起 2N/mm² 的预应力损失。

（4）钢筋应力松弛引起的预应力损失 σ_{l4}　钢筋在长期高应力状态下会随时间的增长而松弛，由于钢筋的松弛，预应力会随之减小。这种现象犹如胡琴的弦拉紧后时间长了就会自己松弛一样。这项损失，在软钢中可达张拉应力的 5%；在硬钢中，可达张拉应力的 7%。

预应力钢筋的松弛与钢筋的材料有关。

（5）混凝土收缩徐变引起的预应力损失 σ_{l5}　由于混凝土的收缩，以及预应力长期作用下混凝土的压缩徐变，会使构件继续缩短，因而预应力钢筋也会随之缩短一些，由此引起预应力钢筋的应力减少。这类预应力损失一般在 60N/mm² 左右，最大时可达 150N/mm²。这是一项数值较大并占很大比重的预应力损失，必须认真对待。

（6）环形配筋对混凝土局部挤压引起的预应力损失 σ_{l6}　直径不大于 3m 的环形结构（如水管等）采用环形配筋时，因钢筋在环形上作螺旋式张拉时，混凝土受到局部挤压而产生压陷，这样将会引起钢筋的预应力损失。《规范》规定 $\sigma_{l6} = 30N/mm^2$。

8.2.2　预应力损失的组合

上述各种因素引起的应力损失是分批出现的。有的（如 σ_{l1}、σ_{l2}、σ_{l3}、σ_{l6}）是瞬时完成的，有的（如 σ_{l4}、σ_{l5}）是经过相当长时间才完成的，它们有的只发生在先张法构件中，有的只发生在后张法构件中，有的两种构件都有。在两种构件中它们出现的时刻也不尽相同，有一些损失在混凝土建立起初始预压应力前或同时即已完成，也有一些损失只有建立起混凝土初始预压应力之后才可能出现，这些收缩、徐变损失和松弛损失都与时间有关，是时间的函数，而且这些损失又是相互有关的。因此，要准确计算这些预应力损失是不容易的。此外，一些其它因素也可能会造成一定程度的预应力损失。

对预应力混凝土构件除应根据使用条件进行承载力计算及变形、抗裂、裂缝宽度和应力验算以外，还需对构件在制作、运输、吊装等施工阶段进行应力验算。不同的受力阶段应考虑相应的预应力损失的组合。因此，可将预应力损失分为两组。

① 混凝土施加预压完成以前出现的损失 $\sigma_{lⅠ}$，称为第一批损失。
② 混凝土施加预压完成以后出现的损失 $\sigma_{lⅡ}$，称为第二批损失。

预应力损失的组合见图 8-8。

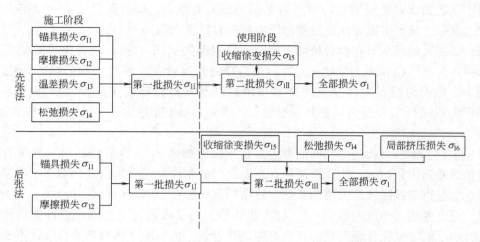

图 8-8 预应力损失的组合

考虑到预应力损失的计算值与实际值之间可能有一定误差，并且为了保证预应力构件的抗裂性，规范规定了总损失的最小值，即当计算求得的预应力总损失值如果小于下列数值，则应按下列数值取用：先张法构件为 $100N/mm^2$；后张法构件为 $80N/mm^2$。

为了便于记忆以上六项预应力损失，我们可以归纳为：一锚二摩三温差，四松五缩六挤压。预应力损失值的计算，《规范》在总结试验和实践的基础上已提出明确的方法和计算公式，设计时可直接查用。

8.3 预应力轴心受拉构件各阶段的应力分析

预应力轴心受拉构件从张拉钢筋开始，直到随着轴心拉力的增大而出现裂缝，再到破坏为止，一般可按两大阶段进行分析，即施工阶段和使用阶段。每个大阶段又包括若干个小阶段。下面分先张法和后张法两种情况来进行讨论，主要分析截面中混凝土和钢筋的应力与变形之间的变化关系。

在预应力混凝土计算中，经常要用到钢筋和混凝土的应力。因此，各阶段应力分析是预应力混凝土计算的基础。

混凝土开裂以前，钢筋和混凝土基本上都处于弹性阶段，可用弹性方法分析。其次，多种材料共同工作组成的截面，可以应用材料弹性模量的比例换算成等效的单一材料的截面。

8.3.1 先张法预应力混凝土轴心受拉构件各阶段应力状态

（1）张拉预应力钢筋（施工阶段） 在台座上张拉钢筋。截面积为 A_p 的预应力钢筋受到的张拉应力为控制应力 σ_{con}，所施加的全部预压力为 $\sigma_{con}A_p$，此力由台座承受。如果构件中同时布置有非预应力钢筋 A_s，它的应力为零。

（2）完成第一批预应力损失 σ_{lI}（施工阶段） 张拉完毕锚固好钢筋并浇捣混凝土。由于锚具变形、钢筋松弛、温差等使一部分预应力损失，预应力钢筋的拉应力 σ_{con} 降低为 $\sigma_{con}-\sigma_{lI}$，混凝土应力为零；非预应力钢筋中应力亦为零。

(3) 放松预应力钢筋（施工阶段） 混凝土硬结后放松预应力钢筋，钢筋回缩时通过黏结力使混凝土受压。构件的长度缩短，预应力钢筋和非预应力钢筋都随之缩短。设这时混凝土所获得的预压应力为 $\sigma_{pc\mathrm{I}}$，即混凝土压应力由上阶段的零增加到 $\sigma_{pc\mathrm{I}}$，则根据应力增量比例等于弹性模量比例的原理，预应力钢筋的拉应力相应地比上阶段减少了 $\alpha_{EP}\sigma_{pc\mathrm{I}}$ 变为

$$\sigma_{p\mathrm{I}}=\sigma_{con}-\sigma_{l\mathrm{I}}-\alpha_{EP}\sigma_{pc\mathrm{I}} \tag{8-6}$$

式中，α_{EP} 为预应力钢筋的弹性模量与混凝土弹性模量之比。

非预应力钢筋的应变总是和混凝土的应变保持一致，它的压应力总是混凝土压应力的 α_E 倍，此时有 $\sigma_{s\mathrm{I}}=\alpha_E\sigma_{pc\mathrm{I}}$。根据截面上的内力平衡条件，有

$$\sigma_{p\mathrm{I}}A_p=\sigma_{pc\mathrm{I}}A_c+\sigma_{s\mathrm{I}}A_s \tag{8-7}$$

将 $\sigma_{p\mathrm{I}}$ 和 $\sigma_{s\mathrm{I}}$ 代入上式，并根据平衡条件，整理得

$$\sigma_{pc\mathrm{I}}=\frac{(\sigma_{con}-\sigma_{l\mathrm{I}})A_p}{A_0} \tag{8-8}$$

$$A_0=A_c+\alpha_{EP}A_p+\alpha_EA_s \tag{8-9}$$

式中，A_c 为混凝土净截面面积，应扣除预应力钢筋和非预应力钢筋所占的混凝土截面面积，当预应力钢筋和非预应力钢筋截面面积不大时，也可按混凝土毛截面计算；A_0 为混凝土的总换算截面面积；α_E 为非预应力钢筋弹性模量与混凝土弹性模量之比。

设产生第一批损失后预应力钢筋中的总拉力用 $N_{p\mathrm{I}}$ 表示，即

$$N_{p\mathrm{I}}=(\sigma_{con}-\sigma_{l\mathrm{I}})A_p \tag{8-10}$$

则

$$\sigma_{pc\mathrm{I}}=\frac{N_{p\mathrm{I}}}{A_0} \tag{8-11}$$

式(8-11) 体现了换算截面的原理，也体现了按弹性材料分析的原理。$N_{p\mathrm{I}}$ 是作用在截面上总的压力，A_0 是将钢筋换算成混凝土后的换算截面面积，两者相除就得到混凝土的压应力。

(4) 完成第二批预应力损失 $\sigma_{l\mathrm{II}}$（施工阶段） 当混凝土的收缩、徐变出现后，产生第二批预应力损失，预应力总损失为 $\sigma_l=\sigma_{l\mathrm{I}}+\sigma_{l\mathrm{II}}$。在钢筋拉应力比上阶段有所降低的同时，混凝土压应力也有所减小，由上阶段的 $\sigma_{pc\mathrm{I}}$ 减小到 $\sigma_{pc\mathrm{II}}$，从而使预应力钢筋的应力比上阶段减小 $\alpha_{EP}(\sigma_{pc\mathrm{II}}-\sigma_{pc\mathrm{I}})$ 而变为

$$\sigma_{p\mathrm{II}}=\sigma_{con}-\sigma_{l\mathrm{I}}-\alpha_E\sigma_{pc\mathrm{I}}-\sigma_{l\mathrm{II}}-\alpha_{Ep}(\sigma_{pc\mathrm{II}}-\sigma_{pc\mathrm{I}})=\sigma_{con}-\sigma_l-\alpha_{Ep}\sigma_{pc\mathrm{II}} \tag{8-12}$$

非预应力钢筋中由于混凝土的收缩及徐变产生了预应力损失造成的压应力 σ_{l5}，则总的压应力为

$$\sigma_{s\mathrm{II}}=\alpha_E\sigma_{pc\mathrm{II}}+\sigma_{l5} \tag{8-13}$$

混凝土的合力可从截面上内力平衡条件求得：

$$\sigma_{p\mathrm{II}}A_p=\sigma_{pc\mathrm{II}}A_c+\sigma_{s\mathrm{II}}A_s \tag{8-14}$$

将 $\sigma_{p\mathrm{II}}$ 和 $\sigma_{s\mathrm{II}}$ 代入上式整理后得

$$\sigma_{pc\mathrm{II}}=\frac{(\sigma_{con}-\sigma_l)A_p-\sigma_{l5}A_s}{A_0} \tag{8-15}$$

设产生第二批损失后预应力钢筋中的总预拉力用 $N_{p\mathrm{II}}$ 表示，即

$$N_{p\mathrm{II}}=(\sigma_{con}-\sigma_l)A_p \tag{8-16}$$

则

$$\sigma_{pcII} = \frac{N_{pII} - \sigma_{l5}A_s}{A_0} \tag{8-17}$$

式中，σ_{pcII} 为预应力构件混凝土中所建立起来的预应力；N_{pII} 为完成全部损失后，预应力钢筋的总预拉力。

(5) 加荷至混凝土应力为零（使用阶段） 构件承受逐渐增加的轴向拉力时，预应力钢筋中的拉应力逐渐增加，非预应力钢筋中的压应力逐渐减小，混凝土的预压应力也逐渐减小。当混凝土中的应力为零时，混凝土中的有效预压应力由上阶段的 σ_{pcII} 减小到零。这时预应力钢筋中的拉应力 σ_{p0} 应是在上阶段的 σ_{pII} 基础上再增加 $\alpha_{Ep}\sigma_{pcII}$，即

$$\sigma_{p0} = \sigma_{pII} + \alpha_{Ep}\sigma_{pcII} \tag{8-18}$$

将式(8-12) 代入上式得

$$\sigma_{p0} = \sigma_{con} - \sigma_l \tag{8-19}$$

非预应力钢筋中的压应力 σ_{s0} 在此阶段为 σ_{l5}，此时的轴向拉力 N_0 可由内力平衡条件求得：

$$N_0 = \sigma_{p0}A_p + \sigma_{s0}A_s = (\sigma_{con} - \sigma_l)A_p - \sigma_{l5}A_s = N_{pII} - \sigma_{l5}A_s \tag{8-20}$$

从式(8-17) 知，$N_{pII} - \sigma_{l5}A_s = \sigma_{pcII}A_0$，所以也有

$$N_0 = \sigma_{pcII}A_0 \tag{8-21}$$

对 N_0 可以理解为当混凝土法向预压应力被抵消到零时，预应力钢筋和非预应力钢筋的合力。这一阶段的实际情况是，轴向拉力抵消了上阶段中混凝土的全部预拉应力，使混凝土应力为零。

(6) 加荷至裂缝即将出现（使用阶段） 当轴向拉力超过 N_0 之后，混凝土开始受拉；当继续加荷致使构件开裂时的拉力 N_{cr} 时，混凝土的拉应力由上阶段的零增加到抗拉强度标准值 f_{tk}，裂缝即将出现；这时预应力钢筋的拉应力 σ_p 是在上阶段的 $(\sigma_{con} - \sigma_l)$ 基础上再增加 $\alpha_{Ep}f_{tk}$，即

$$\sigma_p = (\sigma_{con} - \sigma_l) + \alpha_{Ep}f_{tk} \tag{8-22}$$

非预应力钢筋的应力 σ_s 增加到 $-\sigma_{l5} + \alpha_E f_{tk}$，轴向拉力 N_{cr} 可从截面上的内力平衡条件求得：

$$N_{cr} = (\sigma_{pcII} + f_{tk})A_0 \tag{8-23}$$

实际上根据换算截面的原理可以直接写出上式。不难看出，由于预压应力 σ_{pcII} 的作用（σ_{pcII} 要比 f_{tk} 大得多），使预应力混凝土轴心受拉构件的 N_{cr} 要比普通钢筋混凝土轴心受拉构件的 N_{cr} 大得多，这就是预应力构件抗裂度提高的原因。

(7) 加荷至破坏（使用阶段） 当轴向拉力超过 N_{cr} 后，混凝土开裂，在裂缝截面处，混凝土退出工作，全部外荷载由预应力钢筋及非预应力钢筋承担；随着荷载的增加，拉应力不断增长；破坏时，预应力钢筋及非预应力钢筋都能屈服，应力分别达到屈服强度 f_{py} 和 f_y。此时，

$$N_u = f_{py}A_p + f_yA_s \tag{8-24}$$

先张法预应力轴心受拉构件各阶段的应力状态见图 8-9。上面分析中定义的一些量，如 N_0、N_{cr} 等都是受力阶段标志性的量值，在预应力混凝土的分析和计算中经常要用到。

8.3.2 后张法预应力混凝土轴心受拉构件各阶段应力状态

(1) 张拉预应力钢筋（施工阶段） 在构件上张拉钢筋。截面积为 A_p 的预应力钢筋受

阶段	截面应力状态	预应力钢筋 σ_p	混凝土 σ_c	非预应力钢筋 σ_s	平衡关系
张拉	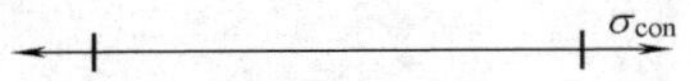	σ_{con}	—	—	
放张前出现 σ_{1I}	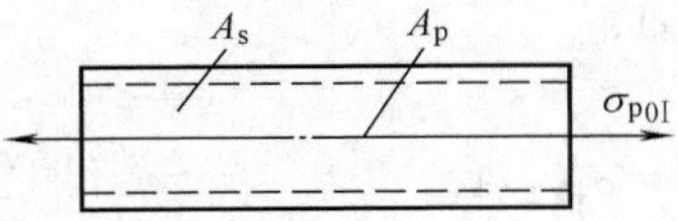	$\sigma_{p0I} = \sigma_{con} - \sigma_{1I}$	0	0	
放张后瞬间	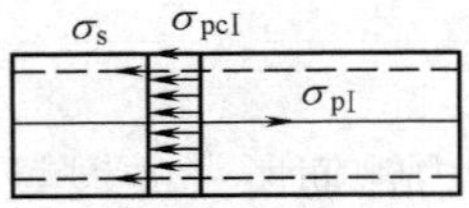	$\sigma_{pI} = \sigma_{p0I} - \alpha_E\sigma_{pcI}$	σ_{pcI}	$\alpha_E\sigma_{pcI}$	$N_{p0I} = \sigma_{p0I}A_0$ $\sigma_{p0I} = \dfrac{N_{p0I}}{A_0}$
出现第二批损失 σ_{1II}		$\sigma_{pII} = \sigma_{p0II} - \alpha_E\sigma_{pcII}$	σ_{pcII}	$\sigma_{15} + \alpha_E\sigma_{pcII}$	$N_{p0II} = \sigma_{p0II}A_p - \sigma_{15}A_s$ $\sigma_{p0II} = \dfrac{N_{p0II}}{A_0}$
消压状态	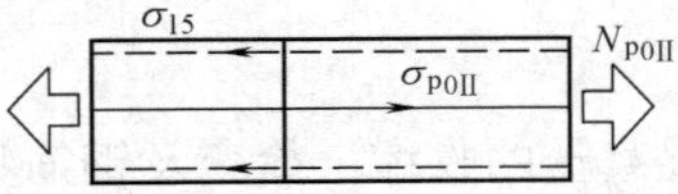	$\sigma_{p0II} = \sigma_{con} - \sigma_1$	0	σ_{15}	$N_{p0II} = \sigma_{p0II}A_p - \sigma_{15}A_s$
开裂前瞬间	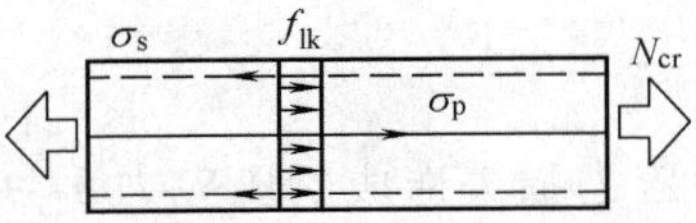	$\sigma_{p0II} + \alpha_E f_{tk}$	f_{tk}	$\sigma_{15} - \alpha_E f_{tk}$	$N_{cr} = N_{p0II} + f_{tk}A_0 = (\sigma_{p0II} + f_{tk})A_0$
开裂后瞬间	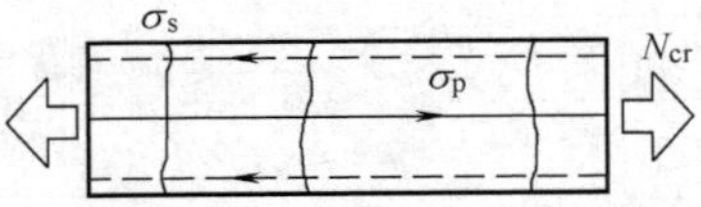	$\sigma_{p0II} + \dfrac{f_{tk}A_0}{A_p+A_s}$	0	$\sigma_{15} - \dfrac{f_{tk}A_0}{A_p+A_s}$	$N_{cr} = \sigma_p A_p - \sigma_s A_s = N_{p0II} + f_{tk}A_0$
$N>N_{cr}$	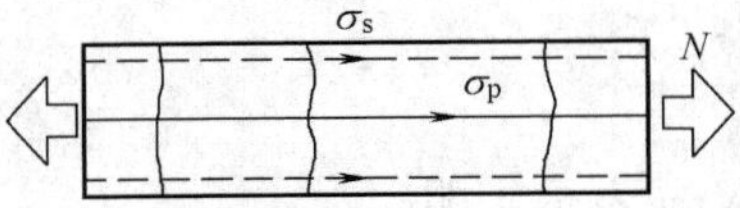	$\sigma_{p0II} + \dfrac{N-N_{p0II}}{A_p+A_s}$	0	$\sigma_{15} - \dfrac{N-N_{p0II}}{A_p+A_s}$	$N = \sigma_p A_p - \sigma_s A_s$
破坏阶段	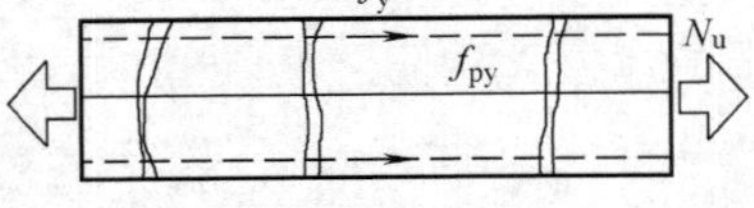	f_{py}	0	f_y	$N_u = f_{py}A_p + f_y A_s$

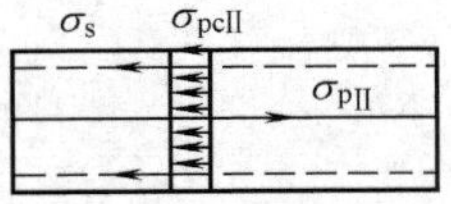

图 8-9　先张法预应力混凝土轴心受拉构件的截面应力分析
(图中 σ_p 以拉为正，σ_c、σ_s 以压为正)

到的张拉应力为控制应力 σ_{con}，与先张法不同的是，张拉钢筋的同时，混凝土已受压缩，孔道摩擦损失产生；锚固钢筋后，锚具损失、钢筋回缩相继完成，即完成第一批预应力损失 $\sigma_{1I} = \sigma_{l1} + \sigma_{l2}$。此时构件中预应力钢筋和非预应力钢筋的应力为

$$\sigma_{pI} = \sigma_{con} - \sigma_{1I} \tag{8-25}$$

$$\sigma_{sI} = -\alpha_E \sigma_{pcI} \tag{8-26}$$

混凝土的预压应力可由平衡条件求出：

$$\sigma_{sI} A_s + \sigma_{pI} A_p = \sigma_{pcI} A_c \tag{8-27}$$

将 σ_{pI} 和 σ_{sI} 代入上式，得：

$$-\alpha_E \sigma_{pcI} A_s + (\sigma_{con} - \sigma_{1I}) A_p = \sigma_{pcI} A_c \tag{8-28}$$

故

$$\sigma_{pcI} = \frac{(\sigma_{con} - \sigma_{1I}) A_p}{A_c + \alpha_E A_s} \tag{8-29}$$

令 A_n 为混凝土净截面换算面积，即扣除孔道和非预应力钢筋所占的混凝土截面面积，再加上非预应力钢筋截面换算面积。

$$A_n = A_c + \alpha_E A_s \tag{8-30}$$

并设

$$N_{pI} = (\sigma_{con} - \sigma_{1I}) A_p \tag{8-31}$$

将式(8-30)、式(8-31) 代入式(8-29) 有：

$$\sigma_{pcI} = \frac{N_{pI}}{A_n} \tag{8-32}$$

(2) 完成第二批预应力损失 σ_{1II} （施工阶段）　当混凝土的收缩、徐变及钢筋松弛出现后，产生第二批预应力损失 σ_{1II}，预应力总损失为 $\sigma_1 = \sigma_{1I} + \sigma_{1II}$，其中 $\sigma_{1II} = \sigma_{14} + \sigma_{15} + \sigma_{16}$；从而使预应力钢筋的应力比上阶段减小而变为

$$\sigma_{pII} = \sigma_{con} - \sigma_1 \tag{8-33}$$

非预应力钢筋中由于混凝土的收缩及徐变产生了预应力损失造成的压应力 σ_{15}，则其总压应力为

$$\sigma_{sII} = -(\alpha_E \sigma_{pcII} + \sigma_{15}) \tag{8-34}$$

混凝土的合力可从截面上内力平衡条件求得：

$$\sigma_{pII} A_p + \sigma_{sII} A_s = \sigma_{pcII} A_c \tag{8-35}$$

将 σ_{pII} 和 σ_{sII} 代入上式整理后得

$$\sigma_{pcII} = \frac{(\sigma_{con} - \sigma_1) A_p - \sigma_{15} A_s}{A_n} \tag{8-36}$$

设产生第二批损失后混凝土上的轴向总预压力用 N_{pII} 表示，即

$$N_{pII} = (\sigma_{con} - \sigma_1) A_p - \sigma_{15} A_s \tag{8-37}$$

则

$$\sigma_{pcII} = \frac{N_{pII}}{A_n} \tag{8-38}$$

式中，σ_{pcII} 为称为构件混凝土中所建立起来的预应力；N_{pII} 为完成全部损失后，混凝土上的轴向总预压力。

(3) 加荷至混凝土应力为零（使用阶段）　构件承受逐渐增加的轴向拉力时，预应力钢筋中的拉应力逐渐增加，非预应力钢筋中的压应力逐渐减小，混凝土的预压应力也逐渐减小。当混凝土中的应力恰好为零时，混凝土中的有效预压应力由上阶段的 σ_{pcII} 减小到零，此时的轴力用 N_{p0II} 表示。预应力钢筋中的拉应力 σ_{p0} 应是在上阶段的 σ_{pII} 基础上再增加

$\alpha_E\sigma_{pcII}$，即

$$\sigma_{p0}=\sigma_{pII}+\alpha_E\sigma_{pcII} \tag{8-39}$$

将式(8-33) 代入上式得

$$\sigma_{p0}=\sigma_{con}-\sigma_1+\alpha_E\sigma_{pcII} \tag{8-40}$$

同理，非预应力钢筋中的压应力 σ_{s0} 在此阶段为 $\sigma_{s0}=-(\alpha_E\sigma_{pcII}+\sigma_{l5})+\alpha_E\sigma_{pcII}=-\sigma_{l5}$。此时的轴向拉力 N_{p0} 可由内力平衡条件求得：

$$N_{p0}=\sigma_{p0}A_p+\sigma_{s0}A_s=(\sigma_{con}-\sigma_1+\alpha_E\sigma_{pcII})A_p-\sigma_{l5}A_s=N_{pII}+\alpha_E\sigma_{pcII}A_p \tag{8-41}$$

由公式(8-38) 得：

$$N_{pII}=\sigma_{pcII}A_n$$

故

$$N_{p0}=\sigma_{pcII}A_n+\alpha_E\sigma_{pcII}A_p=(A_n+\alpha_EA_p)\sigma_{pcII}$$

即

$$N_{p0}=\sigma_{pcII}A_0 \tag{8-42}$$

对 N_{p0} 可以理解为当混凝土法向预压应力被抵消到零时，预应力钢筋和非预应力钢筋的合力。这一阶段的实际情况是，轴向拉力抵消了上阶段中混凝土的全部预拉应力，使混凝土应力为零。

(4) 加荷至裂缝即将出现（使用阶段） 当轴向拉力超过 N_{p0} 之后，混凝土开始受拉；当继续加荷致使构件开裂时的拉力 N_{cr} 时，混凝土的拉应力由上阶段的零增加到抗拉强度标准值 f_{tk}，裂缝即将出现；这时预应力钢筋的拉应力 σ_p 是在上阶段的 $\sigma_{con}-\sigma_1+\alpha_E\sigma_{pcII}$ 基础上再增加 $\alpha_{Ep}f_{tk}$，即

$$\sigma_p=\sigma_{con}-\sigma_1+\alpha_E\sigma_{pcII}+\alpha_{Ep}f_{tk} \tag{8-43}$$

非预应力钢筋的应力 σ_s 增加到 $-\sigma_{l5}+\alpha_{Es}f_{tk}$，轴向拉力 N_{cr} 可从截面上的内力平衡条件求得：

$$N_{cr}=f_{tk}A_c+\sigma_pA_p+\sigma_sA_s=(\sigma_{con}-\sigma_1+\alpha_E\sigma_{pcII}+\alpha_Ef_{tk})A_p+(\alpha_Ef_{tk}-\sigma_{l5})A_s+f_{tk}A_s$$
$$=f_{tk}(A_c+\alpha_EA_s+\alpha_EA_p)+(\sigma_{con}-\sigma_1+\alpha_E\sigma_{pcII})A_p-\sigma_{l5}A_s=f_{tk}A_0+\sigma_{pcII}A_0$$

即

$$N_{cr}=(\sigma_{pcII}+f_{tk})A_0 \tag{8-44}$$

同样可以看出，后张法预应力轴心受拉构件的 N_{cr} 也要比普通钢筋混凝土轴心受拉构件的 N_{cr} 大得多。

(5) 加荷至破坏（使用阶段） 同先张法预应力构件相似，当轴向拉力超过 N_{cr} 后，混凝土开裂，在裂缝截面处，混凝土退出工作，全部外荷载由预应力钢筋及非预应力钢筋承担；随着荷载的增加，拉应力不断增长；破坏时，预应力钢筋及非预应力钢筋都能屈服，应力分别达到屈服强度 f_{py} 和 f_y。此时

$$N_u=f_{py}A_p+f_yA_s \tag{8-45}$$

后张法预应力轴心受拉构件各阶段的应力状态汇总于图 8-10。

从以上分析过程或图 8-9、图 8-10 可以得出一些规律性的结论。

建立在构件混凝土截面上的有效预应力 σ_{pcII} 的计算公式，先张法和后张法的形式基本相同，只是先张法用 A_0，后张法用 A_n；因 $A_0>A_n$，所以，若两种方法的 σ_{con} 相同，则后张法建立的预压应力要高些。

阶段	截面应力状态	预应力钢筋 σ_p	混凝土 σ_c	非预应力钢筋 σ_s	平衡关系
张拉阶段	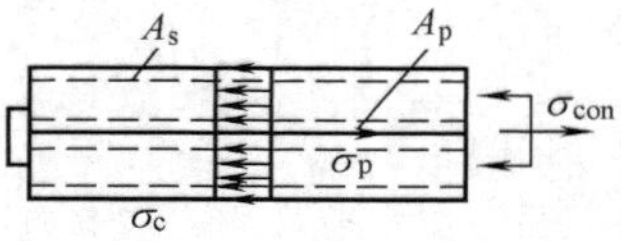	$\sigma_{con}-\sigma_{l2}$	σ_{pc}	$\alpha_E\sigma_{pc}$	$\sigma_{pc}A_c+\alpha_E\sigma_{pc}A_s$ $=(\sigma_{con}-\sigma_{l2})A_p$
张拉终止	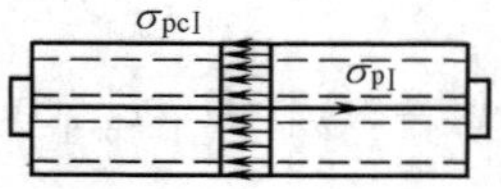	$\sigma_{pI}=\sigma_{con}-\sigma_{lI}$	σ_{pcI}	$\alpha_E\sigma_{pcI}$	$\sigma_{pcI}=\dfrac{(\sigma_{con}-\sigma_{lI})A_p}{A_n}$
出现第二批损失 σ_{lII}	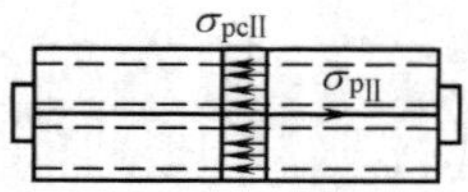	$\sigma_{pII}=\sigma_{con}-\sigma_l$	σ_{p0II}	$\sigma_{l5}+\alpha_E\sigma_{pcII}$	$\sigma_{pcII}=\dfrac{(\sigma_{con}-\sigma_l)A_p-\sigma_{l5}A_s}{A_n}$
消压状态	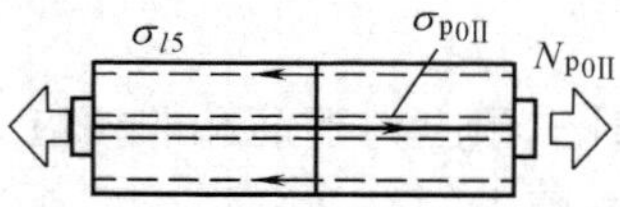	$\sigma_{p0II}=\sigma_{con}-\sigma_l$ $+\alpha_E\sigma_{p0II}$	0	σ_{l5}	$N_{p0II}=\sigma_{p0II}A_p-\sigma_{l5}A_s$
开裂前瞬间	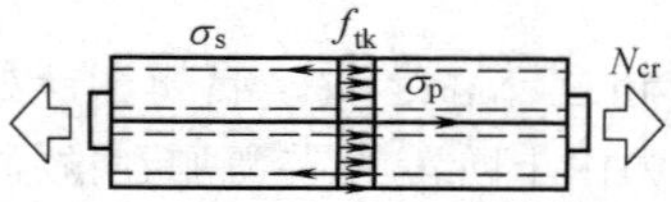	$\sigma_{p0II}+\alpha_E f_{tk}$	f_{tk}	$\sigma_{l5}-\alpha_E f_{tk}$	$N_{cr}=N_{p0II}+f_{tk}A_0$ $=(\sigma_{p0II}+f_{tk})A_0$
开裂后瞬间	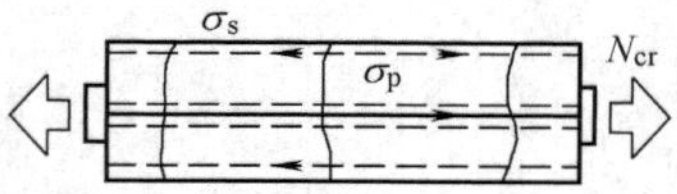	$\sigma_{p0II}+\dfrac{f_{tk}A_0}{A_p+A_s}$	0	$\sigma_{l5}-\dfrac{f_{tk}A_0}{A_p+A_s}$	$N_{cr}=\sigma_p A_p-\sigma_s A_s$ $=N_{p0II}+f_{tk}A_0$
$N>N_{cr}$	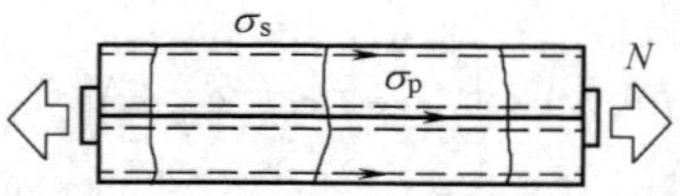	$\sigma_{p0II}+\dfrac{N-N_{p0II}}{A_p+A_s}$	0	$\sigma_{l5}-\dfrac{N-N_{p0II}}{A_p+A_s}$	$N=\sigma_p A_p-\sigma_s A_s$
破坏阶段	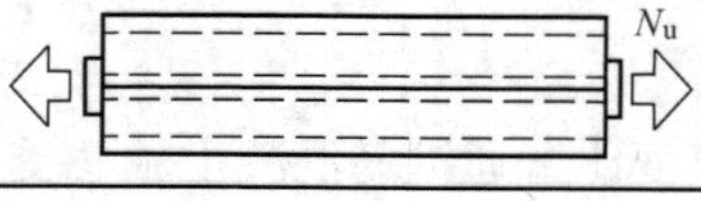	f_{py}	0	f_y	$N_u=f_{py}A_p+f_y A_s$

图 8-10 后张法预应力混凝土轴心受拉构件的截面应力分析

（图中 σ_p 以拉为正，σ_c、σ_s 以压为正）

使用阶段计算 N_0、N_{cr}、N_u 的三个公式，不论先张法或后张法，公式的形式都相同，仅在计算 N_0、N_{cr} 时两种方法对 σ_{pcII} 的具体计算不相同。

下面以预应力轴心受拉构件为例，把预应力钢筋和混凝土在各阶段的应力变化关系画成曲线图（图 8-11、图 8-12），并和普通钢筋混凝土轴心受拉构件进行比较，图中虚线所示为普通钢筋的应力变化，从中不难看到预应力混凝土构件的一些特点。预应力钢筋从张拉直至破坏始终处于高拉应力状态，而混凝土在荷载到达 N_0 以前始终处于受压状态，因此发挥了两种材料各自的特长。预应力混凝土构件出现裂缝要比普通钢筋混凝土构件迟得多，故构件的抗裂度大大提高。但预应力构件裂缝的出现与破坏比较接近。当材料强度和截面尺寸及配筋相同时，预应力混凝土构件的承载能力与普通钢筋混凝土构件相同。

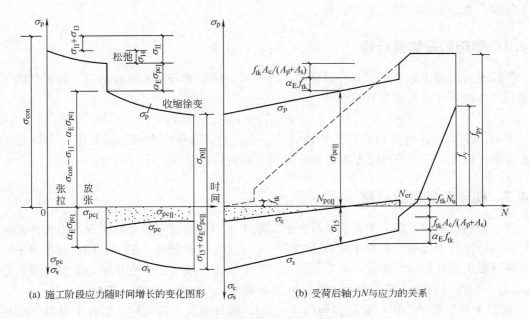

(a) 施工阶段应力随时间增长的变化图形　　(b) 受荷后轴力N与应力的关系

图 8-11　先张法预应力混凝土和普通钢筋混凝土应力比较

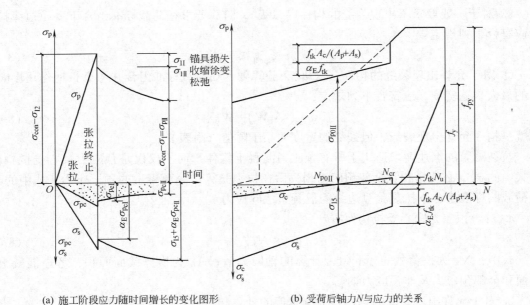

(a) 施工阶段应力随时间增长的变化图形　　(b) 受荷后轴力N与应力的关系

图 8-12　后张法预应力混凝土和普通钢筋混凝土应力比较

8.4　预应力混凝土轴心受拉构件的计算

预应力混凝土轴心受拉构件设计中通常要进行使用阶段强度计算、使用阶段裂缝验算、施工阶段验算以及端面局部承压计算。

8.4.1 使用阶段强度计算

在预应力混凝土轴心受拉构件破坏时，预应力钢筋和非预应力钢筋都可达到它们的设计强度。故可按下式进行强度计算：

$$N = f_{py}A_p + f_yA_s \tag{8-46}$$

式中，N 为构件所受轴心拉力的设计值；f_{py}、f_y 为预应力钢筋与非预应力钢筋的抗拉设计强度；A_p、A_s 为预应力钢筋与非预应力钢筋的截面积。

8.4.2 使用阶段裂缝验算

预应力的主要目的就在于提高构件的抗裂能力，因而抗裂度验算对于预应力构件尤其重要。在一般预应力混凝土构件中除预应力筋外，还多配有非预应力筋，它们在混凝土未开裂之前与混凝土具有相同的应变，并不因先张、后张而异，故其应力变化总是混凝土应力变化的 α_E 倍，完全可换算为等效混凝土，并可用该换算截面作为构件的计算截面。

① 对于严格要求不出现裂缝的构件（一级），验算要求在荷载标准组合下混凝土受拉边缘拉应力应符合下列规定：

$$\sigma_{ck} - \sigma_{pcII} \leqslant 0 \tag{8-47}$$

② 对于一般要求不出现裂缝的构件（二级），验算要求在荷载标准组合下受拉边缘拉应力应符合下列规定：

$$\sigma_{ck} - \sigma_{pcII} \leqslant f_{tk} \tag{8-48}$$

③ 对于允许出现裂缝的构件（三级），验算要求在荷载标准组合并考虑长期作用影响计算的最大裂缝宽度，应符合下列规定：

$$w_{max} \leqslant [W] = W_{lim} \tag{8-49}$$

也就是构件允许出现裂缝，但裂缝的宽度要小于限值（附表 9）。

抗裂验算的上述要求适用于所有预应力混凝土构件，而不仅仅是预应力轴心受拉构件。公式中的 σ_{pcII} 必须是扣除全部预应力损失后在抗裂验算边缘混凝土的预压应力。式中的 σ_{ck} 为荷载的标准组合下抗裂验算边缘的混凝土法向应力。

a. 对于预应力轴心受拉构件有

$$\sigma_{ck} = N_k / A_0 \tag{8-50}$$

式中，N_k 为按荷载的标准组合计算的轴向力值；A_0 为换算截面面积，考虑混凝土净截面和全部预应力及非预应力钢筋。

b. 对于允许出现裂缝的构件，裂缝宽度的计算和普通钢筋混凝土使用同一个公式，即

$$w_{max} = \alpha_{cr}\psi \frac{\sigma_{sk}}{E_s}\left(1.9c + 0.08\frac{d_{eq}}{\rho_{te}}\right) \tag{8-51}$$

轴心受拉构件，$\alpha_{cr} = 2.2$。在计算 ρ_{te}、d_{eq} 和 σ_{sk} 时，要将预应力和非预应力钢筋都考虑进去，即

$$\rho_{te} = \frac{A_p + A_s}{A_{te}} \tag{8-52}$$

对于预应力轴心受拉构件，纵向受拉钢筋的等效应力 σ_{sk} 为

$$\sigma_{sk} = \sigma_p - \sigma_{p0} = \frac{N_k - N_{p0}}{A_p + A_s}$$

式中，N_k 为按荷载的标准组合计算的轴向力；N_{p0} 为计算截面上混凝土法向应力等于零时的预加力；A_p 为受拉区纵向预应力钢筋的截面面积；A_s 为受拉区纵向非预应力钢筋的截面面积。

8.4.3　施工阶段验算

很多预应力构件都是预制构件，在制作、运输和吊装时有可能处于和使用阶段完全不同的应力状态；即便是非预制构件，在施工中也会出现和使用阶段不同的应力状态。所以，施工阶段构件的强度、抗裂度也同样应予以保证。因此，需要进行制作阶段的承载力计算，对屋架结构的下弦拉杆，根据实际情况有时还需要考虑自重及施工荷载的作用（必要时应考虑动力系数），进行运输及安装阶段的计算。

施工阶段截面的混凝土法向压应力应符合下列公式的要求：

$$\sigma_{ct} \leqslant f'_{tk} \tag{8-53}$$

$$\sigma_{cc} \leqslant 0.8 f'_{ck} \tag{8-54}$$

截面混凝土的法向压应力 σ_{cc} 按下式计算：

$$\sigma_{ct} = \sigma_{pcI} + \frac{N_k}{A_0} - \frac{M_k}{W_0} \tag{8-55}$$

$$\sigma_{cc} = \sigma_{pcI} + \frac{N_k}{A_0} + \frac{M_k}{W_0} \tag{8-56}$$

式中，σ_{ct} 为相应施工阶段计算截面预拉区边缘纤维的混凝土拉应力；σ_{cc} 为相应施工阶段计算截面预压区边缘纤维的混凝土压应力；σ_{pcI} 为放张（先张）或张拉终止（后张）时混凝土的预应力，不考虑摩擦及锚具损失；f'_{tk}、f'_{ck} 为与各施工阶段混凝土立方体抗压强度 f'_{cu} 相应的抗拉强度标准值、抗压强度标准值；N_k、M_k 为构件自重及施工荷载的标准组合在计算截面产生的轴向力值、弯矩值；W_0 为验算边缘的换算截面弹性抵抗矩。

8.5　预应力混凝土受弯构件各阶段应力状态

8.5.1　预应力混凝土受弯构件截面形式

预应力混凝土受弯构件在建筑结构和桥梁工程中应用较多，且类型广泛。先张法构件常用的有圆孔板、大型屋面板、T 形截面吊车梁、I 形截面梁、双 T 板及 V 形折板等。后张法构件常用的有薄腹屋面梁、I 形及箱形截面公路及铁路桥梁等。后张法受弯构件可按照受力需要配置曲线预应力筋（图 8-13）。

大型构件荷载较大，拉区需配置较多的预应力钢筋，而自重往往不足以抵消偏心预压力在梁顶面产生的预拉应力，因此梁的顶部也需配置受压区预应力钢筋（A'_p）。截面的核心区范围越大，预应力筋 A_p 及 A'_p 的预压力合力位置就可以越低，亦即在同样的预压力下，梁底产生的预压应力就越大；梁顶面产生的预拉应力就越小，故可减少压区的预应力筋配筋量。因此，重吨位吊车梁、大跨屋面梁以及大跨度预应力桥梁的截面多采用薄腹非对称 I 形

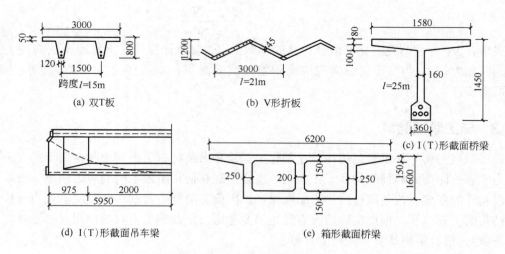

图 8-13 预应力混凝土构件

截面或箱形截面，因为这种截面具有较大的截面核心区。

对预拉区允许出现裂缝的构件，为了控制在预压力作用下梁顶面（预拉区）的裂缝宽度，在预拉区需设置非预应力钢筋（A'_s）。同时为了构件运输和吊装阶段的需要，在梁底部预压区有时也要配置非预应力钢筋（A_s）。此外，部分预应力构件为了控制裂缝的开展和使裂缝合理分布，并保证构件具有足够的延性，常在不同的部位及梁的受拉区配置适量的非预

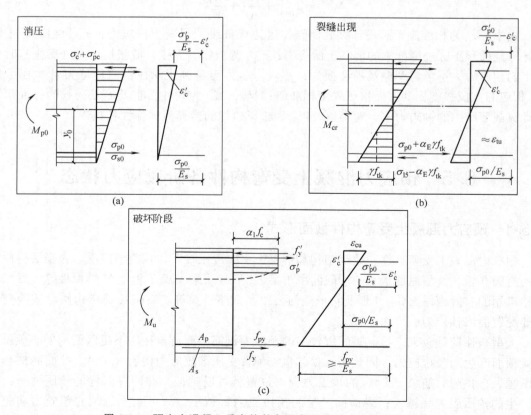

图 8-14 预应力混凝土受弯构件各阶段的截面应力及应变分布

应力钢筋作为受力钢筋，以减少预应力钢筋的配置，并满足承载力要求。

8.5.2 受弯构件各阶段的应力分析

预应力混凝土受弯构件应力分析的原理和受拉构件类似。采用换算截面后，可以按单一材料的梁来计算截面上各点的应力。各阶段应力状态不再赘述，可仿照轴心受拉构件进行分析。各阶段的应力状态汇总于图 8-14。

8.6 预应力混凝土受弯构件承载力计算

8.6.1 破坏阶段应力分析

预应力混凝土受弯构件自加荷至破坏阶段，其截面应力状态与钢筋混凝土受弯构件是相似的。钢筋混凝土受弯构件承载力计算的四个基本假定仍然适用。当 $\xi \leqslant \xi_b$，破坏时截面受拉区预应力筋 A_p 及非预应力筋 A_s 先到达屈服，然后受压区混凝土到达极限压应变而压碎，构件到达极限承载能力。如截面上还配置有受压区预应力钢筋 A'_p，这时 A'_p 的应力可按平截面假定确定，与钢筋混凝土不同之处有以下几点。

（1）界限相对受压区高度 ξ_b 随荷载增大，预应力钢筋的拉应变增大。当 $M = M_{p0}$ 时，预应力钢筋应力为 σ_{p0}，相应的应变为 σ_{p0}/E_s；这时 A_p 合力点处混凝土的压应变为零。在界限破坏情况下，预应力钢筋应力到达 f_{py} 时，压区边缘混凝土应变也同时到达其极限压应变 ε_{cu}，由图 8-15 可知，与混凝土应变保持直线分布的预应力钢筋的应变增量为 $(f_{py} - \sigma_{p0})/E_s$，等效矩形应力图形受压区高度与中和轴高度的比值为 β_1，故界限破坏时相对受压区高度

$$\xi_b = \frac{x_b}{h_0} = \frac{\beta_1 x_{nb}}{h_0} = \frac{\beta_1 \varepsilon_{cu}}{\varepsilon_{cu} + (f_{py} - \sigma_{p0})/E_s} = \frac{\beta_1}{1 + \dfrac{f_{py} - \sigma_{p0}}{\varepsilon_{cu} E_s}} \tag{8-57}$$

当 $\sigma_{p0} = 0$ 时，上式即为钢筋混凝土构件的界限相对受压区高度。

对无物理屈服点的钢筋，根据图 8-16 所示条件屈服点的定义，钢筋达到 $f_{py}(\sigma_{0.2})$ 时的应变为

$$\varepsilon_{py} = 0.002 + f_{py}/E_s$$

故式（8-57）应改为

$$\xi_b = \frac{\beta_1}{1 + \dfrac{0.002}{\varepsilon_{cu}} + \dfrac{f_{py} - \sigma_{p0}}{\varepsilon_{cu} E_s}} \tag{8-58}$$

由式（8-58）可知，预应力混凝土构件的界限相对受压区高度 ξ_b 不仅与钢材品种有关，而且与预应力值 σ_{p0} 的大小有关。

（2）预应力钢筋和非预应力钢筋的应力计算公式 设距受压区边缘为 h_{0i} 处的第 i 排预应力钢筋，在压区混凝土应变到达极限压应变 ε_{cu} 时的应力为 σ_{pi}，则根据平截面假定可写出：

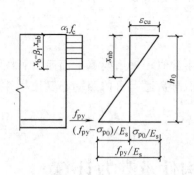

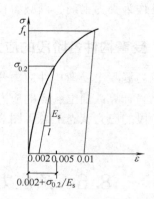

图 8-15　预应力混凝土受弯构
件界限受压区高度

图 8-16　无明显屈服点钢筋的
应力应变曲线

$$\sigma_{pi} = \varepsilon_{cu} E_s \left(\frac{\beta_1 h_{0i}}{x} - 1 \right) + \sigma_{p0i} \tag{8-59}$$

如为非预应力钢筋，则

$$\sigma_{si} = \varepsilon_{cu} E_s \left(\frac{\beta_1 h_{0i}}{x} - 1 \right) \tag{8-60}$$

若按式(8-59)及式(8-60)求得的 σ_{pi}、σ_{si} 为负值，说明该钢筋应力为压应力。显然 σ_{pi}、σ_{si} 必须符合下列条件：

$$\sigma_{p0i} - f'_{py} \leqslant \sigma_{pi} \leqslant f_{py} \tag{8-61}$$

$$-f'_y \leqslant \sigma_{si} \leqslant f_y \tag{8-62}$$

（3）破坏时压区预应力钢筋的应力　施加外荷以前，受弯构件的截面应力状态如图 8-14(a)、(b) 所示。压区预应力钢筋 (A'_p) 的拉应力为

$$\sigma'_p = \sigma'_{p0} - \alpha_E \sigma'_{pc} \qquad (先张)$$

$$\sigma'_p = \sigma'_{con} - \sigma'_l \qquad (后张)$$

设 σ'_{pc} 为压区混凝土在 A'_p 合力中心处的混凝土预压应力，相应的应变 $\varepsilon'_c = \sigma'_{pc}/E_c$。自加载至破坏，$A'_p$ 合力中心处的混凝土压应变的增量为 ($\varepsilon_{cp} - \sigma'_{pc}/E_c$)，相应的压区预应力钢筋的压应力增量为 ($\varepsilon_{cp} - \sigma'_{pc}/E_c$)$E_s$。因此，构件破坏时，$A'_p$ 的应力为（受压为正）

$$\left(\varepsilon_{cp} - \frac{\sigma'_{pc}}{E_c} \right) E_s - \sigma'_p = \varepsilon_{cp} E_s - (\sigma'_p + \alpha_E \sigma'_{pc}) = f'_{py} - \sigma'_{p0} \tag{8-63}$$

式中，$\varepsilon_{cp} E_s$ 为压区边缘混凝土到达极限压应变时，A'_p 合力中心处钢筋发挥的压应力，即钢筋的抗压强度设计值 f'_{py}。

8.6.2　预应力混凝土受弯构件正截面承载力计算

（1）矩形截面受弯承载力计算　预应力混凝土受弯构件到达破坏阶段时，与钢筋混凝土受弯构件相同，压区混凝土应力分布可采用等效矩形应力图，其强度为 $\alpha_1 f_c$，压区预应力钢筋应力为 $f'_{py} - \sigma'_{p0}$，对于矩形截面或翼缘位于受拉边的倒 T 形截面受弯构件 (图 8-17)，其正截面受弯承载力基本公式为

$$\alpha_1 f_c bx + f'_y A'_s + (f'_{py} - \sigma'_{p0}) A'_p = f_{py} A_p + f_y A_s \tag{8-64}$$

$$M \leqslant \alpha_1 f_c b x \left(h_0 - \frac{x}{2} \right) + f'_y A'_s (h_0 - a'_s) + (f'_{py} - \sigma'_{p0}) A'_p (h_0 - a'_p) \qquad (8\text{-}65)$$

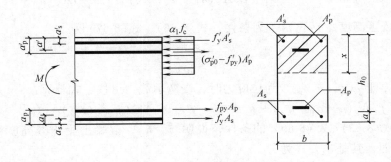

图 8-17　预应力混凝土矩形截面受弯构件正截面承载力计算

混凝土受压区高度尚应符合下列条件：

$$x \leqslant \xi_b h_0 \qquad (8\text{-}66)$$
$$x \geqslant 2a' \qquad (8\text{-}67)$$

式中，M 为弯矩设计值；α_1 为系数，意义同前；f_c 为混凝土轴心抗压强度设计值；A_s、A'_s 为受拉区、受压区纵向普通钢筋的截面面积；A_p、A'_p 为受拉区、受压区纵向预应力钢筋的截面面积；σ'_{p0} 为受压区纵向预应力钢筋合力点处混凝土法向应力等于零时的预应力钢筋应力；b 为矩形截面的宽度或倒 T 形截面的腹板宽度；h_0 为截面有效高度；a'_s、a'_p 为受压区纵向普通钢筋合力点、预应力钢筋合力点至截面受压边缘的距离；a' 为受压区全部纵向钢筋合力点至截面受压边缘的距离，当受压区未配置纵向预应力钢筋或受压区纵向预应力钢筋应力（$f'_{py} - \sigma'_{p0}$）为拉应力时，公式(8-67) 中的 a' 用 a'_s 代替。

（2）T 形截面受弯承载力计算　翼缘位于受压区的 T 形、I 形截面受弯构件（图 8-18），当进行正截面受弯承载力计算时，需先按下列条件判别属于哪一类 T 形截面。判别公式为

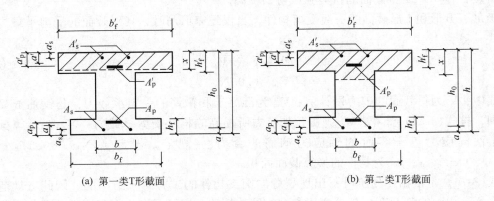

(a) 第一类T形截面　　　　　　　　　(b) 第二类T形截面

图 8-18　I（T）形截面受弯构件

$$f_{py} A_p + f_y A_s \leqslant \alpha_1 f_c b'_f h'_f + f'_y A'_s + (f'_{py} - \sigma'_{p0}) A'_p \qquad (8\text{-}68)$$

或 $$M \leqslant \alpha_1 f_c b'_f h'_f \left(h_0 - \frac{h'_f}{2} \right) + f'_y A'_s (h_0 - a'_s) + (f'_{py} - \sigma'_{p0}) A'_p (h_0 - a'_p) \qquad (8\text{-}69)$$

式(8-68) 用于截面复核情况，式(8-69) 用于截面设计情况。若上列条件成立，即 $x \leqslant h'_f$，为第一类 T 形截面，可按宽度为 b'_f 的矩形截面计算，其基本公式为

$$\alpha_1 f_c b'_f x + f'_y A'_s + (f'_{py} - \sigma'_{p0}) A'_p = f_{py} A_p + f_y A_s \tag{8-70}$$

$$M \leqslant \alpha_1 f_c b'_f x \left(h_0 - \frac{x}{2} \right) + f'_y A'_s (h_0 - a'_s) + (f'_{py} - \sigma'_{p0}) A'_p (h_0 - a'_p) \tag{8-71}$$

混凝土受压区高度 x 应符合下列条件 [式(8-66)、式(8-67)]:

$$x \leqslant \xi_b h_0$$

$$x \geqslant 2a'$$

当 $x < 2a'$，且 $(f'_{py} - \sigma'_{p0})$ 为拉应力时，受弯承载力可按下式计算:

$$M \leqslant f_y A_p (h - a_p - a'_s) + f_y A_s (h - a_s - a'_s) - (f'_{py} - \sigma'_{p0}) A'_p (a'_p - a'_s) \tag{8-72}$$

如不符合式(8-68) 或 (8-69) 的条件，说明 $x > h'_f$，混凝土受压区高度位于肋部，属第二类 T 形截面，其基本公式为

$$\alpha_1 f_c [bx + (b'_f - b) h'_f] + f'_y A'_s + (f'_{py} - \sigma'_{p0}) A_p = f_y A_s + f_{py} A_p \tag{8-73}$$

$$M \leqslant \alpha_1 f_c bx \left(h_0 - \frac{x}{2} \right) + \alpha_1 f_c (b'_f - b) h'_f \left(h_0 - \frac{h'_f}{2} \right) + f'_y A'_s (h_0 - a'_s) + (f'_{py} - \sigma'_{p0})(h_0 - a'_p)$$

$$\tag{8-74}$$

同样，混凝土受压区高度应符合式(8-66)、式(8-67) 的要求。

此外，纵向受力钢筋 $(A_p + A_s)$ 的配筋率应符合下列要求:

$$M_u \geqslant M_{cr} \tag{8-75}$$

式中，M_u 为按式(8-65)、式(8-69) 或式(8-71) 取等号计算;M_{cr} 按《规范》中的相应公式计算，也可按式(8-103) 计算。

8.6.3 预应力混凝土受弯构件斜截面受剪承载力计算

试验表明，预应力混凝土受弯构件的斜截面受剪承载力高于钢筋混凝土受弯构件的受剪承载力。这是因为预压应力的存在延缓了斜裂缝的出现和发展，增加了混凝土剪压区的高度及骨料咬合作用，使斜截面的抗剪强度得到提高。

矩形、T 形和 I 形截面的一般受弯构件，当仅配有箍筋时，其斜截面的受剪承载力按下列公式计算:

$$V \leqslant V_{cs} + V_p \tag{8-76}$$

$$V_p = 0.05 N_{p0} \tag{8-77}$$

式中，V 为斜截面的剪力设计值;V_{cs} 为混凝土和箍筋的受剪承载力，与钢筋混凝土构件相同，按式(4-54) 计算;V_p 为由预加应力所提高的构件受剪承载力;N_{p0} 为计算截面上混凝土法向应力等于零时的预应力钢筋的合力，《规范》规定当 $N_{p0} > 0.3 f_c A_0$ 时，取 $N_{p0} = 0.3 f_c A_0$;A_0 为构件的换算截面面积。

式(8-76) 是根据使用阶段不出现裂缝的简支构件的试验结果给出的。因此《规范》对于合力 N_{p0} 引起的截面弯矩与外弯矩方向相同的情况，以及预应力混凝土连续梁和允许出现裂缝（裂缝控制等级为三级）的预应力混凝土简支梁，均取 $V_p = 0$。

对于需考虑预应力传递长度 l_{tr} 的先张法构件，如支座边缘处截面位于 l_{tr} 范围内，计算 V_p 时应考虑传递长度内 σ_{pe} 降低的影响。如图 8-19 所示，设 l_a 为支座边缘截面至构件端部的距离，当 $l_a < l_{tr}$ 时，可近似取 $V_p = 0.05 N_{p0} \dfrac{l_a}{l_{tr}}$;$l_{tr}$ 详见式(8-102)。

当预应力混凝土受弯构件同时配有非预应力弯起钢筋 A_{sb} 和预应力弯起钢筋 A_{pb} 时（图

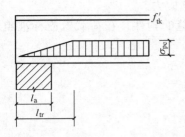

图 8-19 传递长度 l_{tr} 内 σ_{pe} 的折减

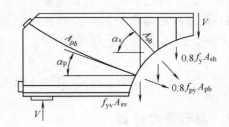

图 8-20 预应力和非预应力弯起钢筋 A_{pb}、A_{sb}

8-20)，斜截面受剪承载力按下列公式计算：

$$V \leqslant V_{cs} + V_p + 0.8 f_y A_{sb} \sin\alpha_s + 0.8 f_{py} A_{pb} \sin\alpha_p \tag{8-78}$$

式中，V 为配置弯起钢筋处的剪力设计值，其计算方法同第 4 章钢筋混凝土构件；V_p 为按式(8-77) 计算的预应力提高的受剪承载力，在计算 N_{p0} 时不考虑预应力弯起钢筋的作用；A_{sb}、A_{pb} 为同一弯起平面内非预应力、预应力弯起钢筋的截面面积；α_s、α_p 为斜截面上非预应力弯起钢筋、预应力弯起钢筋与构件纵向轴线的夹角。

对集中荷载作用下的独立梁（包括集中荷载产生的支座截面边缘处剪力值占总剪力值的 75% 以上的情况），与钢筋混凝土受弯构件相同，式(8-76) 中的 V_{cs} 应按式(4-55) 计算，即

$$V_{cs} = \frac{1.75}{\lambda + 1} f_t b h_0 + f_{yv} \frac{A_{sv}}{s} h_0$$

为了防止斜压破坏，与钢筋混凝土受弯构件相同，预应力混凝土构件的受剪截面同样应符合第 4 章式(4-58) 及式(4-59) 的条件。

《规范》规定对一般受弯构件，当符合下列条件时，

$$V \leqslant 0.7 f_t b h_0 + 0.05 N_{p0} \tag{8-79}$$

以及对集中荷载作用下的独立梁，当符合下列条件时，

$$V \leqslant \frac{1.75}{\lambda + 1} f_t b h_0 + 0.05 N_{p0} \tag{8-80}$$

则不需进行斜截面受剪承载力计算，而仅需按表 4-4 及表 4-5 的构造要求配置箍筋。

当 $V > 0.7 f_t b h_0 + 0.05 N_{p0}$ 时，箍筋的配筋率 $\rho_{sv} \left(\rho_{sv} = \dfrac{A_{sv}}{bs} \right)$ 尚不应小于 $0.24 f_t / f_{yv}$。

8.7 预应力混凝土受弯构件的裂缝控制验算

8.7.1 正截面裂缝控制验算

预应力混凝土受弯构件按照其裂缝控制等级（附表 9），应分别按下列规定进行正截面抗裂验算：

(1) 裂缝控制等级为一级，即严格要求不允许出现裂缝的受弯构件，在荷载效应标准组合弯矩 M_k 作用下应符合下列规定：

$$\sigma_{ck} - \sigma_{pc\,II} \leqslant 0 \tag{8-81}$$

$$\sigma_{ck} = M_k / W_0 \tag{8-82}$$

式中，σ_{ck} 为 M_k 产生的验算截面边缘混凝土的法向应力。

（2）裂缝控制等级为二级，即一般要求不出现裂缝的构件，在荷载效应标准组合弯矩 M_k 作用下，应分别符合下列规定：

$$\sigma_{ck} - \sigma_{pcII} \leqslant f_{tk} \tag{8-83}$$

式中，σ_{ck} 为 M_k 产生的验算截面边缘混凝土法向应力。

8.7.2 裂缝宽度计算

裂缝控制等级为三级的，允许出现裂缝的预应力混凝土受弯构件，其最大裂缝宽度 w_{max} 的计算公式与钢筋混凝土构件相同，即

$$w_{max} = \alpha_{cr} \psi \frac{\sigma_{sk}}{E_s} \left(1.9c + 0.08 \frac{d_{eq}}{\rho_{te}} \right) \tag{8-84}$$

式中，α_{cr} 为构件受力特征系数，对预应力受弯构件取 $\alpha_{cr} = 1.5$。

除 σ_{sk} 的计算公式与钢筋混凝土构件不同以外，其它变量的计算公式均与前述相同。

$$w_{max} \leqslant w_{lim} \tag{8-85}$$

预应力混凝土受弯构件中，预应力钢筋从消压弯矩 M_{p0} 加载到使用荷载 M_k 的过程中，拉区混凝土开裂后的应力增量 σ_{sk} 可按下列公式计算：

$$\sigma_{sk} = \frac{M_k - N_{p0}(z - e_p)}{(A_p + A_s)z} \tag{8-86}$$

$$z = \left[0.87 - 0.12(1 - \gamma'_f) \left(\frac{h_0}{e} \right)^2 \right] h_0 \tag{8-87}$$

$$e = e_p + \frac{M_k}{N_{p0}} \tag{8-88}$$

$$\gamma'_f = \frac{(b'_f - b)h'_f}{bh_0} \tag{8-89}$$

式中，e_p 为 N_{p0} 作用点至受拉区钢筋 A_p 及 A_s 合力点的距离（图8-21）；z 为 A_p 及 A_s 合力点至受压区合力点的距离，$z \leqslant 0.87$；γ'_f 为受压翼缘截面面积与腹板有效截面面积的比值，计算 γ'_f 时当 $h'_f > 0.2h_0$ 时，取 $h'_f = 0.2h_0$；M_k 为按荷载效应的标准组合计算的弯矩值。

按式(8-86)计算出的预应力混凝土受弯构件的最大裂缝宽度 w_{max} 不应大于 0.2mm。

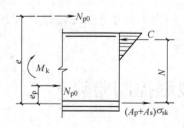

图8-21 σ_{sk} 的计算

8.7.3 预应力混凝土受弯构件的挠度计算

预应力混凝土受弯构件的挠度由两部分所组成：一部分是由荷载产生的挠度 f_1；另一部分是预应力所产生的反拱 f_2。

（1）预应力产生的反拱 f_2 预应力构件在放张（先张）或张拉终止（后张）时，在偏心压力作用下即产生反拱。由于混凝土的徐变反拱随时间的增长而增大。构件在预压力作用下的反拱可用结构力学方法按刚度 E_cI_0 计算。考虑到预压应力的长期作用影响，应将计算求得的施加预压力时的反拱值乘以增大系数 2.0。当构件两端为简支，跨长为 l 时，使用荷载下的反拱可按下式计算：

$$f_2 = 2 \frac{N_p e_p l^2}{8 E_c I_0} \tag{8-90}$$

式中，N_p 及 e_p 为对先张法构件为 $N_{p0\text{II}}$ 及 $e_{p0\text{II}}$，后张法构件为 $N_{p\text{II}}$ 及 $e_{p\text{II}}$。

（2）使用荷载作用下产生的挠度 f_1　在使用荷载作用下，预应力混凝土受弯构件的短期刚度 B_s 可写成下列形式：

$$B_s = \beta E_c I_0 \tag{8-91}$$

式中，β 为刚度折减系数。

对于使用阶段要求不出现裂缝的构件，考虑到在使用阶段已存在有一定的塑性变形，取 $\beta = 0.85$，则

$$B_s = 0.85 E_c I_0 \tag{8-92}$$

对于使用阶段已出现裂缝的构件，分析表明，β 与 κ_{cr}（M_{cr} 与 M_k 的比值）有关，即 β 随 $\kappa_{cr} = M_{cr}/M_k$ 的减小而增大。试验资料分析给出如下数据及计算公式。

① 当 $\kappa_{cr} = 1.0$ 时，$\beta_1 = 0.85$，$\kappa_{cr} > 1.0$ 时，取 $\kappa_{cr} = 1.0$。

② 当 $\kappa_{cr} = 0.4$ 时，

$$\beta_{0.4} = \frac{1}{\left(0.8 + \dfrac{0.15}{\alpha_E \rho}\right)(1 + 0.5 \gamma_f)} \tag{8-93}$$

$$\gamma_f = \frac{(b_f - b) h_f}{b h_0} \tag{8-94}$$

此处　$\alpha_E = E_s / E_c$，$\rho = (A_s + A_p)/(b h_0)$。

③ 当 $0.4 < \kappa_{cr} < 1.0$ 时，近似假定弯矩-曲率曲线为线性变化，并进行适当简化后可得：

$$\beta = \frac{0.85}{\kappa_{cr} + (1 - \kappa_{cr}) \omega} \tag{8-95}$$

其中

$$\omega = \left(1 + \frac{0.21}{\alpha_E \rho}\right)(1 + 0.45 \gamma_f) - 0.7 \tag{8-96}$$

即允许出现裂缝构件的短期刚度为

$$B_s = \frac{0.85 E_c I_0}{\kappa_{cr} + (1 - \kappa_{cr}) \omega} \tag{8-97}$$

式(8-97) 仅适用于 $0.4 < \kappa_{cr} \leq 1.0$ 的情况。

对预压时预拉区出现裂缝的构件，B_s 应降低 10%。

考虑荷载长期作用影响的刚度 B 的计算公式同前述，对预应力混凝土受弯构件取 $\theta = 2.0$，即

$$B_l = \frac{M_k}{M_q + M_k} B_s \tag{8-98}$$

（3）挠度计算　按荷载效应标准组合（M_k）并考虑荷载长期作用影响的刚度（B_l）计算求得的挠度 f_1，减去考虑预加应力长期作用影响求得的反拱值 f_2，即为预应力混凝土受弯构件在使用阶段的挠度 f：

$$f = f_1 - f_2 \tag{8-99}$$

按上式求得的挠度计算值不应超过附表 10 规定的挠度限值。

8.7.4 受弯构件裂缝出现时的弯矩 M_{cr}

当受拉区混凝土边缘的应力到达 f_{tk} 后，由于拉区混凝土塑性变形的发展，拉区混凝土的应力分布将呈曲线形。为了便于计算，可将拉区混凝土应力分布（在 M_{cr} 保持不变的条件下）简化为三角形应力图形，取受拉边缘的应力为 γf_{tk} [图 8-14 (b)]，则 M_{cr} 可按下列公式计算：

$$M_{cr}=(\sigma_{pc}+\gamma f_{tk})W_0 \tag{8-100}$$

$$\gamma=\left(0.7+\frac{120}{h}\right)\gamma_m \tag{8-101}$$

式中，W_0 为构件换算截面受拉边缘的弹性抵抗矩；γ 为混凝土构件的截面抵抗矩的塑性系数；γ_m 为混凝土构件的截面抵抗矩塑性影响系数基本值，可按正截面应变保持平面的假定，并取受拉区混凝土应力图形为梯形、受拉边缘混凝土极限拉应变为 $2f_{tk}/E_c$ 确定，对常用的截面形状，γ_m 值可按表 8-1 取用；h 为构件截面高度，mm，当 $h<400$ 时，取 $h=400$，当 $h>1600$ 时，取 $h=1600$，对圆形、环形截面，取 $h=2r$，此处，r 为圆形截面半径或环形截面的外环半径。

表 8-1　截面抵抗矩塑性影响系数基本值 γ_m

项次	1	2	3		4		5
截面形状	矩形截面	翼缘位于受压区的 T 形截面	对称 I 形截面或箱形截面		翼缘位于受拉区的倒 T 形截面		圆形和环形截面
			$b_f/b\leqslant2$、h_f/h 为任意值	$b_f/b>2$、$h_f/h<0.2$	$b_f/b\leqslant2$、h_f/h 为任意值	$b_f/b>2$、$h_f/h<0.2$	
γ_m	1.55	1.50	1.45	1.35	1.50	1.40	$1.6-0.24r_1/r$

注：1. 对 $b_f'>b_f$ 的 I 形截面，可按项次 2 与项次 3 之间的数值采用；对 $b_f'<b_f$ 的 I 形截面，可按项次 3 与项次 4 之间的数值采用。

2. 对于箱形截面，b 系指各肋宽度的总和。

3. r_1 为环形截面的内环半径，对圆形截面取 r_1 为零。

8.8　预应力的传递长度和锚固区的局部承压

8.8.1　预应力的传递长度

在没有锚固措施的先张法构件中，预应力是靠钢筋和混凝土之间的黏结作用来传递的，这种锚固方式称为"自锚"。当切断预应力钢筋时，钢筋回缩而直径变粗，挤压混凝土；结硬后的混凝土阻止钢筋回缩，建立了预应力。但预应力钢筋的自锚或预应力的传递并不能在构件端部集中地突然完成，而必须通过一定的传递长度。

在传递长度 l_{tr} 范围内，预应力可近似地认为按直线规律变化。如上所述，在验算先张法构件端部斜截面抗裂和受剪承载力时，应考虑预应力钢筋在其传递长度 l_{tr} 范围内的实际预应力值的变化。

传递长度 l_{tr} 的大小与预应力钢筋种类、预压时的混凝土强度等因素有关，《规范》给出了下列计算公式：

$$l_{tr} = \alpha \frac{\sigma_{pe}}{f'_{tk}} d \qquad (8\text{-}102)$$

式中，σ_{pe} 为放张时预应力钢筋的有效预应力；d 为预应力钢筋的公称直径；α 为预应力钢筋的外形系数，按表 2-1 采用；f'_{tk} 为与放张时混凝土立方体抗压强度 f'_{cu} 相应的轴心抗拉强度标准值，按附表 6 以线性内插法确定。

当采用骤然放松预应力钢筋的施工工艺时，l_{tr} 的起点应从距构件末端 $0.25l_{tr}$ 处开始计算。

8.8.2　锚固区的局部承压

（1）局部承压的概念　在后张法构件中，预应力是通过锚具经垫板传给混凝土的。预压力很大，而锚具和垫板的尺寸一般均较小，因此构件端部混凝土承受着很大的局部应力，这种压应力要经过一段距离（$\approx h$）才能扩散到整个截面上（图 8-22）。局部受压区混凝土实际上处于三向应力状态，与纵向法向应力 σ_x 垂直的还有横向法向应力 σ_y 及 σ_z。近垫板处 σ_y（σ_z）为压应力，距构件端部超过一定距离以后为拉应力。当横向法向拉应力超过混凝土抗拉强度时，构件端部将出现纵向裂缝，导致局部受压破坏。设计时如不进行局部加强，构件端部混凝土将可能出现裂缝或因局部承压不足而遭破坏，并导致预加应力的失败。设计时，要保证在张拉钢筋时锚具下锚固区的混凝土不开裂和不产生过大的变形，即要保证锚具下的钢筋配置能满足端部混凝土局部承压强度的要求。为此需在局部受压区内配置方格网式或螺旋式间接钢筋。

（2）后张法构件锚具垫板下局部受压承载力计算　配置间接钢筋不能防止混凝土开裂，但可提高局部受压承载力并控制裂缝宽度。间接配筋过多，虽承载力可有较大提高，但会产生过大的局部变形，使垫板下陷。为此，《规范》规定局部受压面积应符合下列要求：

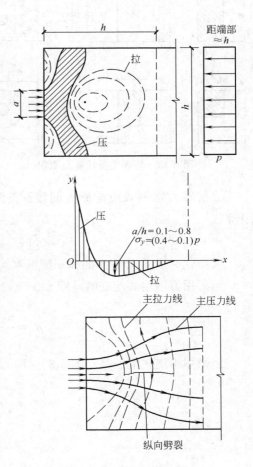

图 8-22　局部受压应力状态

$$F_l \leqslant 1.35\beta_c\beta_l f_c A_{ln} \qquad (8\text{-}103)$$

$$\beta_l = \sqrt{\frac{A_b}{A_l}} \qquad (8\text{-}104)$$

式中，F_l 为局部受压面上作用的局部荷载或局部压力设计值，在计算后张法构件的锚头局部受压时，取 $F_l = 1.2\sigma_{con}A_p$；β_c 为混凝土强度影响系数，当 $f_{cu,k} \leqslant 50\text{N/mm}^2$ 时取 1.0，当 $f_{cu,k} = 80\text{N/mm}^2$ 时取 0.8，其间按内插取用；β_l 为混凝土局部受压时的强度提高系数；A_1 为混凝土局部受压面积；A_b 为局部受压的计算底面积，可根据局部受压面积与计算底面积按同心、对称的原则按图 8-23 取用，对后张法构件，为了避免出现孔道愈大 β 值愈高的不合理现象，故在计算开孔构件的 β 值时，在 A_b 及 A_1 中均不扣除孔道面积；A_{ln} 为扣除孔道面积的混凝土局部受压净面积，可按照压力沿锚具边缘在垫板中以 45°角扩散后传到混凝土的受压面积计算（图 8-24）。

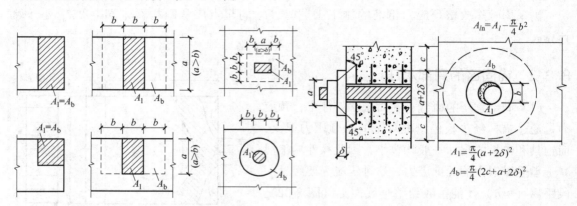

图 8-23 局部受压计算底面积 A_b 图 8-24 局部受压净面积 A_{ln}

当配置方格网式或螺旋式间接钢筋且其核心面积 $A_{cor} \geqslant A_1$ 时，其承载力按下列公式计算：

$$F_1 \leqslant 0.9(\beta_c \beta_1 f_c + 2\alpha\rho_v \beta_{cor} f_{yv})A_{ln} \tag{8-105}$$

式中，ρ_v 为间接钢筋的体积配筋率。

当采用方网格式配筋时 [图 8-25 (a)]，

$$\rho_v = \frac{n_1 A_{s1} l_1 + n_2 A_{s2} l_2}{A_{cor} s} \tag{8-106}$$

当采用螺旋式配筋时 [图 8-25 (b)]，

$$\rho_v = \frac{4 A_{ss1}}{d_{cor} s} \tag{8-107}$$

$$\beta_{cor} = \sqrt{\frac{A_{cor}}{A_1}}$$

式中，β_{cor} 为配置间接钢筋的局部受压承载力提高系数，当 $A_{cor} \leqslant 1.25 A_1$ 时，$\beta_{cor} = 1.0$；A_{cor} 为间接钢筋范围以内的混凝土核心面积（不扣除孔道面积），但不应大于 A_b，且其重心应与 A_1 的重心相重合，并符合 $A_{cor} \geqslant A_1$ 的条件；n_1、A_{s1}（n_2、A_{s2}）为方格网沿 l_1（l_2）方向的钢筋根数、单根钢筋截面面积；A_{ss1} 为螺旋钢筋的截面面积；s 为方格网或螺旋式间接钢筋的间距，$s = 30 \sim 80\text{mm}$；d_{cor} 为螺旋式配筋以内的混凝土直径。其余符号意义同前。

间接钢筋应配置在图 8-25 所规定的 h 范围内。配置方格网钢筋时，其两个方向的单位长度内的钢筋截面面积相差不宜大于 1.5 倍，且网片不应少于 4 片。配置螺旋钢筋时，不应少于 4 圈。《规范》规定间接钢筋的体积配筋率 ρ_v 不应小于 0.5%。

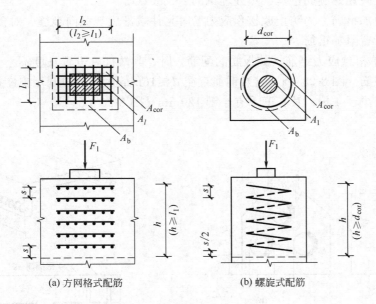

(a) 方网格式配筋   (b) 螺旋式配筋

图 8-25   局部受压区的间接配筋

8.9   预应力混凝土构件的构造要求

预应力混凝土构件的构造是关系到构件设计能否实现的重要问题，必须认真地加以处理。预应力混凝土构件的构造要求与张拉工艺、锚固措施、预应力筋的种类等因素密切相关，其中张拉工艺起着决定作用。不同的张拉工艺，相应的构造要求也不同。预应力筋的线拉控制应力详见《规范》10.1.3 中的有关规定。

8.9.1   先张法构件

（1）预应力钢筋（丝）的净间距   预应力钢筋之间的净间距应根据便于浇灌混凝土、保证钢筋与混凝土的黏结锚固等来确定。先张法预应力筋之间的净间距不宜小于其公称直径的 2.5 倍和混凝土粗骨料最大粒径的 1.25 倍，且应符合下列规定：

预应力钢丝不应小于 15mm；三股钢绞线不应小于 20mm；七股钢绞线不应小于 25mm。当混凝土振捣密实性具有可靠保证时，净间距可放宽为最大粗骨料粒径的 1.0 倍。若采用钢丝排列有困难时，可采用两根或三根并筋（图 8-26），其净距对双并筋应取为单筋直径的 1.4 倍，对三双并筋应取为单筋直径的 1.5 倍。

(a) 2根并筋 (b) 3根并筋 (c) 3根并筋 (d) 4根并筋

图 8-26   并筋的布置方式

（2）混凝土保护层厚度   为了保证钢筋与混凝土的黏结强度，防止放松预应力筋时出现纵向劈裂裂缝，必须有一定的混凝土保护层厚度。当预应力筋为钢筋时，其保护层厚度要求同钢筋混凝土构件，详见附表 20；当预应力筋为钢丝时，其保护层厚度不应小于 15mm [图 8-27 (a)]。

（3）钢筋、钢丝的锚固   先张法预应力混凝土构件应保证钢筋（丝）与混凝土之间有可靠的黏结力，宜采用螺旋肋钢丝、热处理钢筋、钢绞线等。

（4）端部附加钢筋　为防止放松预应力筋时构件端部出现纵向裂缝，对预应力筋端部周围的混凝土应设置附加钢筋。

① 当采用单根预应力钢筋（如板肋的配筋）时，其端部宜设置长度不小于 150mm 且不少于 4 圈的螺旋筋［图 8-28（a）］。当钢筋直径 $d \leqslant 16$mm 时，也可利用支座垫板上的插筋，但插筋数量不应少于 4 根，其长度不宜小于 120mm［图 8-28（b）］。

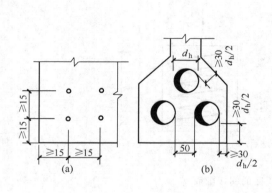

图 8-27　净距及保护层　　　　　　　　　图 8-28　端部附加钢筋

② 当采用多根预应力钢筋时，在构件端部 $10d$（d 为预应力钢筋的公称直径）且不小于 100mm 长度范围内，应设置 3～5 片与预应力筋垂直的钢筋网。

③ 对采用钢丝配筋的预应力薄板（如 V 形折板），在端部 100mm 范围内，应适当加密横向钢筋。

8.9.2　后张法构件

（1）后张法预应力筋及预留孔道布置应符合下列构造规定

① 预制构件中预留孔道之间的水平净间距不宜小于 50mm，且不宜小于粗骨料粒径的 1.25 倍；孔道至构件边缘的净间距不宜小于 30mm，且不宜小于孔道直径的 50%。

② 现浇混凝土梁中预留孔道在竖直方向的净间距不应小于孔道外径，水平方向的净间距不宜小于 1.5 倍孔道外径，且不应小于粗骨料粒径的 1.25 倍；从孔道外壁至构件边缘的净间距，梁底不宜小于 50mm，梁侧不宜小于 40mm，裂缝控制等级为三级的梁，梁底、梁侧分别不宜小于 60mm 和 50mm。

③ 预留孔道的内径宜比预应力束外径及需穿过孔道的连接器外径大 6～15mm，且孔道的截面积宜为穿入预应力束截面积的 3.0～4.0 倍。

④ 当有可靠经验并能保证混凝土浇筑质量时，预留孔道可水平并列贴紧布置，但并排的数量不应超过 2 束。

⑤ 在现浇楼板中采用扁形锚固体系时，穿过每个预留孔道的预应力筋数量宜为 3～5 根；在常用荷载情况下，孔道在水平方向的净间距不应超过 8 倍板厚及 1.5m 中的较大值。

（2）后张法预应力混凝土构件的端部锚固区，应按下列规定配置间接钢筋

① 采用普通垫板时，应按规定进行局部受压承载力计算，并配置间接钢筋，其体积配筋率不应小于 0.5%，垫板的刚性扩散角应取 45°。

② 局部受压承载力计算时，局部压力设计值对有黏结预应力混凝土构件取 1.2 倍张拉控制力，对无黏结预应力混凝土取 1.2 倍张拉控制力和 $f_{pk}A_p$ 中的较大值。

③ 当采用整体铸造垫板时，其局部受压区的设计应符合相关标准的规定。

④ 在局部受压间接钢筋配置区以外，在构件端部长度 l 不小于截面重心线上部或下部预应力筋的合力点至邻近边缘的距离 e 的 3 倍，但不大于构件端部截面高度 h 的 1.2 倍，高度为 $2e$ 的附加配筋区范围内，应均匀配置附加防劈裂箍筋或网片（图 8-29），配筋面积可按下列公式计算，且体积配筋率不应小于 0.5%。

$$A_{sb} \geqslant 0.18(1-l_1/l_b)/(P/f_{yv}) \tag{8-108}$$

式中，P 为作用在构件端部截面重心线上部或下部预应力筋的合力设计值，对有黏结预应力混凝土构件取 1.2 倍张拉控制力；l_1、l_b 为分别为沿构件高度方向 A_1、A_b 的边长或直径，A_1、A_b 详见图 8-23。f_{yv} 为附加防劈裂钢筋的抗拉强度设计值。

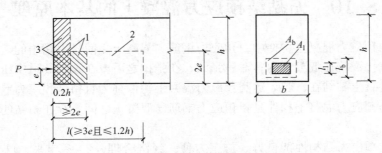

图 8-29 防止端部裂缝的配筋范围
1—局部受压间接钢筋配置区；2—附加防劈裂配筋区；3—附加防端面裂缝配筋区

⑤ 当构件端部预应力筋需集中布置在截面下部或集中布置在上部和下部时，应在构件端部 0.2h 范围雨设置附加竖向防端面裂缝构造钢筋（图 8-29），其截面面积应符合下列公式要求：

$$A_{sv} \geqslant \frac{T_s}{f_{yv}} \tag{8-109}$$

$$T_s = \left(0.25 - \frac{e}{h}\right)P \tag{8-110}$$

式中，T_s 为锚固端端面拉力；e 为截面重心线上部或下部预应力筋的合力点至截面近边缘的距离。

当 e 大于 0.2h 时，可根据实际情况适当配置构造钢筋。竖向防端面裂缝钢筋宜靠近端面配置，可采用焊接钢筋网、封闭式箍筋或其它的形式，且宜采用带肋钢筋。

当端部截面上部和下部均有预应力筋时，附加竖向钢筋的总截面面积应按上部和下部的预应力合力分别计算的较大值采用。在构件端面横向也应按上述方法计算抗端面裂缝钢筋，并与上述竖向钢筋形成网片筋配置。

(3) 后张法预应力混凝土构件的其它构造规定

① 当构件在端部有局部凹进时，应增设折线构造钢筋（图 8-30）或其它有效的构造钢筋。

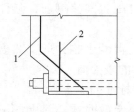

图 8-30 端部凹进处构造钢筋
1—折线构造钢筋；2—竖向构造钢筋

② 后张法预应力混凝土构件中，当采用曲线预应力束时，其曲率半径 γ_p 宜按下列公式确定，但不宜小于 4m。

$$\gamma_p \geq \frac{P}{0.35 f_c d_p} \qquad (8\text{-}111)$$

式中，γ_p 为预应力束的曲率半径；d_p 为预应力束孔道的外径；其余符号意义同前。

对于折线配筋的构件，在预应力束弯折处的曲率半径可适当减小。当曲率半径 γ_p 不满足上述要求时，可在曲线预应力束弯折处内侧设置钢筋网片或螺旋筋。

③ 后张法预应力筋所用锚具、夹具和连接器等的形式和质量应符合国家现行有关标准的规定。

8.10 无黏结预应力混凝土的基本原理

前面讲述的预应力混凝土构件中，预应力钢筋与混凝土之间是有黏结的。对先张法，预应力筋张拉后直接浇筑在混凝土内；对后张法，在张拉之后要在预留孔道中压入水泥浆，以使预应力筋与混凝土黏结在一起。这类预应力混凝土构件称为有黏结预应力混凝土构件。与之对应，无黏结预应力混凝土构件是指预应力钢筋与混凝土之间不存在黏结的预应力混凝土构件。

由于无黏结预应力结构性能良好，施工方便，经济合理，20 多年来，已为许多国家所采用，国外的 ACI、BS8110 及 DIN4227 等结构设计规范对无黏结预应力混凝土的设计与应用都做了具体规定。根据相关的统计，无黏结预应力混凝土自 50 年代初开始少量应用以来，现已有 1 亿平方米以上的房屋建筑采用。

无黏结预应力混凝土在加拿大、英国、瑞士、德国、澳大利亚、日本、泰国、新加坡等国家的房屋建筑中也有很多应用。近 10 多年来，后张无黏结预应力技术在我国发展迅速，并正在获得越来越多的应用。

8.10.1 无黏结预应力混凝土的概念与特点

无黏结预应力混凝土指的是采用无黏结预应力筋（经涂抹防锈油脂，用聚乙烯材料包裹制成的专用预应力筋）的预应力混凝土。施工时，无黏结预应力筋可如同非预应力筋一样，按设计要求铺放在模板内，然后浇筑混凝土，待混凝土达到设计要求强度后，再张拉锚固。此时，无黏结预应力筋与混凝土不直接接触，而成为无黏结状态。在外荷载作用下，结构中预应力筋束与混凝土横向、竖向存在线变形协调关系，但在纵向可以相对周围混凝土发生纵向滑移。无黏结预应力混凝土的设计理论与有黏结预应力混凝土相似，一般需增设普通受力钢筋以改善结构的性能，避免构件在极限状态下发生集中裂缝。无黏结预应力混凝土也分为两类，一类是纯无黏结预应力混凝土构件，另一类是混合配筋部分无黏结预应力混凝土构件。前者指受力主筋全部采用无黏结预应力钢筋；而后者指受力主筋既采用无黏结预应力钢筋，也采用有黏结非预应力钢筋，两者混合配筋。

大量实践与研究表明，无黏结预应力混凝土及其结构有如下优点：

（1）结构自重轻　后张无黏结预应力混凝土结构不需要预留孔道，可以减小构件的尺寸，减轻自重，有利于减小下部支承结构的荷载和降低造价。

（2）施工简便、速度快　施工时，无黏结预应力筋同非预应力筋一样，按设计要求铺设在模板内，然后浇筑混凝土，待混凝土达到一定强度后进行张拉、锚固、封堵端部。它无需穿筋、灌浆等复杂工序，简化了施工工艺，加快了施工进度。同时，构件可以预制也可以现浇，特别适用于构造比较复杂的曲线布筋构件和运输不便、施工场地狭小的建筑。

（3）抗腐蚀能力强　涂有防腐油脂外包塑料套管的无黏结预应力筋束，具有双重防腐能力，可以避免预埋孔道穿筋的后张预应力构件因压浆不密实而发生预应力筋锈蚀以至断丝的危险。

（4）使用性能良好　在使用荷载作用下，容易使应力状态满足要求，挠度和裂缝得到控制。通过采用无黏结预应力筋束和普通钢筋的混合配筋，在满足极限承载能力的同时，可以避免较大集中裂缝的出现，使之具有有黏结部分预应力混凝土相似的力学性能。

（5）防火性能满足要求　现浇后张平板结构的防火和火灾灾害试验表明，只要具有适当的保护层厚度与板的厚度，防火性能是可靠的。一些国际标准与规范对板的最小厚度与最小保护层厚度都做了规定。

（6）抗震性能好　试验和实践表明，在地震荷载作用下，无黏结预应力混凝土结构，当承受大幅度位移时，无黏结预应力筋一般始终处于受拉状态，不像有黏结预应力筋可能由受拉转为受压。

（7）应用广泛　无黏结预应力混凝土适用于多层和高层建筑中的单向板、双向连续平板和密肋板，以及井字梁、悬臂梁、框架梁、扁梁等。无黏结预应力混凝土也适用于桥梁结构中的简支板（梁）、连续梁、预应力拱桥、桥梁下部结构、灌注桩的墩台等，也可应用于旧桥加固工程中。

但是，在无黏结预应力混凝土中，预应力筋完全依靠锚具来锚固，一旦锚具失效，整个结构将会发生严重破坏，因此对锚具的要求较高。

无黏结预应力混凝土的特点是，钢筋与混凝土之间允许相对滑移，如果忽略摩擦的影响，则无黏结筋中的应力沿全长是相等的，外荷载在任一截面处产生的应变将分布在预应力筋的整个长度上；因此，无黏结预应力筋中的应力比有黏结预应力筋的应力要低。构件受弯破坏时，无黏结筋中的极限应力小于最大弯矩截面处有黏结筋中的极限应力，所以无黏结预应力混凝土梁的极限强度低于有黏结预应力混凝土梁。实验表明，前者一般比后者低10％～30％。

无黏结预应力混凝土的计算方法与有黏结的预应力混凝土不同。计算无黏结筋中的极限应力不能采用有黏结筋极限应力的计算方法，因为后者是假定由使用荷载引起的预应力筋的应变增量与其周围混凝土的应变增量相同，而无黏结筋由于存在两者之间的相对滑移，该假定不能成立。但由于在两端锚头处，无黏结筋的位移与其周围混凝土位移是协调的，因此，相应的位移协调条件为：在荷载作用下，无黏结筋的总伸长量与它整个长度范围内周围混凝土的总伸长量相等。目前多根据经验公式进行计算。各国规范给出了不同的经验公式，都是基于大量试验数据得出的。

8.10.2　无黏结预应力混凝土的材料与锚固体系

（1）无黏结预应力混凝土的材料　同一般预应力混凝土一样，用于无黏结预应力结构的混凝土应采用高标号混凝土，而且要与构件所采用的高强钢筋的等级相配合。只有这样才能充分发挥高强钢筋的抗拉性能，从而有效地减小构件截面尺寸，减轻构件自重。因此，无黏结预应力混凝土强度等级，对于板式结构不应低于 C40，对于梁及其它特殊构件不宜低于 C50。

对混凝土材料的基本要求与一般预应力混凝土一致。从耐久性的要求考虑，混凝土中不得使用含氯离子、硫离子的外掺剂，以防腐蚀无黏结预应力筋束。

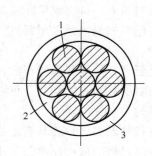

图 8-31　无黏结预应力筋
1—钢绞线或钢丝；2—防腐涂料层；3—外包层

无黏结预应力筋系采用专用防腐涂料层和外包层的预应力筋（图 8-31），其质量直接影响到无黏结预应力构件的安全。因此，无黏结预应力筋的质量要求应符合有关规范的规定。无黏结预应力筋可由单根或多根高强钢丝、钢绞线或高强粗钢筋外涂防腐油脂并设外包层组成，现使用较多的是钢绞线外涂油脂并外包 PE 层的无黏结预应力钢筋。

无黏结预应力筋的涂料层是预应力筋防锈保护的重要材料，同时在张拉预应力筋时也起润滑作用。因此，该材料应具有良好的化学稳定性，对周围材料无腐蚀作用；不透水、不吸湿、抗腐蚀性能强；润滑性能好，摩擦阻力小；在规定的温度范围内高温不流淌、低温不变脆，并有一定韧性；不得含有氯化物、硫化物或硝酸盐等有害杂质。这种防锈、润滑材料一般可取用沥青、建筑油脂、蜡、环氧树脂等。现最常用的材料为建筑油脂。

无黏结预应力筋涂层外的套管（包裹层）是预应力筋防腐蚀的第二道防线，同时它还具有保护防腐润滑涂料的作用，所以护套材料应采用高密度聚乙烯或聚丙烯而不得采用聚氯乙烯。护套材料应满足以下要求：

① 在预应力筋的全长应连续、封闭，起到防潮、防杂质的作用；

② 应具有足够韧性、抗磨及抗冲击性，对周围材料应无侵蚀作用，足以抵抗运输或施工过程中可能遇到的碰撞、磨损；

③ 制作套管的材料，不得含有氯化物或其它有害物质；

④ 在使用期内，应具有化学稳定性，以及良好的抗低温、抗高温、抗蠕变、抗老化等性能。

对于无黏结预应力筋的套管，曾采用过多种材料，诸如用纸或塑料布缠包、用塑料套管穿束以及采用挤压成型塑料套管等。国内外工程实践表明，采用高压聚乙烯挤压成型的塑料套管是满足上述防腐要求最理想的材料。

（2）无黏结预应力混凝土的锚固体系　无黏结预应力混凝土的锚固体系是无黏结预应力成套技术的重要组成部分。无黏结预应力混凝土结构的合理性能依赖于预应力的准确性、永久性和正确位置。锚固体系的作用正是保证这些要求能够得到具体的实现。

无黏结预应力混凝土的锚固体系同体内有黏结预应力混凝土基本相似，完善的锚固体系通常包括：锚具、夹具、连接器及锚下支承系统等。无黏结预应力筋的锚具是锚固体系中的关键件，也是基础件；夹具和连接器实质上是锚固体系中不同用途派生出来的装置；而锚下支承系统则受力明确，结构比较简单。

为在无黏结预应力混凝土结构设计中正确使用无黏结筋的锚具、夹具和连接器，保证无黏结预应力构件的锚固性能，无黏结预应力筋不仅对锚具组装件质量的要求较高，而且锚具也必须采取防腐蚀和防火措施保护；锚具最好用混凝土封闭或涂以环氧树脂水泥浆，以防止潮气入侵或防止涂层受到损伤。

提高无黏结预应力筋锚固性能的另一可行、有效方法是采用局部灌浆。具体做法如下：根据黏结力的要求，清除无黏结预应力筋两端一定长度范围内的护套和涂层；将无黏结筋穿入预置波纹管中，管道上设有附加的压浆孔和排气孔，在张锚完毕后随即灌浆，使端部区域内预应力筋与混凝土之间建立黏结力。这种做法虽然施工较复杂，但可以节省材料费用，而且施工质量容易保证。

8.10.3　无黏结预应力混凝土板的形式

无黏结预应力混凝土板广泛用于楼盖、屋盖、墙体等工程结构中。板通常支承于墙上，或支承在与板整浇的梁上。有的直接支承在柱上形成通常所称的无梁楼盖，这种结构体系也称为板柱结构体系。

从实用效果、施工方便和经济性等方面考虑，预应力混凝土板中的预应力筋最好采用无黏结预应力筋。这是因为板通常是连续许多跨、预应力筋需要多波曲线布置以适应弯矩图，若采用有黏结预应力筋，则摩擦损失很大，而且由于需要在大量扁平的预留孔道中灌浆，通常难以保证灌浆密实，反而使预应力筋容易受到腐蚀。

相对于钢筋混凝土板，无黏结预应力混凝土板具有良好的结构性能，它的优点主要有：

① 改善了结构在正常使用状态下的受力性能；
② 降低了板厚度和结构层高；
③ 便于铺设预留管道，施工方便；
④ 降低了结构造价；
⑤ 结构整体性能和抗震性能良好等。

下面简要介绍无黏结预应力混凝土板的几种基本结构形式及各自适用的经济跨度。

（1）单向平板　如图 8-32(a) 所示，在荷载作用下主要沿一个方向发生弯曲变形，可按梁进行设计。

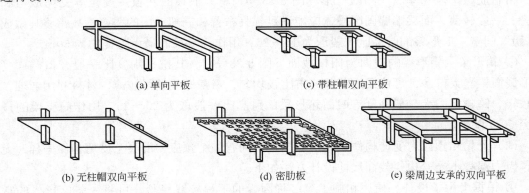

(a) 单向平板　　(c) 带柱帽双向平板
(b) 无柱帽双向平板　　(d) 密肋板　　(e) 梁周边支承的双向平板

图 8-32　常用无黏结预应力混凝土楼板形式

（2）柱支承的双向平板　图 8-32(b)，无梁无柱帽双向平板；图 8-32(c)，带柱帽或托板的无梁双向平板。

（3）密肋板　如图 8-32(d) 所示。

（4）梁周边支承的双向平板　如图 8-32(e) 所示。

无黏结预应力混凝土楼板的适用跨度和经验跨高比见表 8-2。

表 8-2 无黏结预应力混凝土楼板的适用跨度和经验跨高比

序号	楼 板 形 式	适用跨度/m	经验跨高比
1	单向平板	7～10	40～45
2	无梁无柱帽双向平板	7～12	40～45
3	带柱帽或托板的无梁双向平板	8～13	45～50
4	密肋板	10～15	30～35
5	梁周边支承的双向平板	10～15	45～52

8.10.4 无黏结预应力混凝土梁的形式及截面选择

（1）梁的形式　除用于现浇后张部分无黏结预应力混凝土框架梁之外，用于桥梁结构的无黏结预应力混凝土梁正处于研究阶段，故目前无黏结预应力技术在桥梁建设中的应用多限于中小跨径简支结构。

① 空心板梁　这种板梁的芯孔可采用圆形、圆端形或椭圆形等形式 [图 8-33(a)]。小跨径时一般采用直线预应力筋，随着跨径的增大，则需配置曲线预应力筋。空心板梁的跨高比一般取为 18～23，用作简支梁的最大跨径约为 25m。

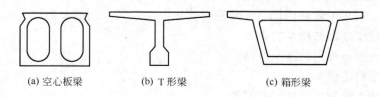

(a) 空心板梁　　　　(b) T 形梁　　　　(c) 箱形梁

图 8-33　无黏结预应力梁的截面形式

② T 形梁　这种梁的上缘为带翼的板，下缘因布置预应力筋和承受强大的预压力的需要，常将肋板下段加厚成"马蹄"形 [图 8-33(b)]。T 形梁的肋板主要是承受剪应力和主应力，一般较薄，而梁端锚固区段，应能满足锚具布置和局部承压的需要，故常将其做成与"马蹄"同宽。T 形梁的跨高比一般取为 15～20，用作简支梁的最大跨径约为 50m。

③ 箱形梁　箱形梁的截面为闭口截面 [图 8-33(c)]，其抗扭刚度比一般开口截面（如 T 形截面梁）大得多，可使梁的荷载分布比较均匀，箱壁一般做得较薄，材料利用合理，自重较轻，跨越能力大。低高度等截面箱形梁的跨高比一般取为 20～25，用作简支梁的最大跨径 50m 以上。

（2）无黏结预应力受弯构件截面尺寸拟定　同有黏结预应力混凝土受弯构件一样，无黏结预应力混凝土受弯构件截面尺寸设计方法如下。

① 根据考虑了设计、使用和施工等多种因素的工程实践经验，可将一些已形成的常用截面形式和基本尺寸，作为初步选择参考的依据。上述板和梁的截面形式、常用跨高比范围及适用的最大跨径，都可作为设计时取用的最初尺寸。

② 根据预加应力阶段和使用阶段混凝土的容许应力估算抗弯截面模量，对经验尺寸进行初步校核。

③ 根据截面初步尺寸校核截面抗弯刚度，选取合理的截面形式。

8.10.5 无黏结预应力混凝土受弯构件的一般构造要求

（1）板中单根无黏结预应力筋的间距不宜大于板厚的6倍，且不宜大于1m；带状束的无黏结预应力筋根数不宜多于5根，带状束间距不宜大于板厚的12倍，且不宜大于2.4m。

（2）梁中集束布置的无黏结预应力筋，集束的水平净间距不宜小于50mm，束至构件边缘的净距不宜小于40mm。

（3）无黏结预应力筋外露锚具应采用注有足量防腐油脂的塑料帽封闭锚具端头，并应采用无收缩砂浆或细石混凝土封闭。

（4）对处于二b、二a、三b类环境条件下的无黏结预应力锚固系统，应采用全封闭的防腐蚀体系，其封锚端及各连接部位应能承受10kPa的静水压力而不得透水。

（5）采用混凝土封闭时，其强度等级宜与构件混凝土强度等级一致，且不应低于C30。封锚混凝土与构件混凝土应可靠黏结，如锚具在封闭前应将周围混凝土界面凿毛并冲洗干净，且宜配置1~2片钢筋网，钢筋网应与构件混凝土拉结。

（6）采用无收缩砂浆或混凝土封闭保护时，其锚具及预应力筋端部的保护层厚度不应小于：一类环境时20mm，二a、二b类环境时50mm，二a、二b类环境时80mm。

（7）应在构件混凝土受拉区配置一定数量的非预应力钢筋，以控制和分散混凝土裂缝，改善延性。

8.11 体外预应力混凝土结构简介

体外预应力结构与体内预应力结构最本质的区别，是体外预应力结构的预应力筋布置在主体结构之外。因体外预应力筋通常为由多根钢绞线组合成的集中钢索，故称为体外预应力索。从力学特征上来说，体外预应力索与周围主体结构在同一截面上的变形是不协调的，当体外预应力索应用于混凝土结构时，称为体外预应力混凝土结构；而当体外预应力索应用于

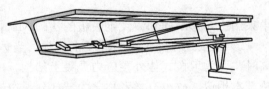

图8-34 体外预应力混凝土结构的立面透视

钢结构时，则称为预应力钢结构。图8-34为体外预应力混凝土结构的立面透视。

8.11.1 现代体外预应力混凝土结构的发展

现代体外预应力混凝土结构用于桥梁结构的较多。

（1）第一座现代体外预应力混凝土桥梁——Long Key桥 现代体外预应力混凝土桥梁的发展始于20世纪70年代后期。1979年，法国人Jean Muller在设计美国佛罗里达州的Long Key桥时，采用了结合体外预应力技术的预制混凝土节段的拼装结构。该桥总长约3700m，标准跨径36m，共有101跨，各跨均由预制块件拼联而成。该桥在设计施工中采用了大量的创新技术，在预应力设计上，该桥采用全体外预应力设计，即所有预应力索均布置在箱梁体外，锚固在墩顶横梁上，如图8-34所示。

体外预应力索采用标准强度为1836MPa的高强度、低松弛钢绞线，钢索的防护采用HDPE（高密度聚乙烯）管，墩顶及跨内偏转块中预埋镀锌钢管，两者用氯丁橡胶套管连

接，体外索张拉后在 PE 管中灌注水泥浆。在施工方面，该桥大量采用预制节块组装，包括所有上部结构主梁和下部结构桥墩。为加快施工速度及最大限度上发挥体外预应力混凝土结构的优势，该桥首次在主梁预制节段之间采用复式剪力键（multiple shear key）和干接缝（dry joint）。由于省却了穿索及节块间涂抹环氧树脂工艺，每跨拼装完成后即进行预应力索的张拉，这样大大加快了施工速度。

（2）体外预应力混凝土桥梁的类型　从 Long Key 桥的设计建造至今，体外预应力技术已发展了近 20 年，主要应用在以下几个方面。

① 以 Long Key 桥为代表的采用逐跨预制节段施工的长桥　这种类型的体外预应力混凝土结构是应用最早、最为广泛的体外预应力结构形式，其突出的优势在于设计和施工的标准化和施工速度的快捷。由于它的体外预应力索可以采用与体内预应力同样的普通多股钢绞线和锚具，与体内预应力索一样采用水泥灌浆，故其预应力索的成本较低。这种类型的桥梁受支撑结构的影响，跨径一般为 30～50m。它通常在通航要求不高的多跨长桥、长大桥梁的引桥以及人口密集和交通组织困难的城市高架公路和轻轨干线中采用。

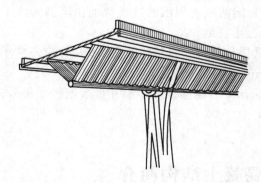

图 8-35　采用三角形断面和波纹钢腹板的法国 Maupre 桥

② 粗大的体外钢索的应用　用粗大的体外钢索替代了原先配置在腹板内的大量体内束筋，简化了腹板的构造及其厚度，其主要应用在悬臂施工和顶推施工的桥梁中，全桥的预应力体系通常采用体内有黏结和体外无黏结混合配置的方式。由于腹板内不放置预应力筋所以可以把传统的混凝土箱梁腹板改成混凝土桁架形式或直接在肋板式结构中采用钢腹板，如图 8-35 中采用三角形断面和波纹钢腹板的法国 Maupre 桥是体外预应力结构的代表作。

③ 坦拉式体外预应力混凝土结构　当体外预应力索在桥墩顶部的偏心距大于混凝土梁高时，称为坦拉式体外预应力混凝土结构，由于这种结构的外形除了主塔较矮以外，与斜拉桥基本相似，故也有学者称之为"部分斜拉桥"，它可以作为梁高较高的梁式桥与具有柔细梁的预应力混凝土斜拉桥之间平滑过渡的结构形式。

（3）体外预应力混凝土结构在我国的运用　我国自 20 世纪 50 年代以来，预应力混凝土技术发展迅速，特别是近十余年来的改革开放以后，我国预应力混凝土桥梁的发展业已成熟，各建设、设计和施工单位均具有了较高的技术水平和丰富的实践经验。但是，在体外预应力混凝土结构在世界各国广泛运用和不断创新的今天，我国桥梁结构中体外预应力的应用是屈指可数的。1990 年通车的福州洪塘大桥的引桥采用了与 Long Key 桥相类似的体外预应力体系。

近年来，我国的结构工作者正日益认识到体外预应力结构的重要价值，已从多方面展开研究工作，并且在桥梁及建筑结构的加固和新结构的设计中进行了探索。

8.11.2　体外预应力混凝土结构的组成

（1）体外预应力混凝土结构的基本组成　体外预应力混凝土结构的基本组成部分（图 8-36）包括以下内容：

① 体外预应力素、管道和灌浆材料；
② 体外预应力素的锚固系统；
③ 体外预应力素的转向装置；
④ 体外预应力素的防腐系统。

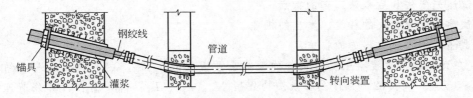

图 8-36　体外预应力混凝土结构的基本组成

从图中可以看出，体外预应力素与混凝土结构可能有黏结联系的地方只是在锚固区域和设转向装置区。

（2）体外预应力素、管道和灌浆材料　体外预应力混凝土结构所采用的预应力素一般由钢绞线组成，包括与体内预应力混凝土结构完全相同的普通钢绞线以及镀锌钢绞线或外表涂层和外包 PE 防护的单根无黏结钢绞线。体外预应力素的管道主要起防腐作用，它通常有两种形式：一是全部采用钢管道；二是采用钢管与高密度聚乙烯（简称 HDPE）管道相结合的方式，即除在锚固段及转向弯曲段采用钢管外，在其它直线段均采用 HDPE 管道。

体外预应力素所采用管道的形式与钢索及灌浆材料的形式密切相关，钢管较贵，且本身有防腐的问题；HDPE 管的应用量很大，但值得引起注意的是其与钢管连接，必须保证管道连接的密封性能。同时 HDPE 管的材性也必须满足相应规范的要求。

体外预应力素管道的灌浆材料分为刚性灌浆材料和非刚性灌浆材料。刚性灌浆材料通常是指水泥，非刚性灌浆材料主要是指油脂和石蜡。水泥灌浆是最简单和最常用的，它可以适用于与结构有离散黏结的体外预应力结构，也适用于与结构完全无黏结的体外预应力结构。而油脂和石蜡通常用在由普通钢绞线和钢制管道组成的预应力系统中，以达到钢索与结构无黏结的目的。图 8-37、图 8-38 分别为两种典型的体外索形式。

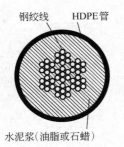

图 8-37　普通钢绞线外包 HDPE
防护的体外索

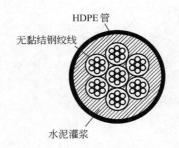

图 8-38　单根无黏结钢绞线外包
HDPE 防护的体外索

习题 ▶▶

1. 试列举现实生活中应用预应力原理的例子，并分析其特点。
2. 试述预应力混凝土对材料的基本要求。

3. 试述预应力混凝土与普通钢筋混凝土的区别。

4. 试述预应力混凝土结构的体系。

5. 试述预应力钢材的性能、特点和预应力筋的种类。

6. 试述混凝土材料的性能、特点。

7. 试述先张法和后张法工艺的特点。

8. 试述预应力损失的种类、发生的机理。

9. 试述减小预应力损失的措施。

10. 在计算预应力混凝土受弯构件的混凝土预压应力 σ_{pc} 时，（1）为什么先张结构件用 N_{p0}、e_{p0}、A_0、y_0？（2）为什么后张法构件用 N_p、e_{pn}、I_n、y_n，而在计算外荷产生的混凝土法向应力时，无论先张或后张均采用 A_0、I_0 及 y_0？

11. 在计算裂缝出现弯矩 M_{cr} 时为什么要引用截面抵抗矩的塑性系数 γ？

12. 为什么在界限相对受压区高度 ξ_b 的公式中，对钢筋混凝土构件为 f_y，对预应力混凝土构件为（$f_{py}-\sigma_{p0}$）？

13. 在正截面受弯承载力计算中，受压区预应力钢筋（A_p'）的应力为什么取（$\sigma_{p0}'-f_{py}'$）？

14. 是否对所有预应力混凝土构件均可以考虑预应力对斜截面受剪承载力的提高？

15. 对施工阶段预拉区允许出现裂缝的构件为什么要控制非预应力钢筋的配筋率及钢筋直径？

16. 试述无黏结预应力混凝土结构的特点。

17. 试述体外预应力混凝土结构的组成及构造特点。

第9章

钢筋混凝土梁板结构

本章提要 ▶▶

　　本章主要讨论钢筋混凝土楼盖的设计计算。对于现浇整体式单向板肋形楼盖，要求熟练掌握其内力按弹性理论及考虑塑性内力重分布的概念和计算方法；深入了解连续梁、板截面设计特点及配筋构造要求。对于现浇整体式双向板肋形楼盖，要求了解其静力工作特点及简化方法；熟悉这种楼盖结构截面设计和构造要求。最后结合单向板肋梁楼盖设计，掌握梁板配筋的平面整体设计方法。

9.1　概　　述

　　前几章讨论了工程结构基本构件的设计方法和配筋构造，后面几章将讨论工程结构体系的设计计算和构造处理。二者的区别在于：前者的重点是构件的截面承载力设计、正常使用极限状态验算和配筋构造；后者的重点是结构构件截面内力的求解与结构体系的构造要求。

　　梁板结构是土木与建筑工程中应用最广泛的一种结构型式。图 9-1 所示为现浇钢筋混凝土肋形楼盖，是典型的梁板结构。楼盖主要用于承受楼面竖向荷载。

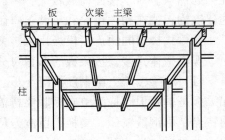

图 9-1　肋形楼盖

　　除楼盖外，其它采用梁板结构的体系还很多，如图9-2所示的地下室底板结构，与楼盖不同的是地下室底板的荷载主要为向上的土反力。

　　图 9-3 所示带扶壁的挡土墙也是梁板结构，扶壁为变截面梁，荷载为作用于板面的土侧压力。此外桥梁的桥面结构也经常采用梁板结构。

　　上述各种类型的梁板结构在设计方法上基本相同，下面以楼盖作为典型来说明梁板结构的设计方法。

　　在建筑结构中，混凝土楼盖的造价约占土建总造价的 $20\%\sim30\%$；在钢筋混凝土高层建筑中，混凝土楼盖的自重约占总自重的 $50\%\sim60\%$，在混合结构房屋中，楼盖（屋盖）的造价约占房屋总造价的 $30\%\sim40\%$，其中钢材大部用在楼盖中。因此，合理地选择楼盖结构的形式和正确地进行设计，将在较大程度上影响整个建筑物的技术经济指标。

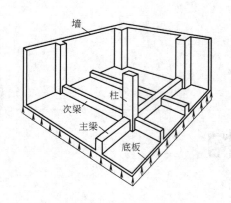

图 9-2   地下室底板

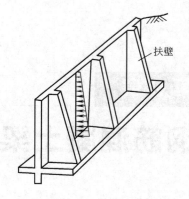

图 9-3   带扶壁的挡土墙

建筑结构承重体系可分为水平的和竖向的两个结构体系，它们共同承受作用在建筑物上的竖向力和水平力，并把这些力可靠地传给竖向构件直至基础。构成楼、屋盖的梁板结构属于水平结构体系，承重砌体、柱、剪力墙、筒体等属于竖向结构体系。

楼盖的主要结构功能是：把楼盖上的竖向力传给竖向结构；把水平力传给竖向结构或分配给竖向结构；作为竖向结构构件的水平联系和支撑。

对楼盖的结构的设计要求是：在竖向荷载作用下，满足承载力和竖向刚度的要求；在楼盖自身水平面内要有足够的水平刚度和整体性；与竖向构件有可靠的连接，以保证竖向力和水平力的传递。

9.2   现浇整体式楼盖结构的分类

现浇整体式楼盖具有刚度大，整体刚性性好、抗震抗冲击性能好、结构布置灵活和适应性强的优点。对于楼面荷载较大，平面形状复杂的建筑物，对于防渗、防漏或抗震要求较高的建筑物，或在构件运输和吊装上有困难的场合，宜采用整体式楼盖。

整体式楼盖的缺点是模板用量较多，现场工作量大，施工周期长。

现浇整体式楼盖按梁板的布置可分为以下几类。

(1) 肋梁楼盖   由钢筋混凝土板、平面相交的次梁和主梁组成的楼盖称之为肋梁楼盖。如果板是单向板，称为单向板肋梁楼盖，如果是双向板，则称为双向板肋梁楼盖。肋梁楼盖的特点是用钢量较低，楼板上留洞方便，但支模较复杂。肋梁楼盖是现浇楼盖中使用最普遍的一种梁板结构体系 (图 9-1)。

(2) 无梁楼盖   由钢筋混凝土板承重，不设梁，板直接支承于柱或墙上，其传力途径是荷载由板传至柱或墙。无梁楼盖的结构高度小，净空大，支模简单，但板较厚，用钢量较大，不经济。常用于仓库、商店等柱网布置接近方形的建筑。当柱网较小时 (6m 以内)，柱顶可不设柱帽，柱网较大 (6m 以上) 且荷载较大时，柱顶设柱帽以提高板的抗冲切能力。如图 9-4 所示。

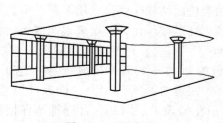

图 9-4   无梁楼盖

（3）井字楼盖　由两个方向相互交叉又不分主次井字状梁及其上的板所组成的楼盖称为井字楼盖，它是双向肋梁楼盖的特例。由于是两个方向受力，梁的高度比肋梁楼盖小，故宜用于跨度较大且柱网呈方形的结构。梁由正交正放（如图9-5所示）、正交斜放及斜交几种形式。

（4）密肋楼盖　次梁（肋）间距很密的肋梁楼盖。由于肋的间距小，板厚很小，梁高也较肋梁楼盖小，结构自重较轻。密肋楼盖近年来采用预制塑料模壳克服了支模复杂的缺点而应用增多。如图9-6所示。

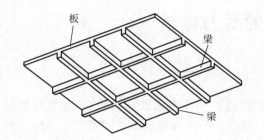

图9-5　梁正交正放井字楼盖

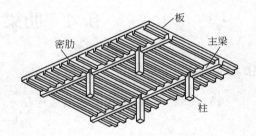

图9-6　密肋楼盖

9.3　现浇整体式楼盖结构布置

9.3.1　柱网布置

柱网布置对于房屋的适用性及造价等影响较大，是个综合性的问题。其布置的原则如下。

（1）满足使用要求　如公共建筑的大厅一般要求较大的柱网尺寸，居住建筑则主要取决于居室标准，工业厂房视设备尺寸和设备布置等工艺要求而定。

（2）经济　柱网大则楼盖跨度大，楼盖的材料用量增加，费用也会增加，但柱子少，建筑面积利用率高；柱网过小柱子增多，而梁板结构由于跨度小而按构造要求设计则也未必经济。目前较经济的柱网尺寸为6～9m。

（3）柱网的柱距的要求　柱网的布置除应满足工艺及使用要求外，还应与梁格统一考虑。梁的跨度过大会造成梁的截面过大而增加材料的用量；反之若柱距过小，则会影响房屋的使用。因此在柱网布置中，应综合考虑房屋的使用要求及梁的合理跨度。梁格及柱网布置得愈整齐，则愈能符合适用、经济、美观的原则。为此，柱网布置宜为正方形或长方形，梁、板应尽量布置成等跨度的，板厚及梁截面尺寸应尽量统一。

9.3.2　梁格布置

柱网和梁格对建筑物的使用、造价和美观等方面都有很大的影响。为此，在柱网已定的条件下，梁格的布置应考虑下列几点。

（1）考虑建筑效果　如，应避免把梁，特别是把主梁搁置在门、窗过梁上，否则将增大过梁的负担，建筑效果也差。

（2）考虑其它专业工种的要求　如，在旅馆建筑中，设置的管线检查井，不宜使次梁中断。

（3）主梁内力应均匀　如主梁跨内不宜只放置一根次梁，以减小主梁跨内弯矩的不均匀。

（4）此外，在楼、屋面上有机器设备、冷却塔、悬挂装置等荷载比较大的地方，宜设次梁；楼板上开有较大尺寸（大于 800mm）的洞口时，应在洞口周边设置小梁。

9.4　肋梁楼盖的受力体系

9.4.1　板

（1）荷载　作用在板上的荷载包括永久荷载（恒载）和可变荷载（活载）。永久荷载是指板的自重、地面及吊顶等建筑做法的重量，一般以均布荷载的形式作用于楼盖上。可变荷载则视屋盖和楼盖的用途而定，包括雪载、积灰、人群和设备的重量。常用建筑的荷载标准值可由《建筑结构荷载规范》（GB 50009）查得。

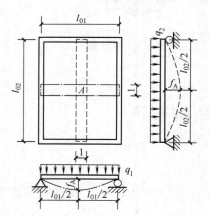

图 9-7　板的受弯示意图

（2）单向板与双向板　楼盖结构中每一区格的板一般在四边都有梁或墙支承，形成四边支承板。由于梁的刚度比板的刚度大得多，所以在分析板的受力时，可近似地忽略梁的竖向变形，假设梁为板的不动支点。四边支承板的荷载通过板在两个方向的受弯传给四边的梁或墙。图 9-7 为均布荷载作用下的四边简支板的变形图，板在板的两个方向的跨度分别为 l_{01}（短跨）和 l_{02}（长跨），由于板是一个整体，弯曲时板任意点两个方向的挠度相同，因此短跨方向曲率大，弯矩也大。图 9-7 中 q_1 和 q_2 分别代表沿 l_{01} 和 l_{02} 方向作用的单位截面宽度上的荷载设计值，两个方向的荷载分配值推导如下。

变形协调条件：
$$f_A = \alpha_1 \frac{q_1 l_{01}^4}{EI_{c1}} = \alpha_2 \frac{q_2 l_{02}^4}{EI_{c1}}$$

平衡条件：
$$q = q_1 + q_2$$

式中，α_1、α_2 为挠度系数，根据板带支座的支承情况而定，支座为简支时，$\alpha_1 = \alpha_2 = 5/384$。

如果忽略钢筋在两个方向的位置差别及数量不同等影响因素，取 $EI_{c1} = EI_{c2}$，并令 $n = l_{02}/l_{01}$，则：

$$q_1 = \frac{l_{02}^4}{l_{01}^4 + l_{02}^4} q \qquad\qquad q_2 = \frac{l_{01}^4}{l_{01}^4 + l_{02}^4} q$$

可见，随比值 n 的增大，长向弯矩 q_2 减小，短向弯矩 q_1 增大。当 $n = 2$ 时，$q_2 = \frac{1^4}{1^4 + 2^4} q = 0.059q$，也就是说长边方向仅承担 6% 的荷载，其余全部为短边方向承担。

当 $n \geqslant 3$ 时，可近似认为全部荷载通过短跨方向传至长边支座，计算上可忽略长向弯矩，配筋上按构造处理，这种板在受力上称为单向板。也就是说，主要在一个方向受力的板（主要沿一个方向传力的板），称为单向板。由于它的工作与梁相同，所以也叫梁式板。设计上通常取 $n \geqslant 3$ 的板为单向板；当 $n \leqslant 2$ 时应按双向板计算；当 $2 < n < 3$，宜按双向板计算；为了简化，可按单向板计算，此时在长跨方向应配置足够数量的构造钢筋。

计算上必须考虑两个方向受弯作用的板，称为双向板。

（3）板的最小厚度 板的最小厚度参见表 4-1。

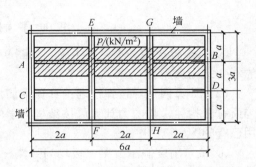

9.4.2 次梁与主梁

图 9-8 为一钢筋混凝土肋梁楼盖，梁 AB、CD 和梁 EF、GH 形成一正交叉梁系，梁 AB、CD 上作用有板传来的均布线荷载 pa。

用结构力学方法对此交叉梁系进行分析，设 $EF(GH)$ 和 $AB(CD)$ 梁的线刚度分别为 i_{EF} 和

图 9-8 混凝土肋梁楼盖的主梁与次梁

i_{AB}，二者的线刚度比为 $\beta = i_{EF} / i_{AB}$。分析表明，当 $\beta = i_{EF} / i_{AB} \geqslant 8$ 时可近似地将 EF 梁看作是 AB 梁的不动铰支座，即作为主梁看待。将 AB 作为以主梁 EF、GH 为支座的三跨连续次梁，荷载由次梁 $AB(CD)$ 传给主梁 $EF(GH)$。

9.5 钢筋混凝土单向板肋梁楼盖的内力计算

单向板肋梁楼盖的设计步骤为：结构平面布置，确定板厚和主次梁的截面尺寸；确定板和主、次梁的计算简图；荷载及内力计算；截面承载力计算及变形、裂缝验算；绘施工图。

现浇单向板肋梁楼盖中的板、次梁、主梁一般为多跨连续梁。设计连续梁时，内力计算是主要内容，而截面配筋计算与受弯构件正截面设计相同。钢筋混凝土连续梁内力计算有两种方法：按弹性理论计算；考虑塑性内力重分布的计算方法。

9.5.1 按弹性理论计算

按弹性理论，$n > 2$ 时为单向板。单向板肋梁楼盖的荷载传递途径为：板→次梁→主梁→柱或墙→基础→地基。次梁的间距即为板的跨度，主梁的间距为次梁的跨度。工程上常用跨度为：板 1.8~2.7m；次梁 4~6m；主梁 6~9m。

（1）布置方案 单向板肋梁楼盖的布置方案通常有以下三种。

① 主梁横向布置，次梁纵向布置 如图 9-9(a) 所示。其优点是主梁和柱可形成横向框架，横向抗侧移刚度大，各榀横向框架（内框架）间由纵向的次梁相连，房屋的整体性较好。此外，由于外纵墙处仅设次梁，故窗户高度可开得大些，对采光有利。

② 主梁纵向布置，次梁横向布置 如图 9-9(b) 所示。这种布置适用于横向柱距比纵向柱距大得多的情况。它的优点是减小了主梁的截面高度，增加室内净高。缺点是结构横向刚度较小。

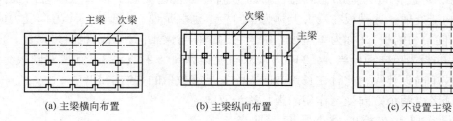

(a) 主梁横向布置　　　　(b) 主梁纵向布置　　　　(c) 不设置主梁

图 9-9　单向板肋梁楼盖的布置方案

③ 只布置次梁，不设置主梁　如图 9-9(c) 所示。它仅适用于有中间走道的砌体墙承重的混合结构房屋。

（2）计算假定　按弹性理论计算钢筋混凝土连续梁（板），就是将梁（板）看成是弹性匀质材料构件，其内力计算可按结构力学中所述的方法进行。为了减少计算工作量，还可利用已有的图表。

① 抗弯刚度假定　梁、板均为弹性杆件，其抗弯刚度为 $E_c I_0$，其中 E_c 为混凝土弹性模量，I_0 为截面惯性矩。

② 支座反力假定　在确定梁、板的支座反力时，为了方便，可忽略梁、板的连续性，每一跨都按简支梁来计算其支座反力。

③ 梁、板支承情况假定

a. 支承于砖墙　边支座为砖墙时，计算时假定为铰支座。考虑到可能出现的负弯矩，应配置一定数量的承受负弯矩的构造钢筋。中间支座为砖墙时，同样也假设为不动铰支座。铰支点的位置如图 9-10 所示。

b. 支承于梁上　当边支座为梁时，计算上也可近似假设为铰支座，至于梁的抗扭刚度影响，则可采用在边支座设置承受负弯矩的构造钢筋处理。

中间支座为梁时，内力计算中也看作不动铰支座 [图 9-11(a)]。如前所述，如果支承梁的线刚度较大，其垂直位移可忽略不计，但支承梁的抗扭刚度对内力的影响有时是不可忽略的。当次梁两侧等跨板上荷载相等（如只有恒载），板在支座处转角很小（$\theta \approx 0$）时，次梁的抗扭刚度对板的内力影响很小。而计算活载下板跨中最大弯矩时，次梁仅一侧板上有活荷载 [图 9-11(b)]，计算时不考虑次梁的抗扭刚度将使板的支座转角 θ 比实际转角 θ' 为大 [图 9-11(c)]，从而使板支座的负弯矩计算值偏小，跨中正弯矩计算值偏大。为了修正这一误差，设计计算中采用折算荷载代替实际荷载的方法，即人为地将活载 q 值降低为 q'，恒载 g 值提高为 g' [图 9-11(d)]。这样，由于次梁仅一侧板上有活荷载而产生的板的支座转角减小到 θ'，相当于考虑次梁抗扭刚度的影响。

$$\left.\begin{array}{ll}\text{折算恒载}\quad g'=g+\dfrac{1}{2}q\\[2mm]\text{折算活载}\qquad q'=\dfrac{1}{2}q\end{array}\right\} \tag{9-1}$$

对于板

对于次梁，由于主梁的抗扭刚度对次梁的内力同样有影响，但影响较板小，故对于次梁

折算荷载为

$$\left.\begin{array}{ll}\text{折算恒载}\quad g'=g+\dfrac{1}{4}q\\[2mm]\text{折算活载}\quad q'=\dfrac{3}{4}q\end{array}\right\} \tag{9-2}$$

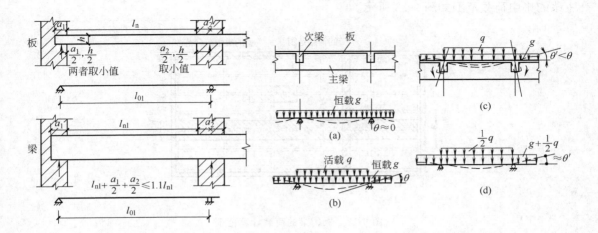

图 9-10　边支座的简化与边跨的计算跨度　　　　　图 9-11　梁抗扭刚度的影响

c. 梁支承于柱上　当梁的线刚度 i_b 与柱的线刚度 i_c 之比 $\dfrac{i_b}{i_c} \geqslant 5$ 时，柱可近似地作为梁

的不动铰支座，梁按连续梁计算；如 $\dfrac{i_b}{i_c} < 5$ 则梁和柱的节点应按框架节点计算。

（3）计算简图　在内力计算前应首先确定结构的计算简图。即对结构的实际受力情况进行分析，根据其受力的主要特征和计算假定，忽略一些次要因素，将结构抽象化，用简图表示其受力状态，以用于结构内力计算。由前述假定③可知，连续梁、板的计算简图如图 9-12 所示。对于连续梁、板的某一跨来说，作用在其它跨上的荷载都会对该跨内力产生影响，但作用在与它相隔两跨以上的其余跨内的荷载对它的影响较小，可以忽略。这样，对于等截面且等跨度的连续梁、板，当实际跨数超过五跨 [图 9-12(a)、(c)]，且跨度相差不超过 10% 时，可按五跨计算，见图 9-12(b)。也就是说，所有中间跨的内力和配筋都按第 3 跨来处理，如图 9-12(c) 所示。计算时，常称边跨为第 1 跨，支座 A、B 和 C 分别称为边支座、第 1 内支座和第 2 支座。

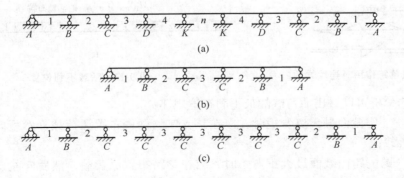

图 9-12　连续梁、板的计算简图

（4）计算单元　板可取 1m 宽度的板带作为其计算单元。主、次梁的跨中截面形式都是两侧带翼缘（板）的 T 形截面，楼盖周边处的主、次梁跨中则是一侧带翼缘的倒 L 形。每侧翼板的计算宽度按第 4 章表 4-2 取值。由前述假定②知，每根次梁的负荷范围及次梁传给

主梁的集中荷载范围如图 9-13 所示。

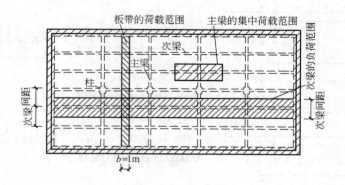

图 9-13　板、梁的荷载计算范围

（5）活荷载的不利布置　连续梁（板）所受荷载有恒载和活载。活载在各跨的分布是随机的。为了确定各个截面可能产生的最大内力，就有一个活载如何布置，与恒载组合后，对某一指定截面的内力为最不利（产生的内力最大）的问题，这就是活荷载的不利布置问题。

图 9-14 为 5 跨连续梁，当活载布置在不同跨间时梁的弯矩图及剪力图。由图可见，当求 1、3、5 跨跨中最大正弯矩时，活载应布置在 1、3、5 跨；当求 2、4 跨跨中最大正弯矩或 1、3、5 跨跨中最小弯矩时，活载应布置在 2、4 跨；当求 B 支座最大负弯矩及支座最大剪力时，活载应布置在 1、2、4 跨，如图 9-15 所示。

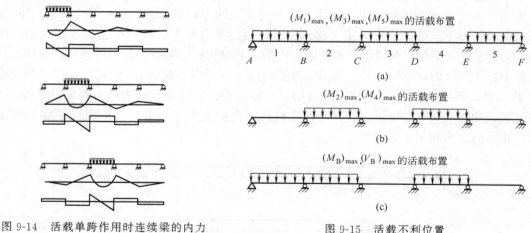

图 9-14　活载单跨作用时连续梁的内力　　　　图 9-15　活载不利位置

从上面的分析可以看出活荷载的最不利布置规律：

① 求某一支座截面最大负弯矩时，应在该支座的两侧布置活荷载，然后向左、向右每隔一跨布置活载；

② 求某一跨的跨内截面最大正弯矩时，应在该跨布置活荷载，然后向左、向右每隔一跨布置活载；

③ 求某一跨的跨内最小弯矩时，该跨不布置活荷载，而在其左右邻跨布置活荷载，然后向左、向右每隔一跨布置活载；

④ 求某一支座左、右两侧的最大剪力时，活荷载布置与①相同。

（6）内力计算　活载布置确定后即可用结构力学的方法计算连续梁的内力。对于 2～5

跨等跨（或跨差＜10％）的连续梁，在不同的荷载布置作用下的内力已制成图标可供查用，见附录 6 附表 25。

（7）内力包络图　在恒载的内力图上叠加按最不利活载布置得出的各截面的最不利内力所得到的外包线即内力包络图。

图 9-16 为受均布荷载的五跨连续梁的弯矩包络图和剪力包络图。其外包线代表各截面可能出现的最不利内力的上限和下限，即内力包络图。

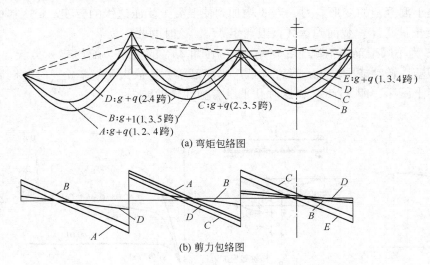

(a) 弯矩包络图

(b) 剪力包络图

图 9-16　均布荷载作用下五跨连续梁的内力包络图

弯矩包络图是计算和布置纵筋的依据，设计时要求材料抵抗图包住包络图。剪力包络图是计算腹筋的依据。

（8）支座边缘弯矩及剪力的修正　按弹性理论计算连续梁、板内力时，中间跨的计算跨度取支座中心线间的距离，这样求得的支座弯矩及剪力都是支座中心处的。当梁、板与支座整体连接时，为了使梁、板结构的设计更加合理，可取支座边缘的内力作为设计依据，并按以下公式计算：

支座边缘截面的弯矩设计值 M_b：

$$M_b = M - V_0 \frac{b}{2} \qquad (9\text{-}3)$$

式中，M 为支座中心处的弯矩设计值；V_0 为按简支梁计算的支座中心处的剪力设计值，取绝对值；b 为支座宽度。

支座边缘截面的剪力设计值 V_b：

均布荷载
$$V_b = V - \frac{1}{2}(g+q)b \qquad (9\text{-}4)$$

集中荷载
$$V_b = V \qquad (9\text{-}5)$$

式中，V 为支座中心处的剪力设计值。

9.5.2　考虑塑性内力重分布的计算方法

（1）钢筋混凝土受弯构件塑性铰的概念　在结构构件中因材料屈服形成既有一定的承载

力又能相对转动的截面或区段称为塑性铰。

图 9-17 所示为一受弯构件跨中截面曲率 ϕ 与弯矩 M 的关系曲线。由图可见，钢筋屈服以前，M-ϕ 的关系已略呈曲线，这反映了第 II 阶段压区混凝土的弹塑性性状。纵筋屈服时的弯矩为 M_y，曲率为 ϕ_y，其后在弯矩增加不多的情况下，曲率 ϕ 急剧增大，表明该截面已进入"屈服"阶段，在"屈服"截面附近形成了一个集中的转动区域，这个区域相当于一个铰，称之为"塑性铰"。塑性铰的形成主要是由于纵筋屈服后的塑性变形，而塑性铰的转动能力则取决于混凝土的变形能力。当 ϕ 增加到使混凝土受压边缘的应变 ε 到达其极限压应变 ε_{cu} 时，混凝土被压坏。截面到达其极限弯矩 M_u，这时的曲率为 ϕ_u。

图 9-18 为不同配筋率情况下，弯矩 M 与转角 ϕh_0 的关系。配筋率 ρ 愈大，则 $\phi_y - \phi_u$ 值愈小，即塑性转动能力减小，延性降低。当配筋率 ρ 达最大配筋率 ρ_{max} 时，钢筋屈服的同时压区混凝土压坏，即 $\phi_y = \phi_u$，这时几乎没有塑性转动能力。

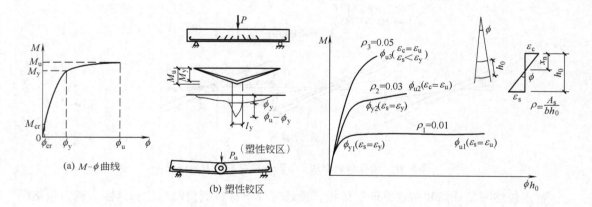

(a) M-ϕ 曲线　　(b) 塑性铰区

图 9-17　塑性铰示意图　　　　图 9-18　不同配筋率梁的 M-ϕh_0 曲线

钢筋混凝土受弯构件的塑性铰与理想的铰不同，理想的铰不能传递任何弯矩而能不受限制的自由转动，而塑性铰能传递相应于截面"屈服"的极限弯矩 $M_u \approx M_y$，但只能在 M_u 作用下使截面沿 M_u 方向转动，其转动能力与配筋率 ρ 及混凝土极限压应变 ε_{cu} 有关。

（2）超静定结构的塑性内力重分布　按照弹性理论计算的连续梁内力包络图来选择构件的截面和配筋，无疑可以保证结构的安全可靠，因为这种设计方法的出发点是认为当连续梁的任意截面上的弯矩 M 到达其极限强度 M_u 时，整个结构即达到破坏状态。这个概念对于脆性材料结构来说是基本符合的，对于塑性材料的静定结构，当某一截面出现塑性铰，结构形成机构，即到达其承载能力的极限状态。但对于超静定结构，当某一截面出现塑性铰，即 M 达 M_u 后，这时该截面处 M 不再增加，但转角可继续增大，这就相当于使超静定结构减少一个约束，结构可以继续增加荷载而不破坏，当出现足够数量的塑性铰而使结构成为几何可变体系时结构才达到破坏状态。

这种超静定结构形成塑性铰后不仅其变形能力增加，而且其内力分布与按弹性分析相比有明显变化的现象称为塑性内力重分布。此时须按材料非线性方法求解内力，有时可用调整系数简化计算。

图 9-19 表明了两跨连续梁的塑性内力重分布过程。

从上述分析，可得出一些具有普遍意义的结论。

① 钢筋混凝土超静定结构到达承载能力极限状态的标志不是某一个截面的失效，而是

结构形成破坏机构。其破坏过程是，首先在一个或几个截面处出现塑性铰，随着荷载的增加，塑性铰在其它截面上陆续出现，直到结构的整体或局部形成破坏机构（机动体系）为止。

② 在形成破坏机构时，结构的内力分布规律和塑性铰出现前按弹性理论计算的内力分布规律不同。也就是在塑性铰出现后的加载过程中，结构的内力经历了一个重新分布的过程，这个过程叫做"塑性内力重分布"。

③ 按弹性理论计算，荷载与跨度确定后，内力解是确定的，即唯一的，这时内力和外力平衡且变形协调。而按塑性内力重分布理论计算，解答不是唯一的，内力可随配筋比的不同而变化，这时只满足平衡条件，而转角相等的变形协调条件不再适用。

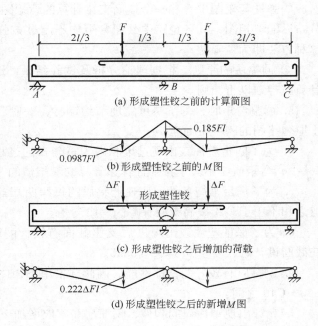

(a) 形成塑性铰之前的计算简图

(b) 形成塑性铰之前的 M 图

(c) 形成塑性铰之后增加的荷载

(d) 形成塑性铰之后的新增 M 图

图 9-19　两跨连续梁 B 支座形成塑性铰的内力重分布

④ 在钢筋混凝土连续梁中可以通过控制截面的配筋来控制塑性铰出现的早晚和位置。调幅愈大，截面塑性铰出现愈早，要求截面具有的塑性转动能力也愈大。

（3）考虑塑性内力充分重分布的特点及适应条件　考虑塑性内力充分重分布的方法计算连续梁的内力的特点是：可以调整支座截面钢筋的数量，有利于构件的制作；结构破坏时有更多的截面达到极限承载力，可以节省材料；更符合于结构达极限状态时的实际工作情况，使设计得到简化。

由于钢筋混凝土不是理想的弹塑性材料，塑性铰的转动能力是有限度的，因此实现内力的充分重分布是有条件的。

① 截面调幅值过大，就有可能在使用阶段就使该截面钢筋接近屈服，裂缝开展过大，影响使用。通过试验研究，为了满足使用荷载下裂缝宽度的要求，下调的幅度应不大于30%，即 $M_塑 \geqslant 0.7 M_弹$。

② 为保证设计允许的最大调幅值 30%，要相应地限制配筋率 ρ，或相对混凝土受压区高度 ξ，试验表明，当 $\xi = \dfrac{x}{h_0} \leqslant 0.35$ 时，截面的塑性转动能力一般能满足调幅 30% 的要求。

③ 构件在塑性内力重分布的过程中不发生其它脆性破坏，如斜截面受剪破坏，锚固破坏等，这是保证塑性内力充分重分布的必要条件。

由于按此法计算的结构的变形和裂缝较大，不宜采用的情况是：不允许出现裂缝或对裂缝有严格要求的结构或构件；直接承受动力荷载的结构或构件；对承载力储备有较高要求的结构或构件。

（4）连续梁按塑性内力重分布的内力计算方法——弯矩调幅法

① 调幅法的概念　将按弹性理论计算的弯矩内力包络图中支座弯矩下调，下调的部分按简支梁计算的弯矩形式下移。这对其它截面（跨中截面）来说，相当于在支座弯矩最大时

对应的弹性弯矩图上叠加一个按简支梁计算的弯矩图，叠加后的弯矩图即为考虑塑性内力重分布后的弯矩图，其各跨跨中截面弯矩均不超过按弹性理论计算的最大弯矩（包络弯矩），这种方法即为调幅法。

② 调幅法的原则　根据理论分析及试验结果，连续梁、板按考虑塑性变形内力重分布计算应遵守以下原则。

a. 调整弯矩时，为了尽可能地节约钢材，一般应使调整后的跨中截面弯矩应尽量接近于原包络图的跨中截面弯矩。

b. 为了防止塑性铰出现过早和内力重分布的过程较长而使裂缝过宽，支座截面的下调（减少）弯矩值应不大于按弹性体系计算的弯矩值的30%。

c. 为了满足平衡条件，应使调整后的每跨两端的支座弯矩的平均值与跨中弯矩的绝对值之和不小于该跨按简支梁计算的跨中弯矩。

d. 为了保证塑性铰出现以后支座截面有较大的转动范围，且受压区不致过早地破坏，在截面设计时，要求 $0.1 \leqslant \xi \leqslant 0.35$。

e. 钢材应有较好的塑性性能，因此宜采用 HPB、HRB 级钢筋。混凝土的强度等级应在 C25～C40 之间。

f. 允许出现塑性铰的构件，箍筋配筋率应增加20%，最小配箍率应为 $0.3 f_t / f_{yv}$。

（5）调幅法的应用　根据上述调幅法的原则，对均布荷载作用下的两跨以上等跨连续板、梁考虑塑性内力重分布后的弯矩和剪力的计算公式给出如下：

$$M = \alpha (g+q) l_0^2 \tag{9-6}$$

$$V = \beta (g+q) l_n \tag{9-7}$$

式中，α，β 为弯矩和剪力系数，板、梁的 α 按图 9-20 采用，次梁的 β 按图 9-21 采用；l_0，l_n 为计算跨度和净跨；g、q 为均布恒载和活载，括号内数字用于板。

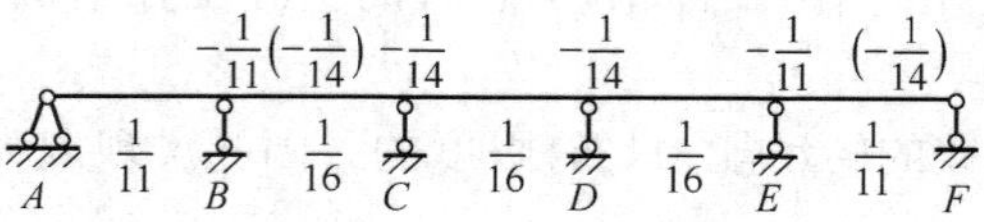

图 9-20　端支座支承在墙上时板和次梁的弯矩系数 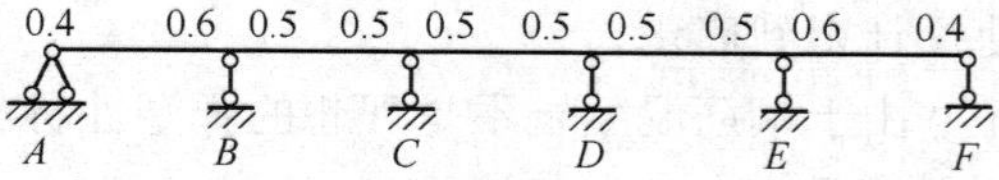 α　　图 9-21　端支座支承在墙上时次梁的剪力系数 β

公式(9-6)、式(9-7) 也适用于跨度差别小于10%的不等跨连续梁板。此时，跨中截面弯矩各自的跨度计算，支座截面弯矩可取相邻两跨跨度的较大值计算。

对于板和次梁的端支座与梁整浇连接以及两跨等跨连续次梁、板，其弯矩系数 α、剪力系数 β 分别见表 9-1 和表 9-2。

表 9-1　连续次梁和连续单向板的弯矩系数 α

端支座支承情况	截面				
	边支座	边跨跨中	第一内支座	中间跨	中间支座
搁置在墙上	0	$\dfrac{1}{11}$	$-\dfrac{1}{10}$	$\dfrac{1}{16}$	$-\dfrac{1}{14}$
与梁整体连接	$-\dfrac{1}{16}$（板） $-\dfrac{1}{24}$（梁）	$\dfrac{1}{14}$	（用于两跨连续梁、板） $-\dfrac{1}{11}\left(-\dfrac{1}{14}\right)$ （用于多跨连续梁、板）		

表 9-2　连续次梁的剪力系数 β

支 承 情 况	截 面 位 置				
	端支座内侧	离端第二支座		中 间 支 座	
		外侧	内侧	外侧	内侧
搁置在墙上	0.40	0.60	0.50	0.50	0.50
与梁或柱整体连接	0.50	0.50			

9.6　单向板的计算和配筋

9.6.1　设计要点

由于板的混凝土用量约占整个楼盖的 50% 以上，因此在满足承载力、刚度要求和施工条件的前提下，应尽可能将板设计得薄一些。板的经济配筋率约为 0.4%～0.8%。

单向板取单位板宽为计算单元，按连续板计算内力。当考虑塑性内力重分布时，板带在破坏时的变形示意如图 9-22(b)，板的计算跨度取法如图 9-22(c)。

板的支座截面，由于负弯矩的作用，上皮开裂；而跨中截面则由于正弯矩的作用，下皮开裂。这就使板的实际轴线变成拱形 (图 9-23)，因此在荷载作用下板将由于拱的作用产生推力。四周有梁围住的单向板在搁置短边的梁中将产生与推力平衡的拉力。推

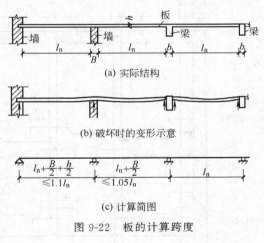

(a) 实际结构

(b) 破坏时的变形示意

(c) 计算简图

图 9-22　板的计算跨度

力对板的承载能力来说是有利因素，在计算时采用将计算得出的弯矩值乘以折减系数来考虑这一有利因素。对于四周与梁整体连接的板的中间跨的跨中截面及中间支座，折减系数为 0.8，其它情况均不予折减 (图 9-24)。

设计板时，一般不需进行受剪计算。

9.6.2　配筋构造

板的一般构造要求，如混凝土强度等级、保护层厚度、板的厚度等已在第 4 章中叙述。有关单向板的配筋构造要求如下。

(1) 受力钢筋

① 受力钢筋的直径通常采用 8mm、10mm 或 12mm。为了便于施工架立，支座承受负弯矩的上部钢筋直径不宜小于 8mm。

② 当多跨单向板采用弯起式配筋时，跨中正弯矩钢筋可在距支座边 $l_n/6$ 处部分弯起

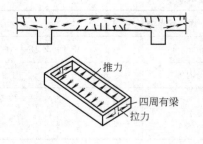

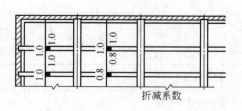

图 9-23 板的推力   图 9-24 板的弯矩折减系数

[图9-25(a)]，但至少要有 1/2 跨中正弯矩钢筋伸入支座，且其间距不应大于 400mm。弯起角度一般为 30°，当板厚大于 120mm 时，可为 45°。

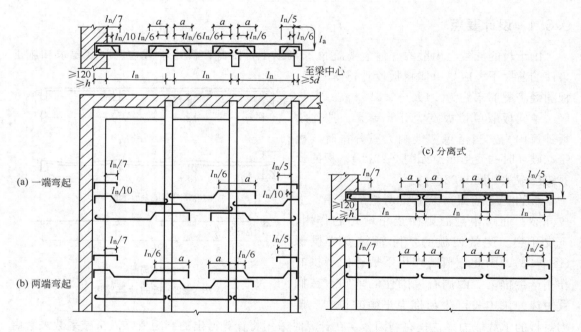

图 9-25 等跨连续板钢筋的典型布置图

③ 当采用分离式配筋时 [图 9-25(c)]，跨中正弯矩钢筋宜全部伸入支座。有时为了节约钢筋，可将正弯矩钢筋在距支座边 $l_n/10$ 处截断 1/2，板中下部钢筋伸入支座的锚固长度应 $\geqslant 5d$，且宜伸过支座中心线。

④ 支座附近承受负弯矩的钢筋，可在距支座边不小于 a 的距离处切断（图 9-25），a 的取值如下：

$$\text{当 } \frac{q}{g} \leqslant 3 \text{ 时，} a = \frac{1}{4} l_n$$

$$\text{当 } \frac{q}{g} > 3 \text{ 时，} a = \frac{1}{3} l_n$$

式中，g、q 为板上作用的恒载及活载；l_n 为板计算方向的净跨。

板的支座处承受负弯矩的上部钢筋，多做成直钩撑在模板上，以便保证施工时不至于改变其有效高度。

对于等跨或相邻跨相差不大于 20% 的多跨连续板，按照图 9-25 所示的钢筋布置可以满足板的弯矩包络图的要求。如连续板的相邻跨度或荷载相差过大，则须画弯矩包络图及抵抗弯矩图来确定钢筋切断或弯起的位置。

(2) 长向支座处的负弯矩钢筋　在单向板的长向支座处，为了承担实际存在的负弯矩，要配置一定数量的能承受负弯矩的构造钢筋。按每米宽计，其数量不得少于短向正弯矩钢筋的 1/3。且不少于每米 $5\phi8$。这些钢筋可在距支座边线 $l_n/4$ 处切断（弯直钩）。

对与梁、墙整浇或嵌固在承重墙内的单向板，由于墙的约束作用，板在墙边也会产生一定的负弯矩，因此在每米板宽内也应配置不少于 $5\phi8$ 的钢筋，伸入板内的长度不小于 $l_n/4$。从砌体墙支座处伸入板内不小于 $l_n/7$。沿板受力方向配置的上述钢筋其截面面积不宜小于受力钢筋面积的 1/3。

对两边嵌固在墙内的板角处，应在 $l_n/4$ 范围内双向布置上述构造钢筋，该筋伸出墙边的长度不小于 $l_n/4$。这是因为板受荷后，简支的角部会翘离支座，当这种翘离受到墙体的约束时，板角上部就会产生与墙边成 45° 的裂缝，配置角部构造钢筋，可以阻止这种裂缝的扩展。上述的 l_n 为板的短向净跨 (图 9-26)。

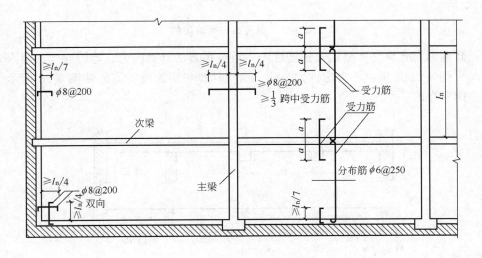

图 9-26　板中构造钢筋

(3) 分布钢筋　单向板除在受力方向布置受力筋以外，还要在垂直于受力筋方向布置分布筋。它的作用是：承担由于温度变化或收缩引起的内力；对四边支承的单向板，可以承担长边方向实际存在的一些弯矩；有助于将板上作用的集中荷载分散在较大的面积上，以使更多的受力筋参与工作；与受力筋组成钢筋网，便于在施工中固定受力筋的位置。

分布筋应放在受力筋及长向支座处负弯矩钢筋的内侧，单位长度上的分布筋，其截面面积不应小于单位长度上受力钢筋截面面积的 15%，且不宜小于板截面面积的 0.15%；其间距不应大于 250mm，直径不宜小于 6mm。对集中荷载较大的情况，分布钢筋的截面面积应适当增加,其间距不宜大于 200mm。

9.7 次梁的计算和配筋

9.7.1 设计要点

(1)荷载 计算由板传来的次梁荷载时,可忽略板的连续性。即次梁两侧板跨上的荷载各有一半传给次梁,作为次梁的荷载(图 9-27)。

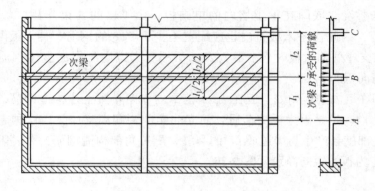

图 9-27 板传给次梁的荷载

(2)截面内力计算 次梁通常按塑性内力重分布方法计算内力,等跨连续次梁内力系数按图 9-20、图 9-21 采用,不考虑推力影响。次梁计算弯矩跨度的取值如图 9-28 所示。计算剪力时一律取净跨。

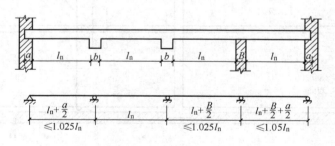

图 9-28 次梁的计算跨度

(3)截面配筋计算 当次梁与板整体连接时,板可作为次梁的翼缘。因此跨中截面在正弯矩作用下,按 T 形截面计算。而支座附近的负弯矩区段,按矩形截面计算。

9.7.2 配筋构造

次梁的一般构造要求见第 4 章有关内容。

次梁跨中及支座截面分别按最大弯矩计算配筋数量。沿梁长的钢筋布置,应按弯矩及剪力包络图确定,但对于相邻跨跨度相差不大于 20% 的非框架主、次梁,可按图 9-29 所示配筋布置。

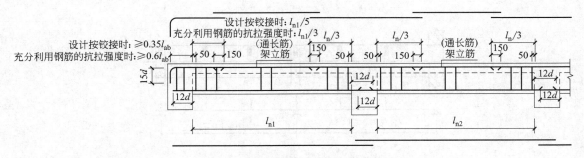

图 9-29 非框架等跨连续梁的配筋构造

注：1. 跨度值 l_n 为左跨 l_{ni} 和右跨 l_{ni+1} 之较大值，其中 $i=1$，2，3 等。

2. 当端支座为柱、剪力墙（平面内连接）时，梁端部应设箍筋加密区，应设计确定加密区长度，或取该工程框架梁加密区长度。

3. 当梁上部有通长钢筋时，连接位置宜位于跨中 $l_{ni}/3$ 范围内；梁下部钢筋连接位置宜位于支座 $l_{ni}/4$ 范围内；且在同一连接区段内钢筋接头面积百分率不宜大于 50%。

4. 当梁纵筋（不包括侧面 G 打头的构造筋及架立筋）采用绑扎搭接接长时，搭接区内箍筋直径及间距要求见本书 4.7.7（5）。

5. 当梁配有受扭纵向钢筋时，梁下部纵筋锚入支座的长度应为 l_a，在端支座直锚长度不足时可弯锚，弯锚直线段长度不小于 $0.6l_{ab}$。

6. 纵筋伸入支座的直段长度不小于 l_{ab} 时可不弯折。当梁中纵筋采用光面钢筋时，图中 $12d$ 应改为 $15d$。

9.8 主梁的计算和配筋

9.8.1 计算要点

（1）荷载 主梁除承受自重和直接作用在主梁上的荷载外，主要是承受由次梁传来的集中荷载。对多跨次梁，计算时可不考虑次梁的连续性，即按简支梁的反力作用在主梁上。当次梁仅有两跨时应考虑次梁的连续性，即按连续梁的反力作用在主梁上。为了简化计算，可将主梁自重折算为集中荷载。

如主梁与柱整体浇筑形成框架，在计算内力时，主梁作为框架的一个杆件，不仅承受楼盖传来的竖向荷载，还应考虑风力、地震力等水平荷载。

（2）截面内力计算

① 计算简图 当梁支承在墙上时，通常将主梁与墙的连接视为简支。当柱的线刚度小于主梁线刚度的 1/5 时，在计算竖向荷载作用下的主梁内力时可将柱简化为不动铰支。主梁计算跨度值见图 9-30。

② 主梁的截面内力 主梁的内力计算通常按弹性理论方法进行，不考虑塑性内力重分布。这是因为主梁是比较重要的构件，需要有较大的强度储备，且在使用荷载下的挠度及裂缝控制较严。

（3）截面配筋计算

① 由于主梁按弹性理论方法计算内力，计算跨度取至支承面的中心，支座简化为点支座时忽略了支座的宽度，这样求得的支座截面负弯矩值大于实际的负弯矩值，故计算配筋

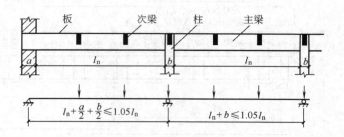

图 9-30   主梁的计算跨度

时，应按前文所述，取支座边缘的弯矩值（图 9-31）。

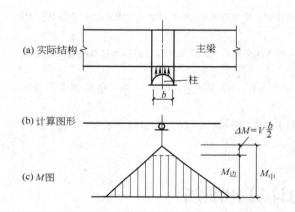

图 9-31   主梁支座边缘弯矩

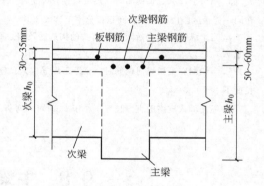

图 9-32   主、次梁相交处的配筋构造

② 计算主梁支座截面负弯矩钢筋时，要注意由于次梁和主梁承受负弯矩的钢筋相互交叉，以致造成主梁的纵筋必须放在次梁的纵筋下面，h_0 有所降低。当主梁支座负弯矩钢筋为单排时，$h_0 = h - (50 \sim 60)\text{mm}$；当钢筋为两排时，$h_0 = h - (75 \sim 85)\text{mm}$（图 9-32）。

9.8.2   截面配筋构造

主梁的一般构造要求见第 4 章所述的相关内容。非框架主梁的纵筋的弯起与截断应根据内力包络图，通过作抵抗弯矩图来布置，对于相邻跨跨度差不大于 20% 的主梁，可按图 9-29 所示配筋。

在主、次梁相交处应设置附加的箍筋或吊筋，用来承受由次梁作用于主梁截面高度范围内的集中荷载 F，此附加横向钢筋的面积可按式(9-8) 计算：

$$F \leqslant 2f_y A_{sb} \sin\alpha \tag{9-8a}$$

式中，F 为由次梁传来的集中力；A_{sb} 为附加吊筋截面面积（图 9-33）；f_y 为附加吊筋的强度设计值；α 为吊筋与梁轴线的夹角（图 9-33）。

或

$$F \leqslant m f_{yv} A_{sv} \tag{9-8b}$$

式中，m 为附加箍筋的个数（图 9-33）；A_{sv} 为附加箍筋截面面积，$A_{sv} = n A_{sv1}$；A_{sv1} 为单肢箍筋截面面积；n 为箍筋肢数；f_{yv} 为附加箍筋的强度设计值。

图 9-33 附加钢筋示意图

附加横向钢筋应布置在集中荷载 F 附近，长度为 s 的范围内，$s = 3b + 2h_1$（图 9-33）。

9.9 单向板肋梁楼盖设计例题

某多层厂房的楼盖平面如图 9-34 所示，楼面做法见图 9-35，楼盖采用现浇的钢筋混凝土单向板肋梁楼盖，试设计该楼盖。

（1）设计要求

① 板、次梁内力按塑性内力重分布计算。

② 主梁内力按弹性理论计算。

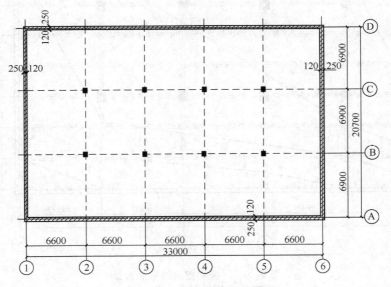

图 9-34 厂房楼盖平面图

③ 绘出结构平面布置图、板、次梁和主梁的施工图。

本设计主要解决的问题有：荷载计算、计算简图、内力分析、截面配筋计算。构造要求、施工图绘制。

（2）设计资料

① 楼面均布活荷载标准值

$$q_k = 8 \text{kN/m}^2$$

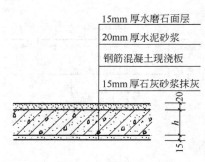

图 9-35 楼盖建筑做法详图

② 楼面做法 楼面面层用 15mm 厚水磨石（$\gamma = 25\text{kN/m}^3$），找平层用 20mm 厚水泥砂浆（$\gamma = 20\text{kN/m}^3$），板底、梁底及其两侧用 15mm 厚石灰砂浆粉刷（$\gamma = 17\text{kN/m}^3$）。

③ 材料 混凝土强度等级采用 C30，主梁和次梁的纵向受力钢筋采 HRB400 吊筋采用 HRB400，其余均采用 HPB300。

9.9.1 设计步骤

（1）楼盖结构平面布置及截面尺寸确定 确定主梁（L_1）的跨度为 6.9m，次梁（L_2）的跨度为 6.6m，主梁每跨内布置两根次梁，板的跨度为 2.3m。楼盖结构的平面布置图如图 9-36 所示。

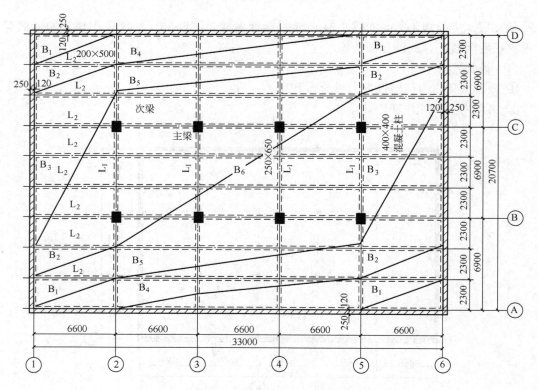

图 9-36 厂房楼盖结构平面布置

按高跨比条件，要求板厚 $h \geq l/30 \geq 2300/30 = 76.7\text{mm}$，对工业建筑的楼板，按表 4-2 要求 $h \geq 70\text{mm}$，所以板厚取 $h = 80\text{mm}$。

次梁截面高度应满足 $h \geq l/18 \sim l/12 = 367 \sim 550\text{mm}$，取 $h = 500\text{mm}$，截面宽 $b = (1/2 \sim 1/3)h$，取 $b = 200\text{mm}$。

主梁截面高度应满足 $h = l/14 \sim l/8 = 493 \sim 863\text{mm}$，取 $h = 650\text{mm}$，截面宽度取为 $b = 250\text{mm}$，柱的截面尺寸 $b \times h = 400\text{mm} \times 400\text{mm}$。

（2）板的设计—按考虑塑性内力重分布设计

① 荷载计算　恒载标准值（自上而下）

15mm 水磨石面层：　　　　$0.015 \times 25 = 0.375 \text{kN/m}^2$

20mm 水泥砂浆找平层：　　$0.02 \times 20 = 0.4 \text{kN/m}^2$

80mm 钢筋混凝土板：　　　$0.08 \times 25 = 2.0 \text{kN/m}^2$

15mm 板底石灰砂浆：　　　$0.015 \times 17 = 0.255 \text{kN/m}^2$

小计：　　　　　　　　　　　3.03kN/m^2

活荷载标准值：　　　　　　　8.0kN/m^2

因为是工业建筑楼盖且楼面活荷载标准值大于 4.0kN/m^2，所以活荷载分项系数取 1.3，

恒荷载设计值：　　　　$g = 3.03 \times 1.2 = 3.636 \text{kN/m}^2$

活荷载设计值：　　　　$q = 8.0 \times 1.3 = 10.4 \text{kN/m}^2$

荷载总设计值：$g + q = 3.636 + 10.4 = 14.036$；近似取 14.1kN/m^2

② 计算简图　取 1m 板宽作为计算单元，板的实际结构如图 9-37（a）所示，由图可知：次梁截面宽度为 $b = 200 \text{mm}$，现浇板在墙上的支承长度为 $a = 120 \text{mm} \geqslant h = 80 \text{mm}$，按塑性内力重分布设计，则板的计算跨度为：

$$l_{01} = l_n + h/2 = \left(2300 - 120 - \frac{200}{2}\right) + \frac{80}{2} = 2120 \text{mm}$$

取边跨板的计算跨度 $l_{01} = 2120 \text{mm}$。

取中跨 $l_{02} = l_n = 2300 - 200 = 2100 \text{mm}$。

板的计算简图如图 9-37(b) 所示。

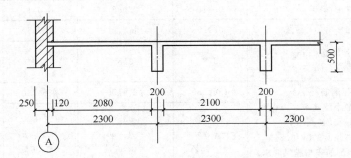

图 9-37(a)　板的实际结构图

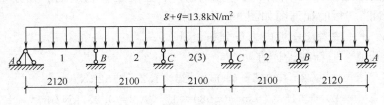

图 9-37 （b）　板的计算简图

③ 计算弯矩设计值　因边跨与中跨的计算跨度相差 $\dfrac{2120 - 2100}{2100} = 0.95\%$，小于 10%，可按等跨连续板计算，由图 9-20 可查得板的弯矩系数 α，板的弯矩设计值计算过程见表 9-3。

表 9-3 板的弯矩设计值的计算表

截面位置	1	B	2	C
	边跨跨中	第一内支座	中间跨跨中	中间支座
弯矩系数 α	$1/11$	$-1/14$	$1/16$	$-1/14$
计算跨度 l_0(m)	2.120	2.120	2.100	2.100
$M=\alpha(g+q)l_0^2/\text{kN}\cdot\text{m}$	$14.1\times2.12^2/11=5.76$	$-14.1\times2.12^2/14$ $=-4.53$	$14.1\times2.10^2/16$ $=3.89$	$-14.1\times2.10^2/14$ $=-4.45$

④ 板的配筋计算正截面受弯承载力计算　板厚 80mm，$h_0=80-20=60\text{mm}$，$b=1000\text{mm}$，C30 混凝土，$\alpha_1=1.0$，$f_c=14.3\text{N/mm}^2$；HPB300 钢筋，$f_y=270\text{N/mm}^2$。

对轴线②～⑤间的板带，考虑起拱作用，其跨内 2 截面和支座 C 截面的弯矩设计值可折减 20%，为了方便，折减后的弯矩值标于括号内。板配筋计算过程见表 9-4。

表 9-4 板的配筋计算表

	截面位置	1	B	2	C
	弯矩设计值/kN·m	5.76	-4.53	3.89(3.11)	$-4.45(-3.56)$
	$\alpha_s=M/\alpha_1 f_c b h_0^2$	0.112	0.087	0.076	0.087
	$\xi=1-\sqrt{1-2\alpha_s}$	0.119	0.092<0.1,取 0.1	0.079	0.087<0.1 取 0.1
轴线①～②⑤～⑥	计算配筋/mm² $A_s=\alpha_1 f_c b h_0 \xi/f_y$	378	318	251	318
	实际配筋/mm²	$\phi8@130$ 387	$\phi8@150$ 335	$\phi8@200$ 251	$\phi8@150$ 335
	$\alpha_s=M/\alpha_1 f_c b h_0^2$	0.112	0.088	0.061	0.069
	$\xi=1-\sqrt{1-2\alpha_s}$	0.119	取 0.1	0.063	0.072<0.1 取 0.1
轴线②～⑤	计算配筋/mm² $A_s=\alpha_1 f_c b h_0 \xi/f_y$	378	318	200	318
	实际配筋/mm² 最小配筋率 $\rho_{\min}=0.45f_t/f_y$ $=0.45\times1.43/270=0.24\%$ 经验算最小配筋率均满足要求。	$\phi8@130$ 387	$\phi8@150$ 335	$\phi6@130$ 218 $\rho=A_s/bh_0$ $=0.36\%$	$\phi8@150$ 335
			$\rho=A_s/bh_0$ $=0.65\%$	$\rho=A_s/bh_0$ $=0.56\%$	$\rho=A_s/bh_0$ $=0.56\%$

⑤ 板的配筋图绘制　板中除配置计算钢筋外，还应配置构造钢筋如分布钢筋和嵌入墙内的板的附加钢筋。板的配筋图如图 9-37(c) 所示。

(3) 次梁设计—按考虑塑性内力重分布设计

① 荷载设计值　恒荷载设计值

次梁自重：　　　　　$0.20\times(0.5-0.08)\times25\times1.2=2.52\text{kN/m}$

次梁粉刷：　　　　　$2\times0.015\times(0.5-0.08)\times17\times1.2=0.257\text{kN/m}$

小计　　　　　　　　　　　　　　2.78kN/m

板传来恒载　　　　　　　　$3.636\times2.3=8.363$

恒载设计值　　　　　　　　$g=11.143\text{kN/m}$

活荷载设计值：　　　　　　$q=10.4\times2.3=23.92\text{kN/m}$

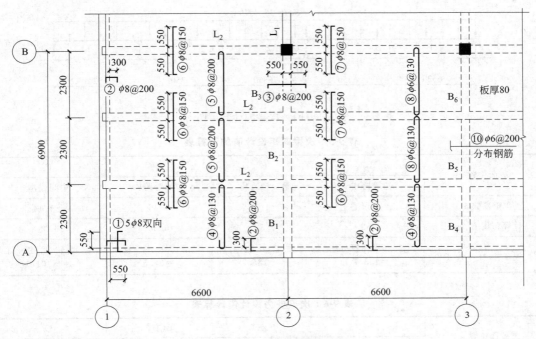

图 9-37(c)　板的配筋示意图

荷载总设计值：　$q+g=23.92+11.143=35.063\text{kN/m}$，取荷载 $p=35.1\text{kN/m}$

② 计算简图　由次梁实际结构图 [图 9-38(a)] 可知，次梁在墙上的支承长度为 $a=370\text{mm}$，主梁宽度为 $b=250\text{mm}$。次梁边跨的计算跨度按以下两项的较小值确定：

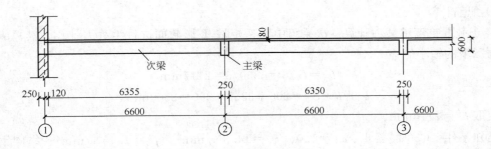

图 9-38(a)　次梁的实际结构图

边跨　　　　　$l_{01}=l_n+a/2=(6600-120-250/2)+370/2=6540\text{mm}$
　　　　　　　$1.025l_n=1.025\times6355=6514\text{mm}<6540\text{mm}$

取次梁边跨的实际计算跨度 $l_{01}=6520\text{mm}$
取中间跨 $l_{02}=l_n=6600-250=6350\text{mm}$
计算简图如图 9-38(b) 所示。

③ 弯矩设计值和剪力设计值的计算　因为边跨和中间跨的计算跨度相差 $\dfrac{6520-6350}{6350}=$

2.68%，小于 10%，可按等跨连续梁计算。由图 9-20 和图 9-21 可分别查得弯矩系数 α 和剪力系数 β。次梁的弯矩设计值和剪力设计值见表 9-5 和表 9-6。

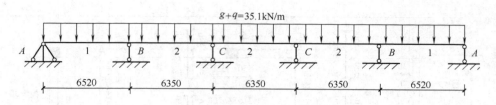

图 9-38(b)　次梁的计算简图

表 9-5　次梁弯矩设计值的计算表

截面位置	1	B	2	C
	边跨跨中	第一内支座	中间跨跨中	中间支座
弯矩系数 α	1/11	−1/11	1/16	−1/14
计算跨度 l_0/m	6.52	6.52	6.35	6.35
$M=\alpha(g+q)l_0^2/\text{kN}\cdot\text{m}$	$35.1\times6.52^2/11$ =135.7	$-35.1\times6.52^2/11$ =−135.7	$35.1\times6.35^2/16$ =88.5	$-35.1\times6.35^2/14$ =−101.1

表 9-6　次梁剪力设计值计算表

截面位置	A	B(左)	B(右)	C
	边支座	第一内支座(左)	第一内支座(右)	中间支座
剪力系数 β	0.40	0.60	0.50	0.50
计算跨度 l_n/m	6.36	6.36	6.35	6.35
$V=\beta(g+q)l_n/\text{kN}$	$0.40\times35.1\times6.36$ =89.3	$0.60\times35.1\times6.36$ =134	$0.50\times35.1\times6.35$ =112	$0.50\times35.1\times6.35$ =112

④ 配筋计算

a. 正截面抗弯承载力计算　次梁跨中正弯矩按 T 形截面进行承载力计算，其翼缘宽度取下面二项的较小值：

$$b'_f=l_0/3=6350/3=2117\text{mm}$$

$$b'_f=b+S_n=200+2300-200=2300\text{mm}$$

故取 $b'_f=2110\text{mm}$，

已知条件：C30 混凝土，$\alpha_1=1.0$，$f_c=14.3\text{N/mm}^2$，$f_t=1.43\text{N/mm}^2$；纵向钢筋采用 HRB400，$f_y=360\text{N/mm}^2$，箍筋采用 HPB300，$f_{yv}=270\text{N/mm}^2$，预计纵筋布置为单排，则 $h_0=500-38=462\text{mm}$。

判别跨中截面属于哪一类 T 形截面：

$\alpha_1 f_c b'_f h'_f(h_0-h'_f/2)=1.0\times14.3\times2110\times80\times(462-40)=1018.64(\text{kN}\cdot\text{m})>M_1>M_2$，跨中截面均属于第一类 T 形截面。

支座截面按矩形截面计算，正截面承载力计算过程列于表 9-7。

b. 斜截面受剪承载力计算

复核截面尺寸：$h_w=h_0-h'_f=462-80=382$；$h_w/b=382/200=1.91<4$，截面尺寸按下式验算：

$$0.25\beta_c f_c bh_0=0.25\times1.0\times14.3\times200\times462=330.3\text{kN}>V_{\max}=134\text{kN}；$$

表 9-7 次梁正截面配筋计算

截面位置		1	B	2	C
弯矩设计值（kN・m）		135.7	−135.7	88.5	−101.1
$\alpha_s = M/\alpha_1 f_c b h_0^2$		$\dfrac{135.7\times10^6}{1\times14.3\times2110\times462^2}$ $=0.0211$	$\dfrac{135.7\times10^6}{1\times14.3\times200\times462^2}$ $=0.222$	$\dfrac{88.5\times10^6}{1\times14.3\times2110\times462^2}$ $=0.0137$	$\dfrac{101.1\times10^6}{1\times14.3\times200\times462^2}$ $=0.166$
$\xi = 1-\sqrt{1-2\alpha_s}$		0.0213	0.10<0.254<0.35	0.0139	0.10<0.183<0.35
选配钢筋	计算配筋/mm² $A_s = \alpha_1 f_c b h_0 \xi/f_y$	$\dfrac{1\times14.3\times2110\times462\times0.0213}{360}$ $=825$	$\dfrac{1\times14.3\times200\times462\times0.254}{360}$ $=932$	$\dfrac{1\times14.3\times2110\times462\times0.0139}{360}$ $=539$	$\dfrac{1\times14.3\times200\times462\times0.183}{360}$ $=672$
	实际配筋/mm²	2⚎18+1⚎20	3⚎20	3⚎16	1⚎16+2⚎18
		823.2	942	603	710.1
$\rho_{min}=0.45f_t/f_g=0.18\%$ 取 0.2%		$\rho_1=\dfrac{823.2}{200\times500}=0.82\%$	$\rho_1=\dfrac{942}{200\times500}=0.94\%$	$\rho_1=\dfrac{603}{200\times500}=0.6\%$	$\rho_1=\dfrac{710.1}{200\times500}=0.71\%$

故截面尺寸满足要求。又：

$$0.7f_t bh_0 = 0.7\times1.43\times200\times462 = 92492\text{N} = 92.49\text{kN} \approx V_{min} = 89.3\text{kN}$$

所以支座各截面均按计算配置箍筋。采用 $\phi6$ 双肢箍筋，$nA_{sv1}=A_{sv}=57\text{mm}^2$，计算 B 支座左侧截面 V_{Bl} 的配箍。

由 $V_{Bl}\leq V_{cs}=0.7f_t bh_0 + f_{yv}\dfrac{A_{sv}}{s}h_0$ 可得箍筋间距

$$s\leq\frac{f_{yv}A_{sv}h_0}{V_{Bl}-0.7f_t bh_0}=\frac{270\times57\times462}{134\times10^3-0.7\times1.43\times200\times462}=171\text{mm}$$

调幅后受剪承载力应加强，梁局部范围的箍筋面积应增加 20%，现调整箍筋间距，$s=0.8\times171=137\text{mm}$，取箍筋间 $s=120\text{mm}$。

配箍筋率验算：

弯矩调幅时要求配筋率下限为 $0.3\dfrac{f_t}{f_{yv}}=0.3\times\dfrac{1.43}{270}=1.59\times10^{-3}$。实际配箍率 $\rho_{sv}=$

$\dfrac{A_{sv}}{bs}=\dfrac{57}{200\times120}=2.38\times10^{-3}>1.59\times10^{-3}$，满足要求。

因各个支座处的剪力相差不大，沿梁长均匀配置双肢 $\phi6@120$ 的箍筋。

⑤ 施工图的绘制　次梁配筋图如图 9-38(c) 所示，其中次梁纵筋锚固长度确定。

伸入墙支座时，梁顶面纵筋的锚固长度按下式确定：

$$l_{ab}=l_a=\alpha\frac{f_y}{f_t}d=0.14\times\frac{360}{1.43}\times20=705\text{mm}>370\text{mm}, \quad 0.35l_{ab}=0.35\times705=247\text{mm}<$$

$(370-20)=350\text{mm}$，满足要求。按图 9-29 的相应形式锚固。

梁底面纵筋的锚固长度应满足：$l\geq12d_{max}=12\times20=240\text{mm}$，取 300mm。锚固区内设置 $\phi6@100$ 的箍筋。

梁底面纵筋伸入中间支座的长度应满足 $l\geq12d_{max}=12\times20=240\text{mm}$，取 250mm。

纵筋的截断点距支座的距离，根据图 9-29 取值。

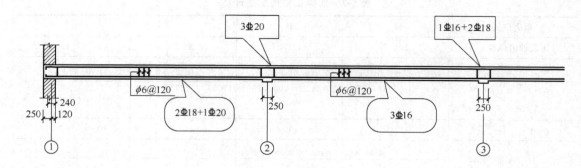

图 9-38(c)　次梁配筋示意图

（4）主梁设计——按弹性理论设计

① 荷载设计值（为简化计算，将主梁的自重等效为集中荷载）

次梁传来的恒载：$11.143 \times 6.6 = 73.544 \text{kN}$

主梁自重（含粉刷）：

$$[(0.65-0.08) \times 0.25 \times 2.3 \times 25 + 2 \times (0.65-0.08) \times 0.015 \times 17 \times 2.3] \times 1.2 = 10.635 \text{kN}$$

恒荷载：$G = 73.544 + 10.635 = 84.179 \text{kN}$　取 $G = 84.2 \text{kN}$

活荷载：$Q = 23.92 \times 6.6 = 157.872 \text{kN}$　取 $Q = 157.9 \text{kN}$

② 计算简图　主梁的实际结构如图 9-39(a) 所示，由图可知，主梁端部支承在墙上的支承长度 $a = 370 \text{mm}$，中间支承在 400mm×400mm 的混凝土柱上，其计算跨度按以下方法确定：

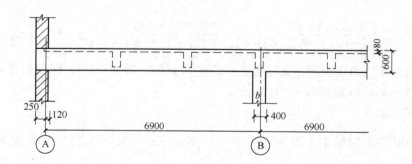

图 9-39 (a)　主梁的实际结构图

边跨 $l_{n1} = 6900 - 200 - 120 = 6580 \text{mm}$，因为 $l_n + \dfrac{b}{2} + \dfrac{a}{2} = 6580 + 185 + 200 = 6965 \text{mm} >$

$1.05 l_{n1} = 6909 \text{mm}$，所以近似取 $l_1 = 6910 \text{mm}$

中跨 $l_2 = 6900 \text{mm}$。

计算简图如图 9-39(b) 所示。

③ 内力设计值计算及包络图绘制　因跨度相差不超过 10%，可按等跨连续梁计算。

a. 弯矩值计算：

弯矩：$M = k_1 Gl + k_2 Ql$，式中 k_1 和 k_2，由附录 6 附表 25 查得，弯矩计算过程详见表 9-8。

b. 剪力设计值：

剪力：$V = k_3 G + k_4 Q$，式中系数 k_3、k_4，由附录 6 附表 25 查得，不同截面的剪力值

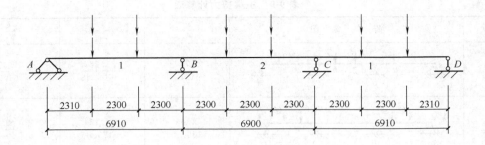

$$\underbrace{2310\ |\ 2300\ |\ 2300}_{6910}\ \underbrace{|\ 2300\ |\ 2300\ |\ 2300}_{6900}\ \underbrace{|\ 2300\ |\ 2300\ |\ 2310}_{6910}$$

图 9-39（b）　主梁计算简图

表 9-8　主梁弯矩设计计算表

项次	荷 载 简 图	$\dfrac{k}{M_1}$	$\dfrac{k}{M_B}$	$\dfrac{k}{M_2}$	$\dfrac{k}{M_C}$	弯矩图示意图
① 恒载	$G\ G\quad G\ G\quad G\ G$ 　1 a 　2 b 　a 1 　A 　B 　C 　D	$\dfrac{0.244}{141.96}$	$\dfrac{-0.267}{-155.35}$	$\dfrac{0.067}{38.93}$	$\dfrac{-0.267}{-155.35}$	
② 活载	$Q\ Q\qquad Q\ Q$ 　1 a 　2 b 　a 1 　A 　B 　C 　D	$\dfrac{0.289}{315.32}$	$\dfrac{-0.133}{-145.11}$	$\dfrac{-0.133}{-144.90}$	$\dfrac{-0.133}{-145.11}$	
③ 活载	$Q\ \ Q$ 　1 　2 b 　a 1 　A 　B 　C 　D	$\dfrac{-0.044^*}{-48.00}$	$\dfrac{-0.133}{-145.11}$	$\dfrac{0.200}{217.9}$	$\dfrac{-0.133}{-145.11}$	
④ 活载	$Q\ \ Q\ Q\ \ Q$ 　1 a 　2 b 　a 1 　A 　B 　C 　D	$\dfrac{0.229}{249.86}$	$\dfrac{-0.311}{-339.33}$	$\dfrac{0.096^*}{104.6}$	$\dfrac{-0.089}{-97.11}$	
⑤ 活载	$Q\ Q\qquad Q\ Q$ 　1 a 　2 b 　a 1 　A 　B 　C 　D	$\dfrac{0.089/3^*}{-32.37}$	$\dfrac{-0.089}{-97.11}$	$\dfrac{0.17}{185.22}$	$\dfrac{-0.311}{-339.33}$	
组合项次 $M_{\min}/(\mathrm{kN\cdot m})$		①+③ 93.96	①+④ −494.68	①+② −105.97	①+⑤ −494.68	
组合项次 $M_{\max}/(\mathrm{kN\cdot m})$		①+② 457.28	①+⑤ −252.46	①+③ 256.83	①+④ −252.46	

注：* 号处弯矩可通过脱离体确定，参见图 9-40。

的计算过程详见表 9-9。

c. 弯矩、剪力包络图绘制　荷载组合①+②时，出现第一跨跨内最大弯矩和第二跨跨内最小弯矩，此时，$M_A = 0$，$M_B = -155.35 - 145.11 = -300.46\mathrm{kN\cdot m}$，以这两个支座的弯矩值的连线为基线，叠加边跨在集中荷载 $G + Q = 84.2 + 157.9 = 242.1\mathrm{kN}$ 作用下的简支梁弯矩图：

则第一个集中荷载下的弯矩值为 $\dfrac{1}{3}(G+Q)l_1 - \dfrac{1}{3}M_B = 457.48\mathrm{kN\cdot m} \approx M_{\max}$，第二集中荷载作用下弯矩值为 $\dfrac{1}{3}(G+Q)l_1 - \dfrac{2}{3}M_B = 357.33\mathrm{kN\cdot m}$。见图 9-40（a）。

表 9-9　主梁剪力计算表

项次	荷载简图	$\dfrac{k}{V_A}$	$\dfrac{k}{V_{Bl}}$	$\dfrac{k}{V_{Br}}$
①　恒载	(荷载简图)	$\dfrac{0.733}{61.72}$	$\dfrac{-1.267}{-106.68}$	$\dfrac{1.00}{84.2}$
②　活载	(荷载简图)	$\dfrac{0.866}{136.74}$	$\dfrac{-1.134}{-179.06}$	$\dfrac{0}{0}$
③　活载	(荷载简图)	$\dfrac{-0.133}{-21.00}$	$\dfrac{-0.133}{-21.00}$	$\dfrac{1.00}{157.9}$
④　活载	(荷载简图)	$\dfrac{0.689}{108.79}$	$\dfrac{-1.311}{-207.01}$	$\dfrac{1.222}{192.95}$
⑤　活载	(荷载简图)	$\dfrac{-0.089}{-14.05}$	$\dfrac{-0.089}{-14.05}$	$\dfrac{0.778}{122.85}$
组合项次 V_{max}/kN		①+② 198.46	①+⑤ −120.73	①+④ 277.15
组合项次 V_{min}/kN		①+③ 40.72	①+④ −313.69	①+② 84.20

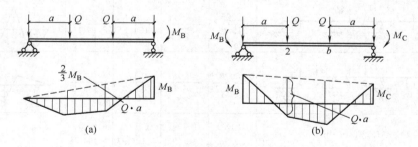

图 9-40　主梁脱离体的弯矩图

中间跨跨中弯矩最小时，两个支座弯矩值均为 -300.46kN·m，以此支座弯矩连线叠加集中荷载。则集中荷载处的弯矩值为 $\dfrac{1}{3}Gl_2 - M_B = -106.8$kN·m。

荷载组合①+④时支座最大负弯矩 $M_B = -494.68$kN·m，其它两个支座的弯矩为 $M_A = 0$，$M_C = -252.46$kN·m，在这三个支座弯矩间连线，以此连线为基线，于第一跨、第二跨分别叠加集中荷载为 $G+Q$ 时的简支梁弯矩图。

则集中荷载处的弯矩值依次为 391.82kN·m，227.85kN·m，143.53kN·m，223.76kN·m。同理，当 $-M_C$ 最大时，集中荷载下的弯矩倒位排列，参见图 9-40(b)。

荷载组合①+③时，出现边跨跨内弯矩最小与中间跨跨内弯矩最大。此时，$M_B = M_C = 292.67$kN·m，第一跨在集中荷载 C 作用下的弯矩值分别为 85.12kN·m，−12.72kN·m，第二跨在集中荷载 $G+Q$ 作用下的弯矩值为 254.56kN·m。

①＋⑤情况的弯矩可按此方法计算。

上述所计算的跨内最大弯矩与表中相应的弯矩有少量的差异，是因为计算跨度并非严格等跨，且表中 B、C 支座处的弯矩均按较大的跨度计算所致。主梁的弯矩包络图见图9-41。

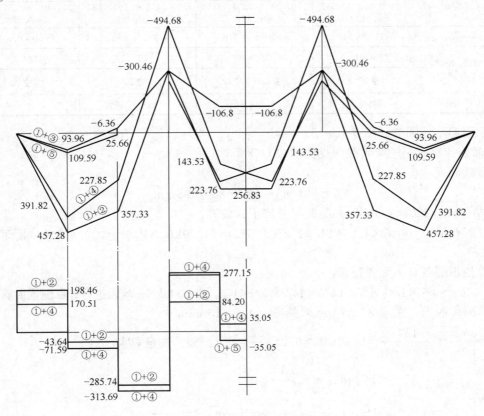

图 9-41　主梁的弯矩、剪力包络图

支座剪力计算的荷载组合可参照上述组合进行。主梁的剪力包络图见图 9-41。

④ 配筋计算——截面承载力计算　C30 混凝土，$\alpha_1 = 1.0$，$f_c = 14.3\text{N/mm}^2$，$f_t = 1.43\text{N/mm}^2$；纵向钢筋采用 HRB400 级，$f_y = 360\text{N/mm}^2$，预计跨中截面纵筋按两排布置，$h_0 = h - a_s = 650 - 63 = 587\text{mm}$，箍筋采用 HRB300，$f_{yv} = 270\text{N/mm}^2$。

a. 正截面受弯承载力及纵筋的计算

跨中正弯矩按 T 形截面计算，因 $h'_f/h_0 = 80/587 = 0.136 > 0.10$

翼缘计算宽度按 $l_0/3 = 6.9/3 = 2.3$ 和 $b + S_n = 6.6\text{m}$ 中较小值确定，取 $b'_f = 2300\text{mm}$。

B 支座处的弯矩设计值：

$$M_b = M_{B\max} - V_0 \frac{b}{2} = -494.68 + 242.1 \times \frac{0.4}{2} = -446.26\text{kN} \cdot \text{m}$$

判别跨中截面属于哪一类 T 形截面

$\alpha_1 f_c b'_f h'_f (h_0 - h'_f/2) = 1.0 \times 14.3 \times 2300 \times 80 \times (587 - 35) = 1452.42\text{kN} \cdot \text{m} > M_1 > M_2$，均属于第一类 T 形截面。

正截面受弯承载力的计算。见表 9-10。

表 9-10　主梁正截面承载力配筋计算表

截　　面	1	B	2	
弯矩设计值/kN·m	457.28	446.26	256.83	−105.97
$\alpha_s = M/\alpha_1 f_c b h_0^2$	$\dfrac{457.28\times10^6}{1.0\times14.3\times2300\times587^2}$ $=0.0403$	$\dfrac{446.26\times10^6}{1.0\times14.3\times250\times575^2}$ $=0.378$	$\dfrac{256.83\times10^6}{1.0\times14.3\times2300\times587^2}$ $=0.0227$	$\dfrac{105.97\times10^6}{1.0\times14.3\times250\times587^2}$ $=0.086$
$\xi = 1-\sqrt{1-2\alpha_s}$	0.0411<0.518	0.506<0.518	0.023<0.518	0.09<0.518
选配钢筋　计算配筋/mm² $A_s = \alpha_1 f_c b h_0 \xi / f_y$	2204.15	2889.3	1233.5	524.6
	7⏀20	6⏀22+2⏀20	4⏀20	2⏀22
实际配筋/mm²	2199	$A_s=2909$	$A_s=1256$	$A_s=760$

主梁配筋示意图参见图 9-42。

b. 箍筋计算——主梁斜截面受剪承载力计算

验算截面尺寸：

$$h_w = h_0 - h_f' = 575 - 80 = 495\text{mm}$$

$h_w/b = 495/250 = 1.98 < 4$，截面尺寸按下式验算：

$0.25\beta_c f_c b h_0 = 0.25\times1.0\times14.3\times250\times575 = 513.9\text{kN} > V_{max} = 313.69\text{kN}$，截面尺寸满足要求。

验算是否需要计算配置箍筋。

$0.7 f_t b h_0 = 0.7\times1.43\times250\times575 = 143.89\text{kN} < V_{min} = 198.46\text{kN}$，均需进行计算配置箍筋。

计算所需腹筋：采用 $\phi10@100$ 双肢箍，$A_{sv} = 157\text{mm}^2$。

$$\rho_{sv} = \frac{A_{sv}}{bs} = \frac{157}{250\times100} = 0.628\% > 0.24\frac{f_t}{f_{yv}} = 0.127\%，满足要求。$$

$$V_{cs} = 0.7 f_t b h_0 + f_{yv}\frac{A_{sv}}{s} h_0$$

$$= 0.7\times1.43\times250\times575 + 270\times\frac{157}{100}\times575$$

$$= 387.64\text{kN} > V_{max} = 313.69\text{kN}。$$

箍筋选用 $\phi10@100$，沿全长布置。

c. 次梁两侧附加横向钢筋计算。

次梁传来的集中力，$F = 73.544 + 157.9 = 231.5\text{kN}$

$h_1 = 650 - 500 = 150\text{mm}$，附加筋布置范围：

$$s = 2h_1 + 3b = 2\times150 + 3\times200 = 900\text{mm}$$

采用附加吊筋，HRB400 级，按 45°弯起。

则：$A_{sb} \geqslant \dfrac{F}{2f_y\sin\alpha} = \dfrac{231.5\times10^3}{2\times360\times0.707} = 454.8(\text{mm}^2)$，选 2⏀18，$A_s = 509\text{mm}^2$，满足要求。

⑤ 主梁正截面抗弯承载力图（材料图）、纵筋的弯起和截断

a. 按比例绘出主梁的弯矩包络图；

b. 按同样比例绘出主梁的抗弯承载力图（材料图），并满足以下构造要求：

按第 4 章所述的方法绘材料抵抗图，并用每根钢筋的正截面抗弯承载力直线与弯矩包络图的交点，确定钢筋的理论不需要点（即按正截面抗弯承载力计算不需要该钢筋的截面）。

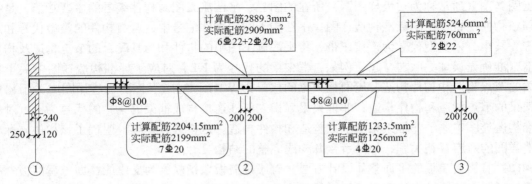

图 9-42　主梁配筋示意图

主梁纵筋伸入墙中的锚固长度的确定如下。

梁顶面纵筋的锚固长度：

$$l_{ab} = l_a = \alpha \frac{f_y}{f_t} d = 0.14 \times \frac{360}{1.43} \times 22 = 775 \text{mm} > 370 \text{mm};$$

$0.35 l_a = 0.35 \times 775 = 271 \text{mm} < (370 - 20) = 350 \text{mm}$，满足要求，按图 9-29 的相应形式锚固。

梁底面纵筋的锚固长度：$12d = 12 \times 20 = 240 \text{mm}$，取 300mm。

c. 检查正截面抗弯承载力图是否包住弯矩包络图和是否满足构造要求。

9.9.2　梁板配筋的平面整体设计方法

（1）概况　建筑结构施工图平面整体设计方法（简称平法）表达方式，概括来讲，是把结构构件的尺寸和配筋等，按照平面整体表示方法的制图规则，整体直接表达在各类构件的结构平面布置图上，再与标准构造详图相配合，即构成一套新型完整的结构设计。

平法结构施工图的表达方式，主要有平面注写方式、列表注写方式、截面注写方式三种。采用的一般原则是以平面注写方式为主，列表注写方式与截面注写方式为辅，可由设计者根据具体工程情况进行选择。各种表达方式所表达的内容相同，一般以平面注写方式为主的依据是平面注写方式在原位表达，信息量高且集中，易平衡，易校审，易修改，易读图；列表注写方式的信息量亦大且集中，但非原位表达，对设计内容的平衡、校审、修改、读图欠直观，故而作为辅助方式；截面注写方式，则适用于构件形状比较复杂或为异形构件的情况。

平法的各种表达方式，有统一性的注写顺序，依次为：

① 构件编号及整体特征（如梁的跨数等）；

② 截面尺寸；

③ 截面配筋；

④ 必要的说明。

按平法设计绘制结构施工图时，必须对所有的构件进行编号。

平法结构施工图对构件的全面编号，不同于传统方法结构施工图对构件的编号，两者功能有区别。当用传统方法设计结构施工图时，对构件编号的主要功能，是用来索引该构件的施工图详图（通常称为"大样图"）所在的图号；平法施工图对构件编号的主要功能，是指明与该构件配合使用的标准构造详图。平法施工图的构件编号中，含有构件的类型代号和序号等，其中，以类型代号为连接纽带，将平法施工图中的构件和与其配合的节点构造及构件构造，准确无误地关联在一起。例如，框架梁的代号为 KL，对应于标准构造详图中关于框架梁的节点构造和构件构造；屋面框架梁的代号为 WKL，对应于标准构造详图中关于屋面框架梁的节点构造和构件构造；非框架梁（指未与柱连接构成框架的梁）的代号为 L，对应标准构造详图中关于非框架梁的节点构造和构件构造。这样进行处理，明确了该构件与标准构造详图的对应互补关系，使两者合并构成完整的结构设计。

（2）有梁楼盖板的平面整体设计方法　有梁楼盖板系指以梁为支座的楼面与屋面板。有梁楼盖板的整体设计方法同样适用于梁板式转换层、剪力墙结构、砌体结构以及有梁地下室的楼面与屋面板平法施工图设计。

有梁楼盖板的平面整体设计方法，系在楼面板和屋面板布置图上，采用平面注写的表达方式。

① 板块平面注写　为方便设计表达和施工识图，规定结构平面的坐标方向为：a. 当两向轴网正交布置时，图面从左至右为 X 向，从下至上为 Y 向；b. 当轴网转折时，局部坐标方向顺轴网转折角度做相应转折；c. 当轴网向心布置时，切向为 X 向，径向为 Y 向；对于平面布置比较复杂的区域，如轴网转折交界区域、向心布置的核心区域等，其平面坐标方向应由设计者另行规定并在图上明确表示。板块平面注写分为集中标注和原位标注。

② 板块统一编号　对于普通楼面，两向均以一跨为一板块；对于密肋楼盖，两向主梁（框架梁）均以一跨为一板块（非主梁密肋不计）。所有板块应逐一编号，如楼面板（LB1、LB2……）；屋面板（WB1、WB2……）。相同编号的板块可择其一做集中标注。

③ 板块标注原则

a. 板块集中标注的内容有编号、标高、板厚、底部、上部贯通纵筋等。

b. 板支座原位标注的内容有上部钢筋（贯通、非贯通）等级、直径、数量、布置跨数、长度等。

c. 板的分布钢筋在结构设计说明中统一标注。

d. 板的构造筋（包括板加腋构造钢筋）详见标准构造详图 16G101-1。

有梁楼盖板的平面整体设计方法参见图 9-43。

（3）梁构件的平面整体设计方法　梁构件有楼层框架梁 KL、屋面框架梁 WKL、框支梁 KZL、非框架梁 L、悬挑梁 XL、井字梁 JZL 等。梁构件的平面整体设计方法，系在梁平面布置图上，采用平面注写方式或截面注写的方式表达。平面注写方式，系在梁平面布置图上，分别在不同编号的梁中各选一根梁，在其上注写截面尺寸和配筋具体数值的方式来表达梁平法施工图。

① 梁的平面注写　梁构件的平面注写包括集中标注与原位标注。集中标注表达梁的通用数值，原位标注表达梁的特殊数值。当集中标注中的某项数值不适用于梁的某部位时，则将该项数值原位标注，施工中，原位标注优先于集中标注。

② 梁统一编号　按平法设计绘制梁结构施工图时，必须对所有的梁构件进行编号。平法施工图的梁构件编号中，含有构件的类型代号和序号等，其中，以类型代号为连接纽带，将梁平法施工图中的构件和与其配合的节点构造及构件构造，准确无误地关联在一起。

③ 梁构件标注原则

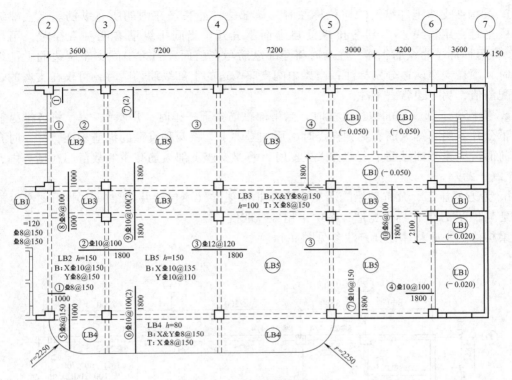

图 9-43　板平法施工图示例

a. 梁构件集中标注有梁编号、梁截面尺寸（包括加腋、不等高截面）、箍筋（包括钢筋级别、直径、加密区及非加密区、肢数）、梁上下通长筋和架立筋、梁侧面纵筋（构造腰筋或抗扭腰筋）、梁顶面标高高差（可不注）等。

其中，箍筋加密区与非加密区的不同间距及肢数需用斜线"／"分隔；当梁箍筋为同一种间距及肢数时，则不需用斜线；当加密区与非加密区的箍筋肢数相同时，则将肢数注写一次；箍筋肢数应写在括号内。例：$\phi 10@100/200(4)$；$\phi 8@100(4)/150(2)$。

b. 梁构件原位标注内容有梁支座上部纵筋（该部位含通长筋在内所有纵筋）、梁下部纵筋、附加箍筋或吊筋、集中标注不适合于某跨时标注的数值。

c. 梁上部通长筋或架立筋配置（通长筋可为相同或不同直径采用搭接连接、机械连接或对焊接连接的钢筋）。当同排纵筋中既有通长筋又有架立筋时，应用加号"＋"将通长筋和架立筋相连。注写时须将角部纵筋写在加号的前面，架立筋写在加号后面的括号内，以示不同直径及与通长筋的区别。当全部采用架立筋时，则将其写入括号内。例：$2\Phi 22+(4\Phi 12)$ 表示 $2\Phi 22$ 为通长筋，$4\Phi 12$ 为架立筋。此时，箍筋为六肢箍。

d. 当梁的上部纵筋和下部纵筋为全跨相同，且多数跨配筋相同时，此项可加注下部纵筋的配筋值，用分号"；"将上部与下部纵筋的配筋值分隔开来，少数跨不同者，按原位标注处理。例 $3\Phi 22$；$3\Phi 20$ 表示梁的上部配置 $3\Phi 22$ 的通长筋，梁的下部配置 $3\Phi 22$ 的通长筋。

e. 当梁腹板高度 $h_w \geqslant 450mm$ 时，须配置纵向构造钢筋，以大写字母 G 打头，接续注写配置在梁两个侧面的总配筋值，且对称配置。例 $G4\phi 12$。配置受扭纵向钢筋时，以大写字母 N 打头，接续注写配置在梁两个侧面的总配筋值，且对称配置。例 $N6\Phi 22$。

f. 梁构件支座上部纵筋的原位标注时，该部位含通长筋在内的所有纵筋。当上部纵筋多于一排时，用斜线"/"将各排纵筋自上而下分开。当同排纵筋有两种直径时，用加号"＋"将两种直径的纵筋相连，注写时将角部纵筋写在前面。当梁中间支座两边的上部纵筋不同时，须在支座两边分别标注；当梁中间支座两边的上部纵筋相同时，可仅在支座的一边标注配筋值，另一边省去不注。

g. 梁构件下部纵筋的原位标注时，当下部纵筋多于一排时，用斜线"/"将各排纵筋自上而下分开。当同排纵筋有两种直径时，用加号"＋"将两种直径的纵筋相连，注写时角筋写在前面。当梁下部纵筋不全部伸入支座时，将梁支座下部纵筋减少的数量写在括号内，例 6Φ25 2(－2)/4。

h. 为方便施工，凡框架梁的所有支座和非框架梁（不包括井字梁）的中间支座上部纵筋的延伸长度 a_0 值在标准构造详图中采用统一取值。

梁构件的平面整体设计方法参见图 9-44。

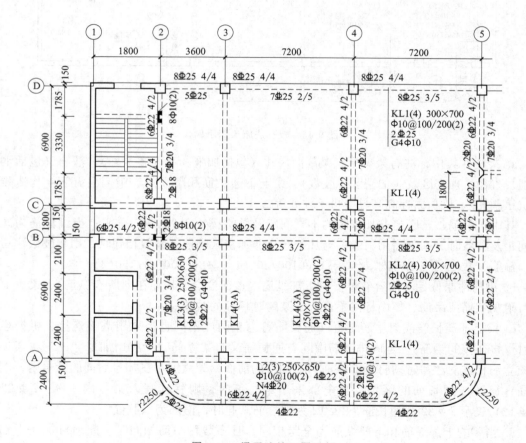

图 9-44　梁平法施工图示例

9.9.3　绘制配筋图

绘制板、次梁和主梁的实际配筋图及材料抵抗图，并按平法标注。图略。

梁、板平法标注方式参考图 9-45、图 9-46。

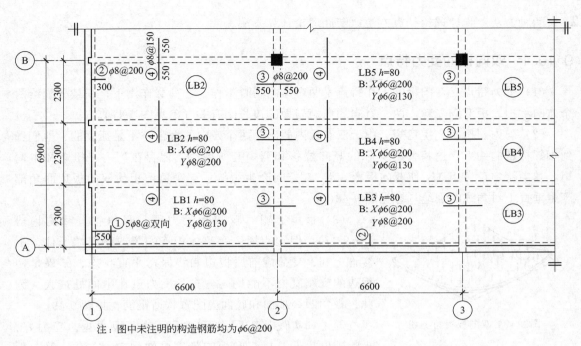

图 9-45 板的平法施工图

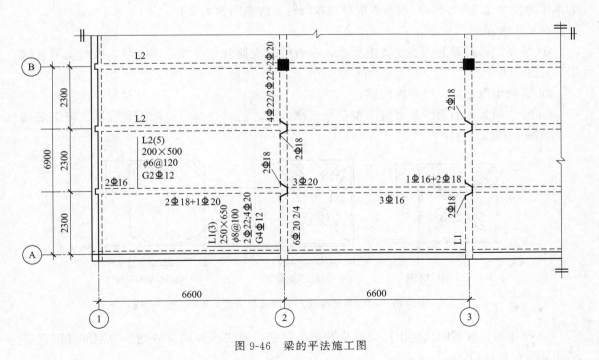

图 9-46 梁的平法施工图

9.10 双向板楼盖

双向板楼盖外观整齐美观，常用于民用房屋的大厅处；当楼盖为 5m 左右方形区格且使用荷载较大时，双向板楼盖比单向板楼盖经济，所以也常用于工业房屋的楼盖。双向板的计算有两种方法：弹性理论计算方法；塑性理论计算方法。

9.10.1　双向板的受力特点

（1）受力特点　双向板的工作特点是两个方向同时工作，在荷载作用下，荷载分配给两个方向承担，板双向受弯。两个方向的弯矩与板的边长比有关（参见图 9-47）。

（2）剪力、扭矩和主弯矩　由于双向板内截出的两个方向的板带并不是孤立的，他们受到相邻板带的约束，这将使得实际的竖向位移和弯矩有所减小，但存在剪力、扭矩和主弯矩。其中跨中正弯矩 M_1 使双向板板底沿 45°方向产生裂缝；支座负弯矩使双向板顶面角部产生垂直于对角线的裂缝 [参见图 9-48(c)]。

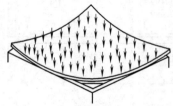

图 9-47　双向板板角上翘

（3）板角上翘　双向板受力后，四角有上翘的趋势（图 9-47），但它的周边有整体相连的梁或是有墙压住，不容许上翘，受荷载前后板边始终保持平直状态，结果是使板边的支座反力不能均匀分布，反力值在中间处最大。为此，板角四周顶面和底面应配置构造钢筋，见图 9-49。

理论和实践都表明，双向板比单向板优越，受力好，板的刚度也好，故双向板的跨度可做到 5m 左右（单向板的常用跨度为 1.7～2.5m；双向板板厚也较同跨度的单向板为薄）。

（4）主要试验结果

① 承受均布荷载的四边铰支矩形板，在裂缝出现前处于弹性工作阶段，板的变形呈碟形，见图 9-47。

② 裂缝出现之前，呈弹性性质。

③ 四边简支板的第一批裂缝出现在板底部，随之沿对角线方向向四角发展，至钢筋屈服 [见图 9-48(a)、(b)]。

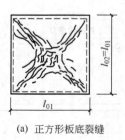
（a）正方形板底裂缝

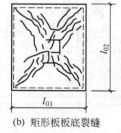
（b）矩形板板底裂缝

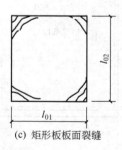
（c）矩形板板面裂缝

图 9-48　均布荷载下双向板的裂缝分布

④ 破坏前，板顶四角也出现大体呈圆形的裂缝，最终因板底裂缝处受力钢筋屈服而破坏 [见图 9-48(c)]。

⑤ 板中钢筋布置方向对破坏弯矩影响不大，但平行于四边配置钢筋的板，抗裂性好一些。见图 9-49。

⑥ 板的配筋率相同时，较细的钢筋有利。板中间部分钢筋密集一些比均匀排列有利（习惯上是均匀排列）。

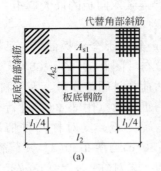
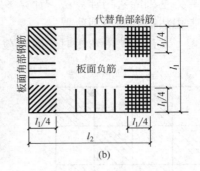

图 9-49 双向板的配筋示意图

9.10.2 弹性体系双向板的静力计算

9.10.2.1 利用弯矩系数表计算单跨双向板

弹性体系计算方法是以弹性薄板理论为依据。由于内力分析比较复杂，为了简化计算，通常是直接应用根据弹性理论编制的弯矩系数表进行计算。

附录 6 附表 26 列出了均布荷载作用下单跨双向板的弯矩系数，表中的四边支承情况包括：①四边简支；②三边简支，一边固定；③两对边简支，两对边固定；④四边固定；⑤两邻边简支，两邻边固定；⑥三边固定，一边简支。双向板的弯矩可按下列公式计算：

（1）板面上的荷载 p

$$p = g + q \tag{9-9}$$

（2）板中弯矩 m

两个方向单位宽跨中板带所受的弯矩分别为：

$$m = \text{表中系数} \times p l_{01}^2 \tag{9-10}$$

（3）跨中挠度 f

$$f = \text{表中系数} \times \frac{p l_{01}^4}{B_c} \tag{9-11}$$

式中，m 为跨中或支座单位板宽内的弯矩，$kN \cdot m/m$；g，q 为板上恒载及活载的设计值，kN/m^2；l_{01} 为板短边方向尺寸，见附表 26 中的插图。B_c 为板的截面抗弯刚度。

$$B_c = \frac{E h^3}{12(1 - \nu^2)} \tag{9-12}$$

其它符号详见附录 6 附表 26 中的说明。

应当指出，附表 26 中的系数是根据材料的泊桑比 $\nu = 0$ 导出的。当 ν 不等于 0 时，跨中弯矩应按下式计算：

$$m_1 = m_1 + \nu m_2 \tag{9-13}$$
$$m_2 = m_2 + \nu m_1 \tag{9-14}$$

对于钢筋混凝土板，可取 $\nu = 0.2$。

9.10.2.2 利用弯矩系数表计算多跨连续双向板

多跨连续双向板按弹性理论计算是非常复杂的。在设计中，通常采用一种近似的，以单跨双向板弯矩计算为基础的实用计算法。计算多跨连续双向板的最大弯矩,应和多跨连续单向板一样,需要考虑活荷载的不利位置。

(1) 跨中弯矩 求最大跨中弯矩时,除恒载 g 分布于全部板面外,活荷载 q 按棋盘式分布 [图 9-50(a)、(b)],即对每一个方向活荷载是间跨分布。为了利用已有的单跨板弯矩系数 (附表 26) 进行计算,可将荷载分解为正、反对称两种情况,即分解为图 9-50(c) 与图 9-50(d) 其荷载分别为:

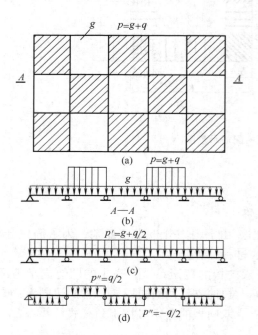

图 9-50 双向板跨中弯矩的最不利活载位置

正对称:$p'=g+q/2$

反对称:$p''=\pm q/2$

在正对称荷载分布情况下,由于各内支座两侧均作用有对称的荷载,故连续双向板的内支座上转动很小,可视为嵌固边,因而所有中间区格板均为第④种支承情况,周边区格板及四角区格板是第⑤和第⑥种支承情况,可以利用附表 26 中的弯矩系数及相关公式分别按单跨板计算,只是将公式中的 p 改为 $g+q/2$ 而已。

在反对称荷载分布情况下,内支座截面的转动很大且该处为板带的反弯点,弯矩为零,因而所有区格板均为支承情况①,可以利用附表 26 中的弯矩系数及相关公式按单跨板计算,只是将公式中的 p 改为 $q/2$。将以上两种情况叠加即可求得所需弯矩。

(2) 支座弯矩 当板面上全部满布荷载 $(g+q)$ 时,支座弯矩最大。因为这是一种正对称荷载情况,多跨连续双向板亦可化作单跨板计算,周边支承简化方法同上。

由此求得的支座负弯矩为支座中心处的弯矩,当支座宽度为 b 时,应取支座边缘的弯矩值作为设计计算配筋的弯矩。

(3) 双向板的配筋 双向板的配筋原则与单向板相同,由于双向板是在两个方向受弯,受力钢筋应沿两个跨度方向布置;因为短边跨度方向的弯矩较大,短边方向的跨中钢筋宜放在长边方向跨中钢筋的外侧。板的配筋形式如图 9-51 所示。

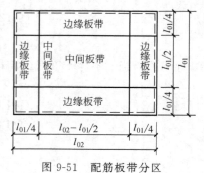

图 9-51 配筋板带分区

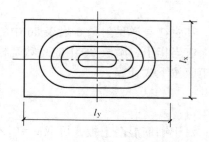

图 9-52 双向板的等挠度线

当按弹性理论计算求得的跨中最大弯矩配筋时,考虑到近支座处的弯矩值比计算的跨中最大弯矩小很多，为了节约钢材，可将两个方向的跨中正弯矩配筋在距支座 $l_x/4$ 宽度内减少一半（图9-51）。但支座处的负弯矩配筋应按计算所需的钢筋截面面积均匀配置，不予减少。支座负弯矩钢筋的一半可在距支座不小于 $l_x/6$ 处截断一半，其余的一半可在距支座不小于 $l_x/4$ 处截断或弯下作为跨中正弯矩配筋。

受力钢筋的直径、间距及弯起点、切断点的位置等规定，与单向板的有关规定相同。

按塑性绞线法设计时，其配筋应符合内力计算的假定，跨中钢筋或在全板范围内均匀布置；或划分成中间及边缘板带后，分别按计算值的 100% 和 50% 均匀布置，跨中钢筋的全部或一部分伸入支座下部。支座上的负弯矩钢筋按计算值沿支座均匀配置，不予减少。

9.10.3 双向板按塑性理论的计算方法

9.10.3.1 双向板的破坏机构

承受均布荷载的四边简支矩形板，在裂缝出现前处于弹性工作阶段，板的变形呈盘状。图9-52 所示为板受荷后变形的等挠度线。由挠度线的间距可知板中间部分短跨方向的曲率大，长跨方向的曲率较小，因而短跨 l_x 方向的跨中弯矩 M_x 较大，故裂缝首先出现在短跨的板底，并沿着平行于长边 l_y 的方向伸展。

四边支承板与两对边支承的单向板不同，单向板受力后为筒形弯曲，垂直于跨度方向的条带不发生相对扭转 [图9-53(a)]；双向板受力后为盘状弯曲，两个方向的条带均产生扭转角 [图9-53(b)]，因此双向板不仅两个方向有弯矩、剪力，而且还有扭矩。取单元体，其内力如图9-54所示。越靠近支座，弯矩越小，扭矩越大。与材料力学中正应力、剪应力和主应力的关系相似，弯矩和扭矩组合成为作用在斜向截面上的主弯矩，由于主弯矩的作用，板的四角形成斜向发展的裂缝。随荷载的增大，短跨跨中钢筋先达到屈服，板底裂缝宽度扩大，与裂缝相交的钢筋依次屈服，形成图板底塑性绞线。塑性绞线将板分成四个板块，形成破坏机构，当顶部混凝土受压破坏时，板达到其极限承载能力。

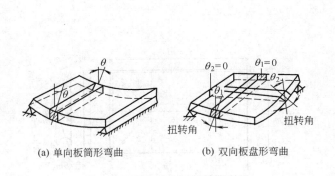

图9-53 单向板与双向板的弯曲

(a) 单向板筒形弯曲   (b) 双向板盘形弯曲

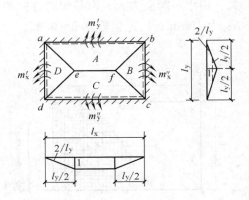

图9-54 四边连续板形成的机动体系

9.10.3.2 四边连续双向板

四边连续双向板与四边简支板一样，出现裂缝前，内力可由弹性理论求得，这时短跨方向的支座截面弯矩最大，其次是长跨方向的支座截面弯矩或短跨方向的跨中弯矩。

随荷载增加，板顶面沿长边的支座处出现第一批裂缝，第二批裂缝出现在板顶面沿短边支座处及板底短跨跨中与长边平行方向。

　　继续加载，短跨支座截面负弯矩钢筋首先达到屈服，这时支座弯矩不再增加，短跨跨中弯矩急剧增加，在短跨支座及跨中钢筋相继屈服形成塑性铰，短跨的刚度降低。荷载的增加将主要由长跨方向负担，直到长跨支座和跨中钢筋相继屈服，最终的板周边塑性绞线及跨中塑性绞线如图 9-54 所示。板形成机构（机动体系），到达极限承载力。

9.10.4　双向板的极限荷载

（1）基本假定

双向板极限荷载的计算采用下列基本假定：

① 塑性绞线将板分成若干以铰轴相连接的板块，形成可变体系（图 9-54）；

② 塑性铰线上截面均已屈服，弯矩不再增加，但转角可继续增大；

③ 塑性铰之间的板块处于弹性阶段，变形很小，相对于塑性绞线处的变形来说可忽略不计。因此在均布荷载作用下，可视各板块为平面刚体，变形集中于塑性绞线处，因而两相邻板块之间的塑性绞线可看作直线；

④ 当板发生竖向位移时，各平面板块必然绕一旋转轴发生转动，两个相邻板块之间的塑性绞线必定经过该两块板各自旋转轴的交点。如平板支于柱上，则转动轴经过柱顶；

⑤ 只要两个方向的配筋合理，则所有塑性绞线上的钢筋都能达到屈服。

（2）均布荷载作用下的四边连续板　图 9-54 表示四边连续板沿板的支座边由于负弯矩及跨中由于正弯矩形成塑性的绞线，当板沿短边 l_x 及长边 $l_y = n l_x$ 方向单位截面宽度内的纵向受力钢筋各为 A_{sx} 及 A_{sy}（图 9-55），则沿塑性绞线上单位宽度内的极限弯矩各为：

$$\left. \begin{array}{l} m_x = A_{sx} f_y \gamma_s h_{0x} \\ m_y = A_{sy} f_y \gamma_s h_{0y} \end{array} \right\} \tag{9-15}$$

　　式中，$\gamma_s h_{0x}$，$\gamma_s h_{0y}$ 各为板在 x 及 y 方向受拉钢筋的内力臂。跨中两个方向的钢筋交叉，由于短跨受力大，应将短跨方向的受力钢筋放在长跨方向受力钢筋的外侧，一般 h_{0x} 比 h_{0y} 大 10mm，γ_s 近似取 0.9～0.95。

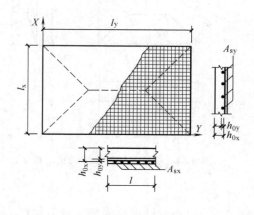

图 9-55　板中配筋

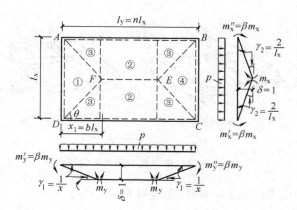

图 9-56　板的虚位移

设板内两方向的跨中配筋为等间距布置并全部伸入支座有足够的锚固长度，按式

(9-15) 计算短跨方向单位板宽跨中截面的极限弯矩为 m_x，长跨方向单位板宽跨中截面的极限弯矩 $m_y = \alpha m_x$。若支座的负弯矩钢筋也是均匀布置，且有足够的外伸长度，则短跨及长跨方向单位板宽的极限弯矩分别为 $m'_x = m''_x = \beta m_x$ 及 $m'_y = m''_y = \beta m_y$。

设破坏机构在跨中塑性铰线上有一个虚位移 $\delta = 1$，如图 9-56 所示，则根据虚功原理及极限荷载的上限定理可求得双向板的极限荷载：

$$p = \frac{2n + \dfrac{\alpha}{b}}{3n - 2b}(1 + \beta)\frac{12m_x}{l_x^2} = c(1 + \beta)\frac{12m_x}{l_x^2} \tag{9-16}$$

式中，c 为与角部塑性铰线位置有关的系数。

$$c = \frac{2n - \dfrac{1}{n^2 b}}{3n - 2b} \tag{9-17}$$

$$b = \frac{1}{2n^3}(\sqrt{1 + 3n^4} - 1) \tag{9-18}$$

β 为长跨方向单位板宽的支座极限负弯矩与长跨方向单位板宽跨中截面的极限弯矩之比，$\beta = \dfrac{m'_y}{m_y} = \dfrac{m'_y}{m_y}$；

上式中的 $b = x_1/l_x$，x_1 的意义见图 9-56。

由式 (9-17) 及式 (9-18) 计算所得的 b 值及 c 值见表 9-11。表中 $c_{\theta=45°}$ 是根据取 $b = 0.5$（图 9-56 中 $\theta = 45°$）的计算结果，可见与按式 (9-18) 计算的 b 所得的 c 值差别很小，即计算极限荷载 p 时，可取 b 为常数 0.5。

表 9-11 由式 (9-17) 及式 (9-18) 计算所得的 b 值及 c 值

n	1	1.1	1.2	1.3	1.4	1.5	1.6	1.7	1.8	1.9	2.0
b	0.5	0.497	0.488	0.476	0.463	0.448	0.433	0.418	0.403	0.389	0.375
c	2.0	1.675	1.457	1.304	1.192	1.108	1.043	0.992	0.950	0.917	0.889
$C_{\theta=45°}$	2.0	1.675	1.457	1.305	1.194	1.111	1.048	0.998	1.958	0.926	0.9

则式 (9-16) 可改写为：

$$p = \frac{n + \alpha}{3n - 1}(1 + \beta)\frac{24m_x}{l_x^2} \tag{9-19}$$

双向板极限荷载的基本公式也可由各塑性铰线上两个方向的极限弯矩总和与外荷载的极限平衡得到（图 9-57）：

$$p = \frac{2n + 2n\beta + 2\alpha + 2\alpha\beta}{3n - 1} \cdot \frac{12m_x}{l_x^2} \tag{9-20}$$

(3) 均布荷载作用下的四边简支板 因四边简支板的支座弯矩为零，则 $m'_x = m''_x = \beta m_x = 0$ 及 $m'_y = m''_y = \beta m_y = 0$，即 $\beta = 0$。可得：

$$p = \frac{n + \alpha}{3n - 1}\frac{24m_x}{l_x^2} \tag{9-21}$$

9.10.5 双向板按塑性理论的设计

(1) 基本公式 设计双向板时，通常已知板的荷载设计值 p 和净跨 l_x，l_y，要求确定

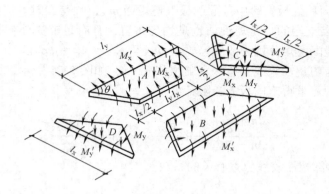

图 9-57　双向板的极限平衡

内力和配筋，这时内力未知量有四个，即 m_x，m_y，$m'_x = m''_x$，$m'_y = m''_y$，而方程式只有一个，因此要根据弹性分析结果及控制弯矩调幅不宜过大的原则，先选定内力之间的比值，设：

$$\frac{m_x}{m_y} = \alpha \approx \frac{1}{n^2}$$

$$\frac{m'_x}{m_x} = \frac{m''_x}{m_x} = \frac{m'_y}{m_y} = \frac{m''_y}{m_y} = \beta = 1.5 \sim 2.5$$

如跨中钢筋全部伸入支座，则由式（9-19）得

$$m_x = \frac{3n-1}{(n+a)(1+\beta)} \frac{pl_x^2}{24} = \frac{pl_x^2}{12} \frac{3n-1}{2n+2n\beta+2\alpha+2\alpha\beta} \tag{9-22}$$

然后由 α，β 可依次求出 m_y、m'_x、m''_x、m'_y、m''_y，再根据这些弯矩求出跨中及支座配筋。

（2）钢筋的截断及弯起

① 板中由于剪力很小，截断钢筋的锚固一般不成问题，为了节约钢筋可将连续板的跨中正弯矩钢筋 A_{sx}，A_{sy} 在距支座边 $l_x/4$ 处，分别截断或弯起一半图（图 9-58），这里值得注意的是如果截断（或弯起）钢筋过早或过多，则截断处的钢筋有可能比跨中先屈服，形成图 9-59 所示的破坏机构。

计算表明在四边连续板的情况下，采用图 9-58 所示钢筋的截断位置和数量，将不会形成图 9-59 中的破坏机构。

② 对于四边简支板，即 $\beta = 0$，计算表明简支板的跨中钢筋按图 9-58 截断或弯起是不安全的，应按照材料抵抗图原则确定钢筋的弯起与截断。

③ 四边连续板支座上承受负弯矩的钢筋，在伸入板内一定长度后，由于受力上已不再需要，可考虑截断（图 9-60）。设计上通常将支座负弯矩钢筋在距支座边 $l_x/4$ 处截断。如果 β 值超过 2.5，则支座负弯矩钢筋应按照材料抵抗图原则确定钢筋的弯起与截断。

（3）一般配筋构造要求

双向板的板厚 h 应满足表 4-2 的要求。

在设计周边与梁整体连接的双向板时，与单向板一样，可考虑周边支承梁对板的推力的有利作用，截面的计算弯矩值可予以折减。对于连续板的中间区格的跨中截面及中间支座截面折减系数为 0.8。边区格的跨中截面及从楼板边缘算起的第二支座上，当 $l_b/l < 1.5$ 时，

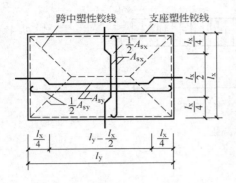

图 9-58 跨中钢筋弯起

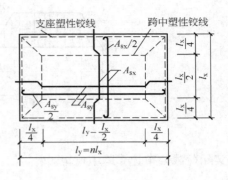

图 9-59 钢筋弯起形成的塑性铰线

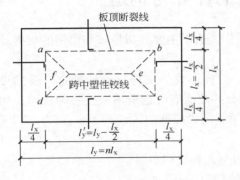

图 9-60 支座钢筋截断

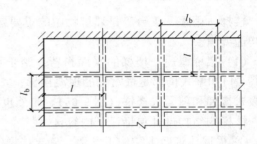

图 9-61 板中弯矩折减系数取值示意图

折减系数为 0.8；当 $1.5 \leqslant l_b/l \leqslant 2$ 时，折减系数为 0.9 （图 9-61）。角区格不应折减。

简支支座处计算弯矩 $M=0$，但实际上由于砖墙的约束作用，仍有一定的负弯矩，故在简支支座的顶部及角区格的板角顶部应配置构造钢筋，其数量与单向板相同。

9.10.6 双向板支承梁的计算

双向板传给支承梁的荷载，可采用下述近似方法计算。

从板的四角作 45°线将每一区格分为四块。如图 9-62 所示。每块面积内的荷载传给与其相邻的支承梁，因此对于长边梁来说。板传来的荷载为梯形分布，对于短边梁来说为三角形分布荷载。

承受三角形或梯形分布荷载的连续梁，其内力计算可利用固端弯矩相等的条件把它们换算成等效均布荷载，换算公式见图 9-63。多跨连续梁可利用附录 6 附表 25 计算等效均布荷载下的支座弯矩。再根据求得的支座弯矩和每跨的实际荷载分布，按平衡条件计算跨中弯矩。

当考虑塑性内力重分布时，可在弹性分析求得的支座弯矩基础上，应用调幅法确定支座弯矩，再

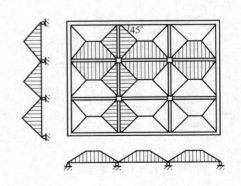

图 9-62 双向板支承梁的荷载面积

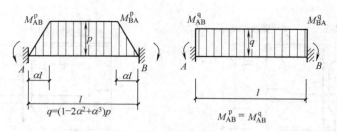

图 9-63   等效均布荷载

按实际荷载分布计算跨中弯矩。

9.11   楼梯、雨篷的计算与构造

楼梯、雨篷、阳台等是建筑物中的重要组成部分，这里主要介绍楼梯和雨篷的结构计算及构造要点。

（1）**楼梯概述**   楼梯的平面布置，踏步尺寸、栏杆形式等由建筑设计确定。板式楼梯（图9-64）和梁式楼梯是最常见的现浇楼梯，宾馆和公共建筑有时也采用一些特种楼梯，如螺旋板式楼梯和剪刀式楼梯（图 9-65）。此外也有采用装配式楼梯的。

楼梯的结构设计包括以下内容：

① 根据建筑要求和施工条件，确定楼梯的结构型式和结构布置；
② 根据建筑类别，按《荷载规范》确定楼梯的活荷载标准值；
③ 进行楼梯各部件的内力计算和截面设计；
④ 绘制施工图，特别应注意处理好连接部位的配筋构造。

下面主要介绍板式楼梯计算要点与构造要求。

板式楼梯由梯段板、休息平台和平台梁组成（图 9-64）。梯段是斜放的齿形板，支承在平台梁上和楼层梁上，底层下端一般支承在地垄墙上。板式楼梯的优点是下表面平整，施工支模较方便，外观比较轻巧。缺点是斜板较厚，约为梯段板斜长的 1/30～1/25，其混凝土用量和钢材用量都较多。

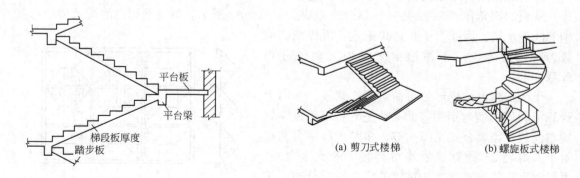

图 9-64   板式楼梯的组成

(a) 剪刀式楼梯   (b) 螺旋板式楼梯

图 9-65   特种楼梯

（2）**板式楼梯的计算**   梯段斜板按斜放的简支梁计算（图 9-66），斜板的计算跨度取平

台梁间的斜长净距 l'_0。

设楼梯单位水平长度上的竖向均布荷载 $p=g+q$（与水平面垂直），则沿斜板单位斜长上的竖向均布荷载 $p_x=p\cos\alpha$（与斜面垂直），此处 α 为梯段板与水平线间的夹角（图 9-66），将 p_x 分解为：

$$p'_x=p_x\cos\alpha=p\cos\alpha\cdot\cos\alpha$$
$$p''_x=p_x\sin\alpha=p\cos\alpha\cdot\sin\alpha$$

此处 p'_x、p''_x 分别为 p_x 在垂直于斜板方向及沿斜板方向的分力，忽略 p''_x 对梯段板的影响，只考虑 p'_x 对梯段板的弯曲作用。

设为梯段板的水平净跨度，为其斜向净跨度，因

$$l_0=l'_0\cos\alpha$$

故斜板的跨中最大弯矩为：

$$M_{max}=\frac{1}{8}p'_x l'^2_0=\frac{1}{8}p\cos^2\alpha(l_0/\cos\alpha)^2=\frac{1}{8}pl_0^2$$

斜板的剪力为：

$$V_{max}=\frac{1}{2}p'_x l'_0=\frac{1}{2}p\cos^2\alpha(l_0/\cos\alpha)=\frac{1}{2}pl_0\cos\alpha$$

式中，l'_0 为斜板的斜向计算长度；l_0 为斜板的水平投影计算长度；p_x 为沿斜向每 1m 长的垂直均布荷载；p 为斜板在水平投影面上的垂直均布荷载。当核算斜板挠度时，应取斜长及荷载 p'_x。

（3）板式楼梯的一般构造　板式楼梯配筋有弯起式 [图 9-67（a）] 与分离式 [图 9-67（b）] 两种。

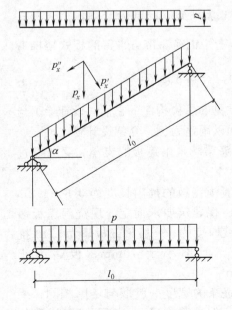

图 9-66　板式楼梯计算简图

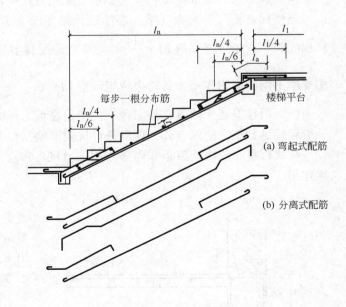

图 9-67　板式楼梯配筋

弯起式配筋是在距支座 $l_n/6$ 处将纵向受拉钢筋弯起总根数的 1/2，弯起筋与底部直筋间隔放置。弯起筋伸入支座可替代部分支座负筋，能节约钢材，但施工麻烦。

分离式配筋用钢量比弯起式配筋增加不多,施工方便,工程中被广泛使用。

横向构造钢筋通常在每一踏步下放置$1\phi6$或采用$\phi6@250$。当梯板厚$t\geqslant150mm$时,横向构造筋宜采用$\phi@200$。

板的跨中配筋按计算确定,支座配筋一般取跨中配筋量的$1/4$,配筋范围为$l_n/4$,见图9-67及图9-68。支座负筋也可在平台梁里锚固。

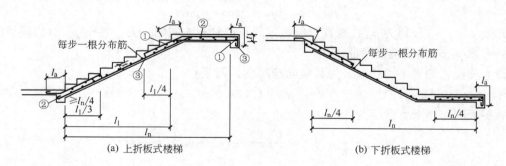

(a) 上折板式楼梯   (b) 下折板式楼梯

图 9-68 带有平台的板式楼梯配筋

带有平台板的板式楼梯,当为上折板式时 [图9-68(a)],在折角处由于节点的约束作用应配置承受负弯矩的钢筋,其配筋范围可取$l_n/4$。其下部受力筋①、②在折角处应伸入受压区,并满足锚固要求。

板厚通常取$t=l_n/30\sim l_n/25$。

t为从踏步凹角至板底的法向距离;l_n为楼梯的水平投影长度。

当梯段的水平投影跨度不超过4m,荷载不太大时,宜采用板式楼梯。

当板厚$t\geqslant200mm$时纵向受力钢筋宜采用双层配筋。

当楼梯斜板与平台板(梁)整体连接时如图9-67,考虑到支座的部分嵌固作用,板式楼梯的跨中弯矩可近似取$M=\dfrac{1}{10}pl_0^2$。支座应配置承受负弯矩钢筋。带有平台的板式楼梯考虑支座不同的嵌固作用,其跨中弯矩可取$M=(\dfrac{1}{10}\sim\dfrac{1}{8})pl_0^2$ (图9-68)。

(4) 雨篷概述 雨篷、外阳台、挑檐是建筑工程中常见的悬挑构件,它们的设计除了与一般梁板结构相同的内容外,还应进行抗倾覆验算。下面以雨篷为例,介绍设计要点。

板式雨篷一般由雨篷板和雨篷梁组成(图9-69)。雨篷梁既是雨篷板的支承,又兼有过梁作用。

一般雨篷板的挑出长度为$0.6\sim1.2m$或更长,视建筑要求而定。现浇雨篷板多数做成变厚度的,一般根部板厚为$1/10$挑出长度,但不小于70mm,板端不小于50mm。

雨篷梁的宽度一般取与墙厚相同,梁的高度应按承载力确定。梁两端伸进砌体的长度应考虑雨篷抗倾覆因素。

雨篷计算包括三个内容:①雨篷板的正截面承载力计算;②雨篷梁在弯矩、剪

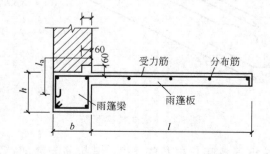

图 9-69 雨篷的组成

力、扭矩共同作用下的承载力计算；③雨篷抗倾覆验算。

（5）雨篷板和雨篷梁的承载力计算

① 作用在雨篷上的荷载　雨篷板上的荷载有恒载（包括自重、粉刷等）、雪荷载、均布活荷载，以及施工和检修集中荷载。以上荷载中，雨篷均布活荷载与雪荷载不同时考虑，取两者中的大值。

对于挑檐板、雨篷板等构件，应考虑在其最不利位置作用 1kN 的施工集中荷载，当计算挑檐、雨篷承力力时，沿板宽每隔 1m 考虑一个集中荷载，在验算其倾覆时，沿板宽每隔 2.5～3m 考虑一个集中荷载，该集中荷载与使用活荷载不同时考虑。

雨篷板的内力分析，当无边梁时与一般悬臂板相同；当有边梁时，与一般梁板结构相同。

② 雨篷梁计算　雨篷梁承受的荷载有自重、梁上砌体重、可能计入的楼盖传来的荷载，以及雨篷板传来的荷载。雨篷板传来的荷载将构成雨篷梁的扭矩（图 9-70）。

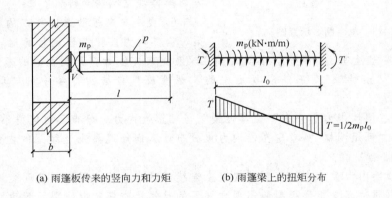

(a) 雨篷板传来的竖向力和力矩　　　　(b) 雨篷梁上的扭矩分布

图 9-70　雨篷梁上的扭矩

当雨篷板上作用有均布荷载 p 时，作用在雨篷梁中心线的剪力 V 和沿板宽方向每 1m 的扭矩 m_p、最大扭矩 T 等可按材料力学的方法求得。

雨篷梁在自重、梁上砌体重量等荷载作用下产生弯矩和剪力；在雨篷板传来的荷载作用下不仅产生弯矩和剪力，还将产生扭矩。因此，雨篷梁是受弯、剪、扭的构件。

③ 雨篷抗倾覆验算　雨篷板上荷载使整个雨篷绕雨篷梁底的倾覆点转动倾倒，而梁上自重、梁上砌体重量等却有阻止雨篷倾覆的稳定作用。雨篷的抗倾覆验算参见《砌体结构设计规范》。

思考题 ►►

1. 试判别图 9-71 中各板在计算上应按单向板还是双向板考虑，为什么？

2. 在现浇肋形楼盖中，按弹性理论计算板和次梁的内力时，需将荷载化为折算荷载来计算。而按塑性内力重分布方法计算内力时则不考虑荷载折算。为什么？

3. 图 9-72 所示为一钢筋混凝土伸臂梁，恒载及活载均为均布荷载。试求：（1）跨中截面 $(M_C)_{max}$；（2）支座截面 $-(M_B)_{max}$；（3）跨中截面 $-(M_C)_{max}$；（4）$(V_A)_{max}$；（5）$(V_B)_{max}$ 五种情况的活载最不利布置，并说明考虑这些荷载不利位置的目的是什么？

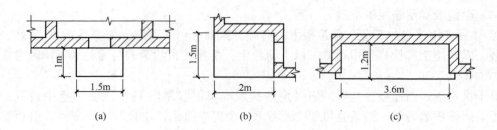

(a)　　　　　　　　(b)　　　　　　　　(c)

图 9-71　思考题 1 示意图

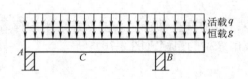

图 9-72　思考题 3 示意图

4. 钢筋混凝土楼盖结构有哪几种类型？说明它们各自的受力特点和适用范围。

5. 现浇单向板肋梁楼盖结构布置可从哪几方面来体现结构的合理性？

6. 现浇单向板肋梁楼盖中的板、次梁和主梁，当其内力按弹性理论计算时，如何确定其计算简图？当按塑性理论计算时，其计算简图又如何确定？如何绘制主梁的弯矩包络图？

7. 什么叫"塑性铰"？钢筋混凝土中的"塑性铰"与结构力学中的"理想铰"有何异同？

8. 什么叫"塑性内力重分布"？"塑性铰"与"塑性内力重分布"有何关系？

9. 什么叫"弯矩调幅"？考虑塑性内力重分布计算钢筋混凝土连续梁的内力时，为什么要控制"弯矩调幅"值？

10. 考虑塑性内力重分布计算钢筋混凝土连续梁时，为什么要限制截面受压区高度？

11. 试绘出周边简支矩形板裂缝出现和开展的过程及破坏时板底裂缝示意图。

12. 现浇单向板梁形楼盖板、次梁和主梁的配筋计算和构造有哪些要点？

第 10 章

单层厂房结构

本章提要 ▶▶

　　本章讨论单层装配式钢筋混凝土厂房的结构设计。为掌握钢筋混凝土单层厂房整体结构布置与设计计算，对厂房的结构组成、构件选型、排架内力分析与组合及主要构件设计等作了介绍。其重点内容：单层厂房结构的选型与布置；钢筋混凝土排架结构的荷载计算、内力分析与组合；钢筋混凝土排架柱及柱下单独基础的设计。难点为：排架柱的内力组合；柱下单独基础抗冲切验算。

10.1 概　　述

10.1.1 单层厂房的特点

　　单层厂房结构（简称单厂结构）是服务于工业生产的、单层的空间结构骨架。这种骨架是根据工业生产的空间需求设计的，它能抵御工业生产中遇到的各种作用，能满足工业产品的生产工艺、工业厂房的安全耐用和建筑环境的协调优美等多方面的需要，为工业生产服务。这就需要我们在设计过程中，按照生产使用要求，认真研究和分析单层厂房的特点，力求做到技术先进、经济合理、安全可靠、施工方便。工业厂房按层数分类，可分为单层厂房（多用于机械、冶金等工业）、多层厂房（多用于食品、电子、精密机器制造等工业）和混合层数的厂房（多用于化学工业、热电站）三类。因为机械制造类、冶金类厂房（如炼钢、轧钢、铸工、锻压、金工装配等车间）设有重型设备，生产的产品重、体积大，既不便于上下搬动，又增加楼面荷载，因而大多采用单层厂房，以便将这些大型设备安装在地面，方便产品加工与运输。本章只讨论单层厂房的结构设计。

　　一般说来，单层厂房具有以下结构特点。

　　① 单层厂房结构的跨度大、高度大，承受的荷载大，因而构件的内力大，截面尺寸大，用料多。

　　② 单层厂房常承受动力荷载（如吊车荷载、动力机械设备荷载等），因此在进行结构设计时须考虑动力荷载的影响。

　　③ 单层厂房是空旷型结构，室内几乎无隔墙，仅在四周设置柱和墙。柱是承受屋盖荷

载、墙体荷载、吊车荷载以及地震作用的主要构件。

④ 单层厂房的基础受力大，因此对工程地质勘察需提出较高的要求，并作深入的分析，以确定地基承载力和基础埋置深度、形式与尺寸。

10.1.2 单层厂房的结构体系

单层厂房结构体系分为"板、架（梁）、柱"组成的结构体系、门式刚架结构体系、V形折板结构体系、T形板结构体系、落地拱结构体系、壳体结构体系等。

（1）传统的"板-架（梁）-柱"结构体系 传统的"板-架-柱"结构体系，由四种结构组成：

① 由"屋面板-屋架（或屋面梁，后同）"或"屋面板-檩条-屋架"组成的屋盖结构；

② 由"屋架-柱-基础"组成的排架结构；

③ 由屋盖支撑、柱间支撑组成的支撑结构；

④ 由纵墙、山墙组成的围护结构。

传统的"板-架（梁）-柱"结构体系按承重结构的材料可分为混合结构（砖柱、钢筋混凝土屋架或木屋架或轻钢屋架）、混凝土结构（钢筋混凝土柱、钢屋架或预应力混凝土屋架）和全钢结构（钢屋架、钢柱）三类。排架结构是单厂结构的主要承重结构；支撑结构是保证厂房纵向刚度和传递厂房纵向作用的重要结构，也是屋盖结构和排架结构的组成部分。

排架结构由屋架（或屋面梁）、柱和基础组成，柱与屋架铰接，而与基础刚接。根据厂房生产工艺和使用要求的不同，排架结构可做成等高 [图 10-1(a)]，不等高 [图 10-1(b)]和锯齿形 [图 10-1(c)，通常用于单向采光的纺织厂] 等多种形式。

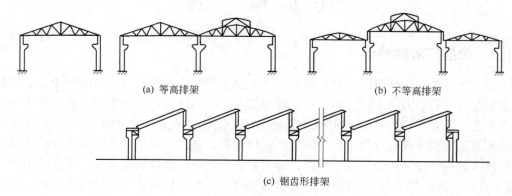

(a) 等高排架   (b) 不等高排架

(c) 锯齿形排架

图 10-1 排架结构形式

传统"板-架-柱"体系在受力性能上，它是平面排架结构，在结构平面内的竖向力（主要为重力）和水平力（如风力、水平地震作用、吊车制动力）作用下，它具有良好的受力性能；在传力方式上，它是由屋面板、天窗架、屋架、吊车梁、墙、联系梁、柱、各种支撑、基础等多种构件组成的空间结构，各种荷载通过它们传至地基的传力途径明确（图 10-9）；在建造方法上，除基础一般采用现浇混凝土构件外，其它几乎均为定型预制构件；而在结构和工艺上，将作为起重工具的桥式吊车与承重柱通过吊车梁紧密结合，节约了空间，也增加了承重结构的负担。

（2）门式刚架结构体系 门式刚架是一种梁柱合一的钢筋混凝土构件，常用作中小型厂房的主体结构。按其横梁形式的不同，分为人字形门式刚架 [图 10-2(a)] 和弧形门式刚架

[图 10-2(b)、(c)] 两种；按其顶节点的连接方式不同，又分为三铰门式刚架 [图 10-2(a)] 和两铰门式刚架 [图 10-2(b)]。

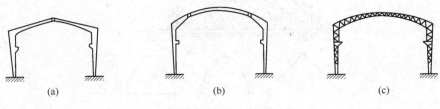

图 10-2　刚架结构形式

门式刚架的特点如下：

① 梁柱合一，构件种类少，制作较简单，且结构轻巧；

② 门式刚架的横梁是人字形或弧形的，内部空间较大；

③ 梁柱节点附近内力很大，刚架常做成变截面；

④ 横梁在荷载作用下产生水平推力，使柱顶的跨度有所变化，梁柱转角处易产生早期裂缝，因此，当跨度较大时会影响柱上吊车安全行驶，因而它不宜用于吊车起重量超过 10t 的厂房。

（3）V 形折板结构体系 [图 10-3(a)]　　V 形折板是一种用于屋盖的板架合一的空间结构，由折板、三脚架和托梁组成。也可将折板直接搁在墙上。内力分析时按中间一折为计算单元，沿纵向视作 V 形截面梁，沿横向视作简支板进行计算。这种体系的特点是体型新颖、传力简捷、构件自重轻、用料省、类型少、施工快，但屋面采光、通风不易处理好，屋盖不能承受吨位较大的悬挂吊车，目前只适用于无吊车或小于 3t 吊车的中小型厂房。

（4）T 形板结构体系 [图 10-3(b)]　　T 形板分为单 T 板和双 T 板，是又一种用于屋盖的板梁合一构件。按 T 形截面梁进行内力和配筋计算，在国内用于单厂结构屋盖已有成熟的实践经验。若将双 T 板竖向搁置兼作承重墙柱，就发展为全 T 形板结构；这种结构只适用于无吊车或小吨位吊车的厂房。尚在试用阶段。

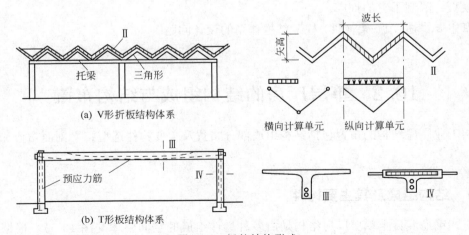

(a) V形折板结构体系

托梁　　三角形

波长

矢高

Ⅱ

横向计算单元　　纵向计算单元

(b) T形板结构体系

预应力筋

Ⅲ

Ⅳ—

Ⅲ　　Ⅳ

图 10-3　板的结构形式

（5）落地拱结构体系 [图 10-4(a)]　　一些无吊车或使用将轨道铺设在地面的龙门吊车的单厂结构，可采用各种形式的落地拱。如若将双 T 板一端支承于基础、另端互相搭接，

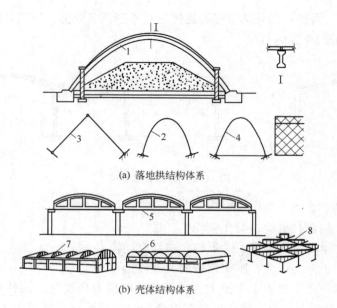

(a) 落地拱结构体系

(b) 壳体结构体系

图 10-4　拱的结构形式

1—两铰有拉杆抛物线落地拱；2—两铰无拉杆抛物线落地拱；3—三角形落地拱；
4—网格落地拱；5—椭圆抛物面壳体；6—圆柱形长筒壳体；7—劈锥壳体；8—扭壳

就成为三角形落地拱，按三铰斜直线拱进行设计计算；若采用装配或现浇拱肋，上面搁置各种混凝土板，可做成各种抛物线落地拱；若采用网格杆件作为拱面，可做成各种网格落地拱。拱结构的特点是必须处理好拱脚推力的支承问题，其做法是可在基础中设置拉杆，可将基础底面斜置以抵抗斜向推力也可做成斜桩基础。

（6）壳体结构体系　[图 10-4(b)]　空间薄壳结构具有很大的空间刚度，用料很省，还可使厂房屋盖有较大的覆盖面积。国内外采用壳体结构作为屋盖的单层厂房已屡见不鲜，如圆柱形长筒壳体、劈锥壳体、椭圆抛物面壳体、扭壳等。但由于壳体外形各异，制造时需用较多的模板，限制了它的推广。

本章主要讲述"板-架（梁）-柱"结构体系的设计问题。

10.2　单层厂房的结构组成与结构布置

单层工业厂房结构的布置包括结构组成部分布置及主要构件选型；平剖面布置和变形缝设置。

10.2.1　结构组成及其主要构件

装配式钢筋混凝土单层厂房结构是由多种构件组成的空间整体（图 10-5）。根据组成构件的作用不同，可将单层厂房结构组成分为屋盖结构、排架结构、支撑结构和围护结构四部分。

将组成单层厂房结构的各种构件及其作用列于表 10-1 中，以便读者了解和掌握。

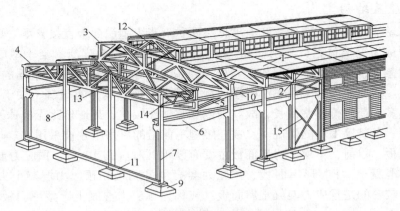

图 10-5　钢筋混凝土单层厂房的组成

1—屋面板；2—天沟板；3—天窗架；4—屋架；5—托架；6—吊车梁；7—排架柱；

8—抗风柱；9—基础；10—连系梁；11—基础梁；12—天窗架垂直支撑；

13—屋架下弦横向水平支撑；14—屋架端部垂直支撑；15—柱间支撑

表 10-1　单层厂房结构构件及其作用

构件名称		构件作用	备注
屋盖结构	屋面板	承受屋面构造层重量、活荷载（如雪荷载、积灰或施工荷载），并将它们传给屋架（屋面梁），起覆盖、围护和传递荷载作用	支承在屋架（屋面梁）或檩条上
	天沟板	屋面排水并承受屋面积水及天沟板上构造层重量、施工荷载等，并将它们传给屋架	
	天窗架	形成天窗以便采光和通风，承受其上屋面板传来的荷载及天窗上的风荷载，并将它们传给屋架	
	托架	当柱间距比屋架间距大时，用以支承屋架，并将荷载传给柱	
	屋架（屋面梁）	与柱形成横向排架结构，承受屋盖上的全部荷载，并将它们传给柱	
	檩条	支承小型屋面板（或瓦材），承受屋面板传来的荷载，并将它们传给屋架	有檩体系屋盖中采用
柱	排架柱	承受屋盖结构、吊车梁、外墙、柱间支撑等传来的竖向和水平荷载，并将它们传给基础	既是横向平面排架中的构件，又是纵向平面排架中的构件
	抗风柱	承受山墙传来的风荷载，并将它们传给屋盖结构和基础	也是围护结构的一部分
支撑体系	屋盖支撑	加强屋盖空间刚度，保证屋架的稳定，将风荷载传给排架结构	
	柱间支撑	加强厂房的纵向刚度和稳定性，承受并传递纵向水平荷载至排架柱或基础	
围护结构	外纵墙山墙	厂房的围护构件，承受风荷载及自重	
	连系梁	连系纵向柱列，以增强厂房的纵向刚度并传递风荷载至纵向柱列，同时还承受其上部墙体的重量	
	圈梁	加强厂房的整体刚度，防止由于地基不均匀沉降或较大振动荷载引起的不利影响	
	过梁	承受门窗洞口上部墙体重量，并将它们传给门窗两侧墙体	
	基础梁	承受围护墙体的重量，并将它们传给基础	
吊车梁		承受吊车竖向和横向或纵向水平荷载，并将它们分别传给横向或纵向排架	简支在柱牛腿上
基础		承受柱、基础梁传来的全部荷载，并将它们传给地基	

10.2.1.1 屋盖结构

单层厂房屋盖结构分无檩体系和有檩体系两种。当大型屋面板直接支承（焊牢）在屋架或屋面梁上的称为无檩体系，其刚度和整体性好，目前应用很广泛；当小型屋面板（或瓦材）支承在檩条上，檩条支承在屋架上（板与檩条、檩条与屋架均需有牢固的连接），通常称为有檩体系。该体系由于采用了小型屋面板及檩条，所以构件重量轻，便于运输与安装。但因构件种类多，荷载传递路线长，故其刚度和整体性较差，其造价比无檩体系的大，所以它只有在运输、吊装等困难的情况下，或在轻型不保温的厂房中才被采用。

（1）屋面板　目前，单层厂房屋面板主要有以下几种（图10-6）：预应力混凝土大型屋面板、预应力混凝土"F"形屋面板、预应力混凝土单肋板和预应力混凝土夹心保温屋面板，其中应用较多的是预应力混凝土屋面板（或称为预应力混凝土大型屋面板），其外形尺寸常用的是1.5m×6m的双肋槽形板，每肋两端底部设有预埋钢板与屋架上弦预埋钢板现场三点焊接。其形式见国家标准图集92G410（四）。

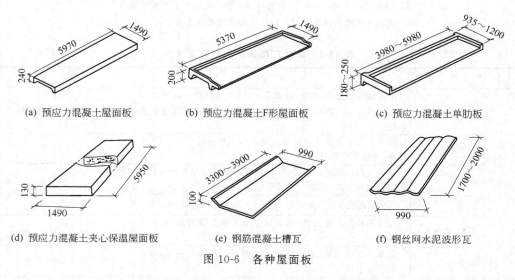

(a) 预应力混凝土屋面板　　(b) 预应力混凝土F形屋面板　　(c) 预应力混凝土单肋板

(d) 预应力混凝土夹心保温屋面板　　(e) 钢筋混凝土槽瓦　　(f) 钢丝网水泥波形瓦

图10-6　各种屋面板

预应力混凝土屋面板由面板、横肋和纵肋组成，主肋（纵肋）中配有预应力钢筋，是屋面板主要受力部分。横肋和端肋可增加板的刚度和减小板的弯矩，横肋的间距一般为1.5m，高度一般为120mm。

屋面板的混凝土强度等级常用C30，屋面板的受力情况与现浇钢筋混凝土肋梁楼盖相似，横肋相当于次梁，纵肋相当于主梁。面板依肋间距的不同，可分为单向板和双向板两种。

用于有檩体系的屋面板有预应力混凝土槽瓦、波形大瓦等小型屋面板。

（2）屋架　屋架和屋面梁（下面统称屋架）是厂房屋盖的主要承重构件，它的主要作用是：

① 作为排架结构的水平横梁，传递水平方向的拉力或压力；
② 承受屋面板、檩条、天沟板、天窗架传来的荷载，并传给柱；
③ 承受悬挂吊车或悬挂工艺设备（如管道等）的重量；
④ 与屋盖支撑系统组成水平和竖向结构，以保证屋盖水平和垂直方向的刚度和稳定；
⑤ 与屋面板、柱均连接，形成空间整体结构，对于保证厂房空间刚度具有重要的作用。

常用屋架形式有钢筋混凝土或预应力两铰屋架、三铰屋架、折线形屋架、梯形屋架、组合屋架、空腹屋架（图 10-7）等。屋架形式的合理选择，不仅要考虑受力合理与否，而且还要综合考虑其它因素，如施工条件、材料供应、跨度大小等。

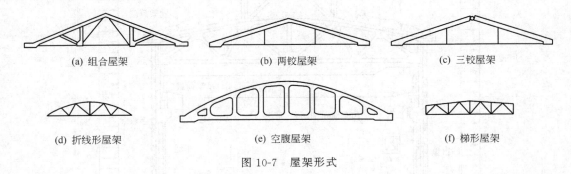

| (a) 组合屋架 | (b) 两铰屋架 | (c) 三铰屋架 |

| (d) 折线形屋架 | (e) 空腹屋架 | (f) 梯形屋架 |

图 10-7 屋架形式

（3）檩条 在有檩体系屋盖中，檩条搁在屋架或屋面梁上，支承小型屋面板并将屋面荷载传给屋架或屋面梁。它与屋架的连接应牢固，使其与支承构件共同组成整体，以保证厂房的空间刚度，可靠地传递水平荷载。檩条的跨度一般为 4m 和 6m，应用较普遍的是钢筋混凝土和预应力混凝土"Γ"形檩条，也可采用上弦为钢筋混凝土、腹杆和下弦为钢材的组合式檩条以及轻钢檩条。

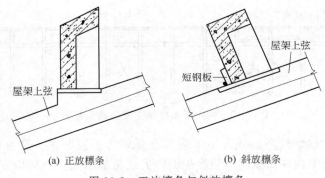

| (a) 正放檩条 | (b) 斜放檩条 |

图 10-8 正放檩条与斜放檩条

檩条支承于屋架上弦杆一般有正放和斜放两种。正放时，屋架上弦要做一个三角形支座，檩条其翼缘可做成倾斜的，其坡度与屋面坡度相同［图 10-8(a)］。对于斜放檩条，则往往在屋架上弦支座处的预埋件上事先焊以短钢板，防止倾翻［图 10-8(b)］。

10.2.1.2 排架结构

钢筋混凝土单层厂房结构是由各种承重构件相互连接起来的一个空间骨架。根据这个空间骨架的组成和承受荷载的方向，可分为横向平面排架和纵向平面排架两个部分。

横向平面排架是由屋架（屋面梁）、横向柱列和基础组成，是单层厂房的基本承重结构（图 10-9）。厂房结构荷载和横向水平荷载主要通过它传给地基。因此，在单层厂房的结构设计中，一定要进行横向平面排架计算。

纵向平面排架是由连系梁、吊车梁、纵向柱列（包括柱间支撑）和基础组成（图 10-10）。其作用主要是保证构的纵向稳定和刚度，承受作用在厂房结构上的纵向水平荷载，并将其传给地基，同时也承受因温度收缩变形而产生的内力。由于厂房纵向长度比宽度大得

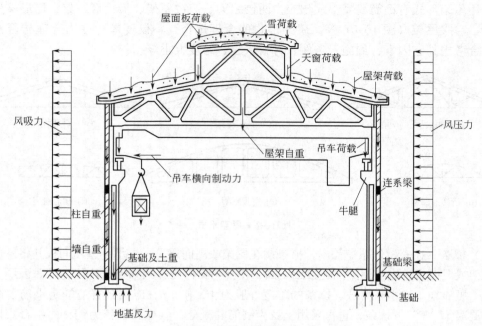

图 10-9　横向平面排架主要荷载示意图

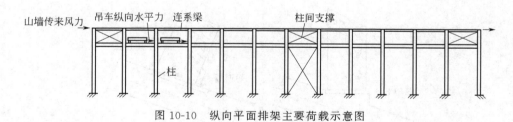

图 10-10　纵向平面排架主要荷载示意图

多，纵向柱列中柱子数量较多，并有吊车梁和连系梁等多道联系，又有柱间支撑的有效作用，因此，纵向排架中构件由纵向荷载产生的内力通常都不大。当结构设计不考虑地震作用时，一般可不进行纵向平面排架计算。纵向平面排架与横向平面排架间主要依靠屋盖结构和支撑体系相连接，以保证厂房结构的整体性和稳定性。

（1）柱

① 柱的形式　单层厂房钢筋混凝土柱按其截面形式分为两大类：单肢柱（包括矩形、I形、环形截面）和双肢柱（包括平腹杆、斜腹杆、双肢管柱）。下面分别介绍各种截面柱的特点及适用范围。

a. 矩形截面柱 [图 10-11(a)]　构造简单，施工方便，但重量大，用料多，经济指标较差。它主要适用于截面高度小于 600mm 的装配式偏心受压柱，以及牛腿以上的上柱。

b. I 形截面柱 [图 10-11(b)]　与矩形截面柱相比，I 形截面柱在不改变柱承载力和刚度的情况下，可省去受力较小部分的腹板混凝土，材料利用合理，制作比较方便。因此，目前在单层厂房中应用比较广泛，常用于截面高度在 600～1400mm 范围。必须指出，I 形截面柱并非都是 I 形截面，排架柱的上柱及牛腿附近和柱底插入基础杯口高度内宜做成实腹矩形柱。

c. 双肢柱　双肢柱有平腹杆 [图 10-11(c)] 和斜腹杆 [图 10-11(d)] 两种，前者由两个肢柱和若干横向连杆所组成，构造比较简单，制作方便，在一般情况下受力比较合理，应用较为广泛，而且腹部整齐的矩形孔洞便于布置工艺管道，适用于吊车起重量较大的厂房。斜腹杆双肢柱呈桁架形式，杆件内力以轴力为主，弯矩较小，因而能节省材料，刚度比平腹杆的好。但斜腹杆双肢柱的节点多，构造复杂，施工较麻烦，它适用于吊车起重量大，且水平荷载较大的厂房。

d. 管柱 [图 10-11(e)]　管柱有圆管和外方内圆管两种，可做成单肢、双肢或四肢柱。目前应用较多的是双肢管柱。管柱的优点是生产机械化程度高（管子采用高速离心法生产），混凝土强度高，自重轻，可减少施工现场工作量，节约模板和水泥。但管柱接头比较复杂，耗钢量也较多，并且受生产设备条件的限制。

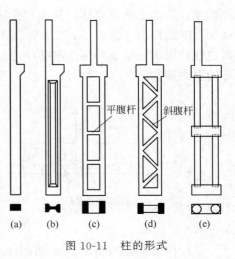

图 10-11　柱的形式

② 柱的截面尺寸　为了满足使用要求，除了保证柱具有一定的承载力外，还必须保证有足够的刚度，以免造成厂房横向和纵向变形过大，发生吊车轮和轨道的过早磨损，影响吊车正常运行；或导致墙及屋盖发生裂缝，影响厂房的正常使用。

目前保证厂房刚度的办法主要不靠计算，而靠如下两种方法：一是在构造上采取措施，加强厂房的整体刚度；二是根据已建厂房实际经验和实测试验资料，来控制柱截面尺寸，一般可参考表 10-2。

表 10-2　6m 柱距单层厂房矩形、I 形截面柱截面尺寸限值

项　次	柱 的 类 型	截 面 尺 寸			
		宽度 b	高 度 h		
			$Q \leqslant 10t$	$10t < Q < 30t$	$30t \leqslant Q \leqslant 50t$
1	有吊车厂房下柱	$\geqslant \dfrac{H_l}{25}$	$\geqslant \dfrac{H_l}{14}$	$\geqslant \dfrac{H_l}{12}$	$\geqslant \dfrac{H_l}{10}$
2	露天吊车柱	$\geqslant \dfrac{H_l}{25}$	$\geqslant \dfrac{H_l}{10}$	$\geqslant \dfrac{H_l}{8}$	$\geqslant \dfrac{H_l}{7}$
3	单跨无吊车厂房	$\geqslant \dfrac{H}{30}$	$\geqslant \dfrac{1.5H}{25}$		
4	多跨无吊车厂房	$\geqslant \dfrac{H}{30}$	$\geqslant \dfrac{1.25H}{25}$		
5	山墙柱（仅承受风荷载自重）	$\geqslant \dfrac{H_b}{40}$	$\geqslant \dfrac{H_l}{25}$		
6	山墙柱（同时承受由连系梁传来的墙重）	$\geqslant \dfrac{H_b}{30}$	$\geqslant \dfrac{H_l}{25}$		

注：1. H_l 为下柱高度（算至基础顶面）。

2. H 为柱全高（算至基础顶面）。

3. H_b 为山墙抗风柱从基础顶面至柱平面外（柱宽方向）支撑点的高度。

（2）基础　单层厂房结构的基础主要采用单独柱下现浇钢筋混凝土杯口基础，承受由排架平面内柱传来的作用力（轴向压力、弯矩和剪力）。有柱间支撑的基础尚需承受排架平面外由下柱柱间支撑传来的作用力。两者的最大值并不同时出现。伸缩缝两侧双柱下的基础，

则需要在构造上做成双杯口基础。在柱基础由于地质条件或附近有深埋设备基础而需将基础底面下降的情况下，若基础顶面标高不变则需在构造上做成高杯口基础 [图 10-12(c)]。一般边柱和山墙柱基础外侧还需贴柱边设置在杯口基础顶面上的基础梁，以承受围护墙传给基础的重力荷载。

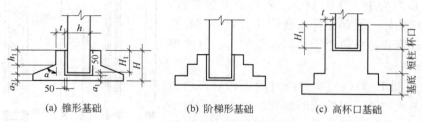

(a) 锥形基础　　　　　(b) 阶梯形基础　　　　　(c) 高杯口基础

图 10-12　单独柱下杯口基础

单独柱下基础的外形尺寸如图 10-12 (a) 所示。其中基础高度为 H；柱的插入深度 H_1、杯底厚度 a_1、杯壁厚度 t 参照表 10-3 确定。t/h_1 值的要求与柱的受力状态和杯壁内配筋有关。当杯口基础外形为锥形且顶面非支模制作 [图 10-12(a)] 时，坡度 $\tan\alpha \geqslant 2.5$，边缘高度 $a_2 \geqslant a_1$；外形为阶梯形 [图 10-12(b)] 时，$H \leqslant 850\text{mm}$ 时宜采用双阶，$H \geqslant 900\text{mm}$ 时宜采用三阶，每阶高 $300 \sim 500\text{mm}$。

表 10-3　钢筋混凝土杯口基础外形尺寸 H_1、a_1、t 的基本要求

柱截面尺寸/mm	H_1/mm	a_1/mm	t/mm
$h < 500$	$(1.0 \sim 1.2)h$	$\geqslant 150$	$150 \sim 200$
$500 \leqslant h < 800$	h	$\geqslant 200$	$\geqslant 200$
$800 \leqslant h < 1000$	$0.9h$ 且 $\geqslant 800$	$\geqslant 200$	$\geqslant 300$
$1000 \leqslant h < 1500$	$0.8h$ 且 $\geqslant 1000$	$\geqslant 250$	$\geqslant 350$
$1500 \leqslant h \leqslant 2000$		$\geqslant 300$	$\geqslant 400$
双肢柱	$(1/3 \sim 2/3)h_A$ $(1.5 \sim 1.8)h_B$	$\geqslant 300$(可适当加大)	$\geqslant 400$

注：h 为柱截面长边尺寸；h_A 为双肢柱整个截面长边尺寸；h_B 为双肢柱整个截面短边尺寸。

10.2.1.3　支撑结构

在装配式钢筋混凝土单层厂房结构中，支撑体系是联系屋架、柱等主要构件，并使其构成整体的重要组成部分，对单层厂房抗震设计尤为重要。大量工程实践表明：支撑布置不当，不仅会影响厂房的正常使用，甚至可能引起工程质量事故。单层厂房的支撑体系包括屋盖支撑和柱间支撑两部分。

(1) 屋盖支撑　由于屋架只能承受其平面内的作用力，又由于施工时屋面板和屋架间的三点焊接难以确保质量，所以屋架平面外的荷载、屋架杆件在其平面外的稳定以及屋盖结构在屋架平面外的刚度，都需要屋盖支撑系统来承受和保证。屋盖支撑包括上、下弦横向水平支撑、纵向水平支撑、垂直支撑及纵向水平系杆、天窗架支撑。

① 横向水平支撑　横向水平支撑是由交叉角钢和屋架上弦或下弦组成的水平桁架，布置在厂房端部及温度区段两端的第一或第二柱间。其作用是构成刚性框，增强屋盖的整体刚度，保证屋架（屋面梁）的侧向稳定，同时将山墙抗风柱所承受的纵向水平力传到两侧柱列上。设置在屋架上弦、下弦平面内的水平支撑分别称为屋架上弦（图 10-13）、下弦横向水

平支撑（图 10-14）。

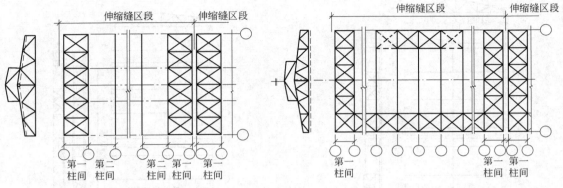

图 10-13 屋盖上弦横向水平支撑   图 10-14 屋盖下弦横向水平支撑

②纵向水平支撑 纵向水平支撑一般是由交叉角钢等钢杆件和屋架下弦第一节间组成的水平桁架，其作用是加强屋盖结构在横向水平面内的刚度，保证横向水平荷载的纵向分布，增强排架的空间工作。在屋盖设有托架时，还可以保证托架上缘的侧向稳定，并将托架区域内的横向水平风荷载有效地传到相邻柱上。

当厂房已设有下弦横向水平支撑时，则纵向水平支撑应尽可能与横向水平支撑连接，以形成封闭的水平支撑系统（图 10-14）。

③屋架间的垂直支撑及水平系杆 垂直支撑一般是由角钢杆件与屋架的垂直腹杆或天窗架的立柱组成的垂直桁架。屋架垂直支撑做成十字交叉形或 W 形，视屋架高度而异；天窗架垂直支撑则一般做成斜叉形。垂直支撑的作用是保证屋架及天窗架在承受荷载后的平面外稳定和屋架安装时的结构安全；并将屋架上弦平面内的水平荷载传递到屋架下弦平面内。因此，垂直支撑宜与横向水平支撑配合使用。

当屋架的跨度较小（小于或等于 18m），且无天窗时，一般可不设垂直支撑及水平系杆。当屋架跨度较大（大于 18m），应在厂房温度缝区段两端第一或第二柱间（与上弦横向水平）在相应的下弦节点处设置通长水平系杆（图 10-15），以增加屋架下弦的侧向刚度。

当采用梯形屋架时，由于屋架端部较高，为将屋面传来的水平荷载可靠地传给柱顶，除按上述要求处理外，还应在温度缝区段第一或第二柱间内，于屋架支承处设置屋架端部垂直支撑及相应的纵向水平系杆，当屋架下弦设有悬挂式吊车时，在悬挂吊车所在节点处应设置垂直支撑及相应水平系杆（图 10-16）。

④天窗架支撑 天窗架支撑包括天窗架上弦水平支撑（图 10-17）及天窗架间的垂直支撑（图 10-18），一般设置在天窗架两端，它的作用是保证天窗架上弦的侧向稳定和把天窗端壁上的水平风荷载传递给屋架。天窗架支撑与屋架上弦横向水平支撑一般布置在同一柱间。

（2）柱间支撑 柱间支撑的作用主要是增强厂房的纵向刚度和稳定性。对于有吊车的厂房，柱间支撑按其位置分为上部柱间支撑和下部柱间支撑。前者位于吊车梁上部，承受作用在山墙上的风荷载并保证厂房上部的纵向刚度和稳定；后者位于吊车梁下部，承受上部支撑传来的力和吊车梁传来的吊车纵向制动力，并把它们传给基础（图 10-19）。

10.2.1.4 围护结构

单层厂房的围护结构包括屋面板、墙体、抗风柱、圈梁、连系梁、过梁、基础梁等。

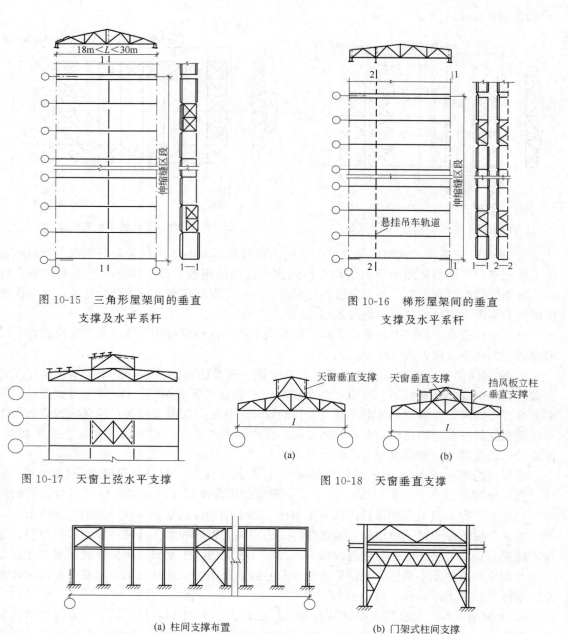

图 10-15　三角形屋架间的垂直
支撑及水平系杆

图 10-16　梯形屋架间的垂直
支撑及水平系杆

图 10-17　天窗上弦水平支撑

图 10-18　天窗垂直支撑

(a) 柱间支撑布置

(b) 门架式柱间支撑

图 10-19　柱间支撑布置

(1) 抗风柱　单层厂房的端（山）墙，受风荷载面积大，一般需设置抗风柱将山墙分成几个区，使端山墙受到的风荷载的一部分（靠近纵向柱列的区格）直接传到纵向柱列，另一部分则经抗风柱下端直接传到基础和经上端通过屋盖系统传到纵向柱列。当厂房高度和跨度均不大（如柱顶标高在 8m 以下，跨度为 9～12m）时，可采用砖壁柱作为抗风柱；当高度和跨度都较大时，则采用钢筋混凝土抗风柱。钢筋混凝土抗风柱一般设在山墙内侧，并用钢筋与山墙拉结 [图10-20(a)]。

抗风柱一般与基础刚接，与屋架上弦铰接，根据具体情况，也可只与下弦铰接或同时与

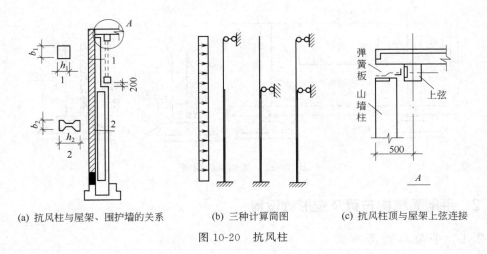

(a) 抗风柱与屋架、围护墙的关系   (b) 三种计算简图   (c) 抗风柱顶与屋架上弦连接

图 10-20   抗风柱

上、下弦铰接，计算简图如图 10-20(b)。抗风柱与屋架连接必须满足两个要求：一是在水平方向必须与屋架有可靠的连接以保证有效地传递风荷载；二是在竖向应允许两者之间有一定相对位移的可能性，以防厂房与抗风柱沉降不均匀时产生不利影响。所以抗风柱和屋架一般采用竖向可以移动、水平向有较大刚度的弹簧板连接 [图 10-20(c)]；如厂房沉降较大时，则宜采用螺栓连接。

（2）圈梁、连系梁、过梁和基础梁   当厂房围护墙采用砖墙时，一般要设置圈梁、连系梁、过梁及基础梁。

① 圈梁   圈梁的作用是将墙体与排架柱、抗风柱等箍在一起，以增强厂房的整体刚度，防止由于地基不均匀沉降或较大振动荷载对厂房产生不利影响。圈梁设置于墙体内，和柱连接仅起拉结作用。圈梁不承受墙体重量，所以柱上不必设置支承圈梁的牛腿。

圈梁的布置根据厂房刚度要求、墙体高度和地基情况等确定。对无桥式吊车的厂房，当墙厚<240mm，檐口标高为 5～8m 时，应在檐口附近布置一道圈梁；当檐口标高大于 8m 时，宜增设一道；对有桥式吊车，或有较大振动设备的厂房，除在檐口或窗顶布置圈梁外，尚宜在吊车梁标高处或墙中适当位置增设一道。

圈梁应连续布置在墙体的同一水平面上，并形成封闭状；当圈梁在门窗洞口处不连续时，应在洞口上部墙体中布置一道相同截面的附加圈梁。附加圈梁与圈梁的搭接长度不应小于其中到中垂直间距的两倍，且不得小于 1m。

② 连系梁   连系梁的作用是连系纵向柱列，以增强厂房的纵向刚度并传递风荷载到纵向柱列；此外，还承受其上部墙体的重量。连系梁一般是预制的简支梁，两端搁置在柱牛腿上，其连接可采用螺栓或焊接。

③ 过梁   过梁的作用是承受门窗洞的墙体重量。在进行厂房的结构布置时，应尽量将圈梁、连系梁和过梁结合起来，使一个构件能起到两个或三个构件的作用，以节约材料，简化施工。

④ 基础梁   在排架结构或刚架结构的单层厂房中，采用基础梁承受围护墙体的重量，并把它传递给柱下单独基础，而不另设墙基础（图 10-21）。

连系梁、过梁和基础梁均可采用全国通用图集中的标准构件，其构造要求详见《砌体结构设计》教材和《建筑结构构造资料集》。

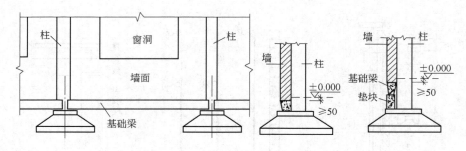

图 10-21　基础梁的位置

10.2.2　平剖面结构布置及变形缝设置

10.2.2.1　平面与剖面布置

结构平面的主要尺寸都由定位轴线表示。定位轴线一般有横向和纵向之分：与厂房横向平面排架相平行的轴线，称为横向定位轴线；与横向定位轴线相垂直的轴线，称为纵向定位轴线。纵横向定位轴线在平面上排列所形成的网格，称为柱网。图 10-22 表示某金工装配车间的平面布置。

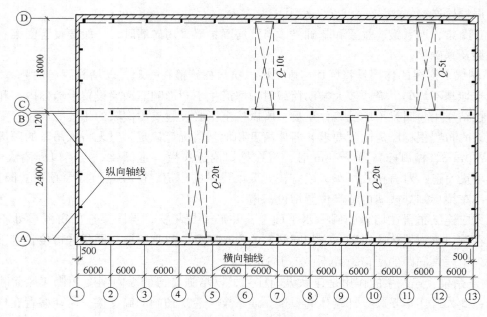

图 10-22　某金工装配车间的平面布置

（1）定位轴线　定位轴线之间的距离和主要构件的标志尺寸相一致，且符合建筑模数。所谓标志尺寸就是构件的实际尺寸加上两端必要的构造尺寸。例如，大型屋面板的实际尺寸是 1490mm×5970mm，标志尺寸是 1500mm×6000mm；18m 屋架的实际跨度是 17950mm，标志跨度是 18000mm。

与横向定位轴线有关的承重构件，主要是屋面板和吊车梁。此外，还有连系梁、基础梁、纵向支撑等构件。因此，横向定位轴线与柱距方向的屋面板、吊车梁等构件的标志尺寸应相一致，也就是说，横向定位轴线通过柱截面的几何中心，且通过屋架中心线与屋面板等横向接缝。在厂房端部横向定位轴线与山墙内边缘重合，将山墙内侧第一排柱中心内移600mm，并将端部屋面板做成一端伸臂板，这是为使端屋架和山墙抗风柱的位置不发生冲突，使端部屋面板与中部屋面板的长度相同，使屋面板端头与山墙内边缘重合，屋面不留缝隙，以形成封闭式横向定位轴线。根据同样理由，伸缩缝两边的柱中心线亦需向两边移600mm，而使伸缩缝中心线与横向定位轴线重合。

定位轴线布置的一般原则如下：

① 处理定位轴线时，要有利于标准构件的选用、构造节点的简化和施工方便等；

② 凡是承重墙（或非承重墙）、柱，都要设置定位轴线，定位轴线之间的尺寸，要和主要构件的标志尺寸相一致，且符合建筑模数要求；

③ 定位轴线的具体位置，总是沿屋面板的接缝处、屋架的端部外侧设置，或与屋架的侧面中心重合。对于通过墙、柱的轴线位置，需视结构、构件搭接关系等情况而定。一般说，在横向是与墙、柱中心线重合，在纵向则由墙内缘或柱外缘通过。

（2）柱网布置　柱网布置既是确定柱的位置，也是确定屋面板、屋架和吊车梁等构件跨度的依据，并涉及结构构件的布置。柱网布置的一般原则：符合生产工艺和正常使用的要求；建筑和结构经济合理；在厂房结构形式和施工方法上具有先进性和合理性；符合厂房建筑统一化基本规则（即应符合 GB/T 50006—2010《厂房建筑模数协调标准》）；适应生产发展和技术革新的要求。

厂房柱网尺寸应符合模数化的要求，钢筋混凝土结构厂房的跨度在 18m 和 18m 以下时，应采用扩大模数 30M 数列，在 18m 以上时，应采用扩大模数 60M 数列；厂房的柱距应采用扩大模数 60M 数列；厂房的山墙处抗风柱柱距宜采用扩大模数 15M 数列（图 10-23）。

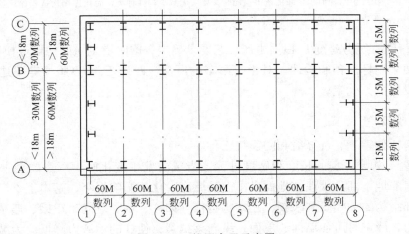

图 10-23　柱网布置示意图

普通钢结构厂房的跨度小于 30m 时，宜采用扩大模数 30M 数列；跨度大于或等于 30m 时，宜采用扩大模数 60M 数列，柱距宜采用 15M。

（3）剖面布置

① 厂房高度　厂房的高度指室内地面至柱顶的距离。厂房的高度和轨顶标高是厂房结构设计中的两个重要参数，要综合考虑生产工艺和建筑结构两方面的因素才能确定。具体确定方法详见《房屋建筑学》教材中工业建筑设计部分。

在确定厂房高度时，应按照《厂房建筑模数协调标准》（GB/T 50006—2010）的规定，考虑建筑模数的要求。有吊车和无吊车的厂房（包括有悬挂吊车的厂房）自室内地面至柱顶的高度应为扩大模数 3M 数列 ［图 10-24（a）］；有吊车的厂房，自室内地面至支承吊车梁的牛腿面的高度应为扩大模数 3M 数列 ［图 10-24（b）］。

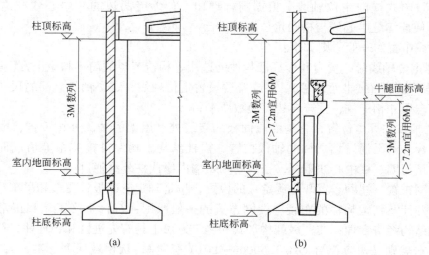

图 10-24　剖面高度示意图

注：1. 自室内地面至支承吊车梁的牛腿面的高度在 7.2m 以上时，宜采用 7.8m、8.4m、9.0m 和 9.6m 等数值；

2. 预制钢筋混凝土柱自室内地面至柱底的高度宜为模数化尺寸。确定厂房高度的原则是：在满足生产工艺前提下，尽可能合理地降低厂房高度，以便减小柱的内力，减少维护结构面积，降低造价；同时又要考虑减少构件种类，简化连接构造，保证施工方便等因素。

②厂房跨度　厂房跨度 L 根据生产工艺要求确定，同时满足《厂房建筑模数协调标准》的要求，以便采用标准预制构件。对于有吊车的厂房，跨度 L 可参照《房屋建筑学》教材中工业建筑设计部分确定。

10.2.2.2　变形缝设置

变形缝包括伸缩缝、沉降缝和防震缝三种。

①伸缩缝　如果厂房的长度和宽度过大，当气温发生变化时，厂房的地上部分要热胀冷缩，而厂房的地下部分因埋在地面以下而受温度变化的影响很小，基本上不产生变形，这样使厂房上部结构的伸缩受到限制，在结构构件（如柱、墙、纵向吊车梁、连系梁等）内部产生温差应力，严重时可使墙面、屋面、纵向梁拉裂，使柱的承载力降低。为减小由于温度变化所引起的应力，可用温度伸缩缝将厂房分成几个温度区段。伸缩缝将厂房从基础顶面到屋面完全分开，并留出一定的缝隙，使上部结构在气温变化时，水平方向可以自由地发生变形，从而减小温度应力。温度区段的长度（伸缩缝之间的距离）取决于结构类型和温度变化情况。《混凝土结构设计规范》（GB 50010—2010）（以下简称规范）规定：对于装配式钢筋混凝土排架结构，当处于室内或土中时，其伸缩缝的最大间距为 100m；当处在露天时，其伸缩缝的最大间距为 70m。当超过上述规定或对厂房有特殊要求时，应进行温度应力验算。

伸缩缝有横向和纵向两种 ［图 10-25（c）］。横向伸缩缝的一般做法是伸缩缝处的横向定

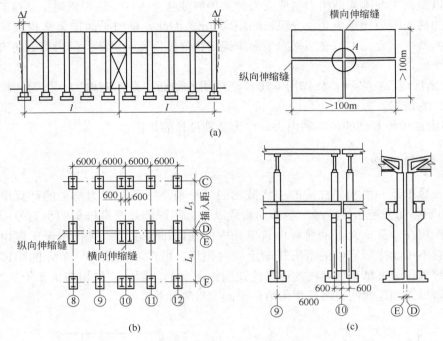

图 10-25 伸缩缝的形式

位轴线不变，而在该轴线的左右是置双排柱和屋架，将该轴线上的基础做成双杯口基础，每个柱子和屋架的中心线都自横向定位轴线向两边移 600mm，这种伸缩缝亦称双柱伸缩缝。纵向伸缩缝可采用双柱伸缩缝，也可采用单柱伸缩缝并设置两条纵向定位轴线，将伸缩缝一侧的屋架或屋面梁搁置在活动支座上。

② 沉降缝　单层厂房结构主要是由简支构件装配而成，因地基不均匀沉降引起的不利影响较小。所以，在一般单层厂房中可不设沉降缝，只在特殊情况下才考虑设置：如厂房相邻两部分高度相差很大（如 10m 以上），两跨间吊车起重量相差悬殊，地基承载力或下卧层土质有很大差别，或厂房各部分的施工时间先后相差很长，土壤压缩程度不同等情况。沉降缝应将建筑从屋顶到基础底面全部分开，以使在缝两边发生不同沉降时而不致损坏整个建筑物。沉降缝可兼做伸缩缝。

③ 防震缝　防震缝是为了减轻厂房震害而采取的措施之一。当厂房平面、立面复杂，结构高度或刚度相差很大，以及主厂房侧边布置附属用房（如生活间、变电所、炉子间等）时，应设置防震缝。防震缝应将上部结构和基础都完全分开，防震缝的宽度在厂房纵横跨交接处可采用 100～150mm，其它情况可采用 50～90mm。地震区的厂房，其伸缩缝和沉降缝均应符合防震缝的要求。防震缝具体设置可参照《厂房建筑模数协调标准》（GB/T 50006—2010）的有关条文执行。

10.3　排架内力分析

钢筋混凝土单层厂房结构是由各种承重构件相互连接形成的空间骨架。根据这个空间骨架的组成和承受荷载的方向，可分为横向平面排架和纵向平面排架。单层厂房的各种主要荷载是通过以横向平面排架结构为主要受力骨架传到地基上去的。这种横向平面排架结构以有规律排列的柱间距为计算单元，一般柱间距取 6m。因此，横向平面排架结构就是单层厂房结构计算的基本单元。本节介绍横向平面排架结构（以下简称排架）的内力分析方法。它主要解决两个问题。

① 求出排架柱在各种荷载作用下起控制作用的截面的最不利内力，作为柱截面设计和承载力校核的依据。

② 求出柱传给基础的最不利内力，作为基础设计的依据。

10.3.1 计算简图

（1）计算单元 由相邻柱距的中线截出的一个典型区段，即为排架的计算单元，如图 10-26 中的阴影部分所示。除吊车等移动荷载以外，阴影部分就是排架的负荷范围，或称从属面积。作用在计算单元上的荷载由该单元内的横向排架承担。对作用于厂房中的吊车荷载，由于它不可能在厂房中的所有排架上同时出现，所以不能按计算单元的阴影面积来考虑，吊车荷载是通过吊车梁与柱的连接传递到排架上的。因此，作用在排架上的吊车荷载，应根据与该排架相连的两边吊车梁传给柱子的荷载来计算。

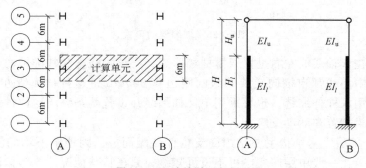

图 10-26　计算单元的选取

H 为从基础算起的柱子全高；H_l 为从基础顶面至装配式吊车梁底面或现浇式吊车梁顶面的柱下部高度；

H_u 为从装配式吊车梁底面或现浇式吊车梁顶面算起的柱上部高度

（2）计算假定与计算简图 排架结构一般指铰接排架。在确定排架结构的计算简图时，为简化计算，做以下假定。

① 柱上端与屋架（或屋面梁）铰接 屋架或屋面大梁与柱顶连接处，仅用预埋钢板焊牢，它抵抗转动的能力很小，计算中只考虑传递垂直力和水平剪力，按铰接结点考虑。

② 柱下端与基础固接 将预制柱插入基础杯口一定深度，并用高强度等级的细石混凝土浇筑密实，因此，排架柱与基础连接处可按固定端考虑。固定端位于基础顶面。

③ 排架横梁为无轴向变形的刚杆，横梁两端处柱的水平位移相等 对一般钢筋混凝土屋架或预应力混凝土屋架，下弦刚度较大，这个假定是适用的。如果横梁采用下弦刚度较小的钢筋混凝土组合式屋架或两铰、三铰拱屋架时，应考虑横梁轴向变形对排架内力的影响。

④ 排架柱的高度由固定端算至柱顶铰结点处 排架柱的轴线为柱的几何中心线。当柱为变截面柱时，排架柱的轴线为一折线 [图 10-27(a)、(b)]。

排架的跨度以厂房的轴线为准，计算简图如图 10-27(b) 所示。由图 10-27(b) 改为图 10-27(c)，只需在柱的变截面处增加一个力偶 m，m 等于上柱传下的竖向力乘以上、下柱几

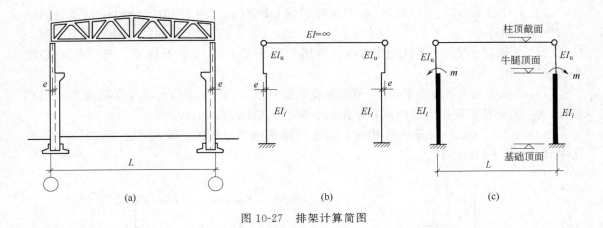

图 10-27　排架计算简图

何中心线的间距 e，横梁可用一根链杆来代替。

10.3.2　荷载计算

作用在排架上的荷载分恒荷载和活荷载两类。恒荷载一般包括屋盖自重 G_1，上柱自重 G_2，下柱自重 G_3，吊车梁和轨道零件重 G_4 以及有时支承在柱牛腿上的围护结构等重量 G_5。活荷载一般包括屋面活荷载 Q_1；吊车竖向荷载 D_{max}；吊车横向水平荷载 T_{max}；均布风荷载 q 以及作用在屋盖支承处的集中风荷载 F_w 等（图 10-28）。

10.3.2.1　恒荷载（永久荷载）

（1）屋盖自重 G_1　屋盖自重包括屋面构造层、屋面板、天沟板、天窗架、屋架、屋盖支承以及与屋架连接的设备管道（如室内落水管重量等）。这些荷载的总和 G_1 通过屋架的支点作用于柱顶，作用点位于厂房定位轴线内侧 150mm 处（图 10-29）。G_1 将在柱顶产生 M_1 的力矩，上柱内产生轴力 G_1；对下柱将产生 M_1' 的力矩和轴力 G_1 [图 10-30(c)]。

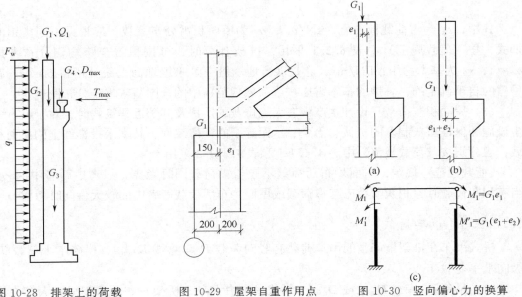

图 10-28　排架上的荷载　　　图 10-29　屋架自重作用点　　　图 10-30　竖向偏心力的换算

（2）上柱自重 G_2　上柱自重 G_2 对下柱的偏心距为 e_2（图 10-31），则 G_2 对下柱的偏心力矩 $M_2'=G_2e_2$。

（3）下柱自重 G_3　下柱自重 G_3（包括牛腿自重）作用于下柱底，与下柱中心线相重合。

（4）吊车梁及轨道等自重 G_4　吊车梁及轨道自重 G_4 的作用线与吊车梁轨道中心线相重合，G_4 对下柱截面中心线的偏心距为 e_4，偏心力矩为 $M_3'=G_4e_4$。

当 G_1、G_2、G_3、G_4 联合作用时，需进行排架内力分析的计算简图如图 10-32 所示，图中 $M_2=M_1'+M_2'-M_3'$。

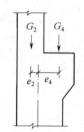

图 10-31　柱自重作用点

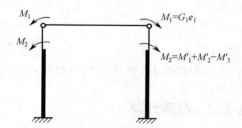

图 10-32　排架内力分析简图

活荷载分为屋面活荷载、吊车荷载和风荷载三部分。

10.3.2.2　屋面活荷载

屋面活荷载包括屋面均布活荷载、雪荷载和积灰荷载三种。Q_1 以集中形式，通过屋架支点作用于柱顶，与屋面恒荷载 G_1 一样，对柱顶截面中心有个柱顶力矩。

（1）屋面均布活荷载　按《建筑结构荷载规范》（GB 50009—2012）2006 版（以下简称为《荷载规范》）第 4.3.1 条和表 4.3.1 采用。

（2）屋面雪荷载　按《荷载规范》第 6.1.1 条采用屋面水平投影面上的雪荷载标准值，按式（10-1）计算

$$s_k=\mu_r s_0 \tag{10-1}$$

式中，s_k 为雪荷载标准值，kN/m^2；μ_r 为屋面积雪分布系数，应根据不同类别的屋顶形式，按《荷载规范》中表 6.2.1 采用，排架计算时，可按积雪全跨均匀分布考虑，即 $\mu_r=1$；s_0 为基本雪压，kN/m^2，它是以当地一般空旷平坦地面上统计所得 50 年一遇最大积雪的自重确定的，各地的基本雪压按《荷载规范》中的全国基本雪压分布图确定。

（3）屋面积灰荷载　设计生产中有大量排灰的厂房及其邻近建筑物时，对于具有一定除尘设施和保证清灰制度的机械、冶金、水泥等厂的厂房屋面，其水平投影面上的屋面积灰荷载，应分别按《荷载规范》中表 4.4.1-1 和表 4.4.1-2 采用。

《荷载规范》规定，屋面均布活荷载不应与雪荷载同时考虑，只考虑两者中的较大值。当有积灰荷载时，积灰荷载应与雪荷载或屋面均布活荷载两者中的较大值同时考虑。

10.3.2.3　吊车荷载

桥式吊车在排架上产生的吊车荷载有竖向荷载 D_{max}（或 D_{min}），横向水平荷载 T_{max} 及纵向水平荷载 T。

（1）吊车竖向荷载 D_{max}（或 D_{min}）　桥式吊车由大车（桥架）和小车组成，大车在吊车梁

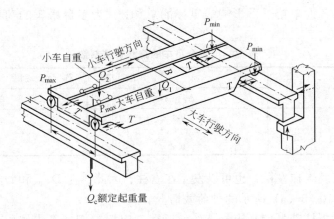

图 10-33　产生 $P_{\min}$、$P_{\min}$ 时小车位置

的轨道上沿厂房纵向行驶，小车在大车的轨道上沿厂房横向左右运行，带有吊钩的起重卷扬机安装在小车上。当小车吊在额定最大起重量 Q 开到大车某一极限位置时（图10-33），在这一侧的每个大车轮压称为吊车的最大轮压 $P_{\max,k}$（标准值），在另一侧的称为最小轮压 $P_{\min,k}$（标准值），$P_{\max,k}$ 与 $P_{\min,k}$ 同时发生。计算吊车轮压施加于排架柱的荷载时，应考虑数台吊车的不利组合：对单跨厂房的一榀排架，最多考虑两台吊车；对多跨厂房的一榀排架时，最多考虑四台吊车。$P_{\max,k}$ 可根据吊车型号、规格等查阅产品目录或起重运输机械专业标准（ZQI-62）得到。对于四轮吊车

$$P_{\min,k}=\frac{Q_{1,k}+Q_{2,k}+Q_{c,k}}{2}g-P_{\max,k} \tag{10-2}$$

式中，$Q_{1,k}$、$Q_{2,k}$ 分别为大车、小车的自重（标准值），均以 t 计；$Q_{c,k}$ 为吊车的额定起重量（标准值），以 t 计；g 为重力加速度，可近似取为 10m/s^2。

吊车最大轮压设计值 $P_{\max}$ 和最小轮压设计值 $P_{\min}$ 可按下列公式计算

$$\begin{cases} P_{\max}=1.4P_{\max,k} \\ P_{\min}=1.4P_{\min,k} \end{cases} \tag{10-3}$$

吊车是移动的，故作用于每榀排架上的吊车竖向荷载组合值需应用影响线原理求出。作用在厂房排架上吊车竖向荷载的组合值不仅与吊车台数有关，而且与各吊车沿厂房纵向运行所处位置有关。当两台吊车满载并行，其中一台的一个轮子正好位于计算排架柱上，另一台吊车与它紧靠在一起的时候，传给柱子上的压为最大，如图10-34所示。

当一边柱子承受由 $P_{\max}$ 产生的最大竖向荷载 $D_{\max}$ 时，另一边相应柱子承受由 $P_{\min}$ 产生的

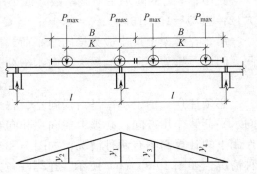

图 10-34　简支吊车梁的支座反力影响线

最小竖向荷载 $D_{\min}$，$D_{\max}$ 和 $D_{\min}$ 即为作用在排架柱上的吊车竖向荷载，两者同时出现。利用如图10-34所示的简支吊车梁支座反力影响线 $D_{\max}$、$D_{\min}$ 按下式计算

$$\begin{cases} D_{\max}=\beta P_{\max}\sum y_i \\ D_{\min}=\beta P_{\min}\sum y_i=D_{\max}\dfrac{P_{\min}}{P_{\max}} \end{cases} \tag{10-4}$$

式中，$\sum y_i$ 为各大车轮子下影响线纵标的总和；β 为多台吊车的荷载折减系数，按表10-4 查得。

表 10-4　多台吊车的荷载折减系数

参与组合的吊车台数	吊 车 工 作 级 别	
	$A_1 \sim A_5$	$A_6 \sim A_8$
2	0.9	0.95
3	0.85	0.9
4	0.8	0.85

由于 D_{max} 可以发生在左柱，也可以发生在右柱，因此，在 D_{max} 和 D_{min} 作用下单跨排架的计算应考虑如图 10-35（a）所示两种荷载情况。

D_{max} 和 D_{min} 对下柱都是偏心压力，如前所述，应把它们换算成作用在下柱顶面的轴心压力和力矩，两者对下柱的偏心力矩分别为

$$M_{max}=D_{max}e_4 \qquad M_{min}=D_{min}e_4 \qquad\qquad (10\text{-}5)$$

式中，e_4 为吊车梁支座钢垫板的中心线至下柱轴线的距离。

（2）吊车横向水平荷载 T_{max}　桥式吊车的小车起吊重物后，在启动或刹车时将产生惯性力，即横向水平制动力。横向水平制动力通过小车制动轮与桥架上轨道之间的摩擦力传给桥架，再通过桥架两侧车轮与钢轨间的摩擦传给排架柱。实测结果表明：小车制动力可近似考虑由支承吊车的两侧相应的承重结构（即排架柱）共同承受，各负担一半。

吊车横向水平制动力作用在吊车的竖向轮压处。《荷载规范》规定：在计算吊车横向水平荷载作用下排架结构内力时，无论单跨或多跨厂房最多考虑两台吊车同时制动。

通常起重量 $Q<50t$ 的桥式吊车，其大车总轮数为 4，即每一侧的轮数为 2。因此，通过一个大车轮传递的吊车横向水平荷载标准值 T_k 按下式计算

$$T_k=\frac{1}{4}\alpha(Q_{c,k}+Q_{2,k})g \qquad\qquad (10\text{-}6)$$

式中，α 为横向水平荷载系数（或小车制动力系数）。对软钩吊车：当 $Q \leqslant 10t$ 时，$\alpha=0.12$；当 $Q=15 \sim 15t$ 时，$\alpha=0.10$；当 $Q \geqslant 75t$ 时，$\alpha=0.08$。对于硬钩吊车：$\alpha=0.2$。

吊车在排架上产生最大横向水平荷载标准值 $T_{max,k}$ 时的吊车位置与产生 D_{max} 和 D_{min} 相同。因此，排架柱所受的最大横向水平荷载标准值 $T_{max,k}$ 可由下式求得

$$T_{max,k}=T_k\sum y_i \qquad\qquad (10\text{-}7)$$

必须注意，由于小车是沿横向左、右运行，有左、右两种制动情况。因此，对于吊车横向水平荷载作用方向，必须考虑向左和向右两种。于是，对于单跨厂房，吊车横向水平荷载作用下的计算简图有两种情况，如图 10-35（a）所示；对于两跨厂房，相应的计算简图有四种情况，如图 10-35（b）所示。还需注意，吊车横向水平制动力应同时作用于支承该吊车的两侧柱上。

（3）吊车纵向水平荷载 T_0　吊车纵向水平荷载与横向水平荷载相比，有如下两点重要差别。

① 吊车纵向水平荷载是桥式吊车在厂房纵向启动或制动时产生的惯性力。因此，它与桥式吊车每侧的制动轮数有关，也与吊车的最大轮压 P_{max} 有关，而不是与 Q_c+Q_2 有关。

② 吊车纵向水平荷载由吊车每侧制动轮传至两侧轨道，并通过吊车梁传给纵向柱列或

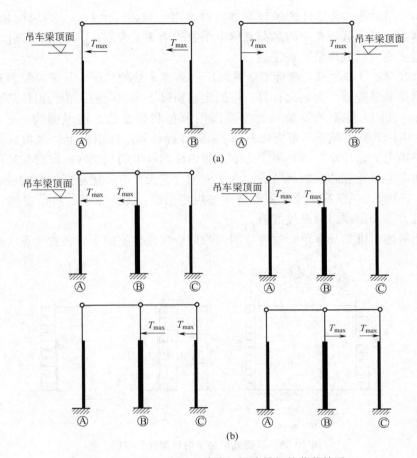

图 10-35 T_{max} 作用下单跨、两跨排架的荷载情况

柱间支撑，而与横向排架结构无关。在横向排架结构内力分析中不涉及吊车纵向水平荷载。

吊车纵向水平荷载标准值可按式（10-8）确定

$$T_{0,k}=\frac{nP_{max,k}}{10} \tag{10-8}$$

式中，$P_{max,k}$ 为吊车最大轮压标准值；n 为吊车每侧的制动轮数，对于一般四轮吊车，取 $n=1$。

在计算吊车纵向水平荷载时，不论对于单跨或多跨厂房都只考虑两台吊车同时刹车。当厂房无柱间支撑时，吊车纵向水平荷载将由伸缩缝区段内所有柱共同承担，并按各柱沿厂房纵向的抗侧刚度的比例进行分配。当设有柱间支撑时，则全部纵向水平荷载由柱间支撑承担。

10.3.2.4 风荷载

《荷载规范》规定，垂直于厂房各部分表面的风荷载标准值 $w_k(kN/m^2)$ 按式（10-9）计算

$$w_k=\beta_z\mu_s\mu_zw_0 \tag{10-9}$$

式中，w_0 为基本风压值，按《荷载规范》中"全国基本风压分布图"查取，但不得小

于 $0.25kN/m^2$；β_z 为 z 高度处的风振系数，对单层厂房，$\beta_z=1$；μ_s 为风荷载体型系数，按建筑物的体型由《荷载规范》的风荷载体型系数表 7.3.1 查取；μ_z 为风压高度变化系数，应按地面粗糙度由《荷载规范》确定。

根据式（10-9）算得的风荷载标准值是沿厂房高度 z 处的风压力（或风吸力）值，故沿厂房高度的风荷载是变值。为简化计算，可假定柱顶以下的风荷载近似为沿厂房高度不变的均布风荷载 q_k（q_k 为排架计算单元宽度范围内风荷载标准值，迎风面为 q_{1k}，背风面为 q_{2k}），并按柱顶标高处的风压高度变化系数 μ_z 值进行计算。柱顶以上的风荷载可按作用于柱顶的水平集中力 F_{wk} 计算。水平集中力 F_{wk} 包括柱顶以上的屋架（或屋面梁）高度内墙体迎风面、背风面的风荷载和屋面风荷载的水平分力（有天窗时，还包括天窗的迎风面、背风面的风荷载）。这时，风压高度变化系数按下述规定采取：无天窗时，按厂房檐口标高处取值；有天窗时，按天窗檐口标高处取值。

根据上面所述，排架计算单元宽度范围内的风荷载设计值按下列公式计算（图 10-36）。

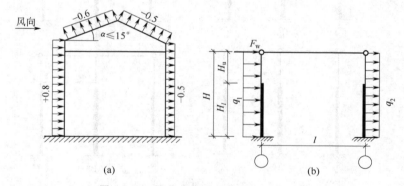

图 10-36　风荷载作用下的排架计算简图

柱顶以水平均布风荷载设计值 q（q_1 或 q_2）为

$$q=\gamma_w q_k \tag{10-10}$$

式中，γ_w 为风荷载分项系数，取 $\gamma_w=1.40$。

柱顶以上水平集中风荷载设计值为

$$F_w=\gamma_w F_{wk} \tag{10-11}$$

风荷载的方向是变化的，因此，设计时，既要考虑左风荷载，又要考虑右风荷载。

10.3.3　排架内力分析

单层厂房排架结构是空间结构。目前，其内力计算方法有两种：考虑厂房整体空间作用和不考虑厂房整体空间作用。本节主要讨论不考虑厂房整体空间作用的等高平面排架计算方法。

为简便起见，对于等高多跨排架，可以运用剪力分配法计算其内力。若柱顶标高略有不同，但有倾斜梁相连，保证排架各柱柱顶水平位移相同，也可以采用此法计算。

根据排架横梁刚度无穷大和横梁长度不变的假定，排架在任何荷载作用下，所有柱顶的水平位移均相同。因此，利用等高排架这一特点，按剪力分配法求出各柱柱顶剪力，然后按独立悬臂柱计算在已知剪力和外作用下任意截面的内力。单层厂房排架柱通常为单阶

悬臂柱，如图 10-37，由结构力学可知，当单位水平力作用在单阶悬臂柱顶时，柱顶水平位移为

$$\delta = \frac{H^3}{3E_cI_l}\left[1+\lambda^3\left(\frac{1}{n}-1\right)\right] = \frac{H^3}{C_0 E_c I_l} \tag{10-12}$$

式中，$\lambda = \dfrac{H_u}{H}$；$n = \dfrac{I_u}{I_l}$；$C_0 = \dfrac{3}{1+\lambda^3\left(\dfrac{1}{n}-1\right)}$；$I_u$ 为上柱截面惯性矩；I_l 为下柱截面惯性矩；H_u 为上柱长度；H 为柱全高。

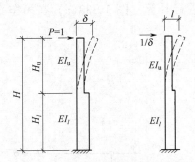 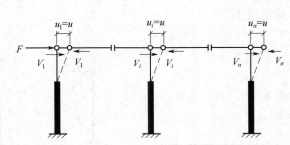

图 10-37　单阶悬臂柱的侧移刚度　　　　图 10-38　柱顶水平集中力作用下的剪力分配

10.3.3.1 柱顶集中水平力作用下

柱顶水平集中力作用下，设等高多跨 n 根柱（图 10-38），任一柱 i 的抗侧移刚度为 $1/\delta_i$。假定横梁为刚性连杆，则每根柱顶端位移为 u，于是 $u_1 = u_2 = \cdots = u_i = u$，每根柱分担的剪力

$$V_i = \frac{1}{\delta_i}u \tag{10-13}$$

由平衡条件可得

$$F = V_1 + V_2 + V_i + \cdots + V_n = \sum_{i=1}^{n}V_i = \sum_{i=1}^{n}\frac{1}{\delta_i}u = u\sum_{i=1}^{n}\frac{1}{\delta_i} \tag{10-14}$$

则 $u = \dfrac{F}{\displaystyle\sum_{i=1}^{n}\dfrac{1}{\delta_i}}$ 代入式（10-13）得

$$V_i = \frac{\dfrac{1}{\delta_i}}{\displaystyle\sum_{i=1}^{n}\dfrac{1}{\delta_i}}F = \eta_i F \tag{10-15}$$

式中，令 $\eta_i = \dfrac{\dfrac{1}{\delta_i}}{\displaystyle\sum_{i=1}^{n}\dfrac{1}{\delta_i}}$，称为第 i 根柱的剪力分配系数。

在求出 V_i 后，就可得到相应的内力图。式（10-15）的物理意义如下。

① δ_i 为第 i 柱的柔度，$1/\delta_i$ 为第 i 柱的侧移刚度，$\eta_i = \dfrac{\dfrac{1}{\delta_i}}{\displaystyle\sum_{i=1}^{n} \dfrac{1}{\delta_i}}$ 为第 i 柱的剪力分配系

数，$\sum \eta_i = 1$。

② 当排架结构柱顶作用有水平集中力 F 时，各柱的柱顶剪力按其侧移刚度与各柱侧移刚度总和的比例进行分配，故称为剪力分配法。

10.3.3.2　任意荷载作用下

在任意荷载作用下，等高排架的内力可按下述步骤进行计算［图 10-39(a) 在吊车水平荷载作用下］。

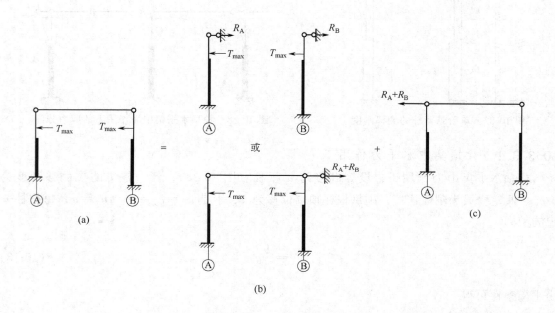

图 10-39　任意荷载作用下的剪力分配

① 在排架柱顶附加不动铰支座以阻止水平位移，并求出其支座反力 R ［图 10-39(b)］。

② 撤除附加的不动铰支座，在此排架柱顶加上反向作用的支座反力 R，以恢复到原来的实际情况，如图 10-39(c)。

③ 叠加上述两个步骤中求出的内力，即为排架的实际内力。

各种荷载作用下的附加不动铰支座反力 R_b 可以从附录 8，附表 28 中图0～图8求得。这里规定，柱顶剪力、柱顶水平集中力和柱顶不动铰支座反力，凡是自左向右方向的取为正号；反之，取为负号。

【例 10-1】　如图 10-40 所示的排架，几何信息如下：$I_{uA} = I_{uC} = 2.13 \times 10^9 \, \text{mm}^4$，$I_{lA} = I_{lC} = 9.23 \times 10^9 \, \text{mm}^4$，$I_{uB} = 4.17 \times 10^9 \, \text{mm}^4$，$I_{lB} = 9.23 \times 10^9 \, \text{mm}^4$；上柱高均为 $H_u = 3.1 \text{m}$，柱总高均为 $H = 12.20 \text{m}$；作用在此排架的荷载有：$F_w = 2.5 \text{kN}$，$q_1 = 2.05 \text{kN/m}$，$q_2 = 1.28 \text{kN/m}$。试用剪力分配法计算排架内力。

解：(1) 计算剪力分配系数

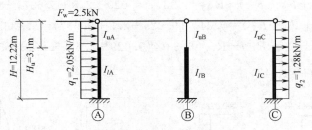

图 10-40　例 10-1 附图

$$\lambda = \frac{H_u}{H} = \frac{3.10}{12.20} = 0.254$$

A、C柱：

$$n = \frac{2.13}{9.23} = 0.231$$

B柱：

$$n = \frac{4.17}{9.23} = 0.452$$

由附录 8 图 0 查得 $C_0 = 2.85$（A、C 柱）；$C_0 = 2.94$（B 柱）

$$\delta_A = \delta_C = \frac{H_l^3}{E_c I_l C_0} = \frac{H_l^3}{E_c \times 9.23 \times 10^9 \times 2.85} = \frac{10^{-9}}{9.23 \times 2.85} \times \frac{H_l^3}{E_c} = 0.038 \times 10^{-9} \frac{H_l^3}{E_c}$$

$$\delta_B = \frac{H_l^3}{E_c I_l C_0} = \frac{H_l^3 \times 10^{-9}}{E_c \times 9.23 \times 2.94} = 0.037 \times 10^{-9} \frac{H_l^3}{E_c}$$

剪力分配系数

$$\eta_A = \eta_C = \frac{\frac{1}{\delta_i}}{\sum \frac{1}{\delta_i}} = \frac{\frac{10^9}{0.038} \times \frac{E}{H_l^3}}{\left(\frac{10^9}{0.038} \times 2 + \frac{10^9}{0.037} \right) \times \frac{E}{H_l^3}} = 0.33$$

$$\eta_B = 1 - 0.33 \times 2 = 0.34$$

（2）计算各柱顶剪力　先分别计算 F_w、q_1 和 q_2 作用下的内力，然后进行叠加。

① 在 q_1 作用下，由附录 8 图 6 求 A 支座反力

$$C_6 = \frac{3\left[1 + \lambda^4 \left(\frac{1}{n} - 1 \right) \right]}{8\left[1 + \lambda^3 \left(\frac{1}{n} - 1 \right) \right]} = \frac{3 \times \left[1 + 0.254^4 \times \left(\frac{1}{0.231} - 1 \right) \right]}{8 \times \left[1 + 0.254^3 \times \left(\frac{1}{0.231} - 1 \right) \right]} = 0.361$$

A 支座的反力

$$R_A = q_1 H C_6 = 2.05 \times 12.20 \times 0.361 = 9.029 \text{kN}$$

② 在 q_2 作用下，由附录 8 图 6 求 C 支座反力

$$C_6 = 0.361$$

C 支座的反力

$$R_C = q_2 H C_6 = 1.28 \times 12.20 \times 0.361 = 5.637 \text{kN}$$

③ 求各柱柱顶剪力（图 10-41）

$$V_A = \eta_A(R_A + F_w + R_C) - R_A = 0.33 \times (9.029 + 2.5 + 5.637) - 9.029 = 3.364\text{kN}$$

$$V_B = \eta_B(R_A + F_w + R_C) = 0.34 \times (9.029 + 2.5 + 5.637) = 5.836\text{kN}$$

$$V_C = \eta_C(R_A + F_w + R_C) - R_C = 0.33 \times (9.029 + 2.5 + 5.637) - 5.637 = 0.028\text{kN}$$

④ 绘制弯矩图（图10-42）

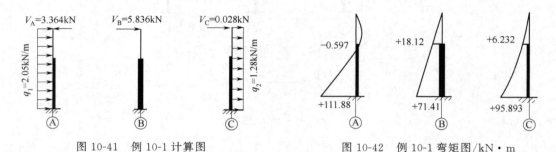

图 10-41 例 10-1 计算图   图 10-42 例 10-1 弯矩图/kN·m

10.3.4 排架内力组合

排架结构除受永久荷载的作用外，还受可变荷载作用（可能是一种，也可能是多种可变荷载），对排架柱的某一截面而言，并不一定各种可变荷载同时作用在排架上产生的内力是最不利的，可能在某些荷载共同作用下引起该截面处于大偏心受压为最不利；而在另一些荷载共同作用下，该截面也可能处于小偏心受压为最不利。因此，在分析排架结构的内力时，先求出各种荷载单独作用时各柱的内力，然后进行内力组合。其目的是求出起控制作用的截面的最不利内力，作为柱及基础设计的依据。

10.3.4.1 控制截面

控制截面是指对柱配筋和基础设计起控制作用的那些截面。

通常，对柱的配筋分两个阶段进行，即整个上柱截面的配筋相同，整个下柱的配筋不变。因此，只需找出上、下柱产生最大内力的截面进行上下柱配筋计算。

对上柱而言，柱底截面Ⅰ—Ⅰ的内力最大，因此，取截面Ⅰ—Ⅰ作为上柱的控制截面。

对于下柱来说，牛腿顶面Ⅱ—Ⅱ截面在吊车竖向荷载作用下弯矩最大；柱底Ⅲ—Ⅲ截面在吊车横向水平荷载和风荷载作用下弯矩最大，因此，取截面Ⅱ—Ⅱ及截面Ⅲ—Ⅲ作为下柱的控制截面。柱底Ⅲ—Ⅲ截面的内力值是设计柱下基础的依据。

10.3.4.2 荷载效应组合

在前述的排架内力分析中，只是求出了各种荷载单独作用下控制截面的内力。为了求得控制截面的最不利内力，就必须按这些荷载同时出现的可能性进行组合，即进行荷载效应组合。

对于一般排架结构，荷载效应组合（即内力组合）的设计值 S 按下式确定：

$$S = \gamma_G C_G G_k + \psi \sum_{i=1}^{n} \gamma_{Qi} C_{Qi} G_{ik} \tag{10-16}$$

式中，γ_G、γ_{Qi} 分别为永久荷载和第 i 个可变荷载的分项系数，一般取 $\gamma_G = 1.2$、$\gamma_{Qi} = 1.4$；对由永久荷载效应控制的组合，$\gamma_G = 1.35$；G_k、G_{ik} 分别为永久荷载和第 i 个可

变荷载的标准值；C_G、C_{Qi} 分别为永久荷载和第 i 个可变荷载的荷载效应系数；ψ 为可变荷载的组合值系数，当有两个或两个以上可变荷载参与组合，且其中有风荷载时，取 $\psi = 0.9$，其余情况下取 $\psi = 1.0$。

根据以上原则，对不考虑抗震设防的单层厂房结构，按承载力极限状态进行内力分析时，需进行以下几种荷载组合：

① 永久荷载 + 0.9（风荷载 + 吊车荷载 + 屋面活荷载）；

② 永久荷载 + 0.9（风荷载 + 屋面活荷载）；

③ 永久荷载 + 屋面活荷载 + 吊车荷载；

④ 永久荷载 + 0.9（风荷载 + 吊车荷载）；

⑤ 永久荷载 + 吊车荷载；

⑥ 永久荷载 + 风荷载。

10.3.4.3 内力组合

排架柱控制截面的内力包括弯矩 M、剪力 V 和轴向力 N，对柱截面配筋说来，一般剪力不起控制作用，除双肢柱外都不需要考虑。但对基础设计来说，Ⅲ—Ⅲ 截面的 M、V、N 影响是不可忽视的。由于单层厂房结构柱的配筋都是对称配筋偏心受压构件，一般应考虑以下四种内力组合：$+M_{max}$ 及相应的 N、V；$-M_{max}$ 及相应的 N、V；N_{max} 及相应的 $+M_{max}$ 或 $-M_{max}$、V；N_{min} 及相应的 $+M_{max}$ 或 $-M_{max}$、V。

除上述四种内力外，还可能存在更不利的内力组合。例如，对于大偏心受压构件，偏心距 $e_0 = M/N$ 越大（即 M 越大，N 越小）时，截面配筋越多。因此，有时 M 不是最大值，但比最大值略小，而它所对应的 N 若减小很多，那么这组内力所要求的截面配筋量反而会大些。但是，在一般情况下，按上述四种内力组合求出的配筋已能满足工程设计要求。

进行单层厂房结构的内力组合时，还应注意以下几点。

① 永久荷载在任何一种内力组合下都存在。

② 吊车竖向荷载 D_{max} 可分别作用在一跨的左柱或右柱，对于这两种情况，每次只能选择其中一种情况参加内力组合。对于单跨厂房，参与组合的吊车不宜多于两台；对于多跨厂房，参与组合的吊车不宜多于四台。

③ 在考虑吊车横向水平荷载时，该跨必然相应作用有该吊车的竖向荷载；但在考虑吊车竖向荷载时，该跨不一定相应作用有该吊车的横向水平荷载。

④ 在考虑吊车横向水平荷载时，对单跨或多跨厂房，参与组合的吊车不应多于两台。对于多跨厂房，可能有两种情况：即任意一跨内有两台吊车或任意两跨内各有一台吊车。对这两种情况均应考虑不同方向制动的两种情况，但只能选其中一种情况参与组合。

⑤ 风荷载的作用方向有向左和向右两种，只能考虑其中一种参与组合。

⑥ 在没有吊车的厂房中，第②种及第⑥种荷载组合往往起决定性作用。对有吊车的厂房，当不考虑吊车荷载时，柱的计算长度按无吊车厂房采用。

10.4 钢筋混凝土柱设计

单层厂房结构中钢筋混凝土柱的设计内容包括以下五项。

（1）选择柱的形式　在结构设计的方案阶段，根据厂房的规模和荷载的大小，考虑到地区材料、施工等方面的具体条件，通过技术经济分析比较，选择柱的形式。

（2）确定柱的外形尺寸　根据厂房的结构形式、工艺设计人员提出的轨顶标高、吊车吨位，以及建筑统一模数要求确定的柱的各部分高度和总高；并根据排架刚度、屋架以及吊车梁、连系梁等构件在柱上的支承要求确定柱的各部分截面尺寸，以及截面与轴线的关系。

（3）确定柱的配筋　根据组合后的内力设计值，计算和布置保证承载力和构造所需要的钢筋，并验算柱在吊装阶段的承载力和抗裂性。

（4）进行支承吊车梁和连系梁的牛腿设计。

（5）进行连接构造设计　指柱与屋架、吊车梁、柱间支撑等构件进行连接时，需要预留在柱中的预埋件的设计。

单层厂房柱的形式及外形尺寸前已述及，单层厂房柱各控制截面的内力（M、N、V）已经从排架内力分析中得到。这是柱配筋计算的依据。实腹柱的配筋主要由弯矩和轴力决定，属于偏心受压构件。它的配筋计算和构造要求，和一般钢筋混凝土偏心受压构件相同，本节仅就单层厂房柱计算长度、柱的吊装验算、柱的牛腿设计等问题进行讨论。

10.4.1　柱的计算长度

在材料力学中，柱的计算长度依柱的两端支承情况（不动铰或固定端）而异。实际厂房中柱的支承条件比这个情况要复杂得多：如柱上端为可动铰，它的位移与屋盖刚度、厂房跨数等因素有关；柱身为变截面，并且和吊车梁、圈梁、连系梁等纵向构件相连；柱下端的支承情况又与地基的压缩性有关，只能说是接近固定端等。因此，确定柱的计算长度是比较复杂的。在一般情况下，可以根据单层厂房柱的实际工作特点，推算出其计算长度的大致范围。表 10-5 是《混凝土结构设计规范》（GB 50010—2010）规定的计算长度值，设计时可参考采用。

表 10-5　采用刚性屋盖的单层厂房排架柱的计算长度 l_0

厂房类型	柱的类别	排架方向	垂直排架方向	
			有柱间支撑	无柱间支撑
无吊车厂房	单　跨	$1.50H$	$1.0H$	$1.2H$
	两跨及多跨	$1.25H$	$1.0H$	$1.2H$
有吊车厂房	上　柱	$2.0H_u^*$	$1.25H_u$	$1.5H_u$
	下　柱	$1.0H_l$	$0.80H_l$	$1.0H_l$
露天吊车柱和栈桥柱		$2.0H_l$	$1.0H_l$	

注：1. H 为基础顶至柱顶总高度；H_u、H_l 分别为从装配式吊车梁底面或从现浇式吊车梁顶面算起的上柱高度和从基础顶面算起至装配式吊车梁底面或现浇式吊车梁顶面的下柱高度。

2. 有吊车厂房排架柱的计算长度、当计算中不考虑吊车荷载时，可按无吊车厂房柱的计算长度采用；但上柱计算长度仍按有吊车厂房采用。

3. 表中 * 的值仅用于 $H_u/H_l \geqslant 0.3$ 情况，当 $H_u/H_l < 0.3$ 时，此值为 $2.5H_u$。

10.4.2　吊装、运输阶段的承载力和裂缝宽度验算

柱在脱模、翻身和吊装时的受力情况与使用阶段不同，而且这时混凝土强度可能达不到设计强度值，柱可能在脱模、翻身或吊装时出现裂缝。所以，应进行施工阶段柱的承载力和裂缝宽度验算。

　　施工阶段验算时，柱的计算简图应根据吊点位置确定，荷载是柱的自重。考虑到施工振动影响，柱自重应乘以动力系数 1.5。承载力验算方法和受弯构件类似。但因吊装验算是临时性的，故构件的安全等级比使用阶段的安全等级低一级；柱的混凝土强度等级一般按设计规定值的 70％ 考虑（当吊装验算要求高于设计强度的 70％ 时，应在施工图上注明）。

　　柱的吊装有两种方式：平吊和翻身吊 ［图 10-43(a)、(b)］。它们各自的受力状态不同。当采用翻身吊时，截面的受力方向与使用阶段一致，因而承载力和裂缝宽度均能满足要求，一般不必进行验算。当平吊时，截面的受力方向是柱的平面外方向，截面有效高度大为减小，腹板作用甚微，可以忽略。故可将 I 形截面简化为宽 $2h_f$、高 b_f 的矩形截面梁进行验算。此时，受力钢筋 A_s 和 A'_s 只考虑两翼缘最外边的一根钢筋。

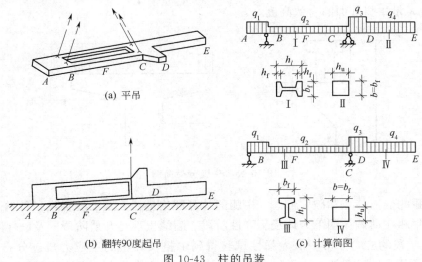

(a) 平吊

(b) 翻转90度起吊

(c) 计算简图

图 10-43　柱的吊装

　　为简化计算，运输、吊装阶段的裂缝开展验算可通过控制钢筋应力和直径的办法来间接控制裂缝的开展宽度，为此该阶段钢筋的应力满足式（10-17）要求

$$\sigma_s = M_s / \eta h_0 A_s \leqslant [\sigma_{ss}] \tag{10-17}$$

　　式中，M_s 为运输、吊装阶段出现的最大弯矩标准值；η 为内力偶臂系数，取 $\eta=0.87$；A_s 为钢筋截面面积；h_0 为截面有效高度；$[\sigma_{ss}]$ 为不需验算裂缝宽度的钢筋最大允许应力，可按图 10-44 采用。

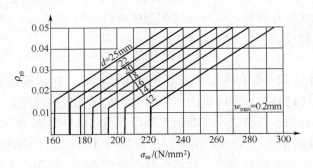

图 10-44　钢筋混凝土受弯构件不需作裂缝
宽度验算的受拉钢筋应力 σ_{ss}

10.4.3 牛腿设计

在柱的支承吊车梁、连系梁（屋架）的部位设置牛腿，目的是在不增大柱截面的情况下，加大支承面积，保证构件间的可靠连接，有利于构件的安装。

牛腿本身很小，却承受着很大的集中荷载，还承受吊车荷载的动力作用。所以在设计柱时，必须重视牛腿的设计，保证对它的承载力和抗裂性要求。牛腿设计的主要内容包括确定牛腿的截面尺寸、进行配筋计算和构造设计。

牛腿按照集中力作用线至下柱边缘的距离 a（图 10-45）分为两种：当 $a > h_0$ 时为长牛腿，与悬臂梁相似，按悬臂梁进行设计；当 $a \leqslant h_0$ 时为短牛腿，按本节讨论的方法进行设计。这里，h_0 是牛腿截面的有效高度。

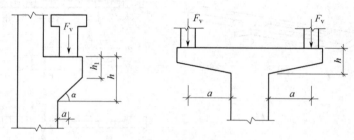

图 10-45　牛腿分类简图

（1）牛腿的受力特点和破坏形态　牛腿的计算理论是在大量工程实践和科学试验的基础上建立的。牛腿在荷载作用下大体经历弹性阶段、裂缝出现与开展阶段以及破坏阶段。

① 弹性阶段的应力分布　从光弹性试验得到牛腿及柱中的主应力轨迹分布 [图 10-46(a)]。由图可见，牛腿顶部上边缘附近的主拉应力轨迹线大体上与上边缘平行，轨迹线间距的变化不大，表明牛腿上表面的拉应力沿长度方向的分布比较均匀。牛腿斜边附近的主压应力轨迹线大体与 ab 连线平行，轨迹线的间距变化亦不大，表明沿 ab 连线的压应力分布亦比较均匀。另外，上柱根部与牛腿交界处存在应力集中现象。

② 裂缝的出现与开展　试验表明，在极限荷载的 20%～40% 时首先在上柱根部与牛腿交界处出现自上而下的竖向裂缝Ⅰ，一般开展很细，对牛腿的受力性能影响不大；大约在极限荷载的 40%～60% 时，在加载垫板内侧附近产生第一条斜裂缝Ⅱ，其方向大体与主压应力轨迹线平行 [图 10-46(a)]。在此后的几级荷载作用下，除这条斜裂缝不断发展外，几乎不再出现第二条斜裂缝，直到接近破坏时（约为极限荷载的 80%），突然出现第二条斜裂缝Ⅲ，这预示牛腿即将破坏。

③ 破坏形态

a. 弯压破坏　当 $0.75 < a/h_0 < 1$ 和纵筋配筋率较低时，在斜裂缝Ⅱ出现后，随着荷载增加，裂缝不断向受压区延伸，同时纵向钢筋应力不断增加以至屈服。斜裂缝Ⅱ外侧部分绕牛腿下部与柱的交点转动，直至受压区混凝土压碎而引起破坏 [图 10-46(b)]。

b. 斜压破坏　当 $a/h_0 = 0.1～0.75$ 时，在斜裂缝Ⅱ出现后，继续加载至临近破坏前，裂缝Ⅱ外侧出现大量短而细的斜裂缝。当这些斜裂缝贯通时，斜裂缝Ⅱ和Ⅲ间的斜向主压应力超过混凝土的抗压强度，混凝土表面剥落，牛腿发生破坏 [图 10-46(c)]。有时牛腿中不出现短而细的斜裂缝，而是在加载板下部突然出现一条通长的斜裂缝Ⅳ，牛腿即沿此截面破

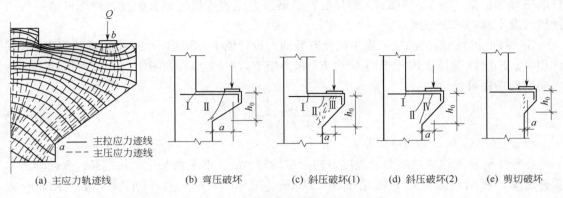

图 10-46　牛腿的应力状态和破坏形态

坏 [图 10-46(d)]。

c. 剪切破坏　当 $a/h_0 \leqslant 0.1$ 时，在牛腿与下柱交接面上出现一系列短的斜裂缝，最后沿此裂缝把牛腿从柱上切下而破坏 [图 10-46(e)]。

以上是牛腿的三种主要破坏形态。此外，还有由于加载板过小、过柔或牛腿的宽度过窄，致使加载板下发生混凝土局部压碎的破坏；由于荷载太靠近牛腿外边缘，受拉纵筋锚固不良而被拔出的撕裂破坏，或混凝土保护层脱落；由于存在垂直荷载和较大水平荷载的共同作用，而牛腿外侧高度过小，以致在加载板内侧发生根部受拉破坏等。

为了防止上述各种破坏，牛腿应有足够大的截面，配置足够的钢筋，并要满足一系列的构造要求。但是从弯压和斜压破坏形态看，破坏裂缝的出现是在斜裂缝Ⅱ形成以后。所以，控制斜裂缝Ⅱ的出现和开展，是确定牛腿截面尺寸和进行承载力计算的主要依据。

(2) 牛腿截面尺寸的确定　在外形上，牛腿应与柱同宽；牛腿外边缘高度 $h_1 \geqslant h/3$，且不应小于 200mm；牛腿外边缘与吊车梁外边缘的距离不宜小于 70mm；牛腿底边倾斜角 $\alpha \leqslant 45°$。试验表明，影响牛腿裂缝出现的因素，除了截面尺寸和混凝土抗拉强度外，还有 a/h_0 值。牛腿的截面尺寸应符合下列公式的要求

$$F_{vk} \leqslant \beta\left(1 - 0.5\frac{F_{hk}}{F_{vk}}\right)\frac{f_{tk}bh_0}{0.5 + a/h_0} \tag{10-18}$$

式中，F_{vk} 为作用于牛腿顶部按荷载标准值组合计算的竖向力值；F_{hk} 为作用于牛腿顶部按荷载标准值组合计算的水平拉力值；β 为裂缝控制系数，对需作疲劳验算的牛腿，取 $\beta = 0.65$；其它牛腿，取 $\beta = 0.80$；a 为竖向力的作用点至下柱边缘的水平距离，此时，应考虑安装偏差 20mm，当竖向力的作用点位于下柱截面以内时，取 $a = 0$；b 为牛腿宽度，通常与柱的宽度相等；h_0 为牛腿与下柱交接处的垂直截面有效高度，取 $h_0 = h_1 - a_0 + c \cdot \tan\alpha$，当 $\alpha > 45°$ 时，取 $\alpha = 45°$。

为防止牛腿发生局部受压破坏，其受压面的局部压应力在上述竖向力 F_{vk} 作用下，还应满足下列要求

$$F_{vk} \leqslant 0.75 f_c A \tag{10-19}$$

否则应采取加大受压面或提高混凝土强度等级等措施。式中，A 为局部受压面积；f_c 为混凝土轴心受压强度设计值。

(3) 牛腿的承载力计算　牛腿可近似看作是以纵筋为水平拉杆，以混凝土压力带为斜压

杆的三角形桁架 [图 10-47(a)]。破坏时，纵筋应力达到或接近屈服强度，斜压杆内的应力达到混凝土轴心抗压强度。

① 纵向受拉钢筋的确定　当牛腿受有竖向力设计值 F_v 和横向水平拉力设计值 F_h 共同作用时，F_h 对纵筋截面中心产生拉力 F_h 和力矩 $F_h(h-h_0)$，如图 10-47 （b）所示。根据力矩平衡条件可得

$$A_s \geq \frac{F_v a}{0.85 f_y h_0} + 1.2 \frac{F_h}{f_y} \tag{10-20}$$

当 $a < 0.3 h_0$ 时，取 $a = 0.3 h_0$。

由于牛腿顶部边缘拉应力沿长度方向分布均匀，故纵筋不得兼作弯起钢筋，全部伸至牛腿外边缘，在沿斜边下弯并超越下柱 150mm [图 10-47 （c）]。纵筋宜采用 HRB400 或 HRB500 级热轧带肋钢筋，应有足够的锚固长度 l_a，并伸过牛腿根部柱中心线。当上柱尺寸不足时，纵筋应伸至上柱对边并向下弯折，其包含弯弧段水平投影长度不应小于 $0.4l_a$，竖直投影长度应为 $15d$。纵向受拉钢筋的配筋率，按全截面计算不应小于 0.2% 及 $0.45 f_t / f_y$，也不宜大于 0.6%，且根数不宜少于 4 根，直径不应小于 12mm。

② 水平箍筋和弯起钢筋的构造要求　牛腿中除应按计算配置纵向受拉钢筋外，还应配置水平箍筋。《混凝土规范》规定：水平箍筋的直径应取 $6\sim12$mm，间距为 $100\sim150$mm，且在上部 $(2/3)h$ 范围内水平箍筋总截面面积不宜小于承受竖向力的受拉钢筋截面面积的 $\frac{1}{2}$。当牛腿剪跨比 $a > 0.3 h_0$ 时，应设置弯起钢筋，弯起钢筋宜 HRB400 级或 HRB500 级热轧带肋钢筋，并宜设置在牛腿上部 $l/6$ 到 $l/2$ 之间的范围内 [图 10-47(c)]，其截面面积不宜小于承受竖向力的受拉钢筋截面面积的 $\frac{1}{2}$，且不应小于 $0.0015bh$，其根数不应少于 2 根，直径不应小于 12mm。

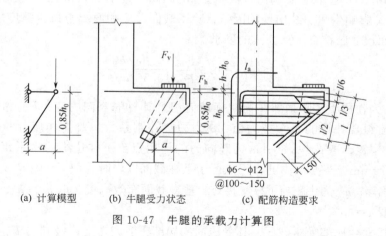

(a) 计算模型　　(b) 牛腿受力状态　　(c) 配筋构造要求

图 10-47　牛腿的承载力计算图

10.5　钢筋混凝土柱下独立基础设计

柱下基础是单层厂房中重要的受力构件，因为上部结构的荷载是通过基础传给地基的。柱下基础的类型有多种，如独立基础、条形基础、十字交叉基础、筏板基础、桩基础等。本

节只讨论单层厂房柱下独立基础。

柱下单独杯口基础的类型、部分外形尺寸的构造要求前已述及。按施工方法，可分为预制柱下独立基础和现浇柱下独立基础。柱下独立基础设计采用常规设计方法，将上部排架柱当做基础的固定支座，地基土净反力当做荷载。设计内容包括：按地基承载力确定基础底面尺寸；按混凝土冲切、剪切强度确定基础高度和变阶处的高度；按基础受弯承载力计算底板钢筋；构造处理及绘制施工图。

10.5.1 独立基础底面积的确定

基础底面尺寸是根据地基承载力条件、地基变形条件和上部结构荷载条件确定的。由于柱下独立基础的底面积不太大，故假设基础是绝对刚性且地基土反力为线性分布。设计计算时可认为柱与基础整体连接。由于单层厂房排架结构中的基础在柱子Ⅲ—Ⅲ截面传来的内力（M、N、V）作用下，其底面土反力多属非均匀分布，称为偏心受压基础，当柱底仅承受轴心力时，其底面反力多属均匀分布，称为轴心受压基础。

偏心受压基础的底部面积，是根据基础底面处的土反力分布和地基承载力特征值 f_a 确定的。基础持力层土的承载力特征值 f_a，一般由地质勘察部门给出土的内摩擦角标准值 φ_k 和黏聚力标准值 c_k 后，土建设计人员根据预估的基础埋深和底面尺寸，按照《建筑地基基础设计规范》（GB 50007—2011）规定的公式求出；至于土反力分布，则可假定基底反力为线性分布，由柱子Ⅲ—Ⅲ截面处的内力和基底以上基础和覆盖土的重力荷载按照静力平衡条件得到。由于柱下单独基础刚度很大，这样的假定既可使计算简化又可偏于安全。

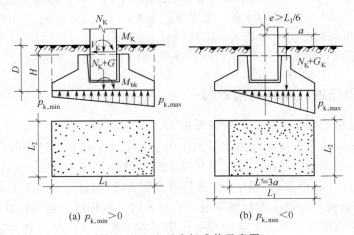

(a) $p_{k,min} > 0$ (b) $p_{k,min} < 0$

图 10-48　土反力标准值示意图

偏心受压基础在基础顶面（即柱子的Ⅲ—Ⅲ截面）内力 M_K、N_K、V_K（均为相应荷载效应的标准组合）作用下，可算出基础底面上作用的弯矩标准值 $M_{bk} = M_K \pm V_K H$，这里 H 为预定的基础高度。于是，可求出按斜直线分布 [图 10-48(a)] 的土反力标准值。其中土反力标准值 $p_{k,max}$，$p_{k,min}$ 分别为

$$p_{\substack{k,max \\ k,min}} = \frac{N_K + G_K}{A} \pm \frac{M_{bk}}{W} \tag{10-21}$$

式中，G_K 为基底以上混凝土和覆盖土的重力荷载标准值，$G_K = \gamma_\eta D A$，其中 γ_η 为混凝土和覆盖土平均重度的标准值 $20\mathrm{kN/m^3}$，D 为基础埋置深度，A 为基础底面积；W 为基

础底面的截面抵抗矩 $W = L_2 L_1^2/6$，L_2、L_1 分别为基础底面的短边和长边长度。

式（10-21）也可写成

$$p_{\substack{k,max \\ k,min}} = \frac{N_K + G_K}{L_1 L_2}\left(1 \pm \frac{6e}{L_1}\right) \tag{10-22}$$

式中，$e = M_b/(N + G)$。由式（10-22）可见，当 $e \leqslant L_1/6$，$p_{k,min} \geqslant 0$，这时基础全部底面积和地基密切接触。

当 $e \leqslant L_1/6$，$p_{k,min} < 0$ 时，说明部分基础底面不与地基接触，应按图10-48（b）所示土反力分布计算 $p_{k,max}$。根据平衡条件，地基反力重心应与 $N_K + G_K$ 的作用线重合，所以地基反力三角形底边长 $L' = 3a$，$a = L_1/2 - e$ 为 $N_K + G_K$ 合力作用点离基础土反力较大边缘的距离。则

$$p_{k,max} = \frac{2(N_K + G_K)}{3a L_2} \tag{10-23}$$

一般说来，偏心受压基础底面积按以下步骤确定。

（1）根据单层厂房所在场地的地质条件和工艺要求确定基础埋置深度 D；预估基础底面边长 L_1、L_2，取 $L_1/L_2 = 1.5$ 左右；并根据 D、L_2、φ_k 和 c_k 值确定 f_a 值。

（2）按照式（10-21）或式（10-22）验算，应使

$$p_{k,max} \leqslant 1.2 f_a \tag{10-24}$$

如果不满足式（10-24）的要求，要调整 L_1、L_2 值，再用式（10-21）或式（10-22）验算。

（3）由于地基土的压缩性以及土反力的不均匀性，可能使基础发生倾斜，甚至可能影响厂房的正常使用。因此，对基础底面土压力分布宜做以下限制：

① 对 $f_a < 180 \text{kN/m}^2$、吊车起重量大于 75t 的单厂结构柱基，要求 $p_{k,min}/p_{k,max} \geqslant 0.25$；

② 对于承受一般吊车荷载的柱基，要求 $p_{k,min} \geqslant 0$，$(p_{k,max} + p_{k,min})/2 \leqslant f_a$；

③ 对于仅有风荷载而无吊车荷载的柱基，要求 $L'/L_1 \geqslant 0.75$。

对于轴心受压独立柱基础，令 $M_{bk} = 0$，由式（10-24）确定底面积 A。

10.5.2 偏心受压独立基础高度验算

偏心受压基础在荷载下可能有两种破坏形式。

第一种破坏是基础在土反力产生的剪力作用下发生冲切破坏。这种破坏大约沿柱边 45°方向发生，破坏面为锥形斜截面，是该斜截面上的主拉应力超过混凝土抗拉强度的斜拉型破坏 [图10-49(a)]。为防止这种破坏，要求基础冲切面上由土反力产生的局部剪力值 $V_l \leqslant V_u$，V_u 为基础冲切破坏斜截面的抗剪承载力。设计时，应用这个条件验算基础高度。

第二种破坏是基础在土反力产生的弯矩作用下发生的弯曲破坏。这种破坏沿柱边发生，裂缝平行于柱边 [图10-51(a)]。为防止这种破坏，要求基础各竖向截面上由土反力产生的弯矩设计值 $M \leqslant M_u$，M_u 为基础弯曲破坏面的抗弯承载力。设计时，应用这个条件决定基底配筋。

应予注意的是，在基础高度验算和配筋计算时取用的土反力应该是由相应于荷载效应基本组合的内力设计值 M、N、V、$M_b(= M + VH)$ 算得的 p_n、$p_{n,max}$，而不是由 M_K、N_K、V_K、M_{bk} 算得值。

当基础在理论上的 45°锥形冲切破坏面以内时，为刚性基础，可不作基础高度验算 [图10-49(b)]。其它情况应按 $V_l \leqslant V_u$ 条件验算：

当基础的短边宽度 $L_2 > b + 2H_0$ [图10-49(c)] 时

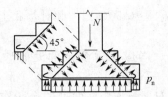

(a) 冲切破坏锥体斜截面(虚线引出部分)

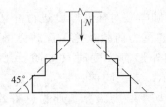

(b) 刚性基础时

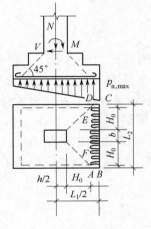

(c) $L_2 > b + 2H_0$ 时

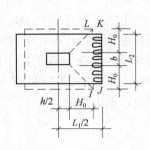

(d) $b + 2H_0 \geqslant L_2 \geqslant b + H_0$ 时

图 10-49　偏心受压基础冲切验算

$$V_l = p_{\mathrm{n,max}} \times A_{ABCDEF} = p_{\mathrm{n,max}} \left[\left(\frac{L_1}{2} - \frac{h}{2} - H_0 \right) L_2 - \left(\frac{L_2}{2} - \frac{b}{2} - H_0 \right)^2 \right] \quad (10\text{-}25)$$

$$V_{\mathrm{u}} = 0.7 \beta_h f_t (b + H_0) H_0 \quad (10\text{-}26)$$

当基础短边宽度 $b + 2H_0 \geqslant L_2 \geqslant b + H_0$ ［图 10-49（d）］ 时

$$V_t = p_{\mathrm{n,max}} \times A_{IJKL} = p_{\mathrm{n,max}} \left[\left(\frac{L_1}{2} - \frac{h}{2} - H_0 \right) L_2 \right] \quad (10\text{-}27)$$

$$V_{\mathrm{u}} = 0.7 \beta_h f_t (b + H_0) H_0 \quad (10\text{-}28)$$

式中，$p_{\mathrm{n,max}}$ 为基础底面边缘最大净土反力设计值，$p_{\mathrm{n}} = N/A \pm M_b/W$，这里轴向力 N 不包括基础底面以上的基础自重和覆盖土产生的重力荷载，$M_b (=M + VH)$ 为计算至基础底面的弯矩设计值；b 为柱截面宽度；H_0 为基础的有效高度；f_t 为混凝土抗拉强度设计值；β_h 为基础高度影响系数：当 $H \leqslant 800\mathrm{mm}$ 时，$\beta_h = 1.0$；当 $H > 2000\mathrm{mm}$ 时，取 $\beta_h = 0.9$，其它按线性内插法取用。

应用式（10-25）～式（10-28）时要注意：

① 以上各式仅适用于 $L_1 - h > L_2 - b$

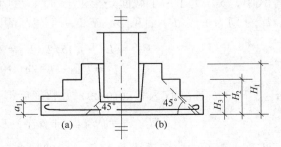

图 10-50　杯形基础

情况；

② 杯形基础尚应对杯底厚度进行冲切验算 [图 10-50(a)]，此时基底土反力只需按排架结构自重产生的重力荷载及施工荷载算得；

③ 当基础外形有突变时（如阶梯形基础），尚应验算变截面处的冲切承载力，如图 10-50（b）所示，方法同前；

④ 在按冲切承载力验算基础的总有效高度 H_0 和各变截面处的台阶有效高度后，应考虑按 10.2 节的基础外形构造要求确定基础的实际高度和各种外形尺寸。

10.5.3　偏心受压基础配筋计算

按前述 $M \leqslant M_u$ 条件计算（图 10-51）。由图可见，偏心受压基础在轴向力 N（不包括基础自重及覆盖土产生的重力荷载）、M_b 和净土反力（$p_{n,max} \sim p_{n,min}$）作用下，在 x 和 y 两个方向上都发生弯曲，受力状态如倒置的变截面悬臂板。在抗弯承载力计算中可将基础底面分为四块，分别计算各块由相应土反力产生的最大弯矩；但由于偏心受压基础土反力的 $p_{n,max}$ 既可能发生在右侧，也可能发生在左侧，故只需根据土反力 $p_{n,max}$ 在一侧时 x、y 两个方向上产生的弯矩，算出相应两个方向上应配置的受拉钢筋就可以了。

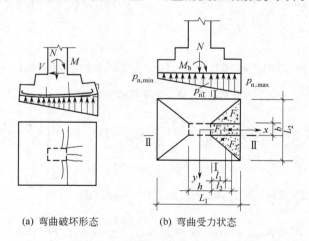

(a) 弯曲破坏形态　　　　(b) 弯曲受力状态

图 10-51　偏心受压基础抗弯计算

（1）Ⅰ—Ⅰ截面　由土反力产生的截面弯矩设计值为

$$M_{I(x)} \approx [(p_{n,max} + p_{nI})/2](F_1 l_1 + F_2 l_2) \tag{10-29}$$

式中，p_{nI} 为 Ⅰ—Ⅰ 截面处相应于 $p_{n,max}$ 的土反力值；F_1、F_2 为基础底面的部分面积；l_1、l_2 分别为 F_1、F_2 面积形心至 Ⅰ—Ⅰ 截面的距离。

$$F_1 = (L_1 - h)b/2, \; F_2 = (L_1 - h)(L_2 - b)/8$$
$$l_1 = (L_1 - h)/4, \; l_2 = (L_1 - h)/3$$

将 F_1、F_2、l_1、l_2 代入式（10-29）并整理后得

$$M_{I(x)} = (p_{n,max} + p_{nI})(L_1 - h)^2 (2L_2 + b)/48 \tag{10-30}$$

Ⅰ—Ⅰ 截面的抗弯承载力 $M_{Iu} = 0.9 H_0 A_{sI} f_y$，其中 A_{sI} 为 Ⅰ—Ⅰ 截面所需受拉钢筋面积；f_y 为钢筋抗拉强度设计值；$0.9 H_0$ 为内力臂；$H_0 = H - a$，a 为受拉钢筋重心至基

础底面的距离，当基础下有混凝土垫层时，钢筋保护层厚度不小于 40mm，a 取 45～50mm，无混凝土垫层时，钢筋保护层厚度不小于 70mm，a 取 75～80mm。根据 $M_{I(x)} \leqslant M_{Iu}$ 的条件

$$A_{sI} \geqslant \frac{M_{I(x)}}{0.9 H_0 f_y} \tag{10-31}$$

（2）Ⅱ—Ⅱ截面　类似式（10-30），只需将 $p_{n,max} + p_{nI}$ 换成 $p_{n,max} + p_{n,min}$，将 L_1、L_2、b、h 分别换成 L_2、L_1、b、h 即可。故

$$M_{II(y)} = (p_{n,max} + p_{n,min})(L_2 - b)^2(2L_1 + h)/48 \tag{10-32}$$

$$A_{sII} \geqslant \frac{M_{II(y)}}{0.9 H_0 f_y} \tag{10-33}$$

式中，A_{sII} 为Ⅱ—Ⅱ截面所需受拉钢筋面积。

对于轴心受压基础，在上述弯矩公式中以基底均布压力 $p = (N+G)/A$ 代替 $(p_{n,max} + p_{n,min})/2$ 即可求得受拉钢筋面积。

10.5.4　偏心受压基础的其它构造要求

偏心受压基础部分外形尺寸的要求，如柱插入杯口的深度 H_1、杯底厚度 a_1、杯壁厚度 t、锥形基础的边缘高度 a_2、阶梯形基础的阶高等，已在第 10.2 节中规定。此外，还应注意以下构造要求。

① 基础混凝土的强度等级不应低于 C20；垫层的厚度不宜小于 70mm，垫层混凝土强度等级应为 C10。基础底面的受拉钢筋一般采用 HRB235 钢筋（$\phi12$ 及 $\phi12$ 以下），也可采用 HRB335 钢筋。

② 基础底面受拉钢筋直径不宜小于 10mm，间距不宜小于 100mm，不宜大于 200mm；基础边长大于 2.5m 时，钢筋长度可用 $0.9l$（l 为边长 L_1 或 L_2），宜交错放置。

③ 杯壁配筋要求：当柱为轴心受压或小偏心受压且 $t/h_1 \geqslant 0.65$ [t 为杯壁厚度，h_1 为杯壁高度，见图 10-12(a)] 时，或柱为大偏心受压且 $t/h_1 \geqslant 0.75$ 时，杯壁内可不配筋；当柱为轴心受压或小偏心受压且 $0.5 \leqslant t/h_1 < 0.65$ 时，杯壁内按表 10-6 配置构造筋。此外，基础梁下的杯壁厚度还应满足基础梁支承宽度的要求。

表 10-6　杯壁配筋要求

柱截面长边尺寸/mm	$h<1000$	$1000 \leqslant h <1500$	$1500 \leqslant h \leqslant 2000$
钢筋直径/mm	8～10	10～12	12～16
示意图			

注：表中钢筋置于杯口顶部，每边两根。

思考题 ▶▶

1. 单层排架结构厂房的结构有哪些构件组成？其各自的作用是什么？
2. 单层厂房横向平面排架承受哪些荷载？其传力途径如何？
3. 单层厂房屋盖支撑有哪些？其作用各是什么？布置原则如何？

4. 确定单层厂房横向平面排架的计算简图时有哪些基本假定?

5. 单层厂房屋盖结构有哪些体系? 各自有哪些特点?

6. 什么叫等高排架? 柱顶标高不同, 但柱顶由倾斜横梁贯通相连的是否为等高排架? 如何用剪力分配法计算等高排架的内力?

7. 荷载组合和内力组合的目的是什么? 组合原则是什么?

8. 单层厂房柱与柱的基础的内力组合有什么不同?

9. 如何确定排架柱的截面尺寸和配筋?

10. 牛腿的受力特性及破坏形态如何? 牛腿的配筋有何特点?

11. 如何进行钢筋混凝土预制柱吊装的强度验算?

12. 如何进行单层厂房柱下独立基础的设计?

习题 ▶▶

1. 如图 10-52 所示的两跨排架, 在 A 柱牛腿顶面处作用的力矩设计值 $M_{max}=240$kN·m, 在 B 柱牛腿顶面处作用的力矩设计值 $M_{min}=140$kN·m; 柱截面惯性矩, $I_1=2.25\times10^9$mm^4, $I_2=15.6\times10^9$mm^4, $I_3=5.8\times10^9$mm^4, $I_4=18.8\times10^9$mm^4, 试求此排架的内力。

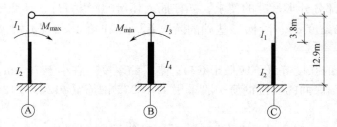

图 10-52 习题 1 排架计算简图

2. 某单层厂房上柱的截面尺寸为 $b\times h=300$mm$\times400$mm, 采用对称配筋, 受力钢筋为 HRB400, 混凝土用 C30 级, 已知 $\eta=1$, 该柱的控制截面中作用有以下两组设计内力。

第一组: $N=570$kN, $M=150$kN·m

第二组: $N=330$kN, $M=145$kN·m

试先初步判断哪一组为最不利内力, 再由计算确定两组内力作用下分别所需的钢筋截面面积, 验证原判断是否正确?

3. 某单层厂房柱截面尺寸为 $b\times h=400$mm$\times800$mm, 柱下为钢筋混凝土独立杯形基础。经内力组合, 作用在基础顶面的控制内力设计值分别为: $N=670$kN, $M=300$kN·m, $V=50$kN; 修正后的地基承载力特征值 $f=200$kN/m^2, 基底埋深 $d=2.0$m, 采用 C25 级混凝土, HRB335 级钢筋, 垫层厚 100mm, 基础及其台阶上回填土平均标准容重为 20kN/m^3。若已选基础底面长宽比为 1.5:1, 试设计该基础。

第 11 章

多高层钢筋混凝土结构

本章提要 ▶▶

　　本章介绍了多高层钢筋混凝土结构发展及房屋结构体系，讨论了框架结构的布置、梁柱尺寸及计算简图、在竖向荷载作用下框架内力的近似计算方法——分层计算法、水平荷载作用下框架柱剪力的近似计算以及荷载效应组合。阐述了剪力墙结构的分类及受力特点、内力分析方法、结构设计方法及配筋构造，介绍了框架柱、剪力墙配筋的平面整体设计方法。

11.1　概　　述

　　多层建筑与高层建筑之间的界限，国内外划分标准并不统一。高层建筑大多根据不同的需要和目的而定义。国际上许多国家和地区对高层建筑的界定多在 10 层以上，而我国不同标准中亦有不同的定义。

　　《民用建筑设计通则》（GB 50352—2005）充分考虑了建筑设计的防火规范要求，将 10 层及 10 层以上的住宅建筑和建筑高度大于 24m 的其他民用建筑（不含单层公共建筑）定为高层建筑，高度 100m 以上的建筑物为超高层建筑。

　　《建筑设计防火规范》（GB 50016—2014）建筑高度大于 27m 的住宅建筑和建筑高度大于 24m 的非单层厂房、仓库和其他民用建筑。

　　《高层建筑混凝土结构技术规程》（简称混凝土高层规程，JGJ 3—2010）主要是从结构设计的角度考虑，并与国家有关标准基本协调，把 10 层及 10 层以上或房屋高度大于 28m 的住宅建筑和房屋高度大于 24m 的其他高层民用建筑称为高层建筑。

　　现代高层建筑是社会生产的发展和人们生活的需要而发展起来的，是商业化、工业化、城市化发展的结果。而科学技术的进步、轻质高强材料的出现以及新型结构体系、高性能机电设备、信息技术等在建筑中的广泛应用为高层建筑的发展提供了物质和技术条件。

　　现代高层建筑出现在 19 世纪，1884～1885 年美国芝加哥建成的 11 层的家庭保险大楼用框架结构代替了承重墙结构，被认为开创了现代高层建筑的历史阶段。1931 年，在纽约建成了著名的帝国大厦，102 层，381m 高，享誉"世界最高建筑"长达 40 年之久。20 世纪 50 年代之后，高层建筑得到了迅速发展，北美洲成为世界高层建筑发展的中心。进入 21 世纪，亚太经济得到迅速发展，亚洲已成为世界高层建筑的中心，而中国正成为亚洲高层建筑的聚集地。

我国古代已建造有不少高层建筑——塔，这些木塔或砖塔经受了上千年的风吹雨打，甚至经受了住了强烈地震的摇撼仍能保留至今，足见其结果合理，工艺精良。但是，近代高层建筑在相当长一段时间发展缓慢，直至20世纪80及90年代，我国高层建筑进入高速发展时期。进入21世纪后，我国高层建筑迅猛发展。目前，我国已替代美国成为世界上高层建筑最多的国家。截止2015年底，中国已经连续8年成为世界所有国家中200m以上竣工建筑数量最多（62座）的国家，这些建筑占据了2015年全球竣工数量的58%。632m的上海中心大厦的竣工尤其引人注目，不仅因为它一跃成为中国最高和世界第二高建筑，还因为它的竣工对世界前10幢最高建筑排名所产生的影响。同时，上海中心大厦亦成为世界上第三座有资格获得"巨型高层建筑"（600m以上）称号的建筑。根据报告预测，2016年全球超高层建筑总数将从18%增加至27%。

钢筋混凝土结构由于造价较低，且材料来源丰富，并可浇筑成各种复杂断面形状，承载能力较强且用钢量较少，侧向刚度大且整体性好，其抗震性能虽不及钢结构，经过合理设计可获得较好的抗震性能，因而，在发展中国家大多采用钢筋混凝土结构建造高层建筑。在发达国家，大多数高层建筑采用钢结构。我国的高层建筑以钢筋混凝土结构为主，已积累了丰富的经验，已成为在地震区建造抗震钢筋混凝土高层建筑数量最多的国家。地处7度抗震设防地区的上海、广州、深圳已建造了多幢300m以上的钢筋混凝土高层建筑，如1996年建造的广州中信广场大厦，80层，390.2m，是当时世界上最高的钢筋混凝土结构，也是目前我国最高的钢筋混凝土结构，见图11-1。目前，世界上最高的钢筋混凝土结构是美国纽约的432 Park Avenue公寓，85层，425.5m，见图11-2。

图 11-1　广州中信广场大厦

图 11-2　纽约 432 Park Avenue 公寓

11.2　多高层房屋结构体系

多层建筑结构设计主要是竖向荷载起控制作用。高层建筑的特点是随着高度的增加，水平荷载将成为控制结构设计的主要因素。结构在荷载作用下的内力（N、M）、位移（Δ）与建筑高度（H）的关系，除轴向力 N 与高度成正比外，水平荷载产生的弯矩 M 与位移 Δ 都呈指数曲线上升，如图 11-3 所示。

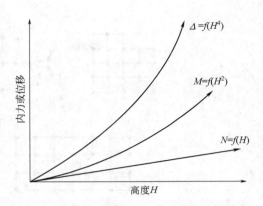

图 11-3　高层建筑内力、位移与高度关系

对于高层建筑不仅需要较大的承载力，更需要较大的刚度，使得水平荷载产生的侧向变形限制在一定的范围内。因此，高层建筑的抗侧力体系设计成为关键。结构体系是指结构抵抗外部作用构件的组成方式，抗侧力结构体系就是将高层建筑承受的水平荷载传递给基础的传力体系。

目前，国内多高层建筑结构以钢筋混凝土结构为主，常用的多高层钢筋混凝土建筑结构体系有：框架结构、剪力墙结构、框架－剪力墙（筒体）结构和筒体结构。《高层规程》对各种结构体系的高层建筑适用的最大高度做出了相应规定。

11.2.1　框架结构

以梁、柱等线性构件组成骨架抵抗竖向和水平荷载的结构称为框架结构，如图 11-4 所示。图 11-5 所示为国内最高的钢筋混凝土结构北京长城饭店。框架结构优点是建筑平面布置灵活，可以做成有较大空间的会议室、餐厅、办公室、教室、商场等。需要时可加隔墙分隔成小房间，或拆除隔墙改成大房间，因而使用灵活。采用轻质隔墙或外墙，可大大降低建筑物自重。外墙采用非承重构件，可使立面布置灵活。

图 11-4　框架结构实例

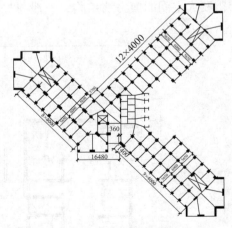

图 11-5　北京长城饭店标准层平面

框架结构侧向刚度较小，侧向变形较大，属于柔性结构。当房屋高度超过一定高度时，在水平荷载作用下将产生过大的侧向变形，这也是框架结构的主要缺点，也因此限制了框架结构的使用高度。一般非地震区设计高度不超过 70m，6 度抗震设计不超过 60m，7 度抗震设计不超过 50m。典型结构布置如图 11-6(a)～(e)。

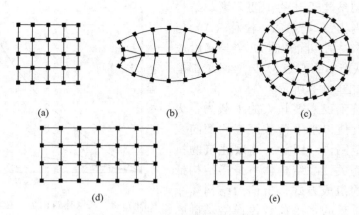

(a)　　　　　　(b)　　　　　　(c)

(d)　　　　　　　　(e)

图 11-6　框架结构典型平面布置实例

11.2.2　剪力墙结构

利用钢筋混凝土墙抵抗竖向荷载和抵抗水平荷载的结构称为剪力墙结构。

现浇钢筋混凝土剪力墙结构的空间整体性好，抗侧移刚度大，承载力高，在水平力作用下侧移小，经过合理设计的钢筋混凝土延性剪力墙具有很好的抗震性能。由于它变形小且有一定延性，在历次大地震中，剪力墙结构破坏较小，表现出令人满意的抗震性能（但仅就延性而言，剪力墙不如框架），故抗震设计中又称"抗震墙"。全部采用钢筋混凝土剪力墙的结构中，由于楼板跨度的局限，剪力墙的间距小，因此平面布置不灵活、建筑空间受到限制是它的主要缺点。因此，它只适用于开间要求不大的高层住宅、旅馆等建筑。

钢筋混凝土剪力墙结构在国内应用十分广泛，应用最多的是 10～30 层的高层住宅及旅馆。对于无大空间需求的高层住宅或旅馆，通常采用全落地剪力墙，如图 11-7。而对于底部需要大空间的剪力墙结构，一般将底层或下部几层部分剪力墙取消，形成框支剪力墙结

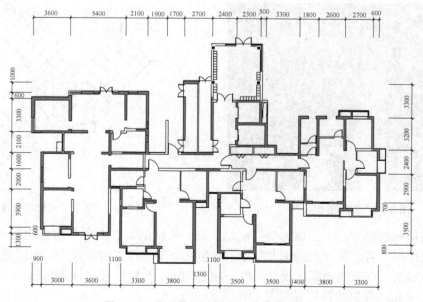

图 11-7　落地剪力墙结构（首层平面图）

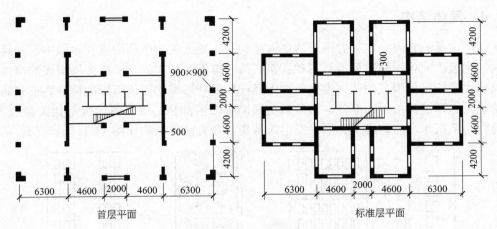

图 11-8　底层大空间框支剪力墙结构

构，如图 11-8。

11.2.3　框架—剪力墙（筒体）结构

在结构中同时布置框架和剪力墙，就形成框架—剪力墙结构；两个方向的剪力墙围成封闭筒体，就形成框架—筒体结构；当框架布置在周边，筒体布置在中间时，可称之为框架—核心筒结构。框架—核心筒体结构是框架—剪力墙的一种特例，《高层规程》将其归入筒体体系。

框架—剪力墙（筒体）结构兼有框架结构布置灵活、延性好的优点和剪力墙结构刚度大、承载力大的优点，因此是一种适合建造高层建筑的结构体系。由于剪力墙刚度大，剪力墙将承担大部分水平力（75％以上，有时可达 80％～90％），是主要的抗侧力体系。框架则承担竖向荷载，提供了较大的使用空间，同时也承担部分水平力。

水平荷载作用下，框架呈现剪切型变形，其底部层间变形大，向上逐渐减小；而剪力墙是弯曲型变形，其底部层间变形小，向上逐渐增大。框架和剪力墙通过楼板协同受力后，使得结构底部框架侧移减小，结构上部剪力墙的侧移减小，呈现出沿建筑高度较均匀变化的弯剪型变形。结构整体层间变形的减小，降低了非结构构件（隔墙和外墙）的损坏程度，无论是非地震区还是地震区，都可以采用这种结构体系建造较高的高层建筑。如图 11-9、图 11-10 所示。

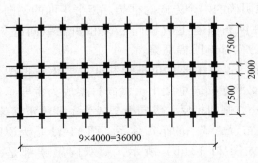

图 11-9　框架—剪力墙结构平面

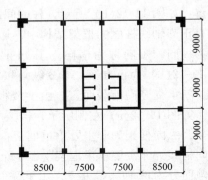

图 11-10　框架-筒体结构平面

11.2.4 筒体结构

筒体最主要的特点是它具有比单片平面结构具有更大的抗侧移刚度和承载力，并具有很好的抗扭刚度。筒体的基本形成有三种：实腹筒、框筒及桁架筒。由剪力墙围成的筒体称为实腹筒；由密柱深梁围成的统称为框筒；由竖杆和斜杆形成的桁架围成的筒称为桁架筒。筒中筒结构是上述筒体单元的组合，通常由实腹筒做成内部核心筒，框筒或桁架筒做成外筒，两个筒共同抵抗水平力的作用，形成筒中筒结构。各类筒体结构如图 11-11(a)～(d) 所示。

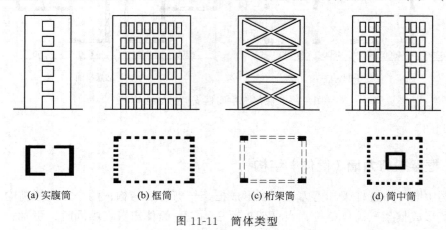

(a) 实腹筒　　　　(b) 框筒　　　　(c) 桁架筒　　　　(d) 筒中筒

图 11-11　筒体类型

11.3　框　架　结　构

11.3.1　结构布置、梁柱尺寸及计算简图

11.3.1.1　框架结构布置

框架结构布置首先是确定柱网。柱网即柱的排列方式，它必须满足建筑平面及使用要求，同时也要使结构合理。从结构上看，柱网应规则、整齐，且每个楼层的柱网尺寸应相同，要能形成由板→次梁→框架梁→框架柱→基础组成的传力体系，且使之直接而明确（有时可以不设次梁）。

在需要中间走道的建筑中，柱网布置可如图 11-12(a) 所示；在需要较大空间时，柱网布置可如图 11-12(b) 所示，柱的间距以 3～8m 较为合理，特殊需要时可再缩小或扩大。在具有正交轴线柱网的框架结构中，通常可形成很明确的两个方向的框架。矩形平面的长向被称为纵向，短向称为横向。图 11-12(a) 中的柱网布置有七榀横向框架和四榀纵向框架；图 11-12(b) 为正方形，不分纵向和横向，每个方向都有四榀框架。

就承受竖向荷载而言。由于楼板布置方式不同，有主要承重框架和非主要承重框架之分。如图 11-12(a) 左侧所示，楼板（或次梁）支承在横向框架上，横向框架成为主要承重框架，纵向框架为非主要承重框架；图 11-12(a) 右侧则相反，纵向框架成为主要承重框架，横向框架为非主要承重框架（在一个结构中应当布置成统一的承重体系，图 11-12 是为说明问题而分为两种布置的）。如果采用双向板，如图 11-12(b) 所示，则双向框架都是承重框架。

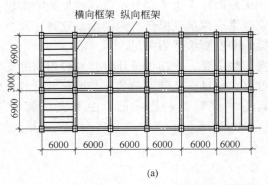
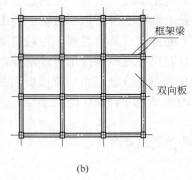

图 11-12　框架柱网布置

就承受水平荷载而言，两个方向的框架分别抵抗与框架方向平行的水平荷载。由图 11-13
可见，在非地震区，矩形平面建筑纵向的受风
面积小，纵向框架的抗侧刚度要求较低，在多
层框架结构中，纵向框架的梁柱连接可以做成
铰接，但是在高层建筑中，或是在地震区的多
层建筑中，两向框架的梁柱连接都必须做成刚
接。由于无论是纵向还是横向，建筑物质量是
相同的，地震作用也相近，因而抗震结构中，
两个方向的框架的总抗侧刚度应当相近。

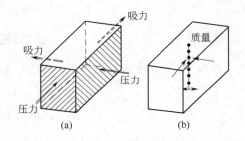

图 11-13　水平荷载对框架的作用示意

在确定框架的组成及梁柱截面尺寸时，要
综合考虑上述各因素，既要考虑楼板的合理跨
度及布置，又要考虑抗侧刚度的要求。例如在矩形平面结构中，每榀横向框架柱子数目少，
将横向框架布置成主要承重框架有利于提高横向框架的抗侧刚度。

从施工方式划分，框架结构有装配整体式、现浇及半装配半现浇等类型。装配整体式框
架是用预制构件（梁、柱）在现场吊装、拼接而成的，拼装时通过现浇混凝土将节点做成整
体刚接。这种框架工业化程度高，现场湿作业量较小，现场施工时间较短，但多数情况下造
价较高，特别是结构整体性不如现浇框架，因此在高层建筑中，大多数采用现浇框架和现浇
楼板。在多层建筑中可采用装配整体式框架。当采用泵送混凝土施工工艺及工业化拼装式模
板时，现浇框架也可达到缩短工期及节省劳动力的效果。

11.3.1.2　梁、柱截面尺寸

框架梁、柱的截面尺寸，应该由承载力及抗侧刚度要求决定。但是在内力、位移计算之
前，就需要确定梁柱截面，通常是在初步设计时由估算或经验选定截面尺寸，然后通过承载
力及变形验算最后确定。

梁截面尺寸主要是要满足竖向荷载下的刚度要求。主要承重框架梁按"主梁"估算截
面，一般取梁高为 $(1/10 \sim 1/18) l_b$，l_b 为主梁计算跨度，同时 h_b 也不宜大于净跨的 $1/4$；
主梁截面宽度 b_b 不宜小于 $h_b/4$。非主要承重框架的梁可按"次梁"要求选择截面尺寸，一
般取梁高 $h_b = (1/12 \sim 1/20) l_b$。当满足上述要求时一般可不验算挠度。

增大梁截面高度可有效地提高框架抗侧刚度，但是增加梁高必然增加楼层层高，在高层
建筑中它将使建筑物总高度增加，因而是不经济的；事实上，常常会因为楼层高度及使用净

空要求而限制梁高。此外，在抗震结构中，梁截面过大也不利于抗震延性框架的实现。在梁高度受到限制时，可增加梁截面的宽度形成宽梁或扁梁以提高抗侧刚度。这时，需要计算竖向荷载下的挠度或具有足够的经验以确保梁的刚度要求得到满足。

柱截面尺寸可根据柱子可能承受的竖向荷载估算。在初步设计时，一般根据柱支承的楼板面积及填充墙数量，由单位楼板面积重量（包括自重及使用荷载）及填充墙材料重量计算一根柱的最大竖向轴力设计值 N_v，在考虑水平荷载的影响后，由下式估算柱子截面面积 A_c。

在非抗震设计时

$$\left. \begin{array}{l} N = (1.05 \sim 1.10) N_v \\ A_c \geqslant \dfrac{N}{f_c} \end{array} \right\} \tag{11-1}$$

在抗震设计时

$$\left. \begin{array}{l} N = (1.05 \sim 1.10) N_v \\ \text{一级抗震} \quad A_c \geqslant \dfrac{N}{0.65 f_c} \\ \text{二级抗震} \quad A_c \geqslant \dfrac{N}{0.75 f_c} \\ \text{三级抗震} \quad A_c \geqslant \dfrac{N}{0.85 f_c} \end{array} \right\} \tag{11-2}$$

式中，f_c 为柱混凝土的轴心抗压强度设计值。

框架柱截面可做成方形、圆形或矩形。一般情况下，柱的长边与主要承重框架方向一致。

根据经验，框架柱截面不能太小，非抗震设计时，矩形柱截面短边边长 $b_c \geqslant 250$mm，抗震设计时 $b_c \geqslant 300$mm，圆柱截面直径 $\geqslant 350$mm，而且柱净高与截面长边边长 h_c 之比宜大于 4。

11.3.1.3 框架计算简图

一般情况下，实际结构都是处于空间受力状态，水平荷载可能从任意一个方向作用在结构上。在设计结构时必须简化以便于计算。当横向、纵向的各榀框架布置较规则，它们各自的刚度和荷载分布都比较均匀时，可以将空间框架结构简化成一系列的平面框架进行内力及位移分析，这里做了两点假定。

① 一榀框架可以抵抗本身平面内的水平荷载，而在外平面的刚度很小，可以忽略。因此整个框架结构可划分成若干个平面框架，共同抵抗与平面框架平行的水平荷载，垂直于该方向的结构不参加受力。

② 各个平面框架之间通过楼板联系，楼板在其自身平面内刚度很大，可视为刚性无限大的平板，但在平面外的刚度很小，可以忽略。

例如在具有正交柱网布置的图 11-14(a) 所示框架结构中，y 向可划分为 6 榀框架，共同抵抗 y 向水平力，它们由无限刚性的楼板联系在一起，当 y 向水平力作用下结构无扭转时，各片结构在每层楼板处侧移都相等，见图 11-14(b)；当结构有扭转时，楼板只作刚体转动，因而各片结构的侧移呈直线关系，如图 11-14(c) 所示。同理，图 11-14(a) 结构在 x 方向可划分为 3 榀框架（每榀有 5 跨梁柱），共同抵抗 x 方向水平力。

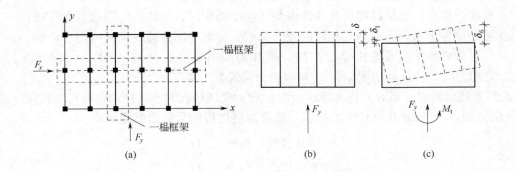

图 11-14　平面框架简化示意

因此，需要在 x 和 y 方向（它们是矩形平面的主轴方向）分别计算水平荷载 F_x 和 F_y，并分别进行内力及位移计算。

11.3.2　在竖向荷载作用下框架内力的近似计算

11.3.2.1　分层计算法

将框架结构划分为平面框架后，按照楼板的支承方式计算由楼盖传到框架上的荷载，即按照框架的承荷面积计算竖向荷载。图11-15(a) 所示为框架上可能出现的竖向荷载形式，可能是均布荷载，或者是三角形或梯形分布荷载。如有次梁，则还有集中荷载。在柱上作用的集中力是另一方向的梁传来的荷载，当这个集中力作用在柱截面重心轴上时，只产生柱轴力。

多层多跨框架在一般竖向荷载作用下侧移是很小的，可按照无侧移框架的计算方法进行内力分析。由影响线理论及精确分析可知，各层荷载对其它层杆件的内力影响不大，因此，可将多层框架简化为多个单层框架，并且用力矩分配法求解杆件内力，这种分层计算法是一种近似的内力计算法。如图 11-15(a) 所示的三层框架分成如图 11-15(b) 所示的 3 个单层框架分别计算。分层计算所得的梁端弯矩即为最终弯矩；但每一根柱都同时属于上下两层，必须将上下两层所得的同一根柱子的内力叠加，才能得到该柱的最终内力。

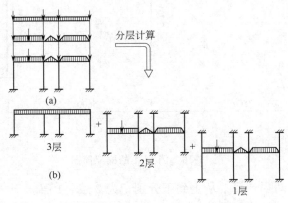

图 11-15　竖向荷载下框架分层计算简图

用力矩分配法计算各单层框架内力的要点如下（具体计算见例 11-1）：

① 框架分层后，各层柱高度及梁跨度均与原结构相同，并假定柱的远端为固端；

② 在各层梁上布置与原结构相同的竖向荷载，计算竖向荷载在梁端的固端弯矩；

③ 计算梁柱线刚度及弯矩分配系数　梁柱的线刚度分别为 $i_b = EI_b/l$ 和 $i_c = EI_c/h$，I_b、I_c 分别为梁、柱截面惯性矩，l、h 分别为梁跨度与层高。

计算梁截面的惯性矩时，应考虑楼板的影响，现浇楼板的有效作用宽度可取楼板厚度的 6 倍（梁每侧），设计时也可按下式近似计算有现浇楼板的梁截面惯性矩：

$$一侧有楼板 \quad I_b = 1.5 I_0$$

$$两侧有楼板 \quad I_b = 2.0 I_0$$

式中，I_0 为由矩形截面计算得到的梁截面惯性矩。

除底层柱外，其它各层柱端并非固定端，分层计算时假定它为固端，因而除底层柱以外的其它层柱子的线刚度应乘以修正系数 0.9（底层柱不修正），在计算每个节点周围各杆件的刚度分配系数时，用修正以后的柱线刚度计算。

④ 计算传递系数　底层柱和各层梁的传递系数都取 1/2；而上层各柱对柱远端的传递，由于将非固端假定为固端，传递系数改用 1/3。

⑤ 分别用力矩分配法计算得到各层内力后，将上下两层分别计算得到的同一根柱的内力叠加。这样得到的结点上的弯矩可能不平衡，但误差不会很大。如果要求更精确一些，可将结点不平衡弯矩再进行一次分配。

【例 11-1】 某二层框架如图 11-16 所示，各杆件的相对线刚度标于杆件旁边的括号内。要求用分层法计算框架弯矩并绘制该框架的弯矩图。

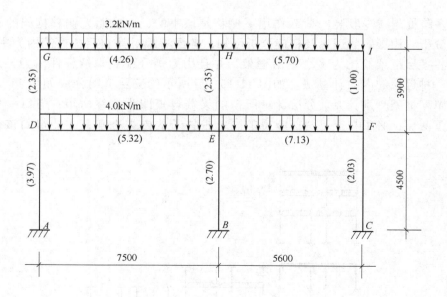

图 11-16　例 11-1 的框架简图

解： 该框架可分成两层计算，从上到下分别记为 2 层、1 层。

（1）第 2 层的计算　计算简图如图 11-17 所示。根据框架无侧移假定，可用力矩分配法计算各层弯矩。节点 G、H 各杆的弯矩分配系数计算如下：

$$\mu_{GD} = \frac{4 \times 2.35 \times 0.9}{4 \times (2.35 \times 0.9 + 4.26)} = 0.332 \qquad \mu_{GH} = \frac{4 \times 4.26}{4 \times (2.35 \times 0.9 + 4.26)} = 0.668$$

$$\mu_{HG} = \frac{4 \times 4.26}{4 \times (5.70 + 2.35 \times 0.9 + 4.26)} = 0.353 \qquad \mu_{HE} = \frac{4 \times 2.35 \times 0.9}{4 \times (5.70 + 2.35 \times 0.9 + 4.26)} = 0.175$$

$$\mu_{HI} = \frac{4 \times 5.70}{4 \times (5.70 + 2.35 \times 0.9 + 4.26)} = 0.472$$

应当注意，分配系数实际上都是负值。

其余分配系数可类似求得。整个计算过程列于表 11-1。

表 11-1　第 2 层弯矩分配法计算表

计算节点	G		H			I	
杆端	GD	GH	HG	HE	HI	IH	IF
固端弯矩	0.00	−15	15	0.00	−8.36	8.36	0.00
分配系数	0.332	0.668	0.353	0.175	0.472	0.864	0.136
传递系数	1/3	1/2	1/2	1/3	1/2	1/2	1/3
放松 G、I	4.98	10.02	5.01		−3.61	−7.22	−1.14
放松 H		−1.42	−2.84	−1.41	−3.79	−1.90	
放松 G、I	0.47	0.95	0.47		0.82	1.64	0.26
放松 H		−0.23	−0.46	−0.23	−0.60	−0.31	
放松 G、I	0.08	0.15				0.27	0.04
初次弯矩	5.53	−5.53	17.18	−1.64	−15.54	0.84	−0.84
下传节点	DG		EH			FI	
下传弯矩	1.84		−0.55			−0.28	

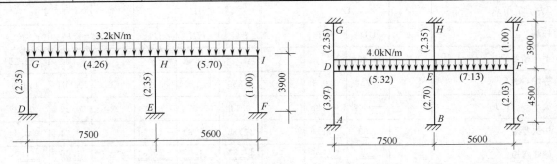

图 11-17　2 层的分层法计算简图　　　　图 11-18　1 层的分层法计算简图

（2）第 1 层的计算　计算简图如图 11-18 所示。节点 D、E 各杆的弯矩分配系数计算如下。

$$\mu_{DA} = \frac{4 \times 3.97}{4 \times (5.32 + 2.35 \times 0.9 + 3.97)} = 0.348$$

$$\mu_{DG} = \frac{4 \times 2.35}{4 \times (5.32 + 2.35 \times 0.9 + 3.97)} = 0.185$$

$$\mu_{DE} = \frac{4 \times 5.32}{4 \times (5.32 + 2.35 \times 0.9 + 3.97)} = 0.467$$

$$\mu_{ED} = \frac{4 \times 5.32}{4 \times (5.32 + 2.35 \times 0.9 + 2.70 + 7.13)} = 0.308$$

$$\mu_{EB} = \frac{4 \times 2.70}{4 \times (5.32 + 2.35 \times 0.9 + 2.70 + 7.13)} = 0.156$$

$$\mu_{GD} = \frac{4 \times 2.35 \times 0.9}{4 \times (5.32 + 2.35 \times 0.9 + 2.70 + 7.13)} = 0.0123$$

$$\mu_{EF} = \frac{4 \times 7.13}{4 \times (5.32 + 2.35 \times 0.9 + 2.70 + 7.13)} = 0.413$$

其余分配系数可类似求得。整个计算过程列于表 11-2 上半部分。

表 11-2　第 1 层弯矩分配法与弯矩再分配计算表

计 算 节 点	D			E			F			
杆端	DA	DG	DE	ED	EB	EH	EF	FE	FC	FI
固端弯矩	0.00	0.00	−18.75	18.75	0.00	0.00	−10.45	10.45	0.00	0.00
分配系数	0.348	0.185	0.467	0.308	0.156	0.123	0.413	0.709	0.202	0.089
传递系数	1/2	1/3	1/2	1/2	1/2	1/3	1/2	1/2	1/2	1/3
放松 D、F	6.53	3.47	8.75	4.38			−3.71	−7.41	−2.11	−0.93
放松 E			−1.38	−2.76	−1.40	−1.10	−3.71	−1.86		
放松 D、F	0.48	0.26	0.64	0.32			0.66	1.32	0.38	0.16
放松 E			−0.15	−0.30	−0.15	−0.12	−0.41	−0.21		
放松 D、F	0.05	0.03	0.07					0.15	0.04	0.02
初次弯矩	7.06	3.76	−10.82	20.39	−1.55	−1.22	−17.62	2.44	−1.69	−0.75
上、下节点	AD	GD			BE	HE			CF	IF
上传、下传弯矩	3.53	1.25			−0.76	−0.41			−0.85	−0.25
节点不平衡弯矩再分配										
2 层计算节点		G			H				I	
杆端		GD	GH	HG	HE	HI		IH	IF	
不平衡弯矩		1.25			−0.41				−0.25	
分配系数		0.332	0.668	0.353	0.175	0.472		0.864	0.136	
放松 G、H、I		−0.42	−0.83	0.14	0.07	0.20		0.22	0.03	
初次弯矩		5.53	−5.53	17.18	−1.64	−15.54		0.84	−0.84	
最终弯矩		6.36	−6.36	17.32	−1.98	−15.34		1.06	−1.06	
1 层计算节点	D			E			F			
杆端	DA	DG	DE	ED	EB	EH	EF	FE	FC	FI
不平衡弯矩		1.84			−0.55					−0.28
分配系数	0.348	0.185	0.467	0.308	0.156	0.123	0.413	0.709	0.202	0.089
放松 D、E、F	−0.64	−0.34	−0.86	0.17	0.09	0.07	0.23	0.20	0.06	0.02
初次弯矩	7.06	3.76	−10.82	20.39	−1.55	−1.22	−17.62	2.44	−1.69	−0.75
最终弯矩	6.42	5.26	−11.68	20.56	−1.46	−1.70	−17.40	2.64	−1.63	−1.01

（3）节点弯矩的再分配　为了提高计算精度，应把上、下层传递的节点的不平衡弯矩再分配一次，但只分配，不传递。整个计算过程列于表 11-2 下半部分。

表 11-1 与表 11-2 中带虚下划线的数字为弯矩分配值。

（4）框架的弯矩图　将以上的计算结果叠加即得该框架的弯矩图，如图 11-19 所示。

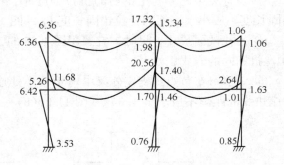

图 11-19　例 11-1 框架弯矩图

11.3.2.2　梁柱节点构造要求

（1）梁纵向钢筋在框架中间层端节点的锚固应符合下列要求。

① 梁上部纵向钢筋伸入节点的锚固

a. 当采用直线锚固形式时，锚固长度不应小于 l_a，且应伸过柱中心线，伸过的长度不宜小于 $5d$，d 为梁上部纵向钢筋的直径。

b. 当柱截面尺寸不满足直线锚固要求时，梁上部纵向钢筋可采用图 4-55 的钢筋端部加机械锚头的锚固方式。梁上部纵向钢筋宜伸至柱外侧纵向钢筋内边，包括机械锚头在内的水平投影锚固长度不应小于 $0.4l_{ab}$ [图 11-20(a)]。

c. 梁上部纵向钢筋也可采用 90°弯折锚固的方式，此时梁上部纵向钢筋应伸至柱外侧纵向钢筋内边并向节点内弯折，其包含弯弧在内的水平投影长度不应小于 $0.4l_{ab}$，弯折钢筋在弯折平面内包含弯弧段的投影长度不应小于 $15d$ [图 11-20(b)]。

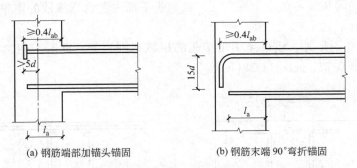

(a) 钢筋端部加锚头锚固　　　　(b) 钢筋末端 90°弯折锚固

图 11-20　梁上部纵向钢筋在中间层端节点内的锚固

② 框架梁下部纵向钢筋伸入端节点的锚固

a. 当计算中充分利用该钢筋的抗拉强度时，钢筋的锚固方式及长度应与上部钢筋的规定相同。

b. 当计算中不利用该钢筋的强度或仅利用该钢筋的抗压强度时，伸入节点的锚固长度应分别符合中间节点梁下部纵向钢筋锚固的规定。

（2）框架中间层中间节点或连续梁中间支座，梁的上部纵向钢筋应贯穿节点或支座，梁的下部纵向钢筋宜贯穿节点或支座。当必须锚固时，应符合下列锚固要求。

① 当计算中不利用该钢筋的强度时，其伸入节点或支座的锚固长度对带肋钢筋不小于 $12d$，对光面钢筋不小于 $15d$，d 为钢筋的最大直径；

② 当计算中充分利用钢筋的抗压强度时，钢筋应按受压钢筋锚固在中间节点或中间支座内，其直线锚固长度不应小于 $0.7l_{ab}$；

③ 当计算中充分利用钢筋的抗拉强度时，钢筋可采用直线方式锚固在节点或支座内，锚固长度不应小于钢筋的受拉锚固长度 l_{ab} [图 11-21(a)]；

④ 当柱截面尺寸不足时，宜采用图 4-55 的钢筋端部加机械锚头的锚固方式，也可采用 90°弯折锚固的方式；

⑤ 钢筋可在节点或支座外梁中弯矩较小处设置搭接接头，搭接长度的起始点至节点或支座边缘的距离不应小于 $1.5h_0$。[图 11-21(b)]。

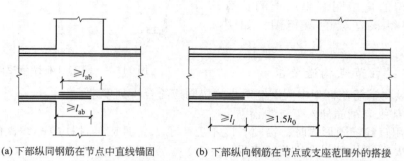

(a) 下部纵向钢筋在节点中直线锚固   (b) 下部纵向钢筋在节点或支座范围外的搭接

图 11-21 梁下部纵向钢筋在中间节点或中间支座范围的锚固与搭接

（3）柱纵向钢筋应贯穿中间层的中间节点或端节点，接头应设在节点区以外。柱纵向钢筋在顶层中节点的锚固应符合下列要求。

① 柱纵向钢筋应伸至柱顶，且自梁底算起的锚固长度不应小于 l_{ab}。

② 当截面尺寸不满足直线锚固要求时，可采用 90°弯折锚固措施。此时，包括弯弧在内的钢筋垂直投影锚固长度不应小于 $0.5l_{ab}$，在弯折平面内包含弯弧段的水平投影长度不宜小于 $12d$ [图 11-22(a)]。

③ 当截面尺寸不足时，也可采用带锚头的机械锚固措施。此时，包含锚头在内的竖向锚固长度不应小于 $0.5l_{ab}$ [图 11-22(b)]。

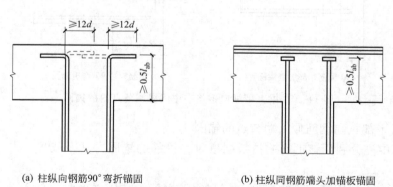

(a) 柱纵向钢筋90°弯折锚固   (b) 柱纵同钢筋端头加锚板锚固

图 11-22 顶层节点中柱纵向钢筋在节点内的锚固

④ 当柱顶有现浇楼板且板厚不小于 100mm 时，柱纵向钢筋也可向外弯折，弯折后的水平投影长度不宜小于 $12d$。

（4）顶层端节点柱外侧纵向钢筋可弯入梁内作梁上部纵向钢筋；也可将梁上部纵向钢筋与柱外侧纵向钢筋在节点及附近部位搭接，搭接可采用下列方式。

① 搭接接头可沿顶层端节点外侧及梁端顶部布置，搭接长度不应小于 $1.5l_{ab}$ [图 11-23(a)]。其中，伸入梁内的柱外侧钢筋截面面积不宜小于其全部面积的 65%；梁宽范围以外

的柱外侧钢筋宜沿节点顶部伸至柱内边锚固。当柱外侧纵向钢筋位于柱顶第一层时，钢筋伸至柱内边后宜向下弯折不小于 $8d$ 后截断 [图 11-23(a)]，d 为柱纵向钢筋的直径；当柱外侧纵向钢筋位于柱顶第二层时，可不向下弯折。当现浇板厚度不小于 100mm 时，梁宽范围以外的柱外侧纵向钢筋也可伸入现浇板内，其长度与伸入梁内的柱纵向钢筋相同。

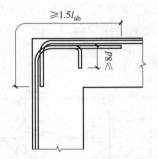 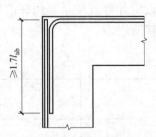

(a) 搭接接头沿顶层端节点外侧及梁端顶部布置   (b) 搭接接头沿节点外侧直线布置

图 11-23   顶层端节点梁、柱纵向钢筋在节点内的锚固与搭接

② 当柱外侧纵向钢筋配筋率大于 1.2% 时，伸入梁内的柱纵向钢筋应满足本条第 1 款规定且宜分两批截断，截断点之间的距离不宜小于 $20d$，d 为柱外侧纵向钢筋的直径。梁上部纵向钢筋应伸至节点外侧并向下弯至梁下边缘高度位置截断。

③ 纵向钢筋搭接接头也可沿节点柱顶外侧直线布置 [图 11-23(b)]，此时，搭接长度自柱顶算起不应小于 $1.7l_{ab}$。当梁上部纵向钢筋的配筋率大于 1.2% 时，弯入柱外侧的梁上部纵向钢筋应满足本条第 1 款规定的搭接长度，且宜分两批截断，其截断点之间的距离不宜小于 $20d$，d 为梁上部纵向钢筋的直径。

④ 当梁的截面高度较大，梁、柱纵向钢筋相对较小，从梁底算起的直线搭接长度未延伸至柱顶即已满足 $1.5l_{ab}$ 的要求时，应将搭接长度延伸至柱顶并满足搭接长度 $1.7l_{ab}$ 的要求；或者从梁底算起的弯折搭接长度未延伸至柱内侧边缘即已满足 $1.5l_{ab}$ 的要求时，其弯折后包括弯弧在内的水平段的长度不应小于 $15d$，d 为柱纵向钢筋的直径。

⑤ 柱内侧纵向钢筋的锚固应符合本节第 (3) 款关于顶层中节点的规定。

(5) 顶层端节点处梁上部纵向钢筋的截面面积 A_s 应符合下列规定。

$$A_s \leqslant \frac{0.35\beta_c f_c b_b h_0}{f_y}$$

式中，b_b 为梁腹板宽度；h_0 为梁截面有效高度。

梁上部纵向钢筋与柱外侧纵向钢筋在节点角部的弯弧内半径，当钢筋直径不大于 25mm 时，不宜小于 $6d$；大于 25mm 时，不宜小于 $8d$。钢筋弯弧外的混凝土中应配置防裂、防剥落的构造钢筋。

(6) 在框架节点内应设置水平箍筋，箍筋应符合本书 5.2.4 中柱中箍筋的构造规定，但间距不宜大于 250mm。对四边均有梁的中间节点，节点内可只设置沿周边的矩形箍筋。当顶层端节点内有梁上部纵向钢筋和柱外侧纵向钢筋的搭接接头时，节点内水平箍筋应符合本书 4.7.8 中第 (4) 款第②条的有关规定。

11.3.3 水平荷载作用下框架柱剪力的近似计算

11.3.3.1 反弯点法

在水平荷载作用下，框架有侧移，梁柱结点有转角，梁柱杆件变形如图 11-24(a) 所示，梁柱杆件的弯矩图如图 11-24(b) 所示。通常在柱中都有反弯点，高层框架的底部几层可能没有反弯点。近似计算方法是利用柱的抗侧刚度求出柱的剪力分配，并确定反弯点位置，然后便可求出梁柱的内力。

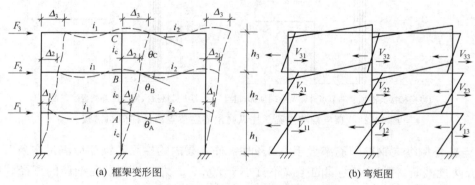

(a) 框架变形图　　　　　　　　　　(b) 弯矩图

图 11-24　水平荷载下框架变形及弯矩

柱内反弯点的位置以及柱的抗侧刚度都与梁柱的刚度比有关，或者说与柱端的支承条件有关。图 11-25 给出了几种不同支承条件下柱的变形和内力情况。

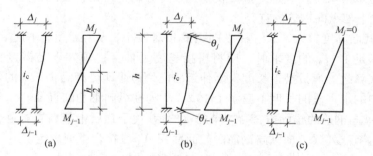

(a)　　　　　　　　(b)　　　　　　　　(c)

图 11-25　支承情况、反弯点与弯矩图

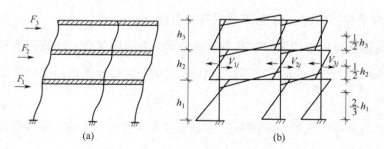

(a)　　　　　　　　　　　　　　(b)

图 11-26　反弯点法示意

在实际工程中，如果梁的线刚度比柱的线刚度大很多（$i_b/i_c > 3$），则梁柱结点的转角 θ 很小。忽略此转角，把框架在水平荷载作用下的变形假设为如图 11-26(a) 所示情况，这时

可按柱的抗侧移刚度 d 值分配柱的剪力，称为反弯点法。

用反弯点法计算时，可近似认为除底层柱外，上层各柱的反弯点均在柱中点。由于底层柱的底端为固定端，柱上端约束刚度较小，因此反弯点向上移，可取离柱底 2/3 柱高度处为反弯点，见图 11-26(b)。

在利用抗侧刚度作剪力分配时，做了以下两个假定：

① 忽略在水平荷载作用下柱的轴向变形及剪切变形，柱的剪力只与弯曲变形产生的水平位移有关；

② 梁的轴向变形很小，可以忽略，因而同一楼层处柱端位移相等。

假定在同一楼层中各柱端的侧移相等，则同层柱的相对位移 δ 都相等，由此可得到第 j 层各个柱子的剪力如下：

$$V_{ij} = \frac{d_{ij}}{\sum\limits_{i=1}^{m} d_{ij}} V_j \tag{11-3a}$$

$$V_j = \sum_{j=j}^{n} F_j \tag{11-3b}$$

$$d_{ij} = \frac{12 i_{cij}}{h_{ij}^2} \tag{11-4}$$

式中，V_{ij} 为框架第 j 层第 i 根柱子的剪力；V_j 为框架第 j 层的总剪力；d_{ij} 为框架第 j 层第 i 根柱子的抗侧移刚度；i_{cij} 为框架第 j 层第 i 根柱子的线刚度；h_{ij} 为框架第 j 层第 i 根柱子的高度；m 为框架第 j 层柱子的总数；n 为框架的总层数。

11.3.3.2　D 值法

如上所述，反弯点法仅适用于梁柱的线刚度比 $i_b/i_c > 3$ 的条件，而实际工程中不满足这一条件的情况很多，此时应采用改进反弯点法，即 D 值法计算柱剪力。

在 D 值法中确定柱反弯点位置时，要考虑影响柱上下结点转角的各种因素，即柱上下端的约束刚度。

影响柱两端约束刚度的主要因素是：结构总层数与该层所在位置；梁柱线刚度比；荷载形式；上层与下层梁刚度比；上下层层高变化。

D 值法计算步骤如下。

(1) 求柱的修正抗侧移刚度 D_{ij}（第 j 层第 i 根柱子的修正抗侧移刚度）

$$D_{ij} = \alpha d_{ij} \tag{11-5}$$

式中，α 为梁柱刚度比对柱抗侧移刚度的影响系数，查表 11-3 计算。

(2) 求反弯点高度比 y_{ij}（第 j 层第 i 根柱子的反弯点高度比）

$$y_{ij} = y_n + y_1 + y_2 + y_3 \tag{11-6}$$

式中，y_n 为标准反弯点高度比，从表 11-4 或表 11-5 中查得；y_1 为上下梁刚度变化时（图 11-27）的反弯点高度比修正值，从表 11-6 中查得；y_2、y_3 为上下层高度变化时的反弯点高度比修正值（图 11-28），从表 11-7 中查得。

(3) 求框架柱剪力 V_{ij}

$$V_{ij} = \frac{D_{ij}}{\sum\limits_{i=1}^{m} D_{ij}} V_j \tag{11-7}$$

式中各符号物理意义同前。

表 11-3　梁柱刚度比对柱抗侧移刚度的影响系数

楼　层	简　图	k	α
一般柱		$k=\dfrac{i_1+i_2+i_3+i_4}{2i_c}$	$\alpha=\dfrac{k}{2+k}$
底层柱		$k=\dfrac{i_1+i_2}{i_c}$	$\alpha=\dfrac{0.5+k}{2+k}$

表 11-4　均布水平荷载下各层框架柱标准反弯点高度比 y_n

n	j	k = 0.1	0.2	0.3	0.4	0.5	0.6	0.7	0.8	0.9	1.0	2.0	3.0	4.0	5.0
1	1	0.80	0.75	0.70	0.65	0.65	0.60	0.60	0.60	0.60	0.55	0.55	0.55	0.55	0.55
2	2	0.45	0.40	0.35	0.35	0.35	0.35	0.40	0.40	0.40	0.40	0.45	0.45	0.45	0.45
	1	0.95	0.80	0.75	0.70	0.65	0.65	0.65	0.60	0.60	0.60	0.55	0.55	0.55	0.50
3	3	0.15	0.20	0.20	0.25	0.30	0.30	0.30	0.35	0.35	0.35	0.40	0.45	0.45	0.45
	2	0.55	0.50	0.45	0.45	0.45	0.45	0.45	0.45	0.45	0.45	0.45	0.50	0.50	0.50
	1	1.00	0.85	0.80	0.75	0.70	0.70	0.65	0.65	0.65	0.60	0.55	0.55	0.55	0.55
4	4	−0.05	0.05	0.15	0.20	0.25	0.30	0.30	0.35	0.35	0.35	0.40	0.45	0.45	0.45
	3	0.25	0.30	0.30	0.35	0.35	0.40	0.40	0.40	0.40	0.45	0.45	0.50	0.50	0.50
	2	0.65	0.55	0.50	0.50	0.45	0.45	0.45	0.45	0.45	0.50	0.50	0.50	0.50	0.50
	1	1.10	0.90	0.80	0.75	0.70	0.70	0.65	0.65	0.65	0.60	0.55	0.55	0.55	0.55
5	5	−0.20	0.00	0.15	0.20	0.25	0.30	0.30	0.30	0.35	0.35	0.40	0.45	0.45	0.45
	4	0.10	0.20	0.25	0.30	0.35	0.35	0.40	0.40	0.40	0.40	0.45	0.45	0.50	0.50
	3	0.40	0.40	0.40	0.40	0.40	0.45	0.45	0.45	0.45	0.45	0.50	0.50	0.50	0.50
	2	0.65	0.55	0.50	0.50	0.50	0.50	0.50	0.50	0.50	0.50	0.50	0.50	0.50	0.50
	1	1.20	0.95	0.80	0.75	0.75	0.70	0.70	0.65	0.65	0.65	0.55	0.55	0.55	0.55
6	6	−0.30	0.00	0.10	0.20	0.25	0.25	0.30	0.30	0.35	0.35	0.40	0.45	0.45	0.45
	5	0.00	0.20	0.25	0.30	0.35	0.35	0.40	0.40	0.40	0.40	0.45	0.45	0.50	0.50
	4	0.20	0.30	0.35	0.35	0.40	0.40	0.40	0.45	0.45	0.45	0.45	0.50	0.50	0.50
	3	0.40	0.40	0.40	0.45	0.45	0.45	0.45	0.45	0.45	0.45	0.50	0.50	0.50	0.50
	2	0.70	0.60	0.55	0.50	0.50	0.50	0.50	0.50	0.50	0.50	0.50	0.50	0.50	0.50
	1	1.20	0.95	0.85	0.80	0.75	0.70	0.70	0.65	0.65	0.65	0.55	0.55	0.55	0.55
7	7	−0.35	−0.05	0.10	0.20	0.20	0.25	0.30	0.30	0.35	0.35	0.40	0.45	0.45	0.45
	6	−0.10	0.15	0.25	0.30	0.35	0.35	0.35	0.40	0.40	0.40	0.45	0.45	0.50	0.50
	5	0.10	0.25	0.30	0.35	0.40	0.40	0.40	0.45	0.45	0.45	0.50	0.50	0.50	0.50
	4	0.30	0.35	0.40	0.40	0.40	0.45	0.45	0.45	0.45	0.45	0.50	0.50	0.50	0.50
	3	0.50	0.45	0.45	0.45	0.45	0.45	0.45	0.45	0.45	0.45	0.50	0.50	0.50	0.50
	2	0.75	0.60	0.55	0.50	0.50	0.50	0.50	0.50	0.50	0.50	0.50	0.50	0.50	0.50
	1	1.20	0.95	0.85	0.80	0.75	0.70	0.70	0.65	0.65	0.65	0.55	0.55	0.55	0.55

续表

n	j／k	0.1	0.2	0.3	0.4	0.5	0.6	0.7	0.8	0.9	1.0	2.0	3.0	4.0	5.0
8	8	−0.35	−0.15	0.10	0.10	0.25	0.25	0.30	0.30	0.35	0.35	0.40	0.45	0.45	0.45
	7	−0.10	0.15	0.25	0.30	0.35	0.35	0.40	0.40	0.40	0.40	0.45	0.50	0.50	0.50
	6	0.05	0.25	0.30	0.35	0.40	0.40	0.40	0.45	0.45	0.45	0.45	0.50	0.50	0.50
	5	0.20	0.30	0.35	0.40	0.40	0.45	0.45	0.45	0.45	0.45	0.50	0.50	0.50	0.50
	4	0.35	0.40	0.40	0.45	0.45	0.45	0.45	0.45	0.45	0.45	0.50	0.50	0.50	0.50
	3	0.50	0.45	0.45	0.45	0.45	0.45	0.45	0.45	0.50	0.50	0.50	0.50	0.50	0.50
	2	0.75	0.60	0.55	0.55	0.50	0.50	0.50	0.50	0.50	0.50	0.50	0.50	0.50	0.50
	1	1.20	1.00	0.85	0.80	0.75	0.70	0.70	0.65	0.65	0.65	0.55	0.55	0.55	0.55
9	9	−0.40	−0.05	0.10	0.20	0.25	0.25	0.30	0.30	0.35	0.35	0.35	0.45	0.45	0.45
	8	−0.15	0.15	0.25	0.30	0.35	0.35	0.35	0.40	0.40	0.40	0.45	0.45	0.50	0.50
	7	0.05	0.25	0.30	0.35	0.40	0.40	0.40	0.45	0.45	0.45	0.45	0.50	0.50	0.50
	6	0.15	0.30	0.35	0.40	0.40	0.45	0.45	0.45	0.45	0.45	0.50	0.50	0.50	0.50
	5	0.25	0.35	0.40	0.40	0.45	0.45	0.45	0.45	0.45	0.45	0.50	0.50	0.50	0.50
	4	0.40	0.40	0.40	0.45	0.45	0.45	0.45	0.45	0.45	0.45	0.50	0.50	0.50	0.50
	3	0.55	0.45	0.45	0.45	0.45	0.45	0.45	0.45	0.50	0.50	0.50	0.50	0.50	0.50
	2	0.80	0.65	0.55	0.55	0.50	0.50	0.50	0.50	0.50	0.50	0.50	0.50	0.50	0.50
	1	1.20	1.00	0.85	0.80	0.75	0.70	0.70	0.65	0.65	0.65	0.55	0.55	0.55	0.55
10	10	−0.40	−0.05	0.10	0.20	0.25	0.30	0.30	0.30	0.30	0.35	0.40	0.45	0.45	0.45
	9	−0.15	0.15	0.25	0.30	0.35	0.35	0.40	0.40	0.40	0.40	0.45	0.45	0.50	0.50
	8	−0.00	0.25	0.30	0.35	0.40	0.40	0.40	0.45	0.45	0.45	0.45	0.50	0.50	0.50
	7	−0.10	0.30	0.35	0.40	0.40	0.40	0.45	0.45	0.45	0.45	0.50	0.50	0.50	0.50
	6	0.20	0.35	0.40	0.40	0.45	0.45	0.45	0.45	0.45	0.45	0.50	0.50	0.50	0.50
	5	0.30	0.40	0.40	0.45	0.45	0.45	0.45	0.45	0.45	0.50	0.50	0.50	0.50	0.50
	4	0.40	0.40	0.45	0.45	0.45	0.45	0.45	0.45	0.45	0.50	0.50	0.50	0.50	0.50
	3	0.55	0.50	0.45	0.45	0.45	0.50	0.50	0.50	0.50	0.50	0.50	0.50	0.50	0.50
	2	0.80	0.65	0.55	0.55	0.55	0.50	0.50	0.50	0.50	0.50	0.50	0.50	0.50	0.50
	1	1.30	1.00	0.85	0.80	0.75	0.70	0.70	0.65	0.65	0.65	0.60	0.55	0.55	0.55
11	11	−0.40	0.05	0.10	0.20	0.25	0.30	0.30	0.30	0.35	0.35	0.40	0.45	0.45	0.45
	10	−0.15	0.15	0.25	0.30	0.35	0.35	0.40	0.40	0.40	0.40	0.45	0.45	0.50	0.50
	9	0.00	0.25	0.30	0.35	0.40	0.40	0.40	0.45	0.45	0.45	0.45	0.50	0.50	0.50
	8	0.10	0.30	0.35	0.40	0.40	0.45	0.45	0.45	0.45	0.45	0.50	0.50	0.50	0.50
	7	0.20	0.35	0.40	0.45	0.45	0.45	0.45	0.45	0.45	0.45	0.50	0.50	0.50	0.50
	6	0.25	0.35	0.40	0.45	0.45	0.45	0.45	0.45	0.45	0.45	0.50	0.50	0.50	0.50
	5	0.35	0.40	0.40	0.45	0.45	0.45	0.45	0.45	0.45	0.50	0.50	0.50	0.50	0.50
	4	0.40	0.45	0.45	0.45	0.45	0.45	0.45	0.50	0.50	0.50	0.50	0.50	0.50	0.50
	3	0.55	0.50	0.50	0.50	0.50	0.50	0.50	0.50	0.50	0.50	0.50	0.50	0.50	0.50
	2	0.80	0.65	0.60	0.55	0.55	0.50	0.50	0.50	0.50	0.50	0.50	0.50	0.50	0.50
	1	1.30	1.00	0.85	0.80	0.75	0.70	0.70	0.65	0.65	0.65	0.60	0.55	0.55	0.55
12 以上	自上 1	−0.40	−0.05	0.10	0.20	0.25	0.30	0.30	0.30	0.35	0.35	0.40	0.45	0.45	0.45
	2	−0.15	0.15	0.25	0.30	0.35	0.35	0.40	0.40	0.40	0.40	0.45	0.45	0.50	0.50
	3	0.00	0.25	0.30	0.35	0.40	0.40	0.40	0.45	0.45	0.45	0.50	0.50	0.50	0.50
	4	0.10	0.30	0.35	0.40	0.40	0.45	0.45	0.45	0.45	0.45	0.50	0.50	0.50	0.50
	5	0.20	0.35	0.40	0.40	0.45	0.45	0.45	0.45	0.45	0.45	0.50	0.50	0.50	0.50
	6	0.25	0.35	0.40	0.45	0.45	0.45	0.45	0.45	0.45	0.45	0.50	0.50	0.50	0.50
	7	0.30	0.40	0.40	0.45	0.45	0.45	0.45	0.45	0.50	0.50	0.50	0.50	0.50	0.50
	8	0.35	0.40	0.45	0.45	0.45	0.45	0.45	0.50	0.50	0.50	0.50	0.50	0.50	0.50
	中间	0.40	0.40	0.45	0.45	0.45	0.45	0.50	0.50	0.50	0.50	0.50	0.50	0.50	0.50
	4	0.45	0.45	0.45	0.45	0.50	0.50	0.50	0.50	0.50	0.50	0.50	0.50	0.50	0.50
	3	0.60	0.50	0.50	0.50	0.50	0.50	0.50	0.50	0.50	0.50	0.50	0.50	0.50	0.50
	2	0.80	0.65	0.60	0.55	0.55	0.50	0.50	0.50	0.50	0.50	0.50	0.50	0.50	0.50
	自下 1	1.30	1.00	0.85	0.80	0.75	0.70	0.70	0.65	0.65	0.65	0.55	0.55	0.55	0.55

表 11-5　倒三角形分布水平荷载下各层框架柱标准反弯点高度比 y_n

n	j \ k	0.1	0.2	0.3	0.4	0.5	0.6	0.7	0.8	0.9	1.0	2.0	3.0	4.0	5.0
1	1	0.80	0.75	0.70	0.65	0.65	0.60	0.60	0.60	0.60	0.55	0.55	0.55	0.55	0.55
2	2	0.50	0.45	0.40	0.40	0.40	0.40	0.40	0.40	0.40	0.45	0.45	0.45	0.45	0.50
	1	1.00	0.85	0.75	0.70	0.70	0.65	0.65	0.65	0.60	0.60	0.55	0.55	0.55	0.55
3	3	0.25	0.25	0.25	0.30	0.30	0.35	0.35	0.35	0.40	0.40	0.45	0.45	0.45	0.50
	2	0.60	0.50	0.50	0.50	0.50	0.45	0.45	0.45	0.45	0.45	0.50	0.50	0.50	0.50
	1	1.15	0.90	0.80	0.75	0.75	0.70	0.70	0.65	0.65	0.65	0.60	0.55	0.55	0.55
4	4	0.10	0.15	0.20	0.25	0.30	0.30	0.35	0.35	0.35	0.40	0.45	0.45	0.45	0.45
	3	0.35	0.35	0.35	0.40	0.40	0.40	0.40	0.45	0.45	0.45	0.45	0.50	0.50	0.50
	2	0.70	0.60	0.55	0.50	0.50	0.50	0.50	0.50	0.50	0.50	0.50	0.50	0.50	0.50
	1	1.20	0.95	0.85	0.80	0.75	0.70	0.70	0.70	0.65	0.65	0.55	0.55	0.55	0.50
5	5	−0.05	0.10	0.20	0.25	0.30	0.30	0.35	0.35	0.35	0.35	0.40	0.45	0.45	0.45
	4	0.20	0.25	0.35	0.35	0.40	0.40	0.40	0.40	0.40	0.45	0.45	0.50	0.50	0.50
	3	0.45	0.40	0.45	0.45	0.45	0.45	0.45	0.45	0.45	0.45	0.50	0.50	0.50	0.50
	2	0.75	0.60	0.55	0.55	0.50	0.50	0.50	0.60	0.50	0.50	0.50	0.50	0.50	0.50
	1	1.30	1.00	0.85	0.80	0.75	0.70	0.70	0.65	0.65	0.65	0.65	0.55	0.55	0.55
6	6	−0.15	0.05	0.15	0.20	0.25	0.30	0.30	0.35	0.35	0.35	0.40	0.45	0.45	0.45
	5	0.10	0.25	0.30	0.35	0.35	0.40	0.40	0.40	0.45	0.45	0.45	0.50	0.50	0.50
	4	0.30	0.35	0.40	0.40	0.45	0.45	0.45	0.45	0.45	0.45	0.50	0.50	0.50	0.50
	3	0.50	0.45	0.45	0.45	0.45	0.45	0.45	0.45	0.45	0.50	0.50	0.50	0.50	0.50
	2	0.80	0.65	0.55	0.55	0.55	0.55	0.50	0.50	0.50	0.50	0.50	0.50	0.50	0.50
	1	1.30	1.00	0.85	0.80	0.75	0.70	0.70	0.65	0.65	0.65	0.60	0.55	0.55	0.55
7	7	−0.20	0.05	0.15	0.20	0.25	0.30	0.30	0.35	0.35	0.35	0.45	0.45	0.45	0.45
	6	0.05	0.20	0.30	0.35	0.35	0.40	0.40	0.40	0.40	0.45	0.45	0.50	0.50	0.50
	5	0.20	0.30	0.35	0.40	0.40	0.45	0.45	0.45	0.45	0.45	0.50	0.50	0.50	0.50
	4	0.35	0.40	0.40	0.45	0.45	0.45	0.45	0.45	0.45	0.45	0.50	0.50	0.50	0.50
	3	0.55	0.50	0.50	0.50	0.50	0.50	0.50	0.50	0.50	0.50	0.50	0.50	0.50	0.50
	2	0.80	0.65	0.60	0.55	0.55	0.55	0.50	0.50	0.50	0.50	0.50	0.50	0.50	0.50
	1	1.30	1.00	0.90	0.80	0.75	0.70	0.70	0.70	0.65	0.65	0.60	0.55	0.55	0.55
8	8	−0.20	0.05	0.15	0.20	0.25	0.30	0.30	0.35	0.35	0.35	0.45	0.45	0.45	0.45
	7	0.00	0.20	0.30	0.35	0.35	0.40	0.40	0.40	0.40	0.45	0.45	0.50	0.50	0.50
	6	0.15	0.30	0.35	0.40	0.40	0.45	0.45	0.45	0.45	0.45	0.50	0.50	0.50	0.50
	5	0.30	0.45	0.40	0.45	0.45	0.45	0.45	0.45	0.45	0.50	0.50	0.50	0.50	0.50
	4	0.40	0.45	0.45	0.45	0.45	0.45	0.45	0.50	0.50	0.50	0.50	0.50	0.50	0.50
	3	0.60	0.50	0.50	0.50	0.50	0.50	0.50	0.50	0.50	0.50	0.50	0.50	0.50	0.50
	2	0.85	0.65	0.60	0.55	0.55	0.55	0.50	0.50	0.50	0.50	0.50	0.50	0.50	0.50
	1	1.30	1.00	0.90	0.80	0.75	0.70	0.70	0.70	0.65	0.65	0.60	0.55	0.55	0.55
9	9	−0.25	0.00	0.15	0.20	0.25	0.30	0.30	0.35	0.35	0.40	0.45	0.45	0.45	0.45
	8	0.00	0.20	0.30	0.35	0.35	0.40	0.40	0.40	0.40	0.45	0.45	0.50	0.50	0.50
	7	0.15	0.30	0.35	0.40	0.40	0.45	0.45	0.45	0.45	0.45	0.50	0.50	0.50	0.50
	6	0.25	0.35	0.40	0.40	0.45	0.45	0.45	0.45	0.45	0.50	0.50	0.50	0.50	0.50
	5	0.35	0.40	0.45	0.45	0.45	0.45	0.45	0.45	0.50	0.50	0.50	0.50	0.50	0.50
	4	0.45	0.45	0.45	0.45	0.45	0.50	0.50	0.50	0.50	0.50	0.50	0.50	0.50	0.50
	3	0.65	0.50	0.50	0.50	0.50	0.50	0.50	0.50	0.50	0.50	0.50	0.50	0.50	0.50
	2	0.80	0.65	0.65	0.55	0.55	0.55	0.50	0.50	0.50	0.50	0.50	0.50	0.50	0.50
	1	1.35	1.00	1.00	0.80	0.75	0.75	0.70	0.70	0.65	0.65	0.60	0.55	0.55	0.55

n	k / j	0.1	0.2	0.3	0.4	0.5	0.6	0.7	0.8	0.9	1.0	2.0	3.0	4.0	5.0
10	10	−0.25	0.00	0.15	0.20	0.25	0.30	0.30	0.35	0.35	0.40	0.45	0.45	0.45	0.45
	9	−0.05	0.20	0.30	0.35	0.35	0.40	0.40	0.40	0.40	0.45	0.45	0.50	0.50	0.50
	8	0.10	0.30	0.35	0.40	0.40	0.40	0.45	0.45	0.45	0.45	0.50	0.50	0.50	0.50
	7	0.20	0.35	0.40	0.40	0.45	0.45	0.45	0.45	0.45	0.50	0.50	0.50	0.50	0.50
	6	0.30	0.40	0.40	0.45	0.45	0.45	0.45	0.45	0.45	0.50	0.50	0.50	0.50	0.50
	5	0.40	0.45	0.45	0.45	0.45	0.45	0.45	0.50	0.50	0.50	0.50	0.50	0.50	0.50
	4	0.50	0.45	0.45	0.45	0.50	0.50	0.50	0.50	0.50	0.50	0.50	0.50	0.50	0.50
	3	0.60	0.55	0.50	0.50	0.50	0.50	0.50	0.50	0.50	0.50	0.50	0.50	0.50	0.50
	2	0.85	0.65	0.60	0.55	0.55	0.55	0.55	0.50	0.50	0.50	0.50	0.50	0.50	0.50
	1	1.35	1.00	0.90	0.80	0.75	0.75	0.70	0.70	0.65	0.65	0.60	0.55	0.55	0.55
11	11	−0.25	0.00	0.15	0.20	0.25	0.30	0.30	0.30	0.35	0.35	0.45	0.45	0.45	0.45
	10	−0.05	0.20	0.25	0.30	0.35	0.40	0.40	0.40	0.40	0.45	0.45	0.50	0.50	0.50
	9	0.10	0.30	0.35	0.40	0.40	0.40	0.45	0.45	0.45	0.45	0.50	0.50	0.50	0.50
	8	0.20	0.35	0.40	0.40	0.45	0.45	0.45	0.45	0.45	0.50	0.50	0.50	0.50	0.50
	7	0.25	0.40	0.40	0.45	0.45	0.45	0.45	0.45	0.45	0.50	0.50	0.50	0.50	0.50
	6	0.35	0.40	0.45	0.45	0.45	0.45	0.45	0.50	0.50	0.50	0.50	0.50	0.50	0.50
	5	0.40	0.44	0.45	0.45	0.45	0.50	0.50	0.50	0.50	0.50	0.50	0.50	0.50	0.50
	4	0.50	0.50	0.50	0.50	0.50	0.50	0.50	0.50	0.50	0.50	0.50	0.50	0.50	0.50
	3	0.65	0.55	0.50	0.50	0.50	0.50	0.50	0.50	0.50	0.50	0.50	0.50	0.50	0.50
	2	0.85	0.65	0.60	0.55	0.55	0.55	0.55	0.50	0.50	0.50	0.50	0.50	0.50	0.50
	1	1.35	1.00	0.90	0.80	0.75	0.75	0.70	0.70	0.65	0.65	0.60	0.55	0.55	0.55
12 以上	自上 1	−0.30	0.00	0.15	0.20	0.25	0.30	0.30	0.30	0.35	0.35	0.40	0.45	0.45	0.45
	2	−0.10	0.20	0.25	0.30	0.35	0.40	0.40	0.40	0.40	0.40	0.45	0.45	0.45	0.50
	3	0.05	0.25	0.35	0.40	0.40	0.40	0.45	0.45	0.45	0.45	0.45	0.50	0.50	0.50
	4	0.15	0.30	0.40	0.40	0.45	0.45	0.45	0.45	0.45	0.45	0.50	0.50	0.50	0.50
	5	0.25	0.30	0.40	0.45	0.45	0.45	0.45	0.45	0.45	0.50	0.50	0.50	0.50	0.50
	6	0.30	0.40	0.40	0.45	0.45	0.45	0.45	0.45	0.50	0.50	0.50	0.50	0.50	0.50
	7	0.35	0.40	0.40	0.45	0.45	0.45	0.50	0.50	0.50	0.50	0.50	0.50	0.50	0.50
	8	0.35	0.45	0.45	0.45	0.50	0.50	0.50	0.50	0.50	0.50	0.50	0.50	0.50	0.50
	中间	0.45	0.45	0.45	0.50	0.50	0.50	0.50	0.50	0.50	0.50	0.50	0.50	0.50	0.50
	4	0.55	0.50	0.50	0.50	0.50	0.50	0.50	0.50	0.50	0.50	0.50	0.50	0.50	0.50
	3	0.65	0.55	0.50	0.50	0.50	0.50	0.50	0.50	0.50	0.50	0.50	0.50	0.50	0.50
	2	0.70	0.70	0.60	0.55	0.55	0.55	0.55	0.50	0.50	0.50	0.50	0.50	0.50	0.50
	自下 1	1.35	1.05	0.90	0.80	0.75	0.70	0.70	0.70	0.65	0.65	0.60	0.55	0.55	0.55

表 11-6　上下梁高度变化时的反弯点高度比修正值 y_1

k / α_1	0.1	0.2	0.3	0.4	0.5	0.6	0.7	0.8	0.9	1.0	2.0	3.0	4.0	5.0
0.4	0.55	0.40	0.30	0.25	0.20	0.20	0.20	0.15	0.15	0.15	0.05	0.05	0.05	0.05
0.5	0.45	0.30	0.20	0.20	0.15	0.15	0.15	0.10	0.10	0.10	0.05	0.05	0.05	0.05
0.6	0.30	0.20	0.15	0.15	0.10	0.10	0.10	0.10	0.05	0.05	0.05	0.05	0.00	0.00
0.7	0.20	0.15	0.10	0.10	0.10	0.05	0.05	0.05	0.05	0.05	0.05	0.00	0.00	0.00
0.8	0.15	0.10	0.05	0.05	0.05	0.05	0.05	0.05	0.00	0.00	0.00	0.00	0.00	0.00
0.9	0.05	0.05	0.05	0.05	0.00	0.00	0.00	0.00	0.00	0.00	0.00	0.00	0.00	0.00

注：1. $\alpha_1 = \dfrac{i_1 + i_2}{i_3 + i_4}$。

2. 对于底层柱不考虑 α_1 值，所以不做此项修正。

表 11-7　上下梁高度变化时的反弯点高度比修正值 y_2 和 y_3

α_2 ＼ k / α_3		0.1	0.2	0.3	0.4	0.5	0.6	0.7	0.8	0.9	1.0	2.0	3.0	4.0	5.0
2.0		0.25	0.15	0.15	0.10	0.10	0.10	0.10	0.10	0.05	0.05	0.05	0.05	0.0	0.0
1.8		0.20	0.15	0.10	0.10	0.10	0.05	0.05	0.05	0.05	0.05	0.05	0.0	0.0	0.0
1.6	0.4	0.15	0.10	0.10	0.05	0.05	0.05	0.05	0.05	0.05	0.05	0.00	0.0	0.0	0.0
1.4	0.6	0.10	0.05	0.05	0.05	0.05	0.05	0.05	0.05	0.05	0.05	0.0	0.0	0.0	0.0
1.2	0.8	0.05	0.05	0.05	0.0	0.0	0.0	0.0	0.0	0.0	0.0	0.0	0.0	0.0	0.0
1.0	1.0	0.0	0.0	0.0	0.0	0.0	0.0	0.0	0.0	0.0	0.0	0.0	0.0	0.0	0.0
0.8	1.2	−0.05	−0.05	−0.05	0.0	0.0	0.0	0.0	0.0	0.0	0.0	0.0	0.0	0.0	0.0
0.6	1.4	−0.10	−0.05	−0.05	−0.05	−0.05	−0.05	−0.05	−0.05	−0.05	−0.05	0.0	0.0	0.0	0.0
	1.6	−0.15	−0.10	−0.10	−0.05	−0.05	−0.05	−0.05	−0.05	−0.05	−0.05	0.0	0.0	0.0	0.0
	1.8	−0.20	−0.15	−0.10	−0.10	−0.10	−0.05	−0.05	−0.05	−0.05	−0.05	−0.05	0.0	0.0	0.0
	2.0	−0.25	−0.15	−0.15	−0.10	−0.10	−0.10	−0.10	−0.05	−0.05	−0.05	−0.05	−0.05	0.0	0.0

注：1. $\alpha_2 = h_上/h$；$\alpha_3 = h_下/h$。

2. y_2 按 α_2 查表求得，上层较高时为正值，但对于最上层，不考虑 y_2 修正值。

3. y_3 按 α_3 查表求得，对于最下层，不考虑 y_3 修正值。

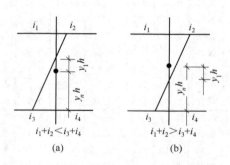

$i_1+i_2 < i_3+i_4$　(a)　　$i_1+i_2 > i_3+i_4$　(b)

图 11-27　上下梁刚度变化时的反弯点高度比修正值示意

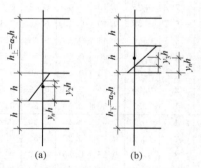

(a)　　(b)

图 11-28　框架上下层柱高度变化时的反弯点高度比修正值示意

11.3.4　框架内力计算

用反弯点法（或者用 D 值法）求得各柱剪力并确定了反弯点位置之后，梁柱内力可以很容易求得。

（1）由各柱剪力 V_{ij} 及反弯点位置 y_{ij} 计算柱端弯矩。

① j 层 i 柱上端弯矩 M_{ij}^{t}

$$M_{ij}^{t} = V_{ij}(1-y_{ij})h_{ij} \tag{11-8}$$

② j 层 i 柱下端弯矩 M_{ij}^{b}

$$M_{ij}^{b} = V_{ij}y_{ij}h_{ij} \tag{11-9}$$

（2）根据结点平衡计算梁端弯矩之和，再按左右梁的线刚度将弯矩分配到梁端（图 11-29）。

$$M_{b}^{l} = (M_{ij}^{t}+M_{ij+1}^{b})\frac{i_{b}^{l}}{i_{b}^{l}+i_{b}^{r}}$$

$$M_{b}^{r} = (M_{ij}^{t}+M_{ij+1}^{b})\frac{i_{b}^{r}}{i_{b}^{l}+i_{b}^{r}} \tag{11-10}$$

图 11-29　杆端弯矩示意

（3）根据梁两端弯矩计算梁剪力 V_b。

（4）根据梁剪力计算柱轴力 N_c。

11.3.5　水平荷载作用下框架侧移近似计算

用近似方法计算框架在水平荷载作用下的侧移时，可由下面两部分叠加而成。第一部分由梁柱杆件弯曲变形引起，第二部分由柱轴向变形引起。

11.3.5.1　梁、柱弯曲变形引起的侧移

忽略梁、柱杆件的剪切变形及轴向变形，则可由 D 值法计算这一部分侧移。

由 D 值定义可得，在层间总剪力 V_j 作用下，j 层框架的层间变形由下式计算：

$$\delta_j^{\mathrm{M}} = \frac{V_j}{\sum\limits_{i=1}^{m} D_{ij}} \tag{11-11}$$

第 j 层楼板标高处的侧移为

$$\Delta_j^{\mathrm{M}} = \sum_{k=1}^{j} \delta_k^{\mathrm{M}} \tag{11-12}$$

顶层侧移为

$$\Delta_n^{\mathrm{M}} = \sum_{j=1}^{n} \delta_j^{\mathrm{M}} \tag{11-13}$$

通常，水平荷载下的层间剪力由下向上逐层减小，框架柱的截面尺寸虽也由下向上逐渐减小，但减小不多，各层柱的 ΣD 值相差不多，由式（11-11）可知，一般情况下都是底层层间位移 δ_1^{M} 最大，向上逐渐减小，各楼层处的位移分布如图 11-30(a) 所示。这种分布形式与一个悬臂杆的剪切变形曲线类似，因此称为剪切型侧移曲线。

11.3.5.2　柱轴向变形引起侧移

在水平荷载作用下柱承受拉力或压力会引起柱轴向变形，一侧柱伸长、另一侧柱缩短会造成侧移。在 D 值法计算中忽略了柱轴向变形。柱轴向变形对内力影响较少，但对侧移则影响较大，特别是当层数逐渐增多时，忽略柱轴向变形将使侧移计算数值偏小。

柱轴向变形在底层最小，底层的侧移也最小，当层数增加时，轴向变形积累，拉伸压缩的差值增大，因而愈到上层侧移也愈大，由柱轴向变形引起的侧移分布如图 11-30(b) 所示。这种分布形式与一个悬臂杆的弯曲变形曲线类似，因此称为弯曲型侧移曲线。

用近似方法计算柱轴向变形产生的侧移，需要做一些假定。假定水平荷载作用下只在边柱中产生轴力及轴向变形，并假定柱轴力为连续函数，柱截面也由底到顶连续变化。可由单位荷载法求出柱侧移。由图 11-31(b) 所示，在 j 层作用单位水平力 $P=1$，j 层水平位移为

$$\Delta_j^{\mathrm{N}} = 2\int_0^{H_j} \frac{\overline{N} N_p}{EA} \mathrm{d}z \tag{11-14}$$

$$\overline{N} = \pm(H-z)/B \tag{11-15}$$

式中，$\overline{N}$ 为单位水平力作用下边柱内力；N_p 为水平荷载引起边柱内力。

设水平荷载引起的总倾覆力矩为 $M(z)$，则

$$N_p = \pm M(z)/B \tag{11-16}$$

A 为边柱截面面积，假定沿 z 轴柱面积呈直线变化，令 $r = A_n/A_1$，A_n 及 A_1 分别为顶层柱及底层柱截面面积，则 z 高度处柱面积是

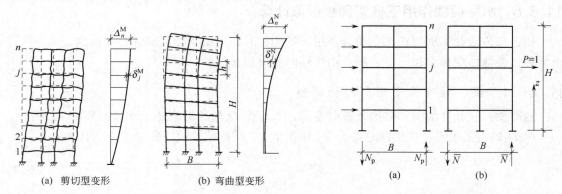

（a）剪切型变形　（b）弯曲型变形

图 11-30　框架侧移

图 11-31　弯曲型变形侧移计算示意

$$A(z) = \left[1 - \frac{(1-\gamma)z}{H}\right]A_1 \tag{11-17}$$

$M(z)$ 与外荷载有关，在不同荷载形式下，式（11-14）积分得到的结果不同，可统一用下式表达，第 j 层楼板处侧移为

$$\Delta_j^N = \frac{V_0 H^3}{EA_1 B^2}F_N \tag{11-18}$$

式中，V_0 为底部总剪力；H 为框架总高；E 为混凝土弹性模量；B 为框架边柱之间的距离 [图 11-31(a)]；A_1 为框架底层柱截面面积；F_N 为根据不同荷载形式计算的位移系数，可由图 11-32 中查得。

第 j 层的层间变形

$$\delta_j^N = \Delta_j^N - \Delta_{j-1}^N \tag{11-19}$$

11.3.5.3　框架侧移

框架侧移由上述两部分侧移叠加而成

楼层侧移
$$\Delta_j = \Delta_j^M + \Delta_j^N \tag{11-20}$$

层间变形
$$\delta_j = \delta_j^M + \delta_j^N \tag{11-21}$$

在框架结构中，通常是以梁、柱弯曲变形产生的剪切型侧移为主，在多层建筑中，柱轴向变形产生的侧移占的比例很小，可以忽略不计。但在高层建筑中，需要计算柱轴向变形产生的侧移，否则位移计算的误差过大。

11.3.6　荷载效应组合

11.3.6.1　荷载效应组合公式

在框架结构设计时，由多种荷载作用引起的内力及位移要进行荷载效应组合，用组合内力及位移进行设计。在非抗震设防区的结构以及抗震设防结构但不计算地震作用时，为无地震组合；需要计算地震作用的抗震设防结构则要进行有地震作用组合。

它们的组合项目分别列出如下。

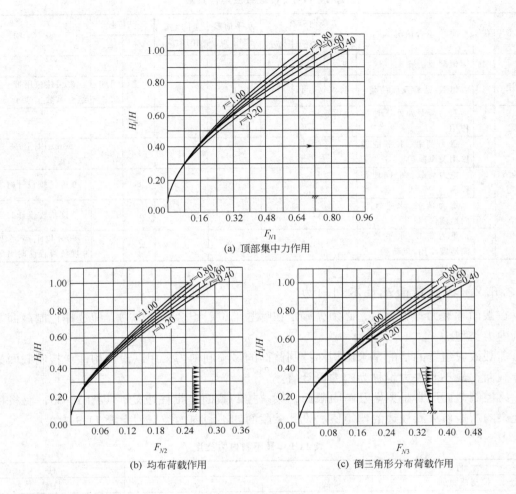

图 11-32　F_N 曲线

$r = A_n / A_1$，H_j 为第 j 层楼板离地面高度

① 无地震作用组合　参见本书 3.3.4 中式 (3-20)、式 (3-21) 或式 (3-22)。

② 有地震作用组合

$$S_E = \gamma_G S_{GE} + \gamma_{Eh} S_{Ehk} + \gamma_{Ev} S_{Evk} + \psi_w \gamma_w S_{wk} \tag{11-22}$$

式中，S_{wk} 为风荷载标准值产生的荷载效应；S_{GE} 为抗震计算时重力荷载代表值产生的荷载效应；S_{Ehk}、S_{Evk} 分别为水平地震作用及竖向地震作用产生的荷载效应；γ_G、γ_w、γ_{Eh}、γ_{Ev} 为与上述各种荷载相应的分项系数；ψ_w 为风荷载与其它荷载组合时的组合系数。

表 11-8 给出了各种情况下多层及高层建筑需要考虑的组合项目。在进行内力效应组合时，公式中的各个 γ 及 ψ 系数，应根据不同情况分别采用表 11-8 中给出的相应值，在进行位移效应组合时，各种情况中的分项系数 γ 均取 1.0。

荷载效应在未乘分项系数之前（或取系数为 1.0 时），称为标准值，在乘分项系数并组合后，称为内力设计值。

表 11-8 荷载效应组合系数

类型	编号	组合情况	竖向荷载			水平地震作用 γ_{Eh}	竖向地震作用 γ_{Ev}	风荷载		说　明
			γ_G	γ_Q	ψ_Q			γ_w	ψ_w	
无地震作用	1	恒载及活载	1.2	1.4	0.7	0	0	0	0	
	2	恒载、活载及风荷载	1.2	1.4	0.7 1.0*	0	0	1.4	1.0 0.6*	多层建筑用带 * 号的组合系数
有地震作用	3	重力荷载及水平地震作用	1.2			1.3	0	0	0	
	4	重力荷载、水平地震作用及风荷载	1.2			1.3	0	1.4	0.2	60m 以上高层建筑考虑
	5	重力荷载及竖向地震作用	1.2			0	1.3	0	0	9 度抗震设计时考虑
	6	重力荷载、水平及竖向地震作用	1.2			1.3	0.5	0	0	9 度抗震设计时考虑
	7	重力荷载、水平及竖向地震作用,风荷载	1.2			1.3	0.5	1.4	0.2	60m 以上高层建筑,9 度抗震设防时考虑

11.3.6.2　控制截面及最不利内力

在截面承载力计算之前,必须先确定在哪些部位、组合哪些内力,即选择控制截面及最不利内力类型。

荷载效应组合的目的是求出构件控制截面的最不利内力,用以设计构件。控制截面又称设计截面,最不利内力也称为内力设计值。

梁控制截面通常是梁端及跨中截面,梁端控制截面是指柱边处,见图 11-33,应将柱轴线处梁的弯矩换算到柱边的弯矩值。设计梁截面的不利内力类型列于表 11-9 中。

表 11-9　最不利内力类型

构　件	梁		柱
控制截面	梁端	跨中	柱端
最不利内力	M_{max} M_{min} $|V|_{max}$	M_{max} M_{min}	$|M|_{max}$,相应的 N N_{max},相应的 M N_{min},相应的 M e_{0max},相应的 M、N $|V|_{max}$

柱控制截面在柱上端及下端,是指梁底边及顶边处的柱截面,见图 11-33,因此也要将柱轴线处的弯矩换算到控制截面处的弯矩后再进行组合。由于柱可能为大偏压破坏,也可能为小偏压破坏,因此组合的不利内力类型有若干组,再从中选出最不利内力设计截面。

11.3.6.3　不利荷载布置及内力塑性调幅

在按照平面假设进行计算的结构中,分别按两个主轴方向(或与平面结构相平行的方向)计算竖向荷载及水平荷载作用下的内力,并分别组合。在分项进行内力计算时,注意下列要求。

(1)活荷载不利布置　恒载是由构件、装修等材料重量构成的,只可能有一种作用方式,可称为"满跨满布",见图 11-34(a),即各跨梁都有恒载。但是活荷载(使用荷载)却不同,它有时作用,有时不作用。因此对应各个截面的最不利内力,活荷载会有不同的最不利布置，如图 11-34（b）～（e）所示，不同荷载布置会使不同截面获得最大弯矩或最大剪力（图中用粗短线标明的截面）。

　　按照最不利布置荷载计算内力，计算工作量很大。在多层及高层建筑中，一般情况下的使用荷载都相对较小，为了节省计算工作量，允许不按上述不利布置考虑，与恒载相同，也只计算"满跨满布"一种布置情况。

　　但是，如果设计某些使用荷载很大的多层工业厂房或公共建筑（当活荷载超过 4.0kN/m² 时），例如印刷车间或图书馆，则应该考虑活载的不利布置，否则有可能引起结构不安全。

　　（2）无地震组合及地震组合　　由公式（11-22）可见，无地震组合时，恒载与活载要分别计算内力，因为各自的内力所乘分项系数不同。

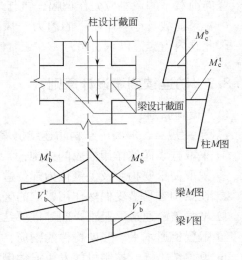

图 11-33　设计截面及设计内力

　　由公式（11-23）可见，地震组合时，恒载及部分活载合成重力荷载代表值，作为一项荷载乘以重力荷载的分项系数。

　　（3）竖向荷载作用下框架梁内力塑性调幅　　为了减少支座处梁负钢筋过分拥挤，也为了在抗震结构中设计在梁端出现塑性铰的强柱弱梁延性框架，允许在框架梁中进行塑性调幅，降低在竖向荷载下支座处弯矩，并相应调整跨中弯矩。

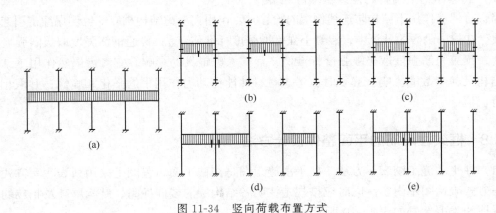

图 11-34　竖向荷载布置方式

　　现浇框架的支座弯矩调幅系数一般为 0.8～0.9，装配整体式框架则一般为 0.7～0.8。相应地增大跨中弯矩（可乘 1.1～1.2 放大系数），使跨中弯矩满足下列关系：

$$\left.\begin{aligned} \frac{1}{2}(M_b^r + M_b^l) + M_b^0 &\geqslant M \\[6pt] M_b^0 &\geqslant \frac{1}{2}M \end{aligned}\right\} \tag{11-23}$$

　　式中，M_b^r、M_b^l、M_b^0 为调整后的同一梁的右端、左端、跨中弯矩；M 为在本跨荷载作用下按简支梁计算的跨中弯矩。

竖向荷载下的弯矩应先作调幅，再与风荷载或水平地震作用下的弯矩进行组合。

（4）风荷载及地震作用下的内力　风荷载和地震作用的特点是可能从正反两个方向作用，因此其内力应冠以正、负号，在组合时取不利的值。

11.3.7　防连续倒塌设计原则

（1）设计原则

《规范》规定，混凝土结构防连续倒塌设计宜符合下列要求：

① 采取减小偶然作用效应的措施；

② 采取使重要构件及关键传力部位避免直接遭受偶然作用的措施；

③ 在结构容易遭受偶然作用影响的区域增加冗余约束，布置备用的传力途径；

④ 增强疏散通道、避难空间等重要结构构件及关键传力部位的承载力和变形性能；

⑤ 配置贯通水平、竖向构件的钢筋，并与周边构件可靠地锚固；

⑥ 设置结构缝，控制可能发生连续倒塌的范围。

（2）重要结构的防连续倒塌设计方法

① 局部加强法　提高可能遭受偶然作用而发生局部破坏的竖向重要构件和关键传力部位的安全储备，也可直接考虑偶然作用进行设计。

② 拉结构件法　在结构局部竖向构件失效的条件下，可根据具体情况分别按梁-拉结模型、悬索-拉结模型和悬臂-拉结模型进行承载力验算，维持结构的整体稳固性。

③ 拆除构件法　按一定规则拆除结构的主要受力构件，验算剩余结构体系的极限承载力；也可采用倒塌全过程分析进行设计。

（3）偶然作用下结构防连续倒塌的验算

当进行偶然作用下结构防连续倒塌的验算时，作用宜考虑结构相应部位倒塌冲击引起的动力系数。在抗力函数的计算中，混凝土强度取强度标准值 f_{ck}；普通钢筋强度取极限强度标准值 f_{stk}，预应力筋强度取极限强度标准值 f_{ptk} 并考虑锚具的影响。宜考虑偶然作用下结构倒塌对结构几何参数的影响。必要时应考虑材料性能在动力作用下的强化和脆性，并取相应的强度特征值。

11.3.8　框架柱配筋的平面整体设计方法

（1）柱平法施工图表示方法　柱平法施工图是在柱平面布置图上采用列表注写方式或截面注写方式表达图示内容。同时应按规定注明各结构层的楼面标高、结构层高及相应的结构层号。柱的类型代号如表 11-10 所示。

表 11-10　柱的类型标号

柱类型	代号	序号
框架柱	KZ	××
转换柱	ZHZ	××
芯柱	XZ	××
梁上柱	LZ	××
剪力墙上柱	QZ	××

（2）列表注写方式　列表注写方式，系在柱平面布置图上（一般只需采用适当比例绘制

一张柱平面布置图，包括框架柱、框支柱、梁上柱和剪力墙上柱），分别在同一编号的柱中选择一个（有时需要选择几个）截面标注几何参数代号；在柱表中注写柱编号、柱段起止标高、几何尺寸（含柱截面对轴线的偏心情况）与配筋的具体数值，并配以各种柱截面形状及其箍筋类型图的方式，来表达柱平法施工图，如图 11-35 所示。

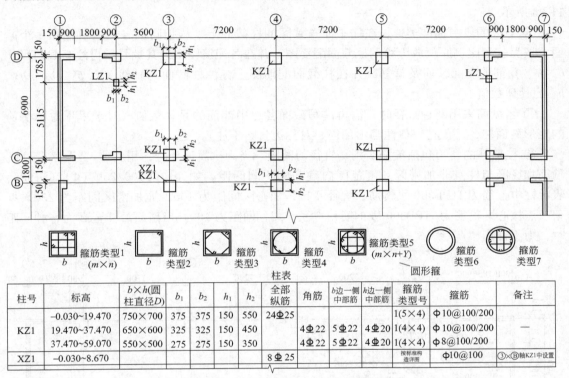

柱表

柱号	标高	$b\times h$(圆柱直径D)	b_1	b_2	h_1	h_2	全部纵筋	角筋	b边一侧中部筋	h边一侧中部筋	箍筋类型号	箍筋	备注
KZ1	−0.030~19.470	750×700	375	375	150	550	24Φ25				1(5×4)	Φ10@100/200	—
	19.470~37.470	650×600	325	325	150	450		4Φ22	5Φ22	4Φ20	1(4×4)	Φ10@100/200	
	37.470~59.070	550×500	275	275	150	350		4Φ22	5Φ22	4Φ20	1(4×4)	Φ8@100/200	
XZ1	−0.030~8.670						8Φ25				按标准构造详图	Φ10@100	③×⑧轴KZ1中设置

图 11-35　柱平法施工图列表注写方式实例

① 柱表中注写柱标号，柱编号由类型代码和序号组成。

② 各段柱的起止标高，自柱根部往上以变截面位置或截面未变但配筋改变处为界分段注写。框架柱和转换柱的根部标高系指基础顶面标高；芯柱的根部标高系指根据结构实际需要而定的起止位置标高；梁上柱的根部标高系指梁顶面标高；剪力墙上柱的根部标高为墙顶面标高。

③ 对于矩形柱，注写柱截面尺寸 $b\times h$ 及与轴线关系的几何参数代号 b_1、b_2 和 h_1、h_2 的具体数值，需对应于各段柱分别注写。对于圆柱，表中 $b\times h$ 一栏改用在圆柱直径数字前加 d 表示，与轴线关系沿用矩形柱表达方式。

④ 注写柱纵筋。当柱纵筋直径相同、各边根数也相同时（包括矩形柱、圆柱和芯柱），将纵筋注写在"全部纵筋"一栏中；除此之外，柱纵筋分角筋、截面 b 边中部筋和 h 边中部筋三项分别注写（对于采用对称配筋的矩形截面柱，可仅注写一侧中部筋，对称边省略不注）。

⑤ 注写箍筋类型号及箍筋肢数，在箍筋类型栏内按规定的箍筋类型注写类型号与肢数。

⑥ 注写箍筋，包括钢筋级别、直径与间距。

用斜线"/"区分柱端箍筋加密区与柱身非加密区长度范围内箍筋的不同间距。施工人员需根据标准构造详图的规定在规定的几种长度值中取其最大者作为加密区长度。当框架节点核心区内箍筋与柱端箍筋设置不同时，应在括号内注明核心区内箍筋直径及间距。当箍筋沿柱全高为一种间距时，则不使用"/"线。如 Φ10@100/250（Φ12@100），表示柱中箍筋为 HPB300 级钢筋，直径 Φ10，加密区间距为 100，非加密区间距为 250。框架节点核心区箍筋为 HPB300 级钢筋，直径 Φ12，间距为 100。

（3）截面注写方式 截面注写方式，系在柱平面布置图的柱截面上，分别在同一编号的柱中选择一个截面，以直接注写截面尺寸和配筋具体数值的方式来表达柱平法施工图，如图 11-36 所示。

① 与梁的集中标准类似，在柱平面布置图的柱截面上，从相同编号的柱中选择一个截面，按另一种比例原位放大绘制柱截面配筋图，并在各配筋图上继其编号后再注写截面尺寸 $b \times h$、角筋或全部纵筋及箍筋，并在柱截面配筋图上标注柱截面与轴线关系 b_1、b_2、h_1、h_2 的具体数值。

② 当纵筋采用两种直径时，需再注写截面各边中部筋的具体数值（对于采用对称配筋的矩形截面柱，可仅在一侧注写中部筋，对称边省略不注）。

③ 柱箍筋的注写包括箍筋级别、直径与间距。当为抗震设计时，用斜线"/"区分柱端箍筋加密区与柱身非加密区长度范围内箍筋的不同间距。如 Φ10@100/250（Φ12@100），表示柱中箍筋为 HPB300 级钢筋，直径 Φ10，加密区间距为 100，非加密区间距为 250。框架节点核心区箍筋为 HPB300 级钢筋，直径 Φ12，间距为 100。当箍筋沿柱全高为一种间距时，则不使用"/"线。

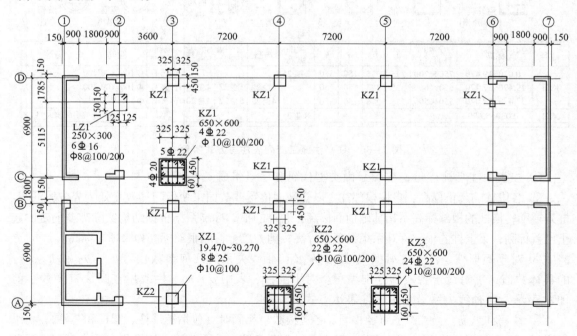

图 11-36 截面注写方式柱平法施工图示例

11.4 剪力墙结构

11.4.1 剪力墙结构概述

高层剪力墙结构中，墙体通常沿纵横两个方向双向布置，形成承受竖向荷载和水平荷载的抗侧力结构。剪力墙是一种抵抗侧向力的结构单元，在抗震结构中剪力墙也称抗震墙。按照墙的几何形状及有无洞口，剪力墙可分为如图 11-37 所示的各种类型。

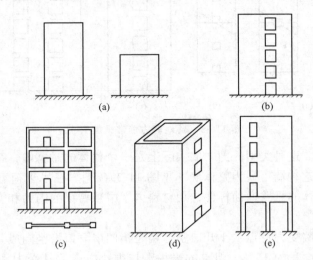

图 11-37   剪力墙类型
（a）悬臂剪力墙；（b）开口剪力墙；（c）带边框剪力墙；（d）薄壁筒；（e）框支剪力墙；

钢筋混凝土剪力墙的设计要求是：在正常使用荷载及风载、小震作用下，结构应处于弹性工作阶段，裂缝宽度不能过大；在中等强度地震作用下（设防烈度），允许进入弹塑性状态，必须保证在非弹性反复作用下，有足够的承载力、延性及良好吸收地震能量的能力；在强烈地震作用（罕遇烈度）下不允许倒塌。

11.4.2   剪力墙结构受力特点及内力计算方法

如图 11-38 所示，在落地剪力墙结构中，单片墙作为主要的抗侧力单元，根据其本身开洞情况又可分为整体墙 [图 11-39（a）]、小开口整体墙 [图 11-39（b）]、双肢剪力墙 [图 11-39（c）] 和多肢剪力墙 [图 11-39（d）]。

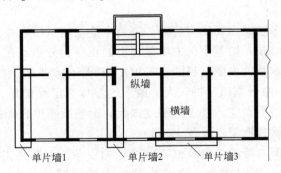

图 11-38   剪力墙结构平面布置示意图

由于墙的形式不同，相应的受力特点、计算简图与计算方法也不相同。下面主要针对上述几种落地剪力墙受力特点做一个简要概述。

（1）整体墙受力特点   没有门窗洞口或虽开有洞口，但洞口很小，洞口面积不大于剪力墙总立面面积的 15%，且洞口间的净距及洞口至墙边的净距都大于洞口长边尺寸的剪力墙，

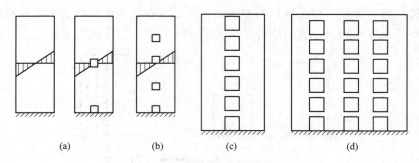

图 11-39 落地剪力墙常见类型

可以忽略洞口的影响。这种类型的剪力墙实际上是一个整体的悬臂墙,符合平面假定,正应力为直线规律分布,这种墙可视为整体墙 [见图 11-39(a)]。在水平荷载作用下,根据其变形特征,可视为一整体的悬臂弯曲杆件,用材料力学中悬臂梁的内力和变形的基本公式进行计算。

(2) 小开口整体墙受力特点　小开口整体墙是指门窗洞口沿竖向成列布置,洞口的总面积虽超过了墙总立面面积的 15%,但总的来说洞口很小,以致其受力性能仍然能接近于整体墙。各墙肢应力中已出现局部弯矩 [见图 11-39(b)],但局部弯矩的值不超过整体弯矩的 15% 时,可以认为截面变形大体上仍符合平面假定。此时,沿墙肢高度方向的弯矩图无反弯点,内力和位移仍可按材料力学公式计算,然后加以适当的修正。

内力计算:先将小开口整体墙作为一悬臂构件,计算出任意高度截面处所承受的总弯矩和总剪力。将该截面总弯矩分成整体弯曲的弯矩(总弯矩的 K 倍,K 为整体弯矩系数,可取 $K = 0.85$)和局部弯曲产生的弯矩 [总弯矩的 $(1 - K)$ 倍],将两部分弯矩分别按各墙肢截面惯性矩与组合截面惯性矩和各墙肢截面惯性矩之和的比值在各墙肢间进行分配后叠加,即得到各墙肢的全部弯矩。同理,将总剪力在各墙肢间按墙肢截面面积进行分配得到各墙肢的承受的剪力。由于局部弯曲并不在墙肢中产生轴力,因此各墙肢所受轴力仅为整体弯曲使墙肢受到的轴力。根据以上方法计算得到的弯矩、剪力和轴力进行墙肢承载力计算。

位移计算:小开口整体墙的位移可按整体截面墙计算,但应考虑洞口对截面刚度的削弱。

(3) 双肢剪力墙和多肢剪力墙受力特点　当墙上的门窗洞口尺寸较大时,剪力墙被分隔成彼此联系较弱的若干墙肢,则整个剪力墙截面上的正应力分布不在呈直线。墙面上开有一排较大洞口的剪力墙叫双肢剪力墙 [见图 11-39(c)];开有多排较大洞口的剪力墙叫多肢剪力墙 [见图 11-39(d)]。由于洞口开得较大,截面的整体性已经破坏,正应力分布较直线规律差别较大。其中,洞口更大些,且连梁刚度很大,而墙肢刚度较弱的情况,已接近框架的受力特性,有时也称为壁式框架,见图 11-41。

双肢剪力墙和多支剪力墙的内力及位移计算较为复杂。双肢剪力墙由于连系梁的连结,而使双肢墙结构在内力分析时成为一个高次超静定的问题。因此,常通过以下几种方法求解。

① 连梁连续化的分析方法　此法将每一层楼层的连系梁假想为分布在整个楼层高度上的一系列连续连杆 (见图 11-40),忽略连梁轴向变形,假定各连梁的反弯点在该连梁的中点,双肢墙的层高、惯性矩、截面积等参数沿高度方向均为常数,借助于杆的位移协调条件建立墙的内力微分方程,解微分方程便可求得内力。

　　这种方法可以得到解析解，特别是将解答绘成曲线后，使用还是比较方便的。通过试验验证，其结的精度可满足工程需要。但是，由于假定条件较多，使用范围受到限制。

　　② 带刚域框架的算法　此法是将剪力墙简化为一个等效多层框架。由于墙肢及连系梁都较宽，在墙梁相交处形成一个区域，在这区域内，墙梁的刚度为无限大。因此，这个等效框架的杆件便成为带刚域的杆件（见图 11-41）。

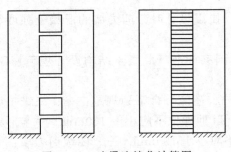

图 11-40　连梁连续化计算图

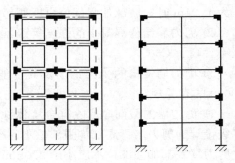

图 11-41　壁式框架

　　带刚域框架（或称壁式框架）的算法又分两种。

　　简化计算法：利用现成的图表曲线，采取进一步的简化，对壁式框架进行简化计算。

　　矩阵位移法：这是框架结构用计算机计算的通用方法，也可以用来计算壁式框架。应指出的矩阵位移法求解不仅是解一个平面框架，而且可以将整个结构作为空间问题来求解。由于所作假定较少，应用范围较广，精确度也比较高，这种方法已成为用计算机计算时的通用方法。

　　③ 有限单元和有限条带法　将剪力墙结构作为平面问题（或空间问题），采用网格划分为矩形或三角形单元，取结点位移作为未知量，建立各结点的平衡方程，用电子计算机求解。采用有限单元法对于任意形状尺寸开孔及任意荷载或墙厚变化都能求解，精确度也较高。对于剪力墙结构，由于其外形及边界较规整，也可将剪力墙结构划分为条带。条带与条带间以结线相连，以结线上的位移为未知量，考虑条带间结线上的平衡方程求解。

11.4.3　剪力墙结构设计及配筋构造

11.4.3.1　剪力墙结构布置和构造一般要求

　　① 剪力墙结构应具有适宜的侧向刚度，墙体宜沿两个主轴方向或其他方向双向布置，两个方向的侧向刚度不宜相差过大。平面布置宜简单、规则，墙体宜自下到上连续布置，避免刚度突变。门窗洞口宜上下对齐、成列布置，形成明确的墙肢和连梁；宜避免造成墙肢宽度相差悬殊的洞口设置。

　　② 剪力墙不宜过长，较长剪力墙宜设置跨高比较大的连梁将其分成长度较均匀的若干墙段，各墙段的高度与墙段长度之比不宜小于 3，墙段长度不宜大于 8m。

　　③ 当底部需要大空间而部分剪力墙不落到底时，应设置转换层。

　　④ 高层剪力墙结构，应尽量减轻建筑物自重，在保证安全的条件下尽量减小构件截面尺寸，采用轻质高强材料。

　　⑤ 当剪力墙墙肢与其平面外相交的楼面梁刚接时，可沿楼面梁轴线方向设置与梁相连的剪力墙、扶壁柱或在墙内设置暗柱。

⑥ 高层剪力墙结构的女儿墙宜采用现浇，屋顶局部突出的电梯机房、楼梯间、水箱间等小房墙体应采用现浇混凝土。

⑦ 抗震设计时，剪力墙底部应加强其抗震构造措施，以提高其受剪承载力。底部加强部位的范围应符合下列规定：底部加强部位的高度，应从地下室顶板算起；当房屋高度大于24m时，底部加强部位的高度可取底部两层和墙体总高度的 1/10 二者的较大值；房屋高度不大于 24m 时，底部加强部位可取底部一层。

⑧ 剪力墙结构混凝土的强度等级不应低于 C20；抗震设计时，剪力墙的混凝土强度等级不宜高于 C60。

⑨ 剪力墙结构的受力钢筋及其性能应符合现行国家标准《混凝土结构设计规范》GB 50010 的有关规定。

⑩ 剪力墙的截面厚度除符合墙体稳定验算要求外，还应符合下列规定：一、二级抗震等级设计的剪力墙：底部加强部位不应小于 200mm，其他部位不应小于 160mm，一字形独立剪力墙底部加强部位不应小于 220mm，其他部位不应小于 180mm。三、四级剪力墙：不应小于 160mm，一字形独立剪力墙的底部加强部位尚不应小于 180mm。非抗震设计时不应小于 160mm。

11.4.3.2 剪力墙截面承载力计算

在落地剪力墙中，整体墙和小开口墙可按悬臂剪力墙进行设计。悬臂剪力墙是剪力墙中的基本形式，是只有一个墙肢的构件，其设计方法也是其他各类剪力墙设计的基础。双肢墙和多肢墙又称联肢墙，是由连梁和墙肢构件组成的开有较大规则洞口的剪力墙。因此剪力墙截面设计主要是墙肢及连梁两类构件设计。为了更好的理解剪力墙配筋构造，本节重点分析这两类构件截面承载力设计思路，具体的设计公式可参考《高层规程》。

（1）墙肢截面承载力　《高层规程》规定，剪力墙应进行平面内的斜截面受剪、偏心受压或偏心受拉、平面外轴心受压承载力验算。在集中荷载作用下，墙内无暗柱时还应进行局部受压承载力验算。

剪力墙墙肢承受轴力、弯矩、剪力的共同作用，属于偏心受压或偏心受拉构件，符合钢筋混凝土压弯构件的基本规律。与柱子相比，它的截面呈片状（截面高度远大于截面墙板厚度）；墙板内沿截面长方形配有许多分布钢筋。同时，截面抗剪问题突出。这种剪力墙与柱截面配筋计算及配筋构造都略有不同。在剪力墙内，由竖向钢筋抗弯，水平钢筋抗剪；竖向钢筋由墙肢正截面承载力确定，水平钢筋由墙肢斜截面承载力确定，见图 11-42。墙肢除了进行正截面承载力和斜截面抗剪承载力计算外，必要时，还需要进行抗裂度和裂缝宽度的验算以及平面外承载力验算和局部受压承载力验算。

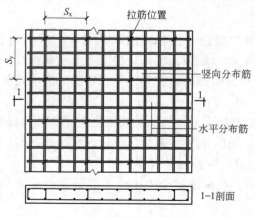

图 11-42　钢筋混凝土剪力墙截面配筋示意图

① 墙肢正截面抗弯承载力　剪力墙墙肢正截面抗弯承载力计算中，考虑竖向分布钢筋参与抗弯。然而由于竖向分布钢筋较细，容易产生压屈现象。所以在受压区，不考虑分布筋的

作用，使设计偏于安全。如有可靠措施防止分布筋压屈，也可在计算中计入其受压作用。

剪力墙墙肢可根据破坏形态不同分为大偏压、小偏压、大偏拉和小偏拉等四种情况。下面仅对各种情况截面极限应力状态做简单分析，加强对截面钢筋配置的理解，公式的建立过程与偏心受力构件相同，这里不再一一赘述。

a. 大偏心受压极限应力状态

图 11-43 所示为一矩形截面墙肢大偏心受压极限应力状态。墙板内配有均匀的竖向分布钢筋和受压钢筋及受拉钢筋，如图 11-43(a)。钢筋面积如图 11-43(b)，其中 A_{sw} 为剪力墙腹板内竖向分布钢筋总面积。极限状态下截面应变如图 11-43(c) 所示，破坏时，远离中和轴的受拉钢筋和受压钢筋达到屈服，压区混凝土达到极限压应变；腹板内位于受压区的分布钢筋不予考虑外，受拉区靠近中和轴的竖向分布钢筋由于应力较小，也不计入。因此，只考虑受拉区 $h_{w0}-1.5x$ 范围内的分布钢筋达到屈服。根据极限状态下截面等效矩形应力分布图，如图 11-43(d)所示，根据 $\Sigma N=0$、$\Sigma M=0$ 两个平衡条件，建立方程。

设计时，通常先根据构造要求给定竖向分布钢筋 A_{sw} 及 f_{yw}，即可求出端部受拉钢筋和受压钢筋。

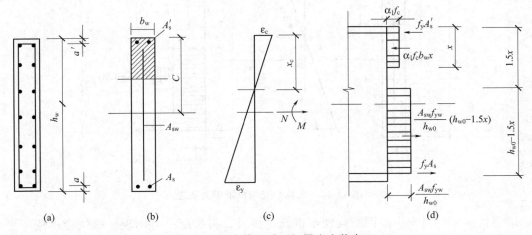

图 11-43 大偏心受压极限应力状态

b. 小偏心受压极限应力状态

在小偏心受压时，截面全部受压或大部分受压，受拉部分的钢筋均未达到屈服应力，因此所有分布钢筋都不计入抗弯，因此竖向分布钢筋按构造要求设置。剪力墙截面的抗弯承载力计算与小偏心受压柱完全相同，见图 11-44。

c. 偏心受拉极限应力状态

当墙肢截面承受拉力时，需判断其属于大偏心受拉还是小偏心受拉。在大偏心受拉情况下，如图 11-45 所示，截面部分受压，忽略受压区分布钢筋及受拉区靠近中和轴附近分布钢筋作用，极限应力状态下的截面应力分布与大偏心受压相同。

在小偏压受拉情况下，或大偏心受拉而混凝土压区很小（$x \leqslant 2a'$）时，按全截面受拉假定计算配筋。

② 墙肢斜截面抗剪承载力 剪力墙中斜裂缝的出现可能有两种情况。一是由弯曲受拉边缘先出现水平裂缝，然后向倾斜方向发展成为斜裂缝；另一是因腹板中部主拉应力过大而出现斜向裂缝，然后向两边缘发展。斜裂缝出现后的剪切破坏可能有三种情况。

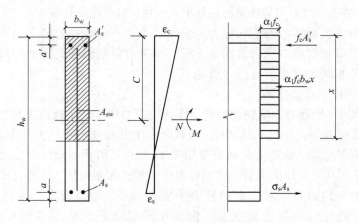

图 11-44　小偏心受压极限应力状态

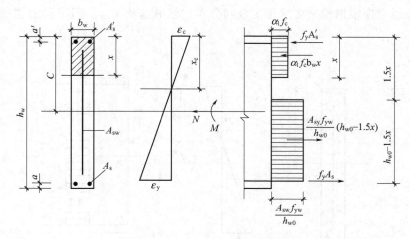

图 11-45　大偏心受拉极限应力状态

　　a. 剪拉破坏　当无腹部钢筋或腹部钢筋过少时，斜裂缝一旦出现，很快会形成一条主裂缝，使构件劈裂而丧失承载能力。避免这类剪拉破坏的主要措施是配置必需的腹部钢筋。

　　b. 剪压破坏　当配置足够的腹部钢筋时，腹部钢筋可抵抗斜裂缝的开展。随着裂缝逐步扩大，混凝土受区域减小，最后在压应力及剪应力的共同作用下，混凝土破碎而丧失承载能力。剪力墙抗剪腹筋计算主要是建立在这种破坏形态基础上的。

　　c. 剪切滑移破坏　当剪力墙截面过小或混凝土强度等级选择不恰当时，截面剪应力过高，腹板中较早出现斜裂缝。尽管按照计算需要可以配置许多腹部钢筋，但过多的腹部钢筋并不能充分发挥作用——钢筋应力很小时，混凝土就被剪压破碎了。这种破坏只能用加大混凝土截面或提高混凝土等级来防止，在设计中则从限制截面的剪压比来体现这一要求。

　　剪力墙腹板中存在竖向及水平分布钢筋，二者对抵抗斜裂缝都有作用。但在设计中，通常考虑竖向分布筋抵抗弯矩，而水平筋抵抗剪力。因此，斜截面抗剪承载力计算的主要目的是在一定的截面尺寸及混凝土等级下，计算水平分布钢筋的面积。

　　剪力墙抗剪承载力主要由混凝土抗剪、水平分布钢筋抗剪和轴向力对抗剪承载力的影响三部分组成。其中，一定的轴向压力对抗剪承载力有利，而轴向拉力会减小斜截面抗剪承载力。

(2) 连梁截面承载力　剪力墙中的连梁通常跨度较小而梁高较大，在住宅、旅馆等建筑中采用剪力墙结构时，连梁跨高比可能小于 2.5，有时接近 1。这种连梁的受力性能与一般垂直荷载下的深梁不同（竖向荷载产生的弯矩力不大），在水平荷载下它与墙肢相互作用产生的约束弯矩与剪力较大，约束弯矩和剪力在梁两端方向相反。这种反弯作用使梁产生很大的剪切变形，对剪应力十分敏感，容易出现斜裂缝。特别在反复荷载作用下易形成交叉裂缝，使混凝土酥裂，导致剪切破坏（见图 11-46）。

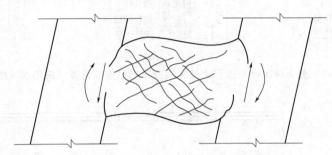

图 11-46　连梁受力与变形

剪力墙中的连梁受弯矩、剪力、轴力的共同作用，当跨高比大于 2.5 时，可抗弯承载力按普通受弯构件的抗弯承载力公式进行计算。

抗剪承载力受跨高比的影响较大，尤其有地震作用时，连梁抗剪承载力降低，其中跨高比小于 2.5 的连梁抗剪承载力更低。因此有地震作用组合时，需考虑跨高比的影响。另外，为了不使斜裂缝过早出现，或混凝土过早破坏，连梁截面尺寸不应太小，应符合规定要求。

11.4.3.3　剪力墙配筋构造

(1) 墙肢

① 高层剪力墙结构的竖向和水平分布钢筋不应单排配置。剪力墙截面厚度不大于 400mm 时，可采用双排配筋，各排分布钢筋之间拉筋的间距不应大于 600mm，直径不应小于 6mm。

② 剪力墙的竖向和水平分布钢筋的间距均不宜大于 300mm，直径不应小于 8mm，且不宜大于墙厚的 1/10。

③ 剪力墙竖向和水平分布钢筋的配筋率（$A_{sw}/b_w s$，A_{sw} 为间距 s 范围内同一截面内竖向或水平分布钢筋各肢总面积）一、二、三级抗震时均不应小于 0.25%，四级和非抗震设计时均不应小于 0.20%。

④ 房屋顶层剪力墙、长矩形平面房屋的楼梯间和电梯间剪力墙、端开间纵向剪力墙以及端山墙的水平和竖向分布钢筋的配筋率均不应小于 0.25%，间距均不应大于 200mm。

⑤ 剪力墙的纵向受力钢筋亦在端部设置直径较大的钢筋，即使计算不需端部竖向钢筋，也应按构造要求配置。采用绑扎搭接时，剪力墙身及边缘构件竖向分布钢筋连接需满足图 11-47 要求，水平钢筋需满足图 11-48 要求。

⑥ 剪力墙两端和洞口两侧应设置边缘构件，并应符合下列规定。

一、二、三级抗震剪力墙底层墙肢底截面的轴压比大于表 11-11 的规定值时，应在底部加强部位及相邻的上一层设置约束边缘构件，B 级高度高层建筑的剪力墙，宜在约束边缘构

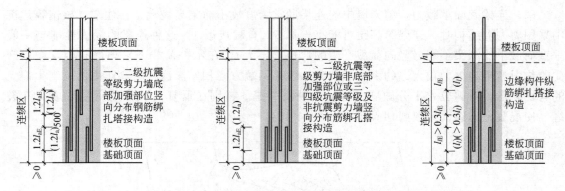

图 11-47 剪力墙墙身及边缘构件竖向分布钢筋连接位置（采用绑扎搭接）

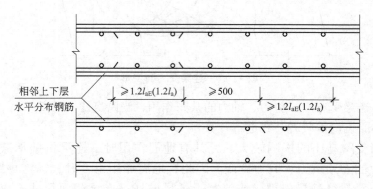

图 11-48 剪力墙身水平分布钢筋连接位置（采用绑扎搭接）

件层与构造边缘构件层之间设置 1～2 层过渡层，过渡层边缘构件的箍筋配置要求可低于约束边缘构件的要求，但应高于构造边缘构件的要求。除上述部位外，剪力墙应设置构造边缘构件。

表 11-11　剪力墙可不设约束边缘构件的最大轴压比

等级或烈度	一级（9 度）	一级（6、7、8 度）	二、三级
轴压比 N/f_cA_w	0.1	0.2	0.3

　　a. 约束边缘构件的构造要求　　剪力墙的约束边缘构件可为暗柱、端柱和翼墙，配筋范围及构造形式如图 11-49 所示。剪力墙约束边缘构件阴影部分的竖向钢筋除应满足正截面受压（受拉）承载力计算要求外，其配筋率在一、二、三级抗震时分别不小于 1.2%、1.0% 和 1.0%，并分别不应少于 8 根 16mm、6 根 16mm 和 6 根 14mm 直径的钢筋。

　　剪力墙约束边缘构件阴影部分的箍筋体积配箍率按下式计算

$$\rho_v = \lambda_v \frac{f_c}{f_{yv}} \tag{11-24}$$

　　约束边缘构件沿墙肢的长度 l_c 和箍筋配箍特征值 λ_v 应符合表 11-12 的要求。f_c 为混凝土轴心抗压强度设计值，f_{yv} 为箍筋、拉筋或水平分布钢筋的抗拉强度设计值。根据《高层规程》，约束边缘构件长度范围内的非阴影加强部位可采用封闭箍筋或拉筋，其箍筋配箍特征值取 $\lambda'_v = \lambda_v/2$。约束边缘构件内箍筋或拉筋沿竖向的间距，一级不宜大于 100mm，二、三级不宜大于 150mm；沿水平方向的肢距间距不宜大于 300mm，不应大于竖向钢筋间距的 2 倍。

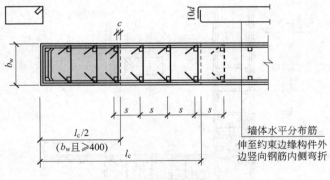

(a) 约束边缘暗柱配筋构造

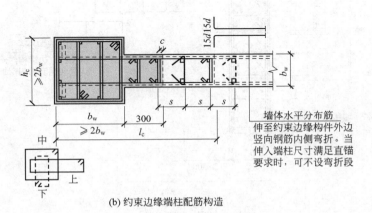

(b) 约束边缘端柱配筋构造

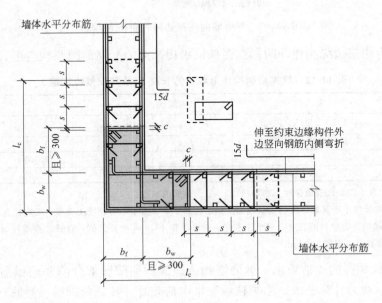

(c) 约束边缘转角墙配筋构造

图 11-49

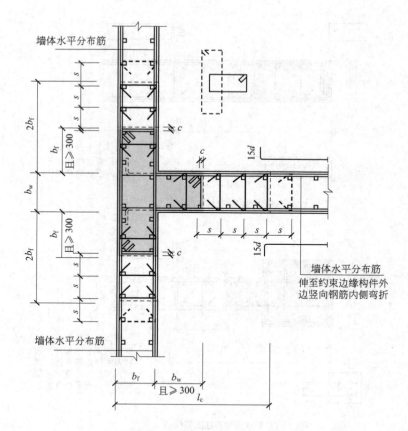

(d) 约束边缘翼墙配筋构造

图 11-49 剪力墙的约束边缘构件配筋构造

图 11-49 为约束边缘构件非阴影加强部位采用拉筋的配筋范围及构造形式。

表 11-12　约束边缘构件沿墙肢的长度 l_c 及其配箍特征值 λ_v

项目	一级(9度)		一级(6、7、8度)		二、三级	
	$\mu_N \leqslant 0.2$	$\mu_N > 0.2$	$\mu_N \leqslant 0.3$	$\mu_N > 0.3$	$\mu_N \leqslant 0.4$	$\mu_N > 0.4$
l_c(暗柱)	$0.20h_w$	$0.25h_w$	$0.15h_w$	$0.20h_w$	$0.15h_w$	$0.20h_w$
l_c(翼墙或端柱)	$0.15h_w$	$0.20h_w$	$0.10h_w$	$0.15h_w$	$0.10h_w$	$0.15h_w$
λ_v	0.12	0.20	0.12	0.20	0.12	0.20

注：1. μ_N 为墙肢在重力荷载代表值作用下的轴压比，h_w 为墙肢的长度。

2. 剪力墙的翼墙长度小于翼墙厚度的 3 倍或端柱截面边长小于 2 倍墙厚时，按无翼墙、无端柱查表。

3. l_c 为约束边缘构件沿墙肢的长度。对暗柱不应小于墙厚和 400mm 的较大值；有翼墙或端柱时，不应小于翼墙厚度或端柱沿墙肢方向截面高度加 300mm。

　　b. 构造边缘构件的构造要求　剪力墙构造边缘构件阴影部分的竖向钢筋应满足正截面受压（受拉）承载力计算要求。当端柱承受集中荷载时，其竖向钢筋、箍筋直径和间距应满足框架柱的相应要求。箍筋、拉筋沿水平方向的肢距不宜大于 300mm，不应大于竖向钢筋间距的 2 倍。

　　剪力墙构造边缘构件的最小配筋率应满足表 11-13 的要求，配筋范围及构造形式如图 11-50 所示。

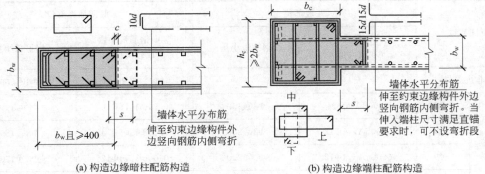

(a) 构造边缘暗柱配筋构造

(b) 构造边缘端柱配筋构造

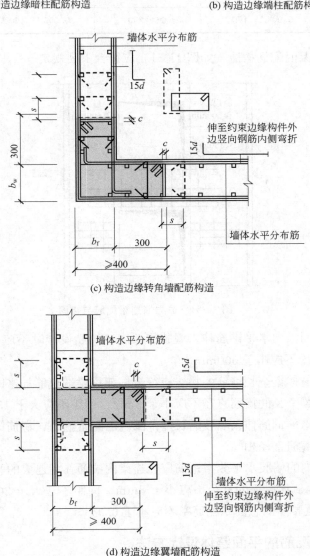

(c) 构造边缘转角墙配筋构造

(d) 构造边缘翼墙配筋构造

图 11-50 剪力墙的构造边缘构件配筋构造

表 11-13 剪力墙构造边缘构件的最小配筋要求

设计等级		一般部位		底部加强部位	
		竖向钢筋最小量（取较大值）	钢箍最小量	竖向钢筋最小量（取较大值）	钢箍最小量
非抗震		—	—	4Φ12 或 2Φ16	Φ6@250
抗震	一级	$0.008A_c$,6Φ4	Φ8@150	$0.010A_c$,6Φ16	Φ8@100
	二级	$0.006A_c$,6Φ12	Φ8@200	$0.008A_c$,6Φ14	Φ8@150
	三级	$0.004A_c$,4Φ12	Φ6@200	$0.006A_c$,4Φ12	Φ6@150
	四级	$0.004A_c$,4Φ12	Φ6@250	$0.005A_c$,4Φ12	Φ6@200

（2）连梁 连梁的配筋构造（如图 11-51）应符合下列规定。

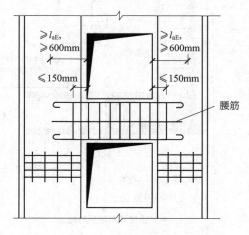

图 11-51 剪力墙连梁配筋与锚固

连梁顶面、底面纵向水平钢筋伸入墙肢的长度，抗震设计时不应小于 l_{aE}，非抗震设计时不应小于 l_a，且均不应小于 600mm。

抗震设计时，沿连梁全长箍筋的构造应符合框架梁梁端箍筋加密区的箍筋构造要求；非抗震设计时，沿连梁全长的箍筋直径不应小于 6mm，间距不应大于 150mm。

顶层连梁纵向水平钢筋伸入墙肢的长度范围内应配置箍筋，箍筋间距不宜大于 150mm，直径应与该连梁的箍筋直径相同。

连梁高度范围内的墙肢水平分布钢筋应在连梁内拉通作为连梁的腰筋。连梁截面高度大于 700mm 时，其两侧面腰筋的直径不应小于 8mm，间距不应大于 200mm；跨高比不大于 2.5 的连梁，其两侧腰筋的总面积配筋率不应小于 0.3%。

11.4.4 剪力墙配筋的平面整体设计方法

（1）剪力墙平法施工图表示方法 剪力墙平法施工图系在剪力墙平面布置图上采用列表注写方式或截面注写方式表达。列表注写或截面注写，均需绘制剪力墙端柱、翼墙柱、转角墙柱、暗柱、短肢墙等截面配筋图。剪力墙按剪力墙柱、剪力墙身、剪力墙梁（简称为墙柱、墙身、墙梁）三类构件分别编号。墙柱编号及连梁编号如表 11-14、表 11-15 所示。

表 11-14　墙柱标号

墙柱类型	代号	序号
约束边缘构件	YBZ	X X
构造边缘构件	GBZ	XX
非边缘暗柱	AZ	X X
扶壁柱	FBZ	XX

表 11-15　墙梁编号

墙梁类型	代号	序号
连梁	LL	XX
连梁（对角暗撑配筋）	LL（JC）	XX
连梁（交叉斜筋配筋）	LL（JX）	XX
连梁（集中对角斜筋配筋）	LL（DX）	XX
暗梁	AL	XX
边框梁	BKL	XX

（2）列表注写方式　列表注写方式，系分别在剪力墙柱表、剪力墙身表和剪力墙梁表中，对应于剪力墙平面布置图上的编号，用绘制截面配筋中注写几何尺寸与配筋具体数值的方式，来表达剪力墙平法施工图。如图 11-52、图 11-53 所示。

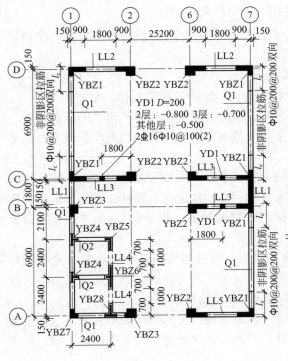

剪力墙梁表

编号	所在楼层号	梁顶相对标高高差	梁截面 $b×h$	上部纵筋	下部纵筋	箍筋
LL1	2～9	0.800	300×2000	4Φ22	4Φ22	Φ10@100(2)
	10～16	0.800	250×2000	4Φ20	4Φ20	Φ10@100(2)
	屋面1		250×1200	4Φ20	4Φ20	Φ10@100(2)
LL2	3	−1.200	300×2520	4Φ22	4Φ22	Φ10@150(2)
	4	−0.900	300×2070	4Φ22	4Φ22	Φ10@150(2)
	5～9	−0.900	300×1770	4Φ22	4Φ22	Φ10@150(2)
	10～屋面1	−0.900	250×1770	3Φ22	3Φ22	Φ10@150(2)
LL3	2		300×2070	4Φ22	4Φ22	Φ10@100(2)
	3		300×1770	4Φ22	4Φ22	Φ10@100(2)
	4～9		300×1170	4Φ22	4Φ22	Φ10@100(2)
	10～屋面1		250×1170	3Φ22	3Φ22	Φ10@100(2)
LL4	2		250×2070	3Φ20	3Φ20	Φ10@120(2)
	3		250×1770	3Φ20	3Φ20	Φ10@120(2)
	4～屋面1		250×1170	3Φ20	3Φ20	Φ10@120(2)
AL1	2～9		300×600	3Φ20	3Φ20	Φ8@150(2)
	10～16		250×500	3Φ18	3Φ18	Φ8@150(2)
BKL1	屋面1		500×750	4Φ22	4Φ22	Φ10@150(2)

剪力墙身表

编号	标　　高	墙厚	水平分布筋	垂直分布筋	拉筋(双向)
Q1	−0.03～30.270	300	Φ12@200	Φ12@200	Φ6@600@600
	30.270～59.070	250	Φ10@200	Φ10@200	Φ6@600@600
Q2	−0.03～30.270	250	Φ10@200	Φ10@200	Φ6@600@600
	30.270～59.070	200	Φ10@200	Φ10@200	Φ6@600@600

图 11-52　剪力墙平法施工图（剪力墙梁、墙身表）

① 墙柱编号由类型代码和序号组成。

② 墙身编号，由墙身代号、序号以及墙身所配置的水平与竖向分布钢筋的排数组成，

剪力墙柱表

截面	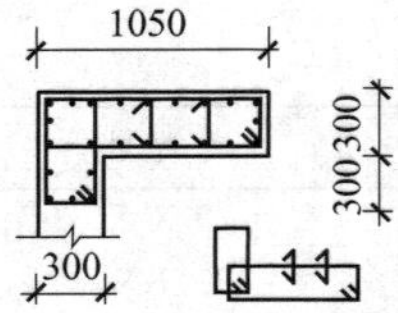	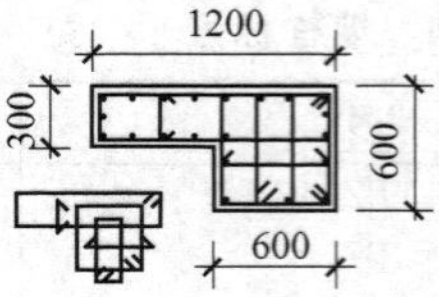	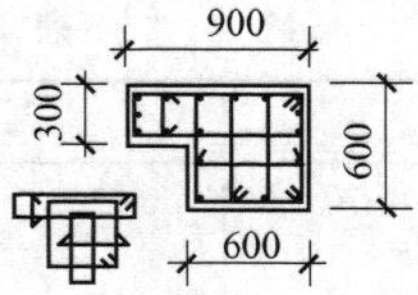	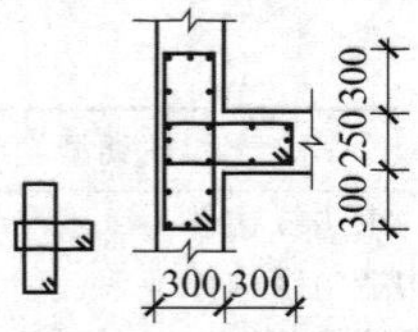
编号	YBZ1	YBZ2	YBZ3	YBZ4
标高	−0.030～12.270	−0.030～12.270	−0.030～12.270	−0.030～12.270
纵筋	24Φ20	22Φ20	18Φ22	20Φ20
箍筋	Φ10@100	Φ10@100	Φ10@100	Φ10@100
截面	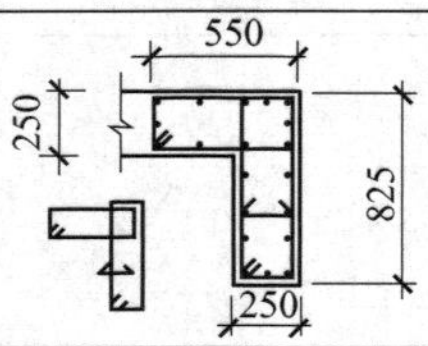	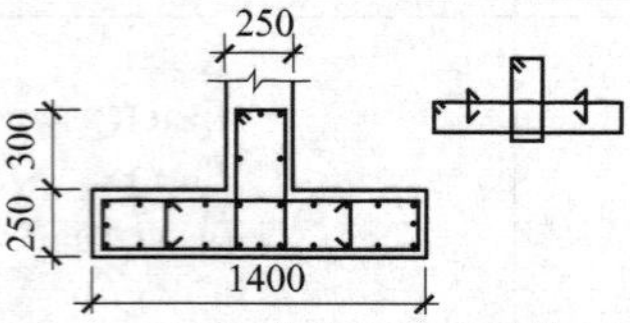		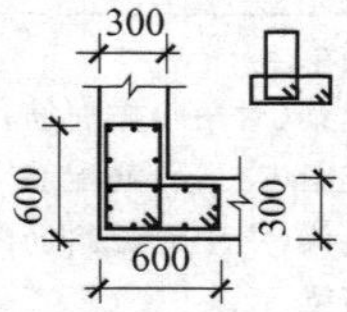
编号	YBZ5	YBZ6		YBZ7
标高	−0.030～12.270	−0.030～12.270		−0.030～12.270
纵筋	20Φ20	23Φ20		16Φ20
箍筋	Φ10@100	Φ10@100		Φ10@100

图 11-53　剪力墙平法施工图（部分剪力墙柱表）

其中，排数注写在括号内。表达形式为：QXX（X 排），当墙身所设置的水平与竖向分布钢筋的排数为 2 时可不注。

③ 墙梁编号，由墙梁类型代号和序号组成。

④ 在剪力墙柱表中，注写墙柱编号，绘制该墙柱的截面配筋图，标注墙柱几何尺寸。约束边缘构件和构造边缘构件需注明阴影部分尺寸，扶壁柱及非边缘暗柱需注明几何尺寸。

注写各段墙柱的起止标高，自墙柱根部往上以变截面位置或截面未变但配筋改变处为界分段注写。

注写各段墙柱的纵向钢筋和箍筋，注写值应与在表中绘制的截面配筋图对应一致。纵向钢筋注写总配筋值；墙柱箍筋的注写方式与柱箍筋相同。约束边缘构件除注写阴影部位的箍筋外，尚需在剪力墙平面布置图中注写非阴影区内布置的拉筋（或箍筋）。如非阴影区拉筋 Φ10@200@200 双向。

⑤ 在剪力墙梁表中，注写墙梁编号及所在楼层号；注写墙梁顶面标高高差，系指相对于墙梁所在结构层楼面标高的高差值，高于者为正值，低于者为负值，当无高差时不注；注写墙梁截面尺寸 $b \times h$，上部纵筋，下部纵筋和箍筋的具体数值。

（3）截面注写方式　截面注写方式，系在分标准层绘制的剪力墙平面布置图上，以直接在墙柱、墙身、墙梁上注写截面尺寸和配筋具体数值的方式来表达剪力墙平法施工图，如图 11-54 所示。

① 从相同编号的墙柱中选择一个截面，注明几何尺寸，标注全部纵筋及箍筋的具体数值。对于约束边缘构件除需注明阴影部分具体尺寸外，尚需注明约束边缘构件沿墙肢长度 l_c。约束边缘翼墙中沿墙肢长度尺寸 $2b$ 可不注。除注写阴影部位的箍筋外，尚需注写非阴影区内布置的拉筋（或箍筋）。

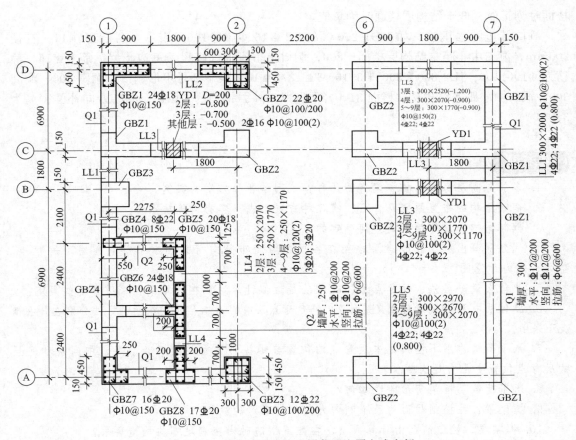

图 11-54　剪力墙平法施工图截面注写方式实例

② 从相同编号的墙身中选择一道墙身，按顺序引注的内容为：墙身编号（应包括注写在括号内墙身所配置的水平与竖向分布钢筋的排数）、墙厚尺寸，水平分布钢筋、竖向分布钢筋和拉筋的具体数值。

③ 从相同编号的墙梁中选择一根墙梁，按顺序注写墙梁编号、墙梁截面尺寸 $b \times h$，墙梁箍筋、上部纵筋、下部纵筋和墙梁顶面标高高差的具体数值。当墙身水平分布钢筋不能满足连梁、暗梁及边框梁的梁侧面纵向构造钢筋的要求时，应补充注明梁侧面纵筋的具体数值；注写时，以大写字母 N 打头，接续注写直径与间距。其在支座内的锚固要求同连梁中受力钢筋。

（4）剪力墙洞口的表示方法　无论采用列表注写方式还是截面注写方式，剪力墙上的洞口均可在剪力墙平面布置图上原位表达。具体表示方法为：

① 在剪力墙平面布置图上绘制洞口示意，并标注洞口中心的平面定位尺寸。

② 在洞口中心位置引注：洞口编号、洞口几何尺寸、洞口中心相对标高、洞口每边补强钢筋共四项内容。

具体规定如下：

洞口编号：矩形洞口为 JDXX（XX 为序号），圆形洞口为 YDXX（XX 为序号）；

洞口几何尺寸：矩形洞口为洞宽×洞高（$b \times h$），圆形洞口为洞口直径 D；

洞口中心相对标高，系相对于结构层楼（地）面标高的洞口中心高度。当其高于结构层楼面时为正值，低于结构层楼面时为负值。

洞口每边补强钢筋，如 YD1 200-0.800 2 ⏀ 16 Φ10@100，表示 1 号圆形洞口，直径 200mm，洞口中心距本结构层楼面－800，洞口上下设补强暗梁，每边暗梁纵筋 2 ⏀ 16，箍筋为 Φ10@100；JD2 800×300 ＋3.100 3 ⏀ 18/3 ⏀ 14，表示 2 号矩形洞口，洞宽 800、洞高 300，洞口中心距本结构楼层楼面 3100，洞宽方向补强钢筋为 3 ⏀ 18，洞高方向补强钢筋为 3 ⏀ 14。

思考题 ▶▶

1. 多层与高层房屋结构方案有哪几种？试列举各种方案的实例。

2. 框架结构的布置原则是什么？有几种布置形式？各有何优缺点？

3. 框架结构的计算简图是如何确定的？

4. 试分别画出一榀三跨三层框架在各层各跨满布竖向荷载和水平荷载作用下的弯矩、剪力、轴力示意图。

5. 为什么说分层法、反弯点法、D 值法是近似计算法？在计算中各采用了哪些假定？

6. D 值法中 D 值的物理意义是什么？与反弯点法中的 d 有何不同？两种方法分别在什么情况下采用？

7. 水平荷载作用下框架柱中反弯点的位置与哪些因素有关？框架顶层、中间层和底层的反弯点位置变化有什么规律？

8. 水平荷载下框架变形曲线如何？

9. 框架梁、柱控制截面的最不利内力是如何确定的？

10. 框架梁、柱配筋已由计算得到，在配置钢筋时尚应满足哪些构造要求？

11. 剪力墙结构有哪几类？阐述各自的受力特点。

12. 剪力墙中有哪几种钢筋？各起什么样的作用。

13. 剪力墙边缘构件分约束边缘构件和构造边缘构件，试述两者的区别。

习题 ▶▶

1. 试用分层法作图 11-55 所示框架弯矩图。括号内的数字为梁柱相对线刚度值。

2. 试用反弯点法作图 11-56 所示框架弯矩图。括号内的数字为梁柱相对线刚度值。水平荷载为风荷载。

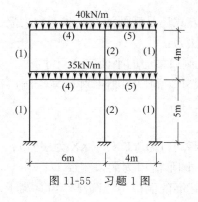

图 11-55　习题 1 图

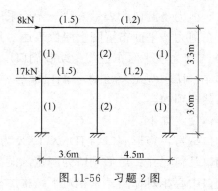

图 11-56　习题 2 图

第 12 章

砌体结构

12.1 概　　述

砌体结构是指以砖、石、砌块等块材用砂浆砌筑而成的墙柱作为主要受力构件的结构。砌体按照所采用块材的不同，可分为砖砌体、石砌体和砌块砌体三大类。由于过去大量应用的是砖砌体和石砌体，所以习惯上又称砖石结构。

如第 1 章所述，砌体结构与钢筋混凝土结构相比，砌体结构可以节约水泥和钢材，降低造价。砌体材料具有良好的耐火性，较好的化学稳定性和大气稳定性。在施工方面，砌体结构砌筑时不需要特殊的技术设备。此外，砖石砌体特别是砖砌体，具有较好的隔热、隔声性能。

砌体结构的另一个特点是其抗压强度远大于抗拉、抗剪强度，即使砌体强度不是很高，也能具有较高的结构承载力，特别适合于以受压为主构件的应用。由于上述这些特点，砌体结构得到了广泛的应用，不但大量应用于一般工业与民用建筑，而且在高塔、烟囱、料仓、挡墙等构筑物以及桥梁、涵洞、墩台等也有广泛的应用。闻名世界的中国万里长城和埃及金字塔就是古代砌体结构的光辉典范。

砌体结构也存在许多缺点：与其他材料结构相比，砌体的强度较低，因而必须采用较大截面的墙、柱构件，体积大、自重大、材料用量多，运输量也随之增加；砂浆和块材之间的黏结力较弱，因此砌体的抗拉、抗弯和抗剪强度较低，抗震性能差，使砌体结构的应用受到限制；砌体基本上采用手工方式砌筑，劳动量大，生产效率较低，质量较难保证均匀一致。此外，在我国大量采用的黏土砖与农田争地的矛盾十分突出，已经到了政府不得不加大禁用黏土砖力度的程度。

砌体主要用于承受压力的构件，房屋的基础、内外墙、柱都可用砌体结构建造。无筋砌体房屋一般可建造 5～7 层，配筋砌块剪力墙结构房屋可建 8～18 层。《砌体结构设计规范（GB 50003—2011）》规定，抗震设防地区的普通砖、多孔砖和混凝土砌块等砌体承重的多层房屋，底层或底部两层框架抗震墙砌体房屋，配筋砌块砌体抗震墙房屋，应按规定进行抗震设计。甲类抗震设防建筑不宜采用砌体结构。同时，规范对多层砌体结构房屋的总层数和总高度做了限值规定。

12.2 砌体材料及其力学性能

12.2.1 砌体材料

砌体是由块材经砂浆黏结而成，块材是砌体的主要组成部分，通常占砌体总体积的78%以上。目前我国砌体结构中常用的块材有以下几类。

(1) 砖　我国目前用于砌体结构的砖主要有烧结普通砖、烧结多孔砖、蒸压灰砂砖、蒸压粉煤灰砖等四种。烧结砖中以烧结黏土砖的应用最为普遍，但由于黏土砖生产要占用农田，影响社会经济的可持续发展，因此在我国广大人口多、耕地少的地区应逐步限制或取消黏土砖，进行墙体材料改革，积极发展黏土的替代产品，利用当地资源或工业废料研制生产新型墙体材料。

烧结普通砖是由黏土、煤矸石、页岩或粉煤灰为主要原料，经过焙烧而成的实心或空洞率不大于15%，且外形尺寸符合规定的砖，烧结普通砖按其主要原料种类可分为烧结黏土砖、烧结煤矸石砖、烧结页岩砖及烧结粉煤灰砖等。烧结普通砖的规格尺寸为 240mm×115mm×53mm [图 12-1(a)]。

烧结多孔砖是以黏土、页岩、煤矸石为主要原料，经焙烧而成，孔洞率不大于35%，孔的尺寸小而数量多，主要用于承重部位的砖，承重烧结多孔砖简称多孔砖。多孔砖分为 P 型砖与 M 型砖，其中 P 表示"普通"，M 表示"模数"。P 型砖有 KP1 型和 KP2 型。KP1 型的规格尺寸 240mm×115mm×90mm，KP2 型的规格尺寸 240mm×180mm×115mm [图 12-1(b)]，M 型砖的规格尺寸 190mm×190mm×90mm [图 12-1(c)] 以及相应的配砖。此外，用黏土、页岩、煤矸石等原料还可经焙烧成孔洞较大、空洞率大于40%的烧结空心砖 [图 12-1(d)] 用于围护结构。多孔砖与实心砖相比，可减轻结构自重、节省砌筑砂浆、减少砌筑工时，此外黏土用量与耗能亦可相应减少。

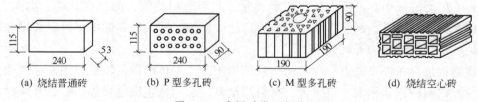

(a) 烧结普通砖　　(b) P 型多孔砖　　(c) M 型多孔砖　　(d) 烧结空心砖

图 12-1　常用砖类型规格

蒸压灰砂普通砖是以石灰和砂为主要原料，经坯料制备、压制成型、蒸压养护而成的实心砖，简称灰砂砖。

蒸压粉煤灰普通砖是以粉煤灰、石灰为主要原料，掺加适量石膏和集料，经坯料制备、压制成型、高压蒸汽养护而成的实心砖，简称粉煤灰砖。灰砂砖与粉煤灰砖的规格尺寸与烧结普通砖相同。

混凝土普通砖和混凝土多孔砖是以水泥为胶结材料，以砂、石等为主要材料，加水搅拌、成型、养护制成的一种多孔的混凝土半盲孔或实心砖。多孔砖主要规格尺寸为240mm×115mm×90mm，240mm×190mm×90mm，190mm×190mm×90mm 等，实心砖的主要规格尺寸为240mm×115mm×53mm，240mm×115mm×90mm 等。

混凝土砖取材方便、生产工艺简单、施工方便、节土、耐久性好，环境污染和能耗低，在砂、石资源较为丰富的地区，以混凝土普通砖、混凝土多孔砖代替烧结普通砖、烧结多孔砖的制砖业迅速发展。但是，与传统的烧结普通砖比，其重力密度较高、保温和隔热性能较差、水泥消耗量多等方面仍有待在实践应用中不断改善。

（2）砌块　砌块一般指混凝土空心砌块、加气混凝土砌块及硅酸盐实心砌块。此外还有用黏土、煤矸石等为原料，经焙烧而制成的烧结空心砌块（图 12-2）。

 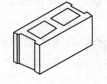 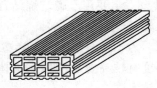

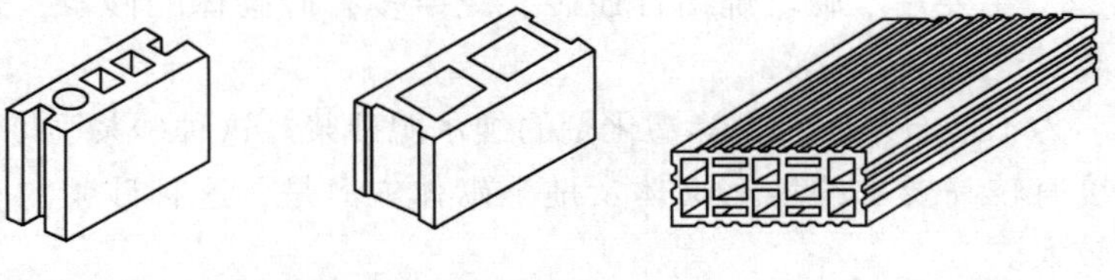

(a) 混凝土中型空心砌块　　(b) 混凝土小型空心砌块　　(c) 烧结空心砌块

图 12-2　砌块材料

砌块按尺寸大小可分为小型、中型和大型三种，我国通常把砌块高度为 180～350mm 的称为小型砌块，高度为 360～900mm 的称为中型砌块，高度大于 900mm 的称为大型砌块。我国目前在承重墙体材料中使用最为普遍的是混凝土小型空心砌块，它是由普通混凝土或轻集料混凝土制成，主要规格尺寸为 390mm×190mm×190mm，空心率一般在 25%～50% 之间，一般简称为混凝土砌块或砌块。中型、大型砌块尺寸较大、自重较重，适用于机械吊装，可提高施工速度、减轻劳动强度，但其型号不多，使用不够灵活，在我国很少使用。

（3）石材　天然建筑石材在所有块体材料中应用历史最为悠久，并具有强度高、抗冻与抗气性能好等优点，故在有开采和加工条件及能力的地区，可用于砌筑条形基础、承重墙及重要房屋的贴面装饰材料，但用于砌筑炎热及寒冷地区的墙体时，因其保温性能差需要较大的墙厚而显得不经济。

天然石材根据其外形和加工程度可分为料石与毛石两种，料石按其加工的外形规则精度不同又分为细料石、半细料石、粗料石和毛料石。细料石外形规则，叠砌面凹入深度不大于 10mm，截面宽高不小于 200mm，且不小于长度的 1/4。半细料石规格尺寸同细料石，叠砌面凹入深度不大于 15mm。粗料石规格尺寸同细料石，叠砌面凹入深度不大于 20mm。毛料石外形大致方正，一般不加工或稍加工修整，高度不小于 200mm，叠砌面凹入深度不大于 25mm。毛石形状不规则，为中部厚度不小于 200mm 的块石。

（4）块材的强度等级　根据标准试验方法得到的以 MPa 表示的块材极限抗压强度按规定的评定方法确定的强度值称为该块材的强度等级 MU。具体见《砌墙砖试验方法》（GB/T 2542—2003）。对于有些实心砖，由于其厚度较小，为了防止在砌体中过早断裂，在确定强度等级时，除依据抗压强度外，还应满足按相应的强度等级规定的抗折强度要求。空心块材的强度等级是由试件破坏荷载值除以受压毛面积确定的，在设计计算时不需再考虑孔洞的影响。

《砌体结构设计规范》（GB 50003—2011）规定的各种块材的强度等级如下：

① 烧结普通砖、烧结多孔砖的强度等级为 MU30、MU25、MU20、MU15 和 MU10；

② 蒸压灰砂砖、蒸压粉煤灰砖的强度等级为 MU25、MU20 和 MU15；

③ 混凝土普通砖、混凝土多孔砖的强度等级为 MU30、MU25、MU20、MU15；

④ 砌块的强度等级为 MU20、MU15、MU10、MU7.5 和 MU5；

⑤ 石材的强度等级为 MU100、MU80、MU60、MU50、MU40、MU30 和 MU20。

（5）砂浆　砂浆是用砂和适量的无机胶凝材料（水泥、石灰、石膏、黏土等）加水搅拌而成的一种黏结材料。砂浆的作用是将砌体中的块体连成一个整体，并垫平块材上下表面，使块体表面应力的分布较为均匀。同时砂浆填满块体间的缝隙，减少了砌体的透气性，提高砌体的保温性能与抗冻性能及隔热防水性能。

① 砂浆的种类

a. 普通砂浆　主要用于砌筑烧结普通砖、烧结多孔砖砌体的砂浆，普通砂浆按其组成成分分以下三类：

水泥砂浆　为不掺石灰、石膏等塑化剂的纯水泥砂浆。这种砂浆强度高、耐久性好，适宜于砌筑对强度有较高要求的地上砌体及地下砌体。但是，这种砂浆的和易性和保水性较差，施工难度较大。

混合砂浆　在水泥砂浆中掺入一定比例塑化剂的砂浆，例如水泥石灰砂浆、水泥石膏砂浆等。混合砂浆的和易性、保水性较好，便于施工砌筑，适用于砌筑一般地面以上的墙柱砌体。

非水泥砂浆　为不含水泥的砂浆，例如石灰砂浆、石膏砂浆、黏土砂浆等。这类砂浆强度低、耐久性差，只适宜于砌筑承受荷载不大的砌体或临时性建筑物、构筑物的砌体。

b. 混凝土砌块专用砂浆　由水泥、砂、水以及根据需要掺入的掺合料和外加剂等成分，按一定比例，采用机械拌和制成，专门用于砌筑混凝土砌块的砌筑砂浆，简称砌块专用砂浆。《砌体结构设计规范（GB 50003—2011）》规定混凝土砖砌体、混凝土多孔砖砌体、砌块砌体应采用砌块专用砂浆砌筑。

c. 蒸压灰砂普通砖和蒸压粉煤灰普通砖专用砂浆　由水泥、砂、水以及根据需要掺入的掺合料和外加剂等成分，按一定比例，采用机械拌和制成，专门用于砌筑蒸压灰砂普通砖和蒸压粉煤灰普通砖砌体，且砌体抗剪强度不低于烧结普通砖砌体的取值的专用砌筑砂浆。

② 砂浆的强度等级　我国的砂浆强度等级是采用边长为 70.7mm 的立方体标准试块，在温度为 (20 ± 3)℃ 环境下，水泥砂浆在湿度为 90％以上，水泥石灰砂浆在湿度为 60％～80％的条件下养护 28d，进行抗压试验，按计算规则得出的以 MPa 表示的砂浆试件强度值划分的。《砌体结构设计规范（GB 50003—2011）》规定普通砂浆的强度等级为 M15、M10、M7.5、M5 和 M2.5，混凝土专用砂浆的强度等级为 Mb20、Mb15、Mb10、Mb7.5 和 Mb5，蒸压灰砂普通砖和蒸压粉煤灰普通砖专用砂浆的强度等级为 Ms15、Ms10、Ms7.5 和 Ms5。

③ 对砂浆质量的要求　为了满足工程设计需要和施工质量，砂浆应当满足以下要求：

a. 砂浆应有足够的强度，以满足砌体的强度要求；

b. 砂浆应具有较好的和易性，以便于砌筑、保证砌筑质量和提高工效；

c. 砂浆应具有适当的保水性，使其在存放、运输和砌筑过程中不出现明显的沁水、分层、离析现象，以保证砌筑质量、砂浆的强度和砂浆与块材之间的黏结力。

（6）块材和砂浆的选择　在砌体结构设计中，块材及砂浆的选择既要保证结构的安全可靠，又要获得合理的经济技术指标，一般应按照以下的原则和规定进行选择。

① 应根据"因地制宜，就地取材"的原则，尽量选择当地性能良好的块材和砂浆材料，

以获得较好的技术经济指标。

② 为了保证砌体的承载力，要根据设计计算选择强度等级适宜的块材和砂浆。

③ 要保证砌体的耐久性。所谓耐久性就是要保证砌体在长期使用过程中具有足够的承载能力和正常的使用性能，避免或减少块材中可溶性盐的结晶风化导致块材掉皮和层层剥落现象。

另外，块材的抗冻性能对砌体的耐久性有直接影响。抗冻性的要求是要保证在多次冻融循环后块材不至于剥蚀及强度降低。一般块材吸水率越大，抗冻性越差。

④ 地面以下或防潮层以下的砌体、潮湿房间的墙　所用材料的最低强度等级应符合表12-1的要求。

表 12-1　地面以下或防潮层以下的砌体、潮湿房间墙所用材料的最低强度等级

潮湿程度	烧结普通砖	混凝土普通砖、蒸压普通砖	混凝土砌块	石　材	水泥砂浆
稍潮湿的	MU15	MU20	MU7.5	MU30	M5
很潮湿的	MU20	MU20	MU10	MU30	M7.5
含水饱和的	MU20	MU25	MU15	MU40	M10

另外有冻胀地区，地面以下或防潮层以下的砌体，不宜采用多孔砖。当采用混凝土砌块砌体时，其孔洞应采用强度等级不低于 Cb20 的混凝土灌实。

12.2.2　砌体的种类

砌体是由砖、石或砌块用砂浆砌筑而成的整体。砌体按其配筋和施加预应力与否可分为无筋砌体和配筋砌体和预应力砌体。

仅由块材和砂浆组成的砌体称为无筋砌体。无筋砌体包括砖砌体、砌块砌体和石砌体。无筋砌体应用范围广泛，但抗震性能较差。

配筋砌体是在砌体中设置了钢筋或钢筋混凝土材料的砌体。配筋砌体的抗压、抗剪和抗弯承载力远大于无筋砌体，并有良好的抗震性能。

（1）无筋砌体

① 砖砌体　按照采用砖的类型不同，砖砌体可分为普通黏土砖砌体、黏土空心砖砌体以及各种硅酸盐砖砌体。按照砌筑形式不同，砖砌体又可分为实心砌体和空心砌体。工程中大量采用实心砌体，例如建筑物的墙、柱、基础，挡土墙，小型水池池壁，涵洞等。

实心砌体通常采用一顺一丁、梅花丁和三顺一丁的砌筑方式（图 12-3）。普通黏土砖和非烧结硅酸盐砖砌体的墙厚可为 120mm（半砖）、240mm（1 砖）、370mm（3/2 砖）、490mm（2 砖）、620mm（5/2 砖）、740mm（3 砖）等。如果墙厚不按半砖而按 1/4 砖进位，则需加一块侧砖而使厚度为 180mm、300mm、430mm 等。目前国内常用的几种规格空

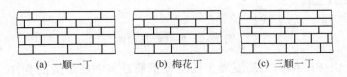

(a) 一顺一丁　　　　(b) 梅花丁　　　　(c) 三顺一丁

图 12-3　砖的砌筑方式

心砖可砌成 90mm、180mm、190mm、240mm、290mm、370mm 和 390mm 等厚度的墙体。

空腔墙近年来在我国北方一些地区采用。这种墙由内外两叶墙中间填以岩棉或苯板组成（图 12-4），节能效果明显。两叶墙之间用丁砖或钢筋拉结。试验研究表明，当拉结构造适当时，两叶墙片共同工作性能良好，有望在更大范围推广使用。

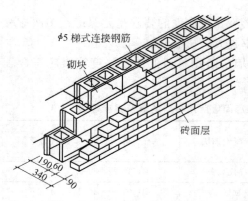

图 12-4　钢筋连接的空腔墙

② 砌块砌体　我国目前使用的砌块砌体多为小型混凝土空心砌块砌体，主要用于多层民用建筑、工业建筑的墙体结构。混凝土小型砌块在砌筑中较一般砖砌体复杂。一方面要保证上下皮砌块搭接长度不得小于 90mm，另一方面，要保证空心砌块孔对孔、肋对肋砌筑。因此，在砌筑前应将各配套砌块的排列方式进行设计，要尽量采用主规格砌块。砌块墙不得与黏土砖等混合砌筑。砌块墙体一般由单排砌块砌筑，即墙厚度等于砌块宽度。

③ 石砌体　由石材和砂浆或石材和混凝土砌筑而成的砌体称为石砌体。在石材资源丰富的地区，用石砌体比较经济。

石砌体分为料石砌体、毛石砌体和毛石混凝土砌体。

石砌体是由天然石材和砂浆（或混凝土）砌筑而成。毛石混凝土砌体是由在模板内交替铺置混凝土层及形状不规则的毛石构成。料石砌体可用作民用房屋的承重墙、柱和基础，还可以用于建造石拱桥、石坝、涵洞、渡槽和贮液池等构筑物。毛石砌体可用于建造一般民用建筑房屋及规模不大的构筑物基础，也常用于挡土墙和护坡。

（2）配筋砌体　为提高砌体强度、减少其截面尺寸、增加砌体结构（或构件）的整体性，可采用配筋砌体。配筋砌体可分为配筋砖砌体和配筋砌块砌体，其中配筋砖砌体又可分为网状配筋砖砌体、组合砖砌体、砖砌体和钢筋混凝土构造柱组合墙，配筋砌块砌体又可分为约束配筋砌块砌体和均匀配筋砌块砌体。

网状配筋砌体又称横向配筋砌体，是砖柱或砖墙中每隔几皮砖在其水平灰缝中设置直径为 3~4mm 的方格网式钢筋网片，或直径 6~8mm 的连弯式钢筋网片（图 12-5）。在砌体受压时，网状配筋可约束砌体的横向变形，从而提高砌体的抗压强度。

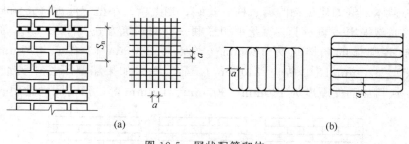

(a)　　　　　　　　　　　　　　(b)

图 12-5　网状配筋砌体

组合砖砌体是由砖砌体和钢筋混凝土面层或钢筋砂浆面层组成的构件，可以承受较大的偏心轴压力（图 12-6、图 12-7）。

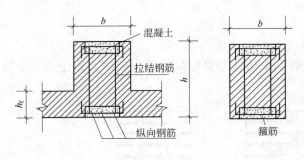

图 12-6 组合砖砌体的形式

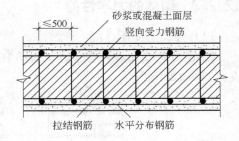

图 12-7 混凝土或砂浆面层组合墙

砖砌体和钢筋混凝土构造柱组合墙是在砖砌体中每隔一定距离设置钢筋混凝土构造柱，并在各层楼盖处设置钢筋混凝土圈梁（约束梁），使砖砌体墙与钢筋混凝土构造柱和圈梁组成一个整体结构共同受力（图 12-8）。

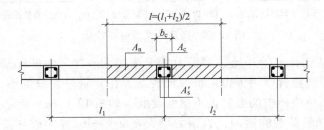

图 12-8 砖砌体和钢筋混凝土构造柱组合墙截面

约束配筋砌块砌体是仅在砌块墙体的转角、接头部位及较大洞口的边缘设置竖向钢筋，并在这些部位设置一定数量的钢筋网片，主要用于中低层建筑；均匀配筋砌块砌体是在砌块墙体上下贯通的竖向孔洞中插入竖向钢筋，并用灌孔混凝土灌实，使竖向和水平钢筋与砌体形成一个共同工作的整体，故又称配筋砌块剪力墙，可用于大开间建筑和中高层建筑。

混凝土空心砌块在砌筑中，上下孔洞对齐，在竖向孔中配置钢筋、浇注灌孔混凝土，在横肋凹槽中配置水平钢筋并浇注灌孔混凝土或在水平灰缝配置水平钢筋，所形成的砌体结构称为配筋混凝土空心砌块砌体，简称配筋砌块砌体（图 12-9）。这种配筋砌体自重轻、地震影响小，抗震性能好，受力性能类似于钢筋混凝土结构，但造价较钢筋混凝土结构低。另外，它不用黏土砖，在节土、节能、减少环境污染等方面均有积极意义。

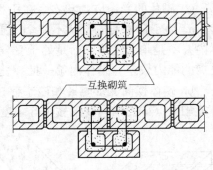

图 12-9 配筋混凝土空心砌块砌体（带壁柱）

（3）预应力砌体　预应力砌体是无筋砌体或配筋砌体在施工阶段，在结构或构件的某些部位用人为的方法施加压力，用以抵消结构或构件使用阶段因外荷载或其他作用在该部位产生的拉应力，从而可以提高墙体的抗拉、拉弯、抗剪强度，增强砌体的抗裂能力，提高结构的整体性，增强砌体结构的抗震能力。

12.2.3 砌体的力学性能

（1）砌体的受压性能

① 砌体的受压破坏特征　试验研究表明，砌体轴心受压从加载到破坏大致经历三个阶段，如图 12-10 所示。

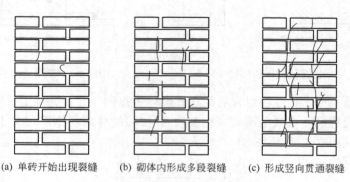

(a) 单砖开始出现裂缝　　(b) 砌体内形成多段裂缝　　(c) 形成竖向贯通裂缝

图 12-10　砖砌体受压破坏特征

a. 第一阶段　从砌体受压开始，当压力增大至50％～70％的破坏荷载时，在砌体内某些单块砖在拉、弯、剪复合作用下出现第一批裂缝。在此阶段裂缝细小，未能穿过砂浆层，如果不再增加压力，单块砖内的裂缝也不继续发展，如图 12-10(a) 所示。

b. 第二阶段　随着荷载的增加，当压力增大至80％～90％的破坏荷载时，单块砖内的裂缝将不断发展，并沿着竖向灰缝通过若干皮砖，在砌体内逐渐连接成一段段较连续的裂缝。若此时荷载不再增加，裂缝仍会继续发展，砌体已临近破坏，在工程实践中应视为构件处于危险状态，如图 12-10(b) 所示。

c. 第三阶段　随着荷载的继续增加，则砌体中的裂缝迅速延伸、宽度增大，并连成通缝，连续的竖向贯通裂缝把砌体分割成 1/2 砖左右的小柱体（个别砖可能压碎）而失稳破坏，如图 12-10(c) 所示。以砌体破坏时的压力除以砌体截面面积所得的应力值称为砌体的极限抗压强度。

② 砌体的受压应力状态　在压力作用下，砌体内单块砖的应力状态有以下特点。

a. 由于砖本身的形状不完全规则平整、灰缝的厚度和密实性不均匀，使得单块砖在砌体内并不是均匀受压，而是处于受弯和受剪状态（图 12-11）。由于砖的脆性，抵抗受弯和受剪的能力较差，砌体内第一批裂缝的出现是由单块砖的受弯受剪引起的。

b. 砌体横向变形时砖和砂浆存在交互作用。由于砖与砂浆的弹性模量及横向变形系数各不相同（砖的横向变形较中等强度等级以下的砂浆小），在砌体受压时砖的横向变形小于砂浆变形，并由此在砖内产生拉应力，所以单块砖在砌体中处于压、弯、剪及拉的复合应力状态，其抗压强度降低；相反砂浆的横向变形由于砖的约束而减小，因而砂浆处于三向受压状态，抗压强度提高。由于砖与砂浆的这种交互作用，加剧了单砖裂缝的出现，使砌体强度降低。

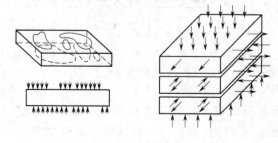

图 12-11　砌体中单块砖受力示意

c. 竖向灰缝上的应力集中。砌体的竖向

灰缝未能很好地填满，同时竖向灰缝内的砂浆和砖的黏结力也不能保证砌体的整体性。因此，在竖向灰缝上的砖内将产生拉应力和剪应力的集中，从而加快砖的开裂，引起砌体强度的降低。

③ 影响砌体抗压强度的因素　通过对砖砌体在轴心受压时的受力分析及试验结果表明，影响砌体抗压强度的主要因素有以下几个。

a. 块体与砂浆的强度等级　块体与砂浆的强度等级是确定砌体强度最主要的因素。单个块体的抗弯、抗拉强度在某种程度上决定了砌体的抗压强度。一般来说，强度等级高的块体抗弯、抗拉强度也较高，因而相应砌体的抗压强度也高，但并不与块体强度等级的提高成正比；而砂浆的强度等级越高，砂浆的横向变形越小，砌体的抗压强度也有所提高。

b. 块体的尺寸与形状　块体的尺寸、几何形状及表面的平整程度对砌体的抗压强度也有较大的影响。高度大的块体，其抗弯、抗剪及抗拉能力增大；块体长度较大时，块体在砌体中引起的弯、剪应力也较大。因此砌体强度随块体厚度的增大而加大，随块体长度的增大而降低；而块体的形状越规则，表面越平整，则块体的受弯、受剪作用越小，可推迟单块块材内竖向裂缝的出现，因而提高砌体的抗压强度。

c. 砂浆的流动性、保水性及弹性模量的影响　砂浆的流动性大与保水性好时，容易铺成厚度和密实性较均匀的灰缝，因而可减少单块砖内的弯剪应力而提高砌体强度。纯水泥砂浆的流动性较差，所以同一强度等级的混合砂浆砌筑的砌体强度要比相应纯水泥砂浆砌体高；砂浆弹性模量的大小对砌体强度亦具有决定性的作用。当砖强度不变时，砂浆的弹性模量决定其变形率，而砖与砂浆的相对变形大小影响单块砖的弯剪应力及横向变形的大小，因此砂浆的弹性模量越大，相应砌体的抗压强度越高。

d. 砌筑质量与灰缝的厚度　砂浆铺砌饱满、均匀，可改善块体在砌体中的受力性能，使之较均匀地受压而提高砌体抗压强度；反之，则降低砌体强度。因此《砌体结构工程施工质量验收规范》（GB 50203—2011）规定，砌体水平灰缝的砂浆饱满程度不得低于 80%，砖柱和宽度小于 1m 的窗间墙竖向灰缝的砂浆饱满程度不得低于 60%。

砂浆厚度对砌体抗压强度也有影响。灰缝厚，容易铺砌均匀，对改善单块砖的受力性能有利，但砂浆横向变形的不利影响也相应增大。实践证明灰缝厚度以 10～12mm 为宜。

另外，在保证质量的前提下，快速砌筑能使砌体在砂浆硬化前即受压，可增加水平灰缝的密实性而提高砌体的抗压强度。

砌筑砖砌体时砖的含水率对砌体强度也有明显影响。当采用含水率太小的砖砌筑时，砂浆部分水分会很快被砖吸收，这不利于砂浆的均匀铺设和硬化，会使砌体强度降低。砖中含率也不应太大，含水率过高，会使砌体的抗剪强度降低，同时当砌体干燥时，会产较大的收缩应力，导致砌体垂直裂缝出现。《砌体结构工程施工质量验收规范》规定，砌筑砖砌体时，砖应提前 1～2d 湿润，烧结普通砖、多孔砖含水率宜为 10%～15%；蒸压灰砂砖、蒸压粉煤灰砖含水率宜为 8%～12%。

砌筑时块体的搭接方式也影响砌体的整体性。整体性不好，会导致砌体强度的降低。为了保证砌体的整体性，《砌体结构工程施工质量验收规范》规定烧结普通砖、混凝土普通砖和蒸压砖砌体应上、下错缝，内外搭砌。

④ 砌体抗压强度计算公式　影响砌体抗压强度的因素很多，要建立一个比较理想地反映各类砌体抗压强度的计算公式是一件很不容易的工作。目前世界各国所采用的砌体抗压强度计算公式多种多样，各有特点。多年以来，结合我国砌体结构应用情况，对常用的各类砌

体抗压强度进行了大量试验研究，获得了数以千计的试验数据，在对这些数据分析研究的基础上，并参考了国外有关研究成果和计算公式，提出了适用于各类砌体的抗压强度平均值计算公式：

$$f_m = k_1 f_1^a (1 + 0.07 f_2) k_2 \qquad (12-1)$$

式中，f_m 为砌体抗压强度平均值，MPa；f_1 为块材的抗压强度平均值，MPa；f_2 为砂浆的抗压强度平均值，MPa；α，k_1 为不同类型砌体的块材形状、尺寸、砌筑方法等因素的影响系数；k_2 为砂浆强度不同对砌体抗压强度的影响系数。

各类砌体的 α、k_1、k_2 取值见表 12-2。

表 12-2　各类砌体轴心抗压强度平均值计算参数

序　号	砌体类别	计　算　公　式		
		k_1	α	k_2
1	烧结普通砖、烧结多孔砖、蒸压灰砂砖、蒸压粉煤灰砖、混凝土普通砖、混凝土多孔砖	0.78	0.5	当 $f_2 < 1$ 时，$k_2 = 0.6 + 0.4 f_2$
2	混凝土砌块	0.46	0.9	当 $f_2 = 0$ 时，$k_2 = 0.8$
3	毛料石	0.79	0.5	当 $f_2 < 1$ 时，$k_2 = 0.6 + 0.4 f_2$
4	毛石	0.22	0.5	当 $f_2 < 2.5$ 时，$k_2 = 0.4 + 0.24 f_2$

在应用表 12-2 时应注意：

a. k_2 在列表条件以外均等于 1；

b. 表中的混凝土砌块指混凝土小型砌块；

c. 混凝土砌块砌体的轴心抗压强度平均值计算时，当 $f_2 > 10$ MPa 时，应乘以系数 $1.1 - 0.01 f_2$，MU20 的砌体应乘以 0.95，且满足 $f_1 \geq f_2$，$f_1 \leq 20$ MPa。

（2）砌体的受拉、受弯、受剪性能　在实际工程中，砌体主要承受压力，但有时也用来承受轴心拉力、弯矩和剪力。与砌体的抗压强度相比，砌体的轴心抗拉、弯曲抗拉及抗剪强度很低。

① 砌体的轴心受拉性能　圆形水池的池壁为砌体结构中常遇到的轴心受拉构件，在静水压力作用下池壁承受环向轴心拉力。砌体在轴心拉力作用下的破坏可分为三种情况（图 12-12）。

a. 当轴心拉力与砌体的水平灰缝平行时，砌体可能沿齿缝破坏 [图 12-12(a) 截面 1—1]；当块体强度过低时，也可能沿块材和竖向灰缝破坏 [图 12-12(b) 截面 2—2]。

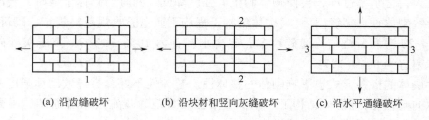

| (a) 沿齿缝破坏 | (b) 沿块材和竖向灰缝破坏 | (c) 沿水平通缝破坏 |

图 12-12　砌体轴心受拉破坏特征

b. 当轴向拉力与砌体的水平灰缝垂直时，砌体发生沿水平通缝破坏 [图 12-12(c)]。很显然，砌体轴心受拉沿通缝破坏时，对抗拉承载力起决定作用的因素是法向黏结力，由于法向黏结力的不可靠性，所以工程中不允许采用垂直于通缝受拉的轴心受拉构件。

规范规定砌体沿齿缝截面破坏的轴心抗拉强度平均值计算公式为

$$f_{t,m}=k_3\sqrt{f_2} \tag{12-2}$$

式中，$f_{t,m}$ 为砌体轴心抗拉强度平均值，MPa；f_2 为砂浆的抗压强度平均值，MPa；k_3 为与块体类别有关的参数，其取值见表 12-3。

表 12-3　砌体轴心抗拉强度平均值计算参数

砌 体 种 类	k_3	砌 体 种 类	k_3
烧结普通砖,烧结多孔砖砌体	0.141	混凝土砌块砌体	0.069
蒸压灰砂砖,蒸压粉煤灰砖砌体	0.09	毛石砌体	0.075

② 砌体的受弯性能　砌体结构中常遇到的受弯及大偏心受压构件有带壁柱的挡土墙、地下室墙体等。按其受力破坏特征可分为沿齿缝受弯破坏、沿块材与竖向灰缝受弯破坏以及沿通缝受弯破坏等三种（图 12-13）。

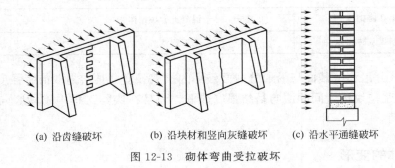

(a) 沿齿缝破坏　　　　(b) 沿块材和竖向灰缝破坏　　　(c) 沿水平通缝破坏

图 12-13　砌体弯曲受拉破坏

规范规定砌体沿齿缝与沿通缝截面受弯破坏时的弯曲抗拉强度平均值计算公式为

$$f_{tm,m}=k_4\sqrt{f_2} \tag{12-3}$$

式中，$f_{tm,m}$ 为砌体弯曲抗拉强度平均值，MPa；k_4 为与块体类别有关的参数，其取值见表 12-4。

表 12-4　砌体弯曲抗拉强度平均值计算参数

砌 体 种 类	k_4		砌 体 种 类	k_4	
	沿齿缝	沿通缝		沿齿缝	沿通缝
烧结普通砖,烧结多孔砖砌体	0.250	0.125	混凝土砌块砌体	0.081	0.056
蒸压灰砂砖,蒸压粉煤灰砖砌体	0.180	0.090	毛石砌体	0.113	—

③ 砌体的受剪性能　砌体结构中常遇到的受剪构件有门窗过梁、拱过梁以及墙体的过梁等，砌体结构的受剪与受压一样，是砌体结构的另一种重要受力形式。

砌体结构在剪力作用下，将发生沿水平灰缝破坏、沿齿缝破坏或沿阶梯形缝的破坏（图12-14），其中沿阶梯形缝破坏是地震中墙体最常见的破坏形式。

单纯受剪时砌体的抗剪强度主要取决于水平灰缝中砂浆与块体的黏结强度，因此规范规定砌体的抗剪强度平均值计算公式为

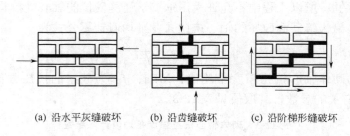

(a) 沿水平灰缝破坏　　(b) 沿齿缝破坏　　(c) 沿阶梯形缝破坏

图 12-14　砌体受剪破坏特征

$$f_{v,m} = k_5 \sqrt{f_2} \tag{12-4}$$

式中，$f_{v,m}$ 为砌体抗剪强度平均值，MPa；f_2 为砂浆的抗压强度平均值，MPa；k_5 为与块体类别有关的参数，其取值见表 12-5。

表 12-5　砌体抗剪强度平均值计算参数

砌 体 种 类	k_5	砌 体 种 类	k_5
烧结普通砖,烧结多孔砖砌体	0.125	混凝土砌块砌体	0.069
蒸压灰砂砖,蒸压粉煤灰砖砌体	0.09	毛石砌体	0.188

新规范不区分沿齿缝截面与沿通缝截面破坏的抗剪强度（其实为取前者强度等于后者强度），是因为砂浆与块体之间的法向黏结强度很低，而且在实际工程中砌体竖向灰缝内的砂浆往往又不饱满。

12.2.4　砌体的变形

（1）**砌体的弹性模量**　砌体的弹性模量是其应力与应变的比值，主要用于计算砌体构件在荷载作用下的变形，是衡量砌体抵抗变形能力的一个物理量，其大小主要通过实测砌体的应力-应变曲线求得。通常采用切线模量、初始弹性模量和割线模量。

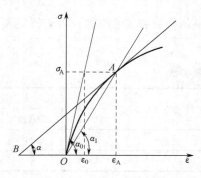

图 12-15　砌体受压变形
模量表示方法

砌体应力-应变曲线上任一点切线（例如图 12-15 中 A 点切线 AB）与横坐标夹角的正切称为砌体在该点的切线模量，切线模量反映了砌体在受荷任一应力情况下应力-应变的关系，常用于研究砌体材料力学性能，而在工程设计中不便应用。

砌体在应力很小时呈弹性性能。应力-应变曲线在原点切线的斜率为初始弹性模量。初始弹性模量仅反映了砌体应力很小时的应力-应变关系，所以在实际工程设计中亦不实用，仅用于材料性能研究。

割线模量是指应力-应变曲线上某点（如图 12-15 中 A 点）与原点所连割线的斜率。砌体在工程应用中应力在一定范围内变化，并不是一个常量。但是为了简化计算，并能反映砌体在一般受力情况下的工作状态，对除石砌体以外的砌体，取砌体应力水平为 0.43 倍平均应力时的割线模量作为砌体的弹性模量 E，可简化为 0.8 倍的初始弹性模量。

（2）砌体的剪变模量　在设计中计算墙体在水平荷载作用下的剪切变形或对墙体进行剪力分配时，需要用到砌体的剪变模量。根据材料力学可得到砌体的剪变模量为

$$G=\frac{E}{2(1+v)} \tag{12-5}$$

《规范》近似取 $G=0.4E$。

（3）砌体的干缩变形和线膨胀系数　砌体浸水时体积膨胀，失水时体积干缩，而且收缩变形较膨胀变形大得多，因此工程上对砌体的干缩变形十分重视。温度变化引起砌体热胀、冷缩变形，当这种变形受到约束时，砌体会产生附加内力、附加变形及裂缝。当计算这种附加内力及变形裂缝时，砌体的线膨胀系数是重要的参数。

（4）砌体的收缩率　大量工程实践中砌体出现裂缝的统计资料表明，温度裂缝和砌体干燥收缩引起裂缝几乎占可遇裂缝的 80% 以上。

当砌体材料含水量降低时，会产生较大的干缩变形，这种变形受到约束时，砌体中会出现干燥收缩裂缝。对于烧结的黏土砖及其它烧结制品砌体，其干燥收缩变形较小，而非烧结块材砌体，如混凝土砌块、蒸压灰砂砖、蒸压粉煤灰砖等砌体，会产生较大的干燥收缩变形。干燥收缩变形的特点是早期发展比较快，干燥收缩后的材料在受潮后仍会发生膨胀，失水后会再次发生干燥收缩变形，其干燥收缩率会有所下降，约为第一次的 80% 左右。干燥收缩造成建筑物、构筑物墙体的裂缝有时是相当严重的，在设计、施工以及使用过程中，均不可忽视砌体干燥收缩造成的危害。

12.3　砌体结构设计方法及强度指标

12.3.1　极限状态设计方法

我国《砌体结构设计规范》采用以概率理论为基础的极限状态设计方法，以可靠度指标度量结构的可靠度，采用分项系数的设计表达式计算。规范规定：砌体结构应按承载能力权限状态设计，并满足正常使用权限状态的要求。

我国《建筑结构设计统一标准》采用定值分项系数的极限状态表达式。结构构件实际所具有的可靠度是由各定值分项系数反映的。

砌体结构按承载能力极限状态设计的表达式如下。

① 当可变荷载多于一个时，应按下列公式中最不利组合进行计算：

$$\gamma_0(1.2S_{GK}+1.4\gamma_L S_{Q1k}+\gamma_L\sum_{i=2}^n\gamma_{Qi}\psi_{ci}S_{Qik})\leqslant R(f,\alpha_k,\cdots) \tag{12-6}$$

$$\gamma_0(1.35S_{GK}+1.4\gamma_L\sum_{i=1}^n\psi_{ci}S_{Qik})\leqslant R(f,\alpha_k,\cdots) \tag{12-7}$$

② 当仅有一个可变荷载时，可按下列公式中最不利组合进行计算

$$\gamma_0(1.2S_{GK}+1.4\gamma_L S_{Qk})\leqslant R(f,\alpha_k,\cdots) \tag{12-8}$$

$$\gamma_0(1.35S_{GK}+1.4\gamma_L\psi_c S_{Qk})\leqslant R(f,\alpha_k,\cdots) \tag{12-9}$$

式中，γ_0 为结构重要性系数，对安全等级为一级或设计使用年限为 50 年以上的结构构件不应小于 1.1，对安全等级为二级或设计使用年限为 50 年的结构构件不应小于 1.0，对安

全等级为三级或设计使用年限为 50 年及以下的结构构件不应小于 0.9；γ_L 为结构构件的抗力模型不确定系数，对静力设计，考虑结构设计使用年限的荷载调整系数，设计使用年限为 50 年，取 1.0，设计使用年限为 100 年，取 1.1（下同）；S_{GK} 为永久荷载的内力标准值；S_{Q1k} 为第一个可变荷载的标准值，该可变荷载的内力标准值大于其它任意可变荷载的内力标准值；S_{Qik} 为第 i 个可变荷载的内力标准值；$R(\cdots)$ 为结构构件的承载力设计函数值；γ_{Qi} 为第 i 个可变荷载的分项系数；ψ_{ci} 为第 i 个可变荷载的组合系数，一般情况下应取 0.7，对书库、档案库、贮藏室或通风机房应取 0.9；f 为砌体的强度设计值；α_k 为几何参数标准值。

③ 当砌体结构作为一个刚体，需验整体稳定性时，例如倾覆、滑移、漂浮等，应按下列公式进行验算：

$$\gamma_0 \left(1.2 S_{G2k} + 1.4 \gamma_L S_{Q1k} + \gamma_L \sum_{i=2}^{n} S_{Qik} \right) \leqslant 0.8 S_{G1k} \tag{12-10}$$

式中，S_{G1k} 为起有利作用的永久荷载内力标准值；S_{G2k} 为起不利作用的永久荷载内力标准值。

应该注意的是，砌体结构除应按承载能力极限状态设计外，还应满足正常使用极限状态的要求。由于砌体结构自身的特点，其正常使用极限状态的要求，在一般情况下可由相应的构造措施予以保证。

12.3.2   砌体的强度标准值和设计值

（1）砌体的强度标准值   砌体的强度标准值是一种特征值，其取值的原则是在符合规定质量的砌体强度实测总体中，标准值应具有不小于 95% 的保证率。砌体强度的标准值 f_k 可按下式计算

$$f_k = f_m (1 - 1.645 \delta_f) \tag{12-11}$$

式中，δ_f 为砌体强度的变异系数，对于除毛石砌体外的各类砌体的抗压强度，δ_f 可取 0.17。

（2）砌体的强度设计值   砌体的强度设计值 f 是砌体结构构件按承载能力极限状态设计时所采用的砌体强度代表值，为砌体强度的标准值 f_k 除以材料性能分项系数 γ_f，按下式计算：

$$f = \frac{f_k}{\gamma_f} \tag{12-12}$$

式中，γ_f 为砌体结构的材料性能分项系数，一般情况下，宜按施工质量控制等级为 B 级考虑，取 $\gamma_f = 1.6$，当为 C 级时，取 $\gamma_f = 1.8$。

考虑到一些不利的因素，下列情况的各类砌体，其砌体强度设计值也应乘以调整系数 γ_a。

① 有吊车房屋砌体、跨度不小于 9m 的梁下烧结普通砖砌体、跨度不小于 7.5m 的梁下烧结多孔砖、蒸压灰砂砖、蒸压粉煤灰砖砌体和混凝土砌块砌体，γ_a 为 0.9。

② 对无筋砌体构件，其截面面积小于 0.3m² 时，γ_a 为其截面面积加 0.7；对配筋砌体构件，当其中砌体截面面积小于 0.2m² 时，γ_a 为其截面面积加 0.8。构件截面面积以 m² 计。

③ 当砌体用水泥砂浆砌筑时，对表 12-6～表 12-11 中的数值，γ_a 为 0.9；对表 12-12 中

的数值 γ_a 为 0.8；对配筋砌体构件，当其中的砌体采用水泥砂浆砌筑时，仅对砌体的强度设计值乘以调整系数 γ_a。

当需要检验施工阶段砂浆尚未硬化的新砌砌体的强度和稳定性时，可按砂浆强度为零进行验算。

表 12-6　烧结普通砖和烧结多孔砖砌体的抗压强度设计值/MPa

砖强度等级	砂浆强度等级					砂浆强度
	M15	M10	M7.5	M5	M2.5	0
MU30	3.94	3.27	2.93	2.59	2.26	1.15
MU25	3.60	2.98	2.68	2.37	2.06	1.05
MU20	3.22	2.67	2.39	2.12	1.84	0.94
MU15	2.79	2.31	2.07	1.83	1.60	0.82
MU10	—	1.89	1.69	1.50	1.30	0.67

表 12-7　蒸压灰砂砖和蒸压粉煤灰砖砌体的抗压强度设计值/MPa

砖强度等级	砂浆强度等级				砂浆强度
	M15	M10	M7.5	M5	0
MU25	3.60	2.98	2.68	2.37	1.05
MU20	3.22	2.67	2.39	2.12	0.94
MU15	2.79	2.31	2.07	1.83	0.82

表 12-8　单排孔混凝土和轻集料混凝土砌块砌体的抗压强度设计值/MPa

砌块强度等级	砂浆强度等级				砂浆强度
	Mb15	Mb10	Mb7.5	Mb5	0
MU20	5.68	4.95	4.44	3.94	2.33
MU15	4.61	4.02	3.61	3.20	1.89
MU10	—	2.79	2.50	2.22	1.31
MU7.5	—	—	1.93	1.71	1.01
MU5	—	—	—	1.19	0.70

注：1. 对错孔砌筑的砌体，应按表中数值乘以 0.8。

2. 对独立柱或厚度为双排组砌的砌块砌体，应按表中数值乘以 0.7。

3. 对 T 形截面砌体，应按表中数值乘以 0.85。

4. 表中轻集料混凝土砌块为煤矸石和水泥煤渣混凝土砌块。

表 12-9　轻集料混凝土砌块砌体的抗压强度设计值/MPa

砌块强度等级	砂浆强度等级			砂浆强度
	Mb10	Mb7.5	Mb5	0
MU10	3.08	2.76	2.45	1.44
MU7.5	—	2.13	1.88	1.12
MU5	—	—	1.31	0.78

注：1. 表中的砌块为火山灰、浮石和陶粒轻集料混凝土砌块，其孔洞率不大于 35%。

2. 对厚度方向为双排组砌的轻集料混凝土砌块砌体的抗压强度设计值，应按表中数值乘以 0.8。

表 12-10 毛料石砌体的抗压强度设计值/MPa

毛料石强度等级	砂浆强度等级			砂浆强度
	M7.5	M5	M2.5	0
MU100	5.42	4.80	4.18	2.13
MU80	4.85	4.29	3.73	1.91
MU60	4.20	3.71	3.23	1.65
MU50	3.83	3.39	2.95	1.51
MU40	3.43	3.04	2.64	1.35
MU30	2.97	2.63	2.29	1.17
MU20	2.42	2.15	1.87	0.95

注：对下列各类料石砌体，应按表中数值分别乘以系数，细料石砌体，1.5；半细料石砌体，1.3；粗料石砌体，1.2；干砌勾缝石砌体，0.8。

表 12-11 毛石砌体的抗压强度设计值/MPa

毛石强度等级	砂浆强度等级			砂浆强度
	M7.5	M5	M2.5	0
MU100	1.27	1.12	0.98	0.34
MU80	1.13	1.00	0.87	0.30
MU60	0.98	0.87	0.76	0.26
MU50	0.90	0.80	0.69	0.23
MU40	0.80	0.71	0.62	0.21
MU30	0.69	0.61	0.53	0.18
MU20	0.56	0.51	0.44	0.15

表 12-12 沿砌体灰缝截面破坏时的砌体轴心抗拉强度设计值、
弯曲抗拉强度设计值和抗剪强度设计值

强度类别	破坏特征与砌体种类		砂浆强度等级			
			≥M10	M7.5	M5	M2.5
轴心抗拉	沿齿缝	烧结普通砖、烧结多孔砖	0.19	0.16	0.13	0.09
		蒸压灰砂砖、蒸压粉煤灰砖	0.12	0.10	0.08	
		混凝土砌块	0.09	0.08	0.07	
		毛石		0.07	0.06	0.04
弯曲抗拉	沿齿缝	烧结普通砖、烧结多孔砖	0.33	0.29	0.23	0.17
		蒸压灰砂砖、蒸压粉煤灰砖	0.24	0.20	0.16	
		混凝土砌块	0.11	0.09	0.08	
		毛石		0.11	0.09	0.07
	沿通缝	烧结普通砖、烧结多孔砖	0.17	0.14	0.11	0.08
		蒸压灰砂砖、蒸压粉煤灰砖	0.12	0.10	0.08	
		混凝土砌块	0.08	0.06	0.05	

续表

强度类别	破坏特征与砌体种类	砂浆强度等级			
		≥M10	M7.5	M5	M2.5
抗剪	烧结普通砖、烧结多孔砖	0.17	0.14	0.11	0.08
	蒸压灰砂砖、蒸压粉煤灰砖	0.12	0.10	0.08	0.06
	混凝土和轻集料混凝土砌块	0.09	0.08	0.06	
	毛石		0.19	0.16	0.11

注：1. 对于用形状规则的块体砌筑的砌体，当搭接长度与块体高度的比值小于1时，其轴心抗拉强度设计值 f_t 和弯曲抗拉强度设计值 f_{tm} 应按表中数值乘以搭接长度与块体高度比值后采用。

2. 对孔洞率不大于35%的双排孔或多排孔轻集料混凝土砌块砌体的抗剪强度设计值，可按表中混凝土砌块砌体抗剪强度设计值乘以 1.1。

3. 对蒸压灰砂砖、蒸压粉煤灰砖砌体，当有可靠的试验数据时，表中强度设计值，可作适当调整。

12.4 无筋砌体构件承载力计算

12.4.1 受压短柱的承载力分析

混合结构房屋的窗间墙和砖柱承受上部传来的竖向荷载和自身重量，一般都属于无筋砌体受压构件。当压力作用于构件截面重心时，为轴心受压构件；不是作用于截面重心，但在截面的一根对称轴上时，为偏心受压构件。如果构件上作用有轴心压力 N，同时作用有弯矩 M 时，也可视为偏心受压构件，其偏心距 $e=M/N$。

(1) 受压短柱 先讨论受压短柱的受力情况，此时可不考虑构件纵向弯曲对承载力的影响。

当纵向压力作用在截面重心时，砌体截面的应力是均匀分布的，破坏时截面所能承受的最大压应力也就是砌体的轴心抗压强度。当纵向压力具有较小偏心时，截面的压应力为不均匀分布，破坏将从压应力较大一侧开始，该侧的压应变和应力均比轴心受压时略有增加 [图 12-16(a)]。当偏心距增大，应力较小边可能出现拉应力 [图 12-16(b)]，一旦拉应力超过砌体沿通缝的抗拉强度时，将出现水平裂缝，实际的受压截面将减小。此时，受压区压应力的合力将与所施加的偏心压力保持平衡 [图 12-16(c)]。图 12-16 中 σ_1、σ_2、σ_3 为不同偏心距下砌体中边缘最大压应力。

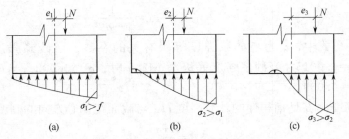

图 12-16 砌体偏心受压构件截面内应力分布

对比不同偏心距的偏心受压短柱试验发现，随着偏心距的增大，构件所能承担的纵向压力明显下降。试验表明偏压短柱的承载力可用下式表达：

$$N_u = \varphi_1 A f \tag{12-13}$$

式中，φ_1 为偏心受压构件与轴心受压构件承载能力的比值，称为偏心影响系数；A 为构件截面面积；f 为砌体抗压强度设计值。

偏心影响系数 φ_1 与 e/i 的关系式如下：

$$\varphi_1 = \frac{1}{1+(e/i)^2} \tag{12-14}$$

式中，e 为轴向力偏心矩；i 为截面的回转半径。

$$i = \sqrt{I/A} \tag{12-15}$$

式中，I 为截面沿偏心方向的惯性矩；A 为截面面积。

对于矩形截面 $i = h/\sqrt{12}$，则矩形截面的 φ_1 可写成：

$$\varphi_1 = \frac{1}{1+12(e/h)^2} \tag{12-16}$$

式中，h 为矩形截面在偏心方向的边长。

当截面为 T 形或其它形状时，可用折算厚度 $h_T \approx 3.5i$ 代替 h，仍按上式计算。

(2) 受压长柱 下面再讨论受压长柱的情况，这时，纵向弯曲的影响已不可忽视。

规范采用了附加偏心距法，即在偏压短柱的偏心影响系数中将偏心距增加一项由纵向弯曲产生的附加偏心距 e_i（图 12-17）。即

$$\varphi = \frac{1}{1+(e+e_i)^2/i^2} \tag{12-17}$$

附加偏心距 e_i，可以根据下列边界条件确定，即 $e=0$ 时，$\varphi = \varphi_0$，φ_0 为轴心受压的纵向弯曲系数。以 $e=0$ 代入上式，得

$$\varphi_0 = \frac{1}{1+\left(\dfrac{e_i}{i}\right)^2} \tag{12-18}$$

由此得

$$e_i = i\sqrt{\frac{1}{\varphi_0}-1} \tag{12-19}$$

式中，i 为截面回转半径，$i = \sqrt{I/A}$，A、I 分别为砌体的截面面积、惯性矩。

轴心受压构件的纵向弯曲系数 φ_0，可按下式计算：

$$\varphi_0 = \frac{1}{1+\alpha\beta^2} \tag{12-20}$$

式中，α 为与砂浆强度等级有关的系数，当砂浆强度等级为 M5 时，$\alpha=0.0015$；当砂浆强度等级为 M2.5 时，$\alpha=0.002$；当砂浆强度为零时，$\alpha=0.009$。

图 12-17 附加偏心距

受压构件的高厚比 β 是指构件的计算高度 H_0 与截面在偏心方向的高度 h 的比值，即

$$\beta = \frac{H_0}{h} \tag{12-21}$$

各类常用受压构件的计算高度 H_0 可按表 12-13 采用。表 12-13 中 s 为相邻横墙间的距

离；H_u 为变截面柱的上段高度；H_L 为变截面柱的下段高度；H 为构件高度，在房屋中即楼板或其它水平支点间的距离，在单层房屋或多层房屋的底层，构件下端的支点一般可以取基础顶面，当基础埋置较深时，可取室内地坪或室外地坪下 $300\sim500\mathrm{mm}$；山墙的 H 值，可取层高加山端尖高度的 1/2；山墙壁柱的 H 值可取壁柱处的山墙高度。

表 12-13　受压构件的计算高度 H_0

房 屋 类 别			柱		带壁柱墙或周边拉结的墙		
			排架方向	垂直排架方向	$s>2H$	$2H\geqslant s>H$	$s\leqslant H$
有吊车的单层房屋	变截面柱上段	弹性方案	$2.5H_u$	$1.25H_u$	$2.5H_u$		
		刚性、刚弹性方案	$2.0H_u$	$1.25H_u$	$2.0H_u$		
	变截面柱下段		$1.0H_L$	$0.8H_L$	$1.0H_L$		
无吊车的单层和多层房屋	单跨	弹性方案	$1.5H$	$1.0H$	$1.5H$		
		刚弹性方案	$1.2H$	$1.0H$	$1.2H$		
	多跨	弹性方案	$1.25H$	$1.0H$	$1.25H$		
		刚弹性方案	$1.10H$	$1.0H$	$1.1H$		
	刚性方案		$1.0H$	$1.0H$	$1.0H$	$0.4s+0.2H$	$0.6s$

注：1. 对于上端为自由端的构件，$H_0=2H$。

2. 独立砖柱，当无柱间支撑时，柱在垂直排架方向的 H_0 应按表中乘以 1.25 后采用。

对于矩形截面，φ 系数可由下式计算：

$$\varphi=\dfrac{1}{1+12\left[\dfrac{e}{h}+\sqrt{\dfrac{1}{12}\left(\dfrac{1}{\varphi_0}-1\right)}\right]^2}\qquad(12\text{-}22)$$

公式（12-22）相当麻烦，因此设计时也可直接查表 12-14～表 12-16。

表 12-14　影响系数 φ（砂浆强度等级$\geqslant$M5）

β	$\dfrac{e}{h}$ 或 $\dfrac{e}{h_T}$												
	0	0.025	0.05	0.075	0.1	0.125	0.15	0.175	0.2	0.225	0.25	0.275	0.3
$\leqslant3$	1	0.99	0.97	0.94	0.89	0.84	0.79	0.73	0.68	0.62	0.57	0.52	0.48
4	0.98	0.95	0.90	0.85	0.80	0.74	0.69	0.64	0.58	0.53	0.49	0.45	0.41
6	0.95	0.91	0.86	0.81	0.75	0.69	0.64	0.59	0.54	0.49	0.45	0.42	0.38
8	0.91	0.86	0.81	0.76	0.70	0.64	0.59	0.54	0.50	0.46	0.42	0.39	0.36
10	0.87	0.82	0.76	0.71	0.65	0.60	0.55	0.50	0.46	0.42	0.39	0.36	0.33
12	0.82	0.77	0.71	0.66	0.60	0.55	0.51	0.47	0.43	0.39	0.36	0.33	0.31
14	0.77	0.72	0.66	0.61	0.56	0.51	0.47	0.43	0.40	0.36	0.34	0.31	0.29
16	0.72	0.67	0.61	0.56	0.52	0.47	0.44	0.40	0.37	0.34	0.31	0.29	0.27
18	0.67	0.62	0.57	0.52	0.48	0.44	0.40	0.37	0.34	0.31	0.29	0.27	0.25
20	0.62	0.57	0.53	0.48	0.44	0.40	0.37	0.34	0.32	0.29	0.27	0.25	0.23
22	0.58	0.53	0.49	0.45	0.41	0.38	0.35	0.32	0.30	0.27	0.25	0.24	0.22
24	0.54	0.49	0.45	0.41	0.38	0.35	0.32	0.30	0.28	0.26	0.24	0.22	0.21
26	0.50	0.46	0.42	0.38	0.35	0.33	0.30	0.28	0.26	0.24	0.22	0.21	0.19
28	0.46	0.42	0.39	0.36	0.33	0.30	0.28	0.26	0.24	0.22	0.21	0.19	0.18
30	0.42	0.39	0.36	0.33	0.31	0.28	0.26	0.24	0.22	0.21	0.20	0.18	0.17

表 12-15 影响系数 φ（砂浆强度等级≥M2.5）

β	$\dfrac{e}{h}$ 或 $\dfrac{e}{h_{\mathrm{T}}}$												
	0	0.025	0.05	0.075	0.1	0.125	0.15	0.175	0.2	0.225	0.25	0.275	0.3
≤3	1	0.99	0.97	0.94	0.89	0.84	0.79	0.73	0.68	0.62	0.57	0.52	0.48
4	0.97	0.94	0.89	0.84	0.78	0.73	0.67	0.62	0.57	0.52	0.48	0.44	0.40
6	0.93	0.89	0.84	0.78	0.73	0.67	0.62	0.57	0.52	0.48	0.44	0.40	0.37
8	0.89	0.84	0.78	0.72	0.67	0.62	0.57	0.52	0.48	0.44	0.40	0.37	0.34
10	0.83	0.78	0.72	0.67	0.61	0.56	0.52	0.47	0.43	0.40	0.37	0.34	0.31
12	0.78	0.72	0.67	0.61	0.56	0.52	0.47	0.43	0.40	0.37	0.34	0.31	0.29
14	0.72	0.66	0.61	0.56	0.51	0.47	0.43	0.40	0.36	0.34	0.31	0.29	0.27
16	0.66	0.61	0.56	0.51	0.47	0.43	0.40	0.36	0.34	0.31	0.29	0.26	0.25
18	0.61	0.56	0.51	0.47	0.43	0.40	0.36	0.33	0.31	0.29	0.26	0.24	0.23
20	0.56	0.51	0.47	0.43	0.39	0.36	0.33	0.31	0.28	0.26	0.24	0.23	0.21
22	0.51	0.47	0.43	0.39	0.36	0.33	0.31	0.28	0.26	0.24	0.23	0.21	0.20
24	0.46	0.43	0.39	0.36	0.33	0.31	0.28	0.26	0.24	0.23	0.21	0.20	0.18
26	0.42	0.39	0.36	0.33	0.31	0.28	0.26	0.24	0.22	0.21	0.20	0.18	0.17
28	0.39	0.36	0.33	0.30	0.28	0.26	0.24	0.22	0.21	0.20	0.18	0.17	0.16
30	0.36	0.33	0.30	0.28	0.26	0.24	0.22	0.21	0.20	0.18	0.17	0.16	0.15

偏心受压构件的偏心距过大，构件的承载力明显下降，从经济性和合理性角度看都不宜采用，此外，偏心距过大可能使截面受拉边出现过大的水平裂缝。因此，《砌体结构设计规范》规定轴向力偏心距 e 按内力设计值计算且不应超过 $0.6y$，y 是截面重心到受压边缘的距离。

表 12-16 影响系数 φ（砂浆强度等级 0）

β	$\dfrac{e}{h}$ 或 $\dfrac{e}{h_{\mathrm{T}}}$												
	0	0.025	0.05	0.075	0.1	0.125	0.15	0.175	0.2	0.225	0.25	0.275	0.3
≤3	1	0.99	0.97	0.94	0.89	0.84	0.79	0.73	0.68	0.62	0.57	0.52	0.48
4	0.87	0.82	0.77	0.71	0.66	0.60	0.55	0.51	0.46	0.43	0.39	0.36	0.33
6	0.76	0.70	0.65	0.59	0.54	0.50	0.46	0.42	0.39	0.36	0.33	0.30	0.28
8	0.63	0.58	0.54	0.49	0.45	0.41	0.38	0.35	0.32	0.30	0.28	0.25	0.24
10	0.53	0.48	0.44	0.41	0.37	0.34	0.32	0.29	0.27	0.25	0.23	0.22	0.20
12	0.44	0.40	0.37	0.34	0.31	0.29	0.27	0.25	0.23	0.21	0.20	0.19	0.17
14	0.36	0.33	0.31	0.28	0.26	0.24	0.23	0.21	0.20	0.18	0.17	0.16	0.15
16	0.30	0.28	0.26	0.24	0.22	0.21	0.19	0.18	0.17	0.16	0.15	0.14	0.13
18	0.26	0.24	0.22	0.21	0.19	0.18	0.17	0.16	0.15	0.14	0.13	0.12	0.12
20	0.22	0.20	0.19	0.18	0.17	0.16	0.15	0.14	0.13	0.12	0.12	0.11	0.10
22	0.19	0.18	0.16	0.15	0.14	0.14	0.13	0.12	0.12	0.11	0.10	0.10	0.09
24	0.16	0.15	0.14	0.13	0.13	0.12	0.11	0.11	0.10	0.10	0.09	0.09	0.08
26	0.14	0.13	0.13	0.12	0.11	0.11	0.10	0.10	0.09	0.09	0.08	0.08	0.07
28	0.12	0.12	0.11	0.11	0.10	0.10	0.09	0.09	0.08	0.08	0.08	0.07	0.07
30	0.11	0.10	0.10	0.09	0.09	0.09	0.08	0.08	0.07	0.07	0.07	0.07	0.06

注：砂浆强度 0 是指施工阶段砂浆尚未硬化的新砌砌体，可按砂浆强度为 0 确定其砌体强度。还有冬季施工冻结法砌墙，在解冻期，也是砂浆强度为 0。

受压长柱的承载力可表示为

$$N \leqslant \varphi A f \tag{12-23}$$

式中，N 为荷载设计值产生的轴向力；φ 为高厚比 β 和轴向力的偏心矩 e 对受压构件承载力的影响系数。

12.4.2 砌体局部受压计算

局部受压是砌体结构中常见的一种受力状态。例如，砖柱支承于基础上，梁支承于墙体上等。其特点在于轴向力仅作用于砌体的部分截面上。当砌体截面上作用局部均匀压力时（如承受上部柱或墙传来压力的基础顶面），称为局部均匀受压；当砌体截面上作用局部非均匀压力时（如支承梁或屋架的墙柱在梁或屋架端部支承处的砌体顶面），则称为局部不均匀受压。

（1）砌体截面局部均匀受压　当荷载均匀地作用在砌体的局部面积上时，即属于这种情况。砌体在局部均匀受压时的承载力可按下列公式计算：

$$N_1 \leqslant \gamma f A_1 \tag{12-24}$$

$$\gamma = 1 + 0.35 \sqrt{\frac{A_0}{A_1} - 1} \tag{12-25}$$

式中，N_1 为局部受压面积上荷载设计值产生的轴向力；A_1 为局部受压面积；γ 为局部抗压强度提高系数；A_0 为影响局部抗压强度的计算面积，A_0 可按图 12-18 确定。

影响砌体局部抗压强度的计算面积可按以下规定计算：

① 在图 12-18(a) 的情况下，$A_0 = (a + c + h)h$；

② 在图 12-18(b) 的情况下，$A_0 = (b + 2h)h$；

③ 在图 12-18(c) 的情况下，$A_0 = (a + h)h + (b + h_1 - h)h_1$；

④ 在图 12-18(d) 的情况下，$A_0 = (a + h)h$。

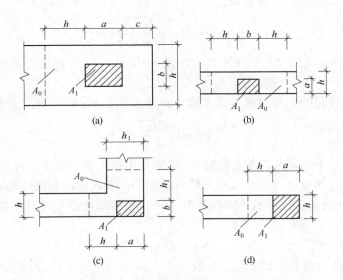

图 12-18　不同局压部位的 A_0 取值

式中，a、b 为矩形局部受压面积 A_1 的边长；h、h_1 为墙厚或柱的较小边长，墙厚；c 为矩形局部受压面积的外边缘至构件边缘的较小距离，当大于 h 时应取为 h。

局部受压时，直接受压的局部范围内的砌体抗压强度有较大程度的提高，一般认为这是由于存在"套箍强化"和"应力扩散"的作用。在局部压应力的作用下，局部受压的砌体在产生纵向变形的同时还产生横向变形，当局部受压部分的砌体四周或对边有砌体包围时，未直接承受压力的部分像套箍一样约束其横向变形，使与加载板接触的砌体处于三向受压或双向受压的应力状态，抗压能力大大提高。但"套箍强化"作用并不是在所有的局部受压情况都有，当局部受压面积位于构件边缘或端部时，"套箍强化"作用则不明显甚至没有，但按"应力扩散"的概念加以分析，只要在砌体内存在未直接承受压力的面积，就有应力扩散的现象，就可以在一定程度上提高砌体的抗压强度。

砌体的局部受压破坏比较突然，工程中曾经出现过因砌体局部抗压强度不足而发生房屋倒塌的事故，故设计时应予注意。

试验发现砖砌体局部受压有三种破坏形态：竖向裂缝发展而破坏；劈裂破坏；局压垫板下砌体局部破坏。第一种最为常见。为了避免 A_0/A_1 大于某一限值时会出现危险的劈裂破坏，规范对按式（12-25）计算所得 γ 值做了上限规定：对于图 12-18(a) 情况，$\gamma \leqslant 2.5$；图 12-18(b) 情况，$\gamma \leqslant 2.0$；对于图 12-18(c) 情况，$\gamma \leqslant 1.5$；对于图 12-18(d) 情况，$\gamma \leqslant 1.25$。

（2）梁端有效支承长度 当梁直接支承在砌体上时，由于梁的弯曲，使梁的末端有脱开砌体的趋势（图 12-19）。我们把梁端底面没有离开砌体的长度称为有效支承长度 a_0，因此，a_0 并不一定都等于实际支承长度 a，因而砌体局部受压面积应为 $A_1 = a_0 b$（b 为梁的宽度），而且梁下砌体的局部压应力为非均匀分布，有效支承长度取决于局部受压荷载、梁的刚度、砌体的刚度等。

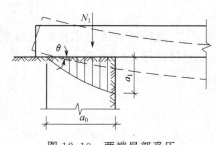

图 12-19　两端局部受压

砌体有效支承长度可按下式计算：

$$a_0 = 38 \sqrt{\frac{N_1}{bf \tan\theta}} \tag{12-26}$$

式中 a_0、b 以 mm 计；N_1 以 kN 计；f 以 MPa 计。a_0 计算所得不应大于实际支承长度值 a。

对于均布荷载作用的钢筋混凝土简支梁，其跨度小于 6m 时，可简化为下式：

$$a_0 = 10 \sqrt{\frac{h_c}{f}} \tag{12-27}$$

在计算荷载传至下部砌体的偏心距时，N_1 的作用点距墙的内表面可取 $0.4a_0$。

（3）梁端砌体局部受压 由于梁受力后弯曲变形，梁端底面处砌体的局压应力是不均匀的。《砌体结构设计规范》对没有上部荷载时（例如顶层屋盖梁支承处）的梁端局部受压按下式计算：

$$N_1 \leqslant \eta \gamma A_1 f \tag{12-28}$$

式中，η 为压应力图形完整系数，一般可取，$\eta = 0.7$，对于过梁、墙梁，$\eta = 1$；γ 为局部受压强度提高系数，仍按均匀局部受压情况采用。

当有上部荷载时（例如多层砖房楼盖梁支承处），作用在梁端砌体上的轴向压力除了有梁端支承压力 N_1 外，还有由上部荷载产生的轴向力 N_0。当梁上荷载增加时，由于梁端底部砌体局部变形增大，砌体内部产生应力重分布，使梁端顶面附近砌体由于上部荷载产生的应力逐渐减小，原压在梁端顶面上的砌体与梁顶面逐渐脱开，原作用于这部分砌体的上部荷载逐渐通过砌体内形成的卸载内拱卸至两边砌体。内拱的卸载作用还与 A_0/A_1 的大小有关，规范规定当 $A_0/A_1 \geqslant 3$ 时，不考虑上部荷载的影响。所以，规范规定梁端局压可按下列公式计算：

$$\psi N_0 + N_1 \leqslant \eta \gamma f A \tag{12-29}$$

式中，ψ 为上部荷载折减系数，$\psi = 1.5 - 0.5 \dfrac{A_0}{A_1}$，当 $A_0/A_1 \geqslant 3$ 时，取 $\psi = 0$；N_0 为由上部荷载设计值产生的轴向力。

（4）垫块下砌体局部受压　跨度较大的梁支承于砖墙上时，为了减小砌体局压应力，往往在梁支座处设置混凝土垫块。当梁下设置刚性垫块时，规范规定垫块下砌体局压承载力按下式计算：

$$N_0 + N_1 \leqslant \varphi \gamma_1 f A_b \tag{12-30}$$
$$N_0 = \sigma_0 A_0 \tag{12-31}$$
$$A_b = a_a b_b \tag{12-32}$$

式中，N_0 为垫块面积 A_b 上由上部荷载设计值产生的轴向力；A_b 为刚性垫块的面积；a_a 为垫块伸入墙内的长度；b_b 为垫块宽度；φ 为垫块上 N_0 及 N_1 的轴向力影响系数，但不考虑纵向弯曲影响，即查表 12-14～表 12-16 中 $\beta \leqslant 3$ 时的 φ 值。

刚性垫块的高度不宜小于 180mm，自梁边算起的垫块挑出长度不宜大于垫块高度 t_b；在带壁柱墙的壁柱内设刚性垫块时（图 12-20），其计算面积应取壁柱范围内的面积，而不应计算翼缘部分，同时壁柱上垫块伸入翼墙内的长度不应小于 120mm；当现浇垫块与梁端整体浇注时，垫块可在梁高范围内设置。

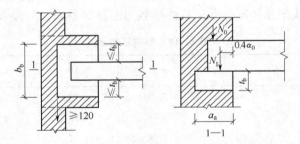

图 12-20　壁柱上设有垫块时梁端局部受压

刚性垫块上表面梁端有效支承长度 a_0 按下式确定：

$$a_0 = \delta_1 \sqrt{\dfrac{h}{f}} \tag{12-33}$$

式中，δ_1 为刚性垫块 a_0 计算公式的系数，按表 12-17 采用。

垫块上 N_1 合力点位置可取 $0.4 a_0$ 处。

表 12-17　系数 δ_1

a_0/f	0	0.2	0.4	0.6	0.8
δ_1	5.4	5.7	6.0	6.9	7.8

注：表中其间的数值可采用输入法求得。

12.5 配筋砖砌体构件承载力及构造措施

12.5.1 网状配筋砖砌体受压构件

为提高砌体强度、减少其截面尺寸、增加砌体结构（或构件）的整体性，可采用配筋砌体。配筋砌体可分为配筋砖砌体和配筋砌块砌体，其中配筋砖砌体又可分为网状配筋砖砌体、组合砖砌体、砖砌体和钢筋混凝土构造柱组合墙，配筋砌块砌体又可分为约束配筋砌块砌体和均匀配筋砌块砌体。

（1）网状配筋砖砌体构件受压承载力 网状配筋砖砌体受压构件的承载力应按下列公式计算：

$$N \leqslant \varphi_n A f_n \tag{12-34}$$

$$f_n = f + 2\left(1 - \frac{2e}{y}\right)\frac{\rho}{100} f_y \tag{12-35}$$

$$\rho = \frac{V_s}{V} \times 100 \tag{12-36}$$

式中，N 为轴向力设计值；f 为网状配筋砖砌体的抗压强度设计值；A 为截面面积；e 为轴向力的偏心距；ρ 为体积配筋率，当采用截面面积为 A_s 的钢筋组成的方格网，网格尺寸为 a 和钢筋网的间距为 s_n 时，$\rho = \frac{A_s}{a s_n} \times 100$；$V_s$、$V$ 为分别为钢筋和砌体的体积；f_y 为钢筋的抗拉强度设计值，当 $f_y > 320\text{MPa}$ 时，仍采用 320MPa；φ_n 为高厚比和配筋率以及轴向力的偏心距对网状配筋砖砌体受压构件承载力的影响系数，可按表 12-18 查用。

表 12-18 影响系数 φ_n

ρ	β \ e/h	0	0.05	0.10	0.15	0.17
0.1	4	0.97	0.89	0.78	0.67	0.63
	6	0.93	0.84	0.73	0.62	0.58
	8	0.89	0.78	0.67	0.57	0.53
	10	0.84	0.72	0.62	0.52	0.48
	12	0.78	0.67	0.56	0.48	0.44
	14	0.72	0.61	0.52	0.44	0.41
	16	0.67	0.56	0.47	0.40	0.37
0.3	4	0.96	0.87	0.76	0.65	0.61
	6	0.91	0.80	0.69	0.59	0.55
	8	0.84	0.74	0.62	0.53	0.49
	10	0.78	0.67	0.56	0.47	0.44
	12	0.71	0.60	0.51	0.43	0.40
	14	0.64	0.54	0.46	0.38	0.36
	16	0.58	0.49	0.41	0.35	0.32

续表

ρ	e/h β	0	0.05	0.10	0.15	0.17
0.5	4	0.94	0.85	0.74	0.63	0.59
	6	0.88	0.77	0.66	0.56	0.52
	8	0.81	0.69	0.59	0.50	0.46
	10	0.73	0.62	0.52	0.44	0.41
	12	0.65	0.55	0.46	0.39	0.36
	14	0.58	0.49	0.41	0.35	0.32
	16	0.51	0.43	0.36	0.31	0.29
0.7	4	0.93	0.83	0.72	0.61	0.57
	6	0.86	0.75	0.63	0.53	0.50
	8	0.77	0.66	0.56	0.47	0.43
	10	0.68	0.58	0.49	0.41	0.38
	12	0.60	0.50	0.42	0.36	0.33
	14	0.52	0.44	0.37	0.31	0.30
	16	0.46	0.38	0.33	0.28	0.26
0.9	4	0.92	0.82	0.71	0.60	0.56
	6	0.83	0.72	0.61	0.52	0.48
	8	0.73	0.63	0.53	0.45	0.42
	10	0.64	0.54	0.46	0.38	0.36
	12	0.55	0.47	0.39	0.33	0.31
	14	0.48	0.40	0.34	0.29	0.27
	16	0.41	0.35	0.30	0.25	0.24
1.0	4	0.91	0.81	0.70	0.59	0.55
	6	0.82	0.71	0.60	0.51	0.47
	8	0.72	0.61	0.52	0.43	0.41
	10	0.62	0.53	0.44	0.37	0.35
	12	0.54	0.45	0.38	0.32	0.30
	14	0.46	0.39	0.33	0.28	0.26
	16	0.39	0.34	0.28	0.24	0.23

（2）网状配筋砖砌体构造措施　网状配筋砖砌体构件的构造应符合下列规定。

① 网状配筋砖砌体中的体积配筋率不应小于 0.1％，并不应大于 1％。

② 采用方格钢筋网时，钢筋的直径宜采用 3～4mm；当采用连弯钢筋网时，钢筋的直径不应大于 8mm。

③ 钢筋网中钢筋的间距不应大于 120mm，并不应小于 30mm。

④ 钢筋网的间距，不应大于 5 块砖，并不应大于 400mm。

⑤ 网状配筋砖砌体所用的砂浆不应低于 M7.5；钢筋网应设置在砌体的水平灰缝中，灰缝厚度应保证钢筋上下至少各有 2mm 厚的砂浆层。

12.5.2　组合砖砌体构件

在砖砌体内配置纵向钢筋或设置部分钢筋混凝土或钢筋砂浆以共同工作都是组合砖砌

体。它不但能显著提高砌体的抗弯能力和延性，而且也能提高其抗压能力，具有和钢筋混凝土相近的性能。《砌体结构设计规范》指出，轴向力偏心距超过无筋砌体偏压构件的限值时宜采用组合砖砌体。

（1）轴心受压组合砖砌体的承载力　组合砖砌体是由砖砌体、钢筋、混凝土或砂浆三种材料所组成。在荷载作用下，三者获得了共同的变形，但是，每种材料相应于达到其自身的极限强度时的压应变并不相同，钢筋最小，混凝土其次，砖砌体最大，所以组合砖砌体在轴向压力作用下，钢筋首先屈服，然后面层混凝土达到抗压强度。此时砖砌体尚未达到其抗压强度。

组合砖砌体轴心受压构件的承载力可按下式计算：

$$N \leqslant \varphi_{\text{com}}(fA + f_c A_c + \eta_s f'_y A'_s) \tag{12-37}$$

式中，A 为砖砌体的截面面积；f_c 为混凝土或面层砂浆的轴心抗压强度设计值，砂浆的轴心抗压强度设计值可取为同强度等级混凝土的轴心抗压强度设计值的 70%，当砂浆为 M10 时，其值取 3.5MPa，当砂浆为 M7.5 时取 2.6MPa；A_c 为混凝土或砂浆面层的截面面积；η_s 为受压钢筋的强度系数，当为混凝土面层时，可取为 1.0，当为砂浆面层时，可取 0.9；f'_y、A'_s 为分别为受压钢筋的强度设计值和截面积；φ_{com} 为组合砖砌体构件的稳定系数，由表 12-19 查用。

表 12-19　组合砖砌体构件的稳定系数 φ_{com}

高厚比 β	配筋率 ρ/%					
	0	0.2	0.4	0.6	0.8	≥1.0
8	0.91	0.93	0.95	0.97	0.99	1.00
10	0.87	0.90	0.92	0.94	0.96	0.98
12	0.82	0.85	0.88	0.91	0.93	0.95
14	0.77	0.80	0.83	0.86	0.89	0.92
16	0.72	0.75	0.78	0.81	0.84	0.87
18	0.67	0.70	0.73	0.76	0.79	0.81
20	0.62	0.65	0.68	0.71	0.73	0.75
22	0.58	0.61	0.64	0.66	0.68	0.70
24	0.54	0.57	0.59	0.61	0.63	0.65
26	0.50	0.52	0.54	0.56	0.58	0.60
28	0.46	0.48	0.50	0.52	0.54	0.56

（2）组合砖砌体构造要求　组合砖砌体构件应符合下列构造要求。

面层混凝土强度等级宜采用 C15 或 C20，面层水泥砂浆强度等级不得低于 M7.5，砌筑砂浆不得低于 M5，砖不低于 MU10。砂浆面层的厚度可采用 30～45mm，当面层厚度大于 45mm 时，其面层宜采用混凝土。

受力钢筋一般采用Ⅰ级钢筋，对于混凝土面层亦可采用Ⅱ级钢筋。受压钢筋一侧的配筋率对砂浆面层不宜小于 0.1%；对混凝土面层，不宜小于 0.2%。受拉钢筋的配筋率不应小于 0.1%。受力钢筋直径不应小于 8mm。钢筋净距不应小于 30mm。受力钢筋的保护层厚度，不应小于表 12-20 中的规定。

表 12-20　受力钢筋保护层厚度

结构部位　　　　　　　　　　环境条件	室内正常环境	露天或室内潮湿环境
墙	15	25
柱	25	35

箍筋的直径不宜小于 4mm 及 0.2 倍的受压钢筋直径，并不宜大于 6mm。箍筋间距不应大于 20 倍受压钢筋直径及 500mm，并不应小于 120mm。当组合砖砌体构件一侧的受力钢筋多于 4 根时，应设置附加箍筋或拉结钢筋。

对于截面长短边相差较大的构件，如墙体等，应采用穿通墙体的拉结钢筋作为箍筋，同时设置水平分布钢筋。水平分布钢筋的竖向间距及拉结钢筋的水平间距均不应大于 500mm（图12-21）。

组合砖砌体构件的顶部、底部以及牛腿部位，必须设置钢筋混凝土垫块，受力钢筋伸入垫块的长度，必须满足锚固要求。

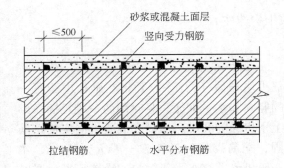

图 12-21　组合砖砌体墙的配筋

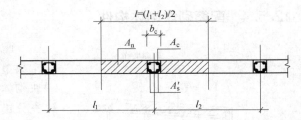

图 12-22　砖砌体和钢筋混凝土构造柱组合墙截面

12.5.3　砖砌体和钢筋混凝土构造柱组合墙

砖砌体和钢筋混凝土构造柱组合墙，是在砖墙中间隔一定距离设置钢筋混凝土构造柱，并在各层楼盖处设置钢筋混凝土圈梁（约束梁），使砖砌体墙与钢筋混凝土构造柱和圈梁组成一个整体结构共同受力（图 12-22）。适用于砖墙竖向承载力不足又不便加大墙体厚度的情况。试验研究和工程实践表明，在砖墙中加设钢筋混凝土构造柱和圈梁，可以显著提高砖砌体墙承受竖向荷载和水平荷载的能力。

（1）组合墙轴心受压承载力　《砌体结构设计规范》采用了与组合砖砌体受压构件承载力相同的计算模式，但引入了强度系数来反映其差别，即

$$N \leqslant \varphi_{\text{com}}[fA_{\text{n}} + \eta(f_{\text{c}}A_{\text{c}} + f_{\text{y}}'A_{\text{s}}')] \tag{12-38}$$

$$\eta = \left(\cfrac{1}{\cfrac{S}{b_{\text{c}}} - 3}\right)^{\frac{1}{4}} \tag{12-39}$$

式中，φ_{com} 为组合墙的稳定系数，可按组合砖砌体的稳定系数采用；b_{c} 为沿墙长方向构造柱的宽度；A_{n} 为砖砌体的净截面面积；η 为强度系数，当 $S/b_{\text{c}} < 4$ 时，取 $S/b_{\text{c}} = 4$。

（2）组合墙构造规定　砖砌体和钢筋混凝土构造柱组合墙的材料和构造应符合下列规定。

① 砂浆的强度等级不应低于 M5，构造柱的混凝土强度等级不宜低于 C20。

② 柱内竖向受力钢筋的混凝土保护层厚度，应符合表 12-20 的规定。

③ 构造柱的截面尺寸不宜小于 240mm×240mm，其厚度不应小于墙厚，边柱、角柱的截面尺寸宜适当加大。柱内竖向受力钢筋，对于中柱，不宜少于 4ϕ12；对于边柱、角柱，不宜少于 4ϕ14。其箍筋，一般部位宜采用 ϕ6、间距 200mm；楼层上下 500mm 范围内宜采用 ϕ6、间距 100mm。构造柱的竖向受力筋应在基础梁和楼层圈梁中锚固，并应符合受拉钢筋的锚固要求。

④ 组合砖墙砌体结构房屋，应在纵横墙交接处、墙端部和较大洞口的洞边设置构造柱，其间距不宜大于 4m；各层洞口宜设在相应位置，并宜上下对齐。

⑤ 组合砖墙砌体结构房屋应在基础顶面、有组合墙的楼层处设置现浇钢筋混凝土圈梁；圈梁的截面高度不宜小于 240mm，纵向钢筋不宜小于 4ϕ12，纵向钢筋应伸入构造柱内，并应符合受拉钢筋的锚固要求；圈梁的箍筋宜采用 ϕ6、间距 200mm。

⑥ 砖砌体与构造柱的连接处应砌成马牙槎，并应沿墙高每隔 500mm 设 2ϕ6 拉结钢筋，且每边伸入墙内不宜小于 600mm。

⑦ 组合砖墙的施工程序应为先砌墙后浇混凝土构造柱。

12.5.4　配筋砌块砌体构件

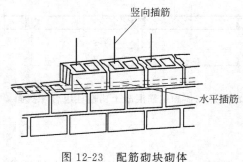

竖向插筋

水平插筋

图 12-23　配筋砌块砌体

配筋砌块砌体（图 12-23）是在砌体中配置一定数量的竖向和水平钢筋，竖向钢筋一般是插入砌块砌体上下贯通的孔中，用灌孔混凝土灌实使钢筋充分锚固，配筋砌体的灌孔率一般大于 50%，水平钢筋一般可设置在水平灰缝中或设置箍筋，竖向和水平钢筋使砌块砌体形成一个共同工作的整体。配筋砌块墙体在受力模式上类同于混凝土剪力墙结构，即由配筋砌块剪力墙承受结构的竖向和水平作用，是结构的承重和抗侧力构件。由于配筋砌块砌体的强度高、延性好，可用于大开间和高层建筑结构。配筋砌块剪力墙结构在地震设防烈度为 6 度、7 度、8 度和 9 度地区建造房屋的允许层数可分别达到 18 层、16 层、14 层和 8 层。

12.6　混合结构房屋墙、柱设计

12.6.1　概述

混合结构房屋通常是指主要承重构件由不同的材料组成的房屋。如房屋的楼（屋）盖采用钢筋混凝土结构、轻钢结构或木结构，而墙体、柱、基础等承重构件采用砌体（砖、石、砌块）材料。

一般情况下，混合结构房屋的墙、柱占房屋总重的 40% 左右，墙体材料的选用直接影响房屋建造的费用，而混合结构房屋的墙体材料的选用通常符合就地取材、造价低、充分利用工业废料的原则，因此应用范围广泛。如在一般民用建筑中，可用作多层住宅、宿舍、办公楼、中小学教学楼、商店、酒店、食堂等，若采用配筋砌体，还可用于小高层住宅、公寓；在工业建筑中，可用于中小型单层及多层工业厂房、仓库等。

12.6.2   混合结构房屋的结构布置方案

在混合结构房屋中，墙体通常可以分为承重墙体、自承重墙体和分隔墙体。承重墙体是指承受自重及楼板传来的竖向荷载的墙体。自承重墙体是指仅承受墙体自重的墙体。分隔墙体是指砌筑在梁或楼板上，为在建筑平面内分割不同的使用功能而每层单独设置的墙体。

在建筑平面中，一般来说，沿房屋平面较短方向布置的墙体称为横墙；沿房屋较长方向布置的墙体称为纵墙。混合结构房屋设计时，建筑设计的功能分区与结构设计的承重方案选择是需要密切配合的两个方面，从结构设计的角度出发，按承重墙体布置方式的不同，可将多层混合结构房屋的承重体系划分为横墙承重方案、纵墙承重方案、纵横墙混合承重方案、内框架承重方案和底部框架承重方案。上述承重方案的传力路径不同，结构整体性能也有差异，对建筑使用功能的影响也不一样。

（1）纵墙承重方案   对于要求有较大空间的房屋（如厂房、仓库）或隔墙位置可能变化的房屋，通常无内横墙或横墙间距很大，因而由纵墙直接承受楼面、屋面荷载的结构布置方案即为纵墙承重方案。如图 12-24 所示为某仓库屋面结构布置，其屋盖为预制屋面大梁或屋架和屋面板。这类房屋的屋面荷载（竖向）传递路线为

板→梁（或屋架）→纵墙→基础→地基

纵墙承重方案的特点是：

① 主要承重墙为纵墙，横墙间距可根据需要确定，不受限制，因此满足需要有较大空间的房屋，建筑平面布置比较灵活；

② 纵墙是主要承重墙，设置在纵墙上的门窗洞口大小和位置受到一定限制；

③ 横墙数量少，所以房屋的横向刚度小，整体性差，一般适用于单层厂房、仓库、酒店、食堂等建筑。

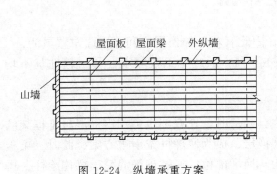

图 12-24   纵墙承重方案

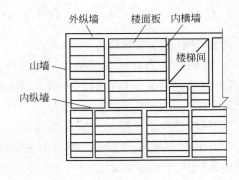

图 12-25   横墙承重方案

（2）横墙承重方案   当房屋开间不大（一般为 3～4m），横墙间距较小，将楼（或屋面）板直接搁置在横墙上的结构布置称为横墙承重方案，如图 12-25 所示。房间的楼板支承在横墙上，纵墙仅支承墙体本身自重。横墙承重方案的荷载主要传递路线为

楼（屋）面板→横墙→基础→地基

横墙承重方案的特点是：

① 横墙是主要承重墙，纵墙主要起围护、隔断作用，因此其上开设门窗洞口所受限制较少；

② 横墙数量多、间距小，又有纵墙拉结，因此房屋的横向空间刚度大，整体性好，有良好的抗风、抗震性能及调整地基不均匀沉降的能力；

③ 横墙承重方案结构较简单、施工方便，但墙体材料用量较多；

④ 房间大小较固定，因而一般适用于宿舍、住宅、寓所类建筑。

（3）纵横墙承重方案　当建筑物的功能要求房间的大小变化较多时，为了结构布置的合理性，通常采用纵横墙承重布置方案，如图 12-26 所示。其荷载传递路线为

$$楼（屋）面板 \rightarrow \begin{Bmatrix} 梁 & 纵墙 \\ 横墙 \end{Bmatrix} \rightarrow 基础 \rightarrow 地基$$

纵横墙承重方案，既可保证有灵活布置的房间，又具有较大的空间刚度和整体性，所以适用于教学楼、办公楼、医院等建筑。

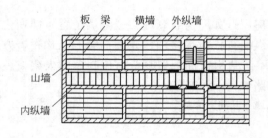

图 12-26　纵横墙承重布置方案

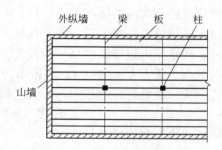

图 12-27　内框架承重方案

（4）内框架承重方案　对于工业厂房的车间、底层商店上部住宅的建筑，可采用外墙与内柱同时承重的内框架承重方案（图 12-27），该结构布置为楼板铺设在梁上，梁两端支承在外纵墙上，中间支承在柱上。竖向荷载的传递路线为

$$楼（屋）面板 \rightarrow 梁 \rightarrow \begin{Bmatrix} 外纵墙 \rightarrow 外纵墙基础 \\ 柱 \rightarrow 柱基础 \end{Bmatrix} \rightarrow 地基$$

内框架承重方案的特点为：

① 外墙和柱为竖向承重构件，内墙可取消，因此有较大的使用空间，平面布置灵活；

② 由于竖向承重构件材料不同，基础形式亦不同，因此施工较复杂，易引起地基不均匀沉降；

③ 横墙较少，房屋的空间刚度较差。

（5）底部框架承重方案　当沿街住宅底部为公共房时，在底部也可用钢筋混凝土框架结构同时取代内外承重墙体，相关部位形成结构转换层，成为底部框架承重方案，此时，梁板荷载在上部几层通过内外墙体向下传递，在结构转换层部位，通过钢筋混凝土梁传给柱，再传给基础。它的特点是：

① 墙和柱都是主要承重构件，以柱代替内外墙体，在使用上可以取得较大的使用空间；

② 由于底部结构形式的变化，其抗侧刚度发生了明显的变化，成为上部刚度较大，底部刚度较小的上刚下柔结构房屋。

以上是从大量工程实践中概括出来的几种承重体系。设计时，应根据不同的使用要求，以及地质、材料、施工等条件，按照安全可靠、技术先进、经济合理的原则，对几种可能的

承重方案进行经济技术比较，正确选用比较合理的承重体系。

12.6.3　房屋的静力计算方案

混合结构房屋由屋盖、楼盖、墙、柱、基础等主要承重构件组成空间受力体系，共同承担作用在房屋上的各种竖向荷载（结构的自重、楼面和屋面的活荷载）、水平风荷载和地震作用。混合结构房屋中仅墙、柱为砌体材料，墙、柱设计计算主要包括内力计算和截面承载力设计。

计算墙体内力首先要确定其计算简图。计算简图既要尽量符合结构实际受力情况，又要使计算尽可能简单。现以各类单层房屋为例分析其受力特点。

（1）第一种情况　如图 12-28(a) 是一单层房屋，外纵墙承重，屋盖为装配式钢筋混凝土楼盖，两端没有设置山墙。

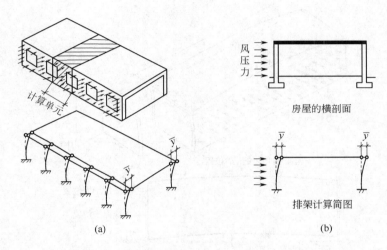

图 12-28　无山墙单跨房屋的受力状态及计算简图

假定作用于房屋的荷载是均匀分布的，外纵墙的刚度是相等的，因此在水平荷载作用下整个房屋墙顶的水平位移是相同的（设为 $\bar{y}$）。如果从其中任意取出一单元，这个单元的受力状态将和整个房屋的受力状态是一样的。所以，可以用这个单元的受力状态来代表整个房屋的受力状态，这个单元称为计算单元。

在这类房屋中，荷载作用下的墙顶位移（$\bar{y}$）主要取决于纵墙的刚度，而屋盖结构的刚度只是保证传递水平荷载时两边纵墙位移相同。如果把计算单元的纵墙比拟为排架柱，屋盖结构比拟为横梁，把基础看作柱的固定端支座，屋盖结构和墙的连接点看作铰结点，则计算单元的受力状态就如同一个单跨平面排架，属于平面受力体系。计算简图如图 12-28(b)，其静力分析可采用结构力学解平面排架的方法。

（2）第二种情况　如图 12-29(a) 所示两端有山墙的单层房屋。由于两端山墙的约束，其传力途径发生了变化。在均匀的水平荷载作用下，整个房屋墙顶的水平位移不再相同。距山墙距离愈远的墙顶水平位移愈大，距山墙距离愈近的墙顶水平位移愈小。其原因就是水平风荷载不仅仅是在纵墙和屋盖组成的平面排架内传递，而且还通过屋盖平面和山墙平面进行传递，即组成了空间受力体系。这时，纵墙顶部的水平位移不仅与纵墙本身刚度有关，而且与屋盖结构水平刚度和山墙的刚度有很大的关系。屋盖总水平最大侧移由山墙顶面水平位移

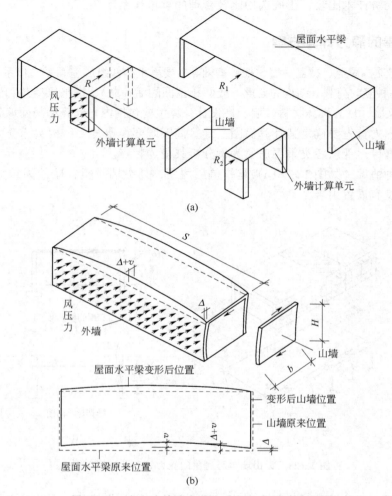

图 12-29　有山墙单跨房屋的受力状态及计算简图

Δ 与屋盖平面弯曲产生的位移 v 两部分组成，即 $\Delta+v$。

房屋空间作用的大小可以用空间性能影响系数 η 表示。假定屋盖为在水平面内支承于横墙上的剪切型弹性地基梁，纵墙（柱）为弹性地基，由理论分析可以得到空间性能影响系数为

$$\eta=\frac{\Delta+v}{\overline{y}}\leqslant 1 \tag{12-40}$$

以上分析表明，由于山墙或横墙的存在，改变了水平荷载的传递路线，使房屋有了空间作用。而且，两端墙的距离越近，或增加越多的横墙，屋盖的水平刚度越大，房屋的空间作用越大，即空间性能越好，则水平位移越小。

η 值愈大，表示整体房屋的水平侧移与平面排架的侧移愈接近，即房屋空间作用愈小；反之，η 愈小，房屋水平侧移愈小，房屋的空间作用愈大。因此，又称为考虑空间工作后的侧移折减系数。

横墙间距 S 是影响房屋刚度或侧移大小的重要因素。不同横墙间距的房屋各层的空间性能影响系数可按表 12-21 查用。

影响房屋空间性能的因素很多，除上述的屋盖刚度和横墙间距外，还有屋架的跨度、排

架的刚度、荷载类型及多层房屋层与层之间的相互作用等。《砌体结构设计规范》中为方便计算，仅考虑屋盖刚度和横墙间距两个主要因素的影响，按房屋空间刚度（作用）大小，将混合结构房屋静力计算方案分为三种（表12-22）。

表 12-21　房屋各层的空间性能影响系数 η_i

屋盖或楼盖类别	横 墙 间 距 S/m														
	16	20	24	28	32	36	40	44	48	52	56	60	64	68	72
1	—	—	—	—	0.33	0.39	0.45	0.50	0.55	0.60	0.64	0.68	0.71	0.74	0.77
2	—	0.35	0.45	0.54	0.61	0.68	0.73	0.78	0.82						
3	0.37	0.49	0.60	0.68	0.75	0.81	—								

表 12-22　房屋的静力计算方案

	屋　盖　类　别	刚性方案	刚弹性方案	弹性方案
1	整体式、装配整体式和装配式无檩体系钢筋混凝土屋盖或楼盖	$S<32$	$32\leqslant S\leqslant 72$	$S>72$
2	装配式有檩体系钢筋混凝土屋盖、轻钢屋盖和有密铺望板的木屋盖或楼盖	$S<20$	$20\leqslant S\leqslant 48$	$S>48$
3	瓦材屋面的木屋盖和轻钢屋盖	$S<16$	$16\leqslant S\leqslant 36$	$S>36$

① 刚性方案　房屋的空间刚度很好。在荷载作用下，墙、柱顶端的相对位移 $(\Delta+v)/H$ 很小（H 为纵墙高度），可视墙、柱顶水平位移等于零。这类房屋称为刚性方案房屋，其静力计算简图将承重墙视为一根竖向构件，屋盖或楼盖为墙体的不动铰支座。通过计算分析，当房屋的空间性能影响系数 $\eta<0.33$ 时，均可按刚性方案计算，如图 12-30 所示。

图 12-30　刚性方案　　　　　　　　　图 12-31　刚弹性方案

② 弹性方案　房屋的空间刚度较差，虽然荷载传递仍是空间结构体系，但在荷载作用下，墙顶的最大水平位移接近于平面结构体系，其墙柱内力计算应按不考虑空间作用的平面排架或框架计算。这类房屋称为弹性方案房屋，当空间性能影响系数 $\eta>0.77$ 时，均按弹性方案计算，如图 12-28(b) 所示。

设计多层混合结构房屋时，不宜采用弹性方案。因为弹性方案房屋水平位移较大，当房屋高度增加时，会因过大位移导致房屋的倒塌，或需要过度增加纵墙截面面积。

③ 刚弹性方案　房屋的空间刚度介于上述两种方案之间，在荷载作用下，纵墙顶端水平位移比弹性方案要小，但又不可忽略不计，这类房屋称为刚弹性方案（图 12-31）。静力计算时，可根据房屋空间刚度的大小，通常 $\eta=0.33\sim0.77$，将其水平荷载作用下的反力进行折减，然后按平面排架或框架进行计算，即计算简图相当于在屋（楼）盖处加一弹性支座。

对装配式无檩体系钢筋混凝土屋盖或楼盖，当屋面板未与屋架或大梁焊接时，应按

表 12-22 中第 2 类考虑。

对无山墙或伸缩缝处无横墙的房屋，应按弹性方案考虑。

在刚性和刚弹性方案房屋中，刚性横墙是保证满足房屋抗侧力要求，具有所需水平刚度的重要构件。《砌体结构设计规范》规定这些横墙必须同时满足下列几项要求：

a. 横墙中开有洞口时（如门、窗、走道），洞口的水平截面积应不超过横墙截面面积的 50%；

b. 横墙的厚度，一般不小于 180mm；

c. 单层房屋的横墙长度，不小于其高度，多层房屋的横墙长度，不小于其总高度的 1/20。

当刚性横墙不能同时符合上述要求时，应对横墙的刚度进行验算。如其最大水平位移不超过 $H/4000$（其中 H 为横墙总高），仍可视为刚性和刚弹性方案房屋的横墙。符合上述刚度要求的一般横墙或其它结构构件（如框架等），也可视为刚性和刚弹性方案房屋的横墙。

12.6.4 砌体房屋墙、柱设计计算

（1）刚性构造方案房屋承重纵墙计算 首先考虑在竖向荷载作用下的纵墙计算方法。

① 计算简图 混合结构房屋的纵墙一般比较长，设计时可仅取其中有代表性的一段进行计算。通常取一个开间的窗洞中线间距内的竖向墙带作为计算单元（图 12-32），这个墙带的纵向剖面见图 12-34（a），墙带承受的竖向荷载有墙体自重、屋盖及楼盖传来的永久荷载、可变荷载。这些荷载对墙体的作用位置见图 12-33。图中，N_1 为所计算的楼层内楼盖传来的永久荷载及可变荷载，也即楼盖大梁支座处的压力。其合力 N_1 至墙内皮的距离可取等于 $0.4a_0$（a_0 为梁端有效支承长度）。N_u 为由上面各层楼盖、屋盖及墙体自重传来的竖向荷载（包括永久荷载及可变荷载），可以认为 N_u 作用于上一楼层墙柱的截面重心。

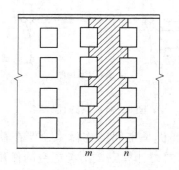

图 12-32 围墙计算单元

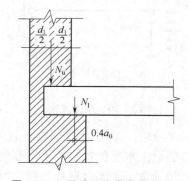

图 12-33 纵墙竖向荷载作用位置

前面已经指出刚性方案房屋中屋盖和楼盖可以视为纵墙的不动铰支点，因此，在承受竖向荷载及水平荷载时，竖向墙带就好像一个支承于楼盖及屋盖的竖向连续梁，其弯矩图见图 12-34(a)，但考虑到楼盖大梁支承处，墙体截面自内墙皮向外被削弱，使得内墙皮位置在承受内侧受拉的弯矩时，其所能提供的拉力有限，故在竖向墙带承受竖向荷载时，偏于安全地将大梁支承处视为铰接，即认为大梁顶面位置不能承受内侧受拉的弯矩。在底层砖墙与基础连接处，墙体虽未减弱，但由于多层房屋上部传来的轴向力与该处弯矩相比大很多，因此底端也认为是铰接支承。这样，墙体在承受竖向荷载时，在每层高度范围内就成了两端铰支的竖向构件，其偏心荷载引起的弯矩图见图 12-34(b)。

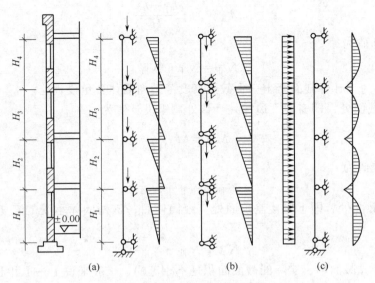

图 12-34　外纵墙计算简图

② 最不利截面位置及内力计算　对每层墙体一般有下列几个截面比较危险（图 12-35）：本层楼盖底面 Ⅰ—Ⅰ，窗口上边缘 Ⅱ—Ⅱ，正窗台下边缘 Ⅲ—Ⅲ 以及下层楼盖顶面 Ⅳ—Ⅳ。现分析如下。

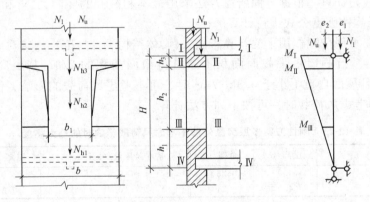

图 12-35　外墙最不利计算截面位置

a. Ⅰ—Ⅰ 截面处，即本层楼盖处。该处在竖向荷载作用下弯矩最大，其弯矩设计值为

$$M_{\text{I}} = N_1 e_1 - N_{\text{u}} e_2 \quad e_1 = \frac{h}{2} - 0.4 a_0 \tag{12-41}$$

竖向力设计值为

$$N_{\text{I}} = N_1 + N_{\text{u}} \tag{12-42}$$

式中，e_1 为 N_1 对该层墙体的偏心距；h 为该层墙体厚度；e_2 为上层墙体重心对该层墙体重心的偏心距，若上下层墙体厚度相同，则 $e_2 = 0$。

b. Ⅱ—Ⅱ 截面处，即窗口上边缘处。该截面的计算弯矩可由三角形弯矩图按直线内插法求得。

$$M_{\text{II}} = M_{\text{I}} \frac{h_1 + h_2}{H} \tag{12-43}$$

竖向力设计值为

$$N_{\text{II}} = N_{\text{I}} + N_{\text{h3}} \tag{12-44}$$

式中，N_{h3} 为该计算截面至 I—I 截面高度范围内墙体自重设计值。

c. III—III 截面处，即窗口下边缘处，该处弯矩设计值为

$$M_{\text{III}} = M_{\text{I}} \frac{h_1}{H} \tag{12-45}$$

竖向力设计值为

$$N_{\text{III}} = N_{\text{II}} + N_{\text{h2}} \tag{12-46}$$

d. IV—IV 截面处，即下层楼盖顶面处。经简化后，该处墙体承受的弯矩为零，其竖向力设计值为

$$N_{\text{IV}} = N_{\text{III}} + N_{\text{h1}} \tag{12-47}$$

上述四个计算截面中，实际的截面面积是不相等的，一般来说 I—I 和 II—II 截面的面积较窗间墙面积大，但《砌体结构设计规范》为简化计算，并偏于安全地取窗间墙的面积作为计算面积。这样，上述四个截面中显然墙体上端楼盖底面处截面比较不利，因为该处弯矩比较大，但如果弯矩影响较小，有时下层楼盖顶面处截面可能更不利。一般情况下，可仅取这两个截面作为控制截面进行墙体的竖向承载力计算。

③ 截面承载力计算　根据上面所述方法求出最不利截面的竖向力 N 和竖向力偏心距 e 之后就可按受压构件强度公式进行计算。

④ 外纵墙在水平荷载作用下的计算方法　《砌体结构设计规范》规定对于采用刚性方案多层房屋的外墙，当洞口水平截面面积不超过全截面面积的 2/3，其层高和总高不超过表 12-23 规定，且屋面自重不小于 0.8kN/m^2 时，可不考虑风荷载的影响，仅按竖向荷载进行计算。当必须考虑风荷载时，可按下列方法计算。

表 12-23　刚性方案多层房屋外墙不考虑风荷载影响时的最大高度/m

基本风压值/(kN/m²)	层高/m	总高/m	基本风压值/(kN/m²)	层高/m	总高/m
0.4	4.0	28	0.6	4.0	18
0.5	4.0	24	0.7	3.5	18

注：对于多层砌块房屋 190mm 厚的外墙，当层高不大于 2.8m，总高不大于 19.6m，基本风压不大于 0.7kN/m^2 时，可不考虑风荷载的影响。

墙带承受水平荷载，如风荷载时，其产生的弯矩图见图 12-34(c)，此时由于在楼板支承处，产生外侧受拉的弯矩，故按竖向连续梁计算墙体的承载力。墙带跨中及支座处弯矩可近似取：

$$M = \frac{1}{12} \omega H_i^2 \tag{12-48}$$

式中，ω 为沿楼层高均布风荷载设计值；H_i 为楼层高度。

水平风荷载作用下产生的弯矩应与竖向荷载作用下产生的弯矩进行组合，风荷载取正风压（压力），还是取负风压（吸力）应以组合后弯矩的代数和增大来决定。

当风荷载、永久荷载、可变荷载进行组合时，尚应按《荷载规范》的有关规定考虑组合系数。

对于刚性方案的单层房屋，同样地可以认为屋盖结构是纵墙的不动铰支座。单层房屋纵墙底端处和多层房屋相比轴向力小得多，而弯矩比较大，因此，纵墙下端可认为嵌固于基础顶面。在水平风荷载及纵向偏心力作用下分别计算内力，两者叠加就是墙体最终的内力图。

（2）刚性方案房屋承重横墙计算　刚性构造方案房屋由于横墙间距不大，在水平风荷载作用下，纵墙传给横墙的水平力对横墙的承载力计算影响很小，因此，横墙只需计算竖向荷载作用下的承载力。

① 计算简图　因为楼盖和屋盖的荷载沿横墙一般都是均匀分布的，因此可以取 1m 宽的墙体作为计算单元。一般楼盖和屋盖构件均搁在横墙上，和横墙直接联系，因而楼板和屋盖可视为横墙的侧向支承，另外由于楼板伸入墙身，削弱了墙体在该处的整体性，为了简化计算可把该处视为不动铰支点。中间各层的计算高度取层高（楼板底至上层楼板底）；顶层如为坡屋顶则取层高加山尖的平均高度；底层墙柱下端支点取至条形基础顶面，如基础埋深较大时，一般可取地坪标高（±0.00m）以下 300～500mm。

横墙承受的荷载有：所计算截面以上各层传来的荷载 N_u（包括上部各层楼盖和屋盖的永久荷载和可变荷载以及墙体的自重），还有本层两边楼盖传来的竖向荷载（包括永久荷载及可变荷载）$N_{1左}$、$N_{1右}$；N_u 作用于墙截面重心处；$N_{1左}$ 及 $N_{1右}$ 均作用于距墙边 $0.4a_0$ 处。当横墙两侧开间不同（即梁板跨度不同）或者仅在一侧的楼面上有活荷载时，$N_{1左}$ 及 $N_{1右}$ 的数值并不相等，墙体处于偏心受压状态。但由于偏心荷载产生的弯矩通常都较小，轴向压力较大，故实际计算中，各层均可按轴心受压构件计算。

② 最不利截面位置及内力计算　对于承重横墙，因按轴心受压构件计算，则应取其纵向力最大的截面进行计算。又因《砌体结构设计规范》规定沿层高各截面取用相同的纵向力影响系数 φ，所以，可认为每层根部截面处为最不利截面。

③ 截面承载力计算　在求得每层最不利截面处的轴向力后，即可按受压构件承载力计算公式确定各层的块体和砂浆强度等级。

当横墙上设有门窗洞口时，则应取洞口中心线之间的墙体作为计算单元。

当有楼面大梁支承于横墙时，应取大梁间距作为计算单元，此外，尚应进行梁端砌体局部受压验算。对于支承楼板的墙体，则不需进行局部受压验算。

（3）弹性方案房屋墙柱计算　单层弹性方案混合结构房屋可按铰接排架进行内力分析，此时，砌体墙柱即为排架柱，如果中柱为钢筋混凝土柱，则应将砌体边柱按弹性模量比折算成混凝土柱，然后进行排架内力分析，其分析方法和钢筋混凝土单层厂房一样。

（4）单层刚弹性方案房屋墙柱计算　当房屋的刚性横墙间距小于弹性方案而大于刚性方案所规定的间距时，在水平荷载作用下，两刚性横墙之间中部水平位移较弹性方案房屋为小，但又不能忽略，这就是刚弹性构造方案房屋。随着两刚性横墙间距的减小，横墙间中部在水平荷载作用下的水平位移也在减小，这是由于房屋空间刚度增大的缘故。

刚弹性方案房屋的计算简图和弹性方案一样，为了考虑排架的空间工作，计算时引入一个小于 1 的空间性能影响系数 η，它是通过对建筑物实测及理论分析而确定的。η 的大小和横墙间距及屋面结构的水平刚度有关，见表 12-21。

刚弹性方案房屋墙柱内力分析可按下列两个步骤进行，然后将两步所算内力相叠加，即得最后内力（图 12-36）。

① 在排架横梁与柱节点处加水平铰支杆，计算其在水平荷载（风载）作用下无侧移时的内力与支杆反力。

② 考虑房屋的空间作用，将支杆反力 R 乘以由表 12-21 查得的相应空间性能影响系数 η，并反向施加于该节点上，再计算排架内力（图 12-36）。

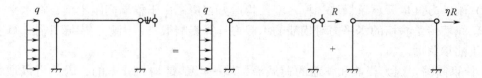

图 12-36 刚弹性方案房屋墙柱的内力计算步骤

（5）多层刚弹性方案混合结构房屋计算 多层房屋由屋盖、楼盖和纵、横墙组成空间承重体系，除了在纵向各开间与单层房屋相似有空间作用之外，多层之间亦有相互约束的空间作用。

在水平风荷载作用下，刚弹性多层房屋墙柱的内力分析，可仿照单层刚弹性方案房屋，考虑空间性能影响系数（表 12-21，与单层取值相同），取一个开间的多层房屋为计算单元，作为平面排架的计算简图 [图 12-37(a)]，按下述方法进行：

① 在平面计算简图的多层横梁与柱联结处加一水平铰支杆，计算其在水平荷载作用下无侧移时的内力和各支杆反力 $R_i(i=1, 2, \cdots, n)$ [图 12-37(b)]；

② 考虑房屋的空间作用，将支杆反力 R_i 乘以 η，反向施加于节点上，计算出排架内力 [图 12-37(c)]；

③ 叠加上述两种情况下求得的内力，即可得到所求内力。

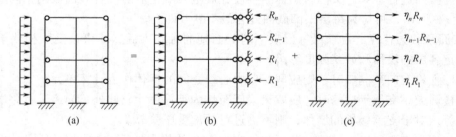

图 12-37 多层刚弹性方案房屋墙柱的内力计算步骤

12.7 混合结构房屋其他构件及墙体构造措施

12.7.1 圈梁

（1）圈梁的设置规定 砌体结构房屋中，在墙体内沿水平方向外墙及部分内墙设置连续封闭的钢筋混凝土梁称为圈梁。位于房屋檐口处的圈梁称为檐口圈梁，位于 0.000 以下基础顶面处设置的圈梁，又称地圈梁。其作用是为了增强砌体房屋的整体刚度，防止由于地基不均匀沉降或较大振动荷载等对房屋引起的不利影响。应根据地基情况、房屋的类型、层数以及所受的振动荷载等情况决定圈梁的布置。具体规定如下。

① 车间、仓库、食堂等空旷的单层房屋应按下列规定设置圈梁。

a. 砖砌体房屋，檐口标高为 5～8m 时，应在檐口设置圈梁一道，檐口标高大于 8m 时，宜适当增设。

b. 砌块及料石砌体房屋，檐口标高为 4～5m 时，应在檐口标高设置圈梁一道，檐口标高大于 5m 时，宜适当增设。

c. 对有吊车或较大振动设备的单层工业厂房，除在檐口或窗顶标高处设置现浇钢筋混凝土圈梁外，尚宜在吊车梁标高处或其他适当位置增设。

② 多层砌体工业厂房，宜每层设置现浇钢筋混凝土圈梁。

③ 住宅、宿舍、办公楼等多层砌体民用房屋，当层数为 3～4 层时，应在檐口标高处设置圈梁。当层数超过 4 层时，应在所有纵横墙上隔层设置圈梁。

④ 设置墙梁的多层砌体房屋，应在托梁、墙梁顶面和檐口标高处设置现浇钢筋混凝土圈梁，其它楼盖处宜在所有纵横墙上每层设置圈梁。

⑤ 采用现浇钢筋混凝土楼（屋）盖的多层砌体结构房屋，当层数超过 5 层时，除在檐口标高处设置一道圈梁外，可隔层设置圈梁，并与楼（屋）面板一起现浇。未设置圈梁的楼面板嵌入墙内的长度不宜小于 120mm，沿墙长设置的纵向钢筋不应小于 2ϕ10。

⑥ 建筑在软弱地基或不均匀地基上的砌体房屋，除应按以上有关规定设置圈梁外，尚应符合国家现行标准《建筑地基基础设计规范》（GBJ 7—89）的有关规定。

（2）圈梁的构造要求 为了保证圈梁发挥应有的作用，圈梁必须满足以下构造要求。

① 圈梁宜连续地设在同一水平面上，并形成封闭状。当圈梁被门窗洞口截断时，应在洞口上部增设相同截面的附加圈梁。附加圈梁和圈梁的搭接长度不应小于其垂直间距的 2 倍，且不得小于 1m（图 12-38）。

② 纵横墙交接处的圈梁应有可靠的连接（图 12-39）。刚弹性和弹性方案房屋，圈梁应与屋架、大梁等构件可靠连接。

③ 钢筋混凝土圈梁的宽度宜与墙厚相同，当墙厚 $h>240$mm 时，其宽度不宜小于 $2h/3$。圈梁高度不应小于 120mm，纵向钢筋不宜小于 4ϕ10，绑扎接头的搭接长度按受拉钢筋考虑，箍筋间距不应大于 300mm。

④ 圈梁兼过梁时过梁部分的钢筋应按计算圈梁配筋。

12.7.2 过梁

为了承受门、窗洞口以上砌体的自重及楼盖（屋盖）传来的荷载，常在洞口顶部设置过梁。

（1）过梁的类型及其适用范围 按照过梁所采用材料的不同可分为平拱砖过梁、钢筋砖过梁和钢筋混凝土过梁（图 12-40）。砖砌平拱过梁和钢筋砖过梁具有节约钢材和水泥的优点，但是承载力较低，对地基的不均匀沉降及振动荷载比较敏感，因此对其使用范围应加以限制。规范规定，对于砖砌平拱过梁，跨度不应超过 1.2m；钢筋砖过梁跨度不应超过 1.5m。对有较大振动荷载或可能产生不均匀沉降的房屋，应采用钢筋混凝土过梁。

（2）过梁的破坏特点 平拱砖过梁和钢筋砖过梁在上部荷载作用下，和一般受弯构件类似，下部受拉，上部受压。随着荷载的增大，一般先在跨中受拉区出现垂直裂缝，然后在支座处出现大约为 45°方向的阶梯形裂缝。这时过梁犹如拱一样工作。对于平拱过梁，过梁下部的拉力由两端砌体提供的水平推力平衡；对于钢筋砖过梁，下部拉力由钢筋承受。过梁的破坏形态主要有两种：过梁跨中正截面因受弯承载力不足破坏；过梁支座截面因受剪承载力不足沿大约 45°方向阶梯形裂缝破坏（图 12-41）。对平拱过梁，当洞口距墙外边缘太小时，

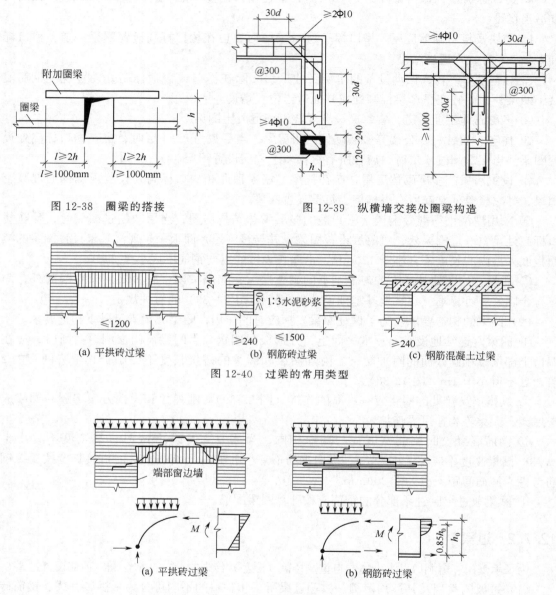

图 12-38   圈梁的搭接

图 12-39   纵横墙交接处圈梁构造

(a) 平拱砖过梁   (b) 钢筋砖过梁   (c) 钢筋混凝土过梁

图 12-40   过梁的常用类型

(a) 平拱砖过梁   (b) 钢筋砖过梁

图 12-41   过梁的破坏特征

有可能发生沿水平灰缝滑移破坏。钢筋混凝土过梁受力和破坏特点与一般简支受弯构件相同。

（3）过梁上的荷载   作用在过梁上的荷载有两类：一类是墙体自重，另一类是过梁上部的梁、板荷载。

① 墙体的自重荷载   大量的过梁试验证明，当过梁上的墙体高度超过一定高度时，过梁与墙体共同工作明显，过梁上墙体形成内拱将一部分荷载直接传递给支座。例如，对于砖砌体墙，当过梁上的墙体高度 $h_w \geq l_n/3$ 时（l_n 为过梁的净跨），过梁上的墙体荷载始终接近过梁墙上 45°三角形范围内的墙体自重。按简支梁跨中弯矩相等的原则，可将以上 45°三角形范围墙体自重等效为 $l_n/3$ 高墙体自重，通常称 $l_n/3$ 的墙体自重为砖砌体的当量荷载。

在试验研究基础上，规范规定了过梁墙体的自重荷载如下。

a. 对砖砌体，当过梁上的墙体高度 $h_w < l_n/3$ 时，应按墙体的均布自重计算；当墙体高度 $h_w \geq l_n/3$ 时，应按 $l_n/3$ 高度为墙体的均布自重计算 [图 12-42(a)]。

b. 对混凝土砌块砌体，当过梁上的墙体高度 $h_w < l_n/2$ 时，应按墙体的均布自重计算；当墙体高度 $h_w \geq l_n/2$ 时，应按高度为 $l_n/2$ 墙体的均布自重计算 [图 12-42(b)]。

② 梁、板荷载　在过梁上部加荷试验证明，当荷载下部墙体高度接近 l_n 时，由于内拱作用，墙体上荷载对过梁的挠度几乎没有影响。因此，规范规定：对砖和砌块砌体，当梁、板下的墙体高度 $h_w < l_n$ 时，过梁荷载应计入梁、板传来的荷载；当梁、板下的墙体高度 $h_w \geq l_n$ 时，可不考虑梁、板荷载（图 12-43）。

（4）过梁的构造要求

① 砖砌过梁截面计算高度内的砂浆不宜低于 M5。

② 砖砌平拱过梁用竖砖砌筑部分的高度，不应小于 240mm。

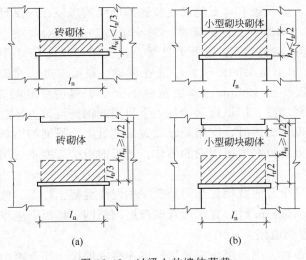

图 12-42　过梁上的墙体荷载

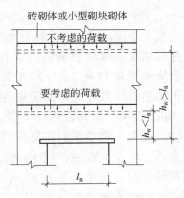

图 12-43　过梁上的梁、板荷载

③ 钢筋砖过梁底面砂浆层处的钢筋，其直径不应小于 5mm，间距不宜大于 120mm；钢筋伸入支座砌体内的长度不宜小于 240mm，砂浆层的厚度不宜小于 30mm。

④ 钢筋混凝土过梁端部的支承长度，不宜小于 240mm。

12.7.3　墙梁

多层砌体房屋根据使用功能的需要，上部砌体结构的横墙不能落地，需要在底层的钢筋混凝土托梁上砌筑墙体，这时托梁同时承托墙体自重及其上的楼盖、屋盖的荷载或其它荷载。墙体不仅作为荷载作用在托梁上，而且作为结构的一部分与托梁共同工作。这种由钢筋混凝土托梁和梁上计算高度范围内的砌体墙组成的组合构件，称为墙梁。墙梁广泛地应用在工业和民用建筑中，如民用建筑中的底层为商店、上部为住宅的房屋，工业建筑中的基础梁、连续梁等。墙梁按承受荷载分类可分为承重墙梁和自承重墙梁，按支承条件分类可分为简支墙梁、框支墙梁和连续墙梁（图 12-44）。

墙梁是重要的结构构件，除了承载力计算外，尚应满足下列构造要求。

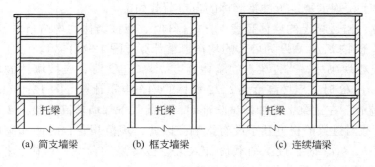

(a) 简支墙梁   (b) 框支墙梁   (c) 连续墙梁

图 12-44 墙梁

(1) 墙梁的材料   托梁的混凝土强度等级不应低于 C30、托梁的纵向钢筋宜采用 HRB335、HRB400 或 RRB400 级钢筋。承重墙梁的块材强度不应低于 MU10，计算高度范围内砂浆强度等级不应低于 M10。

(2) 墙体   框支墙梁的上部砌体房屋，以及设有承重的简支或连续墙梁的房屋，应满足刚性方案的要求；墙梁计算高度范围内的墙体厚度，对砖砌体不应小于 240mm，对混凝土砌块砌体不应小于 190mm；墙梁洞口上方应设置钢筋混凝土过梁，其支承长度不应小于 240mm，洞口范围内不应施加集中荷载；承重墙梁的支座处应设置翼墙。翼墙厚度，对砖砌体不应小于 240mm，对混凝土砌块不应小于 190mm；翼墙宽度不应小于翼墙厚度的 3 倍，并与墙梁砌体同时砌筑。当不能设置翼墙时，应设置落地且上下贯通的钢筋混凝土构造柱；当墙梁墙体的洞口位于距支座 1/3 跨度范围内时，支座处应设置落地且上下贯通的钢筋混凝土构造柱，并应与每层圈梁连接；墙梁计算高度范围内的墙体，每天的可砌高度不应超过 1.5m，否则，应加设临时支撑。

(3) 托梁   有墙梁的房屋托梁两边各一个开间及相邻开间处应采用现浇混凝土楼盖，楼板厚度不宜小于 120mm。当楼板厚度大于 150mm 时，宜采用双向双层钢筋网。楼板上应尽量少开洞，洞口尺寸大于 800mm 时应设置洞边梁。

托梁每跨的底部纵向受力钢筋应通长布置，钢筋接长应采用机械连接或焊接；托梁跨中截面纵向受力钢筋总配筋量不应小于 0.6%；托梁距边支座边缘 $l_0/4$ 范围内，上部纵向钢筋面积不应小于跨中下部纵向钢筋面积的 $l_0/3$。连续墙梁或多跨框支墙梁的托梁中支座上部附加纵向钢筋从支座边缘算起每边延伸不应小于 $l_0/4$。托梁在砌体墙、柱上的支承长度不应小于 350mm，纵向受力钢筋伸入支座的长度应符合受拉钢筋的锚固要求；当托梁高度 $h_b \geqslant 500mm$ 时，应沿梁高设置通长水平腰筋，直径不应小于 12mm，间距不应大于 200mm；墙梁偏洞口的宽度及两侧各一个梁高 h_b 范围内直至靠近洞口的支座边的托梁箍筋直径不宜小于 8mm，间距不应大于 100mm。

(4) 框支墙梁柱   框支墙梁柱的截面尺寸不宜小于 400mm×400mm。

12.7.4 混合结构房屋的构造措施

(1) 墙柱的允许高厚比   墙的高度和墙厚的比值称为高厚比。墙的高厚比太大，虽然强度没有问题，但可能产生倾斜，鼓肚等现象。此外，墙体高厚比太大还可能因震动等原因而产生不应有的危险。因此，进行墙体设计时必须限制其高厚比，给它规定允许值。墙柱的允许高厚比 [β]，与强度计算无关而是从构造要求上规定的，它是保证墙体具备必要的稳定性和刚度的一项重要构造措施。它和钢、木结构受压杆件的极限长细比 [λ] 具有类似的物理意义。

① 影响允许高厚比的因素

a. 砂浆强度等级 [β] 既然是保证墙体稳定性和刚度的条件，就必然和砖砌体的弹性模量有关。由于砌体弹性模量和砂浆强度等级有关，所以砂浆强度等级是影响 [β] 的一项重要因素。因此，《砌体结构设计规范》按砂浆强度等级来规定墙柱的允许高厚比限值（表12-24），这是在特定条件下规定的允许值，当实际的客观条件有所变化时，有时是有利一些，有时是不利一些，所以还应该从实际条件出发做适当的修正。

表 12-24　墙柱的允许高厚比 [β] 值

砂浆强度等级	墙	柱
≥M7.5	26	17
M5	24	16
M2.5	22	15

注：1. 毛石墙、柱允许高厚比应按表中数值降低 20%。
2. 组合砖砌体构件允许高厚比 [β] 提高 20%，但不大于 28。
3. 验算施工阶段砂浆尚未硬化的新砌砌体高厚比时，允许高厚比对墙取 14，对柱取 11。

b. 横墙间距　横墙间距愈小，墙体的稳定性和刚度愈好；横墙间距愈大，则愈差。因此横墙间距愈大，墙体的 [β] 应该愈小，而柱的 [β] 应该更小。

c. 构造的支承条件　采用刚性构造方案时，墙柱的 [β] 可以相对大一些，而采用弹性和刚弹性构造方案时，墙柱的 [β] 应该相对小一些。

d. 砌体截面形式　截面惯性矩愈大，愈不易丧失稳定；相反，墙体上门窗洞口削弱愈多，对保证稳定性愈不利，墙体的 [β] 应该愈小。

e. 构件重要性和房屋使用情况　房屋中的次要构件，如非承重墙，[β] 值可以适当提高，对使用时有振动的房屋，[β] 值应比一般房屋适当降低。

② 对于矩形截面墙、柱的高厚比 β 应符合下列规定。

$$\beta = \frac{H_0}{h} \leqslant \mu_1 \mu_2 [\beta] \tag{12-49}$$

式中，[β] 为墙柱的允许高厚比，按表 12-24 采用；H_0 为墙柱的计算高度，按表 12-13 采用；μ_1 为非承重墙 [β] 的修正系数，当墙厚 $h=240\text{mm}$ 时，$\mu_1=1.2$，$h=90\text{mm}$ 时，$\mu_1=1.5$，$240\text{mm}>h>90\text{mm}$，$\mu_1=1.2\sim1.5$ 的插值，上端为自由端的墙的 [β] 值，除按上述规定提高外，尚可提高 30%；μ_2 为有门窗洞口的墙的 [β] 修正系数。

当与墙体联结的横墙间距 s 较近时，用减小墙体计算高度的办法来间接达到提高 [β] 的目的。相反，在弹性方案和刚弹性方案中，墙体有不同程度的侧移时，用加大墙体计算高度的办法来间接达到降低 [β] 的目的。

对于有门窗洞口的墙，修正系数 μ_2 按下式计算：

$$\mu_2 = 1 - 0.4 \frac{b_s}{s} \tag{12-50}$$

式中，b_s 为在宽度 s 范围内的门窗洞口宽度；s 为相邻窗间墙或壁柱之间的距离。

当按上式算得的 μ_2 值小于 0.7 时，取 0.7；当洞口高度等于或小于墙高的 1/5 时，可取 $\mu_2=1.0$。

③ 对于带壁柱的墙应按下列规定验算高厚比。

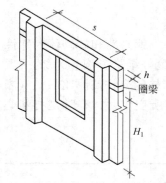

图 12-45　带壁柱墙的 β 计算

a. 验算整体高厚比，应以壁柱的折算厚度来确定高厚比。在求算带壁柱截面的回转半径时，翼缘宽度对于无窗洞口的墙面取壁柱宽加 2/3 壁柱高度，同时不得大于壁柱间距；有窗洞口时，取窗间墙宽度。

b. 验算局部高厚比，此时除按上述折算厚度验算墙的高厚比外，还应对壁柱之间墙厚为 h 的墙面进行高厚比验算。壁柱可视为墙的侧向不动铰支点。计算 H_0 时 s 取壁柱间的距离。

当壁柱间的墙较薄、较高以致超过高厚比限值时，可在墙高范围内设置钢筋混凝土圈梁，而且 $b/s>1/30$（b 为圈梁宽度）时，该圈梁可以作为墙的不动铰支点（因为圈梁水平方向刚度较大，能够限制壁柱间墙体的侧向变形）。这样，墙高也就降低为由基础顶面至圈梁底面的高度（图 12-45）。

c. 当与墙体连接的相邻横墙间距 s 太小时，墙体的高厚比可不受 $[\beta]$ 的限制，墙厚按承载力计算需要加以确定。这时横墙间距规定为

$$s\leqslant\mu_1\mu_2[\beta]h \tag{12-51}$$

d. 当壁柱间或相邻两横墙间的墙的长度 $s\leqslant H$（H 为墙的高度）时，应按计算高度 $H_0=0.6$ 来计算墙面的高厚比。

④ 对于设置构造柱的墙可按下列规定验算高厚比。

a. 按公式（12-49）计算带构造柱墙的高厚比时，公式中 h 取墙厚；当确定墙的计算高度时，s 应取相邻横墙间的距离。

b. 为考虑设置构造柱后的有利作用，可将墙的允许高厚比 $[\beta]$ 乘以提高系数 μ_c。

$$\mu_c=1+\gamma\frac{b_c}{l} \tag{12-52}$$

式中，γ 为系数，对细料石、半细料石砌体，$\gamma=0$，对混凝土砌块、粗料石、毛料石及毛石砌体，$\gamma=1.0$，其它砌体，$\gamma=1.5$；b_c 为构造柱沿墙长方向的宽度；l 为构造柱的间距。

当 $b_c/l>0.25$ 时，取 $b_c/l=0.25$；当 $b_c/l<0.05$ 时，取 $b_c/l=0$。

（2）防止或减轻墙体开裂的主要措施　砌体结构房屋的墙体往往由于房屋的构造处理不当而产生裂缝。房屋墙身裂缝常发生在下列部位：房屋的高度、重量、刚度有较大变化处；地质条件剧变处；基础底面或埋深变化处；房屋平面形状复杂的转角处；整体式屋盖或装配整体式屋盖房屋顶层的墙体，其中尤以纵墙的两端和楼梯间为甚；房屋底层两端部的纵墙，老房屋中邻近于新建房屋的墙体等。

产生这些裂缝的根本原因有二：一是由于收缩和温度变化引起的；二是由于地基不均匀沉降引起的。所以防止或减轻墙体开裂的措施，主要是针对这两方面的。

① 防止由于收缩和温度变形引起墙体开裂的主要措施　结构构件由于温度变化引起热胀冷缩的变形称为温度变形。对混凝土砌块房屋，虽然混凝土砌块与混凝土屋盖的线膨胀系数相当，但在夏季阳光照射下房屋的屋盖和墙体之间存在温差，导致两者的变形不协调而引起墙体裂缝。此外，对砖砌体房屋，混凝土的线膨胀系数为 $1.0\times10^{-5}℃^{-1}$，砖墙的线膨胀系数为 $0.5\times10^{-5}℃^{-1}$，即对砖砌体房屋的屋盖和墙体之间除存在 $10\sim15℃$ 的温差外，即使在相同温差下，混凝土构件的变形比砖墙的变形也要大 1 倍以上。此外，对混凝土砌块房屋来说，由于砌块的孔洞率较高，使得砌块墙体的抗拉、抗剪强度比砖砌体小很多。

由于混凝土内部自由水（非化学结晶水）蒸发所引起的体积减小，称为干缩变形；由于混凝土中水和水泥化学作用所引起的体积减小，称为凝缩变形，两者的总和称为收缩变形。混凝土最大的收缩值约为 $(3.5\sim5)\times10^{-4}$，它的大部分在早期完成，28d 龄期可达 40%。砖砌体在正常温度下的收缩现象不甚明显。但对砌块砌体房屋，混凝土空心砌块的干缩性大，在形成砌体后还约有 0.02% 的收缩率，使得砌块房屋在下部几层墙体上较易产生裂缝。

由钢筋混凝土楼盖、屋盖和砖墙组成的混合结构房屋，实际上是一个盒形空间结构。当自然界温度发生变化或材料发生收缩时，房屋各部分构件将产生各自不同的变形，结果必然引起彼此的制约作用而产生应力。而这两种材料（混凝土和砖砌体）又都是抗拉强度很弱的非匀质材料，所以当构件中产生的拉应力超过其抗拉强度极限值时，不同形式的裂缝就会出现。

砌体结构房屋的长度过长也会因温度变化引起墙体开裂。这是因为当大气温度变化时，外墙的伸缩变形比较大，而埋在土中的基础部分由于受土壤的保护，它的伸缩变形很小，因此基础必然阻止外墙的伸缩，使得墙体内产生拉应力。房屋愈长，产生的拉应力也愈大，严重的可以使墙体开裂。

a. 典型裂缝形态

ⅰ. 平屋顶下边外墙的水平裂缝和包角裂缝。裂缝位置在平屋顶底部附近或顶层圈梁底部附近（图 12-46），裂缝程度严重的会贯通墙厚。产生裂缝的主要原因是钢筋混凝土顶盖板在温度升高时伸长对砖墙产生推力。

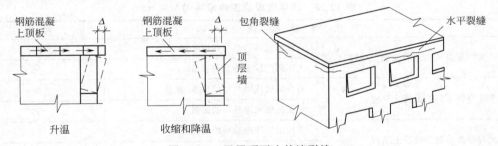

图 12-46　平屋顶下边外墙裂缝

ⅱ. 顶层内外纵墙和横墙的八字裂缝。这种裂缝多分布在房屋墙面的两端，或在门窗洞口的内上角和外下角，呈八字形（图 12-47）。主要原因是气温升高后屋顶板沿长度方向伸长比砖墙大，使顶层砖墙受拉、受剪，拉应力分布大体是墙体中间为零两端最大，因此八字缝多发生在墙体两端附近。屋面保温层做得愈差时，屋面混凝土板和墙体的温差愈大，相对变形亦愈大，则裂缝愈明显；房屋愈长，屋面板与墙体的相对变形愈大，裂缝亦明显。内纵墙裂缝比外纵墙明显，这是因为内纵墙处于室内，它与屋面板的温差比外墙大。

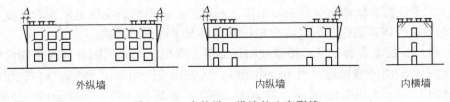

图 12-47　内外纵、横墙的八字裂缝

ⅲ．房屋错层处墙体的局部垂直裂缝。这种裂缝产生的原因是由于收缩和降温，使钢筋混凝土楼盖发生比砖墙大得多的变形，错层处墙体阻止楼盖的缩短，因而在墙体上产生较大的拉应力使砌体开裂（图 12-48）。

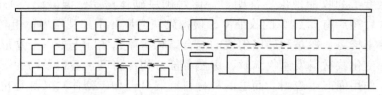

图 12-48　房屋错层处墙体的局部垂直裂缝

ⅳ．对砌块砌体房屋，由于基础部分的砌块受到土壤的保护，其收缩变形很小，使得该类房屋的干缩裂缝主要表现在底部几层较长实墙体的中部，即对山墙、楼梯间墙的中部较易出现竖向裂缝，此裂缝愈向顶层也愈轻。

b．裂缝防治措施

ⅰ．设置温度伸缩缝。如果将过长的房屋用温度缝分割成几个长度较小的独立单元，使每个单元砌体因收缩和温度变形而产生的拉应力小于抗拉强度时，就能防止和减少这种裂缝，这就是温度缝的作用。经过大量调查研究和实测工作，《砌体结构设计规范》规定的砌体房屋温度伸缩缝的间距如表 12-25。

表 12-25　砌体房屋温度伸缩缝的间距/m

屋 盖 或 楼 盖 类 别		间距
整体式或装配整体式钢筋混凝土结构	有保温层或隔热层的屋盖、楼盖	50
	无保温层或隔热层的屋盖	40
装配式无檩体系钢筋混凝土结构	有保温层或隔热层的屋盖、楼盖	60
	无保温层或隔热层的屋盖	50
装配式有檩体系钢筋混凝土结构	有保温层或隔热层的屋盖	75
	无保温层或隔热层的屋盖	60
黏土瓦或石棉水泥瓦屋盖、木屋盖或楼盖、砖石屋盖或楼盖		100

注：1. 对烧结普通砖、多孔砖、配筋砌块砌体，取表中数值；对石砌体、蒸压灰砂砖、蒸压粉煤灰砖和混凝土砌块房屋取表中之值乘以 0.80。

2. 层高大于 5m 的混合结构单层房屋，温度伸缩缝间距可按表中数值乘以 1.3 后采用，但当墙体采用蒸压灰砂砖或混凝土砌块砌筑时，不得大于 75m。

3. 严寒地区不采暖房屋及构筑物和温差较大且变化频繁地区，墙体的温度伸缩缝间距应按表中数值予以适当减小后取用。

4. 墙体的伸缩缝应与其它结构的变形缝相重合。

5. 当有实践经验并采取有效措施时，可不按本表的规定。

按表 12-25 设置墙体伸缩缝，一般来说还不能防止由于钢筋混凝土屋盖的温度变化和砌体干缩变形引起的墙体裂缝，所以尚应根据具体情况采取下列措施。

ⅱ．在房屋顶层宜设置钢筋砖圈梁或钢筋混凝土圈梁。当采用钢筋混凝土圈梁时，圈梁不宜露出室外并沿内外墙拉通。当不设圈梁时，可在屋盖四角檐口下的砌体内，配制转角拉筋。拉筋可用（3～5）ϕ6 的钢筋，伸入长度在山墙处为 500～1000mm，外纵墙处为 1500mm 左右。

ⅲ．宜优先采用装配式有檩体系钢筋混凝土瓦材屋盖、装配式有擦体系钢筋混凝土屋盖或加气混凝土屋盖。

ⅳ. 屋盖结构层上应设置有效保温层、隔热层，以减小钢筋混凝土屋盖顶板的温度变形。

ⅴ. 屋面保温（隔热）层或屋面刚性面层及砂浆找平层应设置分隔缝，分隔缝间距不宜大于 6m，并与女儿墙隔开，其宽度不宜小于 30mm。

ⅵ. 顶层及女儿墙砂浆强度等级不低于 M5。

ⅶ. 房屋顶层端部墙体内适当增设构造柱。

ⅷ. 女儿墙宜设构造柱，其间距不宜大于 4m。

ⅸ. 当房屋的屋盖或楼盖不在同一标高时（如相差半个层高），较低的屋盖或楼盖应与顶层较高部分的墙体脱开，做成变形缝。

ⅹ. 对于非烧结硅酸盐砖和砌块房屋，应严格控制块体出厂时间，并应避免现场堆放时块体遭受雨淋。

ⅺ. 地震烈度为 7 度及 7 度以下地区，可在钢筋混凝土屋面板与墙体圈梁的接触面处设置水平滑动层，滑动层可采用两层油毡夹滑石粉或橡胶片等；对于长纵墙，可只在其两端的 2~3 个开间内设置，对于横墙可只在其两端各 1/4 长度范围内设置。

ⅻ. 顶层挑梁末端下墙体灰缝内设置 3 道焊接钢筋网片（纵向钢筋不宜小于 $2\phi4$，横向钢筋间距不宜大于 200mm）或 $2\phi10$ 拉结筋，钢筋网片或拉结筋应自挑梁末端伸入两边墙体不少于 1m。

ⅹⅲ. 顶层墙体有门窗等洞口时，在过梁上的水平灰缝内设置 2~3 道焊接钢筋网片或 $2\phi6$ 拉结筋，并应伸入过梁两端墙内不小于 600mm。

② 防止由于地基不均匀沉降引起墙体开裂的主要措施

a. 当房屋建于土质差别较大的地基上，或房屋相邻部分的高度、荷载、结构刚度、地基基础的处理方法等有显著差别，以及施工时间不同时，宜用沉降缝将其划分成若干个刚度较好的单元，或将两者隔开一定距离，其间可设置能自由沉降的联结体或简支悬挑结构。

b. 设置钢筋混凝土圈梁或钢筋砖圈梁，以加强墙体的稳定性和整体刚度，特别是宜增大地圈梁的刚度。

c. 在软土地区或土质变化较复杂的地区，利用天然地基建造多层房屋时，房屋体形应力求简单，横墙间距不宜过大；较长房屋宜用沉降缝分段，而不宜采用整体刚度较差且对地基不均匀沉降较敏感的内框架结构。

由于地基不均匀沉降引起墙体开裂的较典型裂缝形态见图 12-49。

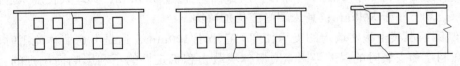

(a) 由不均匀沉降引起的弯曲破坏　(b) 由不均匀沉降引起的反弯破坏　(c) 由不均匀沉降引起的剪切破坏

图 12-49　地基不均匀沉降引起墙体开裂的裂缝形态

d. 宜在底层窗台下墙体灰缝内配置 3 道焊接钢筋网片或 $3\phi6$ 拉结筋，并伸入两边窗间墙内不小于 600mm。

e. 采用钢筋混凝土窗台板，窗台板嵌入窗间墙内不小于 600mm。

f. 合理安排施工程序，宜先建较重单元，后建较轻单元。

沉降缝和温度缝不同之处是：前者自基础断开，后者是地面以上结构断开，沉降缝也可以兼作温度缝。

墙体温度缝的宽度一般不小于 30mm。而墙体的沉降缝一般大于 50mm，为避免上端结构在地基沉降后相互顶碰，房屋比较高时缝宽还应加大，最大可达 120mm 以上。缝内应嵌以软质可塑材料，墙面粉刷层应断开。在立面处理时，应保证该缝能起应有的作用。

③ 为防止或减轻轻集料混凝土空心砌块、灰砂砖或其它非烧结砖房屋的墙体裂缝，宜采取以下各项措施。

a. 宜在各层门、窗过梁上方的水平灰缝内及窗台下第一和第二道水平灰缝内设置焊接钢筋网片或 $2\phi6$ 拉结筋，并应伸入两边窗间墙内不小于 600mm。

当这类块材的实体墙长大于 5m 时，宜在每层墙高度中部设置 2～3 道焊接钢筋网片或 $3\phi6$ 通长拉结筋，其竖向间距宜为 500mm。

b. 当房屋刚度较大时，可在窗台下或窗台角处墙体内设置竖向控制缝。在墙体高度或厚度突变处也宜设竖向控制缝。缝的构造和嵌缝材料应满足墙体平面外传力和防护的要求。

c. 砌块房屋顶层两端和底层第一、二开间窗洞处：可在门窗洞口两侧的第一个孔洞中设置不小于 $10\phi12$ 的钢筋，钢筋应在楼层圈梁或基础锚固，并用不低于 C20 混凝土灌实；在门窗洞口两侧墙体的水平灰缝中，设置长度不小于 900mm，竖向间距为 400mm 的 $2\phi4$ 焊接钢筋网片；在顶层和底层设置通长钢筋混凝土窗台梁，其高度 200mm，纵筋不少于 $4\phi10$，箍筋 $\phi6@200$、C20 混凝土。

（3）一般构造要求　设计砌体房屋时，除进行承载力计算和高厚比验算外，还需满足墙柱的一般构造要求，使房屋中的墙柱和楼盖、屋盖之间互相拉结可靠，以保证房屋的整体性和空间刚度。墙、柱的一般构造要求如下。

① 5 层及 5 层以上房屋的外墙、潮湿房间的墙、受振动的或层高为 6m 以上的墙、柱所用材料的最低强度等级，应符合下列要求：砖 MU10，砌块 MU7.5，石材 MU30，砂浆 M5。

② 承重独立砖柱的截面尺寸，不应小于 240mm×370mm。毛石墙的厚度，不宜小于 350mm，毛料石柱截面的较小边长不宜小于 400mm。当有振动荷载时，墙、柱不宜用毛石砌体。

③ 纵横墙交接处，必须错缝、搭砌，以保证墙体的整体性。对不能同时砌筑，留斜搓又有困难时，可做成直搓，但应加设拉结筋；其数量为每半砖厚不应少于 1 根直径 $d \geqslant 4mm$ 的钢筋（但每道墙不得少于 2 根）；其间距沿墙高不宜超过 500mm；其埋入长度从墙的留搓处算起，每边均不小于 500mm；其末端尚应另加弯钩。

④ 预制钢筋混凝土板在墙上的支承长度不宜小于 100mm，这是考虑墙体施工时可能的偏斜、板在制作和安装时的误差等因素对墙体承载力和稳定性的不利影响而确定的。此时，板与墙一般不需要特殊的锚固措施，而能保证房屋的稳定性。如板搁置在钢筋混凝土圈梁上不宜小于 80mm，当利用板端伸出钢筋拉结和混凝土灌缝时，其支承长度可为 40mm，但板端缝宽不宜小于 80mm，灌缝混凝土不宜低于 C20。

预制钢筋混凝土梁在墙上的支承长度不宜小于 180～240mm。支承在砖墙、柱上跨度 $L \geqslant 9m$ 的预制梁、屋架的端部，应采用锚固件与墙、柱上的垫块锚固。对砌块和料石墙 $L \geqslant 7.2m$，就应采取上述措施。

⑤ 山墙处的壁柱宜砌至山墙的顶端，檩条应与山墙可靠拉结。

⑥ 在跨度大于 6m 的屋架和跨度大于对砖砌体 4.8m、对砌块、料石砌体 4.2m、对毛石砌体 3.9m 的梁的支承面下，应设置混凝土或按构造要求配置双层钢筋网的钢筋混凝土垫块。当墙体中设有圈梁时，垫块与圈梁宜浇成整体。

对墙厚 $h \leq 240mm$ 的房屋，当大梁跨度对砖墙为 6m，对砌块、料石墙为 4.8m 时，其支承处的墙体宜加设壁柱或构造柱。

⑦ 砌块砌体应分皮错缝搭砌，上下皮搭砌长度不得小于 90mm。当搭砌长度不满足上述要求时，应在水平灰缝内设置不少于 2ϕ4 的焊接钢筋网片，网片每端均应超过该垂直缝，其长度不得小于 300mm。

⑧ 混凝土空心砌块房屋，宜在纵横墙交接处，距墙中心线每边不小于 300mm 范围内的孔洞，采用不低于 C20 的灌孔混凝土灌实，灌实高度应为墙身全高。砌块墙与后砌隔墙交接处，应沿墙高每 400mm 在水平灰缝内设置不少于 2ϕ4 的焊接钢筋网片。

⑨ 混凝土空心砌块墙体的下列部位，如未设圈梁或混凝土垫块，应采用不低于 C20 的灌孔混凝土将孔洞灌实：

a. 搁栅、檩条和钢筋混凝土楼板的支承面下，高度不小于 200mm 的砌体；

b. 屋架、大梁的支承面下，高度不小于 400mm，长度不小于 600mm 的砌体；

c. 挑梁支承面下，纵横墙交接处，距墙中心线每边不应小于 300mm，高度不应小于 600mm 的砌体。

⑩ 在砌体中留槽洞及埋设管道时，应符合下列规定：

a. 不应在截面长边小于 500mm 的承重墙体及独立柱内埋设管线；

b. 墙体中应避免沿墙长方向穿行暗线或预留、开凿水平沟槽，无法避免时应采取必要的加强措施或按削弱后的截面验算墙体的承载力。

⑪ 在夹心墙设计时，夹心墙的夹层厚度不宜大于 100mm，外叶墙的最大支承间距不宜大于 9m，采用混凝土砌块时，其强度等级不应低于 Mu10。

夹心墙的内外叶之间应用经防腐处理的拉结件或钢筋网片连接。当采用环形拉结件时，钢筋直径不应小于 4mm，当采用 Z 形拉结件时，钢筋直径不应小于 6mm。拉结件应沿竖向梅花型布置，拉结件的水平和竖向最大间距分别不宜大于 800mm 和 600mm。当采用钢筋网片作拉结件时，网片横向钢筋的直径不应小于 4mm，其间距不应大于 400mm，网片的竖向间距不宜大于 600mm。

拉结件在叶墙上的搁置长度，不应小于叶墙厚度的 2/3，并不应小于 60mm。

门窗洞口周边 300mm 范围内应附设间距不大于 600mm 的拉结件。

思考题 ▶▶

1. 什么是砌体结构？砌体结构有哪些优缺点？

2. 砌体结构按材料的不同可以分为哪几类？

3. 为什么砌体抗压强度远小于块体的抗压强度？

4. 影响砌体抗压强度的因素有哪些？

5. 砌体构件受压承载力计算中，系数 φ 表示什么意思？如何确定？

6. 什么是砌体局部抗压强度提高系数？如何计算？

7. 什么是配筋砌体？

8. 混合结构房屋的结构布置方案有哪些？其特点是什么？

9. 怎样确定房屋的静力计算方案？

10. 为什么要验算墙、柱高厚比？高厚比验算考虑了哪些因素？

11. 混合结构房屋墙柱设计内容是什么？

12. 混合结构房屋墙柱承载力计算时，怎样选取控制截面？

13. 在一般砌体结构房屋中，圈梁的作用是什么？

14. 常用砌体过梁的种类及适用范围？

第13章

钢结构

本章提要 ▶▶

　　本章主要讨论钢结构的材料、连接、钢结构受弯构件和受压构件。材料的选择对于钢结构的设计和施工至关重要，钢结构的连接与连接的计算是钢结构设计的基本内容。与钢筋混凝土结构不同，钢结构属于弹性材料，其承载的计算较为简单，但应注意整体和局部的稳定问题。本章重点是钢结构连接的计算、受弯和受压构件的计算与稳定性验算。

13.1　钢结构的特点及应用

　　钢结构是由型钢和钢板并采用焊接或螺栓连接方法制作成基本构件，按照设计构造要求连接组成的承重结构。钢结构与其它材料的结构相比较，具有如下优点。

　　(1) 材质均匀，可靠性高　钢材组织均匀，接近于各向同性匀质体，为理想的弹塑性材料。

　　(2) 强度高，质量轻　钢材与混凝土、木材相比较，其强度高，并且弹性模量也高。

　　(3) 塑性和韧性好　钢材的良好塑性，使结构在一般条件下不会因超载而突然断裂，在破坏之前变形增大，有明显的征兆，易于被发现，并且有利于局部应力重分布。

　　(4) 制造与安装方便　钢结构可在工厂制作，工业化程度高，具备成批大量生产和精度高等特点；可有效地缩短工期，为降低造价、发挥投资效益创造了条件。由于钢结构具有连接方便的特点，易于加固、改建和拆迁。

　　(5) 具有可焊性和密封性　由于钢材具有可焊性，使钢结构的连接大为简化，不仅可适用于各种复杂结构形状的需要，而且采用焊接连接后可以做到安全密封，适用于对气密性和水密性要求较高的结构。

　　钢结构的主要缺点如下。

　　(1) 耐火性差　钢材的耐火性较差，当温度超过200℃时，钢材材质变化较大，强度降低，当钢材表面温度达300~400℃以后，其强度和弹性模量显著下降。达到600℃时，钢材进入塑性状态并丧失了承载能力。

　　(2) 耐腐蚀性差　钢结构耐腐蚀性较差，特别在潮湿和有腐蚀介质的环境中，容易腐蚀，需要定期维护。因此，钢结构的维修养护费用比钢筋混凝土结构高。

　　由于钢结构的上述特点，钢结构被广泛应用于土木工程中。

13.2 钢结构的计算原则

13.2.1 钢结构的计算方法概述

（1）总安全系数的容许应力计算法

考虑到各种不利因素影响，将钢材可以使用的强度（如屈服强度）除以一个笼统的总安全系数 K，作为结构计算时容许达到的最大应力——容许应力。这种计算方法称为容许应力计算法，表达式为：

$$\sigma = \frac{N}{S} \leqslant \frac{f_y}{K} = [\sigma] \tag{13-1}$$

式中，N 为构件的内力；S 为构件的几何特性；f_y 为钢材屈服强度；K 为总安全系数；σ 为构件的计算应力；$[\sigma]$ 为材料的容许应力。

（2）三个系数的极限状态计算方法

根据结构使用上的要求，在结构中规定两种极限状态，即承载能力极限状态和变形极限状态。同时引入三个系数，即：以荷载系数考虑荷载可能的变动，以匀质系数考虑钢材性质的不一致，以工作条件系数考虑结构及构件的工作特点，以及某些假定的计算图式与实际情况不完全相同等因素。其表达式为

$$\sum K_1 N_i \leqslant K_2 K_3 f_y S \tag{13-2}$$

式中，K_1 为超载系数；K_2 为匀质系数；K_3 为工作条件系数；N_i 为荷载引起的内力；S 为构件几何特性；f_y 为钢材的屈服强度。

（3）多系数分析后用单一安全系数的容许应力计算法

以结构的强度、稳定、疲劳、变形等为依据，对影响结构安全度的诸因素以数理统计的方法，并结合工程实践经验进行多系数分析，求出单一的设计安全系数，以简单的容许应力形式表达，其按承载力计算的一般表达式为

$$\sum N_i \leqslant \frac{f_y S}{K_1 K_2 K_3} = \frac{f_y S}{K} \tag{13-3}$$

式中，N_i 为根据标准荷载效应组合求得的内力；f_y 为钢材屈服强度；S 为构件几何特性；K_1 为荷载系数；K_2 为材料系数；K_3 为调整系数。

荷载系数 K_1 是用以考虑实际荷载可能有变动而给结构物留有一定的安全储备的系数。

材料系数 K_2 是用以考虑钢材强度变异的系数。

在设计计算中，仅考虑单一的平均荷载系数和材料强度系数还是不够完备的。调整系数 K_3 就是用以考虑这些特殊的变异因素（荷载的特殊变异、结构受力状况和工作条件等）的系数。其数值主要是根据实践经验确定。一般结构 $K_3 = 1.0$。

系数 K_1、K_2、K_3 综合确定后的安全表达式为

$$\sigma = \frac{\sum N_i}{S} \leqslant \frac{f_y}{K} = [\sigma] \tag{13-4}$$

式中单一安全系数 $K = K_1 K_2 K_3$。

对钢结构这种单一材料组成的结构，采用容许应力法，不但可以减少计算工作量，同时也因为疲劳强度的验算也用容许应力进行，这样可以使整个结构设计在计算方法上得到协调统一。

在结构设计时，除了必须保证结构或构件的承载能力满足要求外，为了结构或构件的正常使用，还必须对结构或构件的变形有所限制，以免因变形过大，或因过于柔细而易下垂、振动，甚至在运输和施工过程中受到损坏。因此，还应验算结构或构件的变形和长细比，即

$$\omega \leqslant [\omega] \tag{13-5}$$

$$\lambda \leqslant [\lambda] \tag{13-6}$$

式中，ω 为结构或构件在荷载使用下产生的最大挠度；$[\omega]$ 为规定的容许挠度；λ 为构件的长细比；$[\lambda]$ 为规定的容许长细比。

13.2.2 以概率论为基础的极限状态设计法

极限状态的概率设计法是把各种参数（荷载效应，材料抗力等）作为随机变量，运用概率分析法并考虑其变异性来确定设计采用值。这种把概率分析引入结构设计的方法显然比容许应力设计法先进，故近年来世界各国逐渐采用此法。

在结构设计中采用概率设计法时，从结构的整体性出发，运用概率论的观点，对结构的可靠度提出了明确的科学定义，即结构在规定的时间内、在规定的条件下，完成预定功能的概率，称为结构可靠度。

钢结构计算采用以概率理论为基础的极限状态设计方法（疲劳强度除外），用分项系数的表达式进行计算。结构可靠度用可靠指标 β 度量，并已在分项系数中考虑。

各种承重结构均应按承载能力极限状态和正常使用极限状态设计，承载能力极限状态为结构或构件达到最大承载能力或达到不适于继续承载的变形的极限状态；正常使用极限状态为结构或结构构件达到正常使用（变形或耐久性能）的某项规定限值的极限状态。

13.3 钢结构的材料

13.3.1 钢材的破坏形式

钢材存在两种可能的破坏形式，即塑性破坏和脆性破坏。钢结构所用的材料虽然具有较高的塑性和韧性，且一般发生塑性破坏，但在一定条件下，仍然有发生脆性破坏的可能。

塑性破坏的主要特征是破坏前构件产生明显的塑性变形，由于塑性变形发生持续时间较长，容易及时发现而采取措施予以补救。

脆性破坏的特点是钢材破坏前的塑性变形很小，甚至没有塑性变形，平均应力一般低于钢材的屈服强度，破坏从应力集中处开始。脆性破坏没有明显的预兆，因而无法及时察觉和采取补救措施。与塑性破坏相比较，其后果严重，危险性较大。

因此，在设计、制作和安装过程中要采取措施防止钢材发生脆性破坏。

13.3.2 钢材的主要力学性能

（1）钢材在单向均匀受拉时的工作性能 钢材的拉伸试验通常是用规定形状和尺寸的标准试件，在常温（20±5）℃下以规定的应力或应变速度施加荷载进行的。图 13-1 为低碳结构钢材拉伸试验的典型的应力-应变曲线。在整个试验过程中，钢材的受力大致可分

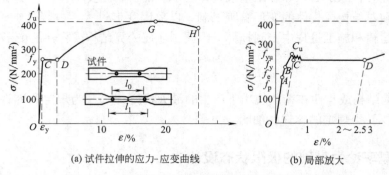

(a) 试件拉伸的应力-应变曲线　　　(b) 局部放大

图 13-1　碳素结构钢（Q235 钢）静力拉伸曲线

为以下五个阶段。

① 弹性阶段　钢材拉伸试验的加、卸载过程中，对应于 B 点 [图 13-1(b)] 的应力称为弹性极限 f_e。当应力不超过 f_e 时，试件应力的增或减引起应变的增或减，卸除荷载后试件的变形能完全恢复，没有残余变形，故此阶段称为弹性阶段。弹性阶段 OB 又可分为直线 OA 和曲线 AB，A 点对应的应力称为比例极限 f_p。在 OA 段（$\sigma \leqslant f_p$ 时），应力 σ 与应变 ε 呈正比例关系，即 $\sigma = E\varepsilon$，E 为该直线的斜率，称为钢材的弹性模量。曲线 AB 段（$f_p < \sigma \leqslant f_e$）钢材仍处于弹性状态，但应力 σ 与应变 ε 关系呈非线性关系。钢材的比例极限 f_p 与弹性极限 f_e 一般较为接近。

② 弹塑性阶段　当应力超过弹性极限，即 $\sigma > f_e$ 以后，钢材不再是完全弹性，处于图 13-1(b) 中 BC 段。此时钢材的变形包括弹性和塑性变形两部分，其中塑性变形在卸除荷载后不能恢复，因此构件将留有残余变形。图 13-1 中 C 点为屈服强度 f_y。

③ 屈服阶段　当应力 σ 达到屈服强度 f_y 以后，应力基本没有变化，但变形持续增长，应力-应变（σ-ε）曲线形成屈服平台 [图 13-1(b)] 中 CD 段。这时，应变急剧增长，而应力却在很小的范围内波动，变形模量近似为零，这个阶段称为屈服阶段。对于碳含量较高的钢或高强度钢，常没有明显的屈服平台，规定用其对应于残余应变 $\varepsilon_y = 0.2\%$ 的应力 $\sigma_{0.2}$ 作为该钢材的屈服强度。

④ 强化阶段　钢材经过屈服阶段较大的塑性变形以后，其内部组织因受力得到了调整，又部分恢复了承受增长荷载的能力。应力-应变（σ-ε）曲线又呈上升趋势 [图 13-1(a)] 中 DG 段，这个阶段称为钢材的强化阶段，其变形模量很低。试件对应于强化阶段最高点的应力就是钢材的抗拉强度 f_u。

⑤ 颈缩阶段　当钢材应力达到极限强度以后，在试件承载能力最弱的截面处，横截面急剧收缩，局部明显变细出现颈缩现象，曲线进入图 13-1(a) 中 GH 段。在这个阶段，试件的伸长量 Δl 迅速增长，并且应力也随之下降，最后在颈缩处断裂。

试件拉断后标距长度的伸长量 Δl 与原标距长度 l_0 的比值 δ（常用百分数表示）称为钢材拉伸的伸长率，即

$$\delta = \frac{\Delta l}{l_0} \times 100\% = \frac{l_1 - l_0}{l_0} \times 100\%$$

式中，l_1 为试件拉断后标距部分的长度。

伸长率和试件标距的长短有关，当试件长度与试件直径之比为 10 时，以 δ_{10} 表示伸长

率；比值为 5 时，以 δ_5 表示伸长率。伸长率越大，表示钢材破断前产生的永久塑性变形和吸收能量的能力越强。伸长率大的钢材，对调整构件中局部超屈服应力、结构中塑性内力重分布和减少脆性破坏都有重要的意义。

钢材的抗拉强度 f_u 是钢材抗破断能力的极限。钢材屈服强度与极限抗拉强度之比 f_y/f_u 称为屈强比，它是钢材设计强度储备的反映。f_y/f_u 越大，强度储备越小，反之，强度储备越大。但钢材屈强比过小时其强度利用率低、不经济。一般来讲，钢材的屈服比最好保持在 0.60～0.75 之间。在设计时常常控制钢材应力不超过屈服强度 f_y。

钢材的屈服强度 f_y、抗拉强度 f_u 以及伸长率 δ 是工程结构用钢材的三项主要力学性能指标。

（2）钢材的冷弯性能　钢材的冷弯性能试验。如图 13-2 所示，用具有弯心直径 d 的冲头对标准试件中部施加荷载使之弯曲 180°，要求弯曲部位不出现裂纹或分层现象。钢材的冷弯性能取决于钢材的质量和弯心直径 d 对钢材厚度 a 的比值。

冷弯性能是反映钢材在复杂应力状态下塑性变形能力和质量的一项综合指标。

（3）钢材的冲击韧性　钢材的冲击韧性是指钢材在冲击荷载作用下吸收机械能的一种能力。钢材的冲击韧性通常采用有特定缺口的标准试件，在试验机上进行冲击荷载试验使构件断裂来测定（图 13-3）。常用标准试件的形式有梅氏（Mesnager）U 形缺口试件和夏比（Charpy）V 形缺口试件，我国采用后者。V 形缺口试件的冲击韧性指标用试件被冲击破坏时断面单位面积上所吸收的能量表示，其单位为 J（N·m）。

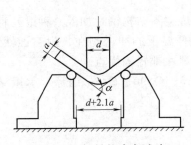

图 13-2　钢材的冷弯试验

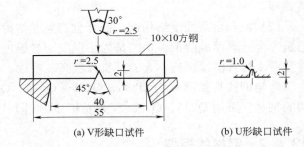

(a) V形缺口试件　　(b) U形缺口试件

图 13-3　刚材的冲击韧性试验

钢材的冲击韧性与钢材质量、试件缺口、加载速度以及温度有关，尤其是低温的影响较大。当温度低于某一负温值时，冲击韧性将急剧降低。钢材的冲击韧性还与构件的厚度有关，较大厚度钢材的冲击韧性较差。

（4）钢材的可焊性　钢材的可焊性，是指一定的工艺和结构条件下，钢材经过焊接后能够获得良好的焊接接头性能。可焊性可分为施工上的可焊性和使用性能上的可焊性。

钢材的可焊性可以采用钢材焊接接头的冷弯试验获得。

13.4　钢材种类、牌号及其选用

13.4.1　钢材的种类

钢材的种类可按不同的分类方法进行区分：按用途可分为结构钢、工具钢和特殊用途钢；按冶炼方法可分为转炉钢和平炉钢；按脱氧方法可分为沸腾钢（代号为 F）、半镇静钢

（代号为 b）、镇静钢（代号为 Z）以及特殊镇静钢（代号为 TZ）；按硫、磷含量和质量控制可分为高级优质钢（硫含量≤0.035％和磷含量≤0.03％并具有较好的力学性能）、优质钢（硫含量≤0.045％和磷含量≤0.04％并具有较好的力学性能）和普通钢（硫含量≤0.05％和磷含量≤0.045％）；按成型方法可分为轧制钢（热轧、冷轧）、锻钢和铸钢；按化学成分可分为碳素结构钢和低合金高强度结构钢。在钢结构中，主要采用碳素结构钢、低合金高强度结构钢和优质碳素结构钢。

（1）碳素结构钢和优质碳素结构钢　碳素结构钢按照质量等级可分为 A、B、C、D 四级，A 级钢只保证抗拉强度、屈服强度、伸长率 δ_5，必要时尚可附加冷弯试验的要求；B、C、D 级钢均保证抗拉强度、屈服强度、伸长率 δ_5、冷弯和冲击韧性等力学性能；碳、硫、磷、硅和锰（A 级钢的碳、锰含量可不作为交货条件）等化学成分的含量必须符合相关国家标准的规定。

低碳钢常用于制造铆钉、钢筋、钢桥材料及一般钢结构。中碳钢强度较高，塑性、韧性和可焊性略差，主要用于制造机械零件及节点螺栓。高碳钢因硬度大，一般用于切削工具、弹簧、轴承等。

优质碳素结构钢是碳素结构钢经过热处理得到的优质钢，与碳素结构钢的主要区别在于钢中含杂质元素较少，硫、磷含量都不大于 0.035％，并且严格限制其它缺陷，因此具有较好的综合性能。优质碳素结构钢（如 45 号钢）在钢结构中主要用于高强度螺栓及其连接。

（2）低合金高强度结构钢　低合金高强度结构钢是在冶炼碳素结构钢时加入一种或几种适量合金元素而成的钢，目的是为了提高钢材强度、常温或低温下的冲击韧性、耐腐蚀性，并且要求对其塑性影响不大。具有强度高，塑性、韧性和可焊性都好等优点。

结构钢按其强度分为 Q235、Q255、Q275、Q295、Q345、Q390、Q420 钢等。承重结构的钢材宜采用 Q235、Q345、Q390 和 Q420 钢。

13.4.2　钢材的规格

钢结构常用的钢材主要为热轧成型的钢板和型钢两大类。钢结构构件可采用单一型钢或几件型钢或钢板通过焊缝、螺栓或铆钉连接而成的组合截面。

（1）钢板　钢板包括薄钢板、厚钢板、特厚钢板和扁钢等。钢板规格采用"−宽×厚×长"或"−宽×厚"的表示方法。

（2）型钢　钢结构常用的型钢如图 13-4 所示。

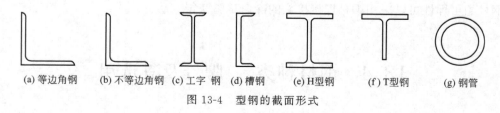

　(a) 等边角钢　(b) 不等边角钢　(c) 工字钢　(d) 槽钢　(e) H型钢　(f) T型钢　(g) 钢管

图 13-4　型钢的截面形式

① 角钢　角钢有等边角钢和不等边角钢两种。等边角钢以 L 肢宽×肢厚表示，如 L100×12 表示肢宽 100mm、肢厚 12mm 的等边角钢；不等边角钢是以 L 长肢宽×短肢宽×肢厚表示，如 L 100×80×10 表示长肢宽 100mm、短肢宽 80mm、肢厚 10mm 的不等边角

钢。角钢可以用来组成独立的受力构件，也可作为受力构件之间的连接构件。

② 工字钢　工字钢分为普通工字钢和轻型工字钢两种，主要用于在其腹板平面内受弯的构件或由几个工字钢组成的组合构件。

工字钢的型号以工字钢符号及其高度表示，当为轻型工字钢时，前面加注"Q"。20 以上的工字钢，同一号数有三种腹板厚度，分为 a、b、c 三类，如 I 25a 则表示工字钢的高度为 250mm，其腹板厚度为 a 类。a 类腹板最薄、翼缘最窄，b 类腹板较厚、翼缘较宽。c 类腹板最厚、翼缘最宽。

同样高度的轻型工字钢的翼缘比普通工字钢的翼缘宽且薄，腹板也比普通工字钢薄，因此其回转半径略大，重量较轻。

③ 槽钢　槽钢的型号以槽钢符号匚和高度表示，当为轻型槽钢时，前面加注"Q"。同一号数的槽钢，根据翼缘宽度和腹板厚度的不同也分为 a、b、c 三类，如匚40a 表示其截面高度为 400mm，a 类。

④ H 型钢和 T 型钢　与普通工字钢相比，H 型钢翼缘内外侧面平行，便于连接。各种 H 型钢可割分为 T 型钢。H 型钢可分为宽翼缘（HW）、中翼缘（HM）、窄翼缘（HN）和 H 型钢柱（HP）四类。T 型钢可分为宽、中、窄翼缘之类，分别用 TW、TM 和 TN 表示。H 型钢和 T 型钢规格标记为高度 $H \times$ 宽度 $B \times$ 腹板厚度 $t_1 \times$ 翼缘厚度 t_2，如 HM340×250×9×14 表示中翼缘 H 型钢高度为 340mm，宽度为 250mm，腹板厚度 9mm，翼缘厚度为 14mm；其割分 T 型钢为 TM170×250×9×14。

⑤ 钢管　钢管分热轧无缝钢管和焊接钢管两种。焊接钢管由钢板卷焊而成，又可分为直焊缝钢管和螺旋焊缝钢管。钢管用 ϕ 外径×壁厚表示，如 ϕ102×5 表示外径 102mm，壁厚 5mm 的钢管。

上述各种型钢的详细尺寸及其截面几何特征可查型钢表。

13.4.3　钢材的选用

钢材选用的原则应该是保证结构安全可靠，满足使用要求以及节省钢材，降低造价。选用钢材应考虑下列因素。

（1）结构的重要性　由于使用要求、结构所处部位不同，可按结构及其构件破坏可能产生的后果的严重性，将结构及其构件分为重要的、一般的和次要的；设计时应根据不同情况，有区别地选用钢材，并对材质提出不同项目的要求，对重要的结构选用质量高的钢材。

（2）荷载性质　钢结构所承受的荷载可分为静力荷载、动力荷载、经常满载和不经常满载等。对直接承受动力荷载的钢结构构件应选择质量和韧性较好的钢材。对承受静力和间接动力荷载的构件可采用一般质量的钢材。根据不同的荷载性质对钢材可提出不同的保证项目要求。

（3）连接方法　钢结构的连接可分为焊接和非焊接（螺栓连接或铆钉连接）两类。焊接结构的材质要求应高于同样情况下的非焊接结构，同时应严格控制碳、硫、磷的含量。

（4）工作环境　对经常处于或可能处于较低负温环境下工作的钢结构，特别是焊接结构，应选择化学成分和力学性能较好、冷脆临界温度低于结构工作环境温度的钢材。

（5）钢材的厚度　厚度大的钢材由于轧制时压缩比小，不但强度较低，冲击韧性和焊接性能也较差，并且容易产生三向残余应力。因此，厚度大的焊接结构应采用材质较好的钢材。

13.5 钢结构连接

13.5.1 连接种类及特点

钢结构的连接方法有焊接连接、铆钉连接、螺栓连接和轻型钢结构用的紧固件连接等多种形式（图 13-5）。

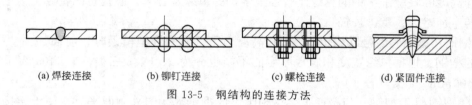

(a) 焊接连接　　(b) 铆钉连接　　(c) 螺栓连接　　(d) 紧固件连接

图 13-5　钢结构的连接方法

（1）焊接连接　焊接连接有以下优点：不需打孔，省工省时；任何形状的构件，可直接连接，连接构造方便；气密性、水密性好，结构刚度较大，整体性较好。

缺点是焊接附近有热影响区，材质变脆；焊接的残余应力使结构易发生脆性破坏，残余变形使结构形状、尺寸发生变化；焊接裂缝一经发生，便容易扩展。

（2）螺栓连接

① 普通螺栓连接　普通螺栓分为 A，B，C 三级。A 级与 B 级为精制螺栓，C 级为粗制螺栓。

C 级螺栓由未经加工的圆钢压制而成。螺栓孔的直径比螺栓杆的直径大 1.0～1.5mm，由于螺杆与栓孔之间有较大的间隙，受剪力作用时，将会产生较大的剪切滑移，连接的变形大。但安装方便，且能有效地传递拉力，故一般可用于沿螺杆轴向受拉的连接中以及次要结构的抗剪连接或安装时的临时固定。

A，B 级精制螺栓是由毛坯在车床上经过切削加工精制而成。由于有较高的精度，因而抗剪性能好。但其制作和安装复杂，价格较高，已很少在钢结构中采用。

② 高强螺栓连接　高强度螺栓有摩擦型连接和承压型连接两种，用高强度钢制成，经热处理后，螺栓抗拉强度应分别不低于 800N/mm² 和 1000N/mm²，且屈强比分别为 0.8 和 0.9，因此，其性能等级分别称为 8.8 级和 10.9 级。

（3）铆钉连接　铆钉连接在受力和设计上与普通螺栓连接相仿。钢结构中一般采用热铆。

铆接的优点是塑性和韧性较好，传力可靠，质量易于检查和保证，可用于承受动载的重型结构。但是，由于铆接工艺复杂、用钢量多，费钢又费工，现已很少采用。

（4）轻钢结构的紧固件连接　在冷弯薄壁型钢结构中，经常采用自攻螺钉、钢拉铆钉、射钉等机械式紧固件连接方式（图 13-6），主要用于压型钢板之间和压型钢板与冷弯型钢等支承构件之间的连接。

13.5.2 焊缝形式

（1）焊接连接形式　常用的焊接连接有三种形式，即对接连接、搭接连接和 T 形连接，

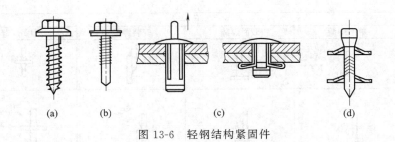

图 13-6　轻钢结构紧固件

如图 13-7 所示。

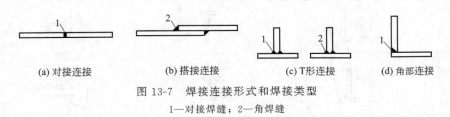

(a) 对接连接　　(b) 搭接连接　　(c) T形连接　　(d) 角部连接

图 13-7　焊接连接形式和焊接类型
1—对接焊缝；2—角焊缝

　　焊缝根据施焊时焊工所持焊条与焊件之间的相互位置不同而可分为平焊、立焊、横焊和仰焊，如图 13-8 所示。

　　(2) 焊缝代号和标注方法　在钢结构施工图上，要用焊缝代号标明焊缝形式、尺寸和辅助要求，焊缝代号主要由图形符号、辅助符号和引出线等组成。其中，图形符号表示焊缝剖面的基本形式。辅助符号表示焊缝的辅助要求，引出线由横线、斜线及单边箭头组成，横线的

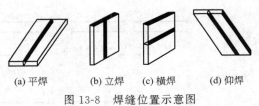

(a) 平焊　(b) 立焊　(c) 横焊　(d) 仰焊

图 13-8　焊缝位置示意图

上面和下面用来标注各种符号和焊缝尺寸等，见图 13-9。其表示方法应按国家标准《建筑结构制图标准》（GB/T 50105—2011）和《焊缝符号表示法》（GB 324—2008）的相关规定执行。

13.5.3　对接焊缝及其连接的计算

　　(1) 对接焊缝的构造　对接焊缝的构造可分为焊透和不焊透两种形式，不焊透焊缝由于应力分布不均匀，应力集中现象明显，故很少采用。焊透通常采用的坡口形式如图 13-10 所示。

　　(2) 对接焊缝的计算（焊透）　对接焊缝受力时，应力集中现象小，可以认为与母材有相同的应力状态。由于焊缝技术问题，焊缝中可能存在气孔、夹渣、咬边、未焊透等缺陷，这些缺陷对其抗压和抗剪影响不大，但对其抗拉强度有较大的影响，当焊缝质量为一级或二级时，焊缝缺陷对抗拉强度的影响较小，当焊缝质量为三级时，由于焊缝内部可能存在较多的缺陷，故 GB 50017—2003《钢结构设计规范》（以下简称《钢结构规范》）将焊缝质量为三级的对接焊缝的抗拉强度取为被焊件的 85%。因此，对接焊缝一般只在焊缝质量级别为三级且受拉力作用时，才需进行抗拉强度验算。

　　① 轴心受力对接焊缝的计算　如图 13-11(a) 所示的对接焊缝，在垂直于焊缝长度方向

角焊缝			
单面焊缝	双面焊缝	安装焊缝	相同焊缝

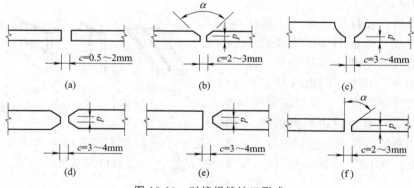

（上半部表格：形式、标注方法）

	对接焊缝	塞焊缝	三面围焊

图 13-9　焊缝代号

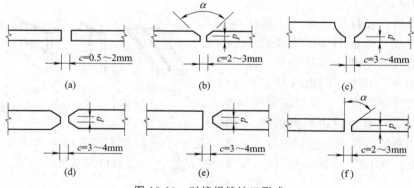

图 13-10　对接焊缝坡口形式

的轴心力作用下，其焊缝强度按式（13-7）计算：

$$\sigma_f = \frac{N}{l_w t} \leqslant f_t^w, f_c^w \tag{13-7}$$

式中，f_t^w，f_c^w 分别是对接焊缝的抗拉和抗压强度设计值；l_w 为对接焊缝的计算长度，考虑到焊缝两端起落弧造成的缺陷，取实际长度减去 $2t$，即：$l_w = 1 - 2t$；有引弧板时，取焊缝的实际长度；t 为对接焊缝中焊件的较小厚度。

如采用图 13-11（a）所示，对接焊缝不能满足要求时，可采用图 13-11（b）所示的斜对接焊缝。为计算斜对接焊缝，把轴向拉力分解为 $N\sin\theta$ 及 $N\cos\theta$；分别验算正应力和剪应力，即

$$\sigma = \frac{N\sin\theta}{l_w t} \leqslant f_t^w \tag{13-8}$$

$$\tau = \frac{N\cos\theta}{l_w t} \leqslant f_t^w \tag{13-9}$$

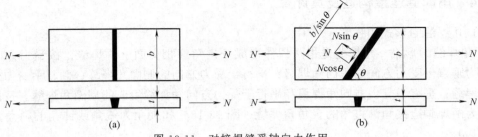

图 13-11　对接焊缝受轴向力作用

式中，θ 为作用力方向与焊缝长度方向之间的夹角。

【例 13-1】　试算图 13-11 钢板的对接焊缝的强度，已知 $b=540\text{mm}$，$t=22\text{mm}$，轴心力的设计值 $N=2150\text{kN}$，钢材为 Q235B，手工焊，焊条为 E43 型，三级质量标准的焊缝，施焊时，加引弧板。焊缝强度设计值见附表 29。

解：　直缝连接其计算长度 $l_w=54\text{cm}$。焊缝正应力为

$$\sigma=\frac{N}{l_w t}=\frac{2150\times10^3}{540\times22}=181\text{N/mm}^2>f_t^w=175\text{N/mm}^2$$

不满足要求，改用斜对接焊缝，取截割斜率为 1.5：1，即 $\theta=56°$，焊缝长度为

$$l_w=\frac{\alpha}{\sin\theta}=\frac{54}{\sin56°}=65\text{cm}$$

故此时焊缝的正应力为

$$\sigma=\frac{N\sin\theta}{l_w t}=\frac{2150\times10^3\times\sin56°}{650\times22}=125\text{N/mm}^2<f_t^w=175\text{N/mm}^2$$

剪应力为

$$\tau=\frac{N\cos\theta}{l_w t}=\frac{2150\times10^3\times\cos56°}{650\times22}=84\text{N/mm}^2<f_v^w=120\text{N/mm}^2$$

② 弯矩和剪力共同作用的对接焊缝

a. 矩形截面　对于采用对接焊缝的钢板拼接 [图 13-12(a)]，受到弯矩和剪力共同作用时，对接焊缝的最大正应力和最大剪应力不在同一点出现，焊缝强度可分别计算：

$$\sigma=\frac{M}{W_w}\leqslant f_t^w$$

$$\tau=\frac{VS_w}{I_w t}\leqslant f_v^w \tag{13-10}$$

式中，M、V 为弯矩和剪力计算值；W_w 为焊缝截面抵抗矩；S_w 为焊缝截面面积矩；I_w 为焊缝截面惯性矩。

(a) 矩形截面对接焊缝

(b) 工字形截面对接焊缝

图 13-12　对接焊缝承受弯矩和剪力共同作用

b. 工字形截面　在中和轴处，虽然 $\sigma_M=0$ 但尚有 $\tau\neq0$ 在腹板与翼缘交接处，正应力和剪应力均较大，因而还应验算该处的折算应力：

$$\sqrt{\sigma_N^2+3\tau_{max}^2}\leqslant1.1f_t^w \tag{13-11}$$

13.5.4 角焊缝连接构造及其计算

（1）角焊缝的形式和强度

① 角焊缝的形式　角焊缝是指两焊件形成一定角度相交面上的焊缝，按受力方向和位置可分为垂直于受力方向的正面角焊缝；平行于受力方向的侧面角焊缝；倾斜于受力方向的斜向角焊缝；垂直于受力方向角焊缝和平行于受力方向角焊缝组成的周围角焊缝。按截面形式可分为两焊脚边夹角为直角的直角角焊缝（图 13-13）和夹角为锐角或钝角的斜角角焊缝（图 13-14）。

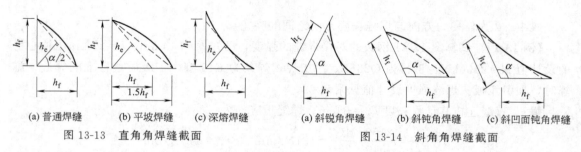

(a) 普通焊缝　(b) 平坡焊缝　(c) 深熔焊缝
图 13-13　直角角焊缝截面

(a) 斜锐角焊缝　(b) 斜钝角焊缝　(c) 斜凹面钝角角焊缝
图 13-14　斜角角焊缝截面

直角角焊缝的截面形式有普通焊缝（等边）、平坡焊缝和深熔焊缝。一般采用普通直角焊缝 [图 13-14(a)]，但普通直角焊缝受力时力线弯折，应力集中严重，在焊缝根部容易出现开裂现象，因此在直接承受动力荷载的直角焊缝连接中常采用两焊脚尺寸比例为 1:1.5 的平坡焊缝 [图 13-14(b)] 或如图 13-14(c) 所示的深熔直角焊缝（凹形角焊缝）。图中 h_f 为角焊缝的焊脚尺寸，它是在角焊缝横截面中画出的最大等腰三角形的等腰边长度。$h_e = \cos45° = 0.7h_f$ 称为角焊缝的有效厚度（最大等腰三角形的等腰高度）。

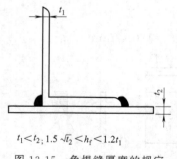

$t_1 < t_2; 1.5\sqrt{t_2} < h_f < 1.2t_1$
图 13-15　角焊缝厚度的规定

斜角角焊缝常用于钢管结构中。对于 $\alpha > 135°$ 或 $\alpha < 60°$ 的斜角斜焊缝，除了钢管结构外，不宜用作受力焊缝。斜角角焊缝计算时，取有效厚度 $h_e = h_f\cos\frac{\alpha}{2}$（当 $\alpha > 90°$ 时）或 $h_e = 0.7h_f$（当 $\alpha \leq 90°$ 时）。

② 角焊缝的构造要求　当焊脚尺寸过小时，不易焊透；焊脚尺寸过大时，焊接残余应力和变形增加，浪费材料。为保证质量，《钢结构规范》作了限制角焊缝最小焊脚尺寸和最大焊脚尺寸的规定。

最小焊脚尺寸：$h_{fmin} \geq 1.5\sqrt{t_{max}}$（mm），$t_{max}$ 是较厚焊件的厚度。对埋弧自动焊，可减小 1mm；对 T 形连接的单面角焊缝，应增加 1mm，当焊件厚度小于或等于 4mm 时，则取 $h_{fmin} = t_{max}$。

最大焊脚尺寸：$h_{fmax} \leq 1.2t_{min}$，t_{min} 是较薄焊件的厚度。但当贴着板边施焊时（图 13-16），最大焊角尺寸尚应满足下列要求：当 $t_1 \leq 6mm$ 时，取 $h_{fmax} \leq t_1$；当 $t_1 > 6mm$ 时，取 $h_{fmax} = t_1 - (1\sim2)$ mm。

因此，在选择角焊缝的焊脚尺寸时，应符合图 13-15 所示的要求。

③ 侧焊缝最大计算长度　为保证受力均匀，一般规定侧焊缝的计算长度 $l_w \leq 60h_f$；动载时 $l_w \leq 50h_f$。

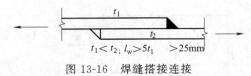

图 13-16　焊缝搭接连接

④ 角焊缝的最小计算长度　为防止焊缝长度过小而焊脚尺寸过大、局部加热和应力集中，规定角焊缝的计算长度不得小于 $8h_f$，且不得小于 40mm。

⑤ 搭接长度　在搭接连接中，搭接长度不得小于构件较小厚度的 5 倍，且不得小于 25mm（图 13-16），这是为了减小接头中产生过大的焊接应力。

（2）角焊缝及其连接的计算　角焊缝上的应力分布如图 13-17 所示。

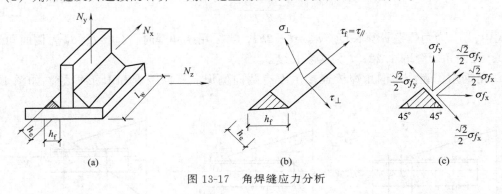

图 13-17　角焊缝应力分析

① 在通过焊缝形心的拉力、压力或剪力作用下正面角焊缝（作用力垂直于焊缝长度方向）：

$$\sigma_f = \frac{N}{h_e l_w} \leqslant \beta_f f_f^w \tag{13-12}$$

侧面焊缝（作用力平行于焊缝长度方向）：

$$\tau_f = \frac{N}{h_e l_w} \leqslant f_f^w \tag{13-13}$$

② 在各种力综合作用下，σ_f 和 τ_f 共同作用处：

$$\sqrt{\left(\frac{\sigma_f}{\beta_f}\right)^2 + \tau_f^2} \leqslant f_f^w \tag{13-14}$$

式中，β_1 为正面角焊缝的强度设计值增大系数，静载时，取 1.22；直接承受动载时，取 1.0。

③ 轴心受力状态计算　一般用拼接盖板连接，焊缝可以是侧焊缝、端焊缝和三面围焊。也可以是菱形盖板，为的使传力平顺和减少拼接盖板四角点处的应力集中现象，如图 13-18 所示。

侧焊缝

$$\tau_f = \frac{N}{h_e \sum l_w} \leqslant f_f^w \tag{13-15}$$

端焊缝

$$\sigma_f = \frac{N}{h_e \sum l_w} \leqslant \beta_f f_f^w \tag{13-16}$$

三面围焊

假设破坏时各部分角焊缝都达到各自的极限强度，则

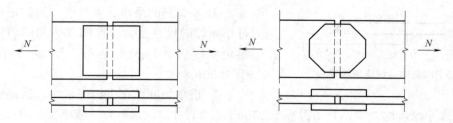

图 13-18   轴心力作用下的角焊缝

$$\frac{N}{\sum(\beta_f h_e l_w)} \leqslant f_f^w \tag{13-17}$$

式中，l_w 为角焊缝计算长度，$l_w = l - 2h_f$，当采用绕角焊时，$l_w = l$；β_f 为侧面角焊缝取 1.0，正面角焊缝取 1.22；l 为实际长度。

④ 角钢角焊缝　角钢角焊缝连接主要有两面侧焊、三面围焊和 L 形焊缝，如图 13-19 所示。

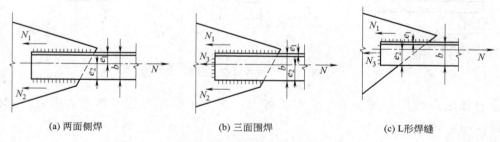

(a) 两面侧焊　　　　　　(b) 三面围焊　　　　　　(c) L形焊缝

图 13-19   角钢角焊缝的受力分配

$$N_1 = \frac{e_2}{e_1 + e_2} N = k_1 N$$

$$N_2 = \frac{e_1}{e_1 + e_2} N = k_2 N \tag{13-18}$$

采用侧面角焊缝连接时，虽然轴心力通过角钢截面形心，但由于角钢形心到肢背和肢尖的距离不相等，因此，肢背、肢尖焊缝受力也不相等。故在计算时，先由内力分配系数分别求得肢背、肢尖焊缝所应承担的力 N_1，N_2，再按强度验算公式计算。

式中，k_1，k_2 为角钢肢背、肢尖分配系数，如表 13-1 所示。

表 13-1　角钢角焊缝的内力分配系数

角钢类型	分配系数	
	k_1（角钢肢背）	k_2（角钢肢尖）
等边角钢	0.70	0.30
不等边角钢（短边相连）	0.75	0.25
不等边角钢（长边相连）	0.65	0.35

13.5.5　焊接应力和焊接变形

钢结构在焊接过程中，焊件局部范围加热至融化，而后又冷却凝固，结构经历了一个不均匀的升温冷却过程，导致焊件各部分热胀冷缩不均匀，从而在焊件中产生的变形和应力，称为焊接残余变形和应力。

（1）焊接应力及其影响

① 纵向　两块钢板平接连接或工字钢侧焊连接（图13-20），焊接时，钢板焊缝一边受热，将沿焊缝方向纵向伸长。但伸长量会因钢板的整体性受到钢板两侧未加热区域的限制，由于这时焊缝金属是熔化塑性状态，伸长虽受限，却不产生应力。随后，焊缝金属冷却，恢复弹性，收缩受限将导致焊缝金属纵向受拉，两侧钢板则因焊缝收缩倾向牵制而受压，形成图示纵向焊接残余应力分布。

② 横向　图13-21所示两块钢板平接，除产生上述纵向残余应力外，还可能产生垂直于长度方向的残余应力。从图中可以看到，焊缝纵向收缩将使两块钢板有相向弯曲变形的趋势。但钢板已焊成一体，弯曲变形将受到一定的约束，因此在焊缝中段将产生横向拉应力。在焊缝两侧将产生横向压应力。

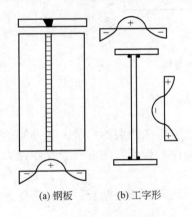

(a) 钢板　　　(b) 工字形

图 13-20　纵向焊接残余应力

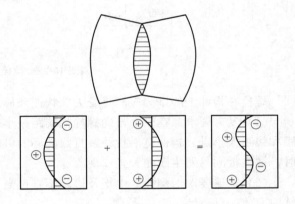

图 13-21　焊缝的横向应力

③ 厚度　对于厚度较大的焊缝，外层焊缝因散热较快先冷却，故内层焊缝的收缩将受其限制，从而可能沿厚度方向也产生残余应力，形成三相应力场。

（2）焊接残余变形　在焊接过程中，由于不均匀的加热，在焊接区局部产生了热塑性压缩变形，冷却时，焊接区要在纵向和横向收缩，势必导致构件产生局部鼓曲、弯曲、歪曲和扭转等。任一焊接变形超过验收规范的规定时，必须进行校正，以免影响构件在正常使用条件下的承载能力。

（3）减少焊接残余变形和焊接残余应力的方法　考虑到焊接残余应力和焊接残余变形对结构的不利影响，所以从设计到制造都应注意减少和消除焊接残余应力和焊接残余变形。如不要随意加大焊脚尺寸和焊缝长度，宜采用薄而短的焊缝；尽可能避免焊缝过分集中和相互交叉，特别是三向交叉；在构件上尽可能在对称位置布置焊缝，且设置焊缝处应考虑到施焊的方便性等；对重要结构，应将焊件进行预热，尤其是在严冬季节室外施焊时；选用合适的焊接规范和合理的施焊次序；对焊件采用反变形法，即事先给予与焊接变形反向的变形；对焊缝进行锤击；对焊件进行局部加热校正；等等。

13.6 螺栓连接的构造和工作性能

13.6.1 排列和构造

螺栓在构建上排列应简单、统一、整齐而紧凑，通常分为并列和错列两种形式（图13-22）。并列比较简单整齐，所用连接板尺寸小，但由于螺栓孔的存在，对构件截面削弱较大。错列可以减小螺栓孔对截面的削弱，但螺栓孔排列不如并列紧凑，连接板尺寸较大。

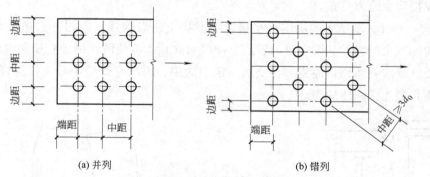

(a) 并列   (b) 错列

图 13-22 螺栓排列形式

螺栓在构件上的排列应满足受力、构造和施工要求：

（1）受力要求　在受力方向螺栓的端距过小时，钢材有被剪断或撕裂的可能。各排螺栓距和线距太小时，构件有沿折线或直线破坏的可能。对受压构件，当沿作用方向螺栓距过大时，被连板间易发生鼓曲和张口现象。

（2）构造要求　螺栓的中矩及边距不宜过大，否则，钢板间不能紧密贴合，潮气将侵入缝隙而使钢材锈蚀。

（3）施工要求　要保证一定的空间，便于转动螺栓扳手以拧紧螺帽。

根据上述要求，规定了螺栓（或铆钉）的最大、最小容许距离，见表13-2。

表 13-2 螺栓（或铆钉）的最大、最小容许距离

名称	位置和方向			最大容许距离（取二者的较小值）	最小容许距离
中心间距	外排（垂直内力方向或顺内力方向）			$8d_0$ 或 $12t$	$3d_0$
	中间排	垂直内力方向		$16d_0$ 或 $24t$	
		顺内力方向	构件受压力	$12d_0$ 或 $18t$	
			构件受拉力	$16d_0$ 或 $24t$	
	沿对角线方向			—	
中心至构件边缘距离	顺内力方向				$2d_0$
	垂直内力方向	剪切边或手工气割边		$4d_0$ 或 $8t$	$1.5d_0$
		轧制边、自动气割或锯割边	高强度螺栓		
			其它螺栓或铆钉		$1.2d_0$

注：1. d_0 为螺栓或铆钉的孔径，t 为外层较薄板件的厚度；

2. 钢板边缘与刚性构件（如角钢、槽钢等）相连的螺栓或铆钉的最大间距，可按中间排的数值采用。

13.6.2　螺栓连接的计算

普通螺栓连接按受力情况可分为三类：螺栓只承受剪力；螺栓只承受拉力；螺栓承受拉力和剪力的共同作用。

（1）受剪连接的工作性能　抗剪连接是最常见的螺栓连接。如果以图 13-23(a) 所示的螺栓连接试件作抗剪试验，可得出试件上 a，b 两点之间的相对位移 δ 与作用力 N 的关系曲线 [图 13-23(b)]。该曲线给出了试件由零载一直加载至连接破坏的全过程，共经历了以下四个阶段。

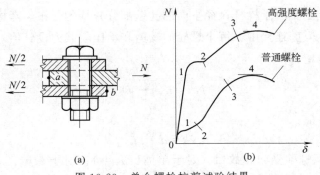

图 13-23　单个螺栓抗剪试验结果

① 摩擦传力的弹性阶段　在施加荷载之初，荷载较小，荷载靠构件接触面的摩擦力传递，螺栓杆与孔壁之间的间隙保持不变，连接工作处于弹性阶段，在 N-δ 图上呈现出 0-1 斜直线段。一般来说，普通螺栓的初拉力很小，故此阶段很短。

② 滑移阶段　当荷载增大，连接中的剪力达到构件间的摩擦力的最大值，板件间产生相对滑移，其最大滑移量为螺栓杆与孔壁之间的间隙，直至螺栓与孔壁接触，相应于 N-δ 曲线上的 1-2 水平段。

③ 栓杆传力的弹性阶段　荷载继续增加，连接所承受的外力主要靠栓杆与孔壁接触传递。栓杆除主要受剪力外，还有弯矩和轴向拉力，而孔壁则受到挤压。由于栓杆的伸长受到螺帽的约束，增大了板件间的压紧力，使板件间的摩擦力也随之增大，所以，N-δ 曲线呈上升状态。达到"3"点时，曲线开始明显弯曲，表明螺栓或连接板达到弹性极限，此阶段结束。

④ 破坏阶段　受剪螺栓连接达到极限承载力时，可能的破坏形式有：a. 当栓杆直径较小，板件较厚时，栓杆可能先被剪断 [图 13-24(a)]；b. 当栓杆直径较大，板件较薄时，板件可能先被挤坏 [图 13-24(b)]，由于栓杆和板件的挤压是相对的，故也可把这种破坏叫做螺栓承压破坏；c. 端距太小，端距范围内的板件有可能被栓杆冲剪破坏 [图 13-24(c)]；d. 板件可能因螺栓孔削弱太多而被拉断 [图 13-24(d)]。

上述第 c. 种破坏形式由螺栓端距 $l_1 \geq 2d_0$ 保证，第 d. 种破坏属于构件的强度验算，因此，普通螺栓的受剪连接只考虑 a.，b. 两种破坏形式。

（2）单个普通螺栓的受剪计算　普通螺栓的受剪承载力主要由栓杆受剪和孔壁承压两种破坏模式控制，因此，应分别计算，取其小值进行设计。计算时，做了如下假定：①栓杆受

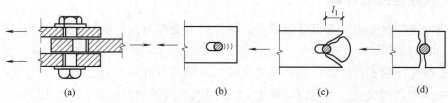

图 13-24   受剪螺栓连接的破坏形式

剪计算时，假定螺栓受剪面上的剪应力是均匀分布的；②孔壁承压计算时，假定挤压力沿栓杆直径平面（实际上是相应于栓杆直径平面的孔壁部分）均匀分布。考虑一定的抗力分项系数后，得到普通螺栓受剪连接中，每个螺栓的受剪和承压承载力设计值。

受剪承载力设计值：

$$N_v^b = n_v \frac{\pi d^2}{4} f_v^b \tag{13-19}$$

受压承载力设计值：

$$N_c^b = d \sum t f_c^b \tag{13-20}$$

式中，n_v 为每只螺栓受剪面数目，对于单剪，$n_v = 1$，对于双剪，$n_v = 2$；d 为螺栓杆直径；$\sum t$ 为同一受力方向承压构件总厚度的较小值；f_v^b，f_c^b 为螺栓的抗剪和承压强度设计值。

（3）普通螺栓群受剪连接计算　　试验证明，螺栓群的受剪连接承受轴心力时，与侧焊缝的受力相似，在长度方向，各螺栓受力是不均匀的（图 13-25），两端受力大，中间受力小。当连接长度 $l_1 \leqslant 15d_0$（d_0 为螺孔直径）时，由于连接工作进入弹塑性阶段后，内力发生重分布，螺栓群中各螺栓受力逐渐接近，故可认为轴心力 N 由每个螺栓平均分担，即螺栓数 n 为

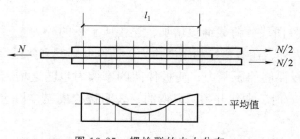

图 13-25   螺栓群的内力分布

$$n = \frac{N}{N_{min}^b} \tag{13-21}$$

式中，N_{min}^b 为单个螺栓受剪承载力设计值或承压承载力设计值的较小值。

13.6.3   高强度螺栓连接的工作性能和计算

（1）高强度螺栓摩擦型连接

① 受剪连接承载力　　摩擦型连接的承载力取决于构件接触面的摩擦力，而此摩擦力的大小与螺栓所受预拉力和摩擦面的抗滑移系数以及连接的传力摩擦面数有关。因此，一个摩

擦型连接高强度螺栓的受剪承载力设计值为

受剪承载力设计值为

$$N_v^b = 0.9 n_f \mu P \tag{13-22}$$

式中，n_f 为传力摩擦面数目，单剪时，$n_f=1$，双剪时，$n_f=2$；μ 为摩擦面抗滑移系数，按表 13-3 采用；P 为单个高强螺栓的设计预拉力，按表 13-4 采用。

表 13-3　摩擦面抗滑移系数

在连接处构件接触面的处理方法	构件的钢号		
	Q235 钢	Q345 钢，Q390 钢	Q420 钢
喷砂	0.45	0.50	0.50
喷砂后涂无机富锌漆	0.35	0.40	0.40
喷砂后生赤锈	0.45	0.50	0.50
钢丝刷清除浮锈或未经处理的干净轧制表面	0.30	0.35	0.40

表 13-4　单个高强螺栓的设计预拉力/kN

螺栓的性能等级	螺栓公称直径/mm					
	M16	M20	M22	M24	M27	M30
8.8 级	80	125	150	175	230	280
10.9 级	100	155	190	225	290	355

② 受拉连接承载力　《钢结构规范》规定在螺栓杆轴方向承受拉力的连接中，每个高强度螺栓的受拉承载力设计值为

$$N_t^b = 0.8P$$

对承压型连接的高强度螺栓，N_t^b 应按普通螺栓的公式计算（但强度设计取值不同）。

③ 同时承受剪力和拉力连接的承载力　试验结果表明，外加剪力 N_v 和拉力 N_t 与高强螺栓的受拉、受剪承载力设计值之间具有线性相关关系，故《钢结构规范》规定，当高强度螺栓摩擦型连接同时承受摩擦面间的剪力和螺栓杆轴方向的外拉力时，其承载力应按下式计算：

$$\frac{N_v}{N_v^b} + \frac{N_t}{N_t^b} \leqslant 1 \tag{13-23}$$

N_v，N_t 为某个高强螺栓所承受的剪力和拉力设计值；N_v^b，N_t^b 为单个高强螺栓的受剪、受拉承载力设计值。

（2）高强度螺栓承压型连接计算

① 受剪连接承载力　高强度螺栓承压型连接计算方法与普通螺栓连接相同，只是应采用承压型连接高强度螺栓的强度设计值。当剪切面在螺纹处时，其抗剪承载力设计值应按螺纹处的有效截面计算。

② 受拉连接承载力　承压型连接高强螺栓沿杆轴方向受拉时，《钢结构规范》规定其承载力设计值的计算公式与普通螺栓相同，只是抗拉强度设计值不同。

③ 同时承受剪力和拉力连接的承载力　同时承受剪力和杆轴方向拉力的承压型连接高强度螺栓的计算方法与普通螺栓相同，即

$$\sqrt{\left(\frac{N_v}{N_v^b}\right)^2 + \left(\frac{N_t}{N_t^b}\right)^2} \leqslant 1 \tag{13-24}$$

$$N_v \leqslant \frac{N_c^b}{1.2}$$

式中，N_v，N_t 为高强螺栓所承受的剪力和拉力设计值；N_v^b，N_t^b，N_c^b 为单个高强螺栓的受剪、受拉和受压承载力设计值。

13.7　受 弯 构 件

13.7.1　受弯构件的形式和应用

（1）实腹式受弯构件　在工业与民用建筑中，实腹式受弯构件主要用作楼盖梁、工作平台梁、吊车梁、墙架梁及檩条等。按梁的支承情况，可将梁分为简支梁、连续梁和悬臂梁等。按梁在结构中的作用不同，可将梁分为主梁和次梁。按截面是否沿构件轴线方向变化，可将梁分为等截面梁和变截面梁。

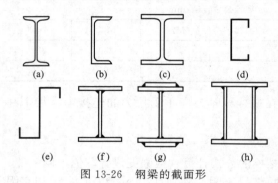

图 13-26　钢梁的截面形

钢梁按制作方法的不同可分为型钢梁和焊接组合梁。型钢梁又分为热轧型钢梁和冷弯薄壁型钢梁两种。目前常用的热轧型钢有普通工字钢、槽钢、热轧 H 型钢等［如图 13-26(a)～13-26(c)］。冷弯薄壁型钢梁截面种类较多，但在我国，目前常用的有 C 形槽钢［图 13-26(d)］和 Z 形钢［图 13-26(e)］。冷弯薄壁型钢是通过冷轧加工成形的，板壁都很薄，截面尺寸较小。在梁跨较小、承受荷载不大的情况下采用比较经济，如屋面檩条。型钢梁具有加工方便、成本低廉的优点，在结构设计中应优先选用。但由于型钢规格型号所限，在大多数情况下，用钢量要多于焊接组合梁。如图 13-26(f) 和图 13-26(g) 所示，由钢板焊成的组合梁在工程中应用较多，当抗弯承载力不足时，可在翼缘加焊一层翼缘板。当梁所受荷载较大而梁高受限或者截面抗扭刚度要求较高时，可采用箱型截面［图 13-26(h)］。

在钢梁中，除少数情况如吊车梁、起重机大梁和上承式铁路板梁桥等可单独或成对地布置外，通常是由许多梁（常有主梁和次梁）纵横交叉连接组成梁格，并在梁格上铺放直接承受荷载的钢或钢筋混凝土面板。

梁格按主次梁排列情况可分成以下三种形式。

① 简单梁格［图 13-27(a)］：只有主梁，适用于主梁跨度较小或面板长度较大的情况。

② 普通梁格［图 13-27(b)］：在主梁间另设次梁，次梁上再支承面板，适用于大多数梁格尺寸和情况，应用最广。

③ 复杂梁格［图 13-27(c)］：在主梁间设纵向次梁，次梁间再设横向次梁，此种梁格荷载传递层次多，构造复杂，只用在主梁跨度大和荷载大时。

（2）格构式受弯构件　主要承受竖向荷载的格构式受弯构件称为桁架，与梁相比，其特点是以弦杆代替翼缘，以腹杆代替腹板，而在各节点将腹杆与弦杆连接。钢桁架的结构类型有以下几种（图 13-28）。①简支梁式　此种桁架受力明确，不受支座沉陷的影响。②钢架

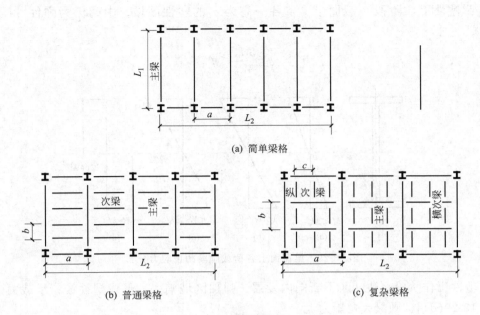

图 13-27 梁格的形式

横梁式　此种桁架提高水平刚度，常用于单层厂房结构。③连续式　此种桁架增加刚度，节约材料。④伸臂式　此种桁架节约材料，不受支座影响。

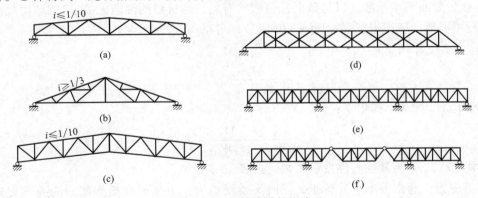

图 13-28 格构式梁的形式

13.7.2 梁的强度和刚度

（1）梁的强度　设计钢梁应同时满足第一和第二种极限状态的要求。第一种极限状态是承载力极限，包括强度和稳定两个方面。第二种极限状态是正常使用极限，包括刚度条件。

梁的强度包括抗弯强度、抗剪强度、局部承压强度和复杂应力作用下的强度。

① 弯曲正应力　各荷载阶段梁截面上的正应力分布如图 13-29 所示。

a. 弹性工作阶段　钢梁的最大应变小于极限应变时，梁属于全截面弹性工作 ［图 13-29（a）］，则

$$M_e = f_y W_n \tag{13-25}$$

b. 弹塑性工作阶段　截面上、下各一高为 a 的塑性区域，中间仍为弹性 [图 13-29 (c)]，则

$$\sigma = \frac{M_x}{W_n} \leqslant f \tag{13-26}$$

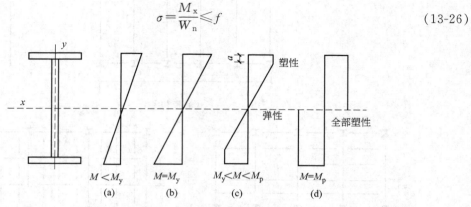

图 13-29　梁截面上各荷载阶段的正应力分布

c. 塑性工作阶段　塑性区不断向内发展，弹性区域消失，形成塑性铰，承载力达到极限 [图 13-29(d)]，则最大弯矩为

$$M_p = f_y W_{pn}$$

$$\gamma_R = \frac{W_{pn}}{W} \tag{13-27}$$

γ_R 称为截面形状系数，只与截面几何形状有关，与材料的性质无关。《钢结构规范》有限制地利用塑形，取塑形发展深度 $a \leqslant 0.125h$，可得

在弯矩 M_x 作用下：

$$\frac{M_x}{\gamma_x W_{nx}} \leqslant f \tag{13-28}$$

在弯矩 M_x 和 M_y 作用下：

$$\frac{M_x}{\gamma_x W_{nx}} + \frac{M_y}{\gamma_y W_{ny}} \leqslant f \tag{13-29}$$

式中，γ_x，γ_y 为截面塑性发展系数，按表 13-5 取值。

② 剪应力　通常梁既承受弯矩，同时又承受剪力。工字形和槽形截面的剪应力分布如图 13-30 所示，剪应力计算如式(13-30)。

$$\tau_{max} = \frac{VS}{I t_w} \leqslant f_v \tag{13-30}$$

对型钢梁来说，一般都能满足式(13-30) 要求，只有在最大剪力处的截面有较大削弱

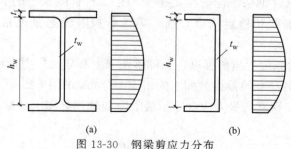

图 13-30　钢梁剪应力分布

时，才需进行剪力验算。

③ 局部压应力　梁在固定集中荷载处如无支承加劲肋，或有移动的集中荷载时，应计算腹板计算高度边缘的局部应力，如图 13-31 所示。

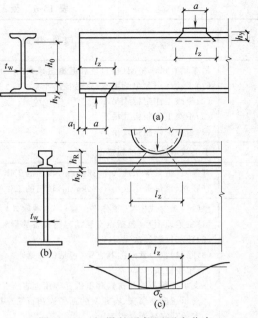

$$\sigma_c = \frac{\psi F}{t_w l_z} \leqslant f \qquad (13-31)$$

式中，l_z 为集中荷载在梁上的分布长。荷载作用于梁中部时，按下式计算：

$$l_z = a + 5h_y + 2h_R$$

荷载作用于梁端时，按下式计算：

$$l_z = a + 2.5h_y + a_1$$

式中，h_y 为梁承受荷载的边缘到腹板计算高度边缘的距离；a 为集中荷载沿梁跨度方向的支撑长度，对吊车轮压可取为 50mm；h_R 为轨道的高度，计算处无轨道时，$h_R = 0$；a_1 为梁端到支座板外边缘的距

图 13-31　钢梁的局部压压力分布

离，按实取，但 $a_1 \leqslant 2.5h_y$；ψ 为集中荷载增大系数，对重级工作制吊车轮压，$\psi = 1.35$；对其它荷载，$\psi = 1.0$。

（2）梁的刚度　在正常作用条件下，构件产生的挠度应小于规范规定的挠度限值，即：

$$v \leqslant [v] \qquad (13-32)$$

式中，v 为由荷载标准值（不考虑荷载分项系数和动力系数）产生的最大挠度；$[v]$ 为梁的容许挠度值，参见表 13-6。

表 13-5　截面塑性发展系数取值

截面形式	γ_x	γ_y	截面形式	γ_x	γ_y
		1.2		1.2	1.2
	1.05				
		1.05		1.15	1.15
	$\gamma_{x1} = 1.05$	1.2		1.0	1.05
	$\gamma_{x2} = 1.2$	1.05			1.0

表 13-6 　受弯构件挠度容许值

序号	构件类别	挠度容许值	
		$[v_T]$	$[v_Q]$
1	吊车梁和吊车桁架(按自重和起重量最大的一台吊车计算挠度): (1)手动吊车和单梁吊车(含悬挂吊车) (2)轻级工作制桥式吊车 (3)中级工作制桥式吊车 (4)重级工作制桥式吊车	$l/500$ $l/800$ $l/1000$ $l/1200$	—
2	手动或电动葫芦的轨道梁	$l/400$	
3	有重轨(重量等于或大于38kg/m)轨道的工作平台梁 有轻轨(重量等于或小于24kg/m)轨道的工作平台梁	$l/600$ $l/400$	
4	楼(屋)盖梁或桁架、工作平台梁(第3项除外)和平台板: (1)主梁或桁架(包括设有悬挂起重设备的梁和桁架) (2)抹灰顶棚的次梁 (3)除(1),(2)款外的其它梁(包括楼梯梁) (4)屋盖檩条 　支承无积灰的瓦楞铁和石棉瓦等屋面者 　支承压型金属板、有积灰的瓦楞铁和石棉瓦等屋面者 　支承其它屋面材料者 (5)平台板	$l/400$ $l/250$ $l/250$ $l/150$ $l/200$ $l/200$ $l/150$	$l/500$ $l/350$ $l/300$ — — — —

注: 1. l 为受弯构件的跨度 (对悬臂梁和伸臂梁为悬伸长度的 2 倍);

2. $[v_T]$ 为永久和可变荷载标准值产生的挠度 (如有起拱, 应减去拱度) 的容许值, $[v_Q]$ 为可变荷载标准值产生的挠度的容许值。

13.7.3　梁的整体稳定性

图 13-32 所示的梁在弯矩作用下上翼缘受压, 下翼缘受拉, 使梁犹如受压构件和受拉构件的组合体。对于受压的上翼缘, 可沿刚度较小的翼缘板平面外方向屈曲, 但腹板和稳定的受拉下翼缘对其提供了此方向连续的抗弯和抗剪约束, 使它不可能在这个方向上发生屈曲。当外荷载产生的翼缘压力达到一定值时, 翼缘板可能绕自身的强轴发生平面内的屈曲, 对整个梁来说, 上翼缘发生了侧向位移, 同时带动相连的腹板和下翼缘发生侧向位移并伴有整个截面的扭转, 这时称梁发生了整体的弯扭失稳或侧向失稳。

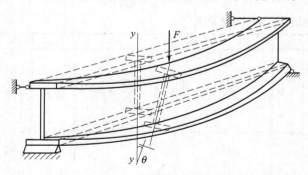

图 13-32 　对称工字型简支钢梁纯受弯的临界状态

梁临界弯矩的影响因素如下。

① 梁的侧向抗弯刚度和抗扭刚度。刚度愈大, 临界弯矩愈大。

② 梁受压翼缘的自由长度。梁侧向支承点间距愈小, 临界弯矩愈大。

③ 荷载类型和弯矩图形状。梁的弯矩图形状愈接近于矩形, 临界弯矩愈小。

④ 荷载作用于截面的不同位置。荷载作用于梁的上翼缘, 促使梁截面扭转, 临界弯矩较小; 荷载作用于梁的下翼缘, 阻碍梁截面扭转, 临界弯矩较大。

（1）梁的整体稳定的保证　为了保证梁的整体稳定或增强梁抗整体失稳的能力，当梁上有密铺的刚性铺板时，应使之与梁的受压翼缘连接牢固 [图 13-33(a)]；若无刚性铺板或铺板与梁受压翼缘连接不可靠，则应设置平面支撑 [图 13-33(b)]。

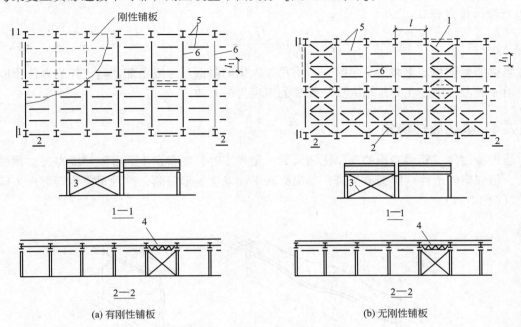

图 13-33　楼盖梁的整体性保证

1—横向平面支撑；2—纵向平面支撑；3—柱间垂直支撑；4—主梁间垂直支撑；5—次梁；6—主梁

当满足以下条件时，可不进行整体稳定性验算。

① 当简支梁上有铺板在受压翼缘上，并与其可靠相连，能阻止梁受压翼缘横向位移时。

② H 型钢或等截面工字形截面简支梁受压翼缘的侧向自由长度 l_1 及其宽度 b 的比值不超过表 13-7 的数值时。

（2）梁整体稳定计算　当不满足前述不必计算整体稳定条件时，应按式（13-33）对梁的整体稳定进行计算：

$$\frac{M_x}{\varphi_b W_x} \leqslant f \tag{13-33}$$

式中，M_x 为绕强轴作用的最大弯矩；W_x 为按受压纤维确定的梁毛截面模量；φ_b 为梁的整体稳定系数，应按《钢结构设计规范》（GB 50017）的附录 B 确定。

表 13-7　H 型钢或等截面工字形截面简支梁不需要计算稳定性的最大 l_1/b 值

钢材	跨中无侧向支撑点的梁		跨度中点有侧向支撑点的梁（不论荷载作用于何处）
	荷载作用在上翼缘	荷载作用在下翼缘	
Q235	13.0	20.0	16.0
Q345	10.5	16.5	13.0
Q390	10.0	15.5	12.5
Q420	9.5	15.0	12.0

上述整体稳定系数是按弹性稳定理论求得的。研究证明，当整体稳定系数大于 0.6 时，梁进入非弹性工作阶段，临界应力有明显降低，必须用式 (13-36) 对整体稳定系数进行修正。《钢结构规范》规定，当按上述方法确定的 $\varphi_b > 0.6$ 时，以式 (13-36) 求得的 φ'_b 代替 φ_b 进行整体稳定计算：

$$\varphi'_b = 1.07 - \frac{0.282}{\varphi_b} \leqslant 1.0 \tag{13-34}$$

当梁的整体稳定承载力不足时，可采用加大梁的截面尺寸或增加侧向支撑的办法予以解决，前一种办法中，尤其是增大受压翼缘的宽度为最有效。

13.7.4　梁的局部稳定

当钢板过薄，即梁腹板的高厚比增大到一定程度时，在梁发生强度破坏或丧失整体稳定之前，组成梁的板件（腹板或翼缘）偏离原来平面发生波形屈曲，这种现象称为梁丧失局部稳定（图 13-34）。

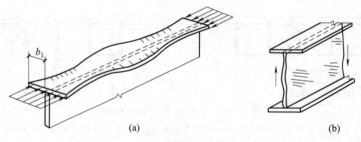

(a)　　　　　　　　　　　　　(b)

图 13-34　梁截面局部失稳

梁丧失局部稳定的危险虽然比丧失整体稳定的危险要小，但是往往是导致钢结构早期破坏的因素。

为了避免梁出现局部失稳，第一种办法是限制板件的宽厚比或高厚比；第二种办法是在垂直钢板平面方向设置具有一定刚度的加劲肋。

对于梁的翼缘，只能采用第一种办法，《钢结构规范》规定梁受压翼缘自由外伸宽度 b_1 与其厚度 t 之比应符合下式要求：

$$\frac{b_1}{t} \leqslant 13\sqrt{\frac{235}{f_y}} \tag{13-35}$$

梁的腹板以承受剪力为主，抗剪所需的厚度一般很小，如果采用加厚腹板或降低梁高的办法来保证局部稳定，显然是不经济的。因此，组合梁的腹板主要是靠采用加劲肋来加强。

13.8　轴心受压构件

13.8.1　轴心受力构件的类型

轴心受力构件是指承受通过构件截面形心轴线的轴向力作用的构件，当这种轴向力为拉力时，称为轴心受拉构件，简称轴心拉杆；当这种轴向力为压力时，称为轴心受压构件，简称轴心压杆。支撑屋盖、楼盖或工作平台的竖向受压构件通常称为柱，包括轴心受压柱。柱通常由柱头、柱身和柱脚三部分组成（图 13-35），柱头支承上部结构并将荷载传给柱身，柱脚则把荷载由柱身传给基础。

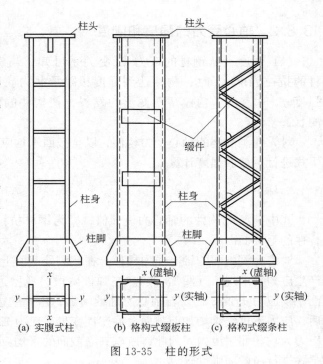

图 13-35　柱的形式

轴心受力构件（包括轴心受压柱），按其截面组成形式，可分为实腹式构件和格构式构件两种（图 13-35）。实腹式构件具有整体连通的截面，常见的有三种截面形式：第一种是热轧型钢截面，最常用的是工字形或 H 形截面；第二种是冷弯型钢截面，如卷边和不卷边的角钢、槽钢和方管；第三种是型钢或由钢板连接而成的组合截面。在普通桁架中，受拉杆件或受压杆件常采用两个等边或不等边角钢组成的 T 形截面或十字形截面，也可采用单角钢、圆管、方管、工字钢或 T 形钢等截面［图 13-36(a)］。轻型桁架的杆件则采用小角钢、圆钢或冷弯薄壁型钢等截面［图 13-36(b)］。受力较大的轴心受力构件（如轴心受压柱）通常采用实腹式或格构式双轴对称截面；实腹式构件一般是组合截面，有时也采用轧制 H 型钢或圆管截面［图 13-36(c)］。格构式构件一般由两个或多个分肢用缀件联系组成［图 13-36(d)］，采用较多的是两分肢格构式构件。实腹式构件比格构式构件构造简单，制造方便，整体受力和抗剪性能好，但截面尺寸较大时钢材用量较多；而格构式构件容易实现两主轴方向的等稳定性，刚度较大，抗扭性能较好，用料较省。

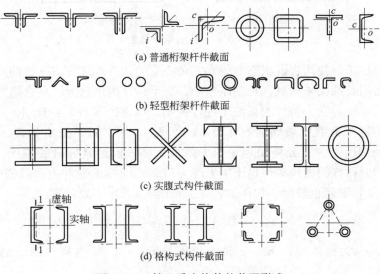

图 13-36　轴心受力构件的截面形式

13.8.2 轴心受力的强度和刚度

(1) 强度 从钢材的应力-应变关系可知，当轴心受力构件的截面平均应力达到钢材的抗拉强度 f_u 时，构件达到强度极限承载力。但当构件的平均应力达到钢材的屈服强度 f_y 时，由于构件塑性变形的发展，使构件的变形过大，以致达到不适于继续承载的状态。

对无孔洞削弱的轴心受力构件，以全截面平均应力达到屈服强度为强度极限状态，应按下式进行毛截面强度计算：

$$\sigma = \frac{N}{A} \leqslant f \tag{13-36}$$

式中，N 为构件的轴心力设计值；f 为钢材抗拉强度设计值或抗压强度设计值；A 为构件的毛截面面积。

对有孔洞削弱的轴心受力构件，在孔洞处截面上的应力分布是不均匀的，靠近孔边处将产生应力集中现象（图 13-37）。在弹性阶段，孔壁边缘的最大应力 σ_{max} 可能达到构件毛截面平均应力 σ_0 的 3 倍。若轴心力继续增加，当孔壁边缘的最大应力达到材料的屈服强度以后，应力不再继续增加而截面发展塑性变形，应力渐趋均匀。到达极限状态时，净截面上的应力为均匀屈服应力。因此，应以其净截面的平均应力达到屈服强度为强度极限状态，应按下式进行净截面强度计算：

$$\sigma = \frac{N}{A_n} \leqslant f \tag{13-37}$$

式中，A_n 为净截面面积，若是错列布置，应是净截面的较小面积。

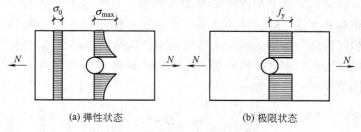

(a) 弹性状态　　　　　　　　(b) 极限状态

图 13-37　应力集中现象

(2) 刚度 按正常使用极限状态的要求，轴心受力构件均应具有一定的刚度。轴心受力构件的刚度通常用长细比来衡量，长细比愈小，表示构件刚度愈大，反之则刚度愈小。

设计时，应对轴心受力构件的长细比进行控制。构件的容许长细比 $[\lambda]$ 是按构件的受力性质、构件类别和荷载性质确定的（表 13-8、表 13-9）。对于受压构件，长细比更为重要。受压构件长细比过大，会使稳定承载力降低太多，因而其容许长细比 $[\lambda]$ 限制应更严；直接承受动力荷载的受拉构件也比承受静力荷载或间接承受动力荷载的受拉构件不利，其容许长细比 $[\lambda]$ 限制也较严。构件的容许长细比 $[\lambda]$ 按下式计算：

$$\lambda_x = \frac{l_{0x}}{i_x} \leqslant [\lambda], \lambda_y = \frac{l_{0y}}{i_y} \leqslant [\lambda] \tag{13-38}$$

式中，l_{0x}，l_{0y} 为构件对 x 轴、y 轴的计算长度；i_x，i_y 为构件对 x 轴、y 轴的回转半径。

表 13-8　受压构件的容许长细比 [λ]

序号	构 件 名 称	容许长细比[λ]
1	柱、桁架和天窗架中的杆件	150
	柱的缀条、吊车梁或吊车桁架以下的柱间支撑	
2	支撑(吊车梁或吊车桁架以下的柱间支撑除外)	200
	用以减少受压构件长细比的杆件	

注：1. 桁架（包括空间桁架）的受压腹杆，当其内力等于或小于承载能力的50％时，容许长细比值可取为200。

2. 计算单角钢受压构件的长细比时，应采用角钢的最小回转半径；但在计算单角钢交叉受压杆件平面外的长细比时，应采用与角钢肢边平行轴的回转半径。

3. 跨度等于或大于60m的桁架，其受压弦杆和端压杆的长细比宜取为100，其它受压腹杆可取为150（承受静力荷载）或120（承受动力荷载）。

表 13-9　受拉构件的容许长细比 [λ]

构件名称	承受静力荷载或间接承受动力荷载的结构		直接承受动力荷载的结构
	一般建筑结构	有重级工件制吊车的厂房	
桁架的杆件	350	250	250
吊车梁或吊车桁架以下的柱间支撑	300	200	—
其它拉杆、支撑、系杆等（张紧的圆钢除外）	400	350	—

设计轴心受拉构件时，应根据结构用途、构件受力大小和材料供应情况选用合理的截面形式，并对所选截面进行强度和刚度计算。设计轴心受压构件时，除使截面满足强度和刚度要求外，尚应满足构件整体稳定和局部稳定要求。实际上，只有长细比很小及有孔洞削弱的轴心受压构件，才可能发生强度破坏。一般情况下，由整体稳定控制其承载力。轴心受压构件丧失整体稳定常常是突发性的，容易造成严重后果，应予以特别重视。

13.8.3　实腹式轴压的稳定

（1）轴心受压的稳定　当构件受压时，其承载力主要取决于稳定。构件的稳定性和强度是完全不同的两方面，强度取决于所用钢材的屈服点，而稳定取决于临界应力，与屈服点无关。

（2）整体稳定计算　对于无缺陷的轴心受力构件，当轴心压力 N 较小时，构件只产生轴向压缩变形，保持直线平衡状态。当轴心压力 N 逐渐增加到一定大小，则弯曲变形迅速增大而使构件丧失承载能力，这种现象称为构件的弯曲屈曲 [图 13-38(a)]。对某些抗扭刚度较差的轴心受压构件（如十字形截面），当轴心压力 N 达到临界值时，稳定平衡状态不再保持而

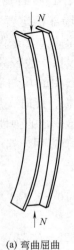

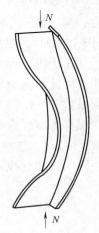

(a) 弯曲屈曲　　　　(b) 扭转屈曲　　　　(c) 弯扭屈曲

图 13-38　轴心受压构件的屈曲

发生微扭转；若 N 再稍微增加，则扭转变形迅速增大而使构件丧失承载能力，这种现象称为扭转屈曲或扭转失稳 [图 13-38(b)]。截面为单轴对称（如 T 形截面）的轴心受压构件绕对称轴失稳时，由于截面形心与截面剪切中心（或称扭转中心，或称弯曲中心，即构件弯曲时截面剪应力合力作用点通过的位置）不重合，在发生弯曲变形的同时，必然伴随有扭转变形，故称为弯扭屈曲或弯扭失稳 [图 13-38(c)]。同理，截面没有对称轴的轴心受压构件，其屈曲形态也属弯扭屈曲。

钢结构中常用截面的轴心受压构件，由于其板件较厚，构件的抗扭刚度也相对较大，失稳时主要发生弯曲屈曲；单轴对称截面的构件绕对称轴弯扭屈曲时，当采用考虑扭转效应的换算长细比后，也可按弯曲屈曲计算。因此，弯曲屈曲是确定轴心受压构件稳定承载力的主要依据。

轴心受压构件的整体稳定计算应满足下式：

$$\sigma = \frac{N}{A} \leqslant \frac{\sigma_{cr}}{\gamma_R} = \frac{\sigma_{cr}}{f_y} \frac{f_y}{\gamma_R} = \varphi f \tag{13-39}$$

《钢结构规范》对轴心受压构件的整体稳定计算采用下式：

$$\frac{N}{\varphi A} \leqslant f \tag{13-40}$$

式中，σ_{cr} 为构件的极限值失稳临界应力；γ_R 为抗力分项系数；N 为轴心压力设计值；A 为构件的毛截面面积；f 为钢材的抗压强度设计值；φ 为轴心受压构件的整体稳定系数，它与构件长细比及钢号有关。查附表求值时，首先要区分是哪种截面类型（表 13-10 和表 13-11），对于不同的截面类型，有不同的表格，然后根据 a，b，c，d 四类截面，查找稳定系数值。

（3）局部稳定　实腹式轴心受压构件一般由若干矩形平面板件组成，在轴心压力作用下，这些板件都承受均匀压力。如果这些板件的平面尺寸很大而厚度又相对很薄（宽厚比较大）时，在均匀压力作用下，板件有可能在达到强度承载力之前先失去局部稳定。

① 确定板件宽（高）厚比限值的准则

为了保证实腹式轴心受压构件的局部稳定，通常采用限制其板件宽（高）厚比的办法来实现。

② 轴心受压构件板件宽（高）厚比的限值

轧制型钢（工字钢、H 型钢、槽钢、T 形钢、角钢等）的翼缘和腹板一般都有较大厚度，宽（高）厚比相对较小，都能满足局部稳定要求，可不作验算。对焊接组合截面构件（图 13-39）一般采用限制板件宽（高）厚比办法来保证局部稳定。

由于工字形截面 [图 13-39(a)] 的腹板一般较翼缘板薄，腹板对翼缘板几乎没有嵌固作用，因此，翼缘可视为三边简支、一边自由的均匀受压板，取屈曲系数 $k = 0.425$，弹性嵌固系数 $\chi = 1.0$。而腹板可视为四边支承板，此时，屈曲系数 $k = 4$。当腹板发生屈曲时，翼缘板作为腹板纵向边的支承，对腹板将起一定的弹性嵌固作用，根据试验，可取弹性嵌固系数 $\chi = 1.4$。这种曲线较为复杂，为了便于应用，当 $\lambda = 30 \sim 100$ 时，《钢结构规范》采用了下列简化的直线式表达：

翼缘

$$\frac{b'}{t} \leqslant (10 + 0.1\lambda) \sqrt{\frac{235}{f_y}} \tag{13-41}$$

腹板

$$\frac{h_0}{t_w} \leqslant (25 + 0.5\lambda) \sqrt{\frac{235}{f_y}} \tag{13-42}$$

式中，λ 为构件两方向长细比的较大值，当 $\lambda < 30$ 时，取 $\lambda = 30$；当 $\lambda > 100$ 时，取 $\lambda = 100$。

表 13-10 轴心受压构件的截面分类（板厚 $t < 40\text{mm}$）

截 面 形 式			对 x 轴	对 y 轴
x—⊕—x 轧制			a 类	a 类
轧制，$b/h \leqslant 0.8$			a 类	b 类
轧制，$b/h \leqslant 0.8$	焊接，翼缘为焰切边	焊接 x—⊕—x	b 类	b 类
	轧制	轧制，等边角钢		
轧制，焊接（板件宽厚比大于20）	轧制或焊接			
焊接	轧制截面和翼缘为焰切边的焊接截面			
格构式	焊接，板件边缘焰切			
焊接，翼缘为轧制或剪切边			b 类	c 类
焊接，板件边缘轧制或剪切	焊接，板件宽厚比≤20		c 类	c 类

表 13-11 轴心受压构件的截面分类（板厚 $t \geqslant 40\text{mm}$）

截 面 形 式		对 x 轴	对 y 轴
轧制工字形或 H形截面	$t < 80\text{mm}$	b 类	c 类
	$t \geqslant 80\text{mm}$	c 类	d 类
焊接工字形截面	翼缘为焰切边	b 类	c 类
	翼缘为轧制或剪切边	c 类	d 类

续表

截面形式		对 x 轴	对 y 轴
焊接箱形截面	板件宽厚比>20	b 类	b 类
	板件宽厚比≤20	c 类	c 类

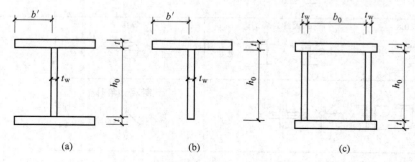

(a)　　　　　　　　(b)　　　　　　　　(c)

图 13-39　轴心受压构件的板件宽厚比

思考题 ▶▶

1. 钢结构对材料的要求是什么？

2. 钢材有哪两种破坏形式？各有何特点？

3. 钢材有哪几种性能指标？各反映钢材的什么性能？

4. 为何对接焊缝抗拉强度设计值与焊缝的质量等级有关，而对接焊缝的抗压强度设计值与其无关？

5. 什么是理想轴压构件？它的屈曲形式共有几种？各有何特点？

6. 为了保证实腹式轴压杆件组成板件的局部稳定，有哪几种处理方法？

7. 梁的抗弯产生的正应力可分为几个阶段？各有何特点？

附录

附录 1　钢筋的强度与弹性模量

附表 1　普通钢筋强度标准值　　　　　　　　　　　　单位：N/mm²

牌号	符号	公称直径 d/mm	屈服强度标准值 f_{yk}	极限强度标准值 f_{stk}
HPB300		6～22	300	420
HRB335 HRBF335		6～50	335	455
HRB400 HRBF400 RRB400		6～50	400	540
HRB500 HRBF500		6～50	500	630

附表 2　预应力钢筋强度标准值　　　　　　　　　　　　单位：N/mm²

种类		符号	公称直径 d/mm	屈服强度标准值 f_{pyk}	极限强度标准值 f_{ptk}
中强度预 应力钢丝	光面 螺旋肋		5、7、9	620	800
				780	970
				980	1270
预应力 螺纹钢筋	螺纹		18、25、32 40、50	785	980
				930	1080
				1080	1230
消除应力 钢丝	光面		5	—	1570
				—	1860
			7	—	1570
	螺旋肋		9	—	1470
				—	1570
				—	1570
钢绞线	1×3		8.6、10.8、12.9	—	1860
				—	1960
	1×7		9.5、12.7、15.2	—	1720
				—	1860
			17.8	—	1960
			21.6	—	1860

注：极限强度值为 1960N/mm² 的钢绞线作后张法预应力配筋时，应由可靠的工程经验。

附表 3　普通钢筋强度设计值　　　　　　　　单位：N/mm²

牌号	抗拉强度设计值 f_y	抗压强度标准值 f'_y
HPB300	270	270
HRB335、HRBF335	300	300
HRB400、HRBF400、RRB400	360	360
HRB500、HRBF500	435	410

注：当用作受剪、受扭、受冲切承载力计算时，其数值大于360N/mm²时，应取360N/mm²。

附表 4　预应力钢筋强度设计值　　　　　　　　单位：N/mm²

种　　类	极限强度标准值 f_{ptk}	抗拉强度设计值 f_{py}	抗压强度设计值 f'_{py}
中强度预应力钢丝	800	510	410
	970	650	
	1270	810	
消除应力钢丝	1470	1040	410
	1570	1110	
	1860	1320	
钢绞线	1570	1110	390
	1720	1220	
	1860	1320	
	1960	1390	
预应力螺纹钢筋	980	650	410
	1080	770	
	1230	900	

附表 5　钢筋弹性模量　　　　　　　　单位：$\times 10^5$ N/mm²

牌号或种类	弹性模量 E
HPB300 钢筋	2.10
HRB335、HRB400、HRB500 钢筋 HRBF335、HRBF400、HRBF500 钢筋 RRB400 钢筋 预应力螺纹钢筋	2.00
消除应力钢丝、中强度预应力钢丝	2.05
钢绞线	1.95

附录 2　混凝土的强度与弹性模量

附表 6　混凝土强度标准值　　　　　　　　单位：N/mm²

强度种类	混凝土强度等级													
	C15	C20	C25	C30	C35	C40	C45	C50	C55	C60	C65	C70	C75	C80
f_{ck}	10.0	13.4	16.7	20.1	23.4	26.8	29.6	32.4	35.5	38.5	41.5	44.5	47.4	50.2
f_{tk}	1.27	1.54	1.78	2.01	2.20	2.39	2.51	2.64	2.74	2.85	2.93	2.99	3.05	3.11

附表 7　混凝土强度设计值　　　　　　　　单位：N/mm²

强度种类	混凝土强度等级													
	C15	C20	C25	C30	C35	C40	C45	C50	C55	C60	C65	C70	C75	C80
f_c	7.2	9.6	11.9	14.3	16.7	19.1	21.1	23.1	25.3	27.5	29.7	31.8	33.8	35.9
f_t	0.91	1.10	1.27	1.43	1.57	1.71	1.80	1.89	1.96	2.04	2.09	2.14	2.18	2.22

附表 8　混凝土弹性模量　　　　　　单位：$\times 10^4 \, \mathrm{N/mm^2}$

混凝土强度等级	C15	C20	C25	C30	C35	C40	C45	C50	C55	C60	C65	C70	C75	C80
E_c	2.20	2.55	2.80	3.00	3.15	3.25	3.35	3.45	3.55	3.60	3.65	3.70	3.75	3.80

附录 3　钢筋混凝土构件正常使用有关的规定

附表 9　结构构件的裂缝控制等级及最大裂缝宽度限值

环境类别	钢筋混凝土结构		预应力混凝土结构	
	裂缝控制等级	w_{lim}	裂缝控制等级	w_{lim}
一	三级	0.30(0.40)	三级	0.20
二 a		0.20		0.10
二 b			二级	—
三 a、三 b			一级	—

注：1. 对处于年平均相对湿度小于 60％地区一类环境下的受弯构件，其最大裂缝宽度限值可采用括号内的数值；

2. 在一类环境下，对钢筋混凝土屋架、托架及需作疲劳验算的吊车梁，其最大裂缝宽度限值应取为 0.20mm；对钢筋混凝土屋面梁和托梁。其最大裂缝宽度限值应取为 0.30mm；

3. 在一类环境下，对预应力混凝土屋架、托架及双向板体系，应按二级裂缝控制等级进行验算；对一类环境下的预应力混凝土屋面梁、托梁、单向板，应按表中二 a 类环境的要求进行验算；在一类和二 a 类环境下需作疲劳验算的预应力混凝土吊车梁，应按裂缝控制等级不低于二级的构件进行验算；

4. 表中规定的预应力混凝土构件的裂缝控制等级和最大裂缝宽度限值仅适用于正截面的验算；预应力混凝土构件的斜截面裂缝控制验算应符合《规范》第 7 章的有关规定；

5. 对于处于四、五类环境下的结构构件，其裂缝控制要求应符合专门标准的有关规定；

6. 表中的最大裂缝宽度限值为用于验算荷载作用引起的最大裂缝宽度。

附表 10　受弯构件的挠度限值

构件类型	挠度限值	构件类型	挠度限值
吊车梁：手动吊车	$l_0/500$	屋盖、楼盖及楼梯构件： 当 $l_0 < 7\mathrm{m}$ 时	$l_0/200(l_0/250)$
电动吊车	$l_0/600$	当 $7\mathrm{m} \leqslant l_0 \leqslant 9\mathrm{m}$ 时	$l_0/250(l_0/300)$
		当 $l_0 \geqslant 9\mathrm{m}$ 时	$l_0/300(l_0/400)$

注：1. 表中 l_0 为构件的计算跨度。

2. 表中括号内的数值适用于使用上对挠度有较高要求的构件。

3. 如果构件制作时预先起拱，且使用上也允许，则在验算挠度时，可将计算所得的挠度值减去起拱值；对预应力混凝土构件，尚可减去预加力所产生的反拱值。

4. 计算悬臂构件的挠度限值时，其计算跨度 l_0 按实际悬臂长度的 2 倍取用。

附录 4　受压构件的最小相对界限偏心距

附表 11　$h/h_0 = 1.111$，$a'_s/h_0 = 0.111$ 的最小相对界限偏心距（e_{ib}/h_0）

混凝土强度等级	C20	C25	C30	C35	C40	C45	C50
HRB 400 级钢筋	0.439	0.411	0.392	0.378	0.368	0.361	0.355

附表 12　$h/h_0 = 1.098$，$a'_s/h_0 = 0.098$ 的最小相对界限偏心距（e_{ib}/h_0）

混凝土强度等级	C20	C25	C30	C35	C40	C45	C50
HRB 400 级钢筋	0.433	0.406	0.386	0.372	0.362	0.355	0.350

附表 13 $h/h_0=1.087$, $a'_s/h_0=0.087$ 的最小相对界限偏心距 (e_{ib}/h_0)

混凝土强度等级	C20	C25	C30	C35	C40	C45	C50
HRB 400 级钢筋	0.428	0.400	0.381	0.367	0.357	0.350	0.344

附表 14 $h/h_0=1.078$, $a'_s/h_0=0.078$ 的最小相对界限偏心距 (e_{ib}/h_0)

混凝土强度等级	C20	C25	C30	C35	C40	C45	C50
HRB 400 级钢筋	0.424	0.396	0.377	0.363	0.352	0.345	0.340

附表 15 $h/h_0=1.071$, $a'_s/h_0=0.071$ 的最小相对界限偏心距 (e_{ib}/h_0)

混凝土强度等级	C20	C25	C30	C35	C40	C45	C50
HRB 400 级钢筋	0.421	0.393	0.373	0.359	0.349	0.342	0.336

附表 16 $h/h_0=1.066$, $a'_s/h_0=0.066$ 的最小相对界限偏心距 (e_{ib}/h_0)

混凝土强度等级	C20	C25	C30	C35	C40	C45	C50
HRB 400 级钢筋	0.418	0.390	0.371	0.357	0.346	0.340	0.334

附表 17 $h/h_0=1.061$, $a'_s/h_0=0.061$ 的最小相对界限偏心距 (e_{ib}/h_0)

混凝土强度等级	C20	C25	C30	C35	C40	C45	C50
HRB 400 级钢筋	0.416	0.388	0.368	0.354	0.344	0.337	0.331

注：当 $h/h_0<1.061$, $a'_s/h_0<0.061$ 时，(e_{ib}/h_0) 可近似地采用附表 17 中的相应值。

附录 5 钢筋混凝土耐久性、构造等有关规定及物理量

附表 18 混凝土结构暴露的环境类别

环境类别	条　件
一	室内干燥环境； 无侵蚀性静水浸没环境
二 a	室内潮湿环境； 非严寒和非寒冷地区的露天环境； 非严寒和非寒冷地区与无侵蚀性的水或土壤直接接触的环境； 严寒和寒冷地区的冰冻线以下与无侵蚀性的水或土壤直接接触的环境
二 b	干湿交替环境； 水位频繁变动环境； 严寒和寒冷地区的露天环境； 严寒和寒冷地区冰冻线以上与无侵蚀性的水或土壤直接接触的环境
三 a	严寒和寒冷地区冬季水位变动区环境； 受除冰盐影响环境； 海风环境
三 b	盐渍土环境； 受除冰盐作用环境； 海岸环境
四	海水环境
五	受人为或自然的侵蚀性物质影响的环境

注：1. 室内潮湿环境是指构件表面经常处于结露或湿润状态的环境；
2. 严寒和寒冷地区的划分应符合现行国家标准《民用建筑热工设计规范》GB 50176 的有关规定；
3. 海岸环境和海风环境宜根据当地情况，考虑主导风向及结构所处迎风、背风部位等因素的影响，由调查研究和工程经验确定；
4. 受除冰盐影响环境是指受到除冰盐盐雾影响的环境；受除冰盐作用环境是指被除冰盐溶液溅射的环境以及使用除冰盐地区的洗车房、停车楼等建筑；
5. 暴露的环境是指混凝土结构表面所处的环境。

附表 19　纵向受力钢筋的最小配筋百分率 ρ_{min}　　　　单位：%

受　力　类　型			最小配筋百分率
受压构件	全部纵向钢筋	强度等级 500MPa	0.50
		强度等级 400MPa	0.55
		强度等级 300MPa、335MPa	0.60
	一侧纵向钢筋		0.20
受弯构件、偏心受拉、轴心受拉构件一侧的受拉钢筋			0.20 和 $45f_t/f_y$ 中的较大值

注：1. 受压构件全部纵向钢筋最小配筋百分率，当采用 C60 以上强度等级的混凝土时，应按表中规定增加 0.10；

2. 板类受弯构件（不包括悬臂板）的受拉钢筋，当采用强度等级 400MPa、500MPa 的钢筋时，其最小配筋百分率应允许采用 0.15 和 $45f_t/f_y$ 中的较大值；

3. 偏心受拉构件中的受压钢筋，应按受压构件一侧纵向钢筋考虑；

4. 受压构件的全部纵向钢筋和一侧纵向钢筋的配筋率以及轴心受拉构件和小偏心受拉构件一侧受拉钢筋的配筋率均应按构件的全截面面积计算；

5. 受弯构件、大偏心受拉构件一侧受拉钢筋的配筋率应按全截面面积扣除受压翼缘面积 $(b_f'-b)h_f'$ 后的截面面积计算；

6. 当钢筋沿构件截面周边布置时，"一侧纵向钢筋"系指沿受力方向两个对边中一边布置的纵向钢筋。

附表 20　混凝土保护层的最小厚度 c　　　　单位：mm

环境类别	板、墙、壳	梁、柱、杆
一	15	20
二 a	20	25
二 b	25	35
三 a	30	40
三 b	40	50

注：1. 混凝土强度等级不大于 C25 时，表中保护层厚度数值应增加 5mm；

2. 钢筋混凝土基础宜设置混凝土垫层，基础中钢筋的混凝土保护层厚度应从垫层顶面算起，且不应小于 40mm；

3. 构件中受力钢筋的保护层厚度不应小于钢筋的公称直径 d。

附表 21　钢筋的计算截面面积及公称质量表

公称直径 /mm	不同根数钢筋的计算截面面积/mm²									单根钢筋理论 重量/(kg/m)
	1	2	3	4	5	6	7	8	9	
6	28.3	57	85	113	142	170	198	226	255	0.222
8	50.3	101	151	201	252	302	352	402	453	0.395
10	78.5	157	236	314	393	471	550	628	707	0.617
12	113.1	226	339	452	565	678	791	904	1017	0.888
14	153.9	308	461	615	769	923	1077	1231	1385	1.21
16	201.1	402	603	804	1005	1206	1407	1608	1809	1.58
18	254.5	509	763	1017	1272	1527	1781	2036	2290	2.00(2.11)
20	314.2	628	942	1256	1570	1884	2199	2513	2827	2.47
22	380.1	760	1140	1520	1900	2281	2661	3041	3421	2.98
25	490.9	982	1473	1964	2454	2945	3436	3927	4418	3.85(4.10)
28	615.8	1232	1847	2463	3079	3695	4310	4926	5542	4.83
32	804.2	1609	2413	3217	4021	4826	5630	6434	7238	6.31(6.65)
36	1017.9	2036	3054	4072	5089	6107	7125	8143	9161	7.99
40	1256.6	2513	3770	5027	6283	7540	8796	10053	11310	9.87(10.34)
50	1963.5	3928	5892	7856	9820	11784	13748	15712	17676	15.42(16.28)

注：括号内为预应力螺纹钢筋的数值。

附表 22　钢绞线的公称直径、公称截面面积及理论重量

种　类	公称直径/mm	公称截面面积/mm²	理论重量/(kg/m)
1×3	8.6	37.4	0.296
	10.8	58.9	0.462
	12.9	84.8	0.666
1×7 标准型	9.5	54.8	0.430
	12.7	98.7	0.775
	15.2	140	1.101
	17.8	191	1.500
	21.6	285	2.237

附表 23　钢丝公称直径、公称截面面积及理论重量

公称直径/mm	公称截面面积/mm²	理论重量/(kg/m)
5.0	19.63	0.154
7.0	38.48	0.302
9.0	63.62	0.499

附表 24　每米板宽各种钢筋间距时的钢筋截面面积

钢筋间距/mm	当钢筋直径(mm)为下列数值时的钢筋截面面积/mm²													
	3	4	5	6	6/8	8	8/10	10	10/12	12	12/14	14	14/16	16
70	101	179	281	404	561	719	920	1121	1369	1616	1908	2199	2536	2872
75	94.3	167	262	377	524	671	859	1047	1277	1508	1780	2053	2367	2681
80	88.4	157	245	354	491	629	805	981	1198	1414	1669	1924	2218	2513
85	83.2	148	231	333	462	592	758	924	1127	1331	1571	1811	2088	2365
90	78.5	140	218	314	437	559	716	872	1064	1257	1484	1710	1972	2234
95	74.5	132	207	298	414	529	678	826	1008	1190	1405	1620	1868	2116
100	70.6	126	196	283	393	503	644	785	958	1131	1335	1539	1775	2011
110	64.2	114	178	257	357	457	585	714	871	1028	1214	1399	1614	1828
120	58.9	105	163	236	327	419	537	654	798	942	1112	1283	1480	1676
125	56.5	100	157	226	314	402	515	628	766	905	1068	1232	1420	1608
130	54.4	96.6	151	218	302	387	495	604	737	870	1027	1184	1366	1547
140	50.5	89.7	140	202	281	359	460	561	684	808	954	1100	1268	1436
150	47.1	83.8	131	189	262	335	429	523	639	754	890	1026	1183	1340
160	44.1	78.5	123	177	246	314	403	491	599	707	834	962	1110	1257
170	41.5	73.9	115	166	231	296	379	462	564	665	786	906	1044	1183
180	39.2	69.8	109	157	218	279	358	436	532	628	742	855	985	1117
190	37.2	66.1	103	149	207	265	339	413	504	595	702	810	934	1058
200	35.3	62.8	98.2	141	196	251	322	393	479	565	668	770	888	1005
220	32.1	57.1	89.3	129	178	228	292	357	436	514	607	700	807	914
240	29.4	52.4	81.9	118	164	209	268	327	399	471	556	641	740	838
250	28.3	50.2	78.5	113	157	201	258	314	383	452	534	616	710	804
260	27.2	48.3	75.5	109	151	193	248	302	368	435	514	592	682	773
280	25.2	44.9	70.1	101	140	180	230	281	342	404	477	550	634	718
300	23.6	41.9	66.5	94	131	168	215	262	320	377	445	513	592	670
320	22.1	39.2	61.4	88	123	157	201	245	299	353	417	481	554	628

附录6 梁、板在常用荷载下作用的内力系数

附表 25 等截面等跨连续梁在常用荷载下作用的内力系数

荷载图	跨内最大弯矩		支座弯矩	剪力		
	M_1	M_2	M_B	V_A	V_{Bl} V_{Br}	V_c
	0.070	0.0703	−0.125	0.375	−0.625 0.625	−0.375
	0.096	—	−0.063	0.437	−0.563 0.063	0.063
	0.048	0.048	−0.078	0.172	−0.328 0.328	−0.172
	0.064	—	−0.039	0.211	−0.289 0.039	0.039
	0.156	0.156	−0.188	0.312	−0.688 0.688	−0.312
	0.203	—	−0.094	0.406	−0.594 0.094	0.094
	0.222	0.222	−0.333	0.667	−1.333 1.333	−0.667
	0.278	—	−0.167	0.833	−1.167 0.167	0.167

续表

荷载图	跨内最大弯矩		支座弯矩		剪力			
	M_1	M_2	M_B	M_C	V_A	V_{Bl} V_{Br}	V_{Cl} V_{Cr}	V_D
	0.080	0.025	−0.100	−0.100	0.400	−0.600 0.500	−0.500 0.600	−0.400
	0.101	—	−0.050	−0.050	0.450	−0.550 0	0 0.550	−0.450
	—	0.075	−0.050	−0.050	0.050	−0.050 0.500	−0.050 0.500	0.050
	0.073	0.054	−0.117	−0.033	0.383	−0.617 0.583	−0.417 0.033	0.033
	0.094	—	−0.067	0.017	0.433	−0.567 0.083	0.083 −0.017	−0.017
	0.054	0.021	−0.063	−0.063	0.183	−0.313 0.250	−0.250 0.313	−0.188
	0.068	—	−0.031	−0.031	0.219	−0.281 0	0 0.281	−0.219
	—	0.052	−0.031	−0.031	0.031	−0.031 0.250	−0.250 0.051	0.031
	0.050	0.038	−0.073	−0.021	0.177	−0.323 0.302	−0.198 0.021	0.021
	0.063	—	−0.042	0.010	0.0208	−0.292 0.052	0.052 −0.010	−0.010
	0.175	0.100	−0.150	−0.150	0.350	−0.650 0.500	−0.500 0.650	−0.350
	0.213	—	−0.075	−0.075	−0.425	−0.575 0	0 0.575	−0.425
	—	0.175	−0.075	−0.075	−0.075	−0.075 0.500	−0.500 0.075	0.075
	0.162	0.137	−0.175	−0.050	0.325	−0.675 0.625	−0.375 0.050	0.050

续表

荷载图	跨内最大弯矩		支座弯矩		剪 力			
	M_1	M_2	M_B	M_C	V_A	V_{Bl} V_{Br}	V_{Cl} V_{Cr}	V_D
	0.200	—	−0.100	0.025	0.400	−0.600 0.125	0.125 −0.025	−0.025
	0.244	0.067	−0.267	0.267	0.733	−1.267 1.000	−1.000 1.267	−0.733
	0.289	—	0.133	−0.133	0.866	−1.134 0	0 1.134	−0.866
	—	0.200	−0.133	0.133	−0.133	−0.133 1.000	−1.000 0.133	0.133
	0.229	0.170	−0.311	−0.089	0.689	−1.311 1.222	−0.778 0.089	0.089
	0.274	—	0.178	0.044	0.822	−1.178 0.222	0.222 −0.044	−0.044

荷载图	跨内最大弯矩				支座弯矩			剪 力				
	M_1	M_2	M_3	M_4	M_B	M_C	M_D	V_A	V_{Bl} V_{Br}	V_{Cl} V_{Cr}	V_{Dl} V_{Dr}	V_E
	0.077	0.036	0.036	0.077	−0.107	−0.071	−0.107	0.393	−0.607 0.536	−0.464 0.464	−0.536 0.607	−0.393
	0.100	—	0.081	—	−0.054	−0.036	−0.054	0.446	−0.554 0.018	0.018 0.482	−0.518 0.054	0.054
	0.072	0.061	—	0.098	−0.121	−0.018	−0.058	0.380	−0.620 0.603	−0.397 −0.040	−0.040 −0.558	−0.442
	—	0.056	0.056	—	−0.036	−0.107	−0.036	−0.036	−0.036 0.429	−0.571 0.571	−0.429 0.036	0.036
	0.094	—	—	—	−0.067	0.018	−0.004	0.433	−0.567 0.085	0.085 −0.022	0.022 0.004	0.004
	—	0.071	—	—	−0.049	−0.054	0.013	−0.049	−0.049 0.496	−0.504 0.067	0.067 0.013	−0.013
	0.062	0.028	0.028	0.052	−0.067	−0.045	−0.067	0.183	−0.317 0.272	−0.228 0.228	−0.272 0.317	−0.183
	0.067	—	0.055	—	−0.084	−0.022	−0.034	0.217	−0.234 0.011	0.011 0.239	−0.261 0.034	0.034

荷载图	跨内最大弯矩				支座弯矩			剪　力				
	M_1	M_2	M_3	M_4	M_B	M_C	M_D	V_A	V_{Bl} / V_{Br}	V_{Cl} / V_{Cr}	V_{Dl} / V_{Dr}	V_E
	0.049	0.042	—	0.066	−0.075	−0.011	−0.036	0.175	−0.325 / 0.314	−0.186 / −0.025	−0.025 / 0.286	−0.214
	—	0.040	0.040	—	0.022	−0.067	−0.022	−0.022	−0.022 / 0.205	−0.295 / 0.295	−0.205 / 0.022	0.022
	0.088	—	—	—	−0.042	0.011	−0.003	0.208	−0.292 / 0.053	0.063 / −0.014	−0.014 / 0.003	0.003
	—	0.051	—	—	−0.031	−0.034	0.008	−0.031	−0.031 / 0.247	−0.253 / 0.042	0.042 / −0.008	−0.008
	0.169	0.116	0.116	0.169	−0.161	−0.107	−0.161	0.339	0.661 / 0.554	−0.446 / 0.446	−0.554 / 0.661	−0.330
	0.210	—	0.183	—	−0.080	−0.054	−0.080	0.420	−0.580 / 0.027	0.027 / 0.473	−0.527 / 0.080	0.080
	0.159	0.146	—	0.206	−0.181	−0.027	−0.087	0.319	−0.681 / 0.654	−0.346 / −0.060	−0.060 / 0.587	−0.413
	—	0.142	0.142	—	−0.054	−0.161	−0.054	0.054	−0.054 / 0.393	−0.607 / 0.607	0.393 / 0.054	0.054
	0.200	—	—	—	−0.100	−0.027	−0.007	0.400	−0.600 / 0.127	0.127 / −0.033	−0.033 / 0.007	0.007
	—	0.173	—	—	−0.074	−0.080	0.020	−0.074	−0.074 / 0.493	−0.507 / 0.100	0.100 / −0.020	−0.020
	0.238	0.111	0.111	0.238	−0.286	−0.191	−0.286	0.714	1.286 / 1.095	−0.905 / 0.905	−1.095 / 1.286	−0.714
	0.286	—	0.222	—	−0.143	−0.095	−0.143	0.857	−1.143 / 0.048	0.048 / 0.952	−1.048 / 0.143	0.143
	0.226	0.194	—	0.282	−0.321	−0.048	−0.155	0.679	−1.321 / 1.274	−0.726 / −0.107	−0.107 / 1.155	−0.845
	—	0.175	0.175	—	−0.095	−0.286	−0.095	−0.095	0.095 / 0.810	−1.190 / 1.190	−0.810 / 0.095	0.095
	0.274	—	—	—	−0.178	0.048	−0.012	0.822	−1.178 / 0.226	0.226 / −0.060	−0.060 / 0.012	0.012
	—	0.198	—	—	−0.131	−0.143	0.036	−0.131	−0.131 / 0.988	−1.012 / 0.178	0.178 / −0.036	−0.036

续表

荷载图	跨内最大弯矩			支座弯矩				剪　力					
	M_1	M_2	M_3	M_B	M_C	M_D	M_E	V_A	V_{Bl} / V_{Br}	V_{Cl} / V_{Cr}	V_{Dl} / V_{Dr}	V_{Fl} / V_{Fr}	V_F
A l B l C l D l E l F	0.078	0.033	0.046	−0.105	−0.079	−0.079	−0.105	0.394	−0.606 / 0.526	−0.474 / 0.500	−0.500 / 0.474	−0.526 / 0.606	−0.394
	0.100	—	0.085	−0.053	−0.040	−0.040	0.053	0.447	−0.553 / 0.013	0.013 / 0.500	−0.500 / −0.013	−0.013 / 0.553	−0.447
	—	0.079	—	−0.053	−0.040	−0.040	−0.053	−0.053	−0.053 / 0.513	−0.487 / 0	0 / 0.487	−0.513 / 0.053	0.053
	0.073	②0.059 / 0.078	—	−0.119	−0.022	−0.044	−0.051	0.380	−0.620 / 0.598	−0.402 / −0.023	−0.023 / 0.493	−0.507 / 0.052	0.052
	①— / 0.098	0.055	0.064	−0.035	−0.111	−0.020	−0.057	0.035	0.035 / 0.424	0.576 / 0.591	−0.409 / −0.037	−0.037 / 0.557	−0.443
	0.094	—	—	−0.067	0.018	−0.005	0.001	−0.433	0.567 / 0.085	0.086 / 0.023	0.023 / 0.006	0.006 / −0.001	0.001
	—	0.074	—	−0.049	−0.054	0.014	−0.004	0.019	−0.049 / 0.426	−0.505 / 0.068	0.068 / −0.018	0.018 / 0.004	0.004
	—	—	0.072	0.013	0.053	0.053	0.013	0.013	0.013 / −0.066	−0.066 / 0.500	−0.500 / 0.066	0.066 / 0.013	0.013
	0.053	0.026	0.034	−0.066	−0.049	0.049	−0.066	0.184	−0.316 / 0.266	−0.234 / 0.250	−0.250 / 0.234	−0.266 / 0.316	0.184
	0.067	—	0.059	−0.033	−0.025	−0.025	0.033	0.217	0.283 / 0.008	0.008 / 0.250	−0.250 / −0.006	−0.008 / 0.283	0.217
	—	0.055	—	−0.033	−0.025	−0.025	−0.033	0.033	−0.033 / 0.258	−0.242 / 0	0 / 0.242	−0.258 / 0.033	0.033
	0.049	②0.041 / 0.053	—	−0.075	−0.014	−0.028	−0.032	0.175	0.325 / 0.311	−0.189 / −0.014	−0.014 / 0.246	−0.255 / 0.032	0.032
	①— / 0.066	0.039	0.044	−0.022	−0.070	−0.013	−0.036	−0.022	−0.022 / 0.202	−0.298 / 0.307	−0.198 / −0.028	−0.023 / 0.286	−0.214
	0.063	—	—	−0.042	0.011	−0.003	0.001	0.208	−0.292 / 0.053	0.053 / −0.014	−0.014 / 0.004	0.004 / −0.001	−0.001
	—	0.051	—	−0.031	−0.034	0.009	−0.002	−0.031	−0.031 / 0.247	−0.253 / 0.043	0.049 / −0.011	−0.011 / 0.002	0.002
	—	—	0.050	0.008	−0.033	−0.033	0.008	0.008	0.008 / −0.041	−0.041 / 0.250	−0.250 / 0.041	0.041 / −0.008	−0.008

续表

荷载图	跨内最大弯矩			支座弯矩				剪 力					
	M_1	M_2	M_3	M_B	M_C	M_D	M_E	V_A	V_{Bl} / V_{Br}	V_{Cl} / V_{Cr}	V_{Dl} / V_{Dr}	V_{El} / V_{Er}	V_F
GGGG	0.171	0.112	0.132	−0.158	−0.118	−0.118	−0.158	0.342	−0.658 / 0.540	−0.460 / 0.500	−0.500 / 0.460	−0.540 / 0.658	−0.342
QQQ	0.211	—	0.191	−0.079	−0.059	−0.059	−0.079	0.421	−0.579 / 0.020	0.020 / 0.500	−0.500 / 0.020	−0.020 / 0.579	−0.421
QQ	—	0.181	—	−0.079	−0.059	−0.059	−0.079	−0.079	−0.079 / 0.520	−0.480 / 0	0 / 0.480	−0.520 / 0.079	0.079
QQQ	0.160	②0.144 / 0.178	—	−0.179	−0.032	−0.066	−0.077	0.321	−0.679 / 0.647	−0.353 / −0.034	−0.034 / 0.489	−0.511 / 0.077	0.077
QQQ	①— / 0.207	0.140	0.151	−0.052	−0.167	−0.031	−0.086	−0.052	−0.052 / 0.385	−0.615 / 0.637	−0.363 / −0.056	−0.056 / 0.586	−0.414
Q	0.200	—	—	−0.100	0.027	−0.007	0.002	0.400	−0.600 / 0.127	0.127 / −0.031	−0.034 / 0.009	0.009 / −0.002	−0.002
Q	—	0.173	—	−0.073	−0.081	0.022	−0.005	−0.073	−0.073 / 0.493	−0.507 / 0.102	0.102 / −0.027	−0.027 / 0.005	0.005
Q	—	—	0.171	0.020	−0.079	−0.079	0.020	0.020	0.020 / −0.099	−0.099 / 0.500	−0.500 / 0.099	0.090 / −0.020	−0.020
GGGGG GGGG	0.240	0.100	0.122	−0.281	−0.211	−0.211	−0.281	0.719	−1.281 / 1.070	−0.930 / 1.000	−1.000 / 0.930	1.070 / 1.281	−0.719
QQ QQ QQ	0.287	—	0.228	−0.140	−0.105	−0.105	−0.140	0.860	−1.140 / 0.035	0.035 / 1.000	1.000 / −0.035	−0.035 / 1.140	−0.860
QQ QQ	—	0.216	—	−0.140	−0.105	−0.105	−0.140	−0.140	−0.140 / 1.035	−0.965 / 0	0.000 / 0.965	−1.035 / 0.140	0.140
QQQ QQ	0.227	②0.189 / 0.209	—	−0.319	−0.057	−0.118	−0.137	0.681	−1.319 / 1.262	−0.738 / −0.061	−0.061 / 0.981	−1.019 / 0.137	0.137
QQQQ QQ	①— / 0.282	0.172	0.198	−0.093	−0.297	−0.054	−0.153	−0.093	−0.093 / 0.796	−1.204 / 1.243	−0.757 / −0.099	−0.099 / 1.153	−0.847
QQ	0.274	—	—	−0.179	0.048	−0.013	0.003	0.821	−1.179 / 0.227	0.227 / −0.061	−0.061 / 0.016	0.016 / −0.003	−0.003
QQ	—	0.198	—	−0.131	−0.144	0.038	−0.010	−0.131	−0.131 / 0.987	−1.013 / 0.182	0.182 / −0.048	−0.048 / 0.010	0.010
QQ	—	—	0.193	0.035	−0.140	−0.140	0.035	0.035	0.035 / −0.175	−0.175 / 1.000	−1.000 / 0.175	0.175 / −0.035	−0.035

注：附表 25 中①的分子及分母分别为 M_1 及 M_5 的弯矩系数；②的分子及分母分别为 M_2 及 M_4 的弯矩系数。

附表 26　等截面等跨连续梁在常用荷载下作用的内力系数

符　号　说　明

$$B_C = \frac{Eh^3}{12(1-\nu^2)} \text{刚度；}$$

式中，E 为弹性模量；h 为板厚；ν 为泊桑比。

表中，f，f_{max} 分别为板中心点的挠度和最大挠度；m_1，m_{1max} 分别为平行于 l_{01} 方向板中心点单位板宽内的弯矩和板跨内最大弯矩；m_2，m_{2max} 分别为平行于 l_{02} 方向板中心点单位板宽内的弯矩和板跨内最大弯矩；m_1' 为固定边中点沿 l_{01} 方向单位板宽内的弯矩；m_2' 为固定边中点沿 l_{02} 方向单位板宽内的弯矩。

└┴┴┴┴┴┴┴┴┴┴┘代表固定边；============代表简支边。

正负号的规定：

弯矩——使板的受荷面受压者为正；

挠度——变位方向与荷载方向相同者为正。

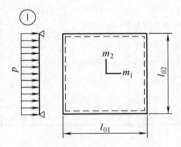

四　边　简　支

l_{01}/l_{02}	f	m_1	m_2	l_{01}/l_{02}	f	m_1	m_2
0.50	0.01013	0.0965	0.0174	0.80	0.00603	0.0561	0.0334
0.55	0.00940	0.0892	0.0210	0.85	0.00547	0.0506	0.0348
0.60	0.00867	0.0820	0.0242	0.90	0.00496	0.0456	0.0358
0.65	0.00796	0.0750	0.0271	0.95	0.00449	0.0410	0.0364
0.70	0.00727	0.0683	0.0296	1.00	0.00406	0.0368	0.0368
0.75	0.00663	0.0620	0.0317				

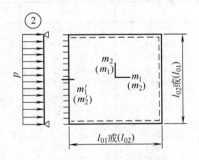

三边简支一边固定

l_{01}/l_{02}	$(l_{01})/(l_{02})$	f	f_{max}	m_1	m_{1max}	m_2	m_{2max}	m_1' 或 (m_2')
0.50		0.00488	0.00504	0.0583	0.0646	0.0060	0.0063	−0.1212
0.55		0.00471	0.00492	0.0563	0.0618	0.0081	0.0087	−0.1187
0.60		0.00453	0.00472	0.0539	0.0589	0.0104	0.0111	−0.1158
0.65		0.00432	0.00448	0.0513	0.0559	0.0126	0.0133	−0.1124
0.70		0.00410	0.00422	0.0485	0.0529	0.0148	0.0154	−0.1087

续表

l_{01}/l_{02}	$(l_{01})/(l_{02})$	f	f_{max}	m_1	m_{1max}	m_2	m_{2max}	m_1'或(m_2')
0.75		0.00388	0.00399	0.0457	0.0496	0.0168	0.0174	−0.1048
0.80		0.00365	0.00376	0.0428	0.0463	0.0187	0.0193	−0.1007
0.85		0.00343	0.00352	0.0400	0.0431	0.0204	0.0211	−0.0965
0.90		0.00321	0.00329	0.0372	0.0400	0.0219	0.0226	−0.0922
0.95		0.00299	0.00306	0.0345	0.0369	0.0232	0.0239	−0.0880
1.00	1.00	0.00279	0.00285	0.0319	0.0340	0.0243	0.0249	−0.0839
	0.95	0.00316	0.00324	0.0324	0.0345	0.0280	0.0287	−0.0882
	0.90	0.00360	0.00368	0.0328	0.0347	0.0322	0.0330	−0.0926
	0.85	0.00409	0.00417	0.0329	0.0347	0.0370	0.0378	−0.0970
	0.80	0.00464	0.00473	0.0326	0.0343	0.0424	0.0433	−0.1014
	0.75	0.00526	0.00536	0.0319	0.0335	0.0485	0.0494	−0.1056
	0.70	0.00595	0.00605	0.0308	0.0323	0.0553	0.0562	−0.1096
	0.65	0.00670	0.00680	0.0291	0.0306	0.0627	0.0637	−0.1133
	0.60	0.00752	0.00762	0.0268	0.0289	0.0707	0.0717	−0.1166
	0.55	0.00838	0.00848	0.0239	0.0271	0.0792	0.0801	−0.1193
	0.50	0.00927	0.00935	0.0205	0.0249	0.0880	0.0888	−0.1215

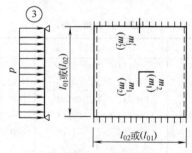

对边简支、对边固定

l_{01}/l_{02}	$(l_{01})/(l_{02})$	f	m_1	m_2	m_1'或(m_2')
0.50		0.00261	0.0416	0.0017	−0.0843
0.55		0.00259	0.0410	0.0028	−0.0840
0.60		0.00255	0.0402	0.0042	−0.0834
0.65		0.00250	0.0392	0.0057	−0.0826
0.70		0.00243	0.0379	0.0072	−0.0814
0.75		0.00236	0.0366	0.0088	−0.0799
0.80		0.00228	0.0351	0.0103	−0.0782
0.85		0.00220	0.0335	0.0118	−0.0763
0.90		0.00211	0.0319	0.0133	−0.0743
0.95		0.00201	0.0302	0.0146	−0.0721
1.00	1.00	0.00192	0.0285	0.0158	−0.0698
	0.95	0.00223	0.0296	0.0189	−0.0746
	0.90	0.00260	0.0306	0.0224	−0.0797
	0.85	0.00303	0.0314	0.0266	−0.0850
	0.80	0.00354	0.0319	0.0316	−0.0904
	0.75	0.00413	0.0321	0.0374	−0.0959
	0.70	0.00482	0.0318	0.0441	−0.1013
	0.65	0.00560	0.0308	0.0518	−0.1066
	0.60	0.00647	0.0292	0.0604	−0.1114
	0.55	0.00743	0.0267	0.0698	−0.1156
	0.50	0.00844	0.0234	0.0798	−0.1191

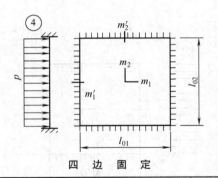

四　边　固　定

l_{01}/l_{02}	f	m_1	m_2	m_1'	m_2'
0.50	0.00253	0.0400	0.0038	−0.0829	−0.0570
0.55	0.00246	0.0385	0.0056	−0.0814	−0.0571
0.60	0.00236	0.0367	0.0076	−0.0793	−0.0571
0.65	0.00224	0.0345	0.0095	−0.0766	−0.0571
0.70	0.00211	0.0321	0.0113	−0.0735	−0.0569
0.75	0.00197	0.0296	0.0130	−0.0701	−0.0565
0.80	0.00182	0.0271	0.0144	−0.0664	−0.0559
0.85	0.00168	0.0246	0.0156	−0.0626	−0.0551
0.90	0.00153	0.0221	0.0165	−0.0588	−0.0541
0.95	0.00140	0.0198	0.0172	−0.0550	−0.0528
1.00	0.00127	0.0176	0.0176	−0.0513	−0.0513

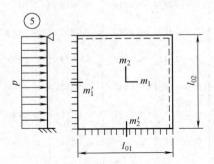

邻边简支、邻边固定

l_{01}/l_{02}	f	f_{max}	m_1	m_{1max}	m_2	m_{2max}	m_1'	m_2'
0.50	0.00468	0.00471	0.0559	0.0562	0.0079	0.0135	−0.1179	−0.0786
0.55	0.00445	0.00454	0.0529	0.0530	0.0104	0.0153	−0.1140	−0.0785
0.60	0.00419	0.00429	0.0496	0.0498	0.0129	0.0169	−0.1095	−0.0782
0.65	0.00391	0.00399	0.0461	0.0465	0.0151	0.0183	−0.1045	−0.0777
0.70	0.00363	0.00368	0.0426	0.0432	0.0172	0.0195	−0.0992	−0.0770
0.75	0.00335	0.00340	0.0390	0.0396	0.0189	0.0206	−0.0938	−0.0760
0.80	0.00308	0.00313	0.0356	0.0361	0.0204	0.0218	−0.0883	−0.0748
0.85	0.00281	0.00286	0.0322	0.0328	0.0215	0.0229	−0.0829	−0.0733
0.90	0.00256	0.00261	0.0291	0.0297	0.0224	0.0238	−0.0776	−0.0716
0.95	0.00232	0.00237	0.0261	0.0267	0.0230	0.0244	−0.0726	−0.0698
1.00	0.00210	0.00215	0.0234	0.0240	0.0234	0.0249	−0.0677	−0.0677

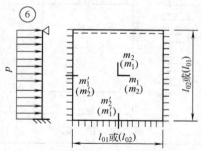

三边固定、一边简支

l_{01}/l_{02}	$(l_{01})/(l_{02})$	f	f_{max}	m_1	m_{1max}	m_2	m_{2max}	m_1'	m_2'
0.50		0.00257	0.00258	0.0408	0.0409	0.0028	0.0089	−0.0836	−0.0569
0.55		0.00252	0.00255	0.0398	0.0399	0.0042	0.0093	−0.0827	−0.0570
0.60		0.00245	0.00249	0.0384	0.0386	0.0059	0.0105	−0.0814	−0.0571
0.65		0.00237	0.00240	0.0368	0.0371	0.0076	0.0116	−0.0796	−0.0572
0.70		0.00227	0.00229	0.0350	0.0354	0.0093	0.0127	−0.0774	−0.0572
0.75		0.00216	0.00219	0.0331	0.0335	0.0109	0.0137	−0.0750	−0.0572
0.80		0.00205	0.00208	0.0310	0.0314	0.0124	0.0147	−0.0722	−0.0570
0.85		0.00193	0.00196	0.0289	0.0293	0.0138	0.0155	−0.0693	−0.0567
0.90		0.00181	0.00184	0.0268	0.0273	0.0159	0.0163	−0.0663	−0.0563
0.95		0.00169	0.00172	0.0247	0.0252	0.0160	0.0172	−0.0631	−0.0558
1.00	1.00	0.00157	0.00160	0.0227	0.0231	0.0168	0.0180	−0.0600	−0.0550
	0.95	0.00178	0.00182	0.0229	0.0234	0.0194	0.0207	−0.0629	−0.0599
	0.90	0.00201	0.00206	0.0228	0.0234	0.0223	0.0238	−0.0656	−0.0653
	0.85	0.00227	0.00233	0.0225	0.0231	0.0255	0.0273	−0.0683	−0.0711
	0.80	0.00256	0.00262	0.0219	0.0224	0.0290	0.0311	−0.0707	−0.0772
	0.75	0.00286	0.00294	0.0208	0.0214	0.0329	0.0354	−0.0729	−0.0837
	0.70	0.00319	0.00327	0.0194	0.0200	0.0370	0.0400	−0.0748	−0.0903
	0.65	0.00352	0.00365	0.0175	0.0182	0.0412	0.0446	−0.0762	−0.0970
	0.60	0.00386	0.00403	0.0153	0.0160	0.0454	0.0493	−0.0773	−0.1033
	0.55	0.00419	0.00437	0.0127	0.0133	0.0496	0.0541	−0.0780	−0.1093
	0.50	0.00449	0.00463	0.0099	0.0103	0.0534	0.0588	−0.0784	−0.1146

附录 7 民用建筑楼面均布活荷载

附表 27　民用建筑楼面均布活荷载标准值及其组合值、频遇值和准永久值系数

项次	类别	标准值 （kN/m²）	组合值系数 ψ_c	频遇值系数 ψ_f	准永久值系数 ψ_q
1	（1）住宅、宿舍、旅馆、办公楼、医院病房、托儿所、幼儿园	2.0	0.7	0.5	0.4
	（2）教室、试验室、阅览室、会议室、医院门诊室			0.6	0.5
2	食堂、餐厅、一般资料档案室	2.5	0.7	0.6	0.5
3	（1）礼堂、剧场、影院、有固定座位的看台	3.0	0.7	0.5	0.3
	（2）公共洗衣房	3.0	0.7	0.6	0.5
4	（1）商店、展览厅、车站、港口、机场大厅及其旅客等候室	3.5	0.7	0.6	0.5
	（2）无固定座位的看台	3.5	0.7	0.5	0.3
5	（1）健身房、演出舞台	4.0	0.7	0.6	0.5
	（2）舞厅	4.0	0.7	0.6	0.3
6	（1）书库、档案库、贮藏室	5.0	0.9	0.9	0.8
	（2）密集柜书库	12.0			
7	通风机房、电梯机房	7.0	0.9	0.9	0.8
8	汽车通道及停车库： （1）单向板楼盖（板跨不小于 2m） 客车	4.0	0.7	0.7	0.6
	消防车	35.0	0.7	0.7	0.6
	（2）双向板楼盖（板跨不小于 6m×6m）和无梁楼盖（柱网尺寸不小于 6m×6m） 客车	2.5	0.7	0.7	0.6
	消防车	20.0	0.7	0.7	0.6
9	厨房　（1）一般的	2.0	0.7	0.6	0.5
	（2）餐厅的	4.0	0.7	0.7	0.7
10	浴室、厕所、盥洗室： （1）第 1 项中的民用建筑	2.0	0.7	0.5	0.4
	（2）其它民用建筑	2.5	0.7	0.6	0.5
11	走廊、门厅、楼梯： （1）宿舍、旅馆、医院病房、托儿所、幼儿园、住宅	2.0	0.7	0.5	0.4
	（2）办公楼、教学楼、餐厅，医院门诊部	2.5	0.7	0.6	0.5
	（3）当人流可能密集时	3.5	0.7	0.5	0.3
12	阳台： （1）一般情况	2.5	0.7	0.6	0.5
	（2）当人群有可能密集时	3.5			

附录 8 单阶变截面柱的柱顶反力系数

附表 28 单阶变截面柱在各种荷载作用下的柱顶反力系数（C_0，$C_1 \sim C_8$）

图号	荷载情况	R_b	C_0，$C_1 \sim C_8$	附 注
0			$\delta = H^3 / C_0 EI_1$ $C_0 = 3 \Big/ \left[1 + \lambda^3 \left(\dfrac{1}{n} - 1 \right) \right]$	
1		$\dfrac{M}{H} C_1$	$C_1 = \dfrac{3}{2} \times \dfrac{1 - \lambda^2 \left(1 - \dfrac{1}{n} \right)}{Z}$	
2		$\dfrac{M}{H} C_2$	$C_2 = \dfrac{3}{2} \times \dfrac{1 - \lambda^2}{Z}$	
3		$\dfrac{M}{H} C_3$	$C_3 = \dfrac{3}{2} \times \dfrac{1 + \lambda^2 \left(\dfrac{1 - a^2}{n} - 1 \right)}{Z}$	$n = I_u / I_l, \lambda = H_u / H$ $1 - \lambda = H_l / H$ $Z = 1 + \lambda^3 \left(\dfrac{1}{n} - 1 \right)$
4		$\dfrac{M}{H} C_4$	$C_4 = \dfrac{3}{2} \times \dfrac{2b(1-\lambda) - b^2(1-\lambda)^2}{Z}$	
5		$T C_5$	$C_5 = \dfrac{2 - 3a\lambda + \lambda^3 \left[\dfrac{(2+a)(1-a)^2}{n} - (2-3a) \right]}{2Z}$	
6		$qH C_6$	$C_6 = \dfrac{3 \left[1 + \lambda^4 \left(\dfrac{1}{n} - 1 \right) \right]}{8Z}$	

续表

图号	荷载情况	R_b	$C_0,C_1\sim C_8$	附 注
7	 q ←R_b A	qHC_7	$C_7=\dfrac{8\lambda-6\lambda^2+\lambda^4\left(\dfrac{3}{n}-2\right)}{8Z}$	$n=I_u/I_l,\lambda=H_u/H$ $1-\lambda=H_l/H$ $Z=1+\lambda^3\left(\dfrac{1}{n}-1\right)$
8	 q ←R_b A	qHC_8	$C_8=\dfrac{(1-\lambda)^3(3+\lambda)}{8Z}$	

附录 9 钢结构计算参数表

附表 29 钢材的强度设计值   单位：N/mm²

钢材		抗拉、抗压和抗弯 f	抗剪 f_v	端面承压(刨平顶紧)f_{ce}
牌号	厚度和直径/mm			
Q235 钢	≤16	215	125	325
	>16~40	205	120	
	>40~60	200	115	
	>60~100	190	110	
Q345 钢	≤16	310	180	400
	>16~40	295	170	
	>40~60	265	155	
	>60~100	250	145	
Q390 钢	≤16	350	205	415
	>16~40	335	190	
	>40~60	315	180	
	>60~100	295	170	
Q420 钢	≤16	380	220	440
	>16~40	360	210	
	>40~60	340	195	
	>60~100	325	185	

注：附表中厚度是指计算点的钢材厚度，对轴心受拉和轴心受压构件，系指截面中较厚板件的厚度。

附表 30 焊缝的强度设计值   单位：N/mm²

焊接方式和焊条型号	构件钢材		对接焊缝				角焊缝
	牌号	厚度和直径/mm	抗压 f_c^w	焊缝质量为下列等级时,抗拉 f_t^w		抗剪 f_v^w	抗拉、抗压和抗剪 f_f^w
				一级、二级	三级		
自动焊、半自动焊和 E43 型焊条的手工焊	Q235 钢	≤16	215	215	185	125	160
		>16~40	205	205	175	120	
		>40~60	200	200	170	115	
		>60~100	190	190	160	110	

续表

焊接方式和焊条型号	构件钢材		对接焊缝				角焊缝
	牌号	厚度和直径 /mm	抗压 f_c^w	焊缝质量为下列等级时,抗拉 f_t^w		抗前 f_v^w	抗拉、抗压和抗剪 f_f^w
				一级、二级	三级		
自动焊、半自动焊和 E50 型焊条的手工焊	Q345 钢	≤16	310	310	265	180	200
		>16~35	295	295	250	170	
		>35~50	265	265	225	155	
		>50~100	250	250	210	145	
自动焊、半自动焊和 E55 型焊条的手工焊	Q390 钢	≤16	350	350	300	205	220
		>16~35	335	335	285	190	
		>35~50	315	315	270	180	
		>50~100	295	295	250	170	
	Q420 钢	≤16	380	380	320	220	220
		>16~35	360	360	305	210	
		>35~50	340	340	290	195	
		>50~100	325	325	275	185	

附表 31　螺栓连接的强度设计值　　　　单位：N/mm²

螺栓的性能等级、锚栓和构件的钢材编号		普通螺栓						锚栓	承压型连接高强度螺栓		
		C 级螺栓			A 级、B 级螺栓						
		抗拉 f_t^b	抗剪 f_v^b	承压 f_c^b	抗拉 f_t^b	抗剪 f_v^b	承压 f_c^b	抗拉 f_t^b	抗拉 f_t^b	抗剪 f_v^b	承压 f_c^b
普通螺栓	4.6 级、4.8 级	170	140	—	—	—	—	—	—	—	—
	5.6 级	—	—	—	210	190	—	—	—	—	—
	8.8 级	—	—	—	400	320	—	—	—	—	—
锚栓	Q235 钢	—	—	—	—	—	—	140	—	—	—
	Q345 钢	—	—	—	—	—	—	180	—	—	—
承压型连接高强度螺栓	8.8 级	—	—	—	—	—	—	—	400	250	—
	10.9 级	—	—	—	—	—	—	—	500	310	—
构件	Q235 钢	—	—	305	—	—	405	—	—	—	470
	Q345 钢	—	—	385	—	—	510	—	—	—	590
	Q390 钢	—	—	400	—	—	530	—	—	—	615
	Q420 钢	—	—	425	—	—	560	—	—	—	655

附表 32　a 类截面轴心受压构件的稳定系数

$\lambda\sqrt{\dfrac{f_y}{235}}$	0	1	2	3	4	5	6	7	8	9
0	1.000	1.000	1.000	1.000	0.999	0.999	0.998	0.998	0.997	0.996
10	0.995	0.994	0.993	0.992	0.991	0.989	0.988	0.986	0.985	0.983
20	0.981	0.979	0.977	0.976	0.974	0.972	0.970	0.968	0.966	0.964
30	0.963	0.961	0.959	0.957	0.955	0.952	0.950	0.948	0.946	0.944
40	0.941	0.939	0.937	0.934	0.932	0.929	0.927	0.924	0.921	0.919
50	0.916	0.913	0.910	0.907	0.904	0.900	0.897	0.894	0.890	0.886

续表

$\lambda\sqrt{\dfrac{f_y}{235}}$	0	1	2	3	4	5	6	7	8	9
60	0.883	0.879	0.875	0.871	0.867	0.863	0.858	0.854	0.849	0.844
70	0.839	0.834	0.829	0.824	0.818	0.813	0.807	0.801	0.795	0.789
80	0.783	0.776	0.770	0.763	0.757	0.750	0.743	0.736	0.728	0.721
90	0.714	0.706	0.699	0.691	0.684	0.676	0.668	0.661	0.653	0.645
100	0.638	0.630	0.622	0.615	0.607	0.600	0.592	0.585	0.577	0.570
110	0.563	0.555	0.548	0.541	0.534	0.527	0.520	0.514	0.507	0.500
120	0.494	0.488	0.481	0.475	0.469	0.463	0.457	0.451	0.445	0.440
130	0.434	0.429	0.423	0.418	0.412	0.407	0.402	0.397	0.392	0.387
140	0.383	0.378	0.373	0.369	0.364	0.360	0.356	0.351	0.347	0.343
150	0.339	0.335	0.331	0.327	0.323	0.320	0.316	0.312	0.309	0.305
160	0.302	0.298	0.295	0.292	0.289	0.285	0.282	0.279	0.276	0.273
170	0.270	0.267	0.264	0.262	0.259	0.256	0.253	0.251	0.248	0.246
180	0.243	0.241	0.238	0.236	0.233	0.231	0.229	0.226	0.224	0.222
190	0.220	0.218	0.215	0.213	0.211	0.209	0.207	0.205	0.203	0.201
200	0.199	0.198	0.196	0.194	0.192	0.190	0.189	0.187	0.185	0.183
210	0.182	0.180	0.179	0.177	0.175	0.174	0.172	0.171	0.169	0.168
220	0.166	0.165	0.164	0.162	0.161	0.159	0.158	0.157	0.155	0.154
230	0.153	0.152	0.150	0.149	0.148	0.147	0.146	0.144	0.143	0.142
240	0.141	0.140	0.139	0.138	0.136	0.135	0.134	0.133	0.132	0.131
250	0.130	—	—	—	—	—	—	—	—	—

附表 33　b 类截面轴心受压构件的稳定系数 φ

$\lambda\sqrt{\dfrac{f_y}{235}}$	0	1	2	3	4	5	6	7	8	9
0	1.000	1.000	1.000	0.999	0.999	0.998	0.997	0.996	0.995	0.994
10	0.992	0.991	0.989	0.987	0.985	0.983	0.981	0.978	0.976	0.973
20	0.970	0.967	0.963	0.960	0.957	0.953	0.950	0.946	0.943	0.939
30	0.936	0.932	0.929	0.925	0.922	0.918	0.914	0.910	0.906	0.903
40	0.899	0.895	0.891	0.887	0.882	0.878	0.874	0.870	0.865	0.861
50	0.856	0.852	0.847	0.842	0.838	0.833	0.828	0.823	0.818	0.813
60	0.807	0.802	0.797	0.791	0.786	0.780	0.774	0.769	0.763	0.757
70	0.751	0.745	0.739	0.732	0.726	0.720	0.714	0.707	0.701	0.694
80	0.688	0.681	0.675	0.668	0.661	0.655	0.648	0.641	0.635	0.628
90	0.621	0.614	0.608	0.601	0.594	0.588	0.581	0.575	0.568	0.561
100	0.555	0.549	0.542	0.536	0.529	0.523	0.517	0.511	0.505	0.499
110	0.493	0.487	0.481	0.475	0.470	0.464	0.458	0.453	0.447	0.442
120	0.437	0.432	0.426	0.421	0.416	0.411	0.406	0.402	0.397	0.392
130	0.387	0.383	0.378	0.374	0.370	0.365	0.361	0.357	0.353	0.349
140	0.345	0.341	0.337	0.383	0.329	0.326	0.322	0.318	0.315	0.311
150	0.308	0.304	0.301	0.298	0.295	0.291	0.288	0.285	0.282	0.279
160	0.276	0.273	0.270	0.267	0.265	0.262	0.259	0.256	0.254	0.251
170	0.249	0.246	0.244	0.241	0.239	0.236	0.234	0.232	0.229	0.227
180	0.225	0.223	0.220	0.218	0.216	0.214	0.212	0.210	0.208	0.206
190	0.204	0.202	0.200	0.198	0.197	0.195	0.193	0.191	0.190	0.188
200	0.186	0.184	0.183	0.181	0.180	0.178	0.176	0.175	0.173	0.172
210	0.170	0.169	0.167	0.166	0.165	0.163	0.162	0.160	0.159	0.158
220	0.156	0.155	0.154	0.153	0.151	0.150	0.149	0.148	0.146	0.145
230	0.144	0.143	0.142	0.141	0.140	0.138	0.137	0.136	0.135	0.134
240	0.133	0.132	0.131	0.130	0.129	0.128	0.127	0.126	0.125	0.124
250	0.123	—	—	—	—	—	—	—	—	—

附表 34 c 类截面轴心受压构件的稳定系数 φ

$\lambda\sqrt{\dfrac{f_y}{235}}$	0	1	2	3	4	5	6	7	8	9
0	1.000	1.000	1.000	0.999	0.999	0.998	0.997	0.996	0.995	0.993
10	0.992	0.990	0.988	0.986	0.983	0.981	0.978	0.976	0.973	0.970
20	0.966	0.959	0.953	0.947	0.940	0.934	0.928	0.921	0.915	0.909
30	0.902	0.896	0.890	0.884	0.877	0.871	0.865	0.858	0.852	0.846
40	0.839	0.833	0.826	0.820	0.814	0.807	0.801	0.794	0.788	0.781
50	0.775	0.768	0.762	0.755	0.748	0.742	0.735	0.729	0.722	0.715
60	0.709	0.702	0.695	0.689	0.682	0.676	0.669	0.662	0.656	0.649
70	0.643	0.636	0.629	0.623	0.616	0.610	0.604	0.597	0.591	0.584
80	0.578	0.572	0.566	0.559	0.553	0.547	0.541	0.535	0.529	0.523
90	0.517	0.511	0.505	0.500	0.494	0.488	0.483	0.477	0.472	0.467
100	0.463	0.458	0.454	0.449	0.445	0.441	0.436	0.432	0.428	0.423
110	0.419	0.415	0.411	0.407	0.403	0.399	0.395	0.391	0.387	0.383
120	0.379	0.375	0.371	0.367	0.364	0.360	0.356	0.353	0.349	0.346
130	0.342	0.339	0.335	0.332	0.328	0.325	0.322	0.319	0.315	0.312
140	0.309	0.306	0.303	0.300	0.297	0.249	0.291	0.288	0.285	0.282
150	0.280	0.277	0.274	0.271	0.269	0.266	0.264	0.261	0.258	0.256
160	0.254	0.251	0.249	0.246	0.244	0.242	0.239	0.237	0.235	0.233
170	0.230	0.228	0.226	0.224	0.222	0.220	0.218	0.216	0.214	0.212
180	0.210	0.208	0.206	0.205	0.203	0.201	0.199	0.197	0.196	0.194
190	0.192	0.190	0.189	0.187	0.186	0.184	0.182	0.181	0.179	0.178
200	0.176	0.175	0.173	0.172	0.170	0.169	0.168	0.166	0.165	0.163
210	0.162	0.161	0.159	0.158	0.157	0.156	0.154	0.153	0.152	0.151
220	0.150	0.148	0.147	0.146	0.145	0.144	0.143	0.142	0.140	0.139
230	0.138	0.137	0.136	0.135	0.134	0.133	0.132	0.131	0.130	0.129
240	0.128	0.127	0.126	0.125	0.124	0.124	0.123	0.122	0.121	0.120
250	0.119	—	—	—	—	—	—	—	—	—

附表 35 d 类截面轴心受压构件的稳定系数 φ

$\lambda\sqrt{\dfrac{f_y}{235}}$	0	1	2	3	4	5	6	7	8	9
0	1.000	1.000	0.999	0.999	0.998	0.996	0.994	0.992	0.990	0.987
10	0.984	0.981	0.978	0.974	0.969	0.965	0.960	0.955	0.949	0.944
20	0.937	0.927	0.918	0.909	0.900	0.891	0.883	0.874	0.865	0.857
30	0.848	0.840	0.831	0.823	0.815	0.807	0.799	0.790	0.782	0.774
40	0.766	0.759	0.751	0.743	0.735	0.728	0.720	0.712	0.705	0.697
50	0.690	0.683	0.675	0.668	0.661	0.654	0.646	0.639	0.632	0.625
60	0.618	0.612	0.605	0.598	0.591	0.585	0.578	0.572	0.565	0.559
70	0.552	0.546	0.540	0.534	0.528	0.522	0.516	0.510	0.504	0.498
80	0.493	0.487	0.481	0.476	0.470	0.465	0.460	0.454	0.449	0.444
90	0.439	0.434	0.429	0.424	0.419	0.414	0.410	0.405	0.401	0.397
100	0.394	0.390	0.387	0.383	0.380	0.376	0.373	0.370	0.366	0.363
110	0.359	0.356	0.353	0.350	0.346	0.343	0.340	0.337	0.334	0.331
120	0.328	0.325	0.322	0.319	0.316	0.313	0.310	0.307	0.304	0.301
130	0.299	0.296	0.293	0.290	0.288	0.285	0.282	0.280	0.277	0.275
140	0.272	0.270	0.267	0.265	0.262	0.260	0.258	0.255	0.253	0.251
150	0.248	0.246	0.244	0.242	0.240	0.237	0.235	0.233	0.231	0.229

续表

$\lambda\sqrt{\dfrac{f_y}{235}}$	0	1	2	3	4	5	6	7	8	9
160	0.227	0.225	0.223	0.221	0.219	0.217	0.215	0.213	0.212	0.210
170	0.208	0.206	0.204	0.203	0.201	0.199	0.197	0.196	0.194	0.192
180	0.191	0.189	0.188	0.186	0.184	0.183	0.181	0.180	0.178	0.177
190	0.176	0.174	0.173	0.171	0.170	0.168	0.167	0.166	0.164	0.163
200	0.162	—	—	—	—	—	—	—	—	—

参 考 文 献

[1] GB 50068—2001，建筑结构可靠度设计统一标准．

[2] GB 50009—2012，建筑结构荷载规范．

[3] GB/T 50083—1997，建筑结构设计术语和符号标准．

[4] JGJ 92—2016，无粘结预应力混凝土结构技术规程．

[5] GB 50003—2011，砌体结构设计规范．

[6] GB 50010—2010，混凝土结构设计规范．

[7] 滕智明，朱金铨编著．混凝土结构及砌体结构（上册）．第二版．北京：中国建筑工业出版社，2003．

[8] 东南大学．同济大学．天津大学合编．混凝土结构（中册）．北京：中国建筑工业出版社，2016．

[9] 李汝庚，张季超主编．混凝土结构设计原理．北京：中国环境科学出版社，2003．

[10] 李汝庚，张季超主编．混凝土结构设计．北京：中国环境科学出版社，2003．

[11] 吴培明主编．混凝土结构（上册）．第2版．武汉：武汉理工大学出版社，2003．

[12] 彭少民主编．混凝土结构（下册）．第2版．武汉：武汉理工大学出版社，2002．

[13] 张誉主编．混凝土结构设计原理．北京：中国建筑工业出版社，2012．

[14] 李国平主编．预应力混凝土结构设计原理．第2版．北京：人民交通出版社，2009．

[15] 高等学校工程管理和工程造价学科专业指导委员会主编．高等学校工程管理类本科指导性专业规范．北京：中国建筑工业出版社，2015．

[16] 罗福午，方鄂华，叶知满编著．混凝土与砌体结构．北京：中国建筑工业出版社，2003．

[17] 唐岱新．砌体结构．北京：高等教育出版社．2015

[18] 刘立新．砌体结构．武汉：武汉理工大学出版社，2012．

[19] 王祖华，陈眼云．混凝土与砌体结构．广州：华南理工大学，2002．

[20] 叶见曙．结构设计原理．第3版．北京：人民交通出版社，2014．

[21] 袁锦根．工程结构．第3版．上海：同济大学出版社，2012．

[22] 中国建筑标准设计研究院．16G101-1.混凝土结构施工图平面整体表示方法制图规则和构造详图．北京：中国计划出版社．2016．

[23] GB 50017—2003，钢结构设计规范．